JN247028

S. マックレーン

数学－その形式と機能

彌永昌吉監修

赤尾和男
岡本周一
共訳

森北出版株式会社

Mathematics, Form and Function
by Saunders Mac Lane

Copyright © 1986 by Springer-Verlag New York Inc.

Japanese translation rights arranged with
Springer-Verlag, Heidelberg, Germany
through Tuttle-Mori Agency, Inc., Tokyo

●本書のサポート情報を当社Webサイトに掲載する場合があります.
下記のURLにアクセスし，サポートの案内をご覧ください.

https://www.morikita.co.jp/support/

●本書の内容に関するご質問は，森北出版 出版部「(書名を明記)」係宛
に書面にて，もしくは下記のe-mailアドレスまでお願いします．なお，
電話でのご質問には応じかねますので，あらかじめご了承ください.

editor@morikita.co.jp

●本書により得られた情報の使用から生じるいかなる損害についても，
当社および本書の著者は責任を負わないものとします.

■本書に記載している製品名，商標および登録商標は，各権利者に帰属
します.

■本書を無断で複写複製（電子化を含む）することは，著作権法上での
例外を除き，禁じられています．複写される場合は，そのつど事前に
(一社)出版者著作権管理機構（電話03-5244-5088, FAX03-5244-5089,
e-mail：info@jcopy.or.jp）の許諾を得てください．また本書を代行業者
等の第三者に依頼してスキャンやデジタル化することは，たとえ個人や
家庭内での利用であっても一切認められておりません.

日本語版への序文

　私の著書"数学，その形式と機能"の日本語版が出版されることになったことを知り，まことに嬉しく思っています．日本の数学者のアイディアは，数学の進歩にきわめて大きな役割を務めてきました．数学とは何かといったことも，今日われわれの気をもませる問題となっていますので，日本の数学者のうちにも，この問題に関心を転じていただける方がおられれば，と希望しています．この本で私は数学を"機能的形式主義（functional formalism）"の立場から記述しましたが，いまはそれを"数学の変幻きわまりない特質（protean character of mathematics）"といいかえてもよいと思います．同一の数学的形式が多数の異なる場面で実現され，したがって多くの機能をもつのです．同じ数学的形式が現実界にこのようにさまざまに用いられるのは，何によるのでしょうか？

　この日本語への翻訳は，彌永昌吉教授の幹旋で，赤尾和男，岡本周一の両氏がたいへんていねいにして下さったことに私は感謝しております．

1991 年夏

シカゴ大学にて

ソーンダース・マックレーン

監修者のことば

　本書は Saunders Mac Lane： *Mathematics, Form and Function*, 1986, Springer-Verlag の全訳である．この邦訳書の出版に当たり，原著者は巻頭の "日本語版への序文" を寄せられた．

　原著者は 1909 年生まれのアメリカの著名な数学者である．イエール大学を卒業，シカゴ大学大学院で研究を始められた後，1931 年に渡欧して 2 年間主としてゲッティンゲンにおられた．ナチス政権到来の前夜であったが，ヒルベルトもまだ健在，エンミ・ネーター学派が数学の近代化のため活躍している時代であった．帰米後ハーバード大学の教職に就任．当時の同僚であった Garrett Birkhoff との共著 *Survey of Modern Algebra* (1941) は名著として知られ，邦訳もされた (奥川光太郎，辻吉雄氏訳，1968)．1930 年代の終わりから 40 年代にかけ，戦火のヨーロッパからアメリカに移住する数学者が多く，それ以来アメリカは数学研究の世界的な中心の一つとなる．著者がポーランド出身の数学者 S.Eilenberg と協力して，代数的トポロジーに関する多くの基本的な業績を発表されたのも 1940 年代のことである．それらが契機となってホモロジー代数とよばれる新分野が急速に発展する．1950 年代 Mac Lane は母校シカゴ大学に復帰するが，そのころこの分野はほぼ完成し，Cartan-Eilenberg の *Homological Algebra* は 1956 年に出版される．Mac Lane の *Homology* が出るのは 1963 年，この方面のことも取り入れて Birkhoff との共著を専門研究者向きに書き改められた *Algebra* が出るのは 1967 年，さらにこの方面の基礎概念である圏の理論を数学者一般を対象として解説された *Categories for the Working Mathematician* を出されたのは 1971 年であった．本書の原著は，同著者の著述としてそれに続くものである．

　原序に見られるように，この本は前著が出版されて 10 年後から書きはじめられ，多くの数学者と交流しながら 4 年ほどかかって書きまとめられた．それまでの著作と異なるのは，代数学またはホモロジー代数という分野に限らず，'数

iv 監修者のことば

学の哲学への基礎作業'として，数学全般について述べられていることである．重視されている分野の一つは数学基礎論である．1963 年 Paul Cohen が"強制法"（forcing）とよばれる方法を創始して，前世紀以来の連続体仮説問題にひとつの解決を与えたことは，今世紀数学の最も輝かしい成果の一つに数えられよう．この方法が，幾何学的に導入された層の理論の圏論への応用として記述されるのは，注目に値することである．以前から数学基礎論に興味を持ち，圏論の創始者のひとりであった原著者が，ここに力点をおかれたのは当然と思われる．しかし本書は，それだけを目標に書かれたのではなく，一般読者を対象に，"数学とはどういうものか"を著者の立場から懇切に説いた数学の教養書として書かれている．幾何学，力学，複素解析学等についても興味深い透徹した解説が見られる．

　実は筆者も 1930 年代の初めに渡欧したが，当時在欧中には原著者と知り合う機会がなかった．しかし 1960 年から翌年にかけ，シカゴ大学の招待を受けて同地に滞在したときは，家族ぐるみで親しくしていただき，"ドイツに留学したときは，数理論理学を研究し，数学の哲学を勉強するつもりであった"というような著者の思い出話を聞いたこともある．著者が本書を書きはじめられたのは，70 歳を過ぎてからのことであるから，永年の研究の経験を踏まえ，初心に帰っての著述であったことと思われる．

　森北出版の星野定男氏から，本書の邦訳についての相談を受けたのは，今から 4 年ほど前，原著が出版されてからまもないころのことであった．私はこの著者のこの著書なので，よい邦訳ができるようにと思い，学習院大学の赤尾和男，岡本周一の両君を翻訳者として推薦した．赤尾君は複素解析多様体論，岡本君は微分方程式論に，それぞれ興味ある業績を持ち，両君とも言語学的な教養に富む人である．両君はそれ以来熱心に訳業を進められた．原稿は私も見せていただき，私の意見で稿を改めたところもある．数学基礎論は，私たち 3 人の専門外であるので，この方面の研究者として知られる京都産業大学の八杉満利子さんにお願いして，原稿を見ていただき，多くの適切なご注意をいただいた．また疑問の点については原著者に手紙で尋ね，そのたびにていねいなお返事をいただいた．これらの点につき，原著者，八杉さんその他お世話になった方々に厚くお礼を申し上げたい．それでも誤訳等があるかもしれないが，その責任は最終稿を見る私が最も多く負わねばならない．

監修者のことば　v

　今ようやく再校が出るようになったところである．近くこの訳書がわが国の多くの読者に読まれ，原著者の見解がより広く知られて，日本の学界のよい刺戟になるようにと願っている．

1991 年晩秋

彌 永 昌 吉

原　　序

　この 4 年間，私は"数学の哲学"の基礎作業として，数学の形式と機能をどのように記述すればよいかを考えてきた．そのための私の努力を記録したのが本書である．その間にハイデルベルク大学，シカゴ大学およびミネソタ大学で講義し，それによってこの努力をすることに励ましを受けた．ハイデルベルク大学およびミネソタ大学における講義は，それぞれ Alexander von Humboldt 財団および数理科学研究所（Institute for Mathematics and Its Applications）の後援によって行われたのである．

　Jean Benabou 氏は本書の全体にわたって原稿を精読し，鋭い意見を寄せられた．George Glauberman, Carlos Kenig, Christopher Mulvey, R.Narasimhan, Dieter Puppe の各氏からも，いくつかの章について同様な意見を受けた．Fred　Linton　氏は，文章表現をより正確にすべき点を指摘された．George Mackey 氏と交した多くの会話から，私は数学の本質について重要な洞察を得ることができた．Alfred Aeppli, John Gray, Jay Goldman, Peter Johnstone, Bill Lawvere, Roger Lyndon の各氏からも同様に多くを学んだ．また，本書で扱う問題全般にわたり，同僚の Felix Browder 氏，Melvin Rothenberg 氏と永年議論してきたことから，私は多くの益を受けている．Tammo　Tom Dieck, Albrecht Dold, Richard Lashof, Ib Madsen の各氏からは幾何学について，また Jerry Bona 氏と B.L.Foster 氏からは力学について検討するうえで，助言を受けた．さらに，数理論理についての記述に関しては，Gert　Müller, Marian Boykan Pour-El, Ted Slaman, R.Voreadou, Volker Weispfennig, Hugh Woodin の各氏が綿密に検討され，有益な意見が寄せられた．哲学的な諸問題については，J.L.Corcoran, Philip Kitcher, Leonard Linsky, Penelope Maddy, W.V.Quine, Michael Resnik, Howard Stein の各氏との議論が大いに役立った．Joel Fingerman, Marvin J.Greenberg, Nicholas Goodman, P.C. Kolaitis, J.R.Shoenfield, David Stroh の各氏は，いくつかの問題に関する私

原　　序　vii

の従来の見解を吟味し，貴重な意見を寄せられた．いまお名前を挙げた方々を含めて，いろいろな助言を寄せられた多くの方々がある．私はそれらの意見に従わなかった箇所も多いけれども，その方々に心から感謝している．

　妻の Dorothy Jones Mac Lane は本書執筆の間中，変わることなく熱心に筆者を助けてくれた．彼女の励ましがなければ，本書を書き上げることはできなかっただろう．

　最後に，シュプリンガー社，特に編集スタッフの方々には，本書が出版されるに当たって，終始お世話になったことを感謝する．

1985 年 7 月 4 日

インディアナ州デューンエーカーズにて

ソーンダース・マックレーン

viii

目　　次

日本版への序文……………………………………………………………… i

監修者のことば……………………………………………………………… iii

原　　　序…………………………………………………………………… vi

序　　　説……………………………………………………………………… 1

第1章　形式的構造の起源 …………………………………………………… 8

　1．自　然　数 ……………………………………………………………… 9

　2．無　限　集　合 ………………………………………………………… 14

　3．置　　　換 ……………………………………………………………… 16

　4．時刻と順序 ……………………………………………………………… 18

　5．空間と運動 ……………………………………………………………… 22

　6．対　称　性 ……………………………………………………………… 26

　7．変　換　群 ……………………………………………………………… 28

　8．群 ………………………………………………………………………… 31

　9．ブール代数 ……………………………………………………………… 36

　10．微積分学，連続性および位相 ………………………………………… 40

　11．人間活動とアイデア …………………………………………………… 46

　12．数学上の諸活動 ………………………………………………………… 49

　13．公理的構造 ……………………………………………………………… 53

第2章　整数から有理数へ ………………………………………………… 56

　1．自然数の諸性質 ………………………………………………………… 56

　2．ペアノ（Peano）の公準 ……………………………………………… 58

　3．帰納定理により記述される自然数 …………………………………… 63

　4．数　　　論 ……………………………………………………………… 65

　5．整　　　数 ……………………………………………………………… 67

目　　次　ix

6．有　理　数 ……………………………………68

7．合　同　式 ……………………………………69

8．基　　　数 ……………………………………72

9．順　序　数 ……………………………………76

10．数（自然数）とは何か？ ……………………79

第3章 幾 何 学 ……………………………………82

1．空間にかかわる諸活動 ………………………82

2．図を用いない証明 ……………………………84

3．平行線の公理 …………………………………90

4．双曲幾何学 ……………………………………93

5．楕円幾何学 ……………………………………97

6．幾何学的量 ……………………………………99

7．運動による幾何学 …………………………101

8．向 き 付 け …………………………………109

9．幾何学における群 …………………………112

10．群による幾何学 ……………………………115

11．立体幾何学 …………………………………117

12．幾何学は科学であるか？ …………………120

第4章 実 　　数 …………………………………122

1．大きさの測定 ………………………………122

2．幾何学的量としての大きさ ………………124

3．大きさの操作（演算） ……………………127

4．大きさの比較 ………………………………129

5．実数の公理 …………………………………134

6．実数の算術的構成 …………………………137

7．ベクトル幾何学 ……………………………140

8．解析幾何学 …………………………………143

9．三　角　法 …………………………………144

10．複　素　数 …………………………………148

11．立体射影と無限遠点 ………………………152

x　目　次

12. 虚数は現実のものか？ ……………………………………………153
13. 抽象代数登場 ………………………………………………………155
14. 四元数その他 ………………………………………………………156
15. 要　　　約 …………………………………………………………157

第5章　関数，変換および群 ……………………………………………159

1. 関数のタイプ ………………………………………………………159
2. 写　　　像 …………………………………………………………162
3. 関数とは何か ………………………………………………………163
4. 対の集合としての関数 ……………………………………………166
5. 変　換　群 …………………………………………………………173
6. 群 ……………………………………………………………………175
7. ガロア理論 …………………………………………………………179
8. 群 の 構 成 ………………………………………………………184
9. 単　純　群 …………………………………………………………189
10. 要約：像と合成という考え方 ……………………………………190

第6章　微積分学の諸概念 …………………………………………………194

1. 起　　　源 …………………………………………………………194
2. 積　分　法 …………………………………………………………196
3. 微分係数，導関数 …………………………………………………199
4. 積分法の基本定理 …………………………………………………201
5. ケプラー（Kepler）の法則とニュートンの法則 …………………205
6. 微分方程式 …………………………………………………………208
7. 微積分学の基礎づけ ………………………………………………210
8. テイラー（Taylor）級数と近似 …………………………………217
9. 偏導関数，偏微分係数 ……………………………………………218
10. 微 分 形 式 ………………………………………………………225
11. 微積分学から解析学へ ……………………………………………231
12. 諸概念のあいだの内的関連 ………………………………………237

目　　次　xi

第7章　線 形 代 数 ··240

1．線形性の源泉 ··240
2．線形変換と行列 ··244
3．固　有　値 ··248
4．双 対 空 間 ··250
5．内 積 空 間 ··256
6．直 交 行 列 ··258
7．随 伴 変 換 ··261
8．主 軸 定 理 ··263
9．双線形性とテンソル積 ··266
10．商　空　間 ··271
11．外積代数と微分形式 ··274
12．相似性と直和 ··278
13．要　　　約 ··284

第8章　空間が有する形式 ································286

1．曲　　　率 ··286
2．曲面のガウス曲率 ··290
3．弧長と内在的幾何学 ··294
4．多価関数とリーマン面 ··298
5．多様体の例 ··303
6．曲面の内在的記述と位相空間 ······························307
7．多　様　体 ··310
8．滑らかな多様体 ··316
9．径　路　と　量 ··320
10．リーマン計量 ··326
11．層 ··328
12．幾何学とは何か？ ··332

第9章　力　　　学 ··336

1．ケプラーの法則 ··336
2．運動量，仕事，エネルギー ··································342

xii　目　　次

3．ラグランジュの方程式 ……………………………………346
4．速度と接束 …………………………………………………356
5．数学における力学 …………………………………………359
6．ハミルトンの原理 …………………………………………360
7．ハミルトンの方程式 ………………………………………365
8．トリックとアイデア ………………………………………372
9．主　関　数 …………………………………………………374
10．ハミルトン-ヤコビの方程式 ……………………………379
11．回　転　ご　ま ……………………………………………383
12．力学の形式 …………………………………………………390
13．量　子　力　学 ……………………………………………392

第 10 章　複素解析とトポロジー …………………………………396

1．1変数複素関数 ……………………………………………396
2．病　的　関　数 ……………………………………………401
3．複　素　微　分 ……………………………………………403
4．複　素　積　分 ……………………………………………409
5．平面上の径路 ………………………………………………416
6．コーシーの定理 ……………………………………………423
7．一　様　収　束 ……………………………………………429
8．冪（べき）級数 ……………………………………………433
9．コーシーの積分公式 ………………………………………436
10．特　異　点 …………………………………………………440
11．リーマン面 …………………………………………………444
12．芽　と　層 …………………………………………………453
13．解析学，幾何学，位相数学 ………………………………459

第 11 章　集合，論理，圏 …………………………………………461

1．集合の階層 …………………………………………………462
2．公理的集合論 ………………………………………………467
3．命　題　計　算 ……………………………………………476
4．第1階の言語 ………………………………………………479

目　　次　xiii

　　5．述 語 計 算 ……………………………………………………482
　　6．正確な推論と理解 ………………………………………………488
　　7．ゲーデルの不完全性定理 ………………………………………490
　　8．独立性の証明 ……………………………………………………497
　　9．圏 と 関 手 ………………………………………………………500
　　10．自 然 変 換 ………………………………………………………506
　　11．普 　 遍 　 性 ……………………………………………………508
　　12．写像の公理 ………………………………………………………517
　　13．直観主義の論理 …………………………………………………523
　　14．層の方法による独立性の証明 …………………………………526
　　15．基礎づけか組織化か？ …………………………………………529

第12章　数学のネットワーク ……………………………………………532
　　1．形 　 式 　 性 ……………………………………………………533
　　2．アイデア …………………………………………………………540
　　3．ネットワーク ……………………………………………………543
　　4．部門，分野および下位区分 ……………………………………550
　　5．問 　 　 題 ………………………………………………………558
　　6．数学を理解するということ ……………………………………562
　　7．一般化と抽象化 …………………………………………………566
　　8．新 　 機 　 軸 ……………………………………………………572
　　9．数学は真実か？ …………………………………………………574
　　10．プラトニズム ……………………………………………………583
　　11．好ましい研究の方向 ……………………………………………586
　　12．要 　 　 約 ………………………………………………………591

参 考 文 献 ……………………………………………………………………596
記 号 一 覧 ……………………………………………………………………601
訳者あとがき …………………………………………………………………602
索 　 　 引 ……………………………………………………………………606

序　　説

　本書は数学の実用的起源および概念的起源は何か，またその発展の性格はどうであるかを――実際の歴史を追うのではなく――数学の本質に即した立場から記述しようとするものである．すなわちわれわれが問題にしようとするのは，「数学の機能は何か，そしてその形式はどんなものか」ということである．この問題を効果的に扱うためには，まず最初に実際の数学はどのようなものであるのかについて見ておく必要がある．そのため本書は，数学の基本的部分の概観から出発する．それによって，上に述べた一般的問題に対しても注意深く集められた適切な証拠の上に立った解答を得ることができるだろう．数学の哲学は，数学自体の検討の上に立ったものでなければ人を納得させることはできない．ヴィトゲンシュタイン（Wittgenstein）をはじめとする哲学者たちの考察は，この点に問題があった．

　われわれが解答を与えようと目指している問題はつぎの 6 つのグループに分かれる．

　第 1 は「数学の**起源**は何か？」という問題である．算術や代数の計算を生み出し，さらにそこから数学上の諸定理や諸理論を生み出すもとになった，数学の外部からくる要因は何だろうか？　あるいはまた数学自身の内にも要因があって，その諸理論の中には想像力と内省だけから生まれたものもあるのだろうか？　これは「数学は発明されたのか，それとも発見されたのか？」という古くからある問題にも関連する．

　第 2 に，「数学はどのように組織されているのか？」という問題がある．明らかに数学のように大きな多様性をもった部門には，広範で体系的な組織が必要である．伝統的には数学は，代数学，解析学，幾何学，および応用数学の 4 つの分野に分けられることが多い．この分け方は，たとえば学部学生の課程の編成などには手頃であるが，すぐに手直しが必要になってくる．たとえば整数論も含まれなければならない．それはおそらく代数学の一分野ということになるのだろうが，そこではしばしば道具として解析も用いられるのである．また有限（あるいは離散）数学がこのところ流行しているが，一体それは代数学だろ

2 序 説

うか，それとも論理学だろうか，それとも応用数学に入るのだろうか？ 代数学は群論，体論，環論，および線形代数（行列理論）に分かれる．これらの部門は，さらにふたたび細分される．整数論には初等整数論，代数的整数論，あるいは解析的整数論などがある．群論の研究は，有限群と無限群の場合にはっきり分かれている．一方，環論は可換環と非可換環に分かれ，それぞれは用途も違うし，成り立つ諸定理にも違いがある．解析学は，実解析，複素解析，関数解析などに分けられよう．幾何学においては，代数幾何学は射影幾何学が基礎になっており，微分幾何学は解析学のある部分と密接に関連している．またトポロジーは，点集合論，微分位相幾何学，代数的トポロジー，幾何学的トポロジーなどの名称をもつ諸分野を含む．第4番目の「応用数学」はいっそう多様である．なぜならば，それは力学，流体力学，弾性論のような古典的な応用を主として指す場合もあれば，また，システム科学，ゲームの理論，統計学，オペレーションズリサーチ，サイバネティックスといったもっと新しい応用分野を主として指す場合もあるからである．最後に，盛んに研究されている偏微分方程式論は，一部は応用数学(とくに数値解析的方法を用いる場合)，一部は解析，そして一部は微分幾何学（とくに微分形式を用いた不変な形式をとる場合）に属する．しかしいま挙げた細目のリストも不完全である．たとえば論理学，基礎論およびそのコンピュータ科学への応用が脱落している．

　要約すると，上述の数学の細分法は不正確であり，必然的に重複や曖昧さを含むものである．いっそう細かい細目（現今の研究論文を分類するのに *Mathematical Reviews* が用いている 60 余りの分野のような）を用いても同様の困難は依然としてつきまとう．それでは数学の真の組織化はそれを個々の特殊分野に細分することによって実行することはできないのだと結論すべきであろうか？ もっと深い組織化の方法があるのだろうか？ 数学の諸分野を並べる適切な順序は何で，どの分野が第1にくるのか？ 数学には重要でない分野，あるいは誤って数学に入れられているような分野というものもあるのだろうか？

　数学的アイデアは，一定のあらかじめ決められた順序で現われることが多いので，数学の基礎付けによってよい組織化が与えられるのではないかと考える人も出てくるかもしれない．

　本書において示されるように，数学の各分野は必ず形式的な面をもつのである．具体的な問題は計算を必要とするが，その際，計算は，基礎にある具体的

事実にいつまでも注意を払いながら行なわれるのでなく，ある形式的な規則に従って進められる．——しかも正しい形式的計算の結果は事実に確かに一致しているのである．幾何学における証明は公理から出発する論理的な推論により進められていく．しかしその結果から得られた定理は実世界に適合している．したがってわれわれは形式的なものと具体的なものとの関係を調べる必要がある．それゆえ，われわれはまず最初の章で数学の基本的な形式的構造のいくつかを提示することにする．

　以上の考察から第3の問題，すなわち数学における形式主義は事実に基礎をおいたものか，言い換えれば，事実から導かれたものか，もしそうでないならどのようにして出てきたものか？　という問題が生まれる．この問題はまた次のようにいうこともできる．数学が純粋に形式的ゲームならば，一体どうして形式的に得られる結論が事実と適合しているのであろうか？

　第4番目の問題はつぎのものである．数学はどのようにして発展していくのか？（自然）科学や工学において生じる定量的な問題がその発展の契機となっているのか，あるいはそれまでの数学の中で出てきた難問によって発展が促されるのか，それともいままでの数学をよりよく理解しようとする願望が発展の原因となるのか？　たとえば整数論はフェルマ（Fermat）の最終定理を証明しようという，たび重なる努力にどれほど多くのものを負っているのであろうか？　有名な問題を解くことが数学的達成の頂点であるのか——それとも，比較，一般化あるいは抽象化により新しい考え方を導入するといったより系統的な仕事にもそれに匹敵する名誉が与えられるべきなのだろうか？　後者について言えば，抽象化はどのような形で生まれるのか，またどの抽象化が適切かを判断するにはどうすればよいのだろうか？

　これらの数学の発展のダイナミズムに関する問題は，もう1つの——しかも困難な——問題，すなわち，数学研究の深さと重要性はどのようにして評価すればよいかという問題ともかかわってくる．

　注意深い証明のやり方，および証明の基準を与える規範はまず幾何学において発達した．これに続いて微分積分学が成功したが，これはきちんとした証明を伴ったものではなく，無限小の量という曖昧な概念を用いたものだった．そこで微分積分学に対する厳密な基礎付けを与える問題が出てきた（第6章）．いまあげた2つの場合から第5番目の一般的問題，すなわち厳密性に関する問題が出てくる．厳密性の絶対的基準はあるのだろうか？　数学の正しい基礎付け

4 序　説

とは何か？　これには少なくとも次にあげる6つの学派があり，互いに自らを
主張している．

　　論理主義　　バートランド・ラッセル（Bertrand Russell）は，数学は論理
学の一分野であり，したがって論理学の諸原理を最初に正しく述べることから
展開していけば基礎付けることができると主張した．しかもホワイトヘッド
（Whitehead）とラッセルは，大部な（しかしいまでは顧みられない）*Principia
Mathematica* という本の中で実際にこれを展開してみせた．

　　集合論　　（ほとんど）すべての数学的対象が集合（もちろん，集合の集合を
含む）から成り立っていることは注目に価する．このことから，数学とは集合
の諸性質を扱うものにほかならず，しかもこれらの諸性質はみな，集合論の公
理系──ツェルメロ-フレンケル（Zermelo-Fraenkel）の公理系，あるいはそ
れを補うもの，その中には今後なお発見されるものもあろう──から導くこと
ができるのだという見解が生まれてくる．

　　プラトン主義　　上述の数学の集合論的記述は，しばしばこれらの集合はあ
る理想的（イデア的）領域において客観的に実在しているのだという強い信念
と一体になっている．実際，クルト・ゲーデル（Kurt Gödel）のように，われ
われにはこの理想的領域を感得する（五官とは異なる）手段が備わっているの
だと考える人々もある．数学に対するプラトン主義にはこのほかにも，たとえ
ば理想的領域は数と空間的形式（「理想的三角形」）から成り立っているといっ
たものもある．

　　形式主義　　ヒルベルト（Hilbert）一派は，数学はあたかもゲームにおける
がごとく，純粋に形式的な記号操作とみなすことができると考える．この操作
は，われわれが数学の定理を公理から厳密に証明する際に見られるものである．
この考えはつぎのヒルベルトのプログラムの一部分をなしていた．すなわち「数
学に対するある適当な公理系が無矛盾であること，正確に言うと，その体系に
おける証明からは，$0 = 1$ のような矛盾が決して出てこないことを示す」という
問題である．このためには，証明は純粋に形式的な操作とみなされ，厳密に「有
限の」（したがって確かな）方法により客観的に研究される必要があった．その

ような無矛盾性の証明はいまでもできていない．そしてゲーデルの有名な不完全性定理（第 11 章で論じる）を見れば，それが実行可能であることはありそうもない．

直観主義　ブローウェル（Brouwer）の一派は，数学は——たとえば自然数の列に対するような——ある基礎的直観に基づいていると考える．そのうえ数学的対象の存在の証明は，これらの対象を実際に提示することによって行なわれなければならないと考える．この理由により，直観主義は古典的な論理学の原理のうちのあるもの，もっとはっきり言えば排中律（P または非 P のいずれかが真）に反対する．直観主義にもいろいろ変種があり，その中には構成的証明の重要性を強調する一派もある．

経験主義　経験主義の立場では，数学は経験科学の一分野であり，したがってたとえば空間と数の科学というように厳密に経験的な基礎をもたねばならないと主張される．

　上にあげたような（それ以外のものも含めて）数学の本性と基礎付けについての標準的見解の中から近年において新しい洞察や理解が豊かに生み出されてきているとは言い難い．この理由から本書では出発点としてこれらのうちの 1 つの立場を仮定することはしない．その代わりにわれわれは数学の現実に見られる実際の姿とその形式性がどのようなものかという点を調べていこうと思う．そのようにして証拠をはっきりさせたうえで，数学の基礎付けとは何であり，また何であるべきかという問題に戻ることにしたい．

　われわれの最後の，そしてまた最も基本的な問題は，数学の哲学に関するものである．これは実際は 1 つの問題というよりむしろ次にあげるような一連の諸問題から成り立っている．まず存在論的問題がある．すなわち「数学が対象とするものは何であり，（もしそれが実際に存在するものであるならば）どこに存在するのか？」という問題である．次に「数学における真理の本性は何か」という形而上学的問題がある．哲学者が真理について探究する際，しばしば数学の真理を「絶対的真理」の第一の例として用いようとすることも手伝って，これはよくとりあげられる問題となっている．もう 1 つは認識論的問題である．それは「われわれはどのようにして数学的真理，あるいは数学的対象について

6 序　説

知ることができるのだろうか」というものである．この場合，解答は真理なり対象なりが何を意味するかにおそらく依存するだろう．

　そのほかにもっと直接で実際的な問題もある．数学が単に公理からの形式的な，あるいは論理的な演繹にすぎないのであれば，数学はなぜ自然科学において理不尽なほどにまで有効でありうるのだろうか？（E. ウィグナー(Wigner)）．換言すれば，数学がこの世界を理解するのにこのように大きく役立っているのはなぜか？　というものである．

　基礎論のさまざまな学派は，それぞれ上述の諸問題に解答を与えようと試みているが，どれも大方を納得させるには至っていない．しばしば——とくに哲学者の仕事においては——その試みがもっぱら数学の最も初等的な部分——すなわち，数と連続性——に限られてしまっている．しかしそれよりもはるかに多くの実質的な材料が手もとにあるのだ．われわれが数学の多様な諸分野を改めて概観することから始めるのはそのゆえなのである．

　この目的のために，第1章ではまず数学は数と空間の科学であるという伝統的考え方から出発する——しかし通常の歴史的な順序とは違って，この出発点から直接基本的な形式的概念（変換群，連続性，距離空間）に達することができることを示す．つぎの章では自然数を1つの構造として捉え，多面的に記述する．幾何学の伝統的な基礎付けは第3章に要約されているが，そこでは，運動群がつねに基本的役割を果たすという点，および幾何学における基本的なアイデアのほとんどすべてが2次元においてすでに登場してくるという注目すべき事実に考察の重点がおかれている．（空間，時間および量における）非常に多様な大きさの尺度のすべてが実数というただ1つの構造に還元して扱えるという周知の（しかし驚嘆すべき）事実が第4章のテーマである．つぎの第5章は，「関数」の考え方の起源と，それを定義する際の困難について論じる．これから変換群を仲介として群がふたたび登場する．そこでは「非常に簡単な群の公理から，その構造についてのこのように深い結果がどうして出てくるのか？」という点が問題となる．「原因に比例する結果」という現象の分析が線形代数の出発点となる（第7章）が，その多岐にわたる内容（たとえば固有値の概念など）の中には代数の範囲を越える部分もある．つぎの章は高等幾何学の諸側面を扱う．すなわち「多様体とは何か」という問題である．これらの観念の中には古典力学と密接な関連をもつものがある．古典力学（第9章）においては，純粋数学と応用数学の複雑な関係がはっきり現われている．複素解析についての第

序　説　**7**

10 章でふたたび関数——今度は正則関数——の研究に戻る．それは第 8 章の多様体と密接な関係があり，またトポロジーの起源とも深くかかわっている．最後に基礎論の問題（第 11 章）と，上にあげた 6 つの哲学的問題に戻る．それまでにいまあげたような広い範囲の数学的内容をもつ材料を検討したあとなので，これらの問題もこれまでとは違ってもっと本質にせまるような形で立ち現われることになる．

　本書の議論は初等数学の広い範囲にわたるので，読者は数学についてある程度の予備知識をもっておられるものと想定している．しかしながらわれわれの議論に登場するすべての数学的概念については，それがどのようにして考え出されるようになったかを明らかにしたうえで明確な定義を与えるように努めた．各術語は，定義が与えられている箇所ではゴシック体にして区別してある．同じ章の他の節の式の引用にあたって一部（3.4）（第 3 節（4）式を表わす）のような略記法を用いた箇所がある．

　われわれの概観は古典的な初等数学の多くの分野にわたるので，読者は必要に応じて参照できるように適当な教科書を手元においておかれることが望ましい．本書末尾の参考文献への参照は，本文を補うのに必要な少数の場合に限り， Bourbaki [1940] のような形で行う．バーコフ（Birkhoff）とマックレーン（Mac Lane）の共著にかかる *Survey of Modern Algebra* および *Algebra* の 2 著への参照がいくつかある．*Homology* および *Categories Work*（これは *Categories for the Working Mathematicians* の略記）はマックレーン単独の著書への参照である．ついでながらこの際，数学の概観についての他の 2，3 の本にも触れておこう．ブルバキによるあの壮大な何巻もある大著（たとえば Bourbaki [1940]）は多くの高級な内容を見事な形式的体系にまとめあげたものであるが，そこでの叙述は本書の目的にとって重要な起源と応用については触れないで済ませている．もっと初等的なレベルでは，ゴールディング（Gårding）による 1977 年の試論において，重点の置き方は違うものの本書で触れた内容の多くが扱われている．Davies and Hersh [1981] はより通俗的な見地に立ったものである．

第1章　形式的構造の起源

　数学とは数と空間の科学——より正確には，数，時間，空間および運動の科学——であるとしばしばいわれる．このような科学は，人間の最も原始的な活動においてさえも必要となるものである．実際そのような活動には，物を数え上げたり，時間を計ったり，計測したり，物を動かしたり，あるいは数，時間間隔，距離，図形などを利用したりすることが必然的に伴ってくる．こうした操作に関するいろいろな事実や考え方がしだいに蓄積され，計算が行なわれる中から，若干の中心的観念を基礎にもつ広大な知識の一団が発展し，計算についての形式的規則もそれに基づいて与えられるようになる．そしてついにはこの知識の一団は，概念，公理，定義，証明からなる形式的体系として組織化されるに至る．実際ユークリッドはこのようにして幾何学の公理化を行ない，諸定理を公理から注意深く証明していったのだった．この公理化は第3章で述べるように，1900年頃，ヒルベルトによって完全なものにされた．同様に自然数もまた，物を数えることから生じたものである．それには各数にその1つ次のもの——すなわち，後者——を対応させる操作，および2つの数の和や積を計算する形式的規則が伴っている．そしてこれらの形式的規則はみな，後者関数に対する若干の公理（ペアノ-デデキント（Peano-Dedekind））から導出できることがわかる（第2章参照）．最後に，時間，空間の計測はやがて実数の公理系の形にまとめられる（第4章）．以上をまとめて，第2章から第4章にわたる3つの章で，数，空間，時間の科学の標準的な形式的公理化について述べる．

　具体的なものから形式的なものへのこの発展は長い歴史上の過程であって，その中で主要な概念が登場してきた順序は，これから述べる順序とは必ずしも一致するものではない．われわれの関心は歴史的順序ではなく，何よりも具体

から形式化への発展の可能性それ自体にあるからである．この可能性を説明するために，われわれはいま一度，数，時間，空間および運動から出発して，直接現代数学の一般的概念のいくつかをつくり上げていくことにする．たとえば，物を数えることから基数や順序数といった概念が生じ，さらに無限集合や変換がそこから導かれる．時間の解析からは順序集合や完備順序集合の概念が生じる．これらの概念はまた，幾何学的計量にも適合する．（空間における）運動，および2つの運動の合成の研究から変換群の概念が示唆される．この合成という概念を加法・乗法といった算術的演算といっしょに考えてみることにより，さらに抽象化の進んだ群の概念が得られる．他方運動は連続性に関係する．そして連続性の形式的分析から，空間を距離空間，あるいはさらに抽象的な位相空間として簡明な公理系により記述する道が開かれる．以上のようにこの章では形式性（formal）という観念を，集合，変換，群，順序および位相といった基本的構造に関して導入する．ブルバキ（Bourbaki）とともにわれわれは，数学とはこのような「母構造」を扱うものだと考える．歴史的順序には反するかもしれないが，このような構造は数学の基本素材に本来直接結びつくものだというのがわれわれの見解である．

1. 自　　然　　数

　物を並べたり，数え上げたり，ラベルをつけたり，総数を数えたりあるいは比較したりするためには，ふつうの10進法で

$$0 ， 1 ， 2 ， 3 ， \cdots\cdots ， 9 ， 10 ， 11 ， \cdots\cdots \qquad (1)$$

のように書かれる**自然数**という単一の体系を用いるのが便利である．**同じ**この自然数は，10進法の代わりにたとえば2進法を使うとか，または

$$I ， II ， III ， \cdots\cdots \qquad (2)$$

のようにローマ数字──これは単に記号と見てもよい──によるなど，別の記法で書くこともできよう．これらの数は物のある集まりがあった場合，そこに含まれている個々の対象物を順番に並べたり，あるいは単にそれらの対象物に

10 第1章 形式的構造の起源

ラベルをつけたりするのにも用いられるし，またこの集まりに入る物の総数を数え上げさらにそれを用いてこういった集まりを互いに比較したりするためにも利用される．これらの活動から

集合（set）・数・ラベル付け・リストづくり

といったいくつかの数学的概念がいっしょに生れてくる．この時点では，「集合（set）」という言葉は単に物の集まり（collection）のことを表わすものとする．すなわち，2羽の鳩，3羽の鶏，4羽のコリー鳥，あるいは5個の金の指環といったものの集まり，あるいはまた，それぞれ3つの文字からなる2つの集まり，

$$S = \{A, \ B, \ C\}, \qquad T = \{U, \ V, \ W\} \qquad (3)$$

——ここでは集合あるいは集まりを表わすために通常よく用いられる $\{\cdots\}$ という記法を使った——のように（物理的対象やあるいは記号などの）事物を1つに集めたもののことである．この段階では「集まり（collection）」という言葉が適当である．なぜならば，集合（あるいは集まり）に関して大切な点は，それがその要素を特定することによって決まるということだからである．集合を要素とするような集合，集合の集合の集合，あるいは部分集合の集合といったより複雑な概念はいまのところ必要でない．

　これらの用語を用いれば，物を並べたり，ラベルをつけたり，数え上げたり，比較したりといった（元来は）非常に非形式的な操作に対して，一応満足できる記述を与えることができる．すなわち，$\{A, B, C\}$ のような集まりについて，「リストをつくる（list）」とは，その集まりに属する各事物に一定の順番で数を振り当てることを意味する．ふつうは数字1から始めて順番に $\{A_1, B_2, C_3\}$ のようにするが，この操作のために用いる数字としては，各数字に対してその1つ次の数字が決まってさえいれば十分だという点に注意されたい．この事実が，「各自然数 n にはその直後の数（後者 successor）$s(n) = n+1$ がある」というアイデアの1つの源泉である．「ラベルをつける（label）」というのはやはり上と同様に，その集まりに属する対象物に数字を振り当てるのであるが，その際 $\{A_2, B_3, C_1\}$ のようにその順番はどうでもよいとするのである．物の集まりを

1. 自 然 数 **11**

「数え上げる」とは，その集まりに属するものにすっかりラベルをつけるにはどれだけの数字が（言い換えれば，数字のうちどれとどれとが）必要であるかを決定することである．これに関連して，数えた結果はそれが正しく行なわれる限りいつも同じになるという点に注意せよ．とくにどれだけの数字が必要であるかということは，その集合に属する対象物を数え上げる順番にはよらない．たとえば，$\{A_1,\ B_2,\ C_3\}$ でも $\{B_1,\ A_2,\ C_3\}$ でも $\{C_1,\ B_2,\ A_3\}$ でも，いつも必要な数字は同じで3までとなる．2つの集まり，たとえば $\{A,\ B,\ C\}$ と $\{U,\ V,\ W\}$ を比べるというのは，たとえば $\{A/W,\ B/V,\ C/U\}$ のように，第1の集まりの各対象を，第2の集まりのある対象に，両方とも取りつくされるまで対応させていくことである．もちろんどちらか一方が先につきてしまうこともあろう．その場合，そちらのほうが「より小さい」というわけである．この比較の結果は，対象物が対応させられる順序には依存しない．$\{A,\ B\}$ はどんな順番でやっても $\{U,\ V,\ W\}$ より小さい．比較すべき対はたくさんあるが，実際にすべての対を互いに比べてみる必要はない．有限な集まりの場合は，正の自然数を最初からいくつかとった

$$\{1,\ 2,\ 3\},\ \{1,\ 2,\ 3,\ 4\},\ \{1,\ 2,\ 3,\ 4,\ 5\},\ \text{等々}$$

を標準として比べてみれば十分である．

　この意味で，集まり $\{A,\ B,\ C\}$ は基数（cardinal number）3をもつといい，

$$\#\{A,\ B,\ C\} = 3 \tag{4}$$

の記号で表わす．上で注意したように，これは集まり $\{1,\ 2,\ 3\}$ を集まり $\{A,\ B,\ C\}$ に対応させる**1対1対応**，

$$f : 1 \mapsto A,\ 2 \mapsto B,\ 3 \mapsto C \tag{5}$$

があることを意味する．集まり $\{U,\ V,\ W\}$ も対応

$$g : 1 \mapsto U,\ 2 \mapsto V,\ 3 \mapsto W \tag{6}$$

12 第1章 形式的構造の起源

によって同じ基数をもつ．この対応の手順を形式的に定義しよう．ある集まり S から集まり T への**全単射** (bijection，1対1対応) b とは，S の各元 s に T の元 $b(s)$ を割り当て，T のどの元 t にもちょうど1つの s だけが対応するようにする規則のことである．これから，b の**逆** (inverse，b を逆に眺めたもの) も T から S への全単射となることがわかる．たとえば (5) の f の逆は

$$f^{-1} : A \mapsto 1,\ B \mapsto 2,\ C \mapsto 3 \qquad (7)$$

となる．これを (6) の全単射 g と「合成」すれば，$\{A,\ B,\ C\}$ から直接 $\{U,\ V,\ W\}$ へいく全単射

$$g \cdot f^{-1} : A \mapsto U,\ B \mapsto V,\ C \mapsto W \qquad (8)$$

が得られる．このようにして，2つの集まり $\{A,\ B,\ C\}$ と $\{U,\ V,\ W\}$ が同じ基数をもつ，すなわち

$$\#\{A,\ B,\ C\} = \#\{U,\ V,\ W\}$$

という初等的事実を調べていく中から，全単射を合成するという，より一般的な操作が示唆されてくる．実は全単射に関するこれらの考え方は（基数としての）自然数の形式的定義を与えるのにも利用できるのである（第2章第8節）．

　しかし自然数が何であれ（あるいはそれらがどのように定義されるにせよ）自然数の第一義的な機能は，和，積，累乗といった計算に役立つという点にある．

　2つの数の**和**(sum)とは，それぞれの数を基数としてもつ**共通部分をもたない**(disjoint) 2つの集合を合わせたものの基数のことである．たとえば上の A，B，C，U，V がすべて相異なる場合，和 $3 + 2 = 5$ は

$$3 + 2 = \#\{A,\ B,\ C,\ U,\ V\}$$

であり，他の和についても同様である．**積** (product) $2 \cdot 3$ は「幾何的に」2×3 の長方形の配列を用いて

$$2 \cdot 3 = \# \left\{ \begin{array}{ccc} (A, U), & (B, U), & (C, U) \\ (A, V), & (B, V), & (C, V) \end{array} \right\}$$

として記述することができる．この場合，3つの縦の列は，3つの互いに共通部分のない集合となり，したがって積はまた和の繰返しとして

$$2 \cdot 3 = 2 + 2 + 2$$

とも書けることがわかる．同様に**累乗** 2^3 は，積の繰返しとして

$$2^3 = 2 \cdot 2 \cdot 2$$

と書くことができる．それはまた，3つの要素からなる集合 {1, 2, 3} から，2つの要素からなる集合 {0, 1} への関数全体の集合の基数としても書ける．

上述の3つの算術的演算が発明（むしろ発見というべきか？）されたのは，それが金銭の計算やあるいは科学的な計算にさまざまな仕方で役に立つからであった．しかしこのような計算を行なうにあたっていちいち上に述べたようなそれぞれの演算のもとの意味に立ち戻って考える必要は全くない．計算機を利用してもよいし，また通常の 10 進記法を用いる場合は 0 から 9 までの数字の和と積の表と繰上り規則を利用すればよいのである．これらの規則は，言葉の基本的な意味において「形式的 (formal)」である．すなわち，それらの規則を用いるには，10 進法や算術計算の意味にいちいち立ち戻って考える必要はない（もちろんこれらの規則はこの意味をもとにして厳密に導き出すことができるものであるが）．それらはただ計算の仕方を指示するだけである．しかも**正しい答を導く**ように指示するのである．たとえば2つの共通部分のない集合がそれぞれ5個および 17 個の要素からなっていると数え上げられたとして，それから 10 進数5と 17 を規則に従って加えるならば，和はいつも合併集合を数え上げる数となる．積についても同様である．確かに，物品は集まりから紛失することもあるし，計算する人が誤りを犯すこともあろう．しかし計算の誤りについては検算する規則，たとえば「九去法」（すなわち，各 10 進数をその数字の和で置き換えてから足したり掛けたりして検算するやり方）といった規則がある．10 以外の数を底とした記法の場合にも対応する計算および検算の規則がある

14　第1章　形式的構造の起源

（それはどういうものか考えてみよ）．

　以上の例は，われわれが「形式的 (formal)」という言葉で何を言おうとしているのかを明確に示してくれる．すなわちそれは「意味」をいちいち考えずとも適用できてしかも得られた結果は正しい解釈を有するような，一連の規則，公理，あるいは証明法の集まりのことを指しているのである．

2.　無　限　集　合

自然数全体の集まり

$$N = \{0, \ 1, \ 2, \ 3, \ \cdots\} \tag{1}$$

は0から始まり，その中の各数にはその後者（successor，1つ次の数）が決まっている．したがってそれは無限に続く．歴史的には0でなく1から始めていたのだが，われわれには空集合の基数として0が必要なのである．

　自然数全体のつくる無限集合 N の中には

$$\{0,1,2\}, \ \ \{1,3,5,7\}, \ \ \{2,4,16\}$$

のような多くの有限集合とともに，正の自然数全体の集合 P，

$$P = \{1,2,3,4,\cdots\}$$

や，すべての正の偶数の集合 E，あるいは正の6の倍数全体の集合 S などのような無限集合も含まれている．いまあげたいくつかの無限集合は，次のようにして互いに比較できる．

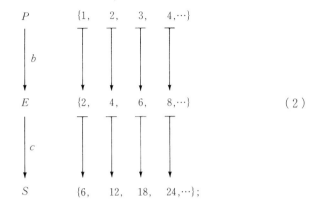

これからすべての正の数と同じだけ正の偶数があることがわかる．つまり $b(n) = 2n$ は全単射 $b: P \to E$ を定義する．同様に $c(2m) = 6m$ は全単射 $c: E \to S$ を与える．（2）の比較において，$c(b(n)) = 6n$ は「合成された」全単射 $c \cdot b : P \to S$ を与える．

集合 X は，全単射 $f : \boldsymbol{N} \to X$ が存在するとき**可算** (denumerable) であるといわれる．たとえば比較（2）によって P, E, S は可算であることがわかる．実は $\boldsymbol{N}$ の**任意**の部分集合は有限または可算である．

2つの集合 X と Y は，全単射 $f: X \to Y$ が存在するとき同じ**基数**をもつという．この基数の定義には，本章第1節ですでに見た有限基数 $0, 1, \cdots$ のほかに，$\boldsymbol{N}, E, P$ をはじめすべての可算集合の基数である $\aleph_0$（アレフ・ゼロ）も含まれている．このようにして，数えるという初等的操作から無限基数が導かれる——無限基数はたくさんあって，$\aleph_0$ はその最初のものである．後にわれわれは直線上の点全体の集合は無限集合だが非可算であることを見るであろう．

集合が無限集合であることは形式的に次のように記述することもできる．すなわち，集合 X は，その基数が有限でないとき，あるいは同値な言い換えとして，全単射，$S \to X$ をもつような真部分集合 S を含んでいるとき，無限集合である．

有限の立場に立つ人たちは，無限集合（および幾何学的無限）は単に便宜上考えられる虚構にすぎず，「現実にある」のは有限集合だけだと主張する．これについてはあとでまた考察することにしよう．しかしそれではいったい有限集

16 第1章 形式的構造の起源

合は「実在する」ものなのだろうか？ クリスマスの4日目に私の恋人が贈っ
てくれたのは4羽のコリー鳥だったのか，それとも4羽のコリー鳥の集合だっ
たのだろうか？ その集合はどこにあるのだろう？

3. 置　　換

有限集合はどんな順番で数えても同一の（有限な）基数を与える．総数は，
勘定するものの順序を「入れ換え」ても変わらない．一方このような順序の入
れ換え方（置換）がどのくらいあるか数えることもできる．たとえば集合 {1,
2, 3} は6つの置換

$$(123),\ (231),\ (312),\ (213),\ (321),\ (132)$$

をもつ．こういった勘定は賭けや投機に役に立つ．1組のトランプから3枚を
抜き出すとする．それが小さい順に出てきたり，あるいは逆に大きい順に出て
きたりするチャンスはそれぞれどのくらいあるだろうか？ それは（3つのも
のの）置換の総数6に対する好都合な場合［それぞれ (123) あるいは (321)］
の数の比で表わすことができる．これは確率のもとになる考え方である．もっ
とも確率の定義は最終的には，単に総数に対する好都合な場合の数の比という
ようなものではなく，はるかに精緻なものにしなければならないのではあるが．

置換は，「動的な」立場からも——たとえばもとの順 (123) を (312) という
順番に全単射によってうつす操作

$$1 \mapsto 3,\ 2 \mapsto 1,\ 3 \mapsto 2$$

として——見ることもできる．この例の場合は $1 \mapsto 3 \mapsto 2 \mapsto 1$ と書く代わ
りに通常，**巡回置換**（cycle）(132) というふうに書かれる．{1, 2, 3} の任意
の置換は全単射

$$b : \{1,\ 2,\ 3\} \rightarrow \{1,\ 2,\ 3\}$$

とみなすことができる．全単射と考えれば，それは逆をもつ．また {1, 2, 3} の

3. 置　　換　**17**

任意の2つの置換の合成がふたたび置換となることもわかる.

　置換はまた代数学においても現われる. たとえば多項式

$$(x_1 + x_2)(x_3 + x_4) \tag{1}$$

が与えられたとき, 添字の置換のうちでこの多項式を不変にするものはどれであろうか? まず第一に1と2を入れ換えてもよいし, また3と4を入れ換えてもよい. さらにこの2つを同時に行なってもよいし, またどちらも行なわなくてもよい. これらの置換を並べあげると

$$(12),\ (34),\ (12)(34),\ I, \tag{2}$$

のようになる. ここで $(12)(34)$ は $1 \mapsto 2$, $2 \mapsto 1$, $3 \mapsto 4$, $4 \mapsto 3$ なる置換を表わす. それは2つの巡回置換 (12) と (34) の合成である. また I (どれも入れ換えない) は「恒等」写像 $1 \mapsto 1$, $2 \mapsto 2$, $3 \mapsto 3$, $4 \mapsto 4$ を表わす.

しかし多項式 (1) はまた2つの因数を交換するつぎの4つの置換によっても不変に保たれる:

$$(13)(24),\ (14)(23),\ (1324),\ (1423), \tag{3}$$

(1) を不変にする置換は以上で全部である. つまり $\{1,\ 2,\ 3,\ 4\}$ の可能な24個の置換のうち, ちょうど8個がこの多項式を不変にする. そしてこの8個のうち4個は各因数をそれぞれ不変にしている. この24, 8, 4という数の列を見て不思議に思う人もあるかもしれない. 同様のことはまた別の多項式で実験してみることもできる. たとえば多項式

$$(x_1 - x_2)(x_1 - x_3)(x_1 - x_4)(x_2 - x_3)(x_2 - x_4)(x_3 - x_4)$$

はもっと多くの対称性 (12個の置換!) をもつのに対し, 多項式

$$(x_1 - x_2)(x_3 - x_4) \tag{4}$$

18 第1章 形式的構造の起源

を不変にする置換は

$$(12)(34),\ (13)(24),\ (14)(23),\ I \tag{5}$$

の4つしかない (**4元群**). 上の (5) のリストの中に出てくる任意の2つの置換の合成もやはり多項式 (4) を不変にする. したがってそのような合成もこのリストの中にあるわけである. 置換のこのような集まりは**置換群**と呼ばれる. (2) と (3) を合わせたものもまたそのような群の1つである.

4. 時刻と順序

時間の流れの中から「前」,「後」という観念が生まれてくる. 時刻 t が時刻 t' より前にくるとき $t<t'$ と書くことにしよう. さらにもしこの t' が別の t'' より前にきたとすれば, 明らかに t は t'' より前にくることになる. これは形式的には「2項関係」$<$ に対する**推移律**

$$t<t'\ \text{かつ}\ t'<t''\quad \text{ならば}\quad t<t'' \tag{1}$$

の形に述べることができる. そのうえ任意の相異なる2つの時刻をとれば, そのうちのどちらか一方が必ず前にくる. 言い換えると任意の t , t' に対して

$$t<t',\ t=t',\ t'<t \tag{2}$$

のうちちょうど1つだけが成り立つ. これは**3分律** (trichotomy) と呼ばれる.

しかし時刻の「前」,「後」だけがこれら2つの法則の例となるわけではない.「離散な」例も存在する. 自然数について $m<n$ とは, n が m に続く数のリストの中で m よりあとに現われるという意味である. この場合も上の (1), (2) がともに成立する:

$$0<1<2<3<\cdots \tag{3}$$

正負の整数の通常の順序

$$\cdots -3 < -2 < -1 < 0 < 1 < 2 < 3 < \cdots \qquad (4)$$

はこれらの法則の別の一例を与える．つぎの図式

$$\boldsymbol{Q}: -1/5 < \cdots < 0 \cdots < 1/5 \cdots < 1/4 \cdots < 1/3 < \cdots < 2/3 \cdots < 1 \cdots \qquad (5)$$

からわかるように有理数の通常の順序もやはり（1），（2）を満たす．上述の2つの法則が成り立つような例はほかにもたくさんある．したがって任意の集合X（時刻や整数や有理数など）に適用できるように，この2つが同時に成り立つ状況に対して名前をつけておくと都合がよい．

集合X上の**2項関係**（binary relation）$<$とはXの任意の2元x，yに対して$x<y$が成り立つか成り立たないかを定めるものである．あるいはこの関係は1つの集合，すなわち$x<y$なる順序対(x, y)全体の集合，を特定するのだといってもよい．**全順序集合**(linearly ordered set)Xとは，法則(1)，(2)が成り立つような2項関係をもった集合Xのことである．言い換えるとそれは推移的で3分律の成り立つ関係$<$をもった集合のことである．全順序集合の例はこのほかにもたくさん見つける（発明する？）ことができる．たとえば$1<2<3<4$のような有限のものもあればまた，

$$0<1<2<3<\cdots<\omega<\omega+1<\omega+2<\cdots \qquad (6)$$

のような無限に長いものなどもある．ここでωは有限な自然数全体より先にある最初のものを表わす（この自然数全体のなす全順序集合が実は無限順序数の出発点となるのである）．

上の定義は，さまざまな多くの例に共通するある1つの状況を一連の公理系によって記述するという（このほかにも多くの例のある）やり方の最初の簡単な一例を与えている．他の場合でもそうなのだが，公理の選び方はいろいろある．たとえば，時間の流れは「前」，「後」を用いる代わりに，ふつう$t \leqq t'$と書く「～より遅くない」という概念を用いても記述できる．こちらのほうも任意の全順序集合Xに対して形式化できる．$x \leqq y$は$x<y$または$x=y$のことであると定義する．そうすればX上のこの2項関係は

20　第1章　形式的構造の起源

推移律　　　$x \leqq y$ かつ $y \leqq z$ ならば $x \leqq z$ が成り立つ.

反射律　　　任意の x に対して $x \leqq x$ が成り立つ.

反対称律　　$x \leqq y$ かつ $y \leqq x$ ならば $x = y$ が成り立つ.

を満たす. 最後に3分律に相当するものとして, それは,

　　　　X の任意の元 x と y に対して $x \leqq y$ または $y \leqq x$ が成り立つ,

という性質をもっている. 逆にある集合 X にこの4つの性質をもつ2項関係が入っているとして, $x < y$ は $x \leqq y$ かつ $x \neq y$ のことであると**定義すれば**, X は実際全順序集合になり, 元の与えられた関係 $\leqq$ と $<$ の間の関係は前述のものに一致する. 要するに全順序という同じ概念が $<$ あるいは $\leqq$ という2つの形式的に異なる方法で定義できる. 一般に同一の状況が2つ以上の形式的に違う方法で定義できることはしばしば起こる.

　この公理系の2つの「モデル」が――自然数の全順序集合と正の偶数全体の全順序集合

$$2 < 4 < 6 < 8 < 10 < \cdots$$

とが同じ「順序形」をもつことになるような意味で――「本質的に」同一であるのはいつかという問題も生じる. そこで2つの全順序集合 X と Y に対して, **順序同形** $f : X \rightarrow Y$ とは集合 X から集合 Y への全単射で順序を保つようなもの, つまり X の任意の元 x_1, x_2 に対して

$$x_1 < x_2 \text{ ならば } f x_1 < f x_2 \tag{7}$$

が成り立つようなもののことであると定義する. このような f が存在するとき, X と Y は同じ**順序型** (order type) をもつという (これは「同一の基数をもつ」ことの定義に類似しているが, いまの場合は比較される元どうしの間の順序も考慮されている点が違う). このように定義すると, 4つの元からなる任意の全順序集合は, 標準的な集合 $1 < 2 < 3 < 4$ と順序同形であることが容易に証明できる.

ここでつぎの一般的問題が出てくる．すなわちこの公理系のある特定のモデルを記述するのに，必要なだけ公理を追加してそのモデルを一意的に（つまり順序同形を除いて一意的に）決定するという方法をとることができるかという問題である．いまの場合でいうと，順序同形 $X \to N$（あるいは有理数の順序集合 Q への同形 $X \to Q$，さらにまた実数の順序集合への同形 $X \to R$）が存在するための順序集合Xの条件を与えることが可能であろうか？

答は**肯定的**である．実数の場合についていえば，1 つの実数（時刻）が有理数で近似できるというのはどういう意味であるか定式化する必要がある．たとえば実数 π は通常の 10 進近似

$$3.14,\ 3.141,\ 3.1415,\ 3.14159,\ 3.141592,\ \cdots$$

によって決定できる．実は π はこの有理数の集合の「上限（最小上界）」である．形式化していえば，全順序集合Xにおいて，元 b がXの部分集合Sの**上界**であるとは，Sの任意の元 s に対して $s \leqq b$ が成り立つことをいう．さらに $b' < b$ なる b' はSの上界に決してならないとき，b はSの**上限**であるという．これからSがもし上限をもてばそれはただ 1 つであることがわかる（この意味でたとえば π はその 10 進展開により一意的に定まる）．さらにXに上界も下界もないとき，Xは**非有界**という（たとえば順序集合 N は下界 0 をもつので非有界でない）．

実数の順序集合の決定的な性質は**完備性**（completeness）である．ここで完備性とは，任意の上に有界な部分集合Sは上限をもつことを意味する．任意の実数が有理数で近似できるというもう一つの事実は，有理数の集合 Q が R で「稠密」であるということによって形式化できる．ここで全順序集合Xの部分集合DがXで**稠密**（dense）であるとは，Xの任意の 2 元 $x < y$ に対して，Dの元 d で $x < d < y$ を満たすものが存在することをいう．これらの定義から R が完備，非有界であり可算な稠密部分集合を含むことは明らかである．そのうえ，これらの 3 つの性質をもつ全順序集合は R に順序同形であることが証明できる（Hausdorff 参照）．証明には Q の順序形の特徴付け，すなわち可算，非有界かつ（自分自身の部分集合として）稠密という性質が利用される．

この結果は確かに実数の**順序**の記述を与えている．第 4 章においてこの事実をその代数的性質の記述と結びつけて考えることにする．この代数的な諸性質

22　第1章　形式的構造の起源

はまた時間の流れについての経験からも導かれる．実際，時間の間隔を機械時計（あるいは砂時計）で計ることにすれば，1つの時間間隔に別の時間間隔を**加える**ことができ，そして各時刻 t を（ある時刻から始まる）一定の時間間隔の端点とみなすことができる．こうすればこの加法は，時刻の各対 t，t' に対して和 $t + t'$ を与える演算となり，この和は $t + t' = t' + t$ や

$$(t + t') + t'' = t + (t' + t'')$$

などといった性質をもつ．この性質は自然数の加法の性質とそっくり同じである．ここでもまた，相異なる例から同一の形式的法則が導かれる．

5.　空　間　と　運　動

　空間は何かある広がりをもったものとして考えることもできるし，また対象物が入っている場所として，あるいはまた理想的な「図形」に対する背景となるものとして考えることもできる．これらの諸側面はみな，空間内の運動という概念と密接に結びついている．他方運動は空間における距離の計測という概念を生み出す．空間および運動は物理学から身体運動に至るまでいたるところに姿を見せるものである．

　空間の概念を理想化して考えることにより，空間片は「点」で満たされた図形からつくられているという考えが出てくる．点は空間の中にあるが広がりはもたない．分析を極限まで進めれば，空間は単に点から成り立っていることになる．——しかしこの考え方がうまくいくためには，たとえば点 p から点 q への距離 $\rho(p, q)$ を与えることにより記述されるような付加的構造が点の間に入っている必要がある．この距離は直線に沿って測ることにする．それは数——最初は単に有理数——で表わされる．しかし直線には（均衡をとるために）鉛直になっているものもあり，また水平なものもある．これから垂線という考えが生まれてくる（この「垂線（perpendicular line）」という言葉はゴシック建築における垂直様式での縦線を思わせるものである）．ここから直角三角形が生まれる．そしてそこから今度はピタゴラスの定理が生まれ，等辺の長さが1の直角2等辺三角形の斜辺の長さが $\sqrt{2}$ となることが発見される——しかもこの数は有理数ではない（なぜならば $\sqrt{2} = m/n$ と既約分数に書くことができ

るとすれば，これから $m^2 = 2n^2$ となり，m が，したがってまた n が偶数となってしまう）．このようにして空間を距離で計測する際には有理数でなく実数が必要となるのである．

かくして実数が与えられたとすると，空間——あるいは空間片——X は点 p，q，$\cdots$ の集まりであって p から q への**距離**を与える非負実数 $\rho(p, q)$ を伴ったものとして記述できることになる．p から q への距離は q から p への距離と同じである：

$$\text{任意の } p, \ q \text{ に対して} \quad \rho(p, q) = \rho(q, p). \tag{1}$$

それが 0 となるのは 2 点が一致する場合に限る：

$$\rho(p, q) \geqq 0 \ ; \ \rho(p, q) = 0 \iff p = q. \tag{2}$$

さらにこの距離は，そのつくり方により p から q へ至る最短距離になっている（直線は 2 点間の最短距離を与える）．このことからとくに，p から q への距離は第 3 の点 r を通る 2 つの直線に沿って測ったものより大きくはならないことがわかる．これは次の**三角公理**にほかならない（図 1）．すなわち X の任意の点 p，q，r に対し

$$\rho(p, q) \leqq \rho(p, r) + \rho(r, q) \tag{3}$$

が成り立つ．こうして**距離空間**の概念が生まれる．これは点の集まりであって，（その任意の）2 点 p，q に対し上の（1），（2），（3）の公理を満たす実数である距離 $\rho(p, q)$ が付随しているものである．正方形，立方体，円柱，球状の粒，亜鈴などといったありふれた空間は通常の距離によってみな上の意味での距離空間となる．（通常の）3 次元空間全体もそうである．非ユークリッド空間（第 3 章）や第 8 章で考察する曲率をもった空間も距離空間の自然な例となって

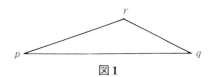

図 1

24 第1章 形式的構造の起源

いる．さらに無限個の相異なる点からなり，どの2つの点の間の距離も1であるといったような一風変わった「空間」もある（この空間を平面に入れることを試みてみよ）．こういった奇妙な例はあるけれども，空間の初等的性質の多くは一般の距離空間に対しても形式化でき，研究することができる．言い換えると，数が与えられたとすれば，空間の数学的研究はユークリッド幾何学という因襲的な考え方から出発する必要はなく，多くの他の「空間」の例にも適用できる公理系——すなわち距離空間の公理系——から出発することができるのである．

任意の距離空間においても運動を記述することができる．——点を互いの距離を保ったまま動かすのである．これをより形式化した形で述べてみよう．F が距離空間 X における**図形**（点集合）とするとき，F の運動により F の各点 p は各時刻 t において X 内の新しい位置（つまり新しい点）$M_t p$ にうつされることになろう．このプロセスは「連続」でなければならない（連続の意味はあとで考察する）．さらに運動は**剛体的** (rigid) でなければならない——すなわち任意の2点間の距離は運動の間中一定でなければならない．言い換えると，任意の時刻 t と F の任意の点 p，q に対して距離 ρ は

$$\rho(M_t p,\ M_t q) = \rho(p,\ q) \tag{4}$$

を満足しなければならない．このような運動 $(p,\ t) \mapsto M_t p$ は t をパラメータとする図形 F の**径数付けられた運動**と呼ばれる．

あるいはまた，運動の「最終結果」——すなわち出発点 p からある決められた時刻 t_1 における終着点 $M_{t_1} p$ への推移——だけを考えたほうが簡単かもしれない．こう考えた場合の運動は**剛体運動** (rigid motion) と呼ばれる．それは考えている図形の各点 p を新しい点 M_p にうつすものであって，任意の点 p，q に対し

$$\rho(Mp,\ Mq) = \rho(p,\ q) \tag{5}$$

が成り立つもののことである．簡単に言えば，剛体運動とは2点間の距離を保つ空間の全単射である．たとえば正三角形を自分自身にうつす剛体運動としては，$(120°，240°の)$ 回転，三角形の3つの高さについての鏡映，あるいは恒等

運動（どの点も動かさないもの）などが考えられよう．つまり正三角形にはそのような運動（対称性，symmetry）が6個ある．平面全体の運動については第3章で3つの典型的な運動——**平行移動**（各直線のうつった先がもともとの直線と平行なままであるもの），**回転**（1点が固定されたもの）および**鏡映**（1つの直線上の点がすべて固定されるもの）——を利用して考えることにする．運動がこれらでつくされるわけではない．図2において，三角形 ABC を合同な三角形 $A'B'C'$ に動かすには（A から A' への）平行移動に続いて A' の周りの回転を行なう必要がある．つまり合成運動が必要となる．

このような例から2つの運動MとNの合成という考えが生まれる——点をまずMによって動かし，つぎのその結果をNで動かせば

$$C(p) = N(M(p)) \qquad (6)$$

なる**合成運動**Cが得られる．これを $C = N \cdot M$ と書く．MとNが剛体運動ならばCもそうであることはただちにわかる．径数付けられた運動に対しては通常，時刻の加法が合成に対応する．すなわち

$$M_{s+t}(p) = (M_s \cdot M_t)(p) \qquad (7)$$

が成り立つ．

距離空間の公理から任意の剛体運動Mは相異なる点を相異なる点にうつすことがわかる．実際 $p \neq q$ ならば公理（2）から $\rho(p,q) \neq 0$ となり，したがって運動の定義（5）により $\rho(Mp, Mq) \neq 0$ となる．ゆえにふたたび公理（2）から $Mp \neq Mq$ が得られる．

図形Fの対称性を研究する場合，われわれはふつうFのそれ自身の「上へ」の運動Mを考える．それはFの点pをFのある点 $M(p)$ にうつし，さらにFの任意の点qに対して，$q = M(p)$ となるFの点pが存在するような運動のこと

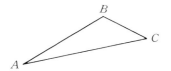 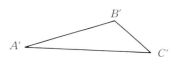

図2

である．上に述べたことからこのような運動MはFからFへの全単射となり，したがって逆 M^{-1} をもつ．この M^{-1} もまたFからFへの剛体運動となる．

FをFにうつす剛体運動でFの上への写像にならないものは一見存在しないように思えるかもしれない．読者は（たとえば平面上の）無限図形Fを用いてそのような例をつくってみられるとよいだろう．

6. 対　称　性

われわれの周りには対称性をもったものがいろいろある．（人工的な）対称図形もたくさんある(図1)．これらの図形はいずれも左右の対称性，上下の対称性，および回転対称性をもっている．左右の対称性Vは図形をそれ自身に重ねる垂直軸に関する折返しとして，また上下の対称性Hは水平軸に関する同様の折返しとして解釈できる．同様に回転対称性は，図形をそれ自身に重ねる中心の周りの180°回転Rのことである．図形を距離空間Xと考えた場合，これらの対称性はいずれもXからそれ自身への運動Mとなる．そして図1の図形についてはそのような運動は上にあげた4つ（恒等運動を含めて）だけである．これから一般に図形Fの**対称性**(symmetry)とは「Fをそれ自身に重ねる剛体運動」のことであると定義すればよいことがわかる．とくに図1の互いに異なる4つの図形は，この定義によれば，どれもみな同じ対称性（のちに**4元群**と呼ぶことになるもの）をもつことになる．

この定義によりFの2つの対称性の合成はふたたびFの対称性となる．たとえば，垂直方向の折返しに引き続いてもう一度垂直方向の折返しを行なえば恒等写像となる（したがって恒等写像も対称性の中に数える必要がある）．他方，垂直方向の折返しに引き続いて水平方向の折返しを行なえば180°の回転となる．これは実際に長方形のカードでやってみて確かめることもできる．——あるいはまた長方形の頂点に1，2，3，4と番号を振っておけば，Vは置換(12)(34)，Hは(14)(23)となり，合成 $H \cdot V$（まずVを行ない次にHを施す）は

図1

$$1 \mapsto 2 \mapsto 3, \ 2 \mapsto 1 \mapsto 4, \ 3 \mapsto 4 \mapsto 1, \ 4 \mapsto 3 \mapsto 2 \quad (1)$$

となって180°回転で与えられる置換 $(13)(24)$ に一致する．すなわち図1の対称性を全部並べると

$$(12)(34), \quad (14)(23), \quad (13)(24), \quad I, \quad (2)$$

となる．これは本章第3節（4）の多項式 $(x_1 - x_2)(x_3 - x_4)$ を不変にする置換のリスト (3.5) と同一である．かくて幾何学的状況と代数的状況の双方において同一の対称性が現われてきた．このことから，この背後にある対称性——この場合は「4元群」——それ自身は，単に幾何学的でもなく，また単に代数的なものでもなく，むしろその両方にかかわる「抽象的」なものでなければならないと考えられる．それは数に依存するものである必要はない．——図1の亜鈴には番号を振るのに適当な角というものはないのだ！

　こういった対称性には多くの異なったタイプがある．3次元については正四面体，立方体，正二十面体，あるいは正八面体等の対称性がある．平面上では図2のような対称図形がある．正三角形については3つの頂点の6つの置換全部に対応する——あるいは全く同じことになるが，3つの辺の6つの置換全部に対応する——6つの対称性がある．正方形および装飾を入れた（右から2番目の）正方形に対しては全部で8つの対称性——すなわち（上下，左右，および2本の対角線についての）4つの折返しと4つの回転（恒等写像は360°の回転と見る！）——がある．4つの頂点に図2のように番号をつけると，8つの対称性はちょうど第3節で多項式 $(x_1 + x_2)(x_3 + x_4)$ に対してあげた8つの対称性 (3.2) および (3.3) と同じものであることがわかる．これによりふたたび代数と幾何はその背後に何かある抽象的形式をもっていることが示唆される．

　図3の模式図でわかるようにギリシア神殿のフリーズは「もっと多くの」対

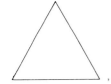 , , ,

図2

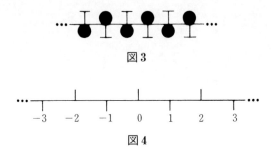

図3

図4

称性をもっている．このフリーズは両側に無限に伸びている「線状装飾」と考えられる．それはより模式的に各節に番号を振った図4のような形で図示することもできよう．これは無限個の対称性をもつ．たとえば（nを$-n$にうつす）左右対称性V，右へ2単位分の平行移動Tとそれをn回繰り返した平行移動T^n，Tの逆である（2単位左への）平行移動 T^{-1} とその繰返し T^{-n} はこの図形の対称性となる．さらにまた右へ1単位平行移動してから上下を反転するという別の剛体運動Sもある．このとき合成 $S \cdot S$ はTにほかならない．結局この図形のすべての対称性はVと「ずらし反転」Sおよびその逆により「生成」される．図4において下に出ている線分を全部取り除いてしまえば対称性は減る（Sはだめになる．VとTはよい）．読者はこれらとは異なる対称性をもつ線状装飾を考えてみられるとよいだろう（全部で7種類しかない）．

　3次元の無限対称性は非常な多様性をもっている．それを考えるきっかけをつくったのは建築だけではない．実際3次元対称性の分類は「結晶群」による結晶の分類の第一歩なのだから．

7. 変 換 群

　集合の置換，図形の対称性，およびユークリッド空間における運動はいずれも「変換」の例となっている．集合Xの**変換** (transformation) Tとは，全単射 $T : X \to X$，すなわち集合Xの元xの間の1対1対応 $x \mapsto Tx$ のことである．したがって各変換Tは逆 $T^{-1} : X \to X$ をもつ．任意の2つの変換SとTに対して合成 $S \cdot T$——まずTを施しそれからSを施す——が存在する．

　集合X上の**変換群** (transformation group) Gとは，X上の変換Tの空でない集合Gであって，各Tとともにその逆 T^{-1} もGに属し，さらにGの2つの変

換 S，T に対してその合成 $S \cdot T$ もまた G に属するようなもののことをいう．この条件から G はつねに X の恒等変換 I を含む：

$$I = T \cdot T^{-1} = T^{-1} \cdot T.\qquad(1)$$

有限集合（とくに，典型となる有限集合 $\{1, 2, \cdots, n\}$）上の変換群はふつう，**置換群**（permutation group）と呼ばれる．$\{1, 2, \cdots, n\}$ の $n!$ 個の置換全部からなる群が **n 次対称群**である．

　図形や式の対称性は変換群の主要な例であり，「抽象的」概念を生み出すもとになったものである．これは数学的経験の中から形式的定義が生まれてくる場合の典型的な例である．また一方，2つの変換群が「本質的には」同じものであるのはどういう場合かという点についても考えてみる必要がある．このためにたとえば本章第6節で見た，正方形 X の各対称性をその頂点の置換で表現する場合を考えてみよう．この表現は各頂点に番号をつけることによりできたものである．そのためにはたとえば，各数を対応する頂点にうつす関数 $f : \{1, 2, 3, 4\} \to X$ を用いればよい．各番号は別々の頂点につけられている．すなわち，$fk = fm$ ならば $k = m$ が成り立つ．この場合，関数 f は**単射**（injection，または **1 対 1 の中への写像**）であるといわれる．正方形の各運動 $T : X \to X$ は頂点を頂点にうつすので，それによって番号のついた頂点の集合 Y の置換 $^{\#}T : Y \to Y$ が定まる．すなわち $^{\#}T$ の k への作用は T の fk への作用で決まる．言い換えると $k = 1, 2, 3, 4$ に対して

$$f(^{\#}T)k = T(fk)\qquad(2)$$

が成り立つ．この式は関数の合成を用いて

$$f \cdot {}^{\#}T = T \cdot f\qquad(3)$$

と書くことができる．また対応する関数を図式に書いて

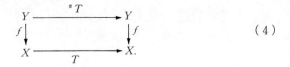

(4)

のように表わすこともできる．この図形では f は X 上の T の作用と頂点の集合 Y 上の $^\#T$ の作用とを比較するものとして表わされている．上の図式は（3）が成り立つので**可換**であるといわれる．すなわち左上から右下へいく2つの道は同じ結果を導くのである．この例（ほかにも同様な例はたくさんある）から X 上の変換群 G と別の集合 Y 上の変換群 H の比較という観念を一般的な形で形式化するには次のようにすればよいことがわかる：(H, Y) から (G, X) への**写像**とは，関数 $f: Y \to X$ および関数 $\#: G \to H$ の組であって，G の任意の変換 T に対し図式（4）がつねに可換となるようなもののことをいう．ここで f が（上の場合のように）単射であれば，式（3）により f が与えられると（上の例の場合で言えば頂点の番号付けが与えられると）$\#$ は完全に決まってしまう．さらに f が全単射ならば，それは逆 f^{-1} をもち，したがって $\#$ は直接に

$$^\#T = f^{-1} \cdot T \cdot f \tag{5}$$

のように書くことができる．対応する置換を得るには，f により各頂点に番号をつけ各頂点がどれにうつるか見たうえでその番号を（f^{-1} により）読みとればよい．

　以上の結果は4つのものからなる集合の典型である $\{1, 2, 3, 4\}$ 上の置換によって，4つのものからなる任意の集合上の置換が表現できるという明白な事実をまさに形式化したものである．一般に集合 Y と X が全単射 $f: Y \to X$ により同じ基数をもてば，（5）の対応 $\#$ は X の置換群から Y の置換群への全単射となる．ついでながら $\#$ は f とは反対方向に向いている点に注意されたい．

　しかしながら，この写像という概念はいささか複雑である．そのうえ必要な比較のすべてがこのやり方で扱えるわけではない．たとえば本章第6節図1において亜鈴 Y と長方形の周 X は明らかに「同じ」対称性をもっているが，この2つを比較するための写像 $f: Y \to X$ をどうとればよいかはあまり明白でない．実はこのような f は存在しないのである——なぜならば亜鈴 Y ではその

8.　群　　**31**

中央の点が考えているすべての運動で固定されたままであるのに対し，長方形の周のほうにはそのような点はないからである．この場合の 2 つの変換群を比べるには少なくとも何か中間に補助を考えてやらねばならない——たとえばおのおのを（それらを含む）長方形に写像しておくといったように．

　要約すれば，対称性の考察の中から変換群というものを考える必要が生まれ，この概念がまたさらにいっそうの抽象化を要求するものとなるのである．

8.　群

　集合 X 上の任意の 3 つの変換 R，S，T に対してそれらをつぎつぎに合成したものは定義により

$$((R \cdot S) \cdot T)x = R(S(Tx)) = (R \cdot (S \cdot T))x$$

を満たす．つまり変換の合成は結合律を満足する．そこで変換群 G において G の元 T がものを変換するのだということは忘れて合成の性質だけに着目して考えよう．そうすれば G はつぎの「抽象」群の定義の意味で 1 つの群となる．

　群（group）とは次に掲げる 3 つの規則を備えた集合 G のことである：

（ⅰ）　G の任意の 2 つの元 s，t に対してその積と呼ばれる元 st を対応させる規則．ただし G の任意の元 r，s，t に対してこの積は**結合律**

$$r(st) = (rs)t \tag{1}$$

を満たす．

（ⅱ）　G の任意の元 t に対して

$$te = t \tag{2}$$

が成り立つような G の元 e（**単位元**，しばしば e の代わりに 1 と書く）を決める規則．

（ⅲ）　G の各元 t に対して

32　第1章　形式的構造の起源

$$tt^{-1} = e \qquad\qquad (3)$$

を満足するようなGの元 t^{-1} を対応させる規則.

　どの変換群においても合成はこれらの諸性質をもっており，したがって変換群は群となる．そのうえ（逆も真であって）ケーリー（Cayley）の定理により，任意の群は次のようにして変換群から得られる：すなわち点集合XとしてはG自身をとり，Gの元xをGにおける積 tx にうつす変換をGの元 t と同一視するのである．しかしながら変換だけが群の起源をなすものではない．数の乗法を積と考えることにより正の有理数全体，正の実数全体，あるいは0でない複素数全体はいずれも群をなす．加法を「積」と考えれば，実数全体は群をなすし，また，ふつうの時計での時刻（12 = 0）も同様である．あとに見るように数論にもいろいろな群が登場する．いまあげた群は，みな，積が可換である，すなわち任意の t と s に対して

$$st = ts \qquad\qquad (4)$$

が成り立つ．このような群は**アーベル群**と呼ばれる．

　群に対する公理（ⅰ），（ⅱ），（ⅲ）は簡単なものであるが，これから多くの結果が導かれる．その中には約分の法則（$st = s't$ ならば $s = s'$ が成り立つ）や

$$te = t = et, \;\; tt^{-1} = e = t^{-1}t \qquad\qquad (5)$$

の規則のように容易に出てくるものもある．(5)は(対称な形をしているので)これを（2）と（3）の代わりに公理として採用することもできよう．群Gは**部分群**（subgroup）S（部分集合のうち，もとの群と同じ乗法（および逆）の下で群をなすもの）をもつ場合もある．Gが有限ならば，その基数は群Gの**位数**（order）と呼ばれる．部分群の位数はつねにもとの群の位数の約数となることが示される．これによって4つのものの対称群の部分群のうち以前考察したものの位数が8あるいは4であった事実がうまく説明できる．個々の群を構成する方法はいろいろある．たとえば各正整数nに対して位数nの**巡回群**(cyclic group）Z_n は正 n 角形の回転対称性全体のつくる群である．それはアーベル群である．任意の 2 つの群 G，H に対し，その「直積」$G \times H$ をつくることができる．G と H がアーベル群ならば直積もそうなる．有限アーベル群の「構造定理」は，任意の有限アーベル群 G が巡回群の直積

$$G = Z_{m_1} \times Z_{m_2} \times \cdots \times Z_{m_k} \qquad (6)$$

となることを主張するものである．さらにこれらの因子の位数 m_1, $\cdots$, m_k はそれぞれが 1 つ次のものの倍数となるように選ぶことができる（それらを全部掛け合わせれば G の位数になる）．われわれはのちに，この定理を考えるもとになった数論（m を法とする剰余のうち m と互いに素なもの全体のつくる乗法群）やトポロジー（有限複体のホモロジーをそのベッチ（Betti）数とねじれ係数で記述すること）の諸事実に触れることになろう．またこの定理がどの程度一般化できるかという問題も取り扱うことになろう（実は単項イデアル環上の有限加群についての定理として一般化できるのである（*Algebra*, p. 384））．さらにこのような定理に伴って現われる他の諸概念——たとえば群の直積の概念やその一般化にあたる他のタイプの数学的対象（環，空間など）の積，そして最終的には圏における対象の積（*Categories Work*, p. 68，あるいは本書第 11 章）——もまた考察の対象にするつもりである．

　非アーベル群 G に対しては（6）のように簡単な構造定理は存在しない．たとえば 3 つの文字 $\{1, 2, 3\}$ の対称群は位数 6 であるが，それは巡回群でも巡回群の直積でもない（しかしそれは位数 2 および 3 の部分群はもっている）．このような非アーベル群に対してはその代わりに構造に関するはるかに深い結果がある（第 5 章参照）．そこできわめて単純な群の公理からこのような深い構造が導かれるのはいったいなぜかという疑問が生じる．

　2 つの群の比較の問題に戻ろう．1 つの変換群 (H, Y) から他の変換群 (G, X) への写像を与える $f: Y \to X$ が全単射の場合には，本章第 7 節（5）におけるように G に属するすべての T に対して

$$\#T = f^{-1} \cdot T \cdot f$$

によって $\#: G \to H$ が定まった．このとき，G における任意の合成 $S \cdot T$ に

34　第1章　形式的構造の起源

対し

$$^{\#}(S \cdot T) = f^{-1}(S \cdot T)f = (f^{-1}Sf) \cdot (f^{-1}Tf) = (^{\#}S)(^{\#}T)$$

が成り立つ．これからつぎの定義が得られる：任意の2つの群GとHに対して，**準同形**（homomorphism）$b: G \to H$ とは，Gの各元 s にHの元 bs を対応させる関数で，

$$b(st) = (bs)(bt) \tag{7}$$

を満たすもののことである（(7)から $be = e$ および $b(t^{-1}) = (bt)^{-1}$ が従う）．b が全単射ならば，それは**同形**（isomorphism）と呼ばれる．これによって本章第7節の問題に対する答が簡単に定式化できる．すなわち2つの図形は，その対称性のなす群が互いに同形であるとき，同じ対称性をもつ．

　しかし幾何学だけから同形という観念が生み出されてきたわけではない．対数（たとえば 10 を底とするもの）の周知の性質

$$\log(xy) = \log x + \log y$$

は対数が正の実数のつくる乗法群から（正，負および0の）実数全体のつくる加法群への同形であることを示すものである．$\log 1 = 0$ および $\log(x^{-1}) = -\log x$ にも注意されたい．

　準同形にはこのほかにも数の絶対値，行列の行列式，あるいは正方形の各対称性がその対角線の間に引き起こす置換など多くの例がある．

　以上の議論は，基礎となる未だ形式化されていないアイデアがどのようにして生まれ，一般化と抽象化を通じてどのように形式化されていくかということを，とくに顕著な事例を通して要約したものである．第一に運動，対称性および置換の研究から合成という「アイデア」が生まれる．このアイデアの1つの形式化として変換群が現われる（合成の形式化の他の形については後述する）．「変換群」という概念は，多様な例に共通する性質や，例どうしの比較がよく理解できるように，それらの例を一般化して得られたものである．しかし有用な性質のうちの若干のものについて見れば，そこで必要なのは変換の合成ではな

く，ただ合成するという操作だけである．しかもこの合成は，加法や乗法と似た振舞いをする．そこで抽象化を行なうことにより，これからいっそう抽象的な「群」の概念が生まれ，それについて広範な研究がなされることになるのである．

われわれのこれまでの叙述には，群の概念が数学的アイデアのヒエラルヒーの中ではじめのほうの（しかも顕著な）位置を占めるものであるという主張が含まれている．歴史的にはしかしそうではなかった．幾何学は公理によって扱われたのであって（期待されるように——第3章参照）群を用いて記述されたわけではなかった．結晶をその対称性の群により分類することは19世紀になってはじめて発展したものであった．群の中で最初に明確にそれとして認識されたのは置換群であり，群概念を最初に自覚的に利用したのはガロア（Galois, 1832）であった．彼は代数方程式の根に関する定理の証明に準同形を用いている（ガロア理論，第5章第7節参照）．そのあとも 19 世紀においては群（通常混乱した定義で記述されていた）は主として置換群であった．ケーリーが 1852 年に抽象群を定義したときも，注目した人は誰もいなかった．1871 年に彼がその定義をふたたび取り上げた際，彼は位数 6 の群のうち相異なるものは（2つでなく）3つであると述べた．というのは彼は同形 $\mathbf{Z}_6 \cong \mathbf{Z}_2 \times \mathbf{Z}_3$ に気付かなかったからである．1905 年バーンサイド（Burnside）は決定的なモノグラフ「*Theory of Finite Groups*」（有限群論）を出版した．それは実際は抽象群を扱ったものだが，彼はそれを「置換の群（groups of substitutions）」と呼んでいた．この言い方は群論の基礎にある直観的事実を確かにうまく言い表わしている．概念の公理的記述によって多様な例がよく理解できるようになるという思想の有用性が完全に認識されるようになったのは 20 世紀になってからだといってもよいだろう．

群の公理は他の代数系の公理のモデルを与えている．「G の中に $te = t$ がいつも成立するような元 e が存在する」という形で公理を述べる代わりに，上にあげた公理（ii）は，元 e が「与えられる」ものであるという立場をとっている．実際それは 1 点集合 $\{*\}$ を集合 G の元 e にうつす関数 $e : \{*\} \to G$ として与えることができる．このような関数は（G 上の）**0 項演算**と呼ばれる．したがって群の公理は **2 項演算**（乗法），0 項演算（単位元），および単項演算（逆元）の 3 つの演算

36　第1章　形式的構造の起源

$$c : G \times G \to G, \quad e : \{*\} \to G, \quad -1 : G \to G \qquad (8)$$

を与えている．これらの演算は等式（1），（2），（3）を満足することが要求
されている．そしてこれらの等式は（8）における諸演算の「合成」の間に成
り立つ等式とみなすことができる．

　加法と乗法の演算（環，あるいは可換環に対する公理（第4章第3節））や，
束，ベクトル空間等における代数的演算についてもほとんど同じ形式が適用で
きる．

　群はさまざまな形で一般化されてきた．たとえば公理の一部を削ることによ
る一般化がある．逆元をとるという単項演算（とそれに対する公理（iii））を削
れば**モノイド**（monoid）の公理が得られる．単位元 e に対する公理（ii）もい
っしょに削れば**半群**（semi-group）の公理となる．こういった削除にはいろい
ろな動機があることに注意せよ．たとえば半群は（チューリング・マシーンの
ような）有限状態マシーンの操作（状態の列が半群をなす）や関数解析におけ
る作用素の結合などに表われる．——しかし半群は群ほど豊かな構造はもたな
い（このように構造の豊富さがいろいろ違うことはどうやって説明すればよい
だろう？）．われわれは公理の一部を削ることによる一般化について，これから
も繰り返し検討することになろう．

　上にあげたものをはじめとする多くの事例によって代数系の一般的概念とは
どういうものかが説明できる．代数系とは，0項，単項，2項，3項，…の演
算をもつ集合 X であって，それらの演算どうしの合成の間に成り立つべきさま
ざまな等式が公理として与えられているもののことである．「普遍代数（univer-
sal algebra）」はそのような構造の一般的性質を扱うものである．さらに2つ以
上の集合に関係する構造に対する「多種（many-sorted）」普遍代数というもの
もある．最初の一例（2種）としては変換群がある．すなわち集合 X と X 上の
変換群 G の組である．より決定的な例は，環 R とその上の左加群からなるもの
であろう（第7章第11節）．ごく最近になって多種普遍代数はデータ型のコン
ピュータ科学において有用性が認められてきている．

9．ブ ー ル 代 数

代数系の別の例として，与えられた集合 X の部分集合 S と T の**共通部分**や**合**

併をとるといった演算から得られるものがある．「xがSの元である」ということを $x \in S$ と書き，また $\Longleftrightarrow$ で必要十分条件を表わすことにすれば，これらの演算は，その結果得られるXの部分集合の元を特定する形で次のように定められる．

共通部分　　$x \in S \cap T \iff x \in S$ かつ $x \in T$ 　　　　　　（1）
合併　　　　$x \in S \cup T \iff x \in S$ または $x \in T$ 　　　　　（2）
$\Rightarrow$　「$x \in S \Rightarrow x \in T$」$\iff$ もし $x \in S$ ならば $x \in T$ が成り立つ
　　　　　　　　　　　　$\iff x \in T$ であるか，または $x \in S$ でないか
　　　　　　　　　　　　どちらかが成り立つ．　　　　　　（3）

これらは，「かつ」,「または」,「もし～ならば」という3つの命題結合記号に正確に対応している．それはまたヴェン(Venn)の図式を用いて図示することもできる．たとえば集合Xが長方形の中の点全体とし，SとTはそれぞれ円SおよびTの中の点全体を表わすものとするとき(図1)，これらの演算のうち2つが図1の斜線部分によって示されている．このほかにSの**補集合** $\neg S$ という単項演算もある：

$$x \in \neg S \iff x \in S \text{ でない} \qquad (4)$$

これらのさまざまな演算 $\cap, \cup, \Rightarrow, \neg$ は若干の代数的等式を満足している．これらの等式はみな，**ブール代数**(Boolean algebra)の公理と呼ばれる一連の公理から導くことができる．つまりXのすべての部分集合の集合 $P(X)$ はブール代数になる．

　集合の無限個の族についても同様の演算がある．たとえばある「添数」集合 I の各元 i に対して S_i がXの部分集合であるとき，(無限)合併および(無限)共通部分は

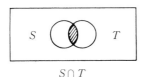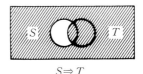

図1　ブール代数の演算

38 第1章 形式的構造の起源

$$x \in \bigcup_i S_i \iff I \text{ のある元 } i \text{ があって, } x \in S_i \text{ となる.} \qquad (5)$$

$$x \in \bigcap_i S_i \iff I \text{ の任意の元 } i \text{ に対し, } x \in S_i \text{ となる.} \qquad (6)$$

により定義される．これらの演算はそれぞれ「ある元 i があって…」および「任意の元 i に対し…」という限定作用素に対応している．この論理学との関連については第 11 章でさらに検討することにする．

　ブール代数は性質を数学的に表現する方法を与えるものといえる．なぜならば集合 X の元に対する性質 H はどれも X の部分集合，すなわち性質 H をもつすべての元からなる部分集合

$$S = \{x \mid x \in X \text{ かつ } x \text{ は性質 } H \text{ をもつ}\} \qquad (7)$$

を決定するからである．この部分集合は性質 H の**外延** (extension) と呼ばれることがある．これは異なった定式化をもつ性質が同一の外延をもつことがありうるという考え──および数学が扱うのは意味付けよりも外延のほうであるという考え──を強調しているのである．これからまた集合に対する「外延性」の公理，すなわち集合はその元を特定することにより完全に決定されるという公理が出てくる．これは X の 2 つの部分集合の相等が

$$S = T \iff \text{「}X\text{の任意の元}x\text{に対し } x \in S \iff x \in T\text{」} \qquad (8)$$

によって記述できること，さらにまた 1 つの部分集合 S が別の部分集合 T に含まれることが

$$S \subset T \iff \text{「}X\text{の任意の元}x\text{に対し } x \in S \Rightarrow x \in T\text{」} \qquad (9)$$

で記述できることを意味している．ここで矢印は「～ならば」を表わす．

　この包含関係は本章第 4 節で定義した用語を使えば，推移律，反射律，および反対称律を満たす．一般に，**順序集合** W とは，（$P(X)$ のような）集合 W であって，推移律，反射律および反対称律を満たす（$S,\ T \in P(X)$ に対する $S \subset T$ のような）2 項関係をもつもののことを言う．順序集合は**半**順序集合と呼

ばれることも多い．なぜなら全順序に対して成り立つ3分律が満足される必要はないからである．

順序は多くの場合全順序（すなわち線形順序）**ではなく**，単に半順序にしかならないという点をわきまえておくことが大切である．しかしながら数学の社会現象への応用の多くの領域においては，思想，民族，制度などを**線形な**序列に従って——たとえばある想定された数値尺度による等級に従って——並べようとする強い傾向がある．半順序というより適合的な概念のほうは理解されることも利用されることも少ない．

包含関係を図式的に表わしてみることは示唆的である．たとえば3つの元からなる集合の部分集合の間のいろいろな包含関係は図2の上下を結ぶ線によって示されている．ここで一番下の記号 ϕ は**空集合**を表わす．部分集合に対するブール代数の演算はこの図によって視覚化される．たとえば部分集合 $\{1\}$ と $\{2\}$ の合併 $\{1, 2\}$ は両方の部分集合 $\{1\}$，$\{2\}$ の「上方に」ある最小の部分集合となる．したがってそれは第4節で定義した意味で $\{1\}$ と $\{2\}$ の上限になる．一般に集合 X の2つの部分集合 S および T の合併は

$$S \subset S \cup T, \quad T \subset S \cup T \tag{10}$$
$$S \subset R \text{ かつ } T \subset R \Rightarrow S \cup T \subset R \tag{11}$$

という性質をもつ．これは合併が包含関係の半順序に関して S と T の上限であることを示している．これと全く双対的に共通部分 $S \cap T$ は部分集合 S と T の下限となる．言い換えればこれらのブール代数の演算は要素の関係を用いず，包含関係だけを用いて直接記述することができる．第11章でわれわれは要素を用いないで集合を取り扱う例をさらにいくつか見ることになる．

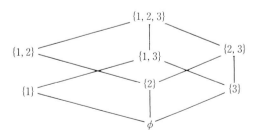

図2　部分集合のなす束

40　第1章　形式的構造の起源

他の包含関係に対してもそれぞれに対応した定義がある．一般に（上記のような図式を考えて）集合は，それが最大元 1 と最小元 0 をもち，その元のどの対に対しても上限（**結び**という）および下限（**交わり**という）が存在するとき，**束**(lattice)と呼ばれる．1 つの代数的対象の部分対象のつくる束は，その対象の構造の一端を記述する 1 つの方法を与えるものである．

10.　微積分学，連続性および位相

変換群以外にも運動の数学的解析から出てくる概念はたくさんある．惑星の複雑な運動や落体の速度変化などから，速度を距離の変化率とみ，加速度を速度の変化率とみるという具合に，「変化率」という考え方が生まれてくる．これは微分係数という概念として定式化され，さらに実数の公理をもとにした微積分学の厳密な基礎付けの中で形式化される(第 6 章)．その際，微分係数の極限による定義が用いられ，それに伴って「良い」関数──すなわち可微分関数──のクラスが考察されることになる．この一連のアイデアの最初の一例としてここではもう 1 つの良いクラス──すなわち連続関数──を調べてみよう．

図形の剛体運動 $M : F \to F$ は連続である．なぜならば（剛体性により）Mp から Mq への距離が p から q への距離に等しいからである．実数 $\boldsymbol{R}$ 上の関数 $f : \boldsymbol{R} \to \boldsymbol{R}$ に対して連続性として要求されるのはずっと弱い条件，すなわち，「もとの x と y が十分近ければ，fx と fy も近い」ことだけである．しかしこの定式化はなおかなり曖昧である．連続性は x を y の「十分近くに」とれば，fx と fy を「いくらでも好きなだけ」近くできることを意味するというべきであろう．これでもまだ漠然としている．「いくらでも好きなだけ近く」とは当然，「あらかじめ決めた近さ ε（正の実数）の範囲に」という意味であり，他方「十分近く」とは上が成り立つような近接さの度合（これも正の実数 δ）を特定できるということでなければならない．以上まとめて（長い間，多くの試行錯誤を重ねた歴史的発展をとばして）おなじみの（しかし面倒な）連続性に対する ε-δ 式定義が出てくる．すなわち，関数 $f : \boldsymbol{R} \to \boldsymbol{R}$ が点 $a \in \boldsymbol{R}$ で連続であるとは

$$\text{任意の実数 } \varepsilon > 0 \text{ に対して，実数 } \delta > 0 \text{ が存在して，} \boldsymbol{R} \text{ の任意の元} \qquad (1)$$
$$x \text{ に対し，}$$

$$|x-a|<\delta \text{ ならば,} \quad |f(x)-f(a)|<\varepsilon \text{ となる} \qquad (2)$$

ことを言う．これが**すべての**点 $a \in \mathbf{R}$ に対して成り立つとき，関数 f は連続と呼ばれる．このような連続関数全体のクラスを C と書く．

上の記述には命題結合記号（「（もし）～ならば」）と，いわゆる「限定作用素」（任意の実数に対して～なる実数が存在する）が両方とも出てくることに注意せよ．このように，注意深い定式化を行なうには形式論理学の概念を利用する必要が生じるのである．

位相空間および距離空間はこの連続性の定義の分析から生まれてくる．定義に用いられている不等式は近似の考え方から生まれたもので（値 $b = f(a)$ を ε の精度で近似する），暗黙のうちに b を中心とする「半径」ε の開区間 $I_\varepsilon(b) = \{y \mid |y-b|<\varepsilon\}$ を利用している．関数 f をその**グラフ**（すなわち，点 $(x, f(x))$ 全体の集合）で表わすおなじみのやり方によれば，この開区間は $y = f(a)$ の周りの幅 2ε の横長の帯として表わされる（図1）．上の定義は $f(x)$ がこの区間 $I = I_\varepsilon(b)$ の中に入るような点 $x \in \mathbf{R}$ にかかわるものである．そのような点の集合は関数 f による I の**逆像**と呼ばれ，

$$f^{-1}I = \{x \mid x \in \mathbf{R} \text{ かつ } f(x) \in I\}$$

なる記号で表わされる．実は，$x_0 \in f^{-1}I$ ならば（すなわち $f(x_0) \in I$ ならば），連続性の定義から，$f^{-1}I$ にすっぽり含まれるような x_0 を中心とする（x 軸上の）開区間があることが証明できる．これから次の定理が得られる．

定　理　　関数 $f: \mathbf{R} \to \mathbf{R}$ が任意の $a \in \mathbf{R}$ において連続となるための必要

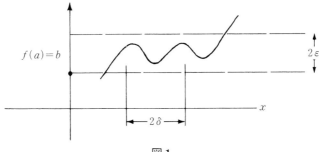

図1

42 第1章 形式的構造の起源

十分条件は，R の各開区間の逆像 $f^{-1}I$ が開区間の合併となることである．

　言い換えれば，連続性は全く開区間だけを用いて記述することができる．
　連続性は，実直線の一部分の上だけで定義された関数 f や，2個以上の変数の関数，あるいは曲面上で定義された関数などに対しても定義する必要がある．しかしこれらを定義するのに新たな考え方は必要でない．定義（1），（2）に出てくる絶対値 $|x-a|$ は直線 R 上の点 x から点 a への距離 $\rho(x, a)$ にほかならない．これから適当な距離という概念があれば，つまり距離空間に対しては，上と同じ定義でうまくいくだろうということがわかる．

　定　義　　X と Y が距離空間のとき，関数 $f: X \rightarrow Y$ が点 $a \in X$ で連続であるとは，任意の実数 $\varepsilon > 0$ に対して実数 $\delta > 0$ が存在して，X の任意の元 x に対し，$\rho(x, a) < \delta$ ならば $\rho(f(x), f(a)) < \varepsilon$ が成り立つことをいう．
　とくに，これにより実2変数 x, y の関数の連続性が定義される．(x, y) を通常の（ピタゴラス的）距離 $\rho_1 = \rho$：

$$\rho((x, y), (a, b)) = \{(x-a)^2 + (y-b)^2\}^{1/2}$$

をもつ平面 $R \times R$ の点（の座標）と考えればよい．この際，前の連続性の定義に出てきた $|x-a| < \delta$ を満たす x 全体のつくる開区間は，(a, b) 中心，半径 δ の**開円板**に置き換えられる．この円板は平面上で

$$(x-a)^2 + (y-b)^2 < \delta^2 \qquad\qquad (3)$$

を満たす点全体からなる．上の定理におけると同様，実2変数関数 $f: R \times R \rightarrow R$ が連続となる必要十分条件は，R の各開区間の逆像が $R \times R$ の開円板の合併となることだということが証明できる．
　しかし平面はまた，「長方形の格子に沿っての最短距離」，すなわち

$$\rho_2((x, y), (a, b)) = |x-a| + |y-b|$$

で与えられる距離 ρ_2，あるいは

$$\rho_3((x,y),\ (a,b)) = \mathrm{Max}(|x-a|,\ |y-b|)$$

で定義される距離 ρ_3 によっても距離空間となる．実 2 変数関数 $f(x,y)$ に対してはこれらの距離のうちどれを用いても，f の連続性をふつうの ε-δ 方式によって定義することができる．しかもこれらの異なる距離で連続な関数はみな同一である．したがって連続性は，不変性を重視する立場からすると，距離ではなく何かもっと内在的なものに依存していることになる．それはいったい何であろうか？　答は周知のとおりである．各距離 ρ_1, ρ_2, ρ_3 はそれぞれに対応する，円，菱形および正方形（の内部）という一連の「開円板」を定める（図2）．各円板の内部に，同じ中心をもつ他の距離に対応する形をした小円板を描くのは容易である——したがって与えられた ε に対して δ の選び方を変えてやるだけで，ある距離について ε-δ 式の定義の意味で連続な関数が他の距離について連続となることがわかる．

では内在的定式化はいったいどうすればよいだろう？　先ほど定理を述べた際，連続性の別の記述法にも触れたが，そこでは開区間や開円板の合併が出てきた．任意の距離空間において，中心 a，半径 δ の**開円板**を X の元で $\rho(x,a) < \delta$ となるもの全体の集合として定義することができる．さて X における**開集合** U を開円板の任意個の合併（有限個でも無限個でもよい）として定義しよう．これはまた次のように言っても同値である：X の部分集合 U が X の開集合であるとは，各点 $a \in U$ に対して $\delta > 0$ が存在して $\rho(x,a) < \delta$ ならば $x \in U$ となる場合——つまり U の各点 a に対して，ある a 中心の開円板で U にすっかり含まれるものがある場合——のことを言う．このように定義すれば，$f: X \to Y$ の連続性を開集合を用いて述べることができる．すなわち，f が連続となるのは，Y の任意の開集合の逆像が X の開集合となる場合であり，その場合に限る．これが求めていた，距離の選び方によらない内在的定義である．とくに上に述べた平面の 3 つの相異なる距離 ρ_1, ρ_2, ρ_3 はどれも同じ開集合を与える．なぜ

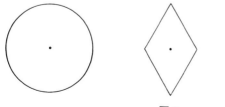

図 2

44　第1章　形式的構造の起源

ならば，任意の（通常の）開円板の合併は同時に開正方形あるいは開菱形の合併でもあり，逆も成り立つからである．このように「開集合」の概念は距離の概念より本質的である．

　いままでに述べてきたことから見て，空間を開部分集合を用いて直接定義することができるのではないかという考えが浮かぶ．集合Xの部分集合のうちあるものが開集合と呼ばれて他と区別されていて，それらの開集合がつぎの3つの公理を満足しているとき，Xは**位相空間**と呼ばれる：

1.　2つの開集合の共通部分はまた開集合である．
2.　任意個の開集合の合併は開集合である．
3.　X自身と空集合 $\phi \subset X$ は開集合である．

そして，集合X上の**位相**とはこれらの公理を満たす開集合（族）を特定することを指す．たとえば，任意の距離空間Xは1つの位相を定める．この位相に関する開集合とはその距離に対応した開円板の合併のこととなる．距離によっては定義できない位相も存在する．たとえば自然数 N 上の位相として，有限な補集合をもつ部分集合全体と空集合を開集合と指定したものは，そのような例となる．位相の例はほかにもたくさんある．

　連続性の定義（任意の開集合の逆像が開集合）は，いまや任意の位相空間XとYの間の関数$f : X \rightarrow Y$に対して適用できる．そして連続関数についての基本的事実——たとえば2つの連続関数gとfの合成 $x \mapsto g(f(x))$ はまた連続であるといったもの——は大部分，上の3つの公理だけから証明することができる．

　空間の1点における連続性を定義するためには「近傍」の概念を利用することもできる．位相空間Xの1点aの**近傍** (neighbourhood) とは，aを含むXの任意の開集合のことである．このとき，位相空間の間の関数$f : X \rightarrow Y$が1点 $a \in X$ で連続であるとは，$f(a)$ の各近傍Vに対してaの近傍Uで $f(U) \subset V$ となるものが存在することを言う．距離空間に対してはこの定義は前に述べた1点での連続性の概念と一致しており，もとの点 a の「近くにある」U内の点は$f(a)$ の近くにあるV内の点にうつるという直観的アイデアを表現するものとなっている．さらにfが連続であるための必要十分条件は，fがいま述べた意味で各点 $a \in X$ で連続になることである．

　開集合と近傍を用いたこの「位相」の記述は，幾何学的な形に表わされるあらゆる種類の数学的事実を定式化するのにきわめて有効であることが，多くの

10. 微積分学，連続性および位相　**45**

経験から示されてきた．「位相」という概念は，「連続性」の多様な例から適切に抽象化されたものだったわけである．

位相空間の概念は F. ハウスドルフ（Hausdorff）によりその有名な（そして美しい）*Mengenlehre* という本の中ではじめて与えられた．彼の定義は，選別された近傍を用いて上とは違った形で定式化されており，しかも（ハウスドルフの分離公理という）別の公理を含んでいた．それは，「2つの相異なる点は互いに交わらない近傍をもつ」という公理である．この性質をもつ位相空間は，**ハウスドルフ空間**と呼ばれる．

いままでわれわれは**構造付き集合**として記述される一連の数学的概念を見てきた．たとえば全順序集合は，若干の特定された性質をもつ2項関係 $<$ を備えた集合である．群は，2項，単項，0項の演算をもち，それらがともにある等式を満たすような集合である．同様に，ブール代数もまた適当な演算を備えた集合である．位相空間Xも構造をもった集合であるが，今度の場合は「構造」はXの部分集合のある特定の集まり，すなわち，すべての開集合の集まりからなっている．この種の構造は，代数的構造とはスタイルにおいてずいぶん違ったものである．このほかに混合構造もある．たとえば，（平行移動，回転などの）運動の場合がそうである．実際，運動全体の集合は群であると同時にまた空間でもある．これから**位相群**の概念が導かれる．それは群でもあり，同時に位相でもある集合Gであって，群演算——すなわち，積 $G \times G \to G$ および逆元をとる演算 $G \to G$ の両方——が連続となるものである．2つの構造を1つに結び付けているのはこの最後の条件である（定義を完全なものにするためには，G上の位相からどのようにして自然に $G \times G$ 上の位相が導かれるか知る必要がある）．この場合のように，結合された公理的構造（同一の集合上の2種類の構造の結合）では，たいてい，2つの構造——上の例でいえば群構造と位相——の間の形式的関連を示すいくつかの公理が必要になる．

つぎのものも混合構造の一例である．**全順序群**（linearly ordered group）Gとは群であると同時に全順序の入った集合であって，「Gにおいて $a \leqq b$，$1 \leqq c$ ならば $ac \leqq bc$ および $ca \leqq cb$ が成り立つ」という公理が付け加わったものである．この新たに付け加えられた公理が，順序と乗法という2つの構造を結び付けているのである．このような全順序群には——正の有理数全体，あるいは正の実数全体のなす乗法群や，整数全体の集合で積として加法を考えたものなど——多くの例がある．

46 第1章 形式的構造の起源

本書においてわれわれは，数学的概念の多くが構造を備えた集合として記述できることを見るであろう．

11. 人間活動とアイデア

この章では，数，空間，時間，運動の研究を出発点としてさまざまな形式的概念——とくに基数，置換，全順序，群，連続性および位相といった諸概念——について述べるところまで進んできた．これらの概念はおのおの数学における形式化のそれぞれのタイプを代表するものとなっている．形式化は（乗積表のように）規則の形をとることもあり，（同一の基数をもつことの定義のように）簡明な定義である場合もあれば，（連続性のように）より精妙な定義の形をとる場合もある．また（全順序の場合などのように）いくつかの体系に共通の性質を記述する一連の公理系——その中には（群の場合のように）やや複雑なものもある——の形をとることもあり，さらに同じく一連の公理系の形ではあるが，（順序集合としての実数全体の場合のように）それによってただ1つの体系がうまく記述される場合もある．あるいはまた位相空間の場合のように，公理系によって広範で多様な状況の中に潜む共通の特徴がうまく理解できるようになることもある．

こういった形式的概念は主として未だ数学という明確な形をとる前の「人間の文化的活動」とでもいうべきものから生まれてくる．このゆえに数学の創生についてのわれわれの分析もまたそういった活動について触れていくことになる．その際，次のような見方がしばしば啓発的となる．すなわち，人間活動の中から最初に生まれてくるのは，いささか漠然とした形の「アイデア」であるが，それは結局形式化されることになる．ただしその形式化の方法は一般にいく通りもありうるという見方である．たとえばものを数え上げる過程から「1つ次のもの」という観念が生まれる——すなわち数え上げる際の1つ次の項目，あるいは計算を行なう際に次に使う数，または順番に並べたリストにおける1つ次のものなどである．この一般的な「1つ次のもの」という観念は，各10進数に1を加えるという形や，あるいは各自然数にその後者を対応させる演算についての公理などによって形式化される．「1つ次のもの」という観念はまたこれらとは別に，与えられた順序数の集合の1つ次にある（超限）順序数とか，コンピュータ・プログラムにおける（選択肢を選んだ後の）つぎの段階などと

いうような形式をとることもある．別の例をあげれば，間断のない変化をしば
しば観察する中から定常変化という（漠然とした）観念が生まれ，それは（た
とえば）径数付けられた運動といったもので形式化されるのである．

　本書でこれまで扱ってきたものについて，このような数学的形式を生み出す
源泉となるものを以下の表にまとめておいた．この表では，各活動とそれから
生まれるアイデアおよびその形式化を並べて示してある（表1）．

表1

活動	アイデア	定式化
集める	集まり	（元の）集合
勘定する	1つ次のもの	後者，順序，順序数
比較する	番号付け	全単射，基数
計算する	（数の）結合	加法規則，乗法規則，アーベル群
並べかえる	置換	全単射，置換群
時間を計る	前後	全順序
観察する	対称性	変換群
形づくる	図形，対称性	点の集まり
測る	距離，広がり	距離空間
動く	変化	剛体運動，変換群，変化率
評価する	近似	連続性，極限
	近接	位相空間
選び出す	部分	部分集合，ブール代数
論証する	証明	論理結合記号
選びとる	機会	確率（好都合な場合/全体）
引き続く動作	後続	合成，変換群

この表は一つの考え方を述べただけであって，ここにあげられていない見方を
否定するものではない．おのおのの「アイデア」は一定の直観的内容をもつよ
うにしておいたつもりである．それはいわゆる「数学的直観」の担い手である
ということもできよう．同一のアイデアが違った活動から生まれる場合もあ
り，また異なるいくつかの形式化の土台になることもある．それぞれのアイデ
アは，できるだけなじみ深い言葉で記述するように配慮してあるが，これは大
方の同意を得たものでもなければ，正確な定義を表わしたものでもない．それ
に対して各概念のほうは一般に認められた形で形式化されたものであって，（一
定の文脈において）厳密な定義をもっているのである．

48　第1章　形式的構造の起源

　この表はもちろん完全なものではない．読者も注意していれば以下の章で新しい例に出会うことになろう．

　これらの活動やアイデアが基礎的な数学的概念へと発展していったあとでも，数学外から数学への刺激は引き続き存在している．こういった刺激は，他の科学の中で生じた，数学の応用を必要とする数学的問題という形をとることが多い．たとえば上で述べた運動についての初期の素朴な形での研究は，のちには（物理学における）力学や天文学での天体力学へと発展していく．社会変化の研究は一部では限界価格の研究や数理経済学へと姿を変えていく．一般に数学をつくり出すものという場合，われわれはその中に科学的あるいは他の文化的諸活動からのあらゆる種類の刺激を含めて考えたいと思う．

　形式的な数学の諸概念のうちには，もっと複雑な起源をもつものもある．たとえば「集合」がそうである．ものの集まりというアイデアは，われわれがものを数え上げる場合に確かに存在しているには違いないが，この段階ではまだ形式化されるべき有用な候補にはとてもならない．無限集合というものは，おそらく素数が無限に存在するという事実およびユークリッドによるその証明の中ではじめて登場してきたものであろう——しかしその後まもなく他の無限集合も知られるようになる．これらの多くは（たとえば）自然数の集合の部分集合となっている．しかし部分集合という概念にいやでも注目せざるをえなくなったのは，実際には，実数という順序集合の完備性（任意の有界集合は上限をもつということ）あるいは数学的帰納法の原理（自然数の部分集合が 0 を含み，さらにそこに属する任意の元の後者をつねに含むならば，その部分集合は自然数全体になる）の記述が試みられるようになってからのことであった．しかもこれらの場合でも，部分集合は使わないですますこともできる．完備性は収束数列で，また帰納法は性質を用いて記述できるからである．しかしブール代数は部分集合なしには考えられない．のちには集合を要素とする集合といったより複雑な概念も現われてくる．6 を法とする整数の集合はその元が $\{1, 7, 13, 19, \cdots\}$ といった合同類である集合として記述されようし，何よりも位相空間は，ある部分集合の族（開集合族）を特定した集合として定義するのが一番わかりやすい．しかしこれらのどちらの場合でも，集合の集合は関係を用いることにより避けることができる．すなわち 6 を法とする合同関係（ガウス），あるいは部分集合 U が点 p の近傍であることを述べる関係である．集合論を徹底的に利用しようとする真の動機は，もっと深いところにある．それについては第

11 章で扱うことにする．そこではまた，抽象的集合論が三角級数の研究から生まれたという奇妙な事実にも注意することになろう．

12.　数学上の諸活動

いっそう複雑な数学的構造は数学自身の中から生まれてくることが多い．この場合，新しい概念を生み出す過程はさまざまである．精密な議論は，あとにもっと詳細に調べてから行なうことにして，ここでは暫定的にいくつかの過程をあげてみることにしよう．

（**a**）　**難　問**　　難しい問題の解を見出そうとすることが数学発展の 1 つの原動力となる．フェルマは方程式 $x^n + y^n = z^n$ が $n > 2$ で整数解をもたないと証明抜きで述べた．あとに第 12 章で見るように，この一見単純な方程式が 19 世紀の代数的整数論の全発展の歴史的源泉となり——そしてまた「イデアル」のような代数的概念を生み出す主因ともなったのである．もっとも後者については 2 次形式の算術的理論もまた関係しているのだが．

代数方程式を根号を用いた公式で解くことは歴史的に重大な難問であった．2 次方程式については，解はおなじみの「完全平方の公式」により容易に得られる．初期の代数学者たちは 5 次の一般方程式に対してはそのような根の公式を得ることができなかった．根の置換を用いることにより，やがてそれが不可能であることがラグランジュ（Lagrange）により示された——しかしそれがなぜ不可能であるかという理由に対する真の洞察は 1832 年のガロアを待たねばならなかった(第 5 章参照)．群の概念が最初に明確な形で生まれたのはまさにこの時点だったのである．

実はわれわれはこの章での記述の中で，群の概念は別の仕方で生み出されえたはずであることを論じたのであった——しかし歴史的見地からすると，いろいろな数学上の問題を解決しようとすることが，この（数学という）科学の発展において不可欠な要素となっているのである（それこそが数学の特徴なのだといわれることも多い）．

（**b**）　**完全化**　　自然数の全体は 0，1，2，3，…，9 といったはじめのいくつかの数から出発して，つねに後者が存在することを要求することにより得られる．しかし残念ながら引き算は必ずしも可能でない——そのために整数全体がつくり出される．割り算ができるようにするためには有理数全体が必要

50　第1章　形式的構造の起源

になり，そしてさらに実数あるいは複素数へと数が拡張されていく．ほかにも，部分的にしか定義できていない演算について構造を完全化する必要から新しい構造が生まれる場合がたくさんある．

（**c**）　**不変性**　　自明でない同次方程式

$$ax + by + cz = 0$$

は0と異なる解を無限個もつが，それらはみなある2つの解の倍数の和として表わすことができる——なぜならば，周知のように，すべての解$(x,\ y,\ z)$の集合は3次元空間における原点を通る平面となり，そしてその平面上の任意のベクトルは適当な2つのベクトルの1次結合となるからである．あるいはまた，2階同次線形微分方程式 $d^2x/dt^2 = -k^2x$ の解はみな，

$$x = A\cos kt + B\sin kt$$

の形をしている．この場合，一般解は2つの特殊解 $\cos kt$ と $\sin kt$ の1次結合として表わされている．この2つの平行した状況はベクトル空間の構造（第7章）とその基底という概念，さらにはベクトル空間の性質を基底の選び方によらない形で記述する必要性といった事柄を考える端緒となるのである．

（**d**）　**構造の共通性（類推）**　　いまあげた例の中にはまた一見違うものでありながら類似点をもった現象（いまの例で言えば，幾何，1次方程式，および線形微分方程式）の背後に潜む共通の構造（ここではベクトル空間の構造）を見出そうという動機も示されている．全順序の記述もまたそのような一例を与えている(本章第4節)．また別の例としては，表面上は異なった2つの対称図形の間にある共通性を表わすものとしての対称性のなす群があげられる．さらに距離空間上の関数の連続性の定義は1変数および多変数の関数の連続性の定義の中に共通する特徴（側面）を明らかにするものである．

（**e**）　**内在的構造**　　観察される事実が（隠れた）形式的構造から説明できる場合もある．たとえばn文字の置換群の位数はいつも $n!$ の約数である．これに対する説明は有限群の部分群の位数の可能な値についての周知の定理により与えられる．平面上定義された互いに異なった距離が同じ2変数の連続関数$f(x,y)$を与えるという本章第9節で見た事実は着眼点を（あれこれの）距離か

らそれらが平面上に定義する（共通の）位相にうつすことによって説明される．適切な抽象的概念が数学的現象の理解に役立つ例はほかにもたくさんあるだろう．数学は難問の解決と理解をいっそう深めてくれる概念の探究との対位法によって発展していくのだといえるかもしれない．

（**f**）　**一般化**　　数学における一般化の過程にはさまざまな形態がある．まず多くの具体的な例を「一般的な」法則へと一般化する場合がある．たとえば $2+3=3+2$ や $4+7=7+4$ から加法の交換律 $x+y=y+x$ が得られる．あるいはまた，すでにいちおう一般化されたものがさらに一般化されることもある．たとえば有限基数からさらに無限基数が考え出されるように．しかし有限の場合に成り立った法則がすべてそのまま成り立つわけではない．同様に有限群は無限群に拡張されるが部分群の位数についての定理はそこにはない．

　2次元および3次元の解析幾何学を n 次元に拡張するには難しい問題は何もない（しかしながら歴史的には長い時間を要した）．実際はそのような一般化は3つのより多くの数（座標）で記述される「事象」の考察がなされ，そしてそのような事象を視覚化して記述するのに幾何学的言語（記述法）が有用であるという認識が生まれたとき，はじめて本当に必要となり興味を引くようになったのである．（群の構造のような）公理的構造はその公理のうちいくつかを落とすことで一般化できる．本書の目的の1つは，数学における一般化の類型を十分多くの例を調べることにより，できるだけ完全に記述することである．

　（**g**）　**抽象化**　　この過程は典型的な形では，もとと同じ結果（あるいはその一部）を，もっと弱い，すなわちより「抽象的な」仮定のもとで得ることを眼目とする．抽象化の標準的な例としては変換群から「抽象」群への推移があげられよう．具体的な場合，変換群の元はある特定の集合に作用する実際の変換であり，群乗法は変換の合成である．この乗法は結合律を自動的に満たす．抽象的な場合には，群の元とその乗法はどのようなものであってもよい（すなわち「抽象的」である）――しかし乗法は必要な群の公理，とくに結合律を満たさねばならない．この抽象化によって別々の集合に働く2つの変換群が「同一」（同形）となる場合も出てくる．しかし，任意の（抽象）群はある変換群と同形であるという有名なケーリーの定理によれば（本章第8節），この抽象化の過程で新しい群が現われるわけではない．したがって変換群に関する定理の中で，変換される元が（直接に）問題にならないようなもの（したがって，たとえば

52　第1章　形式的構造の起源

可移あるいは原始置換群の定理などは除く）はみな抽象群に対しても正しい．「集合の代数」がブール代数に抽象化される際にも全く同様のことが見られる．

　抽象化の中にはまた，実際に拡張（一般化）となっている例もある．たとえばヒルベルトをはじめとする人々は（整）数環――すなわち，複素数の部分集合で加法，減法，乗法について閉じているもの――を考察した．環という抽象的な概念（エミー・ネーター(Emmy Noether)による）は適当な公理系（第4章第3節参照)に従う加法，減法，乗法の演算をもった元の集合のことである．――そしてこのような環は必ずしも数環とは同形にならない．

　以上にあげた場合においては抽象化は次のようにまとめられよう．すなわち，1つの構造について，その元が具体的にどのようなものであるかは無視し，一方これらの元の間の演算は，公理やその帰結として定式化されている諸性質を（できれば）全部含めてそのまま成り立つものとして考察することが，その抽象化であると．

　（h）　公理化　　この過程は典型的には次のようなことを問題にするものである：与えられた主題についての「すべての」定理の長いリストが与えられたとき，それらをもっと短い適当なリスト――このリストがその主題に対する公理を形成することになるわけだが――から導き出せないだろうかという問題である．公理を適正に選ぶことによりいっそう大きな洞察とよりよい理解が得られる．たとえば，ヒルベルトは三角形に対する合同公理を制定し，それによって三角形の合同について知られていたすべての定理を証明することができた．もっと最近の例をあげれば，3次元ユークリッド空間の幾何学の大部分は，加法

$$(x, y, z) + (x', y', z') = (x + x',\ y + y',\ z + z')$$

およびスカラー乗法 $(x,\ y,\ z) \mapsto (ax,\ ay,\ az)$ を備えたベクトル $v = (x, y, z)$ を用いて記述することができた．公理化はこの場合，つぎのことを問題にするものである：加法およびスカラー乗法の性質のうち，どれとどれを公理としてとり上げれば，それからこれらの定理をすべて証明することができるだろうか？　この答は実数体上のベクトル空間の通常の公理系に，3つのベクトルからなる基底の存在の仮定を付け加えたものである．ほかにも公理化がうまくいく例はいくらでもあげられる．上で詳しく述べた抽象化の過程もまた，ふ

つう公理化を伴うものとなろう．公理化の仕事は，とくに力学，熱力学，あるいは（経済学における）効用理論のような数学的主題に対しては困難な場合もある．

（ⅰ）　**証明の分析**　　公理を見出すための１つの方法は，与えられた証明を実行するのに必要な性質が最小限どれだけあるかを求めてみることである．たとえば可換環の公理は本質的に標準的な加法，減法，および乗法という代数的操作が可能となるための必要最小限の性質を並べたものにほかならない．さらにまた，現在ある証明を成り立たせているのは何かを分析することにより，新しい数学的概念が導かれることがある．その著しい例としては，実数の閉区間 I で連続な関数 $f : I \to \boldsymbol{R}$ がそこで一様連続になるという事実の証明があげられる．この事実自体は実数の基本的性質を用いて簡単に証明できる．この証明は元来ドイツの数学者ハイネ (Heine) により与えられ，フランス人の数学者エミール・ボレル（Émile Borel）によってさらに一般化されたものであるが，この証明の中からハイネ–ボレルの定理，すなわち，閉区間 I が開集合 U_i の（無限個の）集まりの合併 $I = \cup U_i$ となっているならば，それは

$$I = U_{i_1} \cup \cdots \cup U_{i_k}$$

のように，これらの開集合のうちの有限個のものの合併として書ける，という定理が生まれた．現代の術語を用いれば，この性質は I が $\boldsymbol{R}$ のコンパクト部分集合であることを述べたものであり，したがってまたこれは，位相空間のコンパクト性という考えにもつながっていくものなのである．

　新しい概念の一般化をめぐって数学に内在する以上のような過程については，数学の諸構造についてひと通り調べてみたのち，最後にもう一度詳しく検討することにしよう．それらは数学外の諸科学からの問題という刺激に対する対位法的な役割を果たしている．この両者のいずれにも，既存の諸概念のより深い性質に対する絶え間ない探究が伴っているのである．

13.　公 理 的 構 造

　以下の３つの章において，われわれは数，空間および時間が公理によりどのようにして記述できるかを示すことにする．それらの公理とは，自然数，ユー

クリッド平面および実数直線の公理であって，それはこれらの構造を一意的に
記述するものとなっている．古典的な用語を用いれば，これらの公理系は**範疇
的**である．すなわちその公理の任意の「モデル」はそれが包含関係を基礎とし
た集合論の範囲でとられる限り——ちょうど本章第4節で実数について述べた
ように——互いに同形となる（これらの公理系には「1階言語」を用いた別の
定式化が存在する点に注意しておきたい．この場合は互いに同形でない超準
(non-standard)モデルが存在しうる）．この点でいまあげた構造は「（たとえば）
ユークリッド空間の公理系というものは1つの特定の対象——すなわち物理的
空間——を記述しているものだ」といった伝統的観点と密接に結びついている
のである．

　この第1章では公理論的扱いの説明に際して，上のような場合から出発せず，
意識的に多くの本質的に異なるモデルをもつような（全順序，群，距離空間な
どの）公理系のほうに重点をおいて述べてきた．公理をこのような形で用いる
のは，幾何学の範疇的公理化に比べて歴史的にはずっとあとになって現われた
ものである．それは次のような見方が背景となっている．すなわち数学におい
て研究される形式的体系は非常に多様であり，その目指すところは第一義的に
は「実世界」のうちのそれぞれある選ばれた側面の整理と理解に資すことであ
るが，その際それらの体系が唯一なるその世界の一つの部分を完全に記述して
いる必要はないという見方である．たとえば本章での記述からもわかるように，
空間を形式化する際，図形や一片の空間をユークリッド空間の部分集合にみる
ところから始める代わりに，距離空間のモデルとして記述することから出発す
ることもできるのである．これはもちろん昔からある見方とは全く違ったいき
方である．

　この章では数学を，数，時間，空間および運動の科学と見る伝統的考え方か
ら出発しながらも，それを詳しく展開する代わりに基数，置換，順序，変換，
群および位相空間といったそれらに関連するより一般的な形式的概念へと進ん
でいくやり方をとった．以下の諸章の記述からもわかるように，数学の研究が
進む中でこれらの諸概念はいずれも数学において基本的役割を果たしていると
いうことが，明らかになってきている．われわれがそれをわざわざ最初におい
たのも，読者にその重要性を知ってもらうためであった．そうは言っても，こ
れらの一般的概念を数や空間などの古典的記述よりどうしても先に述べておか
なくてはならないというわけでもない．それらは古典的概念と平行して現われ

るものなのである．

　書物というものは線状の順番にしか書けないものであるため，実際の叙述を両者平行して進めることはできないのである．

第2章　整数から有理数へ

1.　自然数の諸性質

すでに見てきたように，物を順番に並べたり，数え上げたり，あるいは2組の物の個数を互いに比較するといったさまざまな人間の活動の中から，自然数

$$N = \{0,\ 1,\ 2,\ 3,\ 4,\ \cdots\}$$

とその加法，乗法，累乗といった演算が生み出されてくる．これらの演算にはいろいろな一般的性質がある．たとえば，任意の自然数 k, m, n に対して，加法は等式

$$m + 0 = m, \quad m + n = n + m, \tag{1}$$
$$k + (m + n) = (k + m) + n \tag{2}$$

を満足する．この規則は演算の定義に基づいて証明することができる．たとえば**交換律**（1）が成り立つのは，2つの互いに共通部分のない有限集合を合併する場合，合併集合の基数は2つの集合のうちどちらを先に考えたかには関係しないで定まることからわかる．他方，これらの規則は，その「意味」をいちいち考えずにそのまま利用できるという意味で**形式的**（formal）である．たとえば**結合律**（2）によれば，縦に長く並べた一連の数字の和を求めるのに，それらをひとまず3つに区切ってそれぞれの和を求め，次にその3つの和を足し合わせる形で計算する場合，最終結果は3つの和の結合の順序には関係なく同

一であるということがわかる．区切りが3つより多い場合にも同様の規則が成り立つ．そのうえこれらの（古くから確立されている）規則は不可侵なものである．つまりそれが成り立っていない場合にはどこかで計算違いをしていることがわかるのである．これは形式的規則の1つの長所である．すなわちいったんしっかり確立すれば，それは機械的に適用でき，ゆらぐことのない導き手となる．

乗法にも上述のものに対応する形式的性質

$$m \cdot 1 = m, \qquad mn = nm \qquad (3)$$
$$k(mn) = (km)n \qquad (4)$$

がある．加法と乗法の両方をいっしょに行なう場合には**分配律**

$$k(m+n) = km + kn \qquad (5)$$

が成り立つ．この法則もまた，つぎの図示から示唆されるように，加法・乗法の定義に根拠をもっているのだが，その根拠をいちいち考えなくても形式的に利用することができるのである．

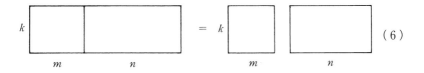

ほかにもこれらの演算は多くの性質をもっている．たとえば各平方数を4で割った余りは0か1となる（2や3には決してならない）．あるいはまた$b>1$ならば，任意の自然数 n は b を用いて

$$n = a_k b^k + a_{k-1} b^{k-1} + \cdots + a_1 b + a_0 \qquad (7)$$

のように表わせる．ここで k はある自然数であり，係数 a_i はすべて $0 \leq a_i < b$ を満たすものとする．とくに $b = 10$ とすれば，これは n の10進展開を与え

58 第 2 章 整数から有理数へ

るものであり，その性質から，10 進法についてのおなじみの形式的諸規則が出てくる．

2. ペアノ（Peano）の公準

　上に述べたような自然数の加法，乗法のもつ多くの性質はみな，有限基数に対するこれらの演算の定義から直接証明することもできようが，そのような証明は往々にして煩瑣なものである．しかるにここに一つの驚くべき事実が登場する．すなわち，加法も乗法も，数 0 と「1 を加える」というただ 1 つの演算だけを用いて記述することができ，それらの諸性質はこのただ 1 つの演算に対する若干の公理群から導き出すことができるというのである．これらの公理がペアノの公準である．それは次のような考えが基礎になっている．すなわち，自然数は 0 から始まり，各数 n にはつねにそのつぎの数，すなわちその**後者**（successor）$n+1$ がある．そしてこのように 0 から始めてつぎつぎに後者をとっていけば，それによってすべての自然数がつくされるという考えである．（自然）数の集まり N は，0 および「後者」s をもち，つぎの 5 つの性質（ペアノ公準）を満たすものである．

- （i）　0 は数である．
- （ii）　n が数ならば，その後者 sn も数である．
- （iii）　0 は後者ではない（つまり，sn は決して 0 にならない）．
- （iv）　同じ後者をもつ 2 つの数 n, m は等しい（すなわち，$sn = sm$ ならば $n = m$ である）．
- （v）　P が自然数についてのある性質とする．0 が性質 P をもち，さらに n が性質 P をもつとき必ず sn も性質 P をもつならば，P はすべての自然数に対して成り立つ．

　これは公理による構造の記述の典型的なものである．ここにはいくつかの基本的（あるいは無定義）術語がある．いまの場合は「数」，「0」および「後者」がそれである．公理の叙述はこれらの術語と標準的な論理接続語「もし〜ならば」，「〜でない」，「そして」，「等しい」，「すべての〜に対して」，「〜が存在する」だけを用いてなされる．このような命題はペアノ算術の言語における論理式（または形式的命題）と呼ばれる（詳細については第 11 章を見よ）．とくに公準（v）で用いられた数 n についての「性質」は，n を含むそのような論理

式によって記述されるものでなければならない．

　数学的帰納法の公理（ⅴ）は最も肝心なものである．これは，後者をつぎつぎにとっていくことにより，自然数全部をつくすことができるという直観的な考えを表現したものである．それは実用的には，一般の n に関するいろいろな種類の式（たとえば，和 $1^2 + 2^2 + 3^2 + \cdots + n^2$ の公式など）や，2項定理のような結果を証明するのにたいへん便利である．

　帰納法の公理は，性質に関してでなく，集合の用語を用いて次のように定式化される場合もある．

　（ⅴ′）S が 0 を含む数の集合であって，S の任意の元 n に対し，その後者
　　　　も S の元であれば，S はすべての（自然）数を含む．

この公理は暗黙のうちに N の「すべての」部分集合に言及するものになっており，したがって「第2階」の公理と呼ばれることがある．なぜならば，「すべての」という語が N の元だけでなく N の部分集合にも適用されているからである．より明確に言えば，公理をこの形で述べる場合，われわれは自然数を集合（論）の文脈で考えているわけで，したがって自然数に関する定理を証明するにあたっても，ペアノの公準だけでなく，たとえば集合論の公理によって定式化されるような集合の諸性質をも利用することになるのである．この点でそれは実数の完備性に似ている（第1章第4節）．

　集合論的な帰納法公理（ⅴ′）は，「性質」論的な（ⅴ）を含んでいる．なぜならば集合論に対する通常の公理から，1つの集合 N の元に対する任意の（形式的）性質は，N の1つの部分集合を決定することが導かれるからである．数の性質から数の集合へのこの移行はおなじみのものである．性質を用いるやり方は，「内包的」と呼ばれる．性質は論理式によって記述されるからである．たとえば「n は奇数」という性質と「n を2で割れば1余る」という性質は言葉のうえでは違っているが，同じ集合 $\{1, 3, 5, \cdots\}$ を記述している．それに対して，第1章第9節で見たように，集合を用いるやり方は「外延的」である．2つの集合の元がすべて同じならば，それらは相等しい．つまり集合の元の「範囲」だけが問題となるわけである．

　しかし一方，性質に対する帰納法公理（ⅴ）は，集合に対する（ⅴ′）より弱い．性質というのは上で説明したように，ある決まった言語における有限個の語を用いて表現されるのだから，自然数に対する性質の総数は可算個となる．しかるに集合の通常の概念に対しては，「対角線」論法（第11章を見よ）から

60　第2章　整数から有理数へ

わかるように，N の部分集合の総数は可算ではなくもっと大きい．このことから次のような事実がわかる．すなわち，自然数に関する定理であって集合論の立場では真であるが，帰納法として（v）の形のものを考えたペアノの公理系からは証明できないようなものを定式化することができる．集合を利用することにより，これらの公理のモデルでありながら，後者をとっていくだけでは数がとりつくせないという意味で「超準的」（non-standard）なものを構成することもできる．しかし公理（v′）をもった集合論的な公理系に対してはこうはならない．すぐあとで見るように，この形でのペアノ公準は自然数全体を同形を除いて一意的に決定することが示されるのである．

　ペアノ公準により，**帰納（recursion）的に**――演算の結果をつぎつぎに与えていくことで――周知の算術的諸演算をすべて定義することができる．たとえば，加法（「k を加える」という演算）は，2 つの帰納方程式（recursion equation）

$$k + 0 = k, \quad k + sn = s(k + n) \tag{1}$$

により定義される．乗法（k を掛けること）は，帰納方程式

$$k \cdot 0 = 0, \quad k(sn) = k + kn \tag{2}$$

で定義され，一方 k を底とする累乗は帰納方程式

$$k^0 = 1, \quad k^{sn} = k \cdot k^n \tag{3}$$

で与えられる．これらの演算の（交換律，分配律などの）他の性質はこれから n についての帰納法で証明できる．上にあげた式からわかるように関数 $f(n) = k + n$, kn, k^n は次のようなやり方で定義されている：まず最初 $f(0)$ の値を定め，次にある既知関数 g の $f(n)$ に対する値として $f(sn)$ の値を定めるというやり方である．（1）の場合は g は s であり，（2）では $k + -$，（3）では $k \cdot -$ である．この原則は次のように述べられよう．

　帰納定理（recursion theorem）　　X を集合，a を X の元とし，$g: X \to X$ を関数とする．このとき，関数 $f: N \to X$ で，すべての自然数 m に対し

て

$$f(0) = a, \qquad f(sm) = g(fm) \qquad\qquad (4)$$

の性質をもつものがただ1つ存在する．

　この定理の証明には公理（v′）が用いられるので，「関数」を値の表として集合論的に定義しておく必要がある．しかし証明の背景にある考え方は，次のように帰納法をそのまま用いただけの単純なものである．各 n に対し，$\boldsymbol{n}$ によって有限集合 $\boldsymbol{n} = \{0,\ 1,\ 2,\ 3,\ \cdots,\ n\}$ を表わすとし，n に対するつぎの性質 P を考える：「関数 $f_n : \boldsymbol{n} \to X$ で，$m = 0,\ 1,\ 2,\ \cdots,\ n-1$ に対して（4）を満たすものがただ1つ存在する」．明らかに P は $n = 0$ に対して成り立つ．n が性質 P をもてば，関数 f_n がただ1つ定まり，その値はつぎの表のようになる：

$$\begin{array}{ccccc} 0 & 1 & 2 & \cdots & n \\ f_0 0 & f_1 1 & f_2 2 & \cdots & f_n n. \end{array}$$

そこで，f_{n+1} が $n+1$ でとるべき値として $g(f_n n)$ をこの表に付け加えることができる．関数の（形式的）定義から，これによって関数 $f_{n+1} : \boldsymbol{n+1} \to X$ がただ1つ定まる．かくして $n+1$ も性質 P をもつ．ゆえに帰納法からすべての数 n は性質 P をもっている．これにより一連の関数 $f_0,\ f_1,\ \cdots,\ f_n,\ f_{n+1},$ $\cdots$ が得られ，それらは互いに「うまく重なり合っていて」，したがって（ふたたび関数の定義により）それらは N 全体で定義された求める関数 f を与えるのである．

　集合 X の元 a と，1点集合 1 から X への関数 $a : 1 \to X$（そのただ1つの値が a である関数）とは同じものであることに注意すれば，帰納定理は，次のような便利な図式の形で述べることができる．すなわち，図式

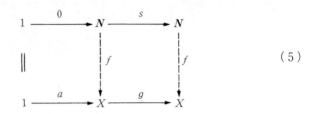

において，実線の矢印で表わされる関数が与えられているとする．このとき，帰納定理は上の図式を「可換」にするような関数 f （破線の矢印で示されている）——すなわち $f0 = a$ （左の四角が可換）かつ $g \cdot f = f \cdot s$ （右の四角が可換）となるような f ——がただ 1 つ存在することを意味している．

この定理の場合，f は g から「原始帰納 (primitive recursion) 的」に定義されるといわれる．この定理はより拡張した形でも成り立つ．たとえば g の代わりに 2 変数関数 $h = h(x, n)$ （関数 $h : X \times N \to X$）を用いて，(4) の第 2 の式を $f(sm) = h(fm, m)$ という条件で置き換えてもよい．上の (1)，(2)，(3) におけるパラメータ k のように，パラメータをもった場合にも帰納定理は正しい．

つぎの定理も帰納的に示すことができる．

一意性定理　集合論的ペアノ公準は，自然数全体の集まり N を，0 および後者の定める構造についての同形を除いて一意的に決定する．

N' を，特定の元 $0'$ および「後者」を与える関数 $s' : N' \to N'$ をもつ別の集合とするとき，関数 $f : N \to N'$ で

$$f(0) = 0', \quad \text{すべての } n \text{ に対して} \quad fsn = s'fn \qquad (6)$$

が成り立つものを $(0, s)$-構造の準同形と呼ぶ．さらに f が全単射（N から N' の上への 1 対 1 写像）のとき，f を N から N' への同形と言う．帰納図式 (5) で X を N' で置き換えることにより，そのような準同形が存在することがわかる．N' もまた s' についてペアノ公準を満たすので，同じ帰納図式によって逆向きの準同形 $g : N' \to N$ がただ 1 つ存在する．それはつぎの図式の最後の

行で示されている．

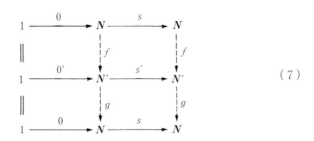

さて合成関数 $g \cdot f: \mathbf{N} \to \mathbf{N}$ と恒等関数 $I: \mathbf{N} \to \mathbf{N}$ を比べてみよう．それらはいずれも図式

$$\begin{array}{ccccc} 1 & \xrightarrow{0} & \mathbf{N} & \xrightarrow{s} & \mathbf{N} \\ \| & & I \Downarrow\Downarrow g \cdot f & & I \Downarrow\Downarrow g \cdot f \\ 1 & \xrightarrow{0} & \mathbf{N} & \xrightarrow{s} & \mathbf{N} \end{array} \qquad (8)$$

を可換にする．したがって(5)の一意性から $g \cdot f = I$ となる．同様に $f \cdot g$ も恒等関数である．ゆえに g は f の合成についての両側逆関数となり，したがって f は全単射である．

この結果はある構造をもった集合を公理論的に記述する場合に典型的なものである．そのような記述はモデルをせいぜい「同形を除いて」しか決定できない．上の場合のように，同形とは1つのモデルから別のモデルへの全単射で公理に現われるすべての基本的術語を「保つ」——上の(6)におけるように——ようなもののことである．いまの場合は，同形ではあるが互いに異なるモデルが，実際にたくさんある．たとえば，100 を 0 とみなすことにすれば，100 から始まる偶数全体は $n \mapsto n+2$ を後者関数と見ることによりペアノ公準のモデルをなす．

3. 帰納定理により記述される自然数

自然数の公理論的記述として可能なものはペアノ公準だけではない．ペアノ

公準の代わりに，帰納定理をただ1つの公理として採用することもできる．くわしく言うと，この公理は自然数をある特定の元 0 と関数 $s: N \to N$ をもつ集合 N でこの両者が（すべての $a \in X$ と $g: X \to X$ に対して）図式 (2.5) で表わされるような帰納定理を満足するものとして記述するものである．この方法での自然数の記述を具体的に行なったのはローヴィア (Lawvere) が最初であった．そのやり方はマックレーン-バーコフ（の初版）にやや詳しく述べられている．

　2つの方法の論理的同値性は容易に確かめることができる．すなわち，すでに見たようにペアノ公準から帰納定理が導かれる．逆に帰納定理からペアノ公準がすべて導かれることも証明できる．この証明で最も興味深い部分は，つぎの図式に要約されるような，N の部分集合 S に対する数学的帰納法に対する部分である：

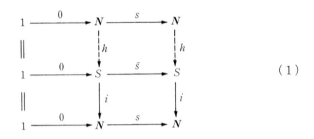
(1)

　S は N の部分集合ゆえ，その各元 x は N に入る．したがって $x \mapsto x$ なる対応は，関数 $i: S \to N$ （(1) の下の部分で示されている包含写像）となる．S についての帰納法の仮定から，0 は S の元でありしたがって関数 $0: 1 \to S$ を与える．また S の各元 n に対してその後者 sn も S の元だから，S の元 n に対して sn を対応させることにより $(n \mapsto sn)$，関数 $\bar{s}: S \to S$ が上図のように得られる．帰納定理から，関数 $h: N \to S$ で (1) 図に示されたように $h0 = 0$，$\bar{s}h = hs$ となるものが存在する．そのとき，合成関数 $f = ih: N \to N$ は，$N \to N$ の恒等関数と同じ帰納的条件 $f0 = 0$, $sf = fs$ を満足する．われわれの公理によれば，このような条件により関数は一意的に定まるのだから，f は恒等関数でなければならない．したがって各数 n は $n = fn = i(hn)$ となり，S の元 hn と一致する．したがって S は N の任意の元を含む．

　この例は，「1つの数学的構造（この例では N の構造）を同形を除いて一意

的に記述するために必要な公理系は，それ自身決して一意的に決まるものではない」という一般的事実を示す好例である．(2.5) の帰納定理は公理としてとくに便利なものである．それは図式 $1 \to N \to N$ が「普遍的」である（すなわち，他の任意の同様な図式 $1 \to X \to X$ へ一意的に写像される）ことを述べている．

4. 数　　論

いったんペアノ公準が確立されると，それからさまざまな種類の結果が得られる．除法（整除）はいつでも可能なわけではなく，m を n で割ろうとすれば，商 q と余り r が出てくる．r は 0 の場合もあるが，いずれにせよ n より小さく，したがって等式 $m = nq + r,\ 0 \leqq r < n$，が成り立つ．この結果は「除法の定理（剰余定理）」として知られている．約数（もちろん 1 とその数自身は別として）をもたない自然数が**素数**である．それらは不思議なことに，

$$2,\ 3,\ 5,\ 7,\ 11,\ 13,\ 17,\ \cdots$$

というふうに不規則に並んで出てくる．任意の数 n は素数の（重複を許した）積の形に分解できる．この際現われる素因数は，その分解のやり方によらず，順序を除いて一意的に定まる．この素因数分解の一意性定理の証明には除法の定理が使われる．2 つの数の素因数分解を見れば，その最大公約数が読みとれる．しかしこれはまた，ユークリッドの互除法によって直接求めることもできる．ユークリッドの互除法は除法の定理を繰り返し適用することにほかならない．

上でも注意したように，素数は奇妙な不規則性をもつ列となって出てくるが，その列は無限列である．その証明はユークリッドにまでさかのぼる．その後これらの素数がどのくらいの密度で並んでいるか評価することが試みられるようになった．$\pi(n)$ で n 以下の素数の個数を表わすことにするとき，素数定理（その証明は非常に複雑である）は n が無限大に近づくとき，$\pi(n)$ がどのくらいの速さで増大するかを述べたものである．あるいはまた，すべての数を 3 で割った余りに従って並べれば，次のような 3 つの列が得られる．

66 第2章 整数から有理数へ

$$0, \quad 3, \quad 6, \quad 9, \quad 12, \cdots$$
$$1, \quad 4, \quad 7, \quad 10, \quad 13, \cdots$$
$$2, \quad 5, \quad 8, \quad 11, \quad 14, \cdots$$

　第1の列に素数3があるのを別にすれば，すべての素数はあとの2つの列の中に出てくる．この2つの列のどちらにも無限個の素数があり，それらはある意味でこの2つの列の間で等しく分布しているということが示される．より一般に，ディリクレ（Dirichlet）の定理によれば，d と r を固定して n を増やしていったとき，数列 $nd + r$ の中には d と r が互いに素である限り無限個の素数が存在するのである．

　任意の自然数はたかだか4つの平方数の和に，また，たかだか9つの立方数の和に表わすことができる．これらは比較的容易に示すことができる．ウェアリング（Waring）の問題に対するはるかに深い分析により，もっと高い冪（べき）に対しても同様の結果が成り立つことがわかる．あまり大きくない偶数はみな2つの素数の和になっている．このことは実際に試してみればわかる．ゴールドバッハ（Goldbach）は（1742年に）これが任意の偶数に対して正しいだろうと予想した．いまのところこれが正しいことは誰も証明できていない．現在得られている最良の結果は，ヴィノグラドフ（Vinogradoff）による，「十分大きな任意の奇数 r は3つの素数の和となる」という結果と，チェン（Chen）による，「十分大きな任意の偶数は和 $p + b$ の形に書ける．ここで p は素数，b は素数または2つの素数の積である」という結果である．

　ディオファントス（Diophantos）の方程式の問題とは，方程式の整数解および自然数解を求める問題である．方程式 $x^2 + y^2 = z^2$ は（周知のように）無限に多くの0でない整数解 x, y, z をもっているが，$x^4 + y^4 = z^4$ はそのような解をもたない．フェルマは，$n > 2$ に対して $x^n + y^n = z^n$ は0でない整数解をもたないと述べたが，いまだに誰もその証明に成功していない．そのような解が有限個しかないことが最近になってようやく証明されたばかりである（モーデル（Mordell）予想）．ペル（Pell）方程式 $x^2 - Dy^2 = 1$ は整数解を無限個もっている．このことは代数的整数論に関係をもっている．

　以上は自然数をめぐって現われる多くの問題のほんの一例にすぎない．これらの結果はすべて究極的には5つのペアノ公準によってあのように単純な形で記述される構造がもつ性質なのである．

5. 整　　数

　得失を計算するには引き算が必要となる．自然数の範囲内では引き算はいつも可能なわけではないが，自然数全体の集合 N を整数の集合 Z に拡張しておけばこれが可能となる．整数（およびそれについての算術的演算）を形式的に定義するにはいくつかのやり方がある．多分最も簡単なのは，-1，-2，-3，-4，…のように正数の前に $-$ を付けたものを，N に新たに付け加えることであろう．このとき，新旧両整数の加法は，n と m を N の元とするとき，次のような場合に分けて定義される．

$$n \geqq m \text{ の場合は,} \qquad n + (-m) = n - m$$
$$n < m \text{ の場合は,} \qquad n + (-m) = -(m - n)$$
$$(-n) + (-m) = -(n + m)$$

この定義により Z では引き算がいつでも可能になる．さらに同様の定義により，Z における乗法および順序もうまく記述することができる．

　Z を定義する別のやり方を考えるために，引き算は方程式 $n + x = m$ を x について解くことと同じだという点に注目する．そこで形式的に順序対 (m, n) によって「この方程式の解」を表わすことにする．引き算を行なう際のおなじみの規則から，このような対の和や積の定義がつぎの公式によって得られる：

$$(m, n) + (m', n') = (m + m', n + n'), \ (m, n)(m', n')$$
$$= (mm' + nn', mn' + m'n)$$

ここで注意すべき点は，対 (m, n) と $(m + h, n + h)$ は同じものとみなされねばならないということである．すなわち $m + s = n + r$ のとき，またそのときに限り $(m, n) = (r, s)$ であると定義するのである．この人工的な相等関係は期待される諸規則を満足することが確かめられる．とくに同じものの和や積は等しくなる．整数を，上述のような対であっていま述べた相等関係をもつものとして定義した場合，そのままでは，そこにもともとの出発点となった自然数が含まれていない．しかし引き算の意味を考えれば N の各元 n を対 $(n, 0)$ と同一視すればよいことがわかる．この同一視により加法，乗法はもとどおり

68 第2章 整数から有理数へ

成り立つ．もっと形式化して言えば，$n \mapsto (n, 0)$ で与えられる関数 $\boldsymbol{N} \to \boldsymbol{Z}$ は和を和に，積を積に，不等式を不等式に，そして相異なる（自然）数を相異なる整数にうつす．すなわち，それは $+, \times$，および $\leqq$ で記述される構造に関する単形（monomorphism）である．

上述の2つの整数の構成法は本質的に同じ結果を与える．すなわち，写像 $n \mapsto (n, 0)$，$-m \mapsto (0, m)$ は第1の仕方でつくられた整数全体から，対と相等関係で記述された整数への（$+, \times$，および $<$ の構造についての）同形写像を与える．どちらの構成法をとるにしても，整数全体 $\boldsymbol{Z}$ は，$\boldsymbol{N}$ をより大きな構造に埋め込んで，そこで $+$ および $\times$ のすべての代数的性質をもとどおり保存したまま引き算が可能となるようにする最小の方式として，同形を除いて一意的に記述できるのである．ここでもまた他の場合と同様に，重要なのは整数とは**何であるのか**ということを正確に記述することではなく，整数全体の構造を同形を除いて記述することなのである．

6. 有 理 数

帳簿をつけるにあたって，数をいくつかの等しい部分に分割する必要が生じることがよくある——そしてこれが整数の範囲では実行できない場合も多い．分数を用いればそれが可能となる．分数は $1/2, 2/3, 1/5, 4/5$ などのように個々に導入され，それらの間の演算は周知のように，

$$\frac{m}{n} + \frac{m'}{n'} = \frac{mn' + m'n}{nn'}, \qquad \frac{m}{n} \cdot \frac{m'}{n'} = \frac{mm'}{nn'} \tag{1}$$

のように行なわれる．

この実用的な手順から対応する形式化が示唆される．出発点となるのは，正の自然数全体 $\boldsymbol{N}^+$ のうちでは割り算が必ずしも可能でないという事実である．そこで正の自然数の順序対 (m, n) 全体の集合 $\boldsymbol{Q}^+$ を導入し，加法，乗法を

$$(m, n) + (m', n') = (mn' + nm', nn'),$$
$$(m, n)(m', n') = (mm', nn') \tag{2}$$

のように定義する．これが実用的な規則（1）を書き換えただけのものであることは明らかであろう．ここでさらに (m, n) と (r, s) が等しいことを，$ms = nr$ によって定義しておく．N^+ の元 m を対 $(m, 1)$ と同一視すれば，これにより前と同様に，集合 N^+ のより大きな集合への拡張であってそこでは割り算が可能となり，しかもすべての算術規則がもとどおり成り立つようなもののうちで最小のものが定まる．前の場合と同じく，この構造の定式化もやはり，いま述べた仕方に限るわけではない．上述の方法の代わりに，対 (m, n) としては m と n が（1以外の）公約数をもたないようなものだけを用いてもよい．この場合，加法，乗法を定める式（2）は，結果を約分する形に修正しておかねばならない．この不便さはあるが，その代わり対の相等関係についての「人工的」定義は，この方法によればなしですませることができる．この場合にもやはり大切なのは同形を除いて得られる構造だけなのである．

　有理数**全体**の体系 Q は，正の有理数全体 Q^+ に，単に 0 と負の有理数を付け加えることにより得られる．あるいはまた，Z に属する整数の対 (a, b) 全体を用いて——ただし「分母」b が 0 でないという制限つきで——上の（2）と同じ式で加法，乗法を定義することにより，直接 Z から Q を構成することもできる．

　いままでの場合と同じくここでも重要なのは有理数の具体的な定義ではなく，得られた構造のほうである．

7. 合　同　式

　ふつうの時計は，指針が 12 時まで達するともとに戻って，以後はそれを繰り返す．しかしこの限られた数しかない時刻についてもやはり算術を行なうことができる．たとえば 9 時から 7 時間たてば 4 時になるというふうに．同様に 10 進法での 1 位の数字は 0，1，2，…9 の 10 個しかない．加法，乗法を普通の規則で行なったうえで，10 位以上の数字を無視してしまうことにすれば，これらの数字だけで，

$$6 + 7 = 3, \quad 8 + 7 = 5, \quad 8 \cdot 3 = 4, \quad 3 \cdot 9 = 7,$$

のように立派に計算を行なうことができる．このやり方では 10 の倍数をすべて

70 第 2 章 整数から有理数へ

無視している．60 進法を使う場合には，同様に 60 の倍数をすべて無視した規則ができる．「九去法（casting out nines）」という検算のやり方がある．積の検算に使う場合この規則は次のようになる．各因数ごとに数字の和をつくり，その和を掛け合わせてそれともとの答の数字の和とを比べてみる．たとえば，32 × 27 ＝ 864 の場合の検算では数字の和を計算すると 32 は 5，27 は 9 となり 5 × 9 ＝ 45 で，この数字の和をふたたび計算すれば 9 になる．一方，864 のほうは 8 ＋ 6 ＋ 4 ＝ 18 で，この 18 についてふたたび数字の和をとれば 9 となって一致する．ここでやっていることは，32 を 5 で置き換え，その差 27，すなわち 3 × 9 を無視したのである．なぜこういうことができるかというと，おのおのの因数が 9 の倍数の差だけ違う場合，それらの積どうしもやはりたかだか 9 の倍数の違いしかないからである．要するに算術的演算は，「9 の倍数を無視して」も，すなわち「9 を法として」も通用するのである．

　これらの例はそれぞれ 12，10，60，9 を「単位」あるいは「法（modulus）」として用いたものである．一般の場合も同様である．任意の a，b および単位となる自然数 $m \neq 0$ に対して，$a - b$ が m の倍数のとき，$a \equiv b \,(\mathrm{mod}\ m)$ と書き，a は b に m を法として**合同である**という．こうすれば算術規則が成り立つことは容易に証明できる．すなわち，m を法として $a \equiv b$，かつ $c \equiv d$ ならば，

$$a + c \equiv b + d \,(\mathrm{mod}\ m), \quad ac \equiv bd \,(\mathrm{mod}\ m), \tag{1}$$

が成り立つ．この m を法としての合同式は等式と同じように振る舞う．つまり，それもまた反射律，対称律，推移律を満たす（推移律は第 1 章第 5 節で定義した．$\equiv$ のような関係が対称律を満たすとは $a \equiv b$ なら $b \equiv a$ がすべての a，b について成り立つことをいう）．

　2 つの整数 a，b が m を法として合同となるための必要十分条件は，m で割ったときの余り r，$0 \leqq r < m$ が等しいことである．この結果，m を法としての計算は，計算の対象となるものが有限（すなわち余り 0，1，2，$\cdots$，$m - 1$）であるような計算に帰着される．加法，乗法に関するすべての規則——交換律，結合律，分配律——はこれらの有限計算に対しても成り立つ．つまり法 m の剰余全体は加法に関してアーベル群をつくる．素数 p を法とする 0 以外の剰余全体は，乗法に関してもやはり $p - 1$ 個の元からなる群をつくる．しかし m が

7. 合 同 式 **71**

$2 \cdot 3$ のような合成数の場合は群にならない．なぜならその場合 $2 \cdot 3 \equiv 0 (\mathrm{mod}\, 6)$ となり，2も3も6を法として乗法の逆元をもたないからである．こういった合成数 m に対して乗法群を得るには，法 m と互いに素な剰余だけを用いることにすればよい．そのような m と互いに素な剰余の個数を $\phi(m)$ と書き，オイラー(Euler)の ϕ-関数と呼ぶ．p を素数，m と n を互いに素な整数とするとき

$$\phi(p) = p - 1, \quad \phi(p^k) = (p-1)p^{k-1}, \quad \phi(mn) = \phi(m)\phi(n) \quad (2)$$

が成り立つことは容易にわかる．これらの公式と m の素因数分解を用いて，任意の $\phi(m)$ の値を計算することができる．ここでこういった事実に触れたのは，合同の定式化が実用上（時間の計算や位取り数字の乗法）だけでなく数論にも起源をもつことを強調したかったからである．

　合同に関する計算は余りについての計算の**ことである**というのは少し言い過ぎである．実際，5を法とした場合，余り 0, 1, 2, 3, 4 は，余り -2, -1, 0, 1, 2，あるいは -4, -3, -2, -1, 0 で置き換えることもできるからである．いつものことながら，この場合も数学者は不変な形式での定式化を求める．各余り r は，$a \equiv r (\mathrm{mod}\, m)$ なるすべての整数 a からなる「合同類」$C_m r$ を代表する（そしてそれで置き換えうる）ものである．類 $C_m r$ と類 $C_m s$ を加えるには，$C_m r$ の任意の代表元 a と，$C_m s$ の代表元 b をとり，a と b を加え，その和 $a + b$ の類を和 $C_m r + C_m s$ と定めればよい．この場合，こうして得られた類の和が代表元 a，b の選び方によらないことを確かめておかねばならない――しかしこの事実は2つの合同式の和に対する規則(1)を言い換えたものにすぎない．このことが成立したので，すべての合同類 C_m の集まり $\mathbf{Z}_m$ は加法，乗法という2項演算をもつ体系となること，そして Z から Z_m への

$$C_m : \mathbf{Z} \to \mathbf{Z}_m, \qquad a \mapsto C_m a,$$

なる関数 C_m は整数の加法および乗法を合同類のそれにうつすことがわかる（すなわちこれは ＋ および × について準同形の最初の一例である）．以上により剰余に関する計算の「不変な形の」定式化が与えられる．

　このようにしてわれわれは m を法とする整数に対する代数に対して（少なくとも）3通りの記述を行った：1つはふつうの整数に法 m での合同という新し

い相等関係を入れたものについての代数であり，1つは m を法とする剰余の代数であり，もう1つは法 m の合同類の代数である．最後の記述はこれらの中では一番不変な形で述べられている――したがってまたそれだけより技巧的なものである．なぜならばそれは元が集合であるような集合（合同類の集合）を用いているからである．しかしこれらの3つの構成から得られる結果はどれも同形である．さらにそれらの結果は簡単な数論的事実を述べるうえでも有用であり，実用上は不可欠でさえある．たとえば任意の整数 x に対してつねに

$$x^2 \equiv 0 \ \text{または} \ 1(\text{mod} \ 4), \ \ x^2 \equiv 0, \ 1, \ \text{または} \ 4(\text{mod} \ 8)$$

が成り立つ．別の問題として2つの（連立）合同式

$$x \equiv b(\text{mod} \ m), \ \ x \equiv c(\text{mod} \ n), \tag{3}$$

の共通解を求める問題がある．この問題に対して「中国剰余定理（Chinese remainder theorem）」は m と n が互いに素ならば，mn を法としてただ1つの解が存在することを保証している．

8. 基 数

それでは「結局のところ，自然数とは一体何なのだろう？」という問題が生ずる．1つの説明は，それが**基数**(cardinal number)であるというものである．これについて述べてみよう．第1章第2節におけるように，2つの集合 S と S' の間に，全単射 $b : S \rightarrow S'$，すなわち S と S' の間の1対1対応が存在するとき，S と S' は**同じ濃度をもつ**（equinumerous）（あるいは**基数の点で同値**）と定義し，それを $S \equiv S'$ と表わすことにする．集合の間のこの関係は反射律(恒等写像は全単射だから)，対称律(全単射の逆も全単射だから)および推移律(2つの全単射の合成もまた全単射となるから)を満たす．

この同値関係のもとで算術的演算を適当な形で行なうことができる．2つの集合 S と T を加えるには，まずそれらが共通部分をもたないものとしたうえで，その和として S または T のいずれかに属する元全体からなる集合 $S + T$ をとる．この**直和**（共通部分のない合併，非交和）は全単射により保存される．す

なわち，$b: S \to S'$ および $c: T \to T'$ が全単射ならばそれらは全単射 $S + T \to S' + T'$ と定める．したがって

$$S \equiv S' \quad かつ \quad T \equiv T' \quad ならば \quad S + T \equiv S' + T' \qquad (1)$$

が成り立つ．S と T の積を得るためには S と同じものを「T 個」加えればよい．すなわち，単位の S 倍の幅と単位の T 倍の高さの長方形 ▭ の中の点を数えればよい．このような長方形集合 $S \times T$ を集合 S と T の**直積**と呼ぶ．それは，$s \in S$，および $t \in T$ なるすべての順序対 $\langle s, t \rangle$ の集合として記述できる．全単射を用いて(1)と全く同様に

$$S \equiv S' \quad かつ \quad T \equiv T' \quad ならば \quad S \times T \equiv S' \times T' \qquad (2)$$

が示される．

　累乗は掛け算の繰返しである．たとえば $S^3 = S \times S \times S$ は，S の元 s_i（重複してもよい）の順序のついた3つ組 $\langle s_1, s_2, s_3 \rangle$ 全体の集合である．これは3つの元からなる集合 $\{1, 2, 3\}$ から集合 S へのすべての関数 $i \mapsto s_i$ の集合といっても同じことである．より一般に冪集合 S^T とは，関数 $f: T \to S$ 全体の集合のことである．この場合も

$$S \equiv S' \quad かつ \quad T \equiv T' \quad ならば \quad S^T \equiv S'^T \equiv S'^{T'} \qquad (3)$$

が成り立つ．具体的に言えば全単射 $b: S \to S'$ から $f \mapsto b \cdot f$ によって全単射 $S^T \to S'^T$ が引き起こされ，一方全単射 $c: T \to T'$ から $f' \mapsto f' \cdot c$ によって逆向きの全単射 $S'^{T'} \to S'^T$ が引き起こされるのである．

　以上のことを基礎として**有限基数**とはまさに基数に関する同値関係を「法として」考えた——すなわち，基数の点で同値なものを相等しいと考えた——有限集合にほかならないと定める．言い換えると数は有限集合で「表現」され，2つの集合は互いに全単射関係にあるとき同じものと考えるのである．あるいはまた，もし数に対してそのある「表現」ではなく，1つの決まった対象がほしいのであれば，S の基数を S と同じ個数の元をもつすべての集合全体の集合と定義してもよい．

74　第2章　整数から有理数へ

$$\text{card } S = \{S' \,|\, S \equiv S'\} \tag{4}$$

上で述べた合同関係についての算術的規則から，基数の和および積を

$$(\text{card } S) + (\text{card } T) = \text{card}(S + T),$$
$$(\text{card } S)(\text{card } T) = \text{card}(S \times T) \tag{5}$$

で定義してよいことがわかる．

　この基数の定義は第2章7節における法 m の合同類の不変な形での定義に非常に似かよっている．歴史的には合同類は，より一般的な基数の定義より以前からよく理解されていた．これらの間にはしかし，次のような違いがある．m を法とする r の合同類 $C_m r$ は整数という与えられた集合の中で $a \equiv r(\text{mod } m)$ を満たすすべての整数 a からなるのに反し，S の基数は，（4）で定義した形では，$S' \equiv S$ となるこの世のありとあらゆる集合 S' からなるのである．

　こういった広い範囲のものを考えると都合の悪い点が出てくる．上のような場合に，集合 S とは互いに区別できるものの集まりなら何でもよく，そして，2つの集合はそれらの元が正確に同じであるときに等しいという「素朴な」考え方をすると矛盾が生じる．1つのパラドックスを述べるまえに集合の中には（すべての無限集合の集合のように）自分自身の元となるものとそうでないものがあることに注意しよう．さてバートランド・ラッセルは，集合がその元を特定することにより定義できる点に注意して，自分自身の元とならないような集合全体からなる集合 R を考えた：

$$R = \{S \,|\, (S \in S) \text{ が成り立たない}\} \tag{6}$$

言い換えれば

$$(S \in S) \text{ でないとき，そのときに限り} \quad S \in R \tag{7}$$

それから彼は「R はそれ自身の元であるか否か」を考えた．もし R 自身が R の元であるなら $R \in R$ となり，したがって（7）より $(R \in R)$ でないことになる．またもし R の元でないならば，$(R \in R)$ でないのだから（7）の十分性か

ら $S = R$ とおけば $R \in R$ となってどちらにしても矛盾が出る.

　このラッセルのパラドックスは，集合の素朴な概念が，ある与えられた性質 P をもつすべてのものを集めることによって，つまり

$$T = \{X \mid X \text{ は性質} P \text{をもつ}\} \tag{8}$$

によって1つの集合 T を特定できるという考え（これを素朴的内包性の公理と呼ぼう）と結びついたとき起こる困難を示している．この困難を避けるための1つの標準的方法は，この内包公理をあらかじめ与えられたある集合 W の部分集合——たとえば集合 Z の部分集合というような——をつくる場合にだけ適用することである．この「制限された」内包公理は次のように述べられる：ある集合 W と，集合についての性質 P が与えられたとき，集合

$$T = \{X \mid X \in W \text{ かつ} X \text{は性質} P \text{をもつ}\} \tag{9}$$

をつくることができる.

　のちに（第11章で）この公理を「集合」および「集合の元」の体系的公理化を考えていく過程で検証してみることにする．この目的のためにまた，各集合 U に対してその冪集合，すなわち U のすべての部分集合全体

$$PU = \{S \mid S \subset U\} \tag{10}$$

を同時に考えることになる．当面は，基数論を展開するためにまず，ある（無限の）初期集合 V_0 から出発する．この V_0 を型 (type) または「宇宙 (universe)」と呼ぶ．たとえば V_0 として自然数全体の集合，あるいは実数全体の集合をとればよい．「つぎの」型 V_1 は V_0 のすべての部分集合からなり，したがって $V_1 = PV_0$ と書くことができる．そうするとそのような集合 S の基数を S と同じ個数の元からなる集合 S' で V_0 の部分集合となるもの全体として定義することができる：

$$\text{card } S = \{S' \mid S' \in V_1 \quad \text{かつ} \quad S \equiv S'\} \tag{11}$$

76 第2章 整数から有理数へ

このとき，この基数はもう1つ高い型 $V_2 = PV_1$ の中の集合となる．この方法では基数は，型の選択（あるいは階層付け）に依存することになる．しかし（4）と違って定義（11）は制限された内包公理だけを用いており，したがってラッセルのパラドックスは起こらない．つぎつぎと「宇宙」V_0，V_1，V_2 を用いていくこのやり方は，ラッセルによって，彼のパラドックスを避けるために考え出された「型理論」をきわめて簡単化して述べたものである（実際には細かい点でもっと注意する必要がある．たとえば型は直積について閉じているようにつくっていかねばならない）．

どのやり方をとるにせよ，このようにして有限基数は集合と全単射を用いて定義され，その（加法，乗法，累乗といった）算術的諸性質は，集合（と全単射）の性質から導かれる．この方法はまた，無限集合の基数と，無限集合に対する算術的演算を定義するのにも用いられる．

このようにして「無限とは何か」という自然な問に対して，1つの数値的解答が与えられる．すなわち，無限にはいろいろ異なったサイズのものがあり，それらは算術的演算に従う適当な「基数」で測ることができる．

9. 順 序 数

有限集合 S の基数は S の元を提示したり数えたりするときの順序にはよらない．しかしまた，単に1，2，3…と数えるのではなく，第1，第2，第3…と数える場合のように，目的によっては1つの集合の元をある与えられた順序に並べてみることも多い．ここから順序数の概念が生まれる．順序数は適当な全順序集合 $(P, <)$ に付随するものである．P' を別の全順序集合とするとき，P と P' の間の**順序同形（写像）**とは第1章第4章におけるように，全単射 $f:P \iff P'$ で順序を保つもの，すなわち P において $p_1 < p_2$ ならば，P' においても $fp_1 < fp_2$ となるようなもののことをいう．そのような同形写像が存在するとき，2つの順序集合は**順序同値**であるといい，記号 $P \sim P'$ で表わす．これを用いて，有限順序数とは，有限全順序集合 P を順序同値を法として考えたもの——すなわち，順序同形なものを相等しいとみなしたもの——であると定義することができる．あるいはまた整数の法 m に関する合同類や基数の場合のように，有限順序数とは型 V_1 における同値類として

$$\operatorname{ord} P = \{P' \mid P' \in V_1 \quad \text{かつ} \quad P \sim P'\} \tag{1}$$

のように定義することもできる。

　順序集合にも算術的演算を施すことができる。たとえば P と Q が共通部分をもたない順序集合であるとき、その（共通部分のない）合併 $P + Q$ に対して、P の元はすべて Q の元より順序が前にあるとして順序を入れてやることができる。2つの全順序集合の直積 $P \times Q$ には、

$$(p_1, q_1) < (p_2, q_2) \iff p_1 < q_2 \text{ または } p_1 = p_2, \; q_1 < q_2 \tag{2}$$

で定義される**辞書式順序**が入る。Q が有限ならば、すべての関数 $f : Q \to P$ よりなる冪集合 P^Q にも辞書式順序が入る。すなわち、関数 f, g が与えられたとき、Q の順序において $fq \neq gq$ となる最初の q をとり、$fq < gq$ のとき、そしてそのときに限り $f < g$ であるとするのである。この3つの演算のおのおのに対しては、同値な順序集合について

$$P \sim P', \; Q \sim Q' \quad \text{ならば} \quad P \times Q \sim P' \times Q' \tag{3}$$

のような規則が成り立つ。これから2つの順序数の積が

$$(\operatorname{ord} Q)(\operatorname{ord} P) = \operatorname{ord}(P \times Q) \tag{4}$$

によって定義される。ここで因数の順序を逆にしてあるのは伝統に従ったものである。上述の規則（3）により、（4）で定めた積は、同値類 $\operatorname{ord} P$ および $\operatorname{ord} Q$ の中での P, Q の選び方によらずに決まる。順序数の和および累乗も同様に定義される。有限順序数に対してはこれらの演算は有限基数における対応する演算に一致する。なぜならば、「有限順序集合の順序同値類（順序型）は基数だけで決まる」からである。

　無限集合に対してはこのことは正しくない。P を無限順序集合とするとき、（1）で定義された集合 $\operatorname{ord} P$ は、ふつう P の**順序型**（order type）と呼ばれる。たとえば通常の順序を入れた正の整数全体のつくる可算無限集合 $\boldsymbol{N}^+$ は、負の整数の集合 $\boldsymbol{N}^-$ とは全く違った順序をもっている（$\boldsymbol{N}^+$ には第1番目の元があ

78 第2章 整数から有理数へ

るが，N^- にはない）．N^- の順序型を無限順序数とみなすことはしない．

順序数を考えるうえで導きの糸となるのは，つねに「1つ次のもの」があるということ，すなわち与えられた順序数の集合より先にある最初の順序数が存在するということである．もっと一般にいうと，これは順序数の任意の集合が第1の元（最小元）をもつことを意味する．全順序集合 P はその任意の空でない部分集合 $S \subset P$ が，与えられた（P での）順序に関して最小元をもつとき，整列集合（well-ordered set）と呼ばれる．自然数の集合 N に対しては，帰納法の公理は N の任意の空ではない部分集合 T が最小元をもつということ，すなわち N がその順序に関して整列集合をなすことと同値である．

一般には順序数はある整列集合の(1)の意味での順序型であるとして定義される．この定義によれば，たとえば可算無限順序数がたくさんあることがわかる．（整列）集合 N の順序数は通常 ω と書かれる．そうすれば算術的演算は有限順序数だけでなく，ω にも適用できる．たとえば，$\omega + \omega = \omega 2$ は N と同じものを2つとり一方を他方のあとにおいたものの順序型である．これに対して 2ω は2を ω 個並べたものの順序型である．したがって $2\omega = \omega$ で $2\omega \neq \omega 2$ となる！　無限順序数を順番にいくつか書き出してみると，

$$0, \ 1, \ 2, \ \cdots, \ \omega, \ \omega + 1, \ \omega + 2, \ \cdots, \ \omega 2, \ \omega 2 + 1, \ \omega 2 + 2, \ \cdots \quad (5)$$

のようになる．ここで … は3以上の自然数の列全体およびそれらと，ω，$\omega 2$ との和をそれぞれ表わしている．

このように並べて書いてみれば，順序数全体はそれ自身整列されていることがわかる．ここで ord $P <$ ord Q は P が Q のある「切片」に順序同形であることとする．そのうえ各順序数は，それより前にあるすべての順序数のつくる順序集合の順序型となっている．このことから，順序数とは自分より前にあるすべての順序数のつくる順序集合であるとして，

$$0 = \phi, \ 1 = \{0\}, \ 2 = \{0, 1\}, \ \cdots, \ \omega = \{0, 1, 2, \cdots\}, \quad (6)$$

のように記述することもできる．言い換えれば，各順序数はそれよりあとにあるすべての順序数の元となるわけである．これから「順序数とは，その集合の

元どうしが包含関係について全順序をなすような集合である」という形式化された定義が考えられる．この考え方については，第11章第2節で集合の概念をより詳しく検討する際にもう一度取り上げることにする．

10. 数（自然数）とは何か？

この章ではこの「数とは何か」という問題に対していくつかの解答を提案した．それらは以下のようなものであった．

（a） 自然数とは，物を数えたり，番号を付けたりするのに用いられる一連の印の列

$$|,\ ||,\ |||,\ ||||,\ |||||,\cdots$$

にほかならない．印自体はどんなものでもかまわない．大切なのは，この印の列の中で，おのおのの印のすぐつぎの印（後者となる印）がつねに確定していることである．たとえば10進表示

$$0,\ 1,\ 2,\ \cdots,\ 10,\ 11,\ 12,\ \cdots,\ 100,\ \cdots,\ 200,\ \cdots$$

はこの条件を満たしている．

（b） 自然数とは，有限集合のことである．ただし，同じ個数の元からなる集合は同じ自然数を与えるものとみなす．この場合，後者は，「もう1つ元を付け加える」ことを意味する．

（c） 自然数とは，有限集合の基数に関する同値類のことである．

（d） 自然数とは，有限順序集合の順序同値類のことであり，この場合，後者は「新しい元を1つとって，いままでのすべての元よりあとに付け加える」ことを意味する．

（e） 自然数とは，前節の(6)におけるような集合を元とする有限集合のことであって，各元は所属関係（membership）によって順序付けられている．

いまあげたおのおのの場合において，そこで記述された形の自然数は確かにペアノ公準を満たす．われわれの問題への解答がこのようにたくさん出てくる

80 第2章 整数から有理数へ

以上，「自然数とは何か」という問題には解答がないというのが結論でなければ
ならない．具体的な記述方法はいろいろあり，そのどれをとるかは，どういう
種類の数え方をしようとしているか，あるいは前提にするものが何であるかと
いったことで違ってくる．いずれの場合にも，当該方法で記述される「数」は
確かにペアノ公準を満足している．したがって「1つ1つの自然数がそれ自身
何で**ある**のか」ということの定義はしないものだという結論を得る．その代わ
りにわれわれは「後者」という演算をもつ自然数**全体**のつくる体系の定義をす
るのである．この立場では N はペアノ公準を満たすような任意の体系である
ということになる．これはつまり，そのような体系はたくさんあるが，しかし
それらは集合論を前提とする限り，ちょうど上の 10 進表示の場合のようにみな
互いに同形であるという意味である．

公準自体も一意的に決まるものではないことに注意せよ．たとえば，帰納定
理をペアノ公準の代わりに公理とすることができる．数学的対象の公理的記述
では他の場合もそうであるが，この場合も公理系はいろいろな選び方ができる．
他の数学の分野と同様に自然数論もまた，あるただ1つのモデルを研究するこ
とでもなく，また，ある唯一の公理系を調べることでもない．──それはむし
ろ多様なモデルにより実現され，公理系の形で特定される1つの形式の研究な
のである．

要　約：自然数は，ものを数えたり，並べたり，あるいは比較したりといっ
た初等的操作がその出発点となっている．そこから自然数は計算のための効果
的な道具に発展していった．その計算規則は，形式化された単純な公準から導
かれる形に整理できる．これらの公準から得られる結果のうちには，自然数論
において研究されている驚くほど多様で豊かな性質が含まれている．──そう
いった性質はもともとの出発点である数えたり並べたりする過程の中に明白に
見てとれるものでは決してない．それにもかかわらず，それらの性質はこうい
った基本的な人間活動の中にひそんでいるものなのである．自然数論はやはり
できるべくしてできたものなのである．

しかし自然数論は自己完結的なものではない．第1に自然数の計算では，引
き算や割り算が必ずしも可能でなく，したがって Z や Q のような他の数体系
を構成する必要が出てくる．第2に自然数の理論の中から合同式の計算や m を
法とする整数──つまり単なる数ではなく，数の同値類であるような数学的対
象──の計算の必要性も生まれてくる．最後に，自然数は必然的に集合や関数

の研究をもたらす．たとえば2つの有限集合がいつ同じ基数をもつかを考える
には全単射が必要になるし，物を並べるという過程に内在している順序数を理
解するには2項関係が必要となる．また一方，帰納法の公理の定式化には部分
集合が必要である．さらに m を法としての合同や基数および順序数の説明に
は，集合の集合，つまり同値類の集合が用いられるのである（本章第4節も参
照せよ）．

　このように，単純で初等的な数学的アイデアの内容を十全に理解しようとす
れば一般的で抽象的な概念が不可避的に必要になってくるのである．

　　[**参考文献**]　　自然数論を扱った本は多い．そのうちで Hardy-Wright
[1983]はよいものである．自然数について成り立つ命題のうちで，帰納法を性
質に対する形で定式化したペアノ公準からは証明できないものの例について
は，Barwise：*Handbook of Logic* の最後の論文を見よ．

第3章 幾 何 学

　この章では，平面初等幾何学の起こり，初等幾何学と変換群との間の密接な関係などについて述べ，さらに非ユークリッド幾何学の諸概念などにも言及する．この章に続いて第7章では，n次元幾何学と線形代数について述べ，第8章では多様体と曲率をもつ空間をとりあげる．そして第10章ではトポロジーを複素解析と関連させて扱うことにする．これらを含む幾何学の諸分野は数学のいたるところで重要な役割を果たしている．

1.　空間にかかわる諸活動

　いろいろな幾何的図形や幾何学上の諸事実を，人は生活の中で広い範囲のさまざまな活動や観察を行なっていく中から発見してきた．それらの図形や諸事実の中には運動に関係しているものもある．物が動いているのを観察しているうちに，われわれは鉛直線上を落下する物体や，投げこまれた石を中心にして同心円状に広がっていく波，砂丘の草が風になびいて砂の上に半円形を描いている有り様や風によって前後に揺れ動く木の枝，あるいはまた長い直線をなして岸にうち寄せる波といった現象に気づくようになる．これとは別に，観察される運動の中には，われわれ自身が引き起こしたものもある．たとえば，ボールの落下や坂をころがる丸太，荷車の車輪の回転などといったものがそれである．さらに物の構造に関係して観察される事実もある．たとえば棒杭は床にまっすぐ垂直になるように置けば，倒れないようにうまく立てることができる．3本足の椅子は4本足の椅子より安定がよい．連接棒は，三角形になるようにつなげばしっかりするが，四角形につなぐとぐらぐらするというような具合で

ある．あるいはまた１つの板を，いったん切ってばらばらな破片にしたあと，うまくつなぎ合わせれば，ふたたびもとどおりの大きさの板になることにわかる．他方，迷宮の地図を描いたり，光景を図示したりするには，もとのさまざまな形を縮小して再現することが必要となる．また１つの物を別の物の内部にぴったり嵌め込もうとする場合，形の違いが最大の問題となる．ぴったり一致させられるかどうかあらかじめ見ておくためには，長さや周を測っておかねばならない．あるいはまた，離れたところから２つの物の間隔を測ろうとすれば，視線，角度および三角法が必要となる．これらは幾何学的観念をつくり上げるもととなった多くの活動のほんの一例にすぎない．

これらの活動がもとになって，さまざまな図形が考え出されてくる．円と卵形，水平線，垂直線，あるいは互いに直交する直線，２等辺三角形その他の三角形，正方形や長方形，立方体，丸太や桿のような円柱，オレンジや風船のような球面などである．さらにこれらの図形についていろいろな事実が発見される．たとえば，「三角形が頑丈なのは３辺（あるいは２辺と夾角）が決まれば，三角形は剛体運動を除いて決定されるからである」とか，「直角三角形はいろいろあるが，その斜辺の自乗はつねに他の２辺の自乗の和に等しい」とか（このことは，ナイル川が氾濫したのち，土地区画をもう一度もとどおりにする際に利用されたと伝えられる），「同一直線へ引いた２つの垂線は決して交わらない」とか，あるいはまた「対応する角がすべて相等しい２つの三角形の，対応する辺の比は一定である」などといった具合である．

幾何学的事実がかなり集まってくると，これらの事実の間の関連にも光が当てられるようになる．ひとたび三角形の面積が辺の長さから計算できるようになれば，次のページの図１におけるように４つの合同な三角形をうまく組み合わせて，５つの面積の和を考えることによってピタゴラスの定理が証明できる．ピタゴラスの定理はまた，相似三角形の辺の比に関する結果から導くこともできる．

これをもう少し詳しく述べてみよう（図２）．直角三角形の直角の頂点から下ろした垂線により斜辺 c は２つの部分 h と k に分けられ，$h/a = a/c$ および $k/b = b/c$ が成り立つ．分母を払って，$hc = a^2$ と $kc = b^2$ が出る．これから $(h + k)c = c^2 = a^2 + b^2$ が得られる（証明終）．このようにしていろいろな幾何学的事実の間の論理的関連がしだいに明らかになってくる．

しかしながら，空間および空間内の運動についてわれわれが経験するさまざ

84　第3章　幾　何　学

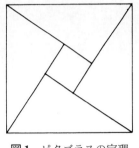
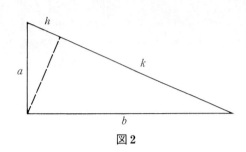

図1　ピタゴラスの定理　　　　　　図2

まな事実が，以下に述べるように完璧に組織化できるということは，真に驚嘆すべきことである．すなわち，若干の図形——直線，平面，線分，角，および円周——を基礎図形にとり，若干の単純な事実を公理として仮定することにより，他の幾何学的図形が構成でき，そしてこの仮定された公理から，他のすべての幾何学的事実が導き出されるのである．その中には，たとえば三角形の3中線，あるいは3垂線は1点に会するといった著しい結果も含まれている．このようにして成立したユークリッド幾何学の演繹的構造は数学的方法の1つのモデルとなった．

2.　図を用いない証明

　初等ユークリッド幾何学においては，図形に関するさまざまな事実の証明は，みな公理から導き出されるわけだが，その際，考えている図形の直観的に自明な性質を暗黙のうちに利用していることがある．たとえば，線分ABの垂直2等分線を求めるには，AとBを中心とする半径ABの2つの円を描く．これらの円は明らかに直線ABの両側で交わる…．しかしABの「ある側」とはいったいどういう意味であろうか．あるいはまた，これらの2つの円はなぜ必ず交わるのだろうか(図1参照)．すべての事実が公理から導かれるべきものであるとすれば，これらの明らかに成り立つと思われる事柄もまた，図を見て考えるのではなく，公理から証明されるべきものであろう．いったんこの厳格な立場を受け入れて考えをすすめてみると，ユークリッドの公理系にいくつかの新しい公理を適当につけ加えることにより実際に直観的な事実や図などを用いないでも，あらゆる議論が行なえることがわかってきた．この意味するところは，

図1　2つの円は交わるのだろうか？

幾何学というものは，実は図形それ自体に関するものではなく，図形に対応するある概念に関するものであり，そしてその概念自身は，無定義要素とみなされるいくつかの基礎的概念だけを用いて定義されるものだということであった．この厳格なプログラムは，ダフィット・ヒルベルト（David Hilbert）により，彼の幾何学基礎論（*Grundlagen der Geometrie*, B. G. Teubner 書店，初版 1899 年，第 12 版，1977 年）の中で組織的に実行された．彼の公理系は平面および立体幾何学の双方に対して立てられていた．ここでは平面幾何学に対するものだけを調べてみよう．彼は公理系をつぎの5つのグループに分けて与えた．

グループ I（結合公理）　この一群の公理は「点」，「直線」，および「直線 l 上に点 P がある」という3つの基本的概念だけに関係するものである．
(1) 相異なる2点 P, Q は1つの直線上にあり，そしてそのような直線は1つに限る（厳正な論理的定式化という点を別にすれば，これは「2点が1直線を決定する」というおなじみの要求と同じものである）．
(2) 各直線上には少なくとも2つの点がある．
(3) 1直線上にない3点が存在する．

これらの公理を用いれば（1直線上にない3点によりつくられる図形として）三角形を定義することができる．しかしまだ「直角」を定義することはできない．

グループ II（順序公理）　ユークリッド幾何学においては，直線には方向が定められていないので，1つの直線上の点 P, Q の順序を2項関係の形で「P が Q の左にある」とか「P は Q より前にくる」あるいは「$P < Q$」などというように表わすことはできない．順序は，その代わりに，同一直線上にある3点

A, B, C に関する 3 項関係「B が A と C の間にある」を用いて記述される．これに関する公理はつぎのとおりである．

(1) B が A と C の間にあれば，B は C と A の間にある．

(2) A と B が直線 l 上の相異なる 2 点ならば，l 上に A と B の間にある点 C があり，さらに B が A と D の間にあるような点 D がある．

(初等幾何学ではしばしば「線分 AB を B を越えて延長する」という言い方をする．上の公理はこの延長上に少なくとも 1 点 D が存在することを述べたものである．)

(3) A, B, C が直線 l 上の相異なる 3 点とするとき，これらの 3 つの点のうちちょうど 1 つだけが他の 2 つの間にある．

これらの公理を用いて，$A \neq B$ に対して**線分** AB を，A と B の間にある点 C の全体からなるものとして定義することができる．さてこれから「1 直線は平面を 2 つの部分に分ける」という，図を描いてみれば自明に思える事実と定式化することにしよう．この事実をもう少しはっきりした形で述べれば次のようになる：「直線 l が与えられたとき，l 上にない平面上のすべての点は 2 つの空でない互いに交わらない集合 U と V（l の 2 つの「側」）のどちらか一方に属し，U の点 A と V の点 B を結ぶ線分 AB は l とつねに 1 点で交わる．一方 U 内の任意の 2 点（あるいは V 内の任意の 2 点）を結ぶ線分は l と交わらない．」この「直観的には明らか」な分離の性質を確立するには，もう 1 つ別の公理が必要となる．

(4) **パッシュ (Pasch) の公理．** 直線 l が三角形 ABC の線分（辺）AB と交わり，しかも C を通らないならば，l は AC または BC のどちらか一方と交わる（図 2）．

図でいえばこれは，1 辺 AB を通って三角形の内部に入った直線は，必ず AC

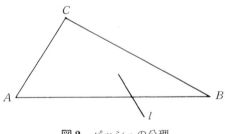

図 2　パッシュの公理

または CB（あるいは頂点 C）を通ってふたたび出ていくということを表わしている．図に依存しない厳格な立場に立つとき，ユークリッドによる定式化の中で最も欠けていたのはまさにこの公理だったのである．この公理から，三角形は平面を内部と外部の 2 つの部分に分けることが示される．さらにまた，任意の閉多角形（自分自身を切らないもの）が平面を内部と外部の 2 つの部分に分けることも証明できる．ただし多角形が凹で，多くの優角をもっている場合もあるので，証明はかなり面倒である．

これらの公理から，点 A を端点にもつ「半直線（ray）」あるいは「辺」を定義することができる．B が第 2 の点で，l が A と B で決まる直線とするとき，A を端点とする半直線で B を含むものとは，A と B の間にあるすべての点，および B が A と D の間にあるようなすべての点 D からなるもののことである．これにより 2 つの半直線 r および s のなす**角** $\angle rs$ が，同一の端点をもつ 2 つの半直線 r と s からつくられる図形として定義できる．とくに，これにより三角形 ABC の（3 つの）角が定義される．さらに（同じ直線上の 2 つの半直線によりつくられるものとして）平角も定義される．

グループⅢ（合同公理） 次に 2 つの新しい無定義術語「線分 AB は線分 $A'B'$ に合同である」と「角 rs は角 $r's'$ に合同である」を導入する．それぞれは $AB \equiv A'B'$ および，$\angle rs \equiv \angle r's'$ と書かれる．これについての公理はつぎのとおりである．

（1） 線分 AB と A' を端点とする半直線 r が与えられたとき，r 上の点 B' で $AB \equiv A'B'$ となるものがただ 1 つ存在する．

もっとふつうの言い方を用いれば，これは与えられた直線上の「長さ」AB（と同じ長さ）を A' を始点として与えられた方向に「とる」ことができることを表わしている．

（2） 線分の合同は反射律，対称律，推移律を満たす．

（3） B が A と C の間にあり，B' が A' と C' の間にあるとき，$AB \equiv A'B'$，$BC \equiv B'C'$ ならば，$AC \equiv A'C'$ が成り立つ．

これは線分の和を考えることに相当する．

（4） 角 $\angle rs$ と，直線 l' 上の点 A' を端点とする半直線 r' が与えられたとき，A' を端点とする半直線 s' で，l の与えられた側にあり $\angle rs \equiv \angle r's'$ を満たすものがただ 1 つある．

88　第3章　幾　何　学

この公理は，A' を端点とする半直線 r' から，直線 r' の与えられた側に角 $\angle rs$ を「とる」ことができることを述べている．

　（5）　2つの三角形 ABC と $A'B'C'$ において，$AB \equiv A'B'$，$BC \equiv B'C'$，
　　　　かつ $\angle B \equiv \angle B'$ が成り立つならば，$\angle A \equiv \angle A'$，$\angle C \equiv \angle C'$ が成
　　　　り立つ．

2つの三角形に対してこれだけのことが成り立てば，$AC \equiv A'C'$ も証明でき，したがってまた2つの三角形が合同となる．これがおなじみのユークリッド幾何学における第1合同定理（2辺夾角）である．それはふつう便宜的に一方の三角形を動かして，その各部分がもう一方の三角形の各部分に一致するようにもっていくことで「証明」される．確かにそのような「運動」の考えは幾何学が実際に生まれてくる過程ですでに現われていると考えられるが，それを形式化された公理系からの証明に用いることはできない．それゆえにこの合同公理が必要となるのである．合同公理を用いれば，直角を定義することができる．

　2つの直線は互いに交わらない（共通点をもたない）とき，**平行**であるといわれる．これについてはつぎの有名な公理がある．

　グループ IV（平行線の公理）　　直線 m 上にない点 A が与えられたとき，A を通って m に平行な直線はたかだか1本しかない．

　グループ V（連続公理）　　ユークリッド平面が，通常そこにあるべきと考えられる点を過不足なく含むことは，いままで述べてきた諸公理だけからは保証されない．これは例を構成することにより示される．これが保証されるためには，もう2つ公理を追加する必要がある．第1のものを述べるために，まず A を端点とする半直線上に線分 AB を繰り返しとって，半直線上に n 個の点 $B = B_1, B_2, \cdots, B_n$ を，$AB_1 \equiv B_iB_{i+1}$ を満たし，しかも $i = 1, 2, \cdots, n-1$ に対して，各 B_i が A と B_{i+1} の間にあるようにできることに注意しよう（図3）．

図3　アルキメデスの公理

（1）　**アルキメデスの公理**　　A を端点とする半直線上に C が与えられた
　　　とき，C が A と B_n の間にあるような自然数 n が存在する．

すなわち，AB_1 の倍数は，いつかは与えられた線分 AC を超えるというわけ
である．言い換えると，C は AB を単位として測ったとき，無限の彼方にあ
ることはない．

（2）　**完備性**　　上に与えられた結合および合同の諸関係を満たす，点およ
　　　び直線の体系は，それと同じ公理を満たす関係をもった点と直線からな
　　　るもっと大きな体系の一部となることはできない．

以上がヒルベルトの本で定式化された2つの連続公理である．しかしこの2
つの公理は，1直線 l を2つの半直線に分割することに関する1つの公理で置
き換えることができる．l 上の各点0は l を2つの半直線に分ける．S を一方
の半直線上の点全体の集合，T をもう一方の半直線上の点全体の集合とすれば
（0自身はどちらの半直線にも入らないものとする），このとき0は S の任意の
点 A と，T の任意の点 B の間にある．求める公理は本質的にこの逆を要求
するものである．

　　デデキントの公理　　1直線 l 上の点全体が2つの互いに交わらない空で
ない部分集合 S と T に分けられ，S のどの点も T に属する2点の間にはな
く，また T のどの点も，S に属する2点の間にはないとする．このとき l 上
の点0でつぎの性質をもつものがただ1つ存在する：l 上の0と異なる点 A,
B に対して，0が A と B の間にあるのは A が S に属し，B が T に属す場
合か，あるいは A が T に属し B が S に属す場合かのいずれかに限る．

　言い換えると，点0は直線を S と T に分割する．われわれは第4章でこの
公理が実数に対する同様の公理をモデルにしたものであることを見るであろ
う．

　以上の公理を出発点にして，平面幾何学は，完全な論理的厳密さをもって展
開することができる．本書では紙数の関係もあって，その厳密な美しさをはっ
きり述べることは残念ながらできない．

3. 平行線の公理

平行線の公理（上記のグループⅣ）は直観的にそれほど納得のいくものではなく，そのため多くの論議を生み出してきた．上に定式化した形ではこの公理は，直線 m が与えられたとき，m 上にない与えられた点を通って m に平行な直線が**たかだか**1つあることしか要求していない．このような定式化を選んだ理由は，そのような平行線が少なくとも1本引けることは（平行線の公理より前にあげた公理を用いて）証明できるからである．以下にその証明を述べよう．

証明のためにまず，2つの直線 l と m にそれぞれ点 A および B で交わるもう1つの直線 k を考える．古典的な用語でいえば，k は図1におけるように l と m を**切っている**．この図形において，k と l または m からつくられる角のうち一方の辺が AB に沿っているもの（たとえば図の α, β のような）を**内角**と呼ぶ．この図形に対してつぎのことが証明できる．

補題 1　　l と m を切る直線 k の同じ側にある内角 α と β の間に，$\alpha + \beta = 180°$ の関係があれば，直線 l と m は平行である．

（ここでとくに上の補題は k の「側」という概念を利用して注意深く定式化されている点に注意せよ．）

（証明）　l と m が平行でなければ，平行線の定義からこれらの直線はある点 P で交わらなければならない．対称性を考えると，P は k に対して角 α, β と同じ側にあるとしてもよい．このとき（図2も参照して——ただし実際には

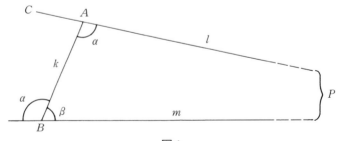

図 1

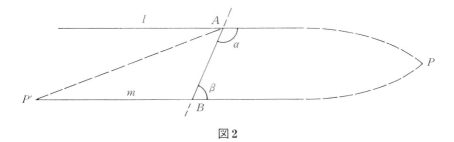

図 2

この図のようなことは起こらないわけだが）m 上の BP と反対側にある半直線上に線分 $BP' \equiv AP$ をとる．$\angle P'BA + \beta$ は平角すなわち $180°$ だから，角 $P'BA$ は α に等しい．したがって三角形 $P'BA$ と PAB は 2 辺（$P'B \equiv PA$, $BA \equiv AB$) および夾角 α が等しいので，基本的な合同公理（2 辺夾角）により合同な三角形であることがわかる．よって第 1 の三角形の角 $P'AB$ は，第 2 の三角形の角 PBA（すなわち β）に等しい．$\beta + \alpha = 180°$ ゆえ，これから角 $P'AB + BAP = 180°$ が平角となり，したがって $P'AP$ は一直線になる．したがってそれは与えられた直線 l に一致することになり，これから l は k に関して互いに反対側にある 2 つの相異なる点 P と P' で m と交わることになる（ここでパッシュの公理によって定義される直線の「側」の概念が本質的に用いられていることに注意せよ）．これは矛盾であるから，l は m に平行でなければならない．

定理 2　直線 m 上にない 1 点 A を通って，m に平行な直線 l が少なくとも 1 つ存在する．

（**証明**）　m 上には少なくとも 1 つの点 B がある．この点を A と結ぶ．線分 AB と m によって，2 つの角 γ, β がつくられる．これらは $\gamma + \beta = 180°$ を満たす．A を端点として線分 AB に沿う半直線から角 γ をとり，そのもう一方の辺を AP とし，AP で決まる直線を l' とおく．このとき角 BAP は β と同じ側にあって γ と等しい（図 3）．上の補題により，このとき l' は m に平行となり求める結果が得られた．

ここまでは平行線の公理は使わない．

92　第3章　幾何学

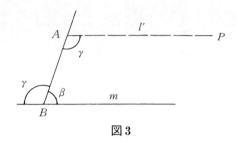

図3

定理3　直線 k が2つの互いに平行な直線 l と m を切っているとき，そこにできる錯角は等しい．

図1でいうと，l と m が平行であるとき，β が $\angle BAC$ に等しいことをこの定理は主張している．

（証明）　図1において，まず同じ側にできる角 α と β の和が $180°$ であることを示そう．もしそうでないとすれば，$\beta + \gamma = 180°$ となる γ および l' を図のようにとれば，l' は補題1から m に平行となる．平行線の公理によれば，A を通り m に平行な直線はただ1つしかない．したがって $l = l'$ となり，ゆえに $\alpha = \gamma$，$\alpha + \beta = 180°$ が成り立つ．これから錯角についての求める等式が得られる．
（証明を述べている際，われわれは実際には図を利用してきた．読者はみずから，このような支えが本当は必要でないことを確かめられたい．）

系　三角形の3つの内角の和は $180°$ である．

（証明）　三角形の1つの頂点 A を通り対辺に平行な直線 l を引く．そのとき，A の周りにできる角のうち，l の一方の側にある3つの角の和は $180°$ である．錯角の関係を用いると，これらの角は三角形の3つの内角に等しくなる（図4）．

この結果はユークリッド幾何学に特徴的なものである．実際，平行線の公理自身，三角形の3つの内角の和がつねに $180°$ であることを仮定すれば導き出す

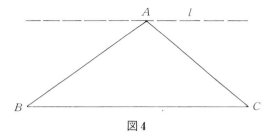

図 4

ことができるのである．系を用いて，任意の四角形の内角の和は 360° であることも示せる．同様に，平面上にある n 角形の内角の和が $(n-2)180°$ であることもわかる．ただし n 角形が凸でない場合の証明には若干の注意が必要である．しかしながら一番基本的なのは三角形の内角の和についての結果であって，他のさまざまな結果はそれから導かれるのである．

平行線の公理の同値な言い換えはほかにもいくつかある．たとえばユークリッド自身の公理の述べ方は，図 1 のような切線 k に対し，もし k の一方の側の内角（内対角）の和 $\alpha+\beta$ が 180° より小さければ，l と m は k のその側において交わるというものであった．

4. 双曲幾何学

1 つの公理系が独立であるとは，そこに含まれる公理のうちどの 1 つもそれ以外の公理から導き出せないことをいう．ユークリッド平面のような基本的構造に対する公理系が独立であることは，望ましいことであり，適切なことでもある（しかし必ずしも必要なことではない）．とくに問題となるのはつぎの点である．「果たして平行線の公理は独立であろうか，それとも他の公理から導き出すことができるのだろうか？」この問題は歴史的に大きな重要性を担ってきたものであった．たとえば，平行線の公理を証明するために，その逆を仮定し（1 点 A を通り m に平行な直線が 2 本以上あるとして）矛盾を導こうと試みることもできよう．こういう試みは実際にいくつかあった．そのうちで最も有名なものはサッケーリ（Saccheri）が 1733 年に行なったものである．彼は上述の仮定のもとでたくさんの結果を導いた．その中にはずいぶん常識に反した奇妙なものもあったが，しかしどれも矛盾を与えるものではなかった．それにもか

かわらず，彼はユークリッドの平行線の公理は征服されたと結論したのだった．その後 19 世紀になって，ボヤイ (Bolyai)，ロバチェフスキー (Lobachevsky) およびガウス (Gauss) はそれまでとは反対の立場をとった．すなわち彼らは，平行線は 2 本以上あり，したがって三角形の内角の和は 180° ではないという仮定のもとに，非ユークリッド幾何学（とくにいまの場合は**双曲**幾何学）を組織的に展開していこうとしたのである．体系的研究を行なうことにより，この立場のもとでは三角形の内角の和はつねに 180° より小さく，しかも 180° と内角の和との差に，三角形の面積が比例することがわかった．

　この驚くべき展開から（少なくとも）2 つの問題が生じた．すなわち「こうして得られた幾何学は無矛盾性をもつものだろうか」ということと，「それは，現実世界に適合しているか」ということである．後者の問題に答えるには，幾何学の基本概念に対して，現実世界の立場から特定の解釈を与えておかねばならない——たとえば，直線とは（真空中の）光線の進む道であり，角とは測量技師が 2 つの光線の間を経緯儀を用いて測った量のことであるとかいうふうに．すぐれた天文学者でもあったガウスがドイツのある 3 つの山頂にそれぞれ選んだ 3 点からつくられる三角形の内角の和を測定したのは，いま述べた解釈に立ってのことであったらしい．結果は，その和は測定誤差の範囲内で 180° に等しかった．この結果から，上述の解釈のもとで，現実世界にはユークリッド幾何学からの明白なずれがないことがわかるが，しかしこれだけではユークリッド幾何学と双曲幾何学の現実性の間にはっきりとした決着をつけることはできない．測定誤差が避けられない点を考えれば，むしろどのような解釈をとったとしても，そのような決着をつけることは不可能でないかとさえ考えられる．そのうえ，解釈の仕方にも問題がある．たとえば一般相対論によれば，光線の道は，ここで考えているような意味での直線とはみなせないかもしれない．こういった中から最終的に別のもっと実りのある考え方が生まれてきた．すなわち，ユークリッド幾何学にせよ，非ユークリッド幾何学にせよ，幾何学の公理系はどれもみなある数学的構造を提示するものである．そして，その構造に対しては，さまざまな幾何学的（あるいはまた幾何学的でないものも含めて）状況に適合するように，さまざまな異なった解釈を与えることができるのだというものである．

　あとに残るのは双曲幾何学の仮定の無矛盾性の問題である．ここで**無矛盾性**とは，これらの仮定から矛盾が出てこないことであると定義される．しかし，

いまのところまだ矛盾が見つからないというだけでは明らかに不十分である．この無矛盾性を確かめる1つの方法として次のようなものが考えられよう．すなわちユークリッド幾何学の枠組のなかで，たとえばいくつかのユークリッド幾何学の対象を双曲幾何学の「擬点」,「擬直線」,「擬距離」などとみなして双曲幾何学の**1つの解釈**をつくり，ユークリッドの公理系からこれらの「擬」対象が確かに双曲幾何学の点，直線，距離の公理を満たすことを証明するのである．

これは実際に行なうことができる．C をユークリッド平面上の円とする．C の内部にあるユークリッド点全体を擬点とみなし，C の直径および C と直交するユークリッド円弧を擬直線とみなす．擬点が擬直線上にあるというのは，点が円弧上にあるという通常の意味に解釈する．そうすれば，2つの相異なる擬点 A, B は確かにただ1つの擬直線を決める．実際，A と B は1つの直径上にあればこれは明らかであるし，また同一直径上になければ，A と B を通る円のうちで C に直交するものが（連続性の議論により）ただ1つ存在するからである．したがってグループ I の結合公理が成り立つ．他方，「間にある」という性質についてのユークリッド幾何学の通常の関係からグループ II も成り立つ．擬合同の概念は，まず「擬距離」を導入することによって標準的な仕方で定義できる．図1のように，1つの擬直線上に2つの擬点 A, B が与えられたとき，S, T を（A, B を通る）直交円が基本にとった円 C と交わるユークリッド点とし，AT, BT などをこの円上のユークリッド弧長とする．そして（擬）距離を

$$\mathrm{dis}(A, B) = \log_e \left(\frac{AT}{AS} \Big/ \frac{BT}{BS} \right) \tag{1}$$

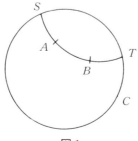

図1

により定義する．この定義から，A を固定して B を T に擬直線に沿って近付ければ，擬距離 AB は無限大に発散することがわかる．したがってこの「距離付け」により（すなわち，この距離空間では）1つの擬直線の全長は期待どおり無限大となる．このようにすれば，線分に対する合同公理はすべて成り立つ．2つの擬直線がその交点でなす角は，ユークリッド円の間のユークリッド角として定める．そうすれば，角の合同が定義でき，公理に述べられているように角を（切り）取ることができる．さらに3つの擬直線でできる三角形を描いてみれば，容易にわかるとおり，（擬）三角形の内角の和は180°より小さい．この解釈によって双曲幾何学の公理はすべて成り立つ．とくに図2からもわかるとおり，擬直線 m 上にない擬点 A を通って m と交わらない，したがって m と平行な擬直線 はたくさん存在する．

　双曲幾何学のこのユークリッド幾何学を用いた解釈から，双曲幾何学がユークリッド幾何学と同じ程度の無矛盾性をもつことがわかる．実際もし双曲幾何学が矛盾を含むとすれば，この矛盾は上のモデルの擬点や擬直線に対して生じ，したがってユークリッド幾何学におけるこれらの点と円にも矛盾が生じることになろう——そうすればユークリッド幾何学も矛盾を含むものとなってしまうだろう．このようにして上の解釈により，相対的な無矛盾性が証明される．われわれはあとに（第11章で）より深い絶対的無矛盾性の問題に戻ることになろう．

　双曲的非ユークリッド幾何学の構造が考え出されるにいたった動機はいくつかある．第1には，この幾何学は，測定の問題，すなわち「果たして光線でつくられる三角形の内角の和は本当に180°になるか？」という問題から生まれたものである．他方またこの幾何学は，幾何学の公理系の形式についての研究にも起源をもつ．つまり「平行線の公理は必要なのか，それとも他の公理から導

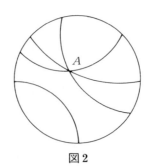

図2

き出すことができるのか？　もしできないのならば，このことは幾何学に関してどういう意味をもつのだろうか？」という研究である．得られた結論は，もちろん，幾何学の理論はさまざまな形式をとりうるというものであった．実際の歴史的発展の過程においては，19世紀のこの結論は大きなショックであった．この結果は，形式化された公理系の基本術語（無定義術語）という巧緻な仕組のなかに反映されている．ヒルベルトの公理系において無定義術語として現われる直線は，実際さまざまに解釈することができ，とくに上述の擬直線のように直観的には全くまっすぐでないような対象によって表現されることもありうるのである．

　非ユークリッド幾何学の発展は，数学の本質における大きな変化，すなわち（数と空間に関する）科学から，形式の研究への変化を象徴しているのである．

5.　楕 円 幾 何 学

　非ユークリッド幾何学には，別に楕円幾何学と呼ばれるものもある．そこでは**平行線は存在しない**．このような構造を記述するのに必要な公理系は，平行線の公理だけでなく，他の点でもユークリッド幾何学の公理系とは違ったものとならざるをえない．なぜならば本章第3節で示したように，平行線の公理以外のユークリッドの公理だけから平行線の存在が証明されるからである．ここでは楕円幾何学の公理を調べるのは止めて，ユークリッド的なモデルを用いた記述についてだけ述べることにしよう．

　本章第3節の補題1の証明の中にすでに楕円平面のようすが示唆されている．たとえば，1つの直線 k に相異なる2点で立てた垂線は k の**両側**で交わることになりそうである（したがって直線の2つの側というユークリッド幾何学の記述の中にどこか具合の悪い点が出てくるはずである）．もう少しくわしく調べてみよう．k 上の2点 A，B における垂線がある点 P で交わったとすると，三角形 APB は A および B における角が等しいので，2等辺三角形になる．そこで k 上に，$AB = BC$ となる（しかも B が A と C の間にあるような）点 C をとる．そうすれば $PB \equiv PB$，$AB \equiv BC$ ゆえ，三角形 PBA は PBC と合同，よって対応する辺 PA と PC は相等しい（図1）．したがって PC もまた k に垂直となり，これら3つの（A，B，C での）垂線は1点 P で交わる——そして P から k へこのほかにも，もっとたくさん垂線を引くこ

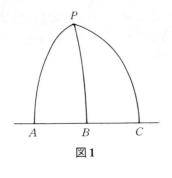

図1

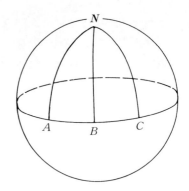

図2 楕円幾何学

とができる．

　このような配置は，われわれがふつうに考えている平面上ではありそうもない．しかし別の解釈が考えられる．「点」とはある固定した球面上のユークリッド点とし，「直線」はその球面上の大円であるとしよう．そうすれば赤道は「直線」となり，グリニッチ子午線もそうなる．そして北極から発するいろいろな子午線により，図2にも見られるように，上述の奇妙な現象が球面上では確かに実現するのである．この解釈において合同は長さ（大円の弧長）と角の大きさ（2つの大円のなすふつうの意味での角）を用いて定義できる．かくして，いま考えている公理を含むような公理系を満足する1つの幾何学が得られる．とくに例から明らかなとおり，この幾何学では三角形の3つの内角の和は，双曲幾何学の場合とはちょうど逆で，180°よりつねに大きい．このモデルは「二重楕円平面」と呼ばれることがある．「二重」というのは，任意の2直線（つまり2つの大円）は（球面上の対蹠点となる）2点で交わるからである．

　2つの「直線」が1点で交わるという公理が成り立つようにするには，一重の楕円平面をつくってやればよい．すなわち，前のモデルで，対蹠点どうしを互いに同一視するのである．こうすれば，この新しいモデルでの「点」は1つの固定した球面上の対蹠点の対であり，「直線」は球面上の大円，A から B への「距離」は，A から B またはその対蹠点にいたる大円の弧のうちの短いほうの長さ等々ということになる．結局，球面上の大円の幾何学は，非ユークリッド幾何学なのである．

　これは曲率の定義された曲面 S 上の測地線の幾何学の特別の場合にあたっている．S 上の曲線 γ が測地線であるとは，γ 上の近い2点 A, B が与えら

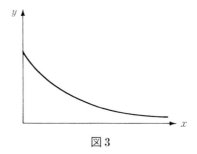

図 3

れたとき，γ の A から B までの弧長は，A と B を結ぶ曲面上の他のどの曲線の長さよりも短いことをいう（ここで「近い 2 点」という条件は必要である．実際，たとえば球面上で北極から出る大円は，それに沿って南極を越えて進んでいく人にとっては，もはや最短距離を与えるものとはならないからである）．双曲平面幾何学もまた，このようなモデルで表現することができる．xy-平面上で，パラメータ θ を用いて

$$x = \sin\theta, \qquad y = \cos\theta + \log(\tan\theta/2) \qquad (1)$$

という方程式で与えられるトラクトリックスと呼ばれる曲線を考え（図 3），この曲線を y 軸の周りに回転して曲面をつくる．この曲面上の測地線が，双曲幾何学の 1 つのモデルとなる．球面は，その各点での曲率が一定の正の定数であるが，それと同様にこの曲面も，その各点での曲率がやはり一定となる．ただし今度は，その値は負の数である．かくして平面幾何学は，曲率をもつ曲面上の幾何学へと発展していくのである（第 8 章参照）．

6. 幾何学的量

ヒルベルトによるユークリッド幾何学の公理系は（ユークリッド自身のものもそうであったが），通常実数を用いて測られる距離は使わないで，合同性を用いて記述されていた．言い換えると，幾何学的アプローチは，実数の使用には全く依存しない形で定式化されていた（他方，自然数はアルキメデスの公理を述べるのに用いられている）．実は幾何学的アプローチによって，量（すなわち実数）を幾何学的に記述することができるのである．ここでは簡単にそのやり

方を述べよう.

　直線 k を1つ固定し,その上に(原点としての)1点 0 と,別の点 U を選び,線分 $0U$ を**単位量**と呼ぶことにする.そして「量」という言葉により,この直線 k 上の原点から出る任意の線分 $0D$ を表わすことにする.k 上の 0 から出る2つの半直線の一方を正として選び,線分 $0D$ がこの半直線上にあるとき,それを**正の量**と呼ぶ(図1).これらの量の間には以下のように順序が入る.まず任意の負の量はどんな正の量よりも小さいと定義する.次に2つの正の量 $0D'$ と $0D$ が与えられたとき,D' が k 上で 0 と D の間にあるときに,$0D'$ のほうが $0D$ より小さいものとする.さらに半直線 $0U$ に沿って繰り返し線分 $0U$ をとっていくことにより**整なる量**($0U_2, 0U_3, \cdots$)が得られる.

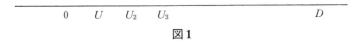

図1

　こうすれば,平面上の任意の位置にある線分 AB はある(正の)量で測ることができる.すなわち AB を k 上の 0 から出る正の半直線上の線分 $0D$ としてとり,この量 $0D$ で AB を測ることにすればよい.これらの量は足し合わすこともでき(やり方は明らかであろう),また相似三角形を利用することによって,掛け算をすることもできる(第4章第3節を見よ).量 $0D$ が**有理的**であるとは,$m(0D) = n(0U)$ なる整数 m, n が存在することをいう.**無理量**も存在する.たとえば単位量の等辺をもつ直角2等辺三角形の斜辺がその例である.任意の無理量は有理量で近似できる.

　このような量の幾何学的理論は,すでにユークリッドの幾何学の中にもあった.そこにおける理論は,量の単位の選択を避けており,したがって比だけを取り扱う形になっていた.たとえばわれわれが量 $0D$ と呼んだものは,ユークリッドにおいては比 $0D/0U$ として出てくる.ユークリッドはしたがって,比の間の等式である比例式を利用していた.われわれのやり方でも,異なる単位に対する量を比較するためには,比例式が必要となる.ユークリッド方式で最も肝心な点は,そのような比例式の定義であった.エウドクソス(Eudoxos)による定義は,以下のように整数倍を利用したものである.等式 $0D/0U = AE/AV$ が成り立つとは,任意の自然数 m, n に対して

$$m0D > n0U \quad ならば \quad mAE > nAV$$

および

$$m0D < n0U \quad ならば \quad mAE < nAV$$

が成り立つことである．この定義は実質的には比 $0D/0U$ を，$n/m < 0D/0U$ を満たす有理数 n/m 全体の集合を用いて記述したものなのである．同様の考え方は，第 4 章でわれわれが実数を有理数を用いて記述する際にも現われる．本質的なことは，平面幾何学の公理系は，実数の幾何学的理論を与えるのに十分なものだということである．

　角の大きさについても，比較したり測ったりすることができる．ここでいう**角**とは，前に公理を述べたとき定義したように，共通の原点 0 から出る 2 つの半直線 r と s の間の角 rs のことである．いったん単位角を選んでしまえば，それを繰り返し 2 等分していくことにより，2 冪（べき）を分母にする単位角の分数倍が得られ，それから近似によって，任意の角を実数でもって測ることができる．単位円の円周を 2π と決めておけば，角の単位として，1 ラジアンの角，すなわち半径 1 の円周の長さ 1 の弧の上に立つ中心角，をとることができる．この方式では直角は $\pi/2$ となり，2 つの半直線の間の角にはすべて 0 から π までの値が与えられることになる．π を超える角度は，角を半直線 r から半直線 s へ（たとえば）反時計回りに回るものと見た場合にはじめて意味をもつ．そしてこれには，向き付けの概念が必要となる．これについては本章第 8 節で扱う．

　上の議論にも示されているように，ギリシャ数学においては量は算術的なものというよりむしろ幾何的なものとして捉えられていた．第 4 章で見るとおり，近世ヨーロッパ数学ではこの関係は逆転する．この点についてオズワルト・シュペングラー（Oswald Spengler）は，著者『西洋の没落』の中で，これはそれぞれの文化の違いに応じて，そこにおける数学もまた，全く異なったものとなっていることの現われだと論じた．しかしわれわれはむしろ，合同と幾何的比例を用いるやり方も，デデキント切断による方法も，いずれも量に関する同一のアイデアがもとになっており，ただそれを精密に形式化する仕方が違っているにすぎないのだと考えたい．そしてまたこのことが，多様な形をとらざるを

102　第3章 幾 何 学

えない形式の裏にひそむアイデアの単一性を例証するものになっていると思う
のである．

7.　運動による幾何学

　幾何学は静的なものである必要はない．直観的には幾何学は，周りの「空間」
の中を対象がどのように動き回れるかということを扱うものである．この観点
に立てば，空間は単に運動の受容体として存在していることになる．たとえば，
平面幾何学における三角形の合同定理は，1つの三角形を動かしてもう1つの
三角形にぴったり重ねることができるのはどういう場合かという条件を記述す
るものとみなせる．ここで用いられる運動の中には平行移動，回転および反転
が含まれる．これらはみな，以前から実際の活動に利用されていておなじみの
ものばかりである．これらはいずれも「剛体運動（rigid motion）」の例となっ
ている．

　平面の**剛体運動**とは，平面上の点の間の全単射 $A \mapsto A'$，$B \mapsto B'$ であっ
て，任意の線分 AB とその像 $A'B'$ が合同となるようなものである．言い換
えれば，それは距離を保つ変換（第1章第5節参照）である．この定義から，
任意の角の剛体運動による像は，もとの角と合同であることもわかる．なぜな
らば，任意の角 $\angle ABC$ は三角形 ABC の一部分であり，この剛体運動によ
ってこの三角形は対応する3辺が等しい三角形 $A'B'C'$ にうつされる．したが
って合同定理から，対応する角も合同となるのである．直線はその上の任意の
2点を最短距離で結ぶものだから，剛体運動によって，1つの直線 l 上の点は
みな，別の直線 l' 上の点にうつることもわかる．言い換えれば，この剛体運動
により l は l' にうつる．さらにそれは l の上での「間にある」という性質を
保つ．すなわち C が l 上で A と B の間にあれば，その像 C' は l' 上で A'
と B' の間にある．剛体運動はまた l の各側をそれぞれ l' のどちらか一方の側
にうつす．実際，D と E は線分 DE が l と交わらないとき，l に関して同じ
側にあるのであった．したがってこれから D' と E' も l' の同じ側にあること
になる．結局，平面の剛体運動は「自己同形」すなわち，平面の全構造に関す
る同形 $A \mapsto A'$，$l \mapsto l'$ である．

　定義からただちに，2つの剛体運動の合成がまた剛体運動であり，さらに任
意の剛体運動の逆変換もまた剛体運動になることがわかる．したがって，平面

の剛体運動全体は群をなす．

定理1　1直線上にない3点のおのおのを固定する剛体運動は恒等変換である．

実際，剛体運動 M が2つの相異なる点 O と A を固定すれば，それは O と A を通る直線 l 全体をも固定しなければならない．この直線上にない第3の点が固定されるので，この運動により l の各側はそれ自身にうつされる．この直線の一方の側にある任意の他の点 B は，三角形 OAB における距離 OA と AB によって決まってしまうので，この B も固定されなければならない．

若干のおなじみの種類の剛体運動は，公理を用いて直接記述し，分析することができる．もっともこれらはデカルト座標を用いて方程式の形で記述されることも多いのではあるが．

平行移動とは，直観的には，すべての点を同一「方向」へ同じ大きさだけ移動させる運動である．形式化していえば，平行移動とは，それによる点 A, B の像をそれぞれ A', B' としたとき，AA' が BB' に平行であり，さらに $A'B'$ も AB に平行となるような運動のことである．A とその像 A' および別の点 B が与えられれば，この条件から B' は AA' および AB を辺にもつ平行四辺形の第4の頂点として図1のように決定される．これにより A と A' が与えられたとき，A を A' にうつす平行移動 T がただ1つ存在することがわかる．C が平面上のもう1つ別の点とし，C' をその像とすれば，合同三角形 $ACB \equiv A'C'B'$ を考えることにより，$BC \equiv B'C'$ が出る．この最後の合同式は B を B', C を C' にうつす平行移動 T は距離を保つことを意味している．これから T は上で与えた定義により剛体運動となる．

恒等変換は平行移動の1つであり，また平行移動の逆もまた平行移動である．さらに2つの平行移動の合成もまた平行移動になる．したがって平面の平行移

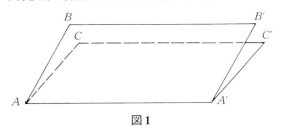

図1

動全体は合成によって群をつくる．これを平面の**平行移動群** H と呼ぶ．それはアーベル群である．各平行移動 T を（1点 0 を原点として選び，0 からその像 $T0 = 0'$ への）ベクトルで表わしておけば，平行移動群 H はちょうどこれらのベクトルが，ベクトルの加法と呼ばれる演算のもとでつくる群になる．原点 0 を1つ決めておけば，平面の平行移動は $0'$ によって，すなわち，平面上のベクトル $00'$ によって完全に決定される．

回転の直観的イメージは簡単である．円盤を1つとり，中心 0 を固定して，回してやればよい．この考えからつぎの形式的定義が出てくる．平面の**回転** R とは，1点のみを固定する剛体運動のことである．それは（それが固定する）点の周りの回転と呼ばれる．便宜上，恒等変換も回転と考えることにする（平面上の各点の周りの回転と見る）．この定義から回転の逆も——もとの回転と同じ点の周りの——回転であることがわかる．1点 0 の周りの回転全体は群をつくる．このことを示すためには，次の定理が必要となる．

定理2　$0 \neq A$ とする．2つの相異なる線分 $0A$ と $0A'$ が合同ならば，0 の周りの回転 R で，A を A' にうつすものが存在する．

このような R を構成するため，まず 0, A, A' は同一直線上にないと仮定しよう．$X \neq 0, A$ なる任意の点 X に対して，その像 X' を構成しなければならない．求める回転は角度を保存するはずだから，角 $X'0A'$ は与えられた角 $X0A$ に等しくとらねばならない．これは確かに可能である．なぜならば，本章第2節の合同公理Ⅲ．4 から，半直線の間の与えられた角を，別の半直線の与え

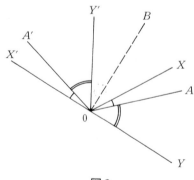

図2

られた側に「とる」ことが可能だからである．残る問題は $0A'$ のどちらの側にとるかということだけである．一般に $0A$ に関して同じ側にあるすべての点が，$0A'$ に関しても同じ側にある点にうつらねばならないことはわかっている．図2を考慮して，$0A$ の A' を含んでいるほうの側が，$0A'$ の A を含んで**いない**ほうの側にうつるようにとることにしよう（これは図を「見ないで」定式化することもできよう）．もう少しくわしく言うと，

　（ i ）　X と A' が $0A$ の同一の側にあれば，$0X \equiv 0X'$ なる像 X' は $0A'$ の A と反対側におく．

　（ ii ）　Y と A' が $0A$ に関して互いに反対側にあれば，$0Y \equiv 0Y'$ なる像 Y' は，$0A'$ の A を含む側におく．

このやり方で，すべての場合がつくされる．図においては明らかに $\angle X0Y \equiv \angle X'0Y'$ が成り立っている．これが実際にいつも成立することは，合同公理から証明できる．このように定義した変換 $R : X \mapsto X',\ Y \mapsto Y'$ は 0 の周りの任意の角を合同な角にうつし，0 から出る各線分を合同な線分にうつす．これから合同公理を用いて，R は各線分 XY を合同な線分 $X'Y'$ にうつすことがわかる．したがって R は 0 のみを固定する剛体運動となり，求める結果が得られた．

　あとは，この変換 R が A を A' にうつす 0 の周りのただ 1 つの回転であることを示せばよい．もし別の回転があるとすれば，上の規則（ i ），（ ii ）において，反対の選び方をする場合しかありえない．この場合は角 $A0A'$ の 2 等分線 $0B$（図 2 を見よ）はそれ自身にうつり，したがって $B \equiv B'$ は別の固定点であることになり，回転の定義に反する（ついでながら，規則（ i ），（ ii ）において逆の選び方をすれば別の剛体運動が得られる．すなわち全平面を角の 2 等分線 $0B$ で折り返す運動である）．

　上で除外した，A と A' が 0 を通る同一直線上にあって $A \neq A'$ となる場合，各点 X の像としては，$X0$ を 0 を越えて延長し X と反対側で $0X \equiv 0X'$ となる点 X' をとってやればよい．この場合は運動 $X \mapsto X'$ は 0 の周りの角度 π の回転となる．これはしばしば「半回転」と呼ばれる．いずれの場合も，構成された回転 R が A を A' にうつすただ 1 つの回転である．この唯一性から，0 の周りの 2 つの回転の合成は，恒等変換でない限り，0 のみを固定し，したがって，ふたたび回転となることがわかる．ゆえに 0 の周りの回転全体は群をなす．

もとになるアイデアは「0を固定したまま A と A' までもっていく」という単純なものであるのに，その証明には直線の（2つの）側という概念を用いた上述のような精密な議論が必要となってくるのは驚くべきことである．この精密さには，図形のユークリッド幾何学的研究と，平面の点全体を動かすというもっと「動的」な考え方の間にある違いが反映されているのである．

しかしながら，上述のようにしてつくられた回転 R は，各点がどこにうつったか（A が A' に，X が X' に）ということだけを示すものであって，各点がどんなふうにそこまで動いていったのかを特定するわけではない．言い換えると，上述の回転 R は，第1章第5節で述べた意味での時間 t で径数付けられた運動 R_t ではない．したがって R の作用自体は，A から A' へ時計回りであったり，反時計回りであったりするわけではない．むしろ反対に，われわれは本章第8節において，上の定理2で与えられた回転の性質を用いて，「反時計回り」ということの意味付けを行なうことになるのである．

次に回転と平行移動の合成を考える．1直線上にない3点を固定する剛体運動は恒等変換に限る（定理1）ので，1直線上にない3つの点に対する作用が等しい2つの剛体運動は一致することになる．このことは二，三の有用な合成変換を計算するのに利用できる．たとえば R が点 0 の周りの回転で，T が 0 をある点 $0'$ にうつす平行移動ならば，合成

$$RTR^{-1} = T_1 \qquad (1)$$

は 0 を点 $R0'$ にうつす平行移動 T_1 となる．このことは，形式的に公理を用いて証明することもできるし，また合成 RT と T_1R が図3における直角三角形 $A0B$ の頂点に与える作用が同一であることを示すことによって，視覚的に確かめることもできる．同様に，T が 0 を $0'$ にうつし A を A' にうつす平行移動で，R が $0A$ を $0A''$ にうつす回転ならば（図3），合成

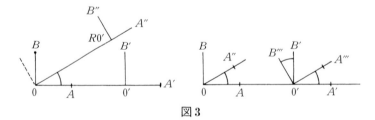

図3

$$TRT^{-1} = R_1 \qquad (2)$$

は，$0'$ の周りの回転で $0'A'$ を $0'(TA'')$ にうつす．ここで TRT^{-1} は R の共役と呼ばれていたことを想い出そう．したがって上の式は平行移動による共役で，0 の周りの回転が，$0'$ の周りの（同じ角度だけの）回転にうつることを示している．同様に，式（1）は，平行移動の回転による共役はまた平行移動となることを示している．

これらの等式から，よく知られたつぎの事実を証明することができる．

定理3　平面の平行移動および回転の合成全体は群をなす．0 を任意に選んだ点とするとき，この群の元は一意的に $T \cdot R$ の形の積に書ける．ここで T は平行移動であり，R は 0 の周りの回転である．この群は**固有運動群** E_0 と呼ばれる．

（証明）　有限個の回転と平行移動の合成全体の集合を考える．平行移動や回転の逆はまた平行移動や回転となるので，この集合は群になる．式（2）により，点 $0'$ の周りの任意の回転 R_1 は，平行移動と 0 の周りの回転 R で置き換えることができる．式（1）により，任意の $R \cdot T$ の形の合成は，ある平行移動 T_1 を用いて，$T_1 R$ の形のものに置き換えることができる．したがってすべての合成は，求める $T \cdot R$ の形に書き直すことができる．このような表わし方は，一意的である．なぜならば，任意の点 $A \neq 0$ をとると，$T \cdot R$ は線分 $0A$ を合同な線分 $0'A'$ にもっていくので，結局 T は 0 と $0'$ にうつす平行移動であり，R は $0A$ を $0A_1$ にうつす回転でなければならないからである（図4）．ここで $A_1 = T^{-1}(A')$ とおいた．

この最後の議論から，つぎの周知の事実も示される．

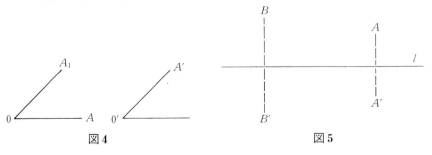

図4　　　　　　　　　　　図5

108　第3章 幾 何 学

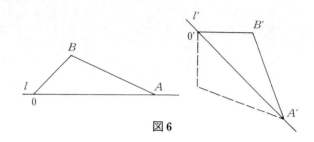

図6

系　$O \neq A$ とする．線分 OA と $O'A'$ が合同ならば，O を O' にうつし，A を A' にうつす固有運動がただ1つある．

言い換えると，固有運動は，任意の相異なる点 O と A へのその作用によって決定されてしまう．

直線 l に関する**鏡映**（reflection）L もまた剛体運動の一種である．この鏡映により，各点 A は l が AA' の垂直2等分線となるような点 A' にうつる．すなわち A' は l の反対側（で l から等しい距離）にある（図5）．そのうえ AB と $A'B'$ は合同であり，したがって鏡映はわれわれの定義の意味で剛体運動である．これは（たとえば l に置いた鏡に写る像という）明白な物理的意味をもっている．そしてそれは「平面を裏返す」という点で，平行移動や回転とは異なっている．

定理4　l を平面上の任意の直線とする．このとき平面の任意の剛体運動は，固有運動 P であるか，または合成 $P \cdot L$ である．ここで L は直線 l に関する鏡映を表わす．

（**証明**）　剛体運動は1直線上にない3点への作用で決まる．つまり三角形への作用により決定される（ここにユークリッド幾何学における三角形の重要性がある）．そこで辺 OA が直線 l 上にあるような三角形 OAB と，いま考えている運動による OAB の像 $O'A'B'$ を考える（図6）．$OA \equiv O'A'$ ゆえ，OA を $O'A'$ にうつす固有運動（回転 R に続いて平行移動 T を行なったもの）がある．次に像 B' は，必要ならば l に関する鏡映 L を先に行うことにより，l に関する望みの側にもっていくことができる．これから件の運動は，$T \cdot R$ あるいは $T \cdot R \cdot L$ の形に一意的に表わせることがわかる．ここで R は O の周りの回

転である．

　これらの定理からもわかるとおり，群（変換とその合成）は（顕わな形ではないけれども）古典的ユークリッド幾何学の中に確固とした位置を占めているのである．

8. 向き付け

　ここまでの議論では，「角」という言葉は，1点Oから出る2つの半直線 r と s の間の角の意味で使ってきた．三角法その他においてはしかし，半直線 r から半直線 s へ向かう角を使う必要も出てくる．しかしながらこのためには，r から s へ向かう角とは，r から s へ向けて「反時計回り」に回る角のことだと特定しておかなければ，曖昧さが生じる（図1）．しかるに一方，平面をこれまでのような形で公理化した限りでは，この反時計回りという観念は意味をもたない．なぜならば，平面を表から見て反時計回りであれば，それを裏から見ると時計回りになってしまうからである．したがってわれわれは角の1つの回り方に関してそれが「時計回り」なのか「反時計回り」なのかという2つの可能な「意味」のうちの一方の選択を人為的に決めておく必要がある．この選択のことを平面の**向き付け**（orientation）と呼ぶ．向き付けの選択はユークリッ

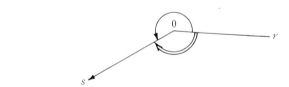

図1　時計回りと反時計回り

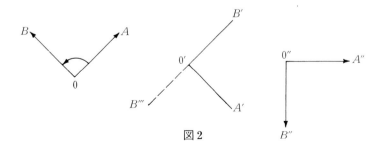

図2

ド平面上に新たな構造を付け加えるものなのである．

　日常的な例で説明しよう．誰か（最初に時計をつくった人？）が自分の時計の回転の方向を1つ選ぶ．そしてこの時計(あるいは腕時計のようなその複製)をもって回わって，他のすべての時計について，時計の回転方向が同一の意味をもつように決めればよい．ここで「もって回わる」というのは固有運動を意味する．この考え方は（平面の場合については）次のように形式化できる．

　考えを決めるために，時計の針の代わりに，図2のように $A0$ から $B0$ へ順序を付けた直角を考える．2つの辺はたとえば単位長さであるとしておく．この図では $\angle A0B$ と $\angle A'0'B'$ は順序が同じであるが，$\angle A''0''B''$ は反対になる．このことを形式化してみよう．上のような2つの順序付けられた直角が同一の**向き**をもつとは，一方が他方に固有運動(回転に平行移動を合成したもの)によってうつることをいう．$0A$ を合同な線分 $0'A'$ にうつす固有運動はただ1つ存在するので，可能な向きはちょうど2つある．それは図2の真ん中の図では互いに反対を向いた2つの垂線 $0'B'$ と $0'B''$ で表わされている．言い換えると，単位の長さの辺をもつ順序付けられた直角全体は，すべての固有運動のつくる群の作用のもとで，2つの類(「軌道」)に分けられる．この類の一方を選ぶことが「向き」の選択，すなわち平面の向き付けの選択なのである．そして選ばれたほうの向きのことをたとえば「反時計回り」とでも呼ぶことにすればよい．この選び方は，ふつう次のようにする．直角をどれか1つ取り出し，たとえばそれが $0A$ から $0B$ へ順序付けられたものとして，それが反時計回りであると決めてやるのである．

　いったんこのように $\angle A0B$ を選ぶことにより向き付けが与えられれば，この直角に対して通常の「4つの象限」を導入し，それからデカルト座標を入れてやることができる．なぜならいまや図3の各軸について「正の方向」$0A$ と

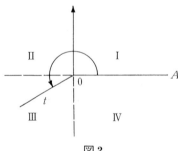

図3

$0B$ が決まっているからである．さらにまたわれわれは，たとえば図3で半直線 $0A$ から半直線 0_t へ向かう角というように順序の付いた角を考え，それを通常のように 0 から 2π までの弧度法で測ることができるようになる．それにより，このような角が 2π を法とする実数で表わされることになる．さらにまた，半直線 $0A$ の「左側」といった言い方もできるようになる．それは 0 から出る半直線のうち，第Ⅰ象限および第Ⅱ象限に含まれるもの全体からなっている．0 から出る半直線 r と s に対して s が r の左側にあることを sLr と書くことにしよう．

　向き付けられた平面は，実は向き付けをもっていない平面とは別のものである．向き付けられた平面のほうが向きの選択という構造を余分にもっているのである．同時にそこでは対称性が少なくなっている．向き付けられた平面の自己同形群は，すべての固有運動からなる群であるが，一方，向きの入っていない平面の自己同形群は鏡映を含むすべての剛体運動のつくる群なのである．これは「1つの幾何学的な"物"（ここでは平面）は，いくつかの違った仕方で形式化でき，その結果，数学的対象としては異なったものが得られる」という驚くべき事実の最初の一例である．向き付けられた平面においては，2π までの角度と座標を考えることができるが，ユークリッドの公理で記述される向きの入らない平面ではこういったものを考えることはできない．

　これまでの議論では，向き付けられた平面が余分にもっている構造は，「向きの選択」であるものとして述べてきた．しかしそれはまた，「公理論的」構造に似合うように，別の仕方で定式化することもできる．たとえば，「s が r の左側にある」という関係 sLr を考える．ここで r と s は共通の点 0 から出る半直線である．r と同じ直線上にあって 0 から r と反対方向に出る半直線を $(-r)$ で表わすことにすれば，この sLr という関係はつぎの性質をもっている．

（ⅰ）　sLr となるのは，$(-r)Ls$ となるときで，しかもそのときに限る．

（ⅱ）　sLr となるのは，$(-s)Lr$ でないときで，しかもそのときに限る．

（ⅲ）　平行移動により点 0 から出る半直線 r と s が，点 $0'$ から出る半直線 r' と s' にうつったとする．このとき，rLs ならば，$r'Ls'$ が成り立つ．

これらの3つの命題は，向き付けられた平面を記述するために新たに付け加えられた公理とみなすことができる．これらを利用すれば，ユークリッド平面の向き付けはちょうど2つあることを回転を用いないで直接示すことができる．そしてこれをもとにして，点 0 の周りの回転を，0 を固定する剛体運動のうち

112　第3章　幾　何　学

で，0 から出る半直線 r, s で rLs の関係にあるものを，つねに $r'Ls'$ となる半直線 r', s' にうつすものとして定義することができる．そうすれば（本章第7節の定理2の場合のように），線分 $0A$ を与えられた，それと合同な線分 $0A'$ にうつすような回転がちょうど1つ存在することを容易に証明することができる．

この「回転」と「向き付け」という互いに関連し合う概念をきちんと扱うのはなかなか面倒なところがあり，したがって直観に委ねられていることが多い．上にあげた本章第7節の定理2および関係 L による定式化の際の論法は，標準的な文献に見られるものとは異なっている．それは回転というような自然な「観念」がいかに面倒な定式化を必要とするか示すために述べたものである．もっとも，もとになる考え方自体はごくあたりまえのものである．実際，3次元空間の中で，左手用のグラブを回転によって右手用にすることはできないのだから！

9．　幾何学における群

剛体運動は点を点にうつすだけでなく，線分を（それと合同な）線分にうつし，角を（それと合同な）角にうつす．このことを，剛体運動全体のつくる群 E は線分全体のなす集合あるいは角全体の集合の上に「作用」し，その作用による1つの角の「軌道」はその角と合同な角全体の集合である，というふうに言い表わす．この例からつぎの一般的定義が導かれる．群 G が集合 X に**作用する**とは，G の各元 g と X の各元 x に対して，X の元 gx（g を x に作用させた結果）が与えられていて，それに関して

$$g_1(g_2 x) = (g_1 g_2)x, \qquad 1x = x \tag{1}$$

が成り立つことをいう．ここで g_1, g_2 は G の任意の元，1 は G の単位元であり，x は X の任意の元である．この作用による X の元 x の**軌道**とは，G の元 g に対する gx の形の元全体の集合 Gx のことである．任意の x に対して，$Gx = X$ となるとき，G の作用は**推移的**（transitive）であるという．これは X の各元 x と y に対して，$gx = y$ となる G の元 g が少なくとも1つ存在することを意味する．G の元のうち点 x を固定するもの全体は，群 G の部分群

F_x をなす．この群は x における等方部分群（イソトロピー群）と呼ばれる．

たとえば，固有運動群 E_0 が平面上の点に作用する場合，各点 x におけるイソトロピー群 F_x は，x の周りの回転のなす群となる．この場合，どの２つの F_x と F_y も互いに同形である．x を y にうつすすべての固有運動は，F_x の元 R と，x を y にうつす任意の１つの運動（たとえば平行移動）T を使って TR の形に書くことができる．これらの運動全体はいわゆる F_x による「（左）剰余類」

$$TF_x = \{\, \text{すべての } TR \text{ の形の運動} \mid R \in F_x \} \qquad (2)$$

をなす．群 E_0 全体は，平面上の各点 $Tx = y$，$T'x = z$，…，に対応する，互いに共通部分をもたない剰余類 TF_x，$T'F_x$，…，全体から成り立っている．

これらの事実は一般にも成立する．集合 X に作用する任意の群 G に対して，G の元 h，k が，$hx = kx$ を満たすための必要十分条件は，$k^{-1}h$ がイソトロピー群 F_x の元となることである．したがって剰余類

$$hF_x = \{\, hf \text{ の全体} \mid f \in F_x \} \qquad (3)$$

のすべての元は，x をその軌道上の同一の点にうつす．したがって剰余類全体の集合は，全単射

$$
\begin{array}{cccc}
F_x & hF_x & lF_x & mF_x, \cdots \\
\downarrow & \downarrow & \downarrow & \downarrow \\
x & hx & lx & mx, \cdots
\end{array}
\qquad (4)
$$

によって，軌道上の点全体の集合と１対１に対応する．これが剰余類の概念の「幾何学的起源」である．x と y が同じ軌道上にあり，したがってある h に対して $hx = y$ となっていれば，$F_y = hF_xh^{-1}$ が成り立つ．つまりイソトロピー群 F_x と F_y は，全単射 $g \mapsto hgh^{-1}$ により同形な G の**共役な**部分群である．これが「共役」の概念の幾何学的起源である．

すべての剛体運動の群 E は，線分 AB 全体の集合 X に作用する．この場

114 第3章 幾 何 学

合，各線分の軌道は，それと合同な線分全体の集合であり，線分 AB のイソト
ロピー群は，4つの運動 $\{I, L, R, LR\}$ からなる．ここで L は直線 AB を軸
とする鏡映，R は AB の中点の周りの半回転（つまり $180°$ の回転）である．

　同様にして読者は，平面の三角形全体の集合，直線の集合，半直線の集合，
円の集合などへの群 E の（付随した）作用について調べてみられればよいだろ
う．

　E の部分群の列

$$E \supset E_0 \supset H \supset \{1\} \tag{5}$$

を考える．ここで E_0 は固有運動の群，H は平行移動の群である．平面はちょ
うど2つの向きをもっている．それを↑と↓で表わすことにする．各剛体運動
M は，集合 $\{\uparrow, \downarrow\}$ の置換 $\sigma(M)$ を引き起こすので，群 E 全体がこの集合
に作用する．この場合，$M \in E_0$ が固有運動ならば，向きは不変であり，したが
って $\sigma(M)$ は恒等置換となる．他方鏡映 L は2つの向きを入れ換える．2つ
の運動の合成 $M \cdot M'$ に対しては

$$\sigma(M \cdot M') = \sigma(M) \cdot \sigma(M') \tag{6}$$

が成り立つ．この式は σ が合成を保存すること，すなわち群の**準同形**であるこ
とを示している．この準同形により，部分群 E_0 は恒等置換にうつり，その剰
余類 $E_0 L$（E_0 の元 M によって ML の形にかける積全体の集合）は↑と↓を
入れ換える置換にうつる．

　平面上における**方向**（たとえば1つの半直線 r_0 の「方向」）は形式的には半
直線 r_0 の，平行移動群による軌道として記述することができる．各剛体運動
は，方向を方向にうつし，したがって方向全体の集合への E の作用が定義され
る．いま，$\sigma(M)$ で剛体運動 M により引き起こされる方向の集合の置換を表
わすことにしよう．そうすれば，（6）と同様に σ は準同形となり，$\sigma(M)$ が
恒等置換であるような運動 M 全体の集合は，平行移動群 H となる．

　群論の用語を用いると，この部分群 H は正規部分群である．なぜならば平
行移動の任意の共役 MTM^{-1} はまた平行移動となるからである．われわれは先
に E_0 の任意の固有運動は，平行移動 T と 0 の周りの回転 R を用いて $T \cdot R$

の形に書けることを示した．したがって E_0 は H による剰余類

$$HR = \{TR \quad 全体 \mid T \in H\}$$

全部の合併となる．各剰余類は，回転 R に対応しているので，剰余類全体は 0 の周りの回転群と同形な群 E_0/H をなすということができる．

　いままで述べてきた事実や，その他多くの類似の結果は，ユークリッド幾何学と群論の間の非常に密接な関係を示している．その緊密さのゆえに，群の概念はすでに伝統的幾何学のうちに含まれていたのだといっても過言でない（実際に 1 つの概念としてとり出されたことはなかったけれども）．　群論の基本的アイデアが，数学的構造を概念的立場で整理した場合にその最も基本的な部分に属すことはこのことを見ても明らかである．しかし歴史的には群がはじめて登場したのは 19 世紀になってからであった．しかもその際ガウスやその他の人々も実質的には群を利用していたのだが，はっきり顕わな形で群を考察したのはガロアが最初であった．しかし群というものがいったん十分に認識されるようになると，ただちにクライン (Klein) やリー (Lie) らの人々がそれを幾何学に応用した．とくに双曲幾何学や楕円幾何学もまた（ユークリッド幾何学と同様に）適当な運動群と関係している．同じことは立体幾何学についても言えるのである．

10.　群による幾何学

　空間とはたんに幾何学的図形をいれておく静的ないれものではない．それは第一義的には運動の場である．このことは，ユークリッド平面の公理系が剛体運動の群 E の言葉で完全に定式化できるという事実が何よりも雄弁に物語っている．

　この定式化の方法についてここで手短かに概要を述べておくことにしよう．一般に群において，位数 2 の元 h（$h^2 = 1, h \neq 1$ なる元）は対合 (involution) と呼ばれる．剛体運動全体の群 E においては，直線 k を軸とする鏡映 L_k および点 A の周りの $180°$ の回転（半回転）R_A がともに対合となる．

　定理 1　　平面の剛体運動 M で対合となっているものは，ある直線 k を軸

とする鏡映か，あるいは，ある点 A の周りの半回転 R_A である．

(証明)　$M^2 = 1$ であり M は恒等変換ではないので，$MB = C \neq B$ なる点 B がある．このとき $MC = M^2 B = B$ だから運動 M は2点 B, C を入れ換える．直線 l を図1のように線分 BC の垂直2等分線とする．l 上の点は，B と C から等距離にある．よって与えられた対合 M は，l の点を l の点にうつすはずである（つまり直線 l を全体として固定する）．さらに M は線分 BC の中点 0 を固定せねばならない．0 は l 上にある．l 上の点 P で 0 と異なるものを1つとる．このとき M は P を B と C からこの距離が P と等しい別の点にうつす——したがって P 自身か，あるいは 0 に関して P と反対側にあって $P0 = 0P'$ を満たす点 P' のいずれかにうつす．鏡映 L_l は P を P にうつす．一方半回転 R_0 は P を P' にうつす．剛体運動は一直線上にない3点への作用により決まるので，以上のことから対合 M が L_l または R_0 に一致することがわかる．

定理 2　任意の剛体運動は対合の合成である．

(証明)　任意の回転および平行移動が対合の合成であることを示せば十分である．このために異なる直線 k, l を軸にした鏡映の合成 $L_k \cdot L_l$ を考える．k

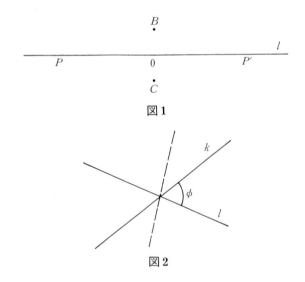

図1

図2

と l が平行でなければ，それらはある点 0 で，ある角度 ϕ をなして交わる．図 2 に見るように，合成運動 $L_k \cdot L_l$ は 0 を固定し，向き付けを保存する．したがってそれは 0 の周りの回転である．L_l は l を固定し，一方 L_k は l を，0 を通り k に関して l と反対側にあって，k に l と同じ角 ϕ で交わる直線 l' にうつす．したがって $L_k \cdot L_l$ は 0 の周りの角度 2ϕ の回転となる．これで任意の回転が 2 つの鏡映の合成となることがわかった．

残っているのは k と l が平行で，したがって共通垂線 m をもつ場合である．この場合は，合成 $L_k \cdot L_l$ は，k と l の間の距離の 2 倍の距離だけ m に沿って動かす平行移動となることがわかる．

いまの結果を用いると，平面幾何学の各対象と，剛体運動群 E の元とを以下のようにして同一視することができる．各 $180°$ の回転 R_A はいずれも 2 つの鏡映の合成なので，点 A は，それ自身が 2 つの対合の合成となっているような対合である R_A と同一視できる．他方直線 k は，そのような合成としては書けない対合，すなわち L_k と同一視できる．点 A が直線 k 上にあるための必要十分条件は，$L_k R_A = R_A L_k$ である．運動 M が点 A を点 B にうつすならば，半回転 R_B は明らかに $M R_A M^{-1}$ に一致し，したがって運動 M は共役により対合 R_A を対合 R_B にうつす．同様に直線への任意の運動の作用の仕方を，対応する対合への作用の形で記述することができる．

これを手始めにして，群 E をユークリッド平面の点および直線（を表わす対合で生成されるもの）として記述するために必要な E に対する完全な公理系をつくり上げることができる．詳細はバッハマン（Bachmann (1973)）およびグッゲンハイム（Guggenheim (1967)）に述べられている．読者は若干の幾何学的事実を自分で群論的に定式化してみられるとよいだろう．たとえば $AB = BC$ は B が AC の中点であることにあたる！

11. 立体幾何学

「われわれの住んでいる」空間の幾何学は 3 次元幾何学であり，したがって紙の上にそのまま書くのは少し難しい．平面の場合と同様，立体図形に対しても経験から多くの事実がわかっている．ここでもまたそれらの事実は互いに論理的に関連し合っており，したがって適当に選んだ公理系から導くことができる．

118 第3章 幾 何 学

これらの公理は，点，直線，平面，球面などの基本的な図形を用いて述べられる．ユークリッドによって定式化されたものも，ヒルベルトによって現代的な形で与えられたものも，いずれも平面幾何学の公理を超える部分はほとんどない．平面幾何学の中に幾何学の大部分がすでにこのように含まれているというこの事実は驚くべき事柄である（直線上の幾何学ではこうはいかない）．たとえば平面直角三角形に対するピタゴラスの定理から容易に平面および空間に対する解析幾何学の距離の公式が出る．あるいはまた，平面幾何学には必須な角（1直線だけを考える場合には出てこない）は，三角法，周期関数，球面三角法を用いた航海術や円周上の群構造などにとって肝要なものであるが，立体幾何学でのその対応物である「立体角」の概念はほとんど利用されない．平面をもっぱら取り扱うだけでも十分多くの幾何学的アイデアが得られるというのは確かに驚くべき発見であった（この発見はギリシア人によるのだろうか？）．他方この発見は，平面あるいは直線）という「理想化された」概念がその前にすでに定式化されていたことに基づくものだが，こちらのほうはそれほど不思議なことではない（それは砂や紙の上に描いた図や，地図などから示唆されたものに違いない）．

ユークリッド立体幾何学の剛体運動群は，平面のそれよりもはるかに大きく豊かな群である．しかし空間の任意の剛体運動が回転，平行移動，および鏡映の合成として書けるという事実は依然として正しい．たとえば回転 R はある直線 k 上のすべての点を固定するような剛体運動である．この k は**回転軸**と呼ばれる．それは角 θ の回転という言い方で呼ぶことができる．なぜならば，回転軸に垂直な各平面は，R によって同一の角 θ だけ回転されるからである（向き付けに注意！）．この意味で立体回転は単に各平行平面上の平面回転をつなぎ合わせたものにすぎない．

点 0 の周りの（すなわち 0 を通る回転軸をもつ）回転全体は群をなす．これは，立体の回転に関して成り立つ美しい事実の1つ，すなわち同一の点 0 の周りの2つの回転の合成則の結果として得られる．0 を中心とする半径1の球面をとり，$A0$ を軸とする角 θ の回転 R に，$0B$ を軸とする角 ϕ の回転 S を続けて行なった場合を考えてみよう．合成 $S \cdot R$ を求めるために，A と B を結ぶ大円の弧 AB を引き，それから AB とそれぞれ角 $\theta/2$ および $\phi/2$ をなす大円弧 AC，BC を引く（図1）．これにより「球面三角形」ABC ができる．$S \cdot R$ は C を動かさないことが示せるので，それは $C0$ の周りの回転となる（回

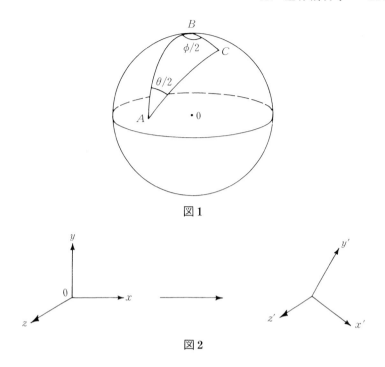

図 1

図 2

転角を計算してみよ）．この回転についての一見不思議な事実は，立体幾何学の結果のうちで力学における回転の研究によく利用されるものの 1 つである．しかしこの一見いかにも「立体」幾何学ならではのように見える結果についても，平面幾何学の中にその前駆的事実があるのである．すなわち，平面上の（異なる点を中心とした）2 つの回転の合成が，これと同様な形で記述されるのである．

3 次元空間の向き付けについても，やはり本質的に新しい考え方は全く必要でない．それは次のように述べられる．1 点 0 から出る互いに直交する 3 つの半直線 x, y, z を考える（それらはつまり，座標軸のことである）．このとき，順序付けられた 3 つ組 (x, y, z) が，同様の 3 つ組 (x', y', z') と同一の向きをもつのは，0 を固定する回転で x を x', y を y', z を z' にうつすものが存在する場合であると定義する．この定義から（ちょうど平面の場合と同じく）0 における向き付けがちょうど 2 つあることがわかる．なぜならば，x を x' に回転でうつすことはつねに可能であり（x と x' で決まる平面の垂線を軸とすればよい），この回転による y の像は，x' の周りの回転で y にうつすことができ

120 第3章 幾　何　学

る（図2）．この結果 z のうつる先は，x' と y' に直交していなければならないので，z' であるか，またはその反対側の半直線のどちらかである．したがって 0 においてちょうど2つの向き付けがあることになるわけである．3つ組 (x, y, z) はそれを巡回置換した (y, z, x) と同じ向きをもつことに注意せよ．実際，x を y に（z の周りに）回転し，それから y のうつった先を（元の y の周りに）z まで回転すればよい．言い換えると，(x, y, z) の向きは巡回置換（偶置換）で不変である．他方，向きは x と y を入れ換えて (y, x, z) とすれば変化する．この置換は奇置換である．左手の親指，人指し指，中指をこの順序で並べて決まる向きを「左手系」の向きと呼ぶ．

　このちょうど2つある向きの記述は，容易に3次元より高い次元にも拡張できる．一般に n 次元ユークリッド空間を適当な「平らな」部分空間（点，直線，平面，超平面，…）を用いて公理的に展開することは——いささか退屈な仕事だが——容易にできることである．

　以上あげたような面については，3次元は2次元とあまり変わらない．——しかし重要な相違点もある．たとえば3次元空間でははるかに多様な図形がある．すなわち，球，円柱，錐体，直方体，平行六面体等，また曲面の1点におけるガウス曲率というような全く新しい概念もまた，これらの図形の研究には現われる．これについては後の章で考察することにする．その際にはまた，他のいろいろな幾何学についても調べるつもりである．

12.　幾何学は科学であるか？

　空間や運動についての日常的な諸経験が，整理され洗練されて，幾何学的事実や図形を組織し関連付ける1つの精密な演繹体系へとまとめ上げられていくやり方は見事なものがある．この章では，この方法について，その基本的側面をまとめてみた．一見すると，こうしてできたユークリッド幾何学の体系は，空間についての科学**そのもの**であるように見えるかもしれない，ちょうど運動の科学といえば力学のことであり，生命体の科学といえば生物学であるように．しかしもしそれが空間の科学そのものならば，それ以外には空間の科学といったものは存在しないはずである．しかし事実はそうではない．われわれはここで科学という言葉の意味を正確に記述しようと試みるのは止めておこう．幾何学は確かに経験から引き出されたものではあるが，しかしわれわれが幾何学の

定理を，物理の命題のように測定によって確かめたりはしないことも明らかで
あろう．実際与えられたある直角三角形に対して，測定によってピタゴラスの
定理が正しくないことが，たとえ示されたとしても，われわれは，その定理の
証明を疑うことはしない．むしろその場合は，距離や直角の大きさを定めるの
に用いた定義を変更しようとするだろう．あるいは，その場合の距離や角度の
計量が何か別の幾何学理論に従っているのだと結論するかもしれない．カー
ル・ポパー（Karl Popper）の用語に従えば，科学の命題は反証可能でなければ
ならない．しかるに幾何学の命題は反証可能ではないのである．

　われわれにとってより関心があるのは，問題の積極的側面，すなわち「それ
ではいったい幾何学とは何であろうか」という点である．それは運動や物の構
造，形体などについての経験の中から出てくる諸問題に基礎をおく，ある精巧
な知的構造である．運動や工学技法などに関する科学はみな，基礎となる命題
や洞察をそこから得ているのである．しかし同時に幾何学の構造はただ１つで
はない．公理系は，伝統的なユークリッド方式でも，またヒルベルトによる洗
練された形式によっても定式化できるし，群論的形式に表わすこともできる．
そのうえ，平面や空間の非ユークリッド幾何学も実際に可能であり，しかも有
用である．そしてそれらもまた，公理的な形にまとめることができる．結局幾
何学とは，互いに密接に関連し合い，そして元来の出発点であった空間や運動
をめぐる諸経験とも深い関連をもつ一連の知的構造であるといえる．

　この幾何学の研究の中から，あまり幾何学的ではない別の構造——幾何学的
量としての距離や角度，これらの量の代数的操作，あるいは幾何学的に展開さ
れた実数など——が現われてくる．さらにまた，全く幾何学的でない諸構造も
生まれてくる——たとえば群は，幾何学に登場する変換の中に暗黙のうちに含
まれている．論理学は（歴史的には）ユークリッド幾何学の演繹的構造の中で
はじめて十全に展開された．連続性やトポロジーもまた，幾何学の中から見出
されてきたのである．

　さらにまた，幾何学の発展につれて，一連の一般的な概念が発見されてきた．
公理論的幾何学の定式化自体が，直線，平面，角，三角形といった概念を必要
としている．のちの発展により，もっと精妙な，向き付けや運動の合成といっ
た概念も登場してくる．幾何学とは実に，知覚，演繹，図形そして観念の織り
なす精緻な織り物なのである．

第4章 実 数

1. 大きさの測定

　この章では実数の体系の起源とその展開について調べてみよう．実数は数学全体の最も中心的な構造を形づくっている．他の諸構造と同じくそれは人間の素朴な活動——いまの場合はさまざまな種類の大きさの測定や比較——から生まれてきたのである．

　大きさの比較の最も単純な形は定性的な比較である．この場合には単に「AがBより大きい」という点だけを問題にして，AがBよりどのくらい大きいかは考えに入れない．この定性的な比較という考え方から，第1章第4節で述べたような線形順序という形式的概念が得られる．そこで今度は「AはBよりどのくらい大きいか？」という定量的問題を考えてみよう．この問題は，「AはBよりどのくらい遠いか？」「どのくらい重いか？」「どのくらい長いか？」あるいは「どのくらいあとであるか」といったような種々の形で現われてくる．さらにまた比較すべき対象はA，B 2つに限られるわけではなく，3つ，4つ，あるいはそれ以上の多くの対象の大きさを互いに比較する場合も出てこよう．したがってただ2つずつ対象を比べていくより，考えている対象全部をある1つの**尺度**の上に乗せて考えたほうが能率的である．単位をいったん選んでしまえば，この尺度は数で表わされるものとなる．距離，重量，長さ，幅，温度，時間，高さなどといったさまざまなタイプの定量的比較を行なうにあたって，そのどれにも数という共通の尺度が適用できるということは，当たり前のようだが，実は驚くべきことである．いったん単位を選んでおけば，これらの大きさはどれも同一の尺度，すなわち，実数という尺度の上に乗る．この実数の尺

度は，原点と単位点を決めた数直線上の点で表わされるものと考えることができる．この表わし方では，実数という尺度のもつ距離に対する尺度としての面が強調されたものとなっている．

この尺度がどんな種類の大きさにも適用できることは，数学における実数の重要性の一つの説明とはなろう．この汎用性はまた，この世界の本性に関する，何がしかの主張として解釈することもできる．すなわち，どんな種類の物理的大きさでも，みな1つの（共通な）尺度に還元することができるというのである．――ここからまた，社会科学者が時に誤って，不適当な場合にまで量的扱いをもちこむような傾向も生じるのであるが．

　さらにこの尺度が完備であることもまた，その重要性の一因をなしている．この尺度は整数点や有理点だけからなるのではない．そこには $\sqrt{2}$ のような，0から無理数の距離にあるすべての点も含まれている．ピタゴラスの定理により，この $\sqrt{2}$ は単位正方形の対角線の長さと考えられる．それは，$\sqrt{2} = m/n$，のように有理的距離としては表わせない．（証明：もし上のように書けたとする．約分しておけば，m か n の少なくとも一方は奇数となる．しかるに $(\sqrt{2})^2 = 2 = m^2/n^2$ から，$2n^2 = m^2$ となり，これから m は偶数，したがって，また n も偶数でなければならない）．無理数の中にはこのような**代数的数**（つまり $x^2 - 2 = 0$ のような整係数の代数方程式の根となるもの）も多くある．それに加えて，この尺度の上には**超越数**（すなわち，代数的でない数）もまた存在する．その最初の例は円周率 π である．しかし π が超越数であることの証明はやさしくない．超越数の別の例としては，自然対数の底 e がある．

　超越数はこのほかにもたくさんある．（後述する）完備性の定理により，それらはすべてこの尺度の上にあることが保証されている．それらはすべてが一時に必要となるわけではないが，必要な場合に備えていつでも使えるように存在していることが，この実数という尺度を有用なものとしているのである．

124 第4章 実 数

2. 幾何学的量としての大きさ

　大きさを測るための基本的尺度は，算術的な構造をもつものとしても，あるいはまた，幾何学的な構造をもつものとしても考えることができる．算術的な立場でみると，まず最初に（正，0，および負の）整数による尺度があり，そこに有理数で表わされる大きさがつけ加わり，最後に無理数（代数的，および超越的）によって表わされるものがつけ加わる．大きさをこのように厳密に算術的に考える見方は本章第6節で扱うことにする．

　大きさの尺度は，幾何学的な観点から出発して考えることもできる．この場合基本となるモデルは線分 AB（あるいはその線分の長さといってもよい）である．そして第3章で幾何学について述べたときに見たように，2つの線分 AB と CD が**同一**の大きさを表わすのは，それらが合同であり，したがって CD がちょうど AB に重なり合うように動かせるときである．つまり大きさとは，実際の1つの線分 AB のことではなく，AB と合同な線分 CD 全体のことである．——あるいは集合論の言葉を使えば，大きさ AB とは AB と合同な線分 CD 全体のなす同値類のことである．そのうえ，大きさ AB を別の大きさ RS と比較するには，AB を，RS に沿って，A と R が一致するように重ねてみればよい．平面幾何学の合同の公理により，まさにそのような比較が可能となる．これにより，線分の可能な大きさを全部，1つの直線上の点によって表わすことができることになり，したがって（原点 0 と単位長さを決めた）直線が求める尺度となるのである．

　角度は，これとはまた違ったタイプの幾何学的な大きさである．第3章で見たように，平面幾何学の公理により角の合同が定義され，角の大きさの比較が可能となる．この**角度**（角の大きさ）を**線状の大きさ**（すなわち，実数の尺度）に帰着させるためには，精妙な工夫が必要である．まずはじめに円周の長さを測る．円の半径はたとえば1としておこう．円周の長さを測るには，内接三角形から始めて，つぎつぎに（定規とコンパスにより）2等分線を引いて正六角形，正十二角形，正二十四角形，…を図1のようにこの円に内接させていく．この正多角形の周の長さは，計算することができる．辺の数が無限に増えていけばその周長は一定の極限値，つまり実数 2π に近づく．

　円の中心における角 θ の弧度法（ラジアン）による大きさは，θ の上に立つ円弧の長さとして定義される．角を2等分すれば弧長も半分になるから，この

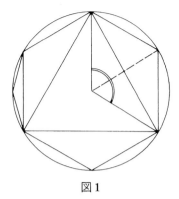

図 1

定義によって，平角は π，直角は $\pi/2$ となる．（ふたたび定規とコンパスを用いて）つぎつぎと 2 等分線を引いて，弧度法で $\pi/2^n$ の大きさの角をつくることができる．任意の角は，これらの角の倍数によりいくらでもくわしく近似することができる．以上をまとめると次のようになる．半径 1 の円の中心 C における任意の角 $\theta = \angle ACP$ は，以下のように定められる大きさ t_0 をもつ：

$$\theta \text{ の大きさ} = t_0, \quad 0 \leqq t_0 < 2\pi, \quad t_0 = \text{弧 } AP \text{ の長さ} \qquad (1)$$

任意の実数 t は 2π を法として，$t = t_0 + 2\pi k$ と書ける．ここで k は整数であり，t_0 は $0 \leqq t_0 < 2\pi$ を満たす．したがって角 $\theta = \theta_t$ で，θ_t の大きさ $= t_0$ となるものが t に対して定まる．関数 $t \mapsto \theta_t$ により直線全体は円 S^1 の周りに巻き付けられ，その際 t は，角 $\theta_t = \angle ACP$ となる点 P にうつる．この**巻き付け関数**は周期関数である：

$$\theta_{t+2\pi} = \theta_t \qquad (2)$$

円弧の長さ，したがってまた弧度法による角の大きさと，巻き付け関数 θ_t を定義するのにこのようなやり方の代わりに，微積分学の方法を用いることもできよう．いずれにしても，この関数は解析的な三角法（本章第 9 節）において中心的な役割を果たす．これとは別に（三角形，長方形，円などの）面積の大きさの取扱い，および，その実直線を尺度とする大きさとの比較もまた，ユークリッド幾何学の公理的展開を利用して行なうことができる．これはヒルベルト

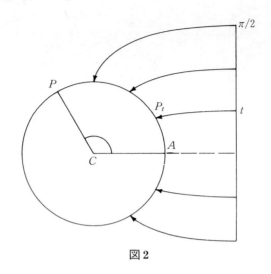

図2

の「幾何学基礎論」で実行されている．かくてわれわれは次のように言うことができよう．「幾何学の公理的基礎づけは，さまざまなタイプの幾何学的な大きさ——体積を含む——を比較し，それらを単一の尺度に還元することを可能にするものでなければならない」と．同様のことはまた，どの非ユークリッド幾何学の完全な体系においても言えることである．

他のタイプの物理的大きさもまた，計量の仕方によっては幾何学的形式に帰着することができる．たとえば天秤で測った重さは（つり合いをとるのに必要な分銅の数として）数と比べられるが，他方，別の測り方をすれば，重量が幾何的目盛上の指示針の位置で与えられるようにできる．温度計はこれと同じことを温度について行なっている．一方，時計の針は時間を角度に帰着させている．

　要　約：さまざまな種類の大きさの比較や測定は多くの場合，実数による1つの尺度に還元して行なわれる．1つの実数だけでは不十分な場合にも，いくつかの実数を用いればうまくいくことがしばしばある．——たとえば平面図形の大きさを幅と高さで示す場合や，立体と幅，高さ，深さで示す場合のように．言い換えれば，実数による尺度はいろいろな形をとって実現されるわけである．

3. 大きさの操作（演算）

2つの物体を横に並べたり，端と端をくっつけたりして，いっしょに置いたとき，この2つを合わせて考えたものの大きさはおのおのの大きさの和にほかならない．**加法**と呼ばれるこの演算は，距離，重量，時間，高さ，面積などといったあらゆる種類の大きさに対して行なうことができる．幾何学的にみると，2つの線分の和は，1つの直線上で，一方の線分をもう一方の線分のすぐあとにくっつけて置くことに相当する．この幾何学的演算は，算術的な数の加法の演算と正確に対応している．

数の間の掛け算からも，また，長方形の面積は底辺×高さであるといった幾何学の公式からも，大きさの間のもう1つ別の演算，すなわち乗法の考えが示唆される．線分の積を完全に幾何学的に記述するには，平面上に複数の直線をとる必要がある．すなわち，2つの線状の（つまり線分の形で表わされた）大きさ x と y を掛け合わせるために，それらを2つの互いと交わる直線状の尺度の上に表わしておく．第1の直線上の線分 $0A$ と AB はそれぞれ大きさ1および x をもつものとし，0を端点とする第2の半直線上で $0A'$ が大きさ y をもつとする．このとき，図1のように BB' を AA' に平行に引けば，三角形 $0AA'$ と $0BB'$ は相似となり，相似三角形の比例定理により $0A'/0A = A'B'/AB$，したがって $A'B'$ は大きさ xy を表わすことになる．これは大きさの乗法の**幾何学的定義**とみることができる．

重量や時間などの他のタイプの大きさに関しては，まずそれらの整数倍が容易に考えられる．——たとえば与えられた物品の重さに3を掛けるには，その物品を3つ合わせたものの重さをとればよい．これは分割を用いてまず有理数との積に拡張され，さらに連続性を用いて有理数，無理数を問わず任意の数と

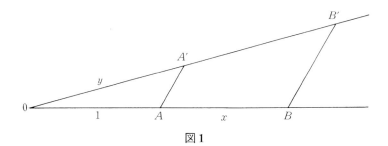

図1

128　第4章　実　　数

の積にまで拡張される．すべてのこれらのタイプの大きさに対して等しく乗法という演算が考えられるのはやはり驚くべきことだ．

　要　約：多様なタイプの大きさについての加法，乗法という「実用上の」演算から，直線上の尺度としての実数に対する和と積という代数的演算が導かれる．これらの数の操作に対するいろいろな規則はそれらが公理の形でまとめられる前からよく知られていた．ここでそれらを定式化して与えておこう：実数全体は加法についてアーベル群をつくり，加法と乗法に関しては可換環，さらには体をなす．ここで**可換環**Rとは，加法についてアーベル群をなすような元（数）の集合であって，そこに結合律と交換律を満たす乗法という2項演算が定義されており，乗法の単位元（すなわちRの任意の数rに対して$r \cdot 1 = r$となる数1）をもち，さらに両側分配律

$$a(b + c) = ab + ac, \quad (b + c)a = ba + ca \qquad (1)$$

が成立するもののことをいう（乗法は可換なので，（1）の2式のうち一方が成り立てば十分である．面白いことに，別々の公理に従う加法的および乗法的構造を結びつけるのに，分配律というただ1つの公理だけで十分なのである．このことは他の公理系についても繰返し見られることである）．最後に**体**とは，可換環であって，方程式 $xa = 1$ が $a \neq 0$ に対してつねに解xをもつもののことをいう．この場合，解xは一意的に定まる．実数の和と積の操作についての代数的規則のすべてが，この単純な一連の公理群から導かれるということは驚くべきことである．これらは平面幾何学の公理よりはるかに明快である．このことは一つには（尺度としての）直線が幾何学的に平面より単純であることにもよるが，同時にまた直線に対する公理のほうが，代数的構造と順序構造をいっそう厳しく区別していることの反映でもある（本章第4節）．

　この章の目的だけを考えるならば，以上述べた公理は単に実数の性質として定式化するだけでもよかった．しかし，上に与えたより一般的な用語（環や体）の定義に照らしてみると，いままでに出てきたもののうちにも，有理数全体 $\boldsymbol{Q}$ や，素数を法とする整数 $\boldsymbol{Z}/(p)$ のように体になっているものがあることに気づくだろう．可換環についても，多くの例をあげることができる．整数全体 $\boldsymbol{Z}$ や，nを法とする整数 $\boldsymbol{Z}_n$ はその一例である．もっと一般に，上述の可換環の定義において，交換律 $ab = ba$ を落とし，両側分配律（1）はそのまま成り立つこと

を要求することによって**環**が定義される．**斜体** (division ring) とは，環であって，方程式 $xa = 1$，および $ay = 1$ が，$a \neq 0$ に対しつねに解 x および y をもつもののことをいう．これらの非可換な乗法をも含む一般的定義をここであげたのは，便宜上のことであって，話の順序からいえばこの章でとりあげるべきものではない．この章は本来，実数の尺度とその著しい性質だけにかかわるはずだったからである．

4. 大 き さ の 比 較

　大きさをめぐって実際に行なわれる観察の結果は，結局 2 つの大きさのうちどちらがより大きいかを確立するという形になることが多い．幾何学においては，「間にあること (betweenness)」の概念により，2 つの線分の大小の比較を行なうことができる．1 つの直線上で有向線分 AB が有向線分 AC より小さいのは，B が A と C の間にある場合で，その場合に限る．実数 b，c がそれぞれ線分 AB，AC を表わすとすれば，これによって実数 b，c の間に $b < c$（b は c より小さい）なる関係が定義できる．この「より小さい」という関係に対する適当な公理は，「間にあること」についての幾何学的公理から導くこともできる（ただしここではそういったやり方はとらないことにする）．この公理は実数全体が「**順序体**」をなすことを要求するものである．ここである体が**順序体**であるとは，それがつぎの 2 つの性質をもつ線形順序で順序づけられていることをいう：体の任意の元 a，b，c に対して

$$a < b \quad ならば \quad a + c < b + c \tag{1}$$

$$a < b \quad かつ \quad 0 < c \quad ならば，\quad ac < bc \tag{2}$$

が成り立つ（ここでも順序と加法，および順序と乗法を結びつける公理は，それぞれ 1 つしかないことに注意せよ）．有理数全体も（実数と同じく）いまの意味で順序体をなしている．

　これらの公理から通常の不等式についての操作がすべて導かれる．とくに実数 c が**正である**とは，$c > 0$ が成り立つことであると定義する．また数 b の**絶対値** $|b|$ は，$b \geqq 0$ の場合は b，$b < 0$ の場合は $-b$ のことであると定義する．このとき，

130　第 4 章 実　　　数

$$|ab| = |a||b|, \quad |a+b| \leqq |a| + |b|$$

などといった規則が成り立つ．これらの絶対値は，方向を考えに入れない大きさという概念を定式化したものであり，「近さ」という観念を表わすのに便利である．たとえば $|a-b|$ が小さい場合に a と b は近いというふうに考えるわけである．

　不等式と絶対値は，近似という考えを表わすのにふつう用いられる形式的道具である．この近似という考えはいろいろな場合に現われるが，最もはっきりとした形で見てとれるのは，無限小数としての実数が，有限小数，すなわち 2 または 10 の冪（べき）を分母とする有理数によっていくらでもくわしく近似していけるという事実においてであろう．この考えを形式化するために，$0 \neq A$ なる線分 $0A$ を何倍かすることによって，どんな大きな線分も上から押えられること，すなわち，任意の線分 $0B$ に対して，$0A$ を何倍かしたもので $0B$ より大きいものが存在するという幾何学のアルキメデスの公理をまず想い出そう．算術的にいえばこれは実数の間の順序がつぎのアルキメデス律を満たすというのと同じである：

　アルキメデス律　　a と b が正ならば，$na > b$ となる自然数 n が存在する．

　言い換えれば，正の数 a は，たとえいくら小さくても何倍かすれば，他のどんな正の数 b よりも大きくでき，したがって，無限小なる実数 a は存在しないということである．もっとも，後述のようにほかの目的のためには無限小を考えるのが便利な場合もある．

　アルキメデス律からはまた，任意の実数は有理数によっていくらでも正確に近似できるという重要な結果が得られる．これは任意の 2 つの実数の間には有理数が存在するといっても同じことである．

　定　理　　$0 < b < c$ ならば

$$b < m/n < c \tag{3}$$

を満たす有理数 m/n が存在する．

証明の核心は，$c - b > 0$ であるから，$c - b$ が $1/n$ より大きくなるような整数が必ず存在するという点にある．正確に定式化すれば以下のようになる．$c - b > 0$ だからアルキメデス律により，$n(c - b) > 1$ となる自然数 n がある．これから $c > b + 1/n$ となる．ふたたびアルキメデス律を用いて帰納法により，$m1 > nb$ なる最小の自然数 m が存在する．これから $b < m/n$ が従う．m は最小にとったので，$m - 1 \leqq nb$，すなわち $m/n \leqq b + 1/n$，したがって $m/n < c$．以上で m/n が b と c の間にあることが証明された．

同様の議論により，区間 (b, c) は 2 冪を分母とする有理数を含むこともわかる．これからまた，区間内の任意の実数，たとえば b，は 2 の冪を分母とする有理数で近似できることもわかる．

「順序」および「絶対値」の概念が形式的に定義されたので，これから数列の極限への収束という観念の形式的定義を与えることができる．実数 a_n の列 $\{a_n\} = a_1, a_2, \cdots,$ がある実数 b なる極限に収束するということは，各項 a_n が b に近づいていき，あらかじめどんな量を与えておいても，ついにはそれよりももっと b との間のへだたりが小さくなるということを意味するはずのものである．ここで，「ついには」というのは，「ある番号から先は全部」を意味する．また，「あらかじめ与えられた量」とは，正の（小さな）実数のことであり，ふつう $\varepsilon > 0$ と書く．「ついには ε よりもっとへだたりが小さくなる」という考えは，そのような ε が与えられたとき，ある番号があって，その番号より先の a_n はすべて b との間のへだたりが ε より小さくなるというふうに，逆の形で表わすほうがうまくいく．形式化した述べ方では次のようになる．

定　義　実数列 a_n が実数 b を極限にもつとは，任意の実数 $\varepsilon > 0$ に対して自然数 k が存在し，$n > k$ ならば $|a_n - b| < \varepsilon$ となることをいう．

この形式的定義においては，日常的なアイデア（ε が与えられたとき，番号 n があって…）が，限定作用素（**任意の** $\varepsilon > 0$ **に対して，k が存在し**）を用いた形に置き換えられている．k を実際にどうとるかは問題ではない．与えられた ε に対して，k が上の条件を満たしているなら，k より大きいどんな自然数 k' もまた同じ条件を満足するからである．a_n が b に近づくという，形式化される前のアイデアは一見姿を消したようにみえるが，それは「**任意の正の数 ε に対して**」——したがってまた小さな ε に対しても——というところに含まれてし

132 第4章 実　　数

まっているのである．実は，ある ε に対して上が成り立てば，ε より大きな任意の ε_2 に対しても同じ k を用いて上の条件が自動的に成り立つ．たとえばアルキメデス律により，各正数 $\varepsilon_2>0$ に対しては，$1/m<\varepsilon_2$ なる自然数 $m>0$ が存在する．したがって収束のためには，各自然数 m に対して，番号 k で，$n>k$ に対して $|a_n-b|<1/m$ となるものがとれることを要求すれば十分である．このように収束という**同一の**直観的観念が，いろいろ**違った**仕方で形式化できるのである．

　極限への収束に対する上述の精妙な定義は非常に見事なものである．なぜならば，それは収束という直観的観念を定式化しているだけでなく，当然成り立つことが期待されるさまざまな形式的結果の証明を可能にするものだからである．たとえば，数列 $\{a_n\}$ が極限 b および b' に収束するならば，必ず $b=b'$ となる（なぜならば，それらの差はどんな正数 $\varepsilon>0$ よりも小さくなるからである）．あるいは，$\{a_n\}$ が b に収束し，$\{c_n\}$ が d に収束すれば，$\{a_n+c_n\}$ は $b+d$ に収束し，$\{a_nc_n\}$ は bd に収束する．そのうえ収束する数列にあっては，その項が1つの極限に近づくだけでなく，項どうしもまた最終的には互いに近づいていく．これは形式的には任意の収束列 $\{a_n\}$ はコーシー列をなすという定理として述べることができる．ここで数列が**コーシー列**であるとは任意の正の実数 $\varepsilon>0$ に対して自然数 k が存在して，$n>k$ かつ，$m>k$ に対してつねに $|a_n-a_m|<\varepsilon$ となることをいう．

　収束の形で表現された近似の考えは，本質的に連続性の定義（第1章第4節）に含まれているものと同一である．実際，選択公理（!）を用いると，実数上の関数 $f:\boldsymbol{R}\to\boldsymbol{R}$ が，実数 b において連続となるための必要十分条件は，f が b に収束する任意の数列 $\{a_n\}$ を，$f(b)$ に収束する数列 $\{f(a_n)\}$ にうつすことであるということを示すことができる．端的にいえば，f が連続であるとは，f が収束性を保つことなのである．

　さらにまた無限和というものを考えることもできる．それを説明するには収束の概念を用いねばならない．たとえば，無限小数は，実際は無限和である．例として $1/6$ をとると，それは無限小数

$$0.166666\cdots = 1/10 + 6/10^2 + 6/10^3 + 6/10^4 + \cdots$$

となる．m が正の整数ならば，2項定理により

$$(1 + x)^m = 1 + mx + \frac{m(m-1)}{1{\cdot}2}x^2 + \cdots + x^m$$

が成り立つが，m が分数ならば上の式は x の冪に関する無限級数

$$(1 + x)^m = 1 + mx + \frac{m(m-1)}{1{\cdot}2}x^2 + \cdots$$
$$+ \frac{m(m-1)\cdots(m-n+1)}{1{\cdot}2\cdots n}x^n + \cdots$$

になる．この公式は無限回足し算をすることを示唆している．この無限回の演算を文字どおり実行することはできない．その代わりに有限和による近似を行なうことになる．

　収束級数の研究は，本質的には収束列のそれと同じものである．**無限級数**とは，実数 c_i の形式的な無限和

$$c_1 + c_2 + c_3 + \cdots$$

のことである．それが極限 b に**収束する**とは，級数の部分和 $s_n = c_1 + c_2 + \cdots + c_n$ の列が b に収束することをいう．逆に数列の収束を級数の収束を用いて言い表わすこともできよう．どちらの概念も，収束しないような級数，たとえば調和級数 $1 + 1/2 + 1/3 + 1/4 + \cdots$ などの例を考えることによりいっそうその理解を深めることができる．無限級数はまた，複素解析（第 10 章第 7 節）において与えられた関数を展開したり，新しい関数を定義するなど本質的に利用される．

　注　意　　ここではアルキメデス律が成り立たないような順序体の例をあげる．これは解析において現われる冪級数の操作にヒントを得たものである．形式的シンボル t を導入し，t の負の冪を有限個しか含まないような

$$s = a_{-n}t^{-n} + a_{-n+1}t^{-n+1} + \cdots + a_{-1}t^{-1} + a_0 + a_1t + a_2t^2 + \cdots,$$

の形の実係数の（無限）冪級数全体を考える．ここで収束は考慮しない．2 つ

134 第4章 実　　数

のそのような「形式的」冪級数の和は，対応する係数の和をとることにより定める．また積は，下の例に見られるように純粋に形式的に定義する：

$$(a_0 + a_1t + a_2t^2 + \cdots)(b_0 + b_1t + b_2t^2 + \cdots)$$
$$= a_0b_0 + (a_0b_1 + a_1b_0)t + (a_0b_2 + a_1b_1 + a_2b_0)t^2 + \cdots$$

これらの元全体が体をなすことは簡単な計算で確かめられる．これを形式的冪級数体 $R((t))$ と言う．$R((t))$ において $s>0$ となるのは，s の最初の 0 でない係数 a_{-n} が正であるときと定める．これによりこの体に順序が入る．これからとくに $1>0$ および $t>0$ が従う．しかし，t のどんな整数倍も 1 より小さい．したがって t は一種の無限小となり，他方 t^{-1} は 1 に比べて「無限大」ということになる．そのうえ，s をこの体の元の無限級数と考えたとき，s はわれわれの収束の定義の意味で収束している．——この際 $\varepsilon>0$ というときの ε の中には t の冪 $\varepsilon = t^n$，$n>0$，もすべて入ってくることになる．

5.　実 数 の 公 理

　実数で測られる大きさとその近似への応用に関して実用的な立場からの理解が進むにつれて，やがて実数体 **R** を適当な公理系で特徴づけようという考えが出てくる．それには **R** が順序体であるというだけでは十分でない．なぜならば，有理数体 **Q** や形式的冪級数体 $R((t))$ をはじめ，ほかにも多くの順序体が存在するからである．**R** を決定づける特徴は，第1章第4節でも述べた完備性の公理，すなわち，上に有界な空でない実数の集合はつねに上限をもつ，という公理である．この性質をもつ順序体は，完備順序体と呼ばれる．実数はその例であるが，形式的冪級数体はそうではない．

　この完備性の公理からアルキメデス律が出る．実際，正の実数 $a>0$ と $b>0$ で，a のどんな倍数も b を超えないものがあると仮定する．このとき，a の倍数 na（n は自然数）全体の集合 S は b を上界にもつ．したがって完備性の公理から S は上限をもつ．それを b^* とおく．このとき，すべての n に対して $b^* \geqq na$ となる．したがってまた，すべての n に対して $b^* \geqq (n+1)a$ となり，これから $b^* - a \geqq na$ が任意の n に対して成り立つ．すなわち $b^* - a$ は b^* より小さく，しかも S の上界になっており，これは b^* を S の上限としたことに

矛盾する.

完備性の公理は，実数として存在すべきであると考えられるものが，実際にすべて存在していることを保証してくれるものである．たとえば無理数 $\sqrt{2}$ は，1, 1.4, 1.41, 1.414, … なる（$\sqrt{2}$ を近似する）有理数の集合の上限として（実数の中に）確かに存在している．同様に π もまた 3, 3.1, 3.14, 3.141, 3.1415, 3.14159, … という小数の集合の上限として確かに存在している．実は，任意の 2 つの実数の間には有理数があるので，任意の実数は有理数の集合の上限として表わすことができる．完備性の公理は，ロル（Rolle）の定理や平均値の定理の証明などでもいっそう精妙な仕方で利用される（第 5 章参照）．

完備性の公理にはほかにも同値な述べ方がある．実数の任意の有界集合が上限をもつという代わりにつぎのどれか 1 つを要求してもよい．

デデキント切断の公理　実数全体の集合 R が空でない 2 つの互いに交わらない部分集合 U と L の合併になっているとする．このとき，もし $x \in L$, $y \in U$ に対してつねに $x < y$ が成立しているならば，すべての $x \in L$ に対しては $x \leq r$ を満たし，しかもすべての $y \in U$ に対しては $r \leq y$ を満たすような実数 r が存在する．

コーシー（Cauchy）の条件　実数のコーシー列はつねに極限をもつ（これはアルキメデス律のもとに，他のものと同値になる）．

ワイエルシュトラス（Weierstrass）の条件　正の実数 $c_n > 0$ の級数 $c_1 + c_2 + \cdots + c_n + \cdots$ に対し，その部分和 $s_n = c_1 + \cdots + c_n$ 全体の集合が上界 b をもてば，もとの級数は収束する．

読者はこれらの完備性の公理が互いに同値であることを自ら証明してみられるとよいだろう．デデキント切断の公理はこれらの中でもより幾何学的な装いをもっているといえよう（そしてこれは，平面幾何学の完備性公理においてすでに（第 3 章第 2 節で）出てきたものである）．この公理によれば，実数直線を上組 U と下組 L の 2 つの部分に切り分ける際には，必ずある実数 r のところで切らねばならない．実際，各実数 r はそのような切断をちょうど 2 通り定める．1 つは L として $x \leq r$ なる実数 x 全体をとるものであり，もう 1 つは L として

136　第4章 実　　数

$x < r$ なる x 全体をとるものである．このようにして切断により実数は完全に記述できるのである．

　完備性の公理を用いることにより，実数全体は順序体としての同形を除いて一意的に決定される．その証明の要点を以下に述べよう．$\mathbf{R}'$ を任意の完備順序体，$1'$ をその乗法の単位元とする．このとき $1' > 0$ となる．なぜならば，もし $1' < 0$ なら，$0 < -1'$ となり，$1' = (-1')(-1') > 0$ となって矛盾が生じるからである．各自然数 $n > 0$ に対して $n \cdot 1'$ は正となり，これらは $\mathbf{R}'$ においてすべて互いに異なった元となる．したがって $\phi(n) = n \cdot 1'$ によって単射 $\phi : \mathbf{N} \to \mathbf{R}'$ が定まる．$\mathbf{R}'$ は体なのでこの ϕ は，$m \neq 0$ に対して $\phi(n/m) = \phi(n)/\phi(m)$ と置くことにより，$\phi : \mathbf{Q} \to \mathbf{R}'$ に拡張される．言い換えると，$\mathbf{R}'$ は通常の有理数体 $\mathbf{Q}$ の同形像 $\phi(\mathbf{Q})$ を含む．さらに ϕ は順序を保存する．アルキメデス律により，$\mathbf{R}'$ の各元 r' はこれらの有理数のある集合 L' の上限となる．実際それは集合

$$L = \{n/m \mid m \neq 0, \quad \phi(n/m) < r'\}$$

の像 $\phi(L)$ の上限である．この集合 L は，「$x < y$ かつ $y \in L$ ならば $x \in L$」という性質をもつ．したがってそれは有理数の切断における下組となる．それは有界なので，ある通常の実数 r を上限にもち，この r は逆に L を決定する．したがって1対1対応 $r \mapsto r'$ により通常の実数全体は完備順序体 $\mathbf{R}'$ の上にうつされる．それが和・積・順序を保つことも示せるので，結局順序同形 $\mathbf{R} \simeq \mathbf{R}'$ が得られたことになる．

　上の議論においては有理数の集合 L などというように，集合を本質的に用いていることに注意せよ．この点でそれはペアノの公準が自然数を一意的に決定する際に，帰納法の公理において集合を利用したのと軌を一にしている．

　いままでにわれわれは実数について2つの異なった公理的記述を行なった．すなわち，この節では完備順序体としての実数体について述べたし，第1章第4節においては可算な稠密集合を含む有界でない順序集合である実**連続体** (real continuum) について述べた．どちらの記述においても実数全体の集合は，対応する構造に関する同形を除いて，一意的に決定される．しかし構造自体をとってみれば，両者はずいぶん違ったものである．実連続体は順序構造しかもっていないので，多くの自己同形をもつ．一方実数体は順序と代数的構造の両

方を兼ね備えており，その自己同形は恒等写像しかない（このことは上と同様にして証明される）．同一の対象（ここでは実数）上のこのような異なった構造は，第3章第8節で述べた，向き付けのあるものとないものという平面に対する2つの異なった構造と同様のものである．こういった互いに異なった構造が入ることはまた，実用上の違いを反映したものでもある．たとえば順序連続体という考えは，ものを比較するに際して，2つのもののうちどちらが大きいかだけを考え，「どのくらい大きいか」は考慮しない取扱いに対応している．

いずれの構造についても実数は「連続した」尺度を形づくっている．物理学者（に限らないが）の中には「原子的」すなわち「離散的」な尺度のほうがより現実に合っていると考える人もある．「有限の数学」論者は，大きさの尺度として有限のものをとるべきだと言う．しかしこういった考えは実行することがむずかしい．それに対して，実数という連続的尺度は具合よく機能するのである！

6.　実数の算術的構成

上述の公理論的な立場では，実数がすでに幾何学的量としてにせよ，他の形にせよ，存在していることを前提にして，それらを公理によって——同形を除いて一意的な形で——記述している．これとは全く違った立場で，算術的ないき方をとる方法もある．この場合まず自然数から出発し，実数を自然数の集合として構成する．われわれはすでに有理数を構成してあるので，実数を直接，有理数および有理数の集合から公理を満足するように構成すれば十分であろう（またそのほうが適切でもある）．

この構成法はいくつかあり，それぞれは完備性の公理のさまざまな形に平行している．その中では有理数のデデキント切断による構成がおそらく最も直接的であろう．有理数体 Q のデデキント切断とは，互いに交わらない空でない部分集合の対 (L, U) で，合併が Q に一致し，さらに $x \in L$ と $y \in U$ に対してつねに $x < y$ が成り立つもののことをいう．ここで一意性を成り立たせるため，「下組」L は最大元をもたないと仮定しておく．このような切断は下組 L によって完全に決まる．L は上に有界な（したがって，すべての有理数を含むことはない）空でない有理数の集合である．さらに L は最大元をもたず，しかも $x \in L$ ならば $x' < x$ となるすべての x' も L に含まれている．このような集合

138 第4章 実 数

L を実数と呼ぼう. 2つの実数 L と L' の加法については, 和 L'' として元 x $\in L$ と $x' \in L'$ の和 $x + x'$ の全体からなる集合をとる. 乗法はもう少し複雑である. 2つの負の数の積が正になるからである. 実数 L と L' が両方とも正の数を含んでいるときは, その積 LL' として, $x \in L'$ および $x' \in L'$ で x と x' の少なくとも一方が正であるようなものの積 xx' 全体の集合をとる. それ以外の場合には集合 L をその「負組」に置き換えて行なえばよい. ここで L の負組とは, すべての $x \in L$ に対して $x + y < 0$ となるような有理数 y 全体からなる集合のことである. 最後に順序を, $L \leqq L'$ とは $L \subset L'$ のことであると定める. このように定められた実数 L 全体が確かに完備順序体 $\boldsymbol{R}$ をなすことは証明できる (Landau 1951 参照). そのうえ有理数体 $\boldsymbol{Q}$ は, 各有理数 x を, $y < x$ なる有理数 y 全体のつくる集合 L に対応させる (順序体の) 単射準同形により $\boldsymbol{R}$ に埋め込まれている (本章第5節の一意性の証明を想起せよ).

これとは別に実数を有理数のコーシー列として定義する方法もある. 異なったコーシー列が「同じ」極限をもつ場合があるので, この構成法をとる際には, 2つのコーシー列 $\{a_n\}$ と $\{b_n\}$ は, 列 $a_n - b_n$ が 0 に収束するとき同値であると考えておく. 適当に定義された加法, および乗法の演算と線形順序によって, コーシー列のこのような同値類全体は完備順序体となる. そのような体の一意性から, この体はデデキント切断からつくられたものと同形であることがわかる. しかしながら, 初等トポス (elementary topos) を用いた数学の別の基礎づけから出発した場合は, デデキントとコーシー列の両構成法は違った結果を与える (Johnstone 1978 参照).

コーシー列を用いて実数の構成法を展開したのは主としてゲオルク・カントール (Georg Cantor) であった. ワイエルシュトラスも彼の完備性の公理に関連してこれとよく似た構成を行なっている. 彼は正の有理数 c_n の列 $c = \{c_n\}$ のうちで, 部分和が有界なもの, すなわちある有理数 b があって, すべての n に対して $c_1 + \cdots + c_n \leqq b$ となるものを考えた. c' が別のそのような列とするとき, $c \leqq c'$ であるとは, 各 n に対してある自然数 m があって

$$c_1 + \cdots + c_n \leqq c_1' + \cdots + c_m'$$

が成り立つことであると定める. $c \leqq c'$ かつ $c' \leqq c$ ならば c と c' は同値であるという. このような列の同値類全体が, 求める正の実数全体を形成する. そこ

での加法および乗法は

$$c + d = \{c_n + d_n\}$$
$$c \cdot d = \{c_1 d_1,\ c_1 d_2 + c_2 d_1,\ c_1 d_3 + c_2 d_2 + c_3 d_1,\ \cdots\}$$

によって与えられる（後者は実質的には無限級数の形式的積である）．

この構成法は，$s_n = c_1 + \cdots + c_n$ なる単調で有界な数列

$$s_1 < s_2 < \cdots < s_n < \cdots \leqq b$$

を利用するのと実は同じことである．とくにこの数列はコーシー列になる．数列による構成をとるか級数を用いるかは個人の好みの問題にすぎない．──そしてワイエルシュトラスは彼の広範な仕事のすべてにわたって級数を用いるのをつねとしていた．しかしわれわれはデデキント切断こそ実数であるとか，コーシー列（の同値類）こそ実数であるとか言うことはできない．切断や数列は，実数という（もともと）同形を除いてしか一意的に定義できないものを構成するための手段にすぎない．実数という1つのアイデアはいろいろな定式化ができるのである．

これらの構成はいずれも実数を有理数の算術からつくり上げているという意味では**算術的**である．しかしそれらの構成においてはどれも集合論を暗黙のうちに利用している点で──たとえばデデキント切断全体の集合，切断自身も1つの集合である．あるいはコーシー列の同値類（これも集合）全体の集合といったふうに──純粋に算術的であるとは言えない．したがって実数が純粋に算術的であるように思えるのはみかけだけにすぎない．むしろ実数で表わされる大きさの尺度には，一方では幾何学的理解が，他方では集合と算術の両方が必要になるというべきだろう．

ここで与えた実数の公理は標準的なものである．しかしこのほかにも実数のモデルが存在する．実際，数学におけるアイデアのうちには，多様なモデルを許容するものもたくさんあるのである．精妙な方法で構成される「超準（non-standard）」実数は，通常の実数のほかに無限小を含んでいる．それはいろいろな（通常の実数に関する）定理を証明するのに用いることができる（Lightstone & Robinson 1975）．

これとは別に実数をある特定の意味で実際に構成可能なものだけに限定して考える立場もある．ここである特定の意味と言ったのは，たとえば自然数についての帰納的関数を用いてというようなことである．この構成的解析学（constructive analysis）の十全な展開は Bishop [1967] によってなされた．この立場からの実数の記述は Myhill [1973] に述べられている．かつて L. E. J. ブローウェルは選択列（choice sequence）で与えられる実数に重点をおいて直観主義数学を展開した（Troelstra [1977]．さらに Dummett [1977] も参照）．私の考えでは，このように構成可能性を要求することは，幾何を犠牲にして算術を一面的に強調するものである．しかし，実数が，測定というもののもつ算術的側面と幾何学的側面のどちらをも含むものである以上，これらの実用的用途をうまく形式化しているのは，実数体に対する上述の標準的な公理系であると思われる．

7. ベクトル幾何学

実数を用いて1次元の幾何学——つまり原点と単位点の与えられた直線の幾何学——が展開できる．ベクトル幾何学は，それを高次元化したものである．たとえばユークリッド平面上に原点0と単位の距離を表わす線分 $0U$ を選ぶ．そうすれば平面上の各点Pは有向線分 $0P$ によって表わされる．これを**ベクトルv**と名づける．ベクトル$0P$と$0Q$は平行四辺形の規則によって加えることができる．すなわち$0P$, $0Q$を2辺とする平行四辺形をつくり，対角線となるベクトル$0R$をその和と定めるのである（図1）．この加法によりベクトル全体はアーベル群をなす．それは平面の平行移動全体のつくる群にほかならない（第3章第7節）．単位線分 $0U$ を用いて任意の実数rは直線 $0U$ 上にうつすこと

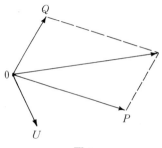

図1

ができる。r を掛ける演算の幾何学的構成（図3.1）によって，ベクトル $v =$ $0R$ に実数（スカラー）r を掛ける演算が定義され，それにより rv は直線 $0R$ 上のベクトルとなる。$r > 0$ ならばそれは v と同じ方向をもち，$r < 0$ ならば反対の方向をもつ。いずれの場合にも長さは v の $|r|$ 倍となる。ベクトルにスカラーを掛けるこの演算は，つぎの形式的性質をもつ：すべてのベクトル v，w，およびすべてのスカラー r，$s \in \boldsymbol{R}$ に対して

$$r(v + w) = rv + rw, \quad 1v = v, \tag{1}$$

$$(r + s)v = rv + sv, \quad (r \cdot s)v = r(sv), \tag{2}$$

が成り立つ。加法およびスカラー倍についてのこれらの性質により，ベクトル全体は，実数体上の**ベクトル空間**をなすといわれる。

　ベクトル代数を用いると，多くの幾何学的事実を容易に得ることができる。たとえば，ベクトルを用いて，三角形の3つの中線は1点で交わるという定理の簡単な証明が得られる。

　3次元（およびさらに高次元）の空間にもベクトルを導入することができる。しかもそこに，次元に関係なく上の(1)，(2)の式が全く同じ形で成り立つ。もっと一般に，体 F 上の**ベクトル空間** V とは，加法についてのアーベル群であって，しかもそこにもう一つ別の演算 $F \times V \rightarrow V$ が定義されており，これを $r \in F$，$v \in V$ に対して $(r, v) \mapsto rv$ のように書くとき，この演算が上の(1)，(2)にあげた4つの規則を満たすもののことをいう。さらにこのような空間の「次元」を形式的に定めることができる。平面上では，u_1 と u_2 が共線でないベクトルならば，平面上の任意のベクトル v は，$v = x_1u_1 + x_2u_2$ と1次結合の形に書け，その際スカラー x_1，x_2 は一意的に定まる。3次元の場合には，3つの（座標）軸に沿う3つのベクトル u_1，u_2，u_3 が必要となる。これを一般化して，V のベクトル $u_1, \cdots, u_n$ がベクトル空間 V の**基底**であるとは，V の任意のベクトル v が

$$v = x_1u_1 + \cdots + x_nu_n,$$

の形に一意的に表わされることであると定義する。このとき x_i は基底 u_i に関する v の**座標**である。ベクトル幾何学（= 線形代数）における基本定理の一つ

142 第 4 章 実　　数

によって，与えられたベクトル空間の任意の（有限）基底は，等しい個数の元
からなる．この数 n のことをその空間の**次元**と呼ぶ．

　ベクトルを用いると，平面をそれ自身に変換（し，原点を固定）するある種
の関数をうまく記述することができる．たとえば原点中心の相似拡大$(v \mapsto rv,$
r は定数）や，原点を通る直線に沿っての圧縮，あるいはずらしというような
変換である．これらの変換はみな，ベクトルの演算を保存する．これを一般化
して，V 上の**線形変換**（1 次変換 linear transformation）とは，関数 $t : V \to$
V であって，ベクトルの加法とスカラー倍を保存するものであると定義する．
つまり等式

$$t(v + w) = tv + tw, \quad t(rv) = r(tv), \qquad (3)$$

がすべてのベクトル v，w とスカラー r に対して成り立つようなもののことで
ある．たとえば，与えられた原点 0 の周りの回転は，線形変換である（それは
和を定義する平行四辺形を平行四辺形にうつす）．この線形変換という概念は，
高次元ベクトル空間にも適用され，線形代数と行列論の研究の基礎を与えるも
のとなっている（第 7 章）．

　1 次元幾何学に対する実数の応用や，高次元幾何学におけるベクトルの応用
は，幾何学的事実の中には適当な代数的演算によって具合よく扱えるものがあ
るという一般的思想の一つの現われである．ベクトルの加法は原点を選ぶこと
によってはじめて可能になる．原点を特定しない場合にもなお，2 点 P，Q の
中点 $\frac{1}{2}P + \frac{1}{2}Q$ の構成や，P から Q へ 1/3 だけいった点 $\frac{2}{3}P + \frac{1}{3}Q$ の構成
など，いくつかの代数的演算が可能である．このような演算は $(n + 1)$ 個の点
の，重み w_i をつけた**重み付き平均**

$$P = w_0 P_0 + w_1 P_1 + \cdots + w_n P_n \qquad (4)$$

として一般化できる．ここで w_i は実数で，$w_0 + \cdots + w_n = 1$ を満たす．こ
のような平均を保存する変換は**アフィン変換**と呼ばれる．それを用いて得られ
る（任意の次元の）幾何学が**アフィン幾何学**である．重み付き平均の演算（4）
に対する完全な公理系を書き下すことは可能であるが，わずらわしい（*Alge-*

bra, 第1版). この種のものの中では一番単純な形の3項関係 $P_0 - P_1 + P_2$ のようなものでさえ, 実はそれほど役に立たない. むしろ原点を1つ選ぶことにより, ベクトル代数に帰着させるほうが実りが多いように思われる. 加法は非常に便利な演算なのである！　2項演算は3項演算よりはるかに扱いやすい.

8. 解析幾何学

　平面幾何学を代数に帰着させる方法の中でもう一つのより古くからある方法は, おなじみのデカルト座標の方法である. 平面に向き付けを与え, 原点と単位の大きさおよび2つの直交座標軸を1組決めると, 任意の点 P は実数の対 (x, y) からなる座標で表わすことができる. 平面上の各直線はその座標がある1次方程式を満たすような点全体として記述でき, また2点間の距離はピタゴラスの定理により, 座標を用いた周知の式で与えられる. このようにして平面に対する幾何学的事実はみな代数を利用して扱うことができる. 結局平面は実直線 R の2つの直積 $R \times R = R^2$ に還元される. しかしこれは原点と座標軸の選び方に依存している. したがってある事実が本当に幾何学的なものであることを言うために, それが座標の選び方によらないことを確かめておく必要がしばしば起こる.

　幾何学も座標もまず最初は2次元および3次元のものとして現われた. 高次元幾何学の必要性は, 3つより多くの座標を考える必要が起きたことによって生まれたものである. たとえば時空空間での出来事は, 4つの座標 (位置と時間) を要し, また動力学においては1つの質点の運動に対する初期条件は, 位置に対して3つ, 速度に対して3つ, 合計6つの座標がいる. この6次元の**相空間** (phase space) の利用は数学の発展を促すうえでの力学の重要性を示す最初の1例である (第9章). もっとも, この例の場合は, 3次元の位置空間と, もう一つ別の3次元の速度空間の直積を考えることにより, 座標を顕わに用いないで記述することも確かに可能ではある (しかし, ふつうそんなことはしない). 一般の n 次元ユークリッド空間は, 実直線の n 個の直積 R^n として構成できる. したがってその点は n 個の実数の組 $(x_1, \cdots, x_n)$ として表わせる. これは n 個の「単位ベクトル」$(0, \cdots, 0, 1, 0, \cdots, 0)$ を基底にもつ R 上のベクトル空間である. このように座標を用いることによって, 幾何学的直観がきかないような高い次元における諸現象をうまい具合に扱うことが可能になる. それは

また幾何学的アイデアを3次元を超えて拡大するのに役立つ．

数理物理学では3次元における現象を扱う場合が多く，したがってしばしば R^3 の各座標に対応する3つの方程式を連立させた形での定式化が必要となる．R^3 をベクトル空間とみなすことにより，これらの（3つの）方程式は，1個のベクトル方程式の形に書くことができる．このゆえに物理学においてはベクトル解析が好んで用いられる．その際には内積も利用されるが，それについては次節で触れることにする．

9. 三 角 法

三角法は本質的には角の大きさを線状の大きさに変換する手順のことである．このことは角 θ に対する $\sin\theta$ および $\cos\theta$ という2つの基本的な三角関数の定義において明瞭に見てとることができる．向き付けられた平面上で，原点 0 を中心とする単位円周上に点 P を，x 軸と線分 $0P$ とが与えられた角 θ をなすようにとる．このとき $\cos\theta$ と $\sin\theta$ はそれぞれ，P の x および y 座標として定義される．円の半径を1としたので，これからただちに等式

$$\cos^2\theta + \sin^2\theta = 1 \tag{1}$$

が従う．このようにして（図1に書かれているように第一象限に限らず）任意の角 θ に対する $\cos\theta$ と $\sin\theta$ が定義される．

角が弧度法を用いて実数 t により与えられる場合，正弦および余弦を**数 t** の関数とみなすこともできる．すなわち

$$\text{Sin}\, t = \sin(t\,\text{ラジアンの角}) \tag{2}$$

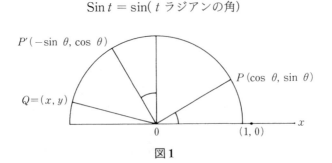

図1

とおけばよい．かくして，杓子規定にいえば異なった2つの関数ができることになる．つまり**数**の関数 Sin——ここではSを大文字にして表わしておく——と**角**の関数 sin である．後者は s を小文字で書くことにする．この衒学的な(しかし実在の) 区別は通常無視される．ここには前に本章第2節で述べた巻き付け関数 θ_t が実は使われているのである．この関数は，各実数 t に対して，(1, 0) から反時計回りに計った弧長が 2π を法として t と等しくなるような円周上の点 $P = (\cos\theta_t, \sin\theta_t)$ を対応させるものであったことを思い出そう．θ_t を用いると定義(2)は

$$\operatorname{Sin} t = \sin(\theta_t), \quad \operatorname{Cos} t = \cos(\theta_t) \qquad (3)$$

と書ける．これは実は合成関数 $t \to \theta_t \to \sin(\theta_t)$ を考えているのと同じことになる．巻き付け関数は $\theta_{t+2\pi} = \theta_t$ を満たすので，これから

$$\operatorname{Sin}(t + 2\pi) = \operatorname{Sin}(t), \quad \operatorname{Cos}(t + 2\pi) = \operatorname{Cos}(t), \qquad (4)$$

が出る．言い換えれば Sin と Cos はおなじみの図2のグラフに見られるように，周期 2π の周期関数である．以上のことがいったん確立してしまえば，Sin のSを大文字で書くことに止め，関数 θ_t も使わないですますことができる．そうすればふつうの三角関数の扱い方になる．しかしここで強調しておきたいことは，弧度法による計測と三角関数の周期性(4)は，巻き付け関数を用いることによってはじめて説明できるということである．実は，フーリエ解析などの周期関数の研究はどれも周期 2π をもつ任意の関数 $f(t)$ を，周期関数 $\sin nt$ および $\cos nt$ によって表現する問題に関係しているのである．ここで n は自然数を表わす．

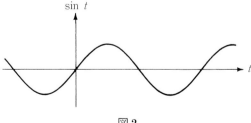

図 2

146 第4章 実 数

　図1において円周を原点の周りに角 θ だけ回転すれば点 $(1, 0)$ は上述の点 P にうつり，それに伴って $(0, 1)$ は点 P' にうつる．すなわちこの回転により

$$(1, 0) \mapsto (\cos\theta, \sin\theta), \quad (0, 1) \mapsto (-\sin\theta, \cos\theta) \qquad (5)$$

となる．$(1, 0)$ と $(0, 1)$ は2次元ベクトル空間の基底をなすので，任意の座標 (x, y) をもつ点 Q は2つの基底ベクトルの1次結合として $(x, y) = x(1, 0) + y(0, 1)$ と書ける．上で注意したように回転は線形変換なので，1次結合を保つ．したがって（5）から

$$(x, y) \mapsto (x\cos\theta - y\sin\theta, \, x\sin\theta + y\cos\theta)$$

が得られる．回転でうつった先の点の座標を (x', y') と書くことにすれば，これから原点の周りの平面の回転 $(x, y) \mapsto (x', y')$ を座標を用いて表わす周知の式

$$
\begin{aligned}
x' &= x\cos\theta - y\sin\theta \\
y' &= x\sin\theta + y\cos\theta
\end{aligned}
\qquad (6)
$$

が得られる．さらに $Q = (x, y)$ として，図1の単位円周上の点で，x 軸の正の方向と $0Q$ のなす角が ϕ となるものをとろう．このとき，$x = \cos\phi$，$y = \sin\phi$ である．角 θ の回転により，Q は明らかに $0Q'$ が x 軸の正の方向と $\phi + \theta$ の角をなすような点 Q' にうつる．Q' の座標 (x', y') はしたがって $\cos(\phi + \theta)$，$\sin(\phi + \theta)$ となり，回転についての（6）式は

$$
\begin{aligned}
\cos(\phi + \theta) &= \cos\phi\cos\theta - \sin\phi\sin\theta \\
\sin(\phi + \theta) &= \cos\phi\sin\theta + \sin\phi\cos\theta
\end{aligned}
\qquad (7)
$$

と書ける．これらの三角関数の「加法公式」もまた角の大きさと線状の大きさの関係を表現するものの一つである．

　ユークリッドの合同定理から示唆されるような三角形の辺と角の間の関係の計算に三角関数が用いられるのもこの関係があるからである．図3に示された

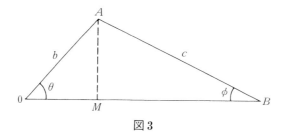
図3

ような3辺 a, b, c をもつ三角形 $0AB$ において，A から対辺に垂線 AM を引く．θ と ϕ をそれぞれ三角形の頂点 0 および B における角度とすれば，正弦関数の定義によって長さ AM は $b\sin\theta$ とも $c\sin\phi$ とも表わせる．これから**正弦定理** $b/c = \sin\phi/\sin\theta$ が出る．他方，辺 AB の長さ c は，直角三角形 AMB にピタゴラスの定理を適用して

$$c^2 = (b\sin\theta)^2 + (a - b\cos\theta)^2,$$
$$c^2 = a^2 + b^2 - 2ab\cos\theta \tag{8}$$

のように計算できる．これが**余弦定理**である．$u = 0B$ および $v = 0A$ をそれぞれ長さ $|0B| = a$，$|0A| = b$ をもつベクトルと考えたとき，(8) に出てくる数 $ab\cos\theta$ はこの2つのベクトルの**内積** $u \cdot v$ と呼ばれる．それはスカラー (実数) である．A の座標を (x_1, y_1)，B の座標を (x_2, y_2) とすれば，(8) 式における長さ a，b，c はピタゴラスの定理によってこれらの座標を用いて表わせる．これによって公式 (8) は内積 $u \cdot v$ に対する公式

$$(x_1, y_1) \cdot (x_2, y_2) = x_1 x_2 + y_1 y_2 \tag{9}$$

になる．これもまた，角に関する現象を線状化したものである．

　以上のような考え方と公式によってわれわれは三角法の主要な概念のすべてをたった数ページのうちに述べてしまうことができた．標準的な初等三角法の記述が法外な長さにわたるのをつねとしていることは不思議な（そして馬鹿げた）ことである．このような長大な記述は，線状の大きさと角の大きさの比較の中に不可避的に含まれる微妙さを考えに入れても，やはり不必要なものである．

148 第4章 実 数

（9）式においては，内積は座標の選び方に依存する形で書かれている．しかしほかの場合と同様に，内積もまた適当な公理を用いてもっと不変な形に書き表わすことができる．内積は，**線形性，対称性，**および**正定値性**という3つの性質をもち，それぞれつぎの3つの等式で表わされる．

$$u \cdot (t_1 v_1 + t_2 v_2) = t_1 (u \cdot v_1) + t_2 (u \cdot v_2) \tag{10}$$

$$u \cdot v = v \cdot u \tag{11}$$

$$u \cdot u \geqq 0, \quad u \cdot u = 0 \quad となるのは \quad u = 0 \ のときに限る． \tag{12}$$

ここで u，v，v_1，v_2 は任意のベクトル，t_1，t_2 は任意のスカラーである．内積の性質はすべてこれらの等式から導かれる．実際，R 上の2次元ベクトル空間におけるベクトルの（内）積 $u \cdot v$ がこれらの等式を満足しているならば，基底を適当に選んで，その座標に関して与えられた内積が（9）式の形になるようにできることを証明することができる．このような条件を満たす基底は，（与えられた内積に対する）**正規直交基底**と呼ばれる．

以上の議論は，第7章第5節において高次元の場合に拡張される．

10. 複 素 数

数の体系の拡張というものは，いつも元の体系では必ずしも解をもたない方程式を解く必要から生じてきた．たとえば，自然数の範囲では引き算がいつでもできるわけではない．そこで整数 Z の体系がつくられた．（0でない整数での）割り算は Z では必ずしも可能でない．そこで割り算がいつでもできるように有理数 Q がつくられる．Q におけるコーシー列は Q においては一般に極限をもつとは限らない．そこでそのような極限を含むように，実数 R がつくられる．最後に実係数の代数方程式の中には $x^2 + 1 = 0$ や $x^2 + x + 1 = 0$ などのように実根をもたないものがある．そこでこれらの方程式も解をもつように複素数 C がつくられる．

$x^2 + 1 = 0$ に解 i があるとすれば，a，b を任意の実数として $a + bi$ の形の結合もまた存在することになろう．それらは実数に対する代数的規則と，$i^2 = -1$ の関係を用いて操作できるはずである．これからとくに加法・乗法についてつぎの規則

$$(a + bi) + (c + di) = (a + c) + (b + d)i \qquad (1)$$
$$(a + bi) \cdot (c + di) = (ac - bd) + (ad + bc)i, \qquad (2)$$

が得られるであろう．しかしここで考えた記号 i は実数ではありえない．なぜなら，任意の 0 でない実数の平方はつねに正だからである．したがって i ははじめのうち（18 世紀においては）決して現実の数ではなく，「想像上の」（虚の）数と考えられていた．19 世紀のはじめになって上述の実用上の規則は形式的定義であると考えられるようになった．実は必ずしも i という記号を用いる必要はない．複素数 $a + bi$ は算術的に実数の順序対 (a, b) として定義できる．そのような対の間の加法・乗法を（1），（2）に従って

$$(a, b) + (c, d) = (a + c, b + d), \quad (a, b)(c, d) = (ac - bd, ad + bc),$$
$$(3)$$

なる規則で定義すれば，これらの対全体が体をなすことは容易に確かめられる．これを C と書く．このときいままでの実数全体は単射準同形 $a \mapsto (a, 0)$ によって C に埋め込まれる．とくに 1 は $(1, 0)$ となる．そのうえ，対 $(0, 1)$ を i と書けば，乗法規則（3）から $i^2 = (-1, 0)$ となる．そうすれば任意の対 (a, b) は，

$$(a, b) = (a, 0) + (0, b) = a + bi$$

のように 1 次結合の形に書き直すことができる．言い換えれば，このように厳密に算術的な構成によって，複素数として望んでいたものとまさに同じ振舞いをするものが得られる．そして対 $(0, 1)$ として定義された i は今度はもう虚なるものと考える必要はなくなる．もっとも虚数という言葉はいまでも i やその実数倍 bi に対して使われてはいるのだが．

　この算術的構成はまた幾何学的な見地から見ることもできる．実数 x，y によって $z = x + iy$ と書かれる複素数はデカルト平面上の点 (x, y) にちょうど対応する（図 1 参照）．その際実数 $x + i0$ はいつものように x 軸上におかれ，一方純虚数 iy は y 軸上にある．これによって各複素数 z を原点からのベクトル $0Z$ で表わす複素数の幾何学的構成が得られる．この場合，複素数の和は対応す

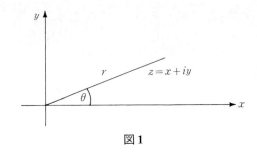

図 1

るベクトルの和にほかならない．複素数 z はまた極座標によって表わすことができる．すなわち正の x 軸からベクトル $0Z$ まで反時計回りに見た角 θ と，ベクトル $0Z$ の長さ $r \geqq 0$ を座標として用いるのである．θ は z の偏角，r は絶対値と呼ばれる．このとき，

$$z = r(\cos\theta + i\sin\theta), \quad r = |z|, \quad \theta = \arg z \qquad (4)$$

となる．

この極形式は複素数の乗法を考える際，とくに役立つ．すなわち $w = s(\cos\phi + i\sin\phi)$ をもう1つの複素数とすれば，(3)で定義された積 zw は通常の sin および cos の加法定理を用いて

$$zw = rs(\cos(\theta + \phi) + i\sin(\theta + \phi)) \qquad (5)$$

のように表わせる．言い換えれば

$$|zw| = |z||w|, \quad \arg(zw) = \arg z + \arg w \qquad (6)$$

が成り立つ．すなわち複素数の乗法では絶対値が積になり，偏角は和になることになる．これは幾何学的にも述べることができよう．すなわち，複素数 w を掛けることは，z-平面を原点を中心に $\arg w$ だけ反時計回りに回転し，同時に全平面を原点から一様に $|w|$ だけ拡大する，z 平面からそれ自身への変換 $z \mapsto zw$ である．複素数の乗法のこの幾何学的記述は，加法・乗法についての複素数の代数と，平面の平行移動，回転，拡大についての幾何学との密接な関係を

示すものである．たとえば i はかつては虚なものであったが，ここでは 90° の回転になっている！　第 10 章で見るように，複素数の微積分学の発展により代数と幾何の間のこのような関係が，ほかにも多く示されることになる．

このように複素数全体は実数体に代数方程式 $x^2 + 1 = 0$ の根を付け加えてつくられる．すべての代数方程式が解をもつためには，この 1 根を付け加えるだけで十分であるのは驚くべきことである．実際ガウスにより最初に証明された代数学の基本定理によれば，複素係数 a_i をもつ任意の代数方程式 $a_n x^n + a_{n-1} x^{n-1} + \cdots + a_1 x + a_0 = 0$ は少なくとも 1 つ複素根をもつ．証明はやさしくない．少なくとも，その証明の（Birkhoff-Mac Lane　第 5 章にある）1 つの形においては，複素数の複素平面上での幾何学的表現が本質的に利用される．別の証明は第 10 章第 9 節で与えられる．

以上の複素数の構成が方程式 $x^2 + 1 = 0$ から出発しなければならない特別の理由は何もない．別の代数方程式を出発点にとることもできる．たとえば方程式 $x^2 + x + 1 = 0$ も実根をもたない．なぜならば，実数 x に対する $x^2 + x + 1$ の最小値は，$x = -1/2$ での値 3/4＞0 だからである．そこでこの方程式の実数でない 1 つの根を新しい記号 ω によって導入し，実数 a，b に対する（1 次）結合 $a + b\omega$ 全体を考える．その際，乗法を行なうにあたっては上の方程式から出てくる $\omega^2 = -\omega - 1$ という規則を用いる．このような記号 $a + b\omega$ 全体もまた 1 つの体をなす．しかしこの体は ω を $-1/2 + (\sqrt{3}/2)i$ に対応させることにより C と同形になる．実際 $\omega^3 = -\omega^2 - \omega = 1$ であり，したがってこの記号 ω は実は 1 の（虚数）立方根の 1 つである．複素数の乗法の規則により 1 の立方根の偏角は 0 または $\pm \dfrac{2}{3}\pi$ でなければならない．上の対応では $\omega = \cos(2\pi/3) + i\sin(2\pi/3)$ とおいた．

$$\omega' = \cos\left(\frac{4\pi}{3}\right) + i\sin\left(\frac{4\pi}{3}\right) = \cos\left(\frac{2\pi}{3}\right) - i\sin\left(\frac{2\pi}{3}\right)$$

というもう一つの選び方もできる．ω を ω' にかえることは，i を $-i$ に置き換えることと同じである（$x^2 + 1 = 0$ の 2 根の入れ換え）．任意の複素数に対してこの置き換え $a + bi \mapsto a - bi$ は和を和に，積を積にうつす．なぜならば和と積に関する規則は，$i^2 = -1$ という規則だけによって決まるが，一方この

式は i でも $-i$ でも成り立つからである．この置き換え $a+bi \mapsto a-bi$ は**複素共役**と呼ばれ，複素数体の自己同形（自分自身への同形）となる．これは代数方程式のガロア理論で研究される自己同形の最初の一例である（第 5 章参照）．

11. 立体射影と無限遠点

0 で割り算を行なうことはできない．もしできるとすれば不可避的に矛盾が生じてしまう．しかし複素数 z が 0 に近づくとき，その逆数 $w=1/z$ が無限大に近づくはずだという考えは一考の価値がある．この考えは，**無限大 ∞ という "数"** が複素数の中に存在するという意味ではなく，複素平面に「無限遠点」を付け加えた幾何学的モデルが存在するという意味なのである．

半径 1 の球面を南極が複素平面に原点で接するようにおく．そして球面上の各点 P を平面上に射影してみる．すなわち，球面の北極 N と P を結ぶ線分 NP を延長して平面と交わる点を P' とするのである（図 1）．これによって（北極を除く）球面と平面の点の間の 1 対 1 対応 $P \mapsto P'$ が得られる．これは**立体射影**と呼ばれる．この射影は球面の南極を平面の原点にうつし，赤道を原点中心，半径 2 の円周にうつす．平面上の各直線 L は球面の北極を通る円の像である．この円は北極 N と直線 L で張られる平面がもとの球面と交わってできる曲線にほかならない．さらに，もし平面上の 2 直線 L, L' が角 θ をなして交わるならば，対応する円も球面上で同じ角 θ をなして交わる．つまり立体射影は——距

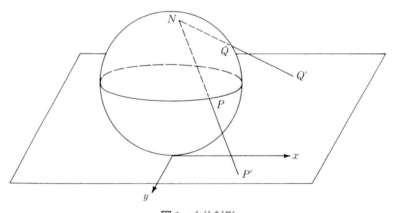

図 1　立体射影

離は明らかに保存しないが——角度は保存する．この意味でそれは**等角**写像である．

　この立体射影により，球面上のすべての点 P は平面上の点 P' として表わされるが北極だけは例外となる．しかし平面に「無限遠点」と呼ばれる 1 点∞を付け加えて平面を「拡大」し，この拡大平面上の∞に球面の北極が立体射影でうつされるのだとみなすことができる．こうすれば立体射影は全球面から全（拡大）平面への全単射となる．平面上の点 P' が原点から直線 L' に沿って動くとき，対応する球面上の点 P は北極に向かって進む．したがって拡大平面上の無限遠点∞は，平面上の任意の直線の上にある．さらに複素数 z の絶対値が「∞に近づく」につれて，拡大平面上の対応する点はこの無限遠点∞に近づく．以上のことを定式化するには，∞の近傍を定義して拡大平面が位相空間になるようにしてやればよい．

　拡大平面（あるいは対応する**リーマン球面**）のよいところは，これによって $w = 1/z$ のような関数が**すべての** z に対して定義できるようになることである．すなわち，$z = re^{i\theta} \neq 0$ に対しては，対応する $w = 1/z$ の値は $(1/r)e^{-i\theta}$ となり（図を書いてみよ），$z = 0$ に対しては $w = \infty$，$z = \infty$ に対しては $w = 0$ となる．こうすれば $w = 1/z$ は拡大平面を自分自身にうつす変換となるが，これは（無限遠点での角度を適当に定義することにより）等角写像となることが示される．このことはもっと一般の**1 次分数変換**

$$w = (az + b)/(cz + d), \quad ad - bc \neq 0,$$

に対しても成り立つ．この場合は，分母が 0 となる点 $z = -d/c$ が w-平面上の点∞にうつる．これらの変換は群をつくり，いろいろ都合のよい性質をもっている．拡大複素平面はこのほかにも複素変換 z のもっと一般の関数 $w = f(z)$ を幾何学的によく理解するためにいろいろ役に立つ（第 10 章参照）．

12.　虚数は現実のものか？

　i に対する「虚数」という名が示すとおり，複素数の数学への導入は疑惑と抵抗をもって迎えられた．そしてたとえば $4i$ のような数は，実際に存在するのではなく，したがって「想像上のもの」であると考えられた．この疑惑を原則

154 第4章 実　　数

の形で述べれば，それは次のように言い表わせる：もし数学が，数，空間，時間および運動の科学であり，そして数とは整数，有理数および実数にほかならないとするならば，この科学においてはこれらの虚数の入り込む余地はない．したがって複素数が（1800年頃から）しだいに合理的に有用なものとして一般に受け入れられるようになってきたことは，同時にまた，数学を「数，空間，時間および運動の科学」と見る考え方への訣別をも意味しているのである．言い換えれば，いったん複素数の構成が「現実」のものとして受け入れられれば，四元数，群などといった他の多くの「構成」——それも高次元の——もまた自然に受け入れられることになる．複素数は数学の視野を拡大するにあたっての大きな一歩を印すものだったのである．

　複素数が受け入れられるにあたって，複素数が平面上の点を表わすとか，実数の順序対に対応するとかいったよく行なわれる説明の果たした役割は，ごく部分的なものにすぎない．順序対としての記述が複素数が実部，虚部をもつという事実を表現しているものであることは確かである．しかしその事実は必ずしも順序対を用いた定式化を必要とするわけではない．複素数を平面上の点として表わすには，原点と軸を選んでおく必要がある．複素数が幾何学的説明によってはじめて正当化されると考えるのは正しくない．複素数の代数学が逆に幾何学の説明に役立ってもいるのである．たとえば複素数の加法から平行移動が，また乗法から回転が得られるというように．

　複素数が完全に受け入れられたのは，第一にそれが数学の他の分野の理解を助けるうえでいろいろな形で役に立ったからである．たとえば複素数の導入により，任意の0でない実数が2つの平方根をもつことになる．これは代数学の基本定理の有難さのほんの一例にすぎない．3次方程式のいわゆる「不還元の場合」はとくに顕著な例である．3次方程式の（3乗根による）一般解が見出された後，3実根をもつ実係数3次方程式の中には，根の公式の中に複素数が出てくるのを避けられないもののあることがわかった（詳細についてはたとえばBirkhoff-Mac Lane第15章定理22参照）．言い換えれば，実数についての現象の中に，複素数を用いてはじめて説明できるものがあるわけである．電磁気学は複素数を用いることにより便利な形に定式化される．最後に実数に関する多くの初等関数（e^x，$\sin x$ など）も，それらを複素変数 z の関数（e^z，$\sin z$ など）に拡張して考えたほうがよく理解できる．あとに第10章で見るように，複素数を用いることによって，「良い振舞いをする」関数の本質がより深く理解

できる．要するに，数学をいっそうよく理解するために複素数がさまざまな形で役に立ったことが，複素数を受け入れさせた真の理由なのである．これは数学において概念の拡張がなされる場合につねに見られることである．

複素数は19世紀において数学の視野を拡大していった多くの新局面の一つをなすものにすぎない．そのほかにも，mを法とする整数や合同類の使用，非ユークリッド幾何学，n次元幾何学，代数的数の素イデアル分解（第12章第3節参照），群や四元数における非可換な乗法，無限基数と順序数，そして，とくに微積分学の基礎づけにおいて必要となった集合と論理のさまざまな利用（第6章）などがこのような新しい局面の例としてあげられる．19世紀におけるこういった発展の結果，数学が数，空間，時間および運動の科学であるという単純な見方はすたれていったのである．

13. 抽象代数登場

ペアノの公理系は自然数を同形を除いて一意的に記述している．実数に対する公理系もまた，実数を同形を除いて一意的に記述するものである．他方，可換環や体の公理はそうではない──互いに同形でないモデルがたくさんある．われわれがつぎつぎと数の体系 N, Z, Q, R, C を構成していった際には，適切な代数的性質はそのまま成り立つように配慮してきた．これらは自然数以外，みな可換環であり，あとの3つは体である．したがって体の公理から導かれる諸性質はこれら3つに対しても成り立つ──そしてまた素数pに対する有限体 $Z/(p)$ などほかの体に対しても成り立つ．たとえば2次方程式の周知の根の公式はこの3つの体のいずれに対しても正しいし，3次および4次方程式のそれほどよく知られているわけではない公式についても同様である．同じことは連立方程式の解についても，また行列式を用いたその解の公式についても成り立つ．もっとも，行列式はまた（2×2行列の場合は）面積，あるいは3×3行列の場合は体積としての幾何学的解釈も可能ではあるけれども（Birkhoff-Mac Lane 第10章第3節参照）．行列や線形代数は，任意の体の上で考えることができる．このように，ふつうの数の演算に対する諸規則をもとにして，あらゆる種類の数に対する演算規則が定式化される．そして実際にこの規則に従うような，さまざまな新しい種類の数が構成されてきた．しかし一方，加法や乗法は，単に「数」だけでなく，他の数学的対象，すなわち多項式，整数の合同類，形

156 第 4 章 実　　数

式的冪級数（本章第 4 節）などについても考えられることがわかってくる．代数学では，数は記号（シンボル）に置き換えられる．そうするとこれらのシンボルが必ずしも，数や量を表わさないことも可能になってくる．そこから発展して，代数学が実際に主題とすべきものは加法や乗法のもとでの数の操作ではなく，一定の演算規則（すなわち環や体の公理など）を満たすような**任意の対象**の取扱いであるというふうに考えられるようになる．このゆえに，代数学は不可避的に抽象なものである．もっともこのことは，1920 年代になって，エミー・ネーターや彼女の弟子たちが，多くの代数学的現象はその記述や証明を抽象化したほうがより効果的に把握できることを明確に自覚するようになって，はじめて十分に認識されることになったのであった．

14.　四元数その他

　実数のおかげで 1 次元幾何学は代数，すなわち体の言葉を用いて定式化できるようになった．2 次元幾何学については，複素数がこれと同じ役目をする体となる．高次元の幾何学に対しては，そのような体はどうして考えられないのだろうか？　そのような体は存在しないからというのがその答である．

　しかしそれに代わる別のものが 1 つある．それは 4 次元，つまり $\boldsymbol{R}^4$ の場合である．ベクトル空間 $\boldsymbol{R}^4$ の基底を 1，i，j，k とおく．これによって $\boldsymbol{R}^4$ の任意のベクトル q は「四元数」として，実係数 t，x，y，z により

$$q = t + xi + yj + zk \tag{1}$$

と表わせる．この基底に対して，乗積表を

$$i^2 = j^2 = k^2 = -1, \quad ij = -ji = k \tag{2}$$

で定める．これらの等式（と結合律）から $jk = -kj = i$ および $ki = -ik = j$ が出る．これから分配律を用いて（1）の形の任意の 2 つの「四元数」q の積を得ることができる．一方 2 つの四元数の和は，係数ごとの和をとることによって定める．これらの演算により，四元数（1）全体は，（本章第 3 節で定義した）多元体となる．任意の四元数 $q \neq 0$ に対して $(t - xi - yj - zk)/(t^2 + x^2 +$

$y^2 + z^2$) が乗法の逆元となるので，割り算が可能となるからである．

　とくに重要なのは四元数の乗法（2）が可換で**ない**という事実である．それが可換となるように乗積表（2）を修正することはできない．つまりベクトル空間 R^4 上に R の乗法の拡張となるような乗法を定義して，この乗法とベクトルの加法により R^4 が体，すなわち可換な乗法をもつ系とすることは不可能である．体においては方程式 $x^2 + 1 = 0$ はたかだか 2 つしか解をもたない．一方四元数体においては，たとえば $\pm i$，$\pm j$，$\pm k$ など多くの解がある．そのうえ乗積表（2）は単に「思いつきで」つくられたわけではない．それは 3 次元空間の回転を記述するのに利用できる．これは絶対値 1 の複素数により平面の回転が記述できるのに対応している．さらに 2 つの「純」四元数（すなわち $t = 0$ となる四元数）に対しては上であげた乗法規則は

$$(xi + yj + zk)(x'i + y'j + z'k) = -(xx' + yy' + zz') \\ + (yz' - y'z)i + (zx' - z'x)j + (xy' - x'y)k$$

となる．右辺の第 1 項はベクトル (x, y, z) と (x', y', z') の「内積」を与え，残りの項は，それらのベクトルの「ベクトル積」を与えている．物理の教科書が 3 つの単位基底ベクトルをいまでも i，j，k で表わしているのも不思議でないわけである．

　こういったことをすべて考え合わせると，(掛け算は当然可換なものとのみ考えていた人には驚きであるかもしれないが) 四元数の導入には一定の必然性があったのではないかと考えられよう．まさにそのとおりなのである．実数体 R を部分環として含む任意の多元体 D を考える．このとき D は R 上のベクトル空間になる．これについてつぎの有名な定理が成り立つ．「D が R 上有限次元ならば，D は (R 上の) 多元環として，四元数全体，複素数全体，あるいは R 自身のいずれかに同形である」．4 次元を超えるような有限次元の R-多元体は存在しない．そして 4 次元の場合は四元数全体が唯一のものなのである！ (基底の選び方はいろいろあるにしても)．

15. 要　　約

　さまざまな種類の大きさの計量はすべて実数に還元され，それによって測ら

158 第4章 実 数

れる．実数に対する形式的な公理系は，代数的側面（加法と乗法についての体の公理），順序の側面（線形順序），および連続性（完備性が成り立つこと）の側面を含んでいる．これらのうち，完備性の要求は最も幾何学的であり，そして最も深い——そしてまた最も多様な表現をもっている．代数的公理については，乗法が直線上では幾何学的表現をもたず，平面においてはじめて幾何学的に実現されるように見える点が注目に値する．1次元幾何学は明らかにきわめて貧弱なものである．

有理数から実数を算術的に構成する方法はいろいろあるが，いずれも直截であり，それほど重要ではない．それよりむしろ重要なのは，実数がベクトルや座標を通じて幾何学の諸問題を代数の問題に帰着させるのに利用できる点である．角の大きさを線状の大きさに帰着させる必要から三角法が生まれた．これはまた，内積をもったベクトル空間を代数的に扱う際の出発点ともなったし，複素数の導入に際しても不可欠の役割を果たした．（1次元の）実数，および（2次元の）複素数はいずれも体の公理を満たす．しかし2次元より高い次元では，そのような「数」体は存在しない．

加法や乗法という代数的演算は，もともと大きさ（量）を取り扱う中から生まれた．しかし同じ演算は「大きさ」とは違った他の多くの体系に対しても考えることができ，そこでも対応する諸性質が成り立っている．ここから，抽象化されたものとして代数学が発展してきた．このような抽象化は，虚数が本当に存在するのだという認識からの自然な帰結なのである．

[**参考文献**]　　数の系の体系的な構成は Gleason［1966］など多くの教科書に見られる．Landau［1951］はその古典的な扱いとして有名である．彼は厳格な定式化を実行するのにたけていた．歴史的な側面については，Sondheimer-Rogerson［1981］に手際よくまとめられている．

第5章　関数，変換および群

　数学のどの分野についてもそれを組織的にきちんと基礎づける際に最初に必要となるのは，明確で形式の整った定義である．しかるにわれわれは，すでに「関数」の概念を広く利用し，しかもそれこそが数学を組み立てるうえの中心的概念であるとみなしていたにもかかわらず，ここまでその定義を正確な形で与えることをしてこなかった．これはわざとしたことである．こうすることにより，関数という一般的で抽象的な概念を生み出すもとになった多様な例の一部をあらかじめ述べておくことができるからである．「抽象的概念は理解しにくい」と考える向きもあるだろうが，われわれは G. クライゼル (Kreisel) とともに，「実際にはこれらの概念は具体的な状況の理解をいっそう容易にするために導入されるのがつねである (*Math. Reviews* 37 (1979) ♯ 1224)」と考えるものである．

1.　関数のタイプ

　関数が最初に姿を現わすのはおそらく，ある１つの量の大きさが他の量の大きさに依存するという日常的経験を通じてであろう．たとえば氷の塊の重さは，その塊のサイズに依存するとか，物体が進む距離はその速度で決まるとか，あるいは長方形の面積はその辺の長さで決まり，また円弧の上に立つ扇形の面積は，その弧の長さで決まるというような具合である．こういった日常的な，あるいは物理的な問題や幾何学上の事実，さらにまた代数的操作などを考える際に，１つの「量」が別の量に依存して決定される場合のあることがつねに観察される．ここから関数的依存性という概念が生まれてくる．この概念はしばし

160 第5章 関数，変換および群

ば，示唆的ではあるが不正確な形で述べられてきた．次にあげるのは，そのような述べ方の現代風の一例である：関数とは，入力として任意の数を入れると，その入力に「依存して」，ある別の数を生み出してくれる機械のようなものである．

代数演算は，数の関数の多くの例を提供してくれる．たとえば，「与えられた数に2を加える」とか，「与えられた数を3倍する」とかあるいは「与えられた数を平方する」などの演算は関数であって，それらは，与えられた数を x, y, z と書くとき，その行き先を示す記法 $\mapsto$ を用いてそれぞれ

$$x \mapsto 2 + x, \quad y \mapsto 3y, \quad z \mapsto z^2 \qquad (1)$$

のように表わすことができる．そのような関数に引き続いて別の関数を施すことにより，**合成関数**が得られる．初等的な例でいえば，（1）において y に $2 + x$ を「代入」し，それから z に $3y$ を代入すれば，（1）の3つの関数の合成として2次関数

$$x \mapsto 36 + 36x + 9x^2 \qquad (2)$$

が得られる．入力 x が実数ならば，この場合出力もまた実数となる．その意味でこれは実数から実数への関数である．そのことを $\boldsymbol{R} \to \boldsymbol{R}$ のような記法で表わす．あるいはまた入力 x を有理数に制限する（あるいは x として複素数まで許す）ことにより，同じ式がそれぞれ $\boldsymbol{Q} \to \boldsymbol{Q}$, および $\boldsymbol{C} \to \boldsymbol{C}$, という異なった関数を定義することになる．

代数的演算において登場する関数の中には，**すべての実数について定義されているわけではないものも多い**．有理関数（2つの多項式の商）の場合は通常そうである．たとえば

$$x \mapsto (3x^2 - 1)/(x^2 - 3x + 2)$$

は分母が0でない場合，すなわち $x \neq 1$, かつ $x \neq 2$ の場合に限り，x の値に対し実数を対応させる．したがってそれは実数全体から1と2を除いた集合から実数への関数，$\boldsymbol{R} - \{1, 2\} \to \boldsymbol{R}$, である．$x \mapsto +\sqrt{x}$（正の平方根）は，非

負の実数（あるいは非負の有理数）の上でのみ定義される（2価表現 $\pm\sqrt{x}$ はここでは関数と考えない）．また関数は，入力の値の範囲に応じていくつかの異なった演算で定義されるものであってもよい．たとえば実数の絶対値は

$$x \geqq 0 \text{ ならば } \quad x \mapsto x, \quad x < 0 \text{ ならば } \quad x \mapsto -x$$

と書けるであろう．こういった例は無数にあり，しばしばグラフを用いて表わされる．しかし構成された関数が目に見えるグラフの形にはうまく表わせないような場合もある．たとえば x が有理数のとき，$x \mapsto 0$ とし，x が無理数のときは，$x \mapsto 1$ で与えられる関数はそのような一例である．

　幾何学的な定義から生まれる数値関数もある．たとえば三角関数 $\theta \mapsto \sin\theta$，や $\theta \mapsto \cos\theta$ などがそうである．これらはおなじみの周期的グラフをもっている．これらの関数は多項式でも有理関数でもなく，無限級数を用いた公式で表わされる．あるいはむしろそれによって定義されるといってもよい（第10章参照）．たとえば

$$\sin\theta = \theta - \theta^3/3! + \theta^5/5! - \cdots$$

のように．こういった級数や，技術的な点でこれよりもう少し便利な級数を用いて，おなじみの三角級数表がつくられる．さらにまた，各数 x を，$\sin\theta = x$ を満たす角度 θ にうつす逆三角関数「arc sin」もある．角度が実数ならば $x = \sin\theta$ は -1 と 1 の間の値しかとれない一方，その範囲では 1 つの x に対して角度の選び方が無数にある．関数にするためには，角度を，たとえば，$-\pi/2$ 以上，$\pi/2$ 以下であるものに限ればよい．こうすれば，$-1 \leqq x \leqq 1$ なる実数からなる区間から，$-\pi/2 \leqq \theta \leqq \pi/2$ なる実数 θ からなる区間への関数「arc sin」が得られる．こういった逆三角関数は，三角法だけでなく，$\int(1-x^2)^{-1/2}dx$ のような積分の計算にも必要なものであった．代数的でない関数のもう一つの基本的な例としては，指数関数 e^x とその逆関数である対数関数 $\log x$ ——こちらは正の実数に対してのみ定義される——があげられる．

　物理学や他の科学における「変量」とは本質的には（一定の科学的規則に基づいて）大きさを実数を用いて測ったもののことである．そのようなものとし

162 第5章 関数，変換および群

ては，たとえば，重さ，長さ，体積，温度，速度その他がある．さまざまな物理法則によって，これらのうちあるものは，他のものの関数になっている．たとえば，一定の密度 ρ をもつ物質については，重さ w と体積 V の間には，$w = \rho V$ の関係がある．落下する物体の通過する距離は，落下時間 t の関数として，周知のように，$s = gt^2/2$ で与えられる．理想気体の圧力 P，体積 V と温度 T の間には，$PV = kT$ の関係が成り立つ．ここで k はある定数である．したがってこれら3つの量の任意の1つは，他の2つの関数になっている．変量の間のこういった関係はたくさんあり，その変化の仕方を研究することが，数学の多くの分野を生み出す原動力となってきたのである．

2. 写　　像

　幾何学においては点の関数が現われる．地球，あるいはその一部を1枚の紙の上に描き表わす問題は，球面 S^2 の一部をユークリッド平面 $\boldsymbol{R}^2$ 上に，ある関数 $S^2 \to \boldsymbol{R}^2$ によって写像する問題にほかならない．空間内の弾道を追跡することは，弾の位置の座標 x, y, z を時刻 t の関数 $x(t)$, $y(t)$, $z(t)$ として与えることである．これはまた，その位置を時間軸（の一部）から $\boldsymbol{R}^3$ への単一の関数として与えるといっても同じことである．こういった多くの例から，点や数などのある集合 X から他の集合 Y への「写像 (map)」——すなわち関数——という概念が得られる．言い換えると，関数は数を値としてとるとは限らない．平面を1つの点の周りに与えられた角度だけ回転すれば，平面の各点は別の点にうつる．つまりそれは，$\boldsymbol{R}^2 \to \boldsymbol{R}^2$ なる関数であり，座標に関して三角関数を用いて，（第4章第9節（5））のような形で与えられることになる．もっと一般的に，平面の任意の1次変換 T は1次結合を1次結合にうつすような関数 $\boldsymbol{R}^2 \to \boldsymbol{R}^2$ である．したがって $\boldsymbol{R}^2$ の各ベクトルを標準基底の1次結合として $(x, y) = x(1, 0) + y(0, 1)$, と書けば，1次変換 T は，2つの基底ベクトルの像 $T(1, 0) = (a, c)$ と $T(0, 1) = (b, d)$ によって完全に決定される．実際，このとき T は

$$T(x, y) = (ax + by, cx + dy) \tag{1}$$

と書ける．このような1次変換 T を座標を用いて表わす場合，実 2×2 行列

$$\begin{pmatrix} a, & b \\ c, & d \end{pmatrix} \qquad (2)$$

を用いるのが便利であった．2つの1次変換の合成は，その場合2×2行列のおなじみの積演算に対応する．同様に，n次元空間の場合には，$n \times n$行列についての対応する演算規則がある．結局，行列（2）は，ベクトルにベクトルを対応させる関数を（1）のように座標を用いて表わす際の簡単な記法にほかならない．行列は数とも点とも異なる数学的対象の好例である．

　数値的でない関数の例はほかにいくらでもある．たとえば第1章でわれわれは，対応（第1章第1節），全単射（第1章第1節），運動（第1章第5節），対称変換（第1章第6節），置換（第1章第3節），変換（第1章第7節），単項演算（第1章第8節）などについて見た．われわれはこれらのすべての場合に対して，定義域Xから値域Yへの関数を表わす現代的記法 $f : X \to Y$ を用いておいた．これはXの各元xに $fx \in Y$ が対応すること，すなわち $x \mapsto fx$，を意味するものであった．このような例は枚挙にいとまがない．群Gについては，逆元をとる演算は $G \to G$ の関数であり，他方，群乗法はGについての2変数関数である．距離空間では，距離は点の対の実数値関数である．ブール代数での「交わり」と「結び」は集合の対の関数である．幾何学では，曲線の長さは曲線の実数値関数である．歴史的にみればおそらく関数は，まずニュートン（Newton）の「流量（fluents）」（時間の関数）のように，微積分学において現われる実数から実数への関数 $R \to R$ として認識されたものであろう．いまでは集合の概念と並んで，任意の関数 $X \to Y$ というもっと一般的な概念が，数学を統一的に展開するうえで強力な役割を果たしている．

3. 関数とは何か

　関数および関数関係についての考え方には直観的なものがいろいろあって，理解を助けるのに役立っているが，しかしそれらは同時に曖昧さも含んでいる．以下にそれらのうちいくつかを列挙する．

　式（Formula）　　関数とは文字xについての式である．xに数を代入すれば式から数が得られる．それが変数xの与えられた値に対する関数の値である．

164　　第5章　関数，変換および群

このような記述方法は物理学における変量の間の関数関係の概念に対しては
あまり役に立たないが，多項式，有理関数，代数関数，指数関数といった初等
数学に現われる関数を記述するには確かによい方法である．しかしここで「式」
といった場合，どのようなものが考えられているのかが問題となる．そこには
代数的，あるいは「解析的な」式は当然含まれているだろうし，おそらく無限
級数によるものもその中に入っているとしてよいだろう．しかし定義域がいく
つかの部分に分かれ，その各部分において異なる式で定義される関数までも含
まれているとは思われない．本質的な問題は依然として残る．すなわち，「いっ
たいどんな種類の式のことが念頭におかれているのか？」，「すべての関数が式
によって与えられるのか？」という問題である．何が「式」であるかは記号体
系に依存するが，一方関数は事実に立脚したものである．

　規則（Rule）　　変数 y が変数 x の関数であるとは，x の各値に対して，対応
する y の値を与える規則が定まっていることをいう．

　これやこれと同類の記述方式は，何世代にもわたって微積分を学ぶ者を悩ま
してきた．この記述は一般性がある点では都合がよい．「規則」であれば何でも
よいからである．それはまた定義域のそれぞれの部分で別々の式で与えられて
いるような関数も，規則という言葉を用いることで考慮に入れている．実際，
そのような式をいくつか集めたものは確かに一つの**規則**に違いないからであ
る．しかしながらこれは形式的定義ではない．なぜならばそこには「対応する」
とか「規則」とかの定義されていない言葉が使われているからである．規則と
は，ある決まった形式的言語で表わされた何かであるといってみても，やはり
問題が残る（通常の形式的言語においてはすべての形式的表現は可算個である
のに，一方 **R** から **R** への可能な関数全体は非可算である）．

　グラフ　　関数とは (x, y)-平面上の曲線であって，各縦線 $x = a$ とはたか
だか 1 点で交わるようなもののことである．交点の座標を (a, b) とすれば，
変数の値が a の場合に関数のとる値は b となる．$x = a$ と曲線が交わらないと
きは，そこで関数は定義されない．

　この記述方式は幾何学的側面に焦点を当てたやり方である．それは実数上の

3. 関数とは何か　**165**

滑かな，あるいは少なくとも連続な関数についてはうまいやり方であるが，有理数から無理数に変数が変化するとき，値が0から1に飛ぶような関数についてはうまくいかない．さらにそれは，曲線という定義されていない概念を用いており，算術を幾何学に従属させるものとなっている．

依存性（Dependence）　　量 x の値が決まれば y の値も確定し，したがって y が x に依存して決まるとき，そして，そのときに限って変量 y は量 x の関数であるという．

これは物理学者の定義であり，やはり形式化されていない．

値の一覧表　　関数とは第1の量 x の各値に対して，それに対応する第2の量 y の数値を書き入れた値の一覧表によって決定されるものである．

これはなかなかうまい定義である．この定義は明らかに三角関数や対数関数の表から示唆されたものである．問題は，実際につくることのできる一覧表は有限であるのに，考えている関数はほとんどの場合，無限に違った値をとるということである．他方無限に長い表を考えるということになれば，それが何を意味するかはあまりはっきりしなくなる．

統辞規則（Syntax）　　集合 X から集合 Y への関数 f とは，1つの記号 f であって，項 x が X の元を表わすとき，記号列 fx が Y の元，すなわち変数 x における f の値，を表わすものである．

これは実は関数を記述しているのではなく，その記号の使い方を述べているにすぎない．そこには暗黙のうちに $f(x)$ という記号が，両義的に x の関数と同時にその関数の値を表わすというよく使われる混乱した記法への抗議が含まれている（したがって厳密には，三角関数は「**sin**」のほうであって「$\sin \theta$」は角 θ でのその値を表わしているのだ）．

もうこれ以上続ける必要はあるまい．このように関数の記述にさまざまのやり方があることは，数学の本性についてのわれわれのテーゼの1つをよく例証している．すなわち，人間の活動においても，あるいは諸現象にかかわる事実

166   第5章　関数，変換および群

においても，1つのものが他のものに依存している例がたくさん見られる．このことから依存性や関数について有用ではあるが形式化されていない見方が生じる．そしてそこから形式化された定義を与えるという問題が生じてくるのである．なぜならば，関数について曖昧さのない数学的記述を行なうためには，そのような形式化された定義が不可欠だからである．

4.　対の集合としての関数

「関数」の形式化された定義は，何かある公理系の立場で記述されなければならない．いまのところそのようなものとして，2通りの定義がある．そのうち1つは，直接に関数の概念を関数の合成を用いて公理化するものである（第11章 カテゴリー（圏）参照）．もう一方は，集合の公理を用いて行なうものである．集合の公理は第11章でくわしく扱う．これらの公理は，（数学に出てくる）ものはすべて集合であることを前提にしたものであって，「x が集合 A の元である」ことを表わす**帰属性**（membership, $x \in A$ で表わす）という基本的な概念を用いて定式化される．そこでは集合の**相等**は

$$A = B \iff \text{すべての } x \text{ に対して } (x \in A \iff x \in B) \text{ が成り立つ} \quad (1)$$

によって定義される（第1章第9節8参照）．ここで $\iff$ は「必要十分」の略号である．外延の公理と呼ばれる公理は，互いに相等しい集合は置き換えてよいことを要求するものである：

$$A = B \Rightarrow \text{すべての } C \text{ に対して，} (A \in C \Rightarrow B \in C) \text{ が成り立つ} \quad (2)$$

ここで $\Rightarrow$ は「〜ならば〜」を表わす．別の公理によると，任意の2つの集合 a，b に対して

$$x \in \{a, b\} \iff (x = a \text{ または } x = b) \quad (3)$$

を満たす集合 $\{a, b\}$ が存在する．言い換えると，$\{a, b\}$ は a と b のみを元とする集合である．とくに $\{a, a\}$ はその元が a のみからなる集合のことである．

それは通常 $\{a\}$ と書かれる．これをもとにして 2 つの集合の**順序対**を

$$<a, b> = \{\{a\}, \{a, b\}\} \tag{4}$$

なる集合として**定義**することができる．これはその元が集合の集合であるような集合になっている．このとき，

$$<a, b> = <a', b'> \iff (a = a' \text{ かつ } b = b') \tag{5}$$

となることを証明することができる．(5)式は，2 つのものの順序対として期待される性質を，この集合 $<a, b>$ が実際に備えていることを示すものである．また別の公理によると，2 つの集合 X，Y が与えられたとき，ちょうど $x \in X$ と $y \in Y$ の順序対全体からなる集合

$$X \times Y = \{<x, y> \mid x \in X, y \in Y\} \tag{6}$$

が存在する．この**集合の直積**は，座標平面を，直積 $\boldsymbol{R} \times \boldsymbol{R}$ として記述した際などにすでに利用してきたものである．さらにわれわれは S が X の部分集合である，すなわち $S \subset X$ である，ことの形式的定義を，「$x \in S$ ならばつねに $x \in X$」となるような集合として与えることができる．

　定　義　　集合 X から集合 Y への**関数** f とは，順序対のつくるある集合 $S \subset X \times Y$ であって，各 $x \in X$ に対し，第 1 成分が x であるような対 $<x, y>$ が S の中にちょうど 1 つ存在するようなもののことをいう．この対 $<x, y>$ の第 2 成分を関数 f の x での値と呼び，$f(x)$ と書く．X を f の**定義域**，Y を**値域**と呼ぶ．

　これは形式化された定義を与え，それは関数のさまざまな形式的でない記述の意味するところにもうまく適合している．たとえば，この定義によって，確かに y は x に依存した形で決まる．また S に属するすべての順序対 $<x_1, y_1>$，$<x_2, y_2>$，$<x_3, y_3>$，…，のリストを考えれば，これはまさにその関数の値の（一般には無限に長い）一覧表になっている．集合 X と Y をある種の「空間」

168   第5章 関数，変換および群

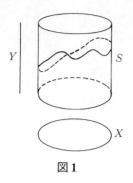

図1

として描いてみれば，その直積は1つの「空間」（図1では円柱）であって，関数Sは，「縦」の各部分空間$\{x\} \times Y$と1点だけで交わるような部分集合となる．すなわちSは，この直積空間の中の曲線となる．このような例に鑑みて，順序対の集合Sは，しばしば関数の**グラフ**とよばれる．もっともわれわれの定義に従えば，グラフが関数そのものであるのだが．

　この形式的定義（と集合論の公理系）から関数の形式的性質はすべて導くことができる．たとえば集合の相等についての公理から関数の相等の条件が得られる．同一の定義域Xと値域Yをもつ2つの関数$f, g : X \to Y$が（順序対の集合として，したがってまた関数として）相等しいための必要十分条件は，任意の$x \in X$に対して，$f(x) = g(x)$がYにおいて成り立つことである．

　関数の例の中には，$(2x+2)^2$や$\cos 7\theta$のように合成によって構成されるものがたくさんある．これに対する形式的定義は次のようなものである．fとgが2つの関数であって

$$X \xrightarrow{f} Y \xrightarrow{g} Z$$

のように，fの値域がgの定義域に一致しているとする．このとき，次のような順序対の集合

$$\{<x, z> \mid x \in X, z \in Z, \exists y \in Y, \text{ で } <x, y> \in f \text{ かつ } <y, z> \in g \text{ となる}\} \tag{7}$$

として**合成関数** $h = g \cdot f$を定義することができる．ここで$\exists y$は，「～のよう

4. 対の集合としての関数　*169*

な y が存在する」という意味を表わす「限定作用素」である．さらに上式では
（当然のことながら）関数 f をその順序対の集合 S と同一視してある．（7）で
与えられる集合が実際に関数 $g \cdot f : X \to Z$ を与えており，各 $x \in X$ に対する
その値が

$$(g \cdot f)(x) = g(f(x)), \quad x \in Y \tag{8}$$

であることは容易に証明できる．ここで，$f(x)$ によって「関数 f を x に作用さ
せる」ことを表わす通常の習慣を用いれば，合成関数 $g \cdot f$ は「まず最初に f を
作用させ，次に g を作用させる」ことを意味することになる．したがって上に
与えた合成関数の定義は，（8）が成り立ち同時に

$$g \cdot f \text{ の定義域} = f \text{ の定義域}, \quad g \cdot f \text{ の値域} = g \text{ の値域} \tag{9}$$

が成り立つことと同値であることになる．この合成関数の記述は，$\cos 7\theta$ など
の例に確かに適合している．このことは，順序対の集合としての関数の定義は
出発点において必要になるだけで，あとは，それと同値ではあるが，順序対を
顕わには用いないもっとふつうの（8）や（9）のような述べ方で置き換えて
もよいことを示している．たとえば（8）だけから，合成関数についての中心
的性質である**結合律**が示せる．すなわち，3 つの合成できる関数

$$X \xrightarrow{f} Y \xrightarrow{g} Z \xrightarrow{h} W$$

が与えられたとき，つねに $h \cdot (g \cdot f) = (h \cdot g) \cdot f$ が成り立つ．

　合成関数 $g \cdot f$ の定義にあたってわれわれは，g の定義域が f の値域に一致す
ることを要求した．この見方では，関数 f とは，定義域，すべての対 $<x, fx>$
の全体，**および値域**の 3 つをすべて備えたものと考えられている．対の集合に
よって定義域のほうは決まってしまうが値域は決まらない．値域を変えれば関
数も変わることになる．たとえば $\boldsymbol{R}^+$ を非負実数の集合とするとき，$x \mapsto x^2$
は関数 $\boldsymbol{R} \mapsto \boldsymbol{R}^+$ を定義するとともに，関数のとる値は同じだが値域がもっと
大きい別の関数 $\boldsymbol{R} \to \boldsymbol{R}$ をも定義する．この（関数には，値域が何であるのかと

170 第5章 関数，変換および群

いうことも付随して決まっているという）方式は通常初等数学では用いられていない．しかしこれは，合成をきちんと定義するのに有用であり，また（第11章第9節で見るように）トポロジーにおけるいくつかの概念にとっては本質的でさえある．そのうえ，これは，「この関数は全単射である」というような命題が意味をもつためには必須のものである．たとえば，a を整数とすれば，$<a, a+2>$ の形の対全体の集合は，全単射 $Z \to Z$ を定め，同時に全単射ではない関数 $Z \to Q$ を与える．

　形式的には関数の上述の定義は見事なものであるが，他方その基礎となっている順序対という概念がかなり人工的なものに見えることもおそらく事実であろう．さらにまた，順序対を集合の形で構成する必要がどこにあるのだろうとも思えよう．しかしながら，このように集合として構成することにより，順序対（4）は，そのような対が当然もつべきと考えられる形式的性質（5）をちょうどもつことになるのである．いちばん大事な点は，この形式的定義のもとで関数が所期の実用的諸性質をすべて確かにもつようになるということである．とくに2つの関数が相等しいのは，それらが同じ定義域と値域をもち，同じ値をとるときであり，そのときに限る．

　合成関数の定義（7）は，第1章でいくつかの例をあげて定義した全単射の合成を含んでいる．叙述の節約のためには，「合成」の定義は一度与えれば十分であろうが，繰り返し定義を与えることにより，つぎの哲学的な点がはっきり認識できるであろう．すなわち，合成の定義は，多様な活動の中から生まれる（「2つの操作を続けて行なう」という）1つのアイデアを形式化したものだという点である．こういった活動には，次のようなものが含まれる．すなわち，集合の大きさをつぎつぎに比較する（第1章第2節）とか，2つの置換を合成する「操作」，本質的に「静的な」対称変換の合成（第1章第6節），あるいはより「動的な」運動の合成（第1章第5節）などである．さらに算術演算の合成として本章第1節で見たような代入もある．合成関数の中でも $\sin 8\theta$ というような式で表わされるものがおそらく最も初等的なものであろう．それは「合成」の形式的定義を用いないでも，式を操作する規則を使って取り扱うことができるからである．他方運動の合成はより幾何学的であり，したがってまたより「可視的」である．哲学的に重要なのはこれらの人間活動のすべてがきわめて自然に，しかも容易に「合成」という一般的概念のもとにまとめられるということ，そしてこのように一般的概念として定式化することにより，多様な場

合をうまく統一的に理解することができるようになるという点である。これは数学における抽象化に典型的なものであると考えられる。

線形順序，包含関係，合同関係といった2項関係もまた，実用的概念を集合論的に形式化する例を与えてくれる。たとえば，日常言語で「～の兄弟である」とか，「～より大きい」といった文句は，「AはBの兄弟である」，「sはtより大きい」といった句の中に現われる2項関係を現わしている。そのうえ，合成関係という概念も考えられる。たとえば，「～の叔父」は「～の親の兄弟」を意味する。

関数の合成は，関係の合成の特別な場合である。集合Xから集合Yへの（2項）**関係**とは，部分集合 $R \subset X \times Y$ のことである。これは，Rがいま考えている関係にある元 $x \in X$ と $y \in Y$ の順序対 $<x, y>$ 全体の集合であるという意味である。しばしば $<x, y> \in R$ の代わりに，yRx と書く。もし $S \subset Y \times Z$ がYからZへの別の関係であるならば，**合成関係** $S \cdot R$ は，少なくとも1つの元 $y \in Y$ に対して，$<x, y> \in R$ かつ $<y, z> \in S$ となるようなxとzの順序対 $<x, z>$ 全体として定義される。この合成は結合律を満たす。これによりブール代数を拡張した関係の代数を展開することもできる。数学には2項関係がたくさんでてくる。1つの集合の部分集合の間の包含関係 $\subset$ や，実数の線形順序はその例である。さらに関係の重要性に関しては，対象xとyの間に成り立つあらゆる関係を，xとyの個別の性質を組み合わせて説明することは不可能であるという説得力のある哲学的理由も存在する。しかしさまざまな試みにもかかわらず，関係の諸性質が数学において中心的役割を果たすとは思えない。むしろ関係の代わりに演算や関数が用いられる。たとえば合同関係の代わりに合同類がよく用いられるのである。

任意の集合上の関数についての一般的事実のうちで，役に立つものがいくつかある。それらはみな具体的な例がもとになって出てきたものである。たとえば，関数 $f : X \to Y$ がある関数 $g : Y \to X$ を「逆関数」としてもつ場合がある。──ちょうど，平方根が自乗の逆関数であり，log が指数関数の逆関数であるように。これを形式的に定義するために，まず各集合Xに対し，各元 $x \in X$ をそれ自身にうつす恒等関数 $1_X : X \to X$ を導入する。恒等関数とは，グラフが $X \times X$ の対角線集合 $\varDelta$，すなわち，順序対 $<x, x>$，$x \in X$，全体のつくる集合，であるような関数のことであると言えばいっそうはっきりするかもしれない。2つの関数 $f : X \to Y$ と $g : Y \to X$ の合成について $g \cdot f = 1_X$

172　第5章　関数，変換および群

が成り立つとき，g は f の**左逆関数**であり，f は g の**右逆関数**であるという．たとえば対数の定義式 $10^{\log_{10} x} = x$ を書き換えて，

$$\exp_{10}(\log_{10} x) = x, \quad x > 0$$

と書けば，$\log : \{x \mid x > 0\} \to \boldsymbol{R}$ は $\exp$ の右逆関数となることがわかる（それは左逆関数でもある）．「正の平方根をとる」という演算は，関数 $\{x \mid x \geqq 0\} \to \boldsymbol{R}$ である．等式 $x = (\sqrt{x})^2$ は，「自乗」がその左逆関数であることを示す——しかしそれは右逆関数ではない．一般の場合に戻って，$g \cdot f = 1_X$，と $f \cdot g = 1_Y$ が同時に成り立つとき，g は f の（両側）逆関数となる．もし $f : X \to Y$ がそのような逆関数 g をもてば，それはただ1つである．そのうえ集合 X と Y は同じサイズをもつ（形式化していえば，それらは同じ**基数**をもつ）．

　関数 $f : X \to Y$ によって集合 X と集合 Y との比較を行なうという立場からは，f によって Y のどの元にもある X の元が対応するのはいつか（f はいつ「全射」か），また f が X の相異なる元を区別するのはいつか（つまり f はいつ「単射」となるか）を考えるのは自然なことである．形式化していうと，関数 $f : X \to Y$ が**単射**であるとは，X において $x_1 \neq x_2$ ならばつねに Y においても，$fx_1 \neq fx_2$ が成り立つことをいう．直観的にいうと，単射は X を Y のある部分集合の上に1対1にうつす．この部分集合は f の**像**と呼ばれる．X が空集合 ϕ でない限り，X を定義域とする関数 f が単射であるための必要十分条件は，f が左逆関数 g をもつことである．このとき g は像の各元をそのただ1つの原像にうつし，Y の残りの元がもしあれば，それらを（空でない）集合 X のかってな元にうつす．関数 f が**全射**であるとは，各 $y \in Y$ に対して $fx = y$ となる $x \in X$ が少なくとも1つ存在することをいう．集合論の公理として通常仮定される選択公理を用いると，空でない定義域をもつ任意の全射 f は右逆関数 g をもつことが示される．すなわち，そのような右逆関数 g は各 $y \in Y$ に $fx = y$ を満たす元 $x \in X$ を1つずつ「選び出す」ものであるが，選択公理はこのような一般には無限に多くの選択をいっせいに行なうことが可能なことを保証しているのである．

　最後に関数 $f : X \to Y$ は，それが単射かつ全射であるとき，すなわち各 $y \in Y$ に対して $fx = y$ となる $x \in X$ がちょうど1つ存在するとき，**全単射**であると呼ばれる．したがって全単射は X の元と Y の元の間の1対1対応を与え

5. 変 換 群　**173**

る．f が全単射であるための必要十分条件は，それが両側逆関数をもつことである．

　以上の諸定義は形式化されてはいるが，関数の形式的定義に用いた順序対はほとんど利用していない点に注意されたい．

　単射でない関数 $f: X \to Y$ は X のいくつかの元を「収縮 (collapse)」させる．この「収縮」は，「f による像が〜と同じである」という定義域 X 上の 2 項関係 E_f によって形式化できる．すなわち，X の元 x と y に対して，$xE_f y$ は $fx = fy$ を意味するものとするのである．関係 E_f は f の「核 (kernel)」または「核対 (kernel pair)」と呼ばれる．それは反射的，対称的かつ推移的である．集合 X 上の関係 E が反射的，対称的かつ推移的であるとき，それは通常，**同値関係**または**合同関係**と呼ばれる．もとになる例としては，整数の集合 $\mathbf{Z}$ 上の法 m での合同関係があげられる．その場合，合同関係は法 m による整数の射影 $\mathbf{Z} \to \mathbf{Z}_m$ の核となる．同じ構成により，集合 X 上の任意の同値関係 E は，ある全射 $p: X \to Y$ の核となる．そのためには $p(x) = \{x' \mid x' \in X,\ \text{かつ}\ xEx'\}$ とし，Y をこれらの**同値類**全体の集合にとればよい．X の各元 x' は，これらの同値類のうちのちょうど 1 つに属する．一方 p は X における同値関係 E を Y における相等にうつしかえる．われわれはこの重要な構成を，すでに濃度，順序数，平面における「方向」の集合（第 3 章第 9 節），およびコーシーによる実数の構成に用いてきた．これは新しい数学的対象をつくり出す手頃な集合論的手段である．

　この節では，もともとは式や関数的依存性に示唆されて出てきた関数の概念がどのように形式化され，数の集合とは全く異なる集合にも適用されるようになったか，さらにまたそうすることで任意の集合の間の比較や写像のための枠組を提供できるものとなっているかについて考えた．

5. 変 換 群

　図形や式，装飾あるいは結晶の対称性についての解析から，第 1 章で見たように変換群の研究が必然的に導かれる．変換群はまた運動の群として幾何学にも現われるし，逆にそれを利用してユークリッド幾何学の基礎づけを与えることもできる（第 3 章第 10 節）．この節では変換群の例をもういくつかあげてみよう．

174　第5章　関数，変換および群

n 文字の**対称群** S_n は，集合 $\{1, 2, \cdots, n\}$ の $n!$ 個の置換全体からなる群である．n 個の元からなる他の任意の集合についてもその対称群はこれと同じものだとみなすことができる．任意の置換は**互換**の積として書ける．ここで互換とは 2 つの文字だけを入れ換え，他の文字は動かさないような置換のことである．置換はそれが偶数個の互換の積に書けるとき偶置換と呼ばれる．S_n の中で偶置換全体は $\dfrac{1}{2}n!$ 個の元からなる変換群 A_n をつくる．これは**交代群**と呼ばれ，S_n の**部分群**である．たとえば 4 文字 x_1, x_2, x_3, x_4 の置換のうち，積

$$(x_1 - x_2)(x_1 - x_3)(x_1 - x_4)(x_2 - x_3)(x_2 - x_4)(x_3 - x_4)$$

の符号を換えないもの全体は，交代群 A_4 をなす．正三角形の任意の対称変換は三角形の頂点の置換で決定されるから，正三角形の対称性のなす群は S_3 と同形である．同様に正四面体の対称性のなす群は A_4 であり，また A_5 は正二十面体の対称性の群となる．一般に対称性のなす有限な群はつねにある置換群 S_n の部分群として表わすことができる．

　線形代数においても，直線の平行移動のつくる群——それは実数の加法群と同形——をはじめとして，さまざまな変換群が現われる．ベクトル空間のそれ自身への 1 次変換 $t: V \to V$ は，それが全単射の場合，**正則**であると呼ばれる．V 上のすべての正則 1 次変換全体は明らかに変換群をなす．これは**一般線形群** $GL(V)$ と呼ばれる．V が体 F の元の n 組全体のつくる空間 F^n である場合，上述の正則 1 次変換は前に本章第 2 節で見たように，F の元を成分とする行列式 $\neq 0$ の $n \times n$ 行列で表わされる．これらの正則行列全体のなす群は $GL_n(F)$ と書かれる．とくに $GL_n(\boldsymbol{R})$ と $GL_n(\boldsymbol{C})$ はよく知られている．行列式が 1 の実行列全体のつくる部分群は $SL_n(\boldsymbol{R})$ といわれる．内積をもつ $\boldsymbol{R}$ 上のベクトル空間において，内積を保つ 1 次変換は**直交変換**と呼ばれ，それらの全体は**直交群** $O_n = O_n(\boldsymbol{R})$ をつくる．直交変換を表わす行列の行列式は ± 1 でなければならない．行列式が 1 であるものは向き付けを保つ．それらの全体は**特殊直交群** SO_n をつくる．複素数の場合にもこれらに相当する構成がある．アフィン空間 A において，全単射 $t: A \to A$ で，重み付き平均を保つもの（すなわち（第 4 章第 7 節（4））のような点 P_i の重み付き平均に対し，$t(\sum w_i P_i) =$

$\sum w_i t(P_i)$ を満たすもの)は**アフィン変換**と呼ばれる．このように各種の幾何学は，その空間の全単射のうちで，対応する幾何学的構造を保存するもの全体のつくる変換群によって規定される．これがフェリックス・クライン（Felix Klein）の幾何学に対する**エルランゲン・プログラム**（Erlangen Program 1872）の中心的観点であった．ある幾何学において 2 つの図形が「同値」であるとは，一方の図形を他方の図形にうつす変換が，その幾何学の変換群の中に存在することをいう．たとえばユークリッド平面上では 2 つの三角形がこの意味で同値になるための必要十分条件は，それらが合同なことである．また向き付けられたユークリッド平面の場合には，2 つの三角形が同値になるための必要十分条件は，それらが合同であり，しかも同じ向きをもつことである．他方アフィン平面においては，退化していないどの 2 つの三角形も互いに同値になる．

エルランゲン・プログラムのこの記述は，あらゆる種類の幾何学に適合する．たとえばトポロジーでは，各位相空間 X に対し，全単射 $t : X \to X$ で，それ自身もその逆も連続であるようなもの全体のつくる群が考えられる．もっと一般に位相空間の間の**位相同形写像** $t : X \to Y$ とは連続な全単射で逆も連続なもののことである．たとえば球面はトーラス（ドーナツ型の表面）とは位相同形でなく(なぜか？)，楕円面や立方体とは位相同形である．しかし立方体への位相同形写像は (立方体の角において)「滑らか」になりえない．このことからさらに別の種類の幾何学，すなわち，C^∞ 構造の幾何学が示唆される．これについては第 8 章で扱う．

結局，対称性，運動，幾何学における変換とその合成等についてのもともときわめて直観的な観察から，変換群という集合論的な形式的概念が導かれる．そしてその研究には，代数学，幾何学，連続性なども必然的に関係してくるのである．

6. 群

第 1 章第 8 節で与えたような群 G の公理による定義は，変換群の概念をもとにしてできたものである．——すなわち，変換群の性質のなかから各元が何かあるものの変換になっているという点を無視して，合成演算，単位元，逆元だけを残し，結合律が成り立つことを要求することによって得られたものである（群の元が実際に何かある変換になっている場合には結合律は自動的に成立し

176 第5章 関数，変換および群

ている）．合成の性質を形式化するにはこれ以上の公理は不要である．なぜなら
ば，各（抽象）群 G は，ある変換群 G' に同形であるというケーリーの定理を
証明するには，これらの公理だけで十分だからである．それは次のようにして
示される．各元 $g \in G$ は，集合としての G の元の間の変換 $g' : x \mapsto gx$ とみ
なすことができる．結合律により $h(gx) = (hg)x$ が成り立ち，したがって群の
元としての積 hg は対応する変換の合成 $h'g'$ にちょうど対応している．ゆえに
全単射 $g \mapsto g'$ は，抽象群 G と変換群 G' の間の同形を与える．それは G の(左)
正則表現と呼ばれる．G の各元 g が「g を左から掛ける」という演算によって
「表現」されているからである．

　群の例としては変換群の形で出てくるもののほかに，掛け算（あるいは足し
算，第1章第8節参照）によって数がつくる群もあげることができる．これら
の群はたいていアーベル群であるが，代数的考察に現われる群には GL_n や0
以外の四元数全体のつくる乗法群などのような非アーベル群もある（第4章第
14節）．与えられた群から直積や半直積（本章第8節）によって新しい群をつく
ることができる．あるいはまた元を列挙して適当な乗積表を与えることによっ
て群をつくることもできる．実は群理論の豊かさは，一つには群を生み出すも
とになったものの多様さに起因しているともいえるのである．

　最も単純な（乗法）群 G は1つの元 a で生成される「巡回」群である．それ
はしたがって，単位元と a の冪（べき）a, a^{-1}, a^2, a^{-2}, $\cdots$ からなる．元 a の
位数とは，$a^m = 1$ となる正の整数 m のうち最小のものと定義される．ここで1
は単位元を表わす．この位数は無限の場合もある．この場合，巡回群は無限群
となり，加法群 **Z** と同形になる．位数 m が有限の場合は，（巡回）群は正 m 角
形をそれ自身にうつす回転群と同形であり，したがってまた m を法とする整数
の加法群 Z_m とも同形である．有限群においては，各元の位数は群の位数（元
の個数）の約数である．群の構造のかなりの部分が，その部分群とそれらの間
の包含関係のつくる束を調べることによってわかる場合もある．ここで群 G の
部分集合 S が**部分群**であるとは，それが空でなく，しかも積と逆元をとる演算
について閉じていることをいう．

　2つの（乗法）群 G と H の比較は，群構造を保つ関数，すなわち「射」によ
ってなされる．すなわち第1章第8節で見たように，群の**準同形** $t : G \to H$ と
は，G のすべての元の対 g_1, $g_2 \in G$ に対して $t(g_1 g_2) = (tg_1)(tg_2)$ を満たす関数
t のことである．この条件から，任意の $g \in G$ に対して $t(g^{-1}) = (tg)^{-1}$ とな

ること，および $t(1) = 1$ であることも従う．前に述べた際には準同形として全射（つまり，値域 H の上への写像）となるものだけを考えたが，値域が像より大きいものも考えておくほうが便利である．とくに S が G の部分群であるとき，包含写像 $S \subset G$ は S から G への関数として準同形であると考えられる．一般に準同形 t は，それが単射のとき**単形** (monomorphism)，全射のとき**全形** (epimorphism)，全単射のとき**同形** (isomorphism) と呼ばれる．G からそれ自身への準同形 $t : G \to G$ は**自己準同形** (endomorphism) といわれ，それが全単射の場合は**自己同形** (automorphism) と呼ばれる．G の自己同形全体の集合 $\text{Aut}\, G$ はそれ自身変換群である．それは G の対称性を表わしている．単形，全形，自己準同形，自己同形の用語は，環，体，半群など他のタイプの代数系の「射」についても用いられる．体の準同形はつねに単形である．

　準同形という考えは変換群の場合自然に出てくるものである．たとえば正方形の（対称性の）群 Q は 8 つの元（4 つの回転と 4 つの鏡映）からなる．各対称変換 $t \in Q$ は対角線の置換 t' を引き起こす．（2 つの）対角線の置換は対称群 S_2 をなす．そして対応 $t \mapsto t'$ は全形 $Q \to S_2$ を与える．同様に各元 $t \in Q$ は正方形の面をそのままにするか，裏返しにするかどちらかである．言い換えると，t は正方形の表裏の置換 t'' を定める．そしてこの対応 $t \mapsto t''$ は——前の全形とは別の——全形 $Q \to S_2$ を与える．立方体の対称性の群を用いればもっと複雑な例を構成することもできる．

　群 G から一般線形群への準同形 $t : G \to GL_n(F)$ は G の**表現** (representation) と呼ばれる．表現を組織的に研究することにより群の深い諸性質の多くが明らかになる．対称群 S_n に含まれる任意の置換は F^n の n 個の単位ベクトルの間の置換とみなすことができ，したがって各行各列に 1 が 1 つずつあり，他の成分はすべて 0 であるような行列で（同形に）表現できるので，上の表現の概念は G の置換による表現を含むものとなっている．

　群 G の各元 k に対し，演算 $g \mapsto kgk^{-1}$ は k による**共役** (conjugation) と呼ばれる．これは G の自己同形 $k_* : G \to G$ を与える．それを G の**内部自己同形**と呼ぶ．さらに対応 $k \mapsto k_*$ は $G \to \text{Aut}\, G$ の準同形となる．G がアーベル群ならこれは自明な準同形となる．G が変換群の場合は，k による共役は「幾何学的」な意味をもつ．たとえば（第 3 章第 9 節），それは 1 点 x を固定する元からなる部分群を，点 $k(x)$ を固定する部分群の上に同形にうつす．これについては第 3 章第 9 節（3）および（4）を参照せよ．

準同形により部分群は部分群にうつる．群Gの部分群Nが**正規**部分群であるとは，それがGの各内部自己同形 k_* によって自分自身にうつされる場合をいう．すなわち $n \in N$ と $k \in G$ に対してつねに $knk^{-1} \in N$ となっている場合である．準同形 $t : G \to H$ に対し，その**像**とは，$t(g)$, $g \in G$, の形のすべての元からなる部分集合（部分群）のことをいい，その**核**（**kernel**）KとはHにおいて $t(n) = 1$ となるようなすべての元 $n \in G$ からなる集合のことをいう．核KがつねにGの正規部分群となることは見やすい．さらに任意の正規部分群Nはある全形の核となる．この基本的事実を正確な（しかし，あまりふつうには見られない）概念的形式で与えておこう．これはわれわれの著書 *Algebra* からとったものである．

定 理 Gの任意の正規部分群Nに対して，群Hと全形 $t : G \to H$ で，その核がちょうどNとなるものが存在する．$s : G \to L$ を，その核がNを含むような任意の群準同形とするとき，つぎの図式が可換となるような，すなわち，$s' \cdot t = s$ となるような準同形 $s' : H \to L$ がただ1つ存在する．

(1)

このとき s' は s から**引き起こされる**（**誘導される**）という．群Hは直接具体的に構成することもできる．たとえば，その元 $t(g)$ としてNの元nによるgの倍元 gn の全体からなる集合 gN をとればよい．このような gN は第3章第9節の場合と同じく，**剰余類**と呼ばれる．mがNの元のとき，g と gm は**同じ**剰余類を与えることに注意せよ．すべての剰余類の集合Hを群にするため，積を $(g_1 N)(g_2 N) = (g_1 g_2)N$ によって定義する．このとき，$g \mapsto gN$ は剰余類全体の群への全形となり，これから定理に述べられたような性質をもつsは図式(1)を可換にするように t によって一意的に分解(factor)されることも従う．この分解の存在のゆえに，tはGからの準同形で核がNを含むもののうちで**普遍的**（universal）であるといわれる．

Hの元を具体的に記述することはしかし必要でない．なぜならば群Hはこの

普遍性により（同形を除いて）一意的に決定されるからである——同じ普遍性をもつ他の任意の $s: G \to H'$ があれば，図式（1）から同形 $s': H \cong H'$ が得られるからである．剰余類を用いて構成された場合でも，そうでない場合でも，でき上がったこの群 H は**商群**（factor group）G/N と呼ばれる．非常に単純な一例として，加法群 $\mathbf{Z}$ の中の n の倍数全体のつくる部分群 (n) を考える．商群はこの場合，n を法とした合同類のなす加法群 $\mathbf{Z}/(n)$ となる．実際，これらの合同類がちょうど（加法について）(n) の剰余類となっているからである．あるいはまた，A_4 は対称群 S_4 の正規部分群であり，$S_4/A_4 \cong S_2$ となる．向き付けられた平面上で，平行移動全体のなす群はすべての固有剛体運動（第3章第7節（1）参照）のなす群の正規部分群であり，対応する商群は1点の周りの回転群と同形になる．実はこういった例や，（本章第7節の）ガロア理論からの例などを通じて，商群の構成やその応用が導かれたのである．それに，ふつう考えられているのとは異なって，剰余類を用いた記述が商群を理解するうえで一番よい方法というわけでもないのである．

7. ガロア理論

　対称性および変換群によるその形式化は，単に幾何学的状況において見られるだけでなく，統粋に代数的な場合にも現われる．われわれはすでに複素数に対する $x + iy \mapsto x - iy$ という複素共役をとる演算 $C \to C$ をその一例として注意した．この演算により1の2つの虚数立方根 ω と ω^2 が交換される．共役によって固定されるのは実数だけであり，幾何学的には共役は複素平面の実軸に関する鏡映と見ることができる．あるいはまた対称変換の群としてそれを考察することもできよう．この群は共役と恒等写像という2つの元だけからなる．それは方程式 $x^2 + 1 = 0$ の2根を交換するので，この方程式から生まれたものといえる．

　さて次数 n の代数方程式

$$f(x) = a_n x^n + a_{n-1} x^{n-1} + \cdots + a_1 x + a_0 = 0, \quad a_n \neq 0 \qquad (1)$$

を考えよう．ここで係数 a_n, a_{n-1}, $\cdots$, a_0 は複素数 C のある部分体 F の元であるとし，また多項式 f は F 上**既約**，すなわち，F において自分より次数の低

180 第5章 関数，変換および群

い2つの多項式 g と h の積 $f(x) = g(x)h(x)$ の形には書けないものとする．

ガロア理論は，$f(x) = 0$ の根の性質と根の公式に関するものである．代数学の基本定理により，$f(x) = 0$ は少なくとも1つ複素根 α_1 をもつ．したがって $f(x)$ は $f(x) = (x - \alpha_1)g(x)$ と分解される．ここで $g(x)$ は複素係数の $(n-1)$ 次の多項式である．$g(x) = 0$ もまた複素根 α_2 をもち，この操作を続けていくと結局 $f(x) = 0$ は n 個の根をもつことになり，$f(x)$ は

$$f(x) = a_n(x - \alpha_1)(x - \alpha_2)\cdots(x - \alpha_n) \tag{2}$$

のように分解される．f は既約としたので，これらの n 個の根はすべて相異なる．

$n = 2$ に対しては，周知のように「完全平方」をつくるやり方によって，2根 α_1, α_2 に対する平方根を用いた公式が得られる．3次および4次方程式についても同様の，しかしもっと複雑な（そしてまたそれほど役に立たない）根の公式がある．それらは3乗根および4乗根を用いたものである（*Survey*，第5章第5節参照）．ガロア理論によって，5次以上の代数方程式 $f = 0$ にそのような根の公式が存在しない理由が明確になる．まず，n 個の根 α_1, $\cdots$, α_n だけを考えるのではなく，それらの根と F の元から有理演算（加減乗除）によって得られるすべての複素数のつくる集合を考える．これは複素数体の部分体

$$N = F(\alpha_1, \cdots, \alpha_n) \supset F$$

をつくる．それは基礎体 F 上の多項式 f の**分解体**と呼ばれる．なぜならば，N は多項式 f が1次因数の積に「分解する」ような体で F を含むもののうち最小のものだからである．実は（複素数ということを離れて）この性質により体 $F(\alpha_1, \cdots, \alpha_n)$ は F の元を固定する同形を除いて一意的に定まる．$\boldsymbol{R}$ 上の多項式 $x^2 + 1$ の場合，その分解体は複素数体 $\boldsymbol{C}$ にほかならない．

さて分解体 N の F に関する対称変換を考察しよう．対称変換とは，変換 $t: N \to N$ のうちで体の自己同形（すなわち，和と積を保つ全単射）であって F のすべての元を固定するものとして定義される．対称変換全体は1つの変換群 G をつくる．これを基礎体 F 上の分解体 N の——そしてまた多項式 f の——**ガロア群**という．各対称変換 t は f の係数を動かさないので，$f(x) = 0$ の任意の根

a を同じ方程式の別の根にうつす．したがって対称変換は $f = 0$ の根 a_1, $\cdots$, a_n の置換を引き起こす．N はこれらの根から生成されるので，対称変換はこの置換によって完全に決定され，したがって G は対称群 S_n のある部分群と同形になる．とくにガロア群 G は有限群である．それは N の自己同形の群としても，根の置換群としても記述することができる．

　線形代数を用いると，ガロア群の大きさをもっとはっきり測ることができる．分解体において乗法を無視して加法および F の元との積だけに注目すれば，N は F 上のベクトル空間と考えることができる．このベクトル空間の体 F 上の次元がガロア群の位数に等しい．代数的理由からこの次元は N の F 上の**次数**と呼ばれ $[N : F]$ と書かれる（これは代数学において幾何学的次元が応用される非常に簡単な一例となっている）．

　たとえば，有理数体上の簡単な方程式 $x^3 - 5 = 0$ は 3 根 $\sqrt[3]{5}$, $\omega\sqrt[3]{5}$, $\omega^2\sqrt[3]{5}$ をもっている．ここで第 1 の根は実数であり，また ω は 1 の虚数立方根の 1 つを表す．$\boldsymbol{Q}$ 上の分解体は $\boldsymbol{Q}$ にまず最初実根を付け加え，次に他の根を付け加えるという 2 段階の操作で得られる：

$$\boldsymbol{Q} \subset \boldsymbol{Q}(\sqrt[3]{5}) \subset \boldsymbol{Q}(\sqrt[3]{5},\ \omega\sqrt[3]{5},\ \omega^2\sqrt[3]{5}) = N = \boldsymbol{Q}(\sqrt[3]{5},\ \omega)$$

それは $\boldsymbol{Q}$ 上 6 次であり，$\boldsymbol{Q}$ 上次数 3 の $\boldsymbol{Q}(\sqrt[3]{5})$ と次数 2 の $\boldsymbol{Q}(\omega)$ を部分体としてもっている．

　F 上の任意の代数方程式に対しても，それが「冪根」（つまり $x^p - a = 0$ の根のこと，ここで p はたとえば素数としておいてよい）で解ける場合，分解体 N は中間体 K を何段階か積み上げていくことによりつくられることがわかる．ここでガロア理論の基本定理が登場する．それは $N \supset K \supset F$ なる中間体 K と，ガロア群 G の部分群 S の間の全単射を与えるものである．各中間体 K は，次のようにして部分群 $K^{\#}$ を定める：

$$K^{\#} = \{t \in G \mid K \text{ のすべての元 } b \text{ に対して } tb = b\}$$

他方 G の各部分群 S は次のようにして中間体 S^{b} を定める：

$$S^{b} = \{b \in N \mid S \text{ のすべての元 } s \text{ に対して } sb = b\}$$

182 第5章 関数，変換および群

この2つの対応 $K \mapsto K^{\#}$, と $S \mapsto S^{b}$ は互いに他の逆となっており，中間体と部分群の間の上述の1対1対応を与えることが精密な議論により証明される（*Survey* または *Algebra* を見よ）.

上述の全単射において，N自身を固定するのは恒等写像のみであり，したがって $N^{\#}=1$ はガロア群Gの単位元だけからなる部分群である．上に述べた対応を簡潔に図示すれば次のようになる．

$$
\begin{array}{ccc}
1^{b}=N & \Longleftrightarrow & 1=N^{\#} \\
\cup & & \cap \\
S^{b}=K & \Longleftrightarrow & S=K^{\#}=\mathrm{Gal}(N:K) \\
\cup & & \cap \\
G^{b}=F & \Longleftrightarrow & G=F^{\#}=\mathrm{Gal}(N:F)
\end{array}
$$

部分群Sが大きいと固定される元bは少なくなり，したがって対応する中間体は小さくなることに注意せよ．このことから部分群の包含関係は図においては「下から上へ」逆に向かうものとなっている．さらに部分群 $K^{\#}=S$ は，Nの自己同形でKを元ごとに固定するもの全体からなっている．それはNのK上のガロア群にほかならない．そのうえ，$S=K^{\#}$ がGの正規部分群となるのは，K自身がF上のある分解体になっているときであって，そのときに限ることを示すことができる．この場合，商群 G/S は，ちょうどKのF上のガロア群と一致する．ここでも商群が本質的な役割を果たしている．

中間体と部分群の間の1対1対応から著しい結果が得られる．まず第一に，ガロア群Gは置換群として有限である．したがってその部分群も有限個しかない．その結果，中間体も有限個しかない！（$x^{3}-5$ の場合はちょうど4個であった）．

次に，分解体をつぎつぎに段階的に積み上げていくことは，対応するGの部分群の列

$$
G=G_{0} \supset G_{1} \supset G_{2} \supset \cdots \supset G_{m-1} \supset G_{m}=1 \tag{3}
$$

を考えるのと同じである．もしこの列において各群 G_{k} がその1つ前の群 G_{k-1} の正規部分群であり，商群 G_{k-1}/G_{k} が $k=1, \cdots, m$ に対してすべて単純群

（本章第9節）である場合，上の列はGの**組成列**と呼ばれる．それによってGは，各断片 G_{k-1}/G_k に分けた形で表わされる．明らかに任意の有限群Gは組成列をもつ．実際，G_1 と 1 は G の極大な真の正規部分群をとり，以下同様に続けていけばよい．組成列の選び方は何通りもあるが，ジョルダン-ヘルダー（Jordan-Hölder）の定理（*Algebra* p. 430 に明快な証明がある）によれば，有限群Gの任意の2つの組成列は同じ長さmをもち，商群の列

$$G/G_1, \quad G_1/G_2, \quad \cdots, \quad G_{m-1}/G_m$$

も順番と同形を除いて同一となる．この商群の列をGの**組成因子**と呼ぶ．各組成因子が巡回群のとき，Gは**可解群**と呼ばれる．

　この名前は，F上の代数方程式 $f = 0$ の根が（いろいろな素数 p に対する）p 乗根を用いた公式で与えられるための必要十分条件は，f のF上のガロア群が可解群であることだという著しい定理からつけられたものである．この定理の証明の本質的部分をなすのはつぎの事実である：「体Fが 1 の p 乗根をすべて含んでいるとき，既約方程式 $x^p - a = 0$ のF上のガロア群はp次巡回群である．」1 の p 乗根をつけ加えた体のガロア群も巡回群になるので，これから冪根 の積み重ねで構成される体のガロア群は可解となることがわかる．

　最も一般な形の5次方程式のガロア群は対称群 S_5 である．この群の組成列は

$$S_5 \supset A_5 \supset 1$$

となる．ここで A_5 は偶置換全体からなる交代群である．商群 S_5/A_5 は 2 次巡回群であるが，他方交代群 A_5 は直接計算によって単純群であることがわかる．これが，5次方程式を冪根で解くことができないことの群論的根拠である．

　このガロア理論の研究の中から，群，正規部分群，商群のいろいろな使い道をはじめて顕わな形で見出したのはエヴァリスト・ガロア（Evariste Galois）であった．とくに商群の利用が本質的である点に注意せよ．単に「群」を用いた対称性の公理的記述だけでは不十分なのである！

　以上の簡単なスケッチにおいては理論の興味深い側面の多くを省略した．分解体は，そこで因数分解される多項式をもち出さずに直接，特徴づけることも

184　第 5 章　関数，変換および群

できる．上述の考えはまた，無限次の分解体にも適用できる．ただしこの場合ガロア群は位相群と考えられ，中間体にはその**閉**部分群が対応する．また有限体に応用することにより，各素数 p と各自然数 n に対し，p^n 個の元からなる有限体が同形を除いてただ 1 つ存在することの簡単な証明が得られる．この体は素数 p を法とした整数のなす体 $\mathbf{Z}/(p)$ 上の多項式 $x^{p^n} - x$ の分解体である．しかしそのような体（これらの体では 1 を p 個足し合わせた和 $1+1+\cdots+1$ が 0 となるので，**標数 p の体**と呼ばれる）の無限次拡大に対しては，ガロア理論は無制限には適用できない．

　ガロア理論は，群論的，抽象的方法の有用性を決定的に証明するものであった．方程式を解くための実用的な公式が，対称性のつくる群，その部分群および商群を用いることにより，最もよく理解できることになったのである．ガロア理論は，深い内容をもちながら，しかも難解でないような数学の分野のよい例となっている．しかしそれは当初は明確なものではなく，ガロアの同時代人には理解されなかったし，1925 年になってもなお，それに関する論文で全く混乱したものが見られるほどであった．それが明快なものとなったのは，リヒャルト・デデキント（Richard Dedekind），エミー・ネーター（Emmy Noether），B. L. ファン・デル・ヴェルデン（B. L. van der Waerden）やエミール・アルティン（Emil Artin）らの手によって，代数学における近代的抽象的手法が開発され，ガロア理論の基本定理が，現在流布しているようなエレガントで概念的な形で証明できるようになってからのことである（たとえば Artin [1949]，あるいは *Survey* [1977] または *Algebra* 第 2 版 [1979] での取扱い参照）．Kaplansky [1972] の教科書には多くの例があがっている．

8. 群 の 構 成

　群論が著しく豊かな内容をもつ理由の一端は，個々の群，とくに有限群のもつ広い多様性にある．当初，数学者はすべての群を知ろうとし，与えられた位数をもつ可能な有限群をすべて列挙しようと試みた．この際同形な群は同じものとみなされることは言うまでもない．たとえば位数 4 の群は 2 つあり，1 つは巡回群 $\mathbf{Z}_4$ で，もう 1 つは長方形の 4 つの対称変換のつくる群（いわゆる**四元群**）である．位数 5 の群では，単位元以外のどの元も位数 5 となり，したがってそのような群は巡回群 $\mathbf{Z}_5$（と同形）である．位数 6 の群は（同形でないも

のが）2つあって，1つは巡回群 $\mathbb{Z}_6$，もう1つは対称群 S_3 である．7は素数なので，位数7の群は巡回群 $\mathbb{Z}_7$ に限る．しかしこのようにカタログをただつくっていくだけのやり方は，たちまち面倒になるし，またあまり啓発的なものでもない．群の位数の算術的性質に依存する部分が多すぎるからである．

そこで，さまざまな例を考察していった経験から，このやり方に代わってもっと有用な構成法が発展してきた．

素数 p が群 G の位数 n の約数のとき，$n = p^e n'$ で n' が p と互いに素であるとすれば，G は位数 p^e の部分群 P を少なくとも1つ含み，しかもそのような部分群はすべて互いに共役である．この部分群 P は G の**シロー部分群**と呼ばれる．そのうえ，素数 p の冪を位数にもつ G の任意の部分群 S は必ずあるシロー部分群 P（すなわち位数 p^e の部分群）に含まれることが証明できる．この部分群の研究（*Algebra* 第12章参照）は，群の位数の算術的性質が群の構造に及ぼす影響を調べる第一歩となった．

与えられた群から新しい群を構成する方法はいろいろある．A と G が与えられた群とするとき，その**直積** $A \times G$ は，元 $a \in A$ と $g \in G$ の順序対 (a, g) 全体からなり，積は成分ごとにとるものとして次のように定義される：

$$(a, g)(b, h) = (ab, gh) \tag{1}$$

関数 $(a, g) \mapsto a$ および $(a, g) \mapsto g$ は**射影**と呼ばれる準同形 $\pi_1 : A \times G \to A$ と $\pi_2 : A \times G \to G$ を定める．1つの群 H から各因子 A および G への準同形 $t_1 : H \to A$，$t_2 : H \to G$ が与えられたとき，準同形 $s : H \to A \times G$ で各射影との合成が t_1 および t_2 となるもの，すなわち $t_1 = \pi_1 \cdot s$，$t_2 = \pi_2 \cdot s$ となるものがただ1つ存在する．これは群準同形に対するつぎの可換図式を用いて表わすことができる：

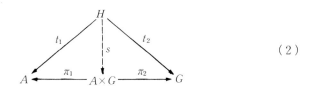

(2)

186 第5章 関数，変換および群

この射影の性質は直積 $A \times G$ を同形を除いて特徴づけるものである．このことをわれわれは，π_1 と π_2 は群の対 (A, G) への「普遍的な」射の対であるといい表わす．

アーベル群の直積 $A \times G$ は明らかにまたアーベル群である．アーベル群については，直積を用いることにより有限アーベル群Aの満足な記述が得られる．任意の有限アーベル群はいくつかの素数幂位数の巡回群の直積に同形である：

$$A \cong \boldsymbol{Z}_{p_1 e_1} \times \boldsymbol{Z}_{p_2 e_2} \times \cdots \times \boldsymbol{Z}_{p_k e^{\kappa}} \tag{3}$$

Aをこのように表わすやり方はいろいろあるが，素数 $p_1, \cdots, p_k$ およびその指数 $e_1, \cdots, e_k$ はつねに一定である．それらは群Aの「不変系」である．

無限位数アーベル群についてはこのような簡単な直積分解は存在しない．たとえば正の有理数の乗法群は（それぞれ各素数で生成される）無限個の無限巡回群の直積であるが，有理数の加法群の商群 $\boldsymbol{Q/Z}$ にはそのような分解は存在しない．「大きな」アーベル群の構造に関する問題の中にはまだ未解決なものがいくつもある！

直積 $A \times G$ は与えられた因子AとGに同形な群 $A \times 1$ と $1 \times G$ を含んでいる．それらはいずれも $A \times G$ の正規部分群であり，第1の群の各元 $(a, 1)$ は第2の群の各元 $(1, g)$ と可換である．**自由積** $A * G$ の場合にはこれは成立しない．$A * G$ は，**語** $a_1 g_1 a_2 g_2 \cdots a_n g_n$ の全体からなる．ここで語とは，元 $a_i \in A$ および元 $g_i \in G$ の上のような形式的積であって，a_1, g_n 以外の元は1と異なるものをいう．2つの語の積は，それらの語を続けて書き，それから必要な約分を（可能なら）行なうことによって定義される．たとえば ag と，$g^{-1}bg$ の積は $agg^{-1}bg = (ab)g$ となる．ここで ab は因子Aの中での積である．このように定義された積が結合律を満たすことは少し注意して見ればわかる．さらに，$a \mapsto a \cdot 1$ および $g \mapsto 1 \cdot g$ は単形 $k_1 : A \to A * G$ および $k_2 : G \to A * G$ を定め，それらはつぎの普遍性をもっている：任意の群Hへの任意の射 $t_1 : A \to H$ と $t_2 : G \to H$ に対して，射 $s : A * G \to H$ で $t_1 = s \cdot k_1$, $t_2 = s \cdot k_2$ を満たすもの，すなわちつぎの図式を可換にするものがただ1つ存在する．

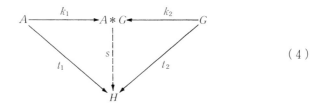
(4)

この図式は，直積に対する図式（2）の矢印の向きをすべて逆にしたものとなっている．このことを，この2つの図式は互いに**双対的** (dual) であるという．図式（4）は $A*G$ が A と G で生成される群の中で「最も一般な」ものであることを意味している．

複素平面上のモジュラー群は興味深い例を与える．この群は平面の整係数1次分数変換

$$z \mapsto (az+b)/(cz+d) \qquad (5)$$

で行列式 $ad-bc=1$ となるもの全体からなる（ここで z は複素数を表わす）．この群は（数論研究において重要な役割を果たすものだが）またユニモジュラー（すなわち $ad-bc=1$）な 2×2 整数行列

$$\begin{pmatrix} a & b \\ c & d \end{pmatrix}$$

全体のつくる乗法群を $\pm I$ を法として考えたものと見ることもできる．ここで I は単位行列である（行列 $-I$ は（5）式において恒等変換に対応している）．この群は，変換 $z \to 1/z$ で生成される位数2の部分群と，変換 $z \to (z-1)/z$ で生成される位数3の部分群を含み，ちょうどこの2つの巡回群の自由積となっている！

2つの無限巡回群の自由積 $F=\mathbf{Z}*\mathbf{Z}$ は2つの生成元（すなわち，2つの巡回成分 $\mathbf{Z}$ の生成元，それらを a，b と書くことにする）で生成される**自由群**と呼ばれる．任意の群 H の任意の2つの元 g と h が与えられたとき，普遍性（4）により，準同形 $t: F \to H$ で $t(a)=g$，$t(b)=h$ となるものがただ1つ存在

188　第5章　関数，変換および群

する．したがって有限個の元から生成される任意の群は，有限個の生成元をもつ自由群 $\boldsymbol{Z} * \cdots * \boldsymbol{Z}$ の商群として（一般にはいく通りもの仕方で）表わせる．「自由群の任意の部分群は自由群である」という著しい定理が成り立つ．これには純粋に代数的な証明もあるが，もともとこの定理は，群を1つの空間の径路の群として表現した場合のある幾何学的事実の中に根拠をもつものなのである．

　部分群と商群から組織的に群を構成することもできる．すなわち群 A と G が与えられたとき，A を正規部分群として含む群 E であって，$G \cong E/A$ となるものを構成することを考えよう．このような E は A の G による**拡大**と呼ばれる．k を A から E への包含写像，π を G の上への射影とすれば，拡大は群準同形の列

$$1 \to A \overset{k}{\to} E \overset{\pi}{\to} G \to 1 \qquad\qquad (6)$$

の形に図示することができる．ここで1は単位元だけからなる群を表わす．この列は**完全系列**と呼ばれる．なぜならば，この列の各項において，そこに入ってくる準同形の像とそこから出ていく準同形の核が「完全に（ぴったり）」一致するからである．たとえば，A での完全性とは k が単形であることと同じであり，E での完全性は（正規）部分群 kA が射影 π の核であることを意味する．直積 $A \times G$ は上のような拡大 E の一つの例となっているが，ほかにも上の条件を満たす E はたくさんある．たとえば E が対称群 S_n で A が交代群 A_n ならば，（6）における群 G は位数2の巡回群であるが，S_n は $A_n \times \boldsymbol{Z_2}$ とは一致しない．

　上のような完全系列において，A（あるいは $k(A)$）は E の正規部分群であるとしたので，各元 $e \in E$ は A 上の自己同形 $a \mapsto eae^{-1}$ を引き起こす．これを ϕe で表わすことにする．したがって ϕ は $E \to \mathrm{Aut}\, A$ なる準同形となる．A がアーベル群ならば，A はこの写像の核に含まれ，したがって ϕ は準同形 $\theta: G \to \mathrm{Aut}\, A$ を「引き起こす」．さらに A がアーベル群でなくてもこれが成り立つ場合もある．逆に A と G，および準同形 $\theta: G \to \mathrm{Aut}\, A$ で，各元 $g \in G$ を $a \mapsto {}^g a$ なる $\mathrm{Aut}\, A$ の元にうつすものが与えられたとき，集合 $A \times G$ 上に群（構造）E をつぎの乗法によって定義することができる．

$$(a,\ g)(b,\ h) = (a^g b,\ gh) \tag{7}$$

このとき $a \mapsto (a, 1)$, および, $(a, g) \mapsto g$ によって完全系列 (6) が得られる. この群 E は「作用素」θ による A と G の**半直積**と呼ばれる.

2面体群 $\mathit{\Delta}_n$ はそのような半直積の一例である. 各自然数 n に対して, 群 $\mathit{\Delta}_n$ は正 n 角形 (たとえば $n = 3$ に対しては正三角形) の $2n$ 個の対称変換全体からなる. $\mathit{\Delta}_n$ の元 t が正 n 角形の面の表裏を保つとき偶 ($+1$), 面を裏返すとき奇 (-1) と呼ぶことにしよう. これによって位数 2 の巡回群への全形 $\pi : \mathit{\Delta}_n \to z_2$ が定義される. その核は正 n 角形を自分自身にうつす n 個の回転全体からなる正規部分群である. R を角 $2\pi/n$ の回転, D を任意の奇変換 (鏡映) とすれば等式 $R^n = 1$, $D^2 = 1$, $DRD^{-1} = R^{n-1}$ から $\mathit{\Delta}_n$ は半直積となることがわかる. 同様に, ユークリッド平面の向きを保つ剛体運動全体のつくる群は, 平行移動全体のつくる正規部分群 A と 1 点の周りの回転群 G の半直積となる.

半直積 (7) において, 関数 $g \mapsto (1, g)$ は射影 π の右逆関数 σ である. このことを完全系列 (6) は σ によって**分解** (split) するという. 分解しないような拡大の例もたくさんある. とくに A がアーベル群のとき (A の演算を加法で書くことにして), 作用素 θ をもつ A の G による拡大はすべて集合 $A \times G$ 上に乗法を定める式

$$(a,\ g)(b,\ h) = (a + {}^g b + f(g,\ h),\ gh)$$

によって記述される. ここで $f : G \times G \to A$ はこの乗法が結合律を満たすためのしかるべき関係式を満足する関数である (*Homology* p. 111). この関係式はまた, 多元体の研究 (これについても乗法は結合的でなければならない) や代数的位相幾何学(そこでは情報の大きな部分が完全系列の形でまとめられる)に応用されている.

数論, 調和解析, 量子力学 (八道説など) その他においても群論の別の応用が見られる. Mackey [1978] はよい参考文献である.

9. 単 純 群

任意の群は, 自分自身と 1 を正規部分群にもっている. これら以外の正規部

190 第5章 関数，変換および群

分群をもたないような群は**単純群**と呼ばれる．組成列についてのジョルダン-ヘルダーの定理（本章第7節）から，任意の有限群は単純群の拡大を繰り返して構成できることがわかる．もっともこの列において各単純群の現われる順序は同じ群についても必ずしも一通りではない．このほかにもいろいろ理由があって有限単純群をすべて知ることは有益であると考えられる．素数位数の巡回群，$n \geqq 5$ に対する交代群 A_n などはその例である．そのほかの例も考え合わせて，W.バーンサイドは1900年頃，巡回群を除くすべての有限単純群の位数は偶数であろうと予想した．この予想は複雑な議論を用いて1962年ファイト（Feit）とトンプソン（Thompson）によって肯定的に解決された．彼らの方法は斬新で強力なものであった．それはさらに拡張されて今日ではすべての単純群の完全なリストができ上がっている．このリストにはまず，いくつかのよく知られた無限系列が出てくる．すなわち素数位数の巡回群，$n \geqq 5$ に対する交代群 A_n，および幾何学的構成から得られる16個の系列である．後者の例としてたとえば特殊直交群の定義において実数体を有限体で置き換えて有限群にしたものなどがある．そのほかにこのような一連の無限系列の形にはまとめることができない26個の単純群がある．これらは「散在群（sporadic）」と呼ばれる．一例として，それらのうちで最大の「モンスター」と呼ばれる群の位数はつぎの素因数分解をもっている：

$$2^{46} \cdot 3^{20} \cdot 5^9 \cdot 7^6 \cdot 11^2 \cdot 13^3 \cdot 17 \cdot 19 \cdot 23 \cdot 29 \cdot 31 \cdot 41 \cdot 47 \cdot 59 \cdot 71$$

この数はほぼ $8 \cdot 10^{53}$ に等しい．この大きな群は196883次元の空間のある幾何学的構造を保つ変換群として構成されるものである．この次元は他方あるモジュラー関数の展開の係数と密接な関係がある．

これらの驚くべき結果を見ても，群論がいかに豊かなものであるかがわかるであろう．

10. 要約：像と合成という考え方

点や数などのある1つのものを，その像となる別のものに写像する操作はいろいろな場合に現われる．たとえば，自然数の「後者」を与える操作や算術における加法，乗法，代数的演算，三角関数の公式，無限級数，さらにはあらゆ

10. 要約：像と合成という考え方　**191**

る種類の幾何学的変換などの場合はその例である．これらの経験から，ある集まりに属するものあるいはそれらの全体に対してそのような操作によって像を形づくるという観念が生まれてきた．そしてこの観念は直観的にはうまく見えるがいささか正確さに欠けるやり方でいろいろと定式化されてきた．それらの定式化はみな1つのものまたは量が，他のものにどのような仕方で「依存し」ているかを扱ったものであった．そしてそれから最終的に順序対の適当な集合として煩瑣ではあるが正確な関数の概念が得られた．この形式的定義から関数の抽象的性質は容易に得られるのである．

そのような関数を逐次反復して作用させる操作の中から合成の概念が生まれる．この合成の概念はきわめて豊かな結果を生み出すもとになった．それは置換群，変換群，抽象群，半群，圏，および準群における合成などのようなさまざまな形をとって現われる．これらのいずれの場合にも結合律が成立している．これは関数の合成の場合にはつねに成り立つ性質である．

この章では，いま述べたような発展の過程を追って関数と変換から（幾何学的なものもそうでないものも含めた）変換群を経て抽象群に至る諸概念を概観しそれらの驚くほど豊かな性質の一端を垣間見た．群論は，あのような単純な公理系から出発しながらどうしてかくも深遠なものとなるのかという疑問が湧くかもしれない．これは群の公理系のもつ若干の特色によって説明できよう．その特色はたとえば次のようにまとめられるだろう．

（a）　起源が多様であること（幾何学的変換，代数的演算）

（b）　決定的な応用をもっていること（ガロア理論，幾何学，数論）

（c）　そのほかにもいろいろに応用できること（量子力学，結晶構造）

（d）　その概念を生み出すもとになったものを用いて正確に表現できること．つまり，任意の抽象群は（少なくともある1つの）変換群と同形になるということ

（e）　モデルの多様性：有限群には多くの種類があり，それでいてあまり多すぎないという点

このような特色を並べあげてみたが，これらの5つの特色をもつ公理系はほかにもあるであろうか．ここでは若干の場合について検討してみることにする．たとえば半群は性質（a）と（d）は確かにもっているが，他方面への応用はあまり豊かでなく，さらに「あまりにも多くの」有限モデルがあって，しかもそれらは「あまりにも貧弱な」構造しかもたない．集合論における合併，共通

192　第 5 章　関数，変換および群

部分および補集合の諸性質はブール代数の公理として抽象化することができる．この場合ブール代数の表現に関するストーン（Stone）の定理により（d）は成り立つ（さらに（a）と（c）も成り立つ）．しかしブール代数の有限モデルはつまらないものである．各自然数 n に対し，2^n 個の元からなるただ 1 つのモデル，すなわち n 個の集合のすべての部分集合のなすブール代数しか存在しないのである．数学には公理系で定められる概念がほかにもたくさんあるが，上に掲げた（a）～（e）の 5 つの性質をすべて兼ね備えているものはほとんどないのである．

　この章の内容は次ページのネットワークにまとめることができよう．そこではいままで述べてきた概念がどのように互いに関連し合っているかが，ほんの一部ながら示されている．

10. 要約：像と合成という考え方

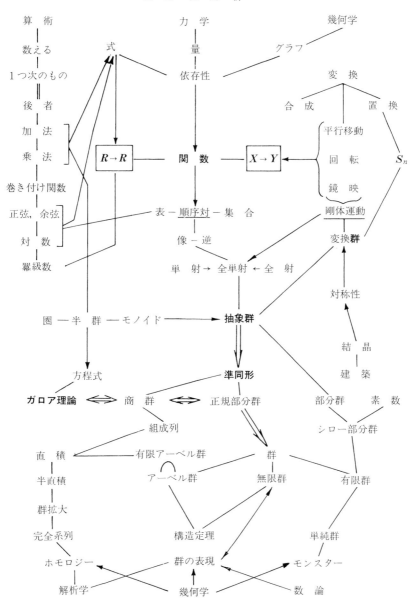

第6章　微積分学の諸概念

1.　起　　源

　人は場面に応じてさまざまな形の計算を行なう必要に直面するものである．
たとえば一片の曲面が与えられたとき，その面積はどうやって計算すればよい
だろうか？　あるいは，曲線の一部分が与えられたとき，その長さを計算した
り，その曲線上の1点での接線の方向を求めたりするにはどうすればよいだろ
う？　より一般に，与えられた変量の単位時間における変化の度合を計算する
ためにはどうすればよいだろうか？　こういった多くの場合のすべてに適用で
きる一つの統一的な計算法が存在するという（ニュートンとライプニッツ
(Leibnitz) による）驚異的な発見は，数学の構造とその発展方向に大きな影響
を及ぼした．しかし，こういった一連の計算について，その実用的側面のほう
を概念的理解に優先させて考える傾向がかなり長い間見られた．それは，数学
というものは人間活動の中にその起源をもっているものだという事実が一面的
に重視されたからであった．

　面積の計算法はユークリッド幾何学における三角形および正方形の面積の公
式に始まった．それに続いて円の面積が問題となった．これは円に正多角形を
内接および外接させて決定することができた．つまりこの多角形の辺の数が増
えるにつれて，円周の内部の面積は外側および内側の大小2つの多角形の面積
（これは計算可能であった）により「はさみ込まれて」いく——そしてこの「は
さみ込み」から一種の極限として円の面積が得られるのである．円についてこ
の方法がうまく適用できたのを見てアルキメデスをはじめとする人びとは，こ
れを他の図形——楕円やそのほかもっと不規則な図形——の面積の計算法に拡

張する研究を行なった．同様に長さの計測はピタゴラスの定理を斜辺の長さ，さらには任意の多角形の周の長さを測るのに利用することから始まった．円の周長は内接多角形によって逐次近似することで計算された（第3章第2節）．こういった計算や他の（体積，重さ，重心などの）計量の問題ではつねに近似が重要な役割を果たしていた．したがって，またそこから，それらの計算に現われる逐次近似が求めている極限値にいつ収束するかということを組織的に理解する必要性が問題となってきた．微積分学における和の極限として積分の一般的定義は，その中から生まれたのである．

　さらにまた接線の計算はどのようにすればよいだろう．円にその上の1点Pを通る接線を引くのは全く問題がない．なぜならばPを通り直径に垂直な直線が明らかに求める接線になっているからである．実際にこの直線はPのどちらの側からも等しい仕方で円に接触している．楕円の場合，そのような簡単な方法でうまくいくのは，長軸あるいは短軸の両端点におけるそれらの軸に垂直な接線の場合だけである．楕円や双曲線，放物線その他の平面曲線上の勝手な点で接線を正確に引くにはもっと精妙な方法が必要となる．そういった方法のいくつかはギリシア人にもすでに知られていた．やがて曲線上の点Pでの接線はその曲線上で点Pの近くにある2点 P' と P'' を通る割線でうまく近似していけると見ればよいのではないかと考えられるようになった．接線を引くというこの操作は単に平面および空間曲線の幾何学的研究のためだけでなく，力学においても必要となる．実際，動いている物体は——たとえばボブスレーの橇やジェットコースターから——「接線に乗って」飛び出していくのである．以上のように接線もまたある組織的な近似列の極限として計算できるのではないかと考えられる．

　運動を考察する場合にも類似の近似問題が生じる．地上の物体や天体はしばしば不等速運動をしている．このような運動に対しても何らかの方法でその速度を計算する必要がでてくる．ここで速度とは各瞬間の速度のことであってこれは一応，短い時間の間の適当な平均速度で近似して測ることができると考えられよう．同様の考えは時間による変化が一様でないような他の量に対しても適用できそうに思える．かくしてこういった変化の瞬間的割合の——やはりある種の逐次近似法による——計算一般へと注意が向けられていくことになる．

　このような問題は時間比だけでなく1つの量の別の量に対する相対的な変化の割合についても考えることができる．初等的な例としては，半径が変化する

ときの円の面積の変化の割合というようなものがあげられよう．重要な例は数理経済学におけるものである．経済学ではたとえば生産を増やすためのコストを分析する場合，全部で n 個のものをつくるとして，そのうちの1個の製品の平均生産コストだけでなく「限界コスト」——これは簡単にいえば，この n 個の物のうち最後の1つをつくるのに余分にかかるコストのことで，もう少し概念的にいえば，すでに生産された物の数 n に関して生産コストが変化する割合のことである——をも考えることが必要になる．導関数（微係数）をこの例のような場合に利用することは，歴史的には元来の微積分法の発見よりはるかに遅れて発展したものである．しかしそれは変動する量の間の変化の相対的割合の組織的計算法というアイデアを生み出す契機となったとしてもおかしくない種類のものなのである．

以上この節では，微積分学をつくり出す起源となった若干の事柄について（歴史的発展には必ずしもこだわらず）概念的な説明を要約した形で述べた．

2. 積 分 法

全体の量を測るのにその量の小部分をいくつか加え合わせて近似する仕方はさまざまな形があるのに，それらがみな，積分法という**たった1つの手順**にまとめることができるというのは驚くべきことである．面積，体積，長さ，圧力，慣性モーメント，重さなどはみなそのような和によって扱うことができる．リーマン積分の通常の形式的定義も確かに面積——とくに曲線 $y = f(x)$ と x 軸で囲まれ，$x = a$ および $x = b$ で左右を限られた部分の面積——の計算法として与えられている．この面積は，ふつう図1のように，幅 dx をもった縦長の細い長方形のたんざくの束に分けられる．このようなたんざくの面積は，底辺 dx と高さ $f(x)$ の積として $f(x)dx$ と書くことができる．そしてそれら全

図1 リーマン積分

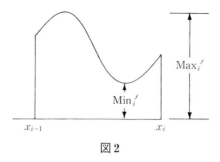

図 2

部の和——したがってまた求める全面積——が定積分

$$\int_a^b f(x)dx \tag{1}$$

である．1つの見方ではこれは次のように考えられる．各たんざくの幅 dx は x についての無限小の増分であり（それゆえ dx と書くのである），たんざくは無限にたくさんあるので，積分記号（和(sum)の頭文字 S を引き伸ばしたもの）は無限小の量の無限個の和として求める面積を与えるのだと．それとは別に上の式はこのような無限小という不確かな考えは用いないで，求める面積を有限の幅の長方形の面積の有限和で近似するのだというふうにも読むことができる．このために $x = a$ から $x = b$ までの区間を n 個の区間に分割してその分点を $a = x_0 < x_1 < x_2 < \cdots < x_n = b$ とする．このような分割に σ という名前をつけることにする．x_{i-1} から x_i に至る第 i 番目の区間において，関数 f は（連続ならば）最大値 $\mathrm{Max}_i f$ および最小値 $\mathrm{Min}_i f$ をとるであろう（図2）．そのとき，曲線のこの部分の下にある面積 A_i は，幅が $x_i - x_{i-1}$ で高さがそれぞれ $\mathrm{Max}_i f$ および $\mathrm{Min}_i f$ である長方形の面積で上下から押さえられるであろう．すなわち不等式

$$(\mathrm{Min}_i f)(x_i - x_{i-1}) \leqq A_i \leqq (\mathrm{Max}_i f)(x_i - x_{i-1})$$

が成り立つ．これらの長方形を全部足し合わせれば，いま考えている分割 σ に対する「上からの和」$U(f, \sigma)$ と，「下からの和」$L(f, \sigma)$ が得られる：

198　第6章　微積分学の諸概念

$$L(f,\ \sigma) = \sum_{i=1}^{n}(\mathrm{Min}_i\ f)(x_i - x_{i-1}) \leqq U(f,\ \sigma) = \sum_{i=1}^{n}(\mathrm{Max}_i\ f)(x_i - x_{i-1})\ (2)$$

曲線全体の下にある求める面積はこれらの2つの和の間にはさまれているはずである．この面積を実際に書き下すためには，ここで分割 σ を細かくしていったときのこれらの和の極限をとらねばならない．そこで σ の大きさを区間の長さ $|x_i - x_{i-1}|$ の最大値 $|\sigma|$ で測ることにする．f が（全区間 $a \leqq x \leqq b$ で）連続ならば，（すぐあとに見るように）任意の（近似の度合）$\varepsilon > 0$ に対して $\delta > 0$ が存在して $|\sigma| < \delta$ ならばつねに $|U(f,\ \sigma) - L(f,\ \sigma)| < \varepsilon$ が成り立つ．これから L と U は $|\sigma|$ が 0 に近づくとき共通の極限

$$\lim_{|\sigma| \to 0} L(f,\ \sigma) = \lim_{|\sigma| \to 0} U(f,\ \sigma) = \int_a^b f(x)dx \tag{3}$$

をもつことがわかる．この極限が関数 f の区間 $a \leqq x \leqq b$ 上での定積分（3）である．つくり方からそれはこの区間の上の曲線の下にある部分の面積を表わす．もしお望みならこれがその面積の定義であると言ってもよい．圧力や体積に対して応用する場合にも，定積分をそれらの定義として用いることができる．定積分はこのように和の極限として定義されたので，現在でも無限小の無限和を示唆する（3）の形の古典的記号で書かれている．実際，積分をこのように直観的な形でとらえることによって，他のあらゆる種類の量を表わす積分を容易に書き下してやることができるのである．たとえば一定ではないが既知の密度をもつ薄い板の重さや，ダムの一部分にかかる水圧，あるいは回転面で囲まれた体積といった量についてである．初等積分学の大部分はそういった積分を定式化する反復練習にあてられている．それらが薄い切片に切って計算できない場合には（より技巧的ではあるが考え方としては全く同様の）多重積分で扱えばよい．

　この連続関数の**リーマン積分**(Riemann integral)の形式的定義は，逐次近似という直観的な考え方を極限および極限を正確に記述するのに必要な標準的な限定作用素（任意の $\varepsilon > 0$ に対して $\delta > 0$ が存在し…という）で置き換えたものである．積分のさまざまな一般的性質がこの定義から直接導かれる．その一例として線形性がある．2つの連続関数の和の a から b までの定積分はこれら

の関数を別々に積分したものの和に等しい．さらに $a < b < c$ のとき，与えられた連続関数の a から c までの積分は，その関数の a から b までの積分と，b から c までの積分の和となる．この後者の性質は，実は a から b までの（積分）路と b から c までの路を合成するというアイデアを用いている——この考え方はすでに群論に出てきたものであり，またのちに線積分の場合により精密な形でふたたび現われる．

　積分による計量の定式化についてはひとまずこのくらいにしておこう．われわれはしかし無限和や有限和の無限列の極限を文字どおりには実行することができないので，上述の積分を実際に計算するには，これから述べる微分法との関連を利用することになる．

3. 微分係数，導関数

　変量 y が別の変量 x に依存して変化する場合，y の x に関する微分係数とは x の変化に対する y の変化の瞬間的割合のことである．この記述は，x が時間である特別な場合にはとりわけ直観に訴えるものをもっている．瞬間的変化率は平均変化率をもとにして考えられたものである．時刻 x_1 に y_1 であったものが別の時刻 x_2 で y_2 になったとすれば，平均変化率は y の変化の x の変化に対する比 $(y_2 - y_1)/(x_2 - x_1)$ で与えられる．「瞬間的」ということはこの場合も x から $x + dx$ への無限小の変化 dx を用いて定式化できよう．この方法によれば，y の x への依存の仕方が関数 $y = f(x)$ によって与えられている場合，瞬間的変化率は比 $[f(x + dx) - f(x)]/dx$ に等しい．あるいは分子も dx にならった書き方をすれば 2 つの無限小の比として dy/dx と書くこともできる．こういった無限小を使うやり方は計算を簡単に行なうのに役立つ．たとえば $f(x) = x^2$ とすれば，瞬間的変化率は

$$\frac{dy}{dx} = \frac{(x + dx)^2 - x^2}{dx} = \frac{2x\,dx + dx^2}{dx} = \frac{2x\,dx}{dx} = 2x \tag{1}$$

となる．なぜならば，無限小の自乗 $(dx)^2$ は少なくともその 1 次の冪（べき）に比べて 0 とみなすことができるからである．（1）に現われるほかの比の計算は容易である．さらに y が x に依存し，x は時間 t に依存しているといった場

200　第 6 章　微積分学の諸概念

合，無限小 dx を約分して

$$\frac{dy}{dx} \cdot \frac{dx}{dt} = \frac{dy}{dt} \qquad\qquad (2)$$

が得られる．これによって重要な（最も有用な）合成関数の微分係数についての「連鎖律」が得られる（もっともこれは証明にはなっていない）．このように無限小を用いた計算法は直観的でしかも十分有力な計算方式なのである．

　しかしここに出てくる無限小とは一体何であろうか？　実数に対するアルキメデス律（第 4 章第 4 節）によれば，正の数はそれがいかに小さくても，その倍数はいくらでも大きくできる——すなわち正の数は無限小たりえないのである．ビショップ・バークリー（Bishop Berkeley）にならってわれわれは，「無限小とは死んだ（ 0 になってしまった）量の幽霊である」と言うこともできよう．

　残された道は極限をとることである．各値 $x = a$ と任意の有限の増分 $a + h$ $(h \neq 0)$ に対して，与えられた関数 $f(x)$ から前にも出てきた比 $[f(a + h) - f(a)]/h$ をつくることができる．このとき，微分係数（微係数ともいう）はこの比の $h \neq 0$ が 0 に近づく極限——それがもし存在するならば——として定義される．つまり，微分係数は，標準的記法 dy/dx，または $f'(x)$ を用いて

$$\left[\frac{dy}{dx}\right]_{x=a} = f'(a) = \lim_{h \to 0} \frac{f(a + h) - f(a)}{h} \qquad\qquad (3)$$

で与えられる．この際必要となる極限の ε-δ 式の厳密な定義には正確を期すためふたたび限定作用素（任意の ε に対して δ が存在して…）が用いられる．このように正確な定式化をすることにより（微積分学に通じた読者には周知のとおり）x^2 や x^n の微分係数（導関数）が期待どおりのものになることや，合成関数の微分係数に対して期待される規則（ 2 ）も——単に無限小の約分によるのではなく，約分してから極限をとることによって——適当な微分可能性をもった関数に対して確かに成り立つことが証明できるのである．

　微積分学に対する 2 つの見方についての上述の議論は，「数学とは単なる形式主義でもなければ，また経験上便利なアイデアというだけのものでもない．そ

れは形式化可能な直観的ないし経験的なアイデアからなるものである」という
われわれのテーゼを補強するのに役立つといえよう．微積分学は数学の本性に
関するこのテーゼによく合致している．なぜならばそれは，面積や変化率の計
算のような問題から出発していて，しかもこれらの問題を扱う中で生まれてく
るアイデアのうち，最終的に十全な形式化のできる部分を発展させていったも
のだからである．微積分学の場合には形式化は当初は主として微分係数や積分
値を計算するための実用的規則にかかわるものであった．これはまだ完全な形
式化ではない．完全な形式化は 19 世紀になって，極限を用いた厳密な ε-δ 方
式によりはじめて達成された．

　われわれのもう一つのテーゼは，同一の直観的アイデアが多様なやり方で形
式化できるというものであった．微積分学の場合には確かにそのとおりである
ことをわれわれは知っている．実際，当初全く思考実験的な仕方で利用された
無限小は，少なくとも 2 つの異なった仕方で厳密に形式化することができる．
すなわちエイブラハム・ロビンソン（Abraham Robinson）の実数の超準モデ
ルを用いる方法——これについてはたとえばキースラー（Keisler）の微積分学
の教科書（Keisler［1976］）にある——および「初等トポス」を用いたローヴィ
アの方法である．後者によれば実数直線 $\boldsymbol{R}$ は体ではなく，0 が適当な無限小近
傍をもつような環である（Kock［1981］参照）．

4.　積分法の基本定理

　微分法および積分法の間にある本質的な関係がこの節の表題の定理により与
えられる．この定理はつぎの単純な直観的考え方がもとになっている．すなわ
ち，1 つの量の全変化は，連続する小さな瞬間的変化の総和となるはずである
という考えである．——この考えは別の形では，全体は部分の和であるという
幾何学における規則として現われていた．これをもう少し正確に述べてみよう．
問題の量が時間 t の関数 $F(t)$ であるとすれば，時刻 $t = a$ から後の時刻 $t =$
b までの全変化は差 $F(b) - F(a)$ にほかならない．さてこの関数が各時刻 t
で微分係数 $F'(t) = f(t)$ をもつとせよ．時間の無限小区間 dt における瞬間的
変化は，この区間 dt と瞬間変化率 $F'(t)$ の積となり，したがって連続する瞬
間的変化の総和は定積分 $\displaystyle\int_a^b f(t)dt$ となる．これによりつぎの定理が示唆され

202 第6章 微積分学の諸概念

る.

定 理 関数 $F(t)$ が区間 $a \leqq t \leqq b$ で連続な導関数 $f(t) = F'(t)$ をもてば,

$$\int_a^b f(t)dt = F(b) - F(a) \tag{1}$$

が成り立つ.

右辺はしばしば $[F(t)]_a^b$ と書かれ,関数 F は f の**不定積分** $\int f(t)dt$ と呼ばれる.

この「無限小」を用いた議論で示唆された定理の厳密な証明に入る前に,それがどのように利用されるのか考えてみよう.この定理は,被積分関数 $f(t)$ がある別の関数 F の導関数 $f(t) = F'(t)$ であることがわかっている場合に,(リーマン)積分 $\int_a^b$ を計算する公式を与えている.もしわれわれが十分多くのそのような関数の微分を計算して,結果を「積分表」の形で準備しておけば,与えられた被積分関数 $f(t)$ に対して適当な「原始」関数 $F(t)$ を見つけられるのではないかと期待できよう.実際にそれが見つかれば,定積分は(面積を表わすにせよ,他の求めるべき量を表わすにせよ)この関数 $F(t)$ の2つの値の差 $F(b) - F(a)$ として計算できる.このように,基本定理は概念的には微分法と積分法を結びつけるものであり,定積分を計算する手段を(ある場合には)与えてくれるのである.

しかし残念ながらこうしてつくったわれわれの積分表は,求める関数 f に対する関数 F を含んでいないかもしれない.たとえば,多項式,累乗,平方根といったものの微分だけしか扱っていない段階では,$(1 - t^2)^{1/2}$ を導関数にもつような t の関数は見つからない.a,b を適切に選んだ場合の(つまり $0 \leqq a \leqq b \leqq 1$ としたときの)対応する定積分 $\int_a^b (1 - t^2)^{1/2}dt$ を求めるには三角関数を用いなければならない.角 θ を導入して $t = \sin\theta$ とおき,$\sin\theta$ の導関数が $\cos\theta$ になることをまず確かめ,それから「変数変換」の標準的手法を用いて

——すなわち $dt/d\theta = \cos\theta$, あるいは $dt = \cos\theta\,d\theta$ を用いて——

$$\int_a^b (1-t^2)^{1/2}dt = \int_\alpha^\beta (1-\sin^2\theta)^{1/2}\cos\theta\,d\theta = \int_\alpha^\beta \cos^2\theta\,d\theta$$

を得る．ここで θ についての積分の新しい上限と下限 α, β は $\sin\alpha = a$, $\sin\beta = b$ となるように選ぶ．さてここで $\cos\theta\sin\theta$ の導関数が $2\cos^2\theta - 1$ であることを知っていれば，原始関数がわかり，したがって基本定理をふたたび用いて

$$\int_\alpha^\beta \cos^2\theta\,d\theta = \left(\frac{1}{2}\right)[\theta + \sin\theta\cos\theta]_\alpha^\beta$$

と積分が計算できる．とくに

$$\int_0^1 (1-t^2)^{1/2}dt = \int_0^{\pi/2}\cos^2\theta\,d\theta = \frac{\pi}{4} \tag{2}$$

が成り立つ．これは積分法から新しいクラスの関数——この場合で言えば三角関数，さらに後には楕円関数も出てくる——を考えることが必要になってくる一例にすぎない．もっと単純な例で言うと，$\int dx/x$ から関数 $\log_e x$ が出てくる．いまの場合に三角関数が出てきたのは偶然ではない——結局のところ（2）の左辺の積分は 4 分円の面積 $\pi/4$ を表わしたものであり，三角関数は円周上の点の直交座標を与えるのに使われるものだからだ．

さて元にもどって基本定理の証明はどうすればよいか考えよう．この定理は，より基本的なつぎの 2 つの補題から導かれる．

補題A $a \leqq t \leqq b$ なる t に対して定義された連続関数 $F(t)$ がすべての t に対して微分係数 0 をもてば，$F(t)$ は $a \leqq t \leqq b$ に対して定数である．

これは直観的には明らかである．F の変化率がいたるところで 0 ならば，それは少しも変化しないから定数となる．のちにわれわれは平均値の定理を用い

204 第 6 章 微積分学の諸概念

たこの定理の厳密な証明を述べることにする（第 7 節）.

補題 B　　関数 $f(t)$ の値が 2 つの定数 m と M の間にあるとき, すなわち, $a \leq t \leq b$ なるすべての t に対して $m \leq f(t) \leq M$ が成り立っているとき, $f(t)$ の定積分に対して不等式

$$(b - a)m \leq \int_a^b f(t)dt \leq (b - a)M \qquad (3)$$

が成り立つ.

定積分を曲線 $y = f(x)$ の下にあって, $x = a$ および $x = b$ で囲まれた部分の面積であると考えれば, この 2 つの不等式は自明である. なぜならば $(b - a)M$ は曲線の下にある面積をすっかり含む長方形の面積であり, $(b - a)m$ のほうは曲線の下の部分にすっかり含まれる長方形の面積だからである. （3）を本章第 2 節で与えた積分の極限による定義から正確に証明するのも簡単である. 和 (2.2) において各項は仮定から次のように評価される:

$$m(x_i - x_{i-1}) \leq (\mathrm{Min}_i f)(x_i - x_{i-1}) \leq (\mathrm{Max}_i f)(x_i - x_{i-1}) \leq M(x_i - x_{i-1})$$

したがって総和は $m(b - a)$ と $M(b - a)$ の間にはさまれるので, 和の極限, すなわち定積分の値も同じ不等式を満たすわけである.

　基本定理（1）を示すために, 上限 t を変数にした定積分

$$G(t) = \int_a^t f(t)dt$$

を考える. その微分係数を求めるために t を $t + h$ に変える. 補題 B から

$$hm \leq G(t + h) - G(t) = \int_t^{t+h} f(t)dt \leq hM$$

が得られる. ここで m および M は t から $t + h$ にいたる小区間上での $f(t)$ の

最小値および最大値をそれぞれ表わす．f は t で連続なので，h を小さくしていけば m および M はいずれも $f(t)$ に近づく．したがって $G'(t) = f(t)$ が成り立つ（幾何学的に言えば，曲線の下にある面積の変化率は縦線の長さ $f(t)$ である）．これによって $F(t) - G(t)$ は導関数が 0 となる．したがって補題 A によりそれは定数である．$G(a) = 0$ なのでこの定数は $F(a)$ でなければならない．すなわち

$$G(b) = \int_a^b f(t)dt = F(b) - F(a)$$

となって基本定理は証明された．

5. ケプラー（Kepler）の法則とニュートンの法則

　力学から生じる諸問題は微積分学の発展に決定的な影響を与えてきた．力学においては，物体――天体も地上のものも含めて――が重力の下で落下したり，斜面を滑ったり，あるいは他の力によって推進されたりして運動する様態を解析することが必要であった．かくてアイザック・ニュートン（Isaac Newton）はケプラーの惑星運動についての法則を説明しようとして，微積分学を発展させたのである．ケプラーは広く蓄積された前代の実験的諸観察に基づいて，各惑星は太陽を含む 1 つの平面上で，太陽の周りを回っていること，惑星の軌道はその平面上の楕円であり，太陽はその一方の焦点にあること，そして惑星が軌道上を動く速度は，惑星から太陽にいたる動径ベクトルが同一時間につねに同一の面積を掃くように変化することを主張した．

　微積分学の立場では，速度や加速度について概念的定義を与えておかねばならない．直線上を動いていく物体に対しては，その任意の時刻 t における位置を直線上のある決まった原点からの距離 s で与えることにすれば，その物体の速度 v はすでに見たように，時間に対する s の変化率 ds/dt にほかならない．ニュートンはこの変化率（微分係数）を $\dot{s}$ と記し，s の流率（fluxion of fluent）と呼んだ．さらにまた加速度も考慮せねばならない．これは時間に対する速度の変化率として記述される．この加速度は 2 階微分係数 $a = d^2s/dt^2$ であり，$\ddot{s}$ とも記される．座標 x，y，z の入った 3 次元空間を動く物体については，速

206 第6章 微積分学の諸概念

度は成分 $\dot{x}$, $\dot{y}$, $\dot{z}$ をもつベクトルであり，加速度は成分 $\ddot{x}$, $\ddot{y}$, $\ddot{z}$ をもつベクトルである．このように微分係数の概念が運動力学の記述の中に登場してくる．

ニュートンの運動法則は外力が物体（より正確には質点）の運動に及ぼす効果を記述するものである．外力がないときは，物体は定速度で直線運動を続ける，つまり加速度は0である．外力がある場合，加速度は力に比例する．もう少し正確に言うと，加速度ベクトルは力と同じ方向を向き，質量×加速度が力と等しい．したがって，たとえば一定の外力のもとで物体が直線に沿って1次元運動をする場合には加速度は一定となり，それをgとすれば，運動法則は $a = \ddot{s} = g$ となる．この場合，導関数が定数gとなるわけである．このような導関数をもつ関数としては gt がある．したがって本章第4節の補題Aにより，同じ導関数をもつ任意の関数は gt とたかだか定数しか違わない．その定数を v_0 とおけば

$$\dot{s} = gt + v_0 \tag{1}$$

が得られる．この定数 v_0 は初速度（$t = 0$での速度）を表わしている．同様の議論により

$$s = (1/2)gt^2 + v_0 t + s_0 \tag{2}$$

が得られる．ここで s_0 は定数であり，時刻 $t = 0$ での物体の座標（初期位置）を表わす．つまりニュートンの法則と簡単な積分によって，（一定の）重力加速度のもとで落下する物体に対する周知の式（2）が容易に導き出せるのである．

同様にして惑星運動に対するケプラーの法則を導くためには，惑星に働く力は太陽に向かう引力だけであるとの仮定が必要である．この力は惑星から太陽へと向かい，その大きさは逆2乗法則で与えられる．すなわち，太陽と惑星の質量の積に比例し，太陽から惑星までの距離 r の自乗に反比例する．任意の時刻において太陽，惑星および惑星の太陽に対する速度ベクトルの3つによって1つの平面が決定される（図1）．重力は太陽に向かい，かつこの平面内にある．したがって惑星の加速度のこの平面に垂直な成分は0である．——そしてそれはずっと0のままである．このようにしてニュートンの法則からケプラーの第

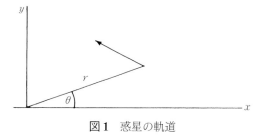

図1　惑星の軌道

1法則「惑星はある決まった平面上を動く」が導かれる．その平面上の座標を x，y とし，太陽を原点とすれば，加速度 $\ddot{x}$，$\ddot{y}$ を極座標 r，θ と力の成分を用いて

$$\ddot{x} = \left(\frac{A}{r^2}\right)\cos\theta, \quad \ddot{y} = \left(\frac{A}{r^2}\right)\sin\theta \tag{3}$$

のように書くことができる．ここで A は比例定数である．この方程式を適当に積分することにより（第9章）残りのケプラーの法則も得られる．これは微積分学の最初の勝利——すなわち，実験をもとにして得られた惑星運動の法則を，より概念的な運動法則から明確に導き出すことができたということ——を印すものである．

この勝利は，天体にも地上の物体にも同一の法則が適用されることを示した点でいっそう著しいものであった．われわれはすでに自由落下する物体の運動方程式の導出について述べた．弾道体に対しても全く同じ議論が使える．物体が (x, y)-平面の原点から，y 軸の正の向きを鉛直上方にとって，各軸方向の成分が v_x，v_y である初速度をもって投げ出されたとする．この場合，物体の加速度は，ニュートンの法則により

$$\ddot{y} = -g, \quad \ddot{x} = 0 \tag{4}$$

となる．ここで g は重力加速度（一定）である．2度積分することにより，

208 第6章 微積分学の諸概念

$$y = \frac{gt^2}{2} + v_y t, \quad x = v_x t$$

が得られる．ゆえに第1の方程式の t を x で表わせば，物体の軌道は方程式

$$2v_x{}^2 y = gx^2 + 2v_x v_y x$$

で表わされることになる．これは (x, y)-平面上の放物線である．

　弾道体の場合の議論には，形式的な数学計算の特徴がとくに簡明な形ではっきり現われている．すなわち，発射された弾道体の全軌道をいちいちつぶさに観察することは必要でなく，むしろ数学が，この軌道を物理法則（この場合はニュートンの法則）と初期データ——ここでは物体の最初の位置と初速度——を用いて予言するのである．その場合，計算は初期データ以外は物体を実際に観察することなしに進められる．そしてそれによって物体の刻々の位置が（ある正確さをもって）記述されることになるのである．たとえば空気抵抗を考慮に入れた場合のようなより正確で精密な計算の場合でもこの形式的特徴は変わらない．

6. 微 分 方 程 式

　惑星および弾道体の運動についての上述の議論は物理的現象などを微分方程式によって記述する一般的方法の典型的な例である．そのような微分方程式の典型的なものは——ここでは上で考えた「2階」ではなく1階のものを考えることにするが——ある変数 t の未知関数 x を

$$\frac{dx}{dt} = h(x, t) \tag{1}$$

のように，x および t の既知関数 h によって x の1階導関数を与えることにより決定しようとするものである．解を決めるための基本となる考え方は，この場合も前と同じく「変量 x の全変化は，連続する瞬間的変化 $h(x, t)dt$ の和になるはずだ」というものである．積分法の基本定理においてもこの考え方は基

本的であったが，そこでの式は次のように書き換えることができる．

$$F(b) = F(a) + \int_a^b f(t)dt$$

（本章第4節（1）式参照）．言い換えると変量 F（上の（1）では x）の値は初期値 $F(a)$ と，区間 $a \leqq t \leqq b$ 上の導関数 $f(x) = F'(t)$ のすべての値がわかれば決まるというわけである．この考え方が微分方程式を求める際に「初期値」が出てくる背景となっているのである．上述の方程式を解くことは，正確な形で述べれば，適当な変域上の各 t に対して定義された関数 $g(t)$ であって，考えている t の任意の値に対して微分方程式（1）を満足するもの，すなわち

$$g'(t) = h(g(t),\ t) \qquad\qquad (2)$$

が成り立つようなものを求めることなのである．これを実行するためには，既知の関数 g で導関数が（2）を満たすものがあるかどうか詳しく調べてみなければならない．初等的な解法はこのためのいろいろな規則や技巧，たとえば x や t をほかのより扱いやすい量に変換するやり方など，を与えるものである．積分法の場合と同様，既知関数では解を得るのに十分でない場合も出てくる．この場合数値計算法を用いることもできようし，また解となるべき関数を新しくつくることを考える場合もあろう．関数の一般的定義が与えられれば，（2）の方程式の解 g が存在する条件，さらにはその解が一意的である条件を述べた「存在定理」を証明することが可能となる．そのような存在定理の一つの形として，次に述べるピカール（Picard）の定理がある．

　この定理を定式化するために，$t = t_0$ のとき $x = x_0$ であるという**初期条件**を考え，方程式（1）において右辺の関数 h はたとえば $|x - x_0| < a$，$|t - t_0| < a$ なるすべての点 $(x,\ t)$ からなる正方形 D の中で連続であると仮定する．このとき与えられた初期条件をもつ（1）の解とは，t_0 を含むある区間 $|t - t_0| < \delta$ 上の任意の t に対して定義された関数 $g(t)$ であって，その区間内で $|g(t) - x_0| < a$ を満たし，$g(t_0) = x_0$ かつ $|t - t_0| < \delta$ なるすべての t に対して（2）が成り立つようなもののことをいう．この了解のもとでピカールの定理は次のように述べることができる．すなわち，与えられた関数 h が**リプシッツ**

210　第6章　微積分学の諸概念

(Lipschitz) **条件**：「正方形 D 内の任意の点 (x, t_1) および (x, t_2) に対して

$$| h(x, t_2) - h(x, t_1) | \leq M | t_2 - t_1 | \tag{3}$$

が成り立つような定数 $M > 0$ が存在する」を満足しているならば，$\delta > 0$ が存在して，この δ に対して上の意味での解が存在し，しかもそれは一意的に定まる．ついでながら，関数 h が正方形 D 内においていたるところ t について連続な偏導関数をもつならば，上のリプシッツ条件は成り立つ．

　以上の結果は，微分方程式には解が存在し，しかもそれは一意的に決まるはずである——これは少なくともその微分方程式が物理的には解があることがわかっている物理現象を正しく定式化している場合には当然のことであるが——という直観的考えを正確に定式化するには，どれほど入念な注意が必要になるかを例証している．

　先にあげた力学の例では $\ddot{x} = f(x, t)$ のような2階微分方程式が登場していた．この場合は，初期条件として，初期時刻 $t = t_0$ における x_0 および1階微係数 $\dot{x}_0$ の**両方を**与えなければならない．このことは単独2階方程式を2つの1階方程式に分けて考えてみればよくわかるだろう．すなわち，速度 $v = \dot{x}$ をもう1つの変数として導入すれば，上の方程式は

$$\dot{v} = f(x, t), \quad \dot{x} = v$$

となる．これについても上述のものに相当する存在定理がある．3次元空間を動く粒子については，その2階微分方程式は3つの2階導関数 $\ddot{x}$，$\ddot{y}$，$\ddot{z}$ を含み，6個の変数 $x, y, z, \dot{x}, \dot{y}, \dot{z}$ の1階方程式に帰着される．この6つの変数の空間——**相空間** (phase space) という——は力学を理解するうえでの高次元空間の必要性を端的に示すものとなっている(第9章)．運動粒子が k 個あれば，$6k$ 次元の相空間が必要となる！　力学は高次元幾何学の導入をうながすものなのである．

7.　微積分学の基礎づけ

　われわれがすでに見てきたように，微積分学はさまざまな量を計算する問題，

そしてまたそれらの計算を行なうための統一的方法を見出す問題が出発点となっていた．当初はこれらの方法は，曖昧ではあるがそれなりに説得力のある無限小，無限和，あるいは変化率といった考えをもとにしたものであった．これは成功をおさめ，急速に発展したが，同時にまさにその発展の中から，これらの方法を厳密に基礎づけるという問題が必然的に生じてきたのである．この基礎づけは19世紀に発展したのだが，それには関数(つまり微分係数をもつかどうかの対象となるもの)とは何かということについての明確な概念を確立することから出発せねばならなかった．また，この基礎づけのためにはさらに，極限の概念，微分係数や積分を極限を用いて定義すること，およびこれらに関して必要な一定の事項の厳密な証明といったものが必要となる．その中にはとくに $0 \leqq x \leqq 1$ なるすべての点 x からなる単位区間 $[0, 1]$ 上の連続な実数値関数

$$f : [0, 1] \to \boldsymbol{R}, \quad \text{連続} \tag{1}$$

に対する以下にあげるような直観的にはもっともらしい一連の性質を $\boldsymbol{R}$ の公理系から証明するということが含まれている．

（ⅰ）　関数 f は上下に有界である．すなわち $[0, 1]$ の任意の x に対して，

$$m \leqq f(x) \leqq M$$

となる実数 m, M が存在する．

（ⅱ）　関数 f は最大値をとる．すなわちすべての $x \in [0, 1]$ に対して $f(x) \leqq f(x_0)$ となる点 x_0 が $[0, 1]$ の中に存在する．

　最大値は，性質（ⅰ）と連続性を用いて，$x \in [0, 1]$ に対するすべての実数 $f(x)$ の集合の上限として決定される．これは実数に対する上限の存在を用いる典型的な例である．

（ⅲ）　関数 f は区間 $[0, 1]$ で最小値をとる．

（ⅳ）　関数 f はすべての中間値をとる．これを示すためには，$f(0) < 0$, $f(1) > 0$ ならば $f(x) = 0$ となる $x \in [0, 1]$ が存在すること，すなわち f が値 0 をとることをいえば十分である．

（ⅴ）　関数 f は $[0, 1]$ で一様連続である．すなわち，任意の $\varepsilon > 0$ に対して $\delta > 0$ が存在し，$[0, 1]$ に属するすべての x_1, x_2 に対して

212 第6章 微積分学の諸概念

$$|x_1 - x_2| < \delta \Rightarrow |f(x_1) - f(x_2)| < \varepsilon \qquad (2)$$

が成り立つ.

これを区間における通常の連続性と比較してみよ. 連続性のほうは, 任意の x_1 と任意の $\varepsilon>0$ に対し, $\delta>0$ があって (この δ は x_1 と ε の両方に依存してよい), $[0, 1]$ に属す任意の x_2 に対して (2) が成り立つことを要求するものである. すなわち, 通常の連続性の場合には, 各 x_1 と ε が与えられたとき, いま考えているその x_1 という1つの値に対して (2) が成り立つような δ を見つければよい. これに対して一様連続性の場合は, 各 ε に対して, それ1つで区間のすべての点 x_1 に対して通用するような δ を見つけなければならない. 言い換えれば, 一様連続性では (2) 式の前に限定作用素の列

$$(\forall \varepsilon)(\exists \delta)(\forall x_1)(\forall x_2)$$

がついている (「任意の $\varepsilon>0$ に対して」を $\forall \varepsilon$ と略記した) のに対して, 区間上での通常の連続性の場合は, 同じ (2) 式の前に

$$(\forall \varepsilon)(\forall x_1)(\exists \delta)(\forall x_2)$$

なる限定作用素の列がついているのである. 言い換えると, 全称作用素 ($\forall x_1$) と存在作用素 ($\exists \delta$) を交換すると違った結果が出るわけである (下記の例も参照) ――これに対して, たとえば ($\forall \varepsilon$) と ($\forall x_1$) のような全称作用素どうしを互いに交換しても結果は変わらない.

(1) の連続関数 f の性質をさらに続けて述べよう.

(vi) (ロル (Rolle) の定理) $f(0) = f(1)$ であり, f が $0<x<1$ の各点 x で1階微係数をもてば, $f'(\xi) = 0$ となる点 ξ, $0<\xi<1$ が存在する (言い換えると, f のグラフはどこかで水平な接線をもつ).

ξ としては f が性質 (ii) によって最大値を与える点をとることができる. このとき微分係数の定義により, f' がそこで0となることが示される. この議論は ξ が0か1に一致するときには通用しない. この場合は ξ として最小値を与える点をとればよい.

(vii) (平均値の定理) f が $0<x<1$ なる各点 x で1階微係数をもてば, 0

$<\xi<1$ なる点 ξ で，$f'(\xi) = f(1) - f(0)$ を満たすものが存在する．別の言い方をすれば，f のグラフは最長の割線に平行な接線をどこかの点でもつ．

この定理はロルの定理を関数

$$g(x) = f(x) - x[f(1) - f(0)]$$

に適用して導かれる．この g はロルの定理の仮定 $g(0) = g(1)$ を確かに満たしているからである．平均値の定理から本章第4節の補題Aが証明できる．

上述の諸定理は，任意の閉区間，たとえば $a \leqq x \leqq b$ なるすべての x からなる区間 $[a, b]$ 上で連続な実数値関数 f にも直ちに適用できる．この場合，たとえば平均値の定理は

$$f(b) - f(a) = f'(\xi)(b - a)$$

を満たす $a<\xi<b$ の点 ξ が存在するという形になる．すなわち，関数の全変化量は，区間の長さに区間内のある1点での変化率を掛けたものになるわけである．この定理はまた，微積分学の基本的な考え方の一つ，すなわち1階微係数は，関数の1次近似を与えるという考え方を別の形で述べたものともなっている．

（ⅴ）で定式化された一様連続性は強力である．たとえばそれは本章第2節で述べた定積分 $\int_a^b f(x)dx$ との関連で利用することができる．$\varepsilon>0$ が与えられると，一様連続性から $|x_1 - x_2| < \delta$ ならば，$|f(x_1) - f(x_2)| < \varepsilon/(b - a)$ となるような $\delta>0$ が存在する．したがって積分区間を分割して各部分区間の長さ $x_i - x_{i-1}$ が δ より小さくなるようにすれば，その部分区間での f の最大値と最小値の差は，$\varepsilon/(b - a)$ より小さくなり，したがってこれから第2節で定義した下からの和 $L(f, \sigma)$ と上からの和 $U(f, \sigma)$ の差は
$(\varepsilon/(b - a))\sum(x_i - x_{i-1}) = \varepsilon$ より小さくなる．ゆえに両者は同一の極限に近づく．これは本章第2節（2）でこの極限を定積分と定義した際に主張したことであった．

（ⅴ）における一様連続性の主張は，f が**閉**区間 $[0, 1]$——すなわち，端点を含む区間——上で連続であると仮定したことに本質的に依存している．たとえ

214 第6章 微積分学の諸概念

ば関数 $g(x) = 1/x$ は $0 < x < 1$ なる実数全体からなる**開**区間 $(0, 1)$ 上で連続である．しかし g はこの開区間では一様連続ではない——$\varepsilon > 0$ が与えられたとき，x が 0 に近づくにつれて（2）を成り立たせる δ もどんどん小さくなっていく．実は一様連続性（v）は位相空間 $X = [0, 1]$ のつぎの性質から出てくるのである．

補題（ハイネ-ボレル（Heine-Borel）あるいはボレル-ルベーグ（Borel-Lebesgue）の定理）　区間 $[0, 1]$ が開区間 U_i（添数 i の集合 I は何であってもよい）の合併に含まれるならば，$[0, 1]$ はこれらの U_i のうち有限個の合併の中にすでに含まれている．

　$[0, 1]$ が U_i の合併に含まれているとき，$[0, 1]$ は U_i で覆われると言う．

　（証明）　上限の存在を用いる！　$[0, 1]$ が開区間のある集合 $\{U_i \mid i \in I\}$ で覆われているとせよ．0 から x までの閉区間 $[0, x]$ が U_i のうち有限個で覆われるような実数 $x \in [0, 1]$ 全体からなる集合 S を考える．この集合 S は 0 と 1 で上下から押さえられているので上限をもつ．それを ξ とする．ξ が 1 より小さければ，この ξ はある U，たとえば U_j に含まれている．しかも U_j は $\xi' > \xi$ なる数 ξ' を含む．ξ は S の上限ゆえ，U_j はまた S のある元 x を含まねばならない．このとき区間 $[0, x]$ は有限個の U_i で覆われ，したがってこれらを U_j を合わせたものにより ξ を起えて延びる区間 $[0, \xi']$ が覆われる．これは ξ を S の上限としたことに矛盾する．したがって $\xi = 1$ となり，区間 $[0, 1]$ は有限個の U で覆われる．

　この証明は「構成的」なものではないことに注意せよ．それは実際に有限被覆を与えるものではなく，背理法によっているのである．

　ハイネ-ボレルの定理を使えば，一様連続性（上述の性質（v））を証明することができる．実際，$\varepsilon > 0$ が与えられたとせよ．f は各点 x_0 で連続だから，各 x_0 に対して（x_0 を中心とする）開区間 U_{x_0} であって，x_1 と x_2 が U_{x_0} に入るとき，つねに $|f(x_1) - f(x_2)| < \varepsilon$ が成り立つようなものが存在する．さて（これはちょっとした技巧だが）U_{x_0} と同じ中心をもち，半径が半分である区間 $V_{x_0} \subset U_{x_0}$ を考える．各 x_0 は V_{x_0} に属すので，これらの小区間全体は $[0, 1]$ を覆う．ハイネ-ボレルの定理により，それらのうちの有限個ですでに $[0, 1]$ は覆

われている．δ としてこの有限個の区間の半径の最小値をとる．明らかに $\delta >$ 0 である．$[0,1]$ の中で互いの距離が δ より小であるような任意の 2 点 x_1，x_2 を考えよう．区間全体は被覆になっているので，x_1 はある区間 V_{x_0} に属す．このとき，上の技巧により，x_1 と x_2 はともに大きいほうの区間 U_{x_0} に入り，したがって $|f(x_1) - f(x_2)| < \varepsilon$ となって求める結果が得られた．

　この結果の証明ができたことにより，定積分の存在についての先に予告した証明も同時に完了したことになる．2 重積分に対しては，正方形に対するハイネ-ボレルの定理が必要になろう．しかし一様連続性の証明自体には本質的に新しい考え方は何ら必要でない．このことを理解するために，区間（あるいは正方形）を距離空間，したがって位相空間と考えよう．そしてハイネ-ボレルの定理が成り立つとき，そのような空間を**コンパクト**と呼ぶことにしよう．言い換えると，X はその任意の開被覆 $\{U_i\}$ が有限な部分被覆を含むときコンパクトである．このように定義すれば，上で述べたばかりの (v) の証明は，実際にはつぎの定理 1 の証明にもなっているのである．

　定理 1　　コンパクト距離空間 M 上の任意の連続な実数値関数 $f : M \to \boldsymbol{R}$ は一様連続である．

　コンパクト空間にはさまざまなものがある．たとえば，コンパクト空間の直積はみな，またコンパクトになる．とくに単位正方形や立方体はコンパクトである．コンパクト空間 X の任意の閉集合 C はまたコンパクトである．ここで部分集合 $C \subset X$ は，その補集合 $X - C$ が X の開集合となるとき，閉集合と呼ばれる．また C の（位相を定義する）開集合とは，C と X の開集合 U の共通部分 $C \cap U$ のことにほかならない．直線，あるいは平面の部分集合がコンパクトになるための必要十分条件は，それが有界な閉集合となることである．他方，$0 < x < 1$ なるすべての実数 x からなる開区間はコンパクトではない．たとえばそれを増大していく部分区間の列で覆った場合，そのうちの有限個によっては全体は決して覆えないからである．同様に，全実直線 $\boldsymbol{R}$ もコンパクトでない．実際，その上には x^2 のように連続であるが一様連続でない関数が存在している．

　コンパクト性は収束と関連している．コンパクト空間 X では，任意の無限点

216 第6章 微積分学の諸概念

列 x_n はXのある点に収束するような無限部分列を含むことが容易に証明でき
る．ここで点列の収束は第4章第4節における数列の収束と全く同様に定義さ
れる．このことから **R** がコンパクトでないことがふたたび導かれる．なぜなら
ば自然数全体の列は収束部分列を含まないからである．距離空間Xがコンパク
トであるための必要十分条件は，Xの任意の無限点列がXの1点に収束する無
限部分列を含むことである——しかしこの結果は収束が近傍を用いて定義され
る一般の位相空間に対しては正しくない．コンパクト性の重要性と，それが被
覆を用いて記述できるという点の認識は，位相空間を理解するうえでの大きな
一歩である．しかしそこにいたるまでには，ずいぶん時間がかかった．1940年
に出版され多大な影響を与えた位相に関する著作の中でブルバキがこのことを
強調したのが，事実上その定式化の最初だったのである．

　このコンパクト性という概念は，微積分学の発展とその基礎づけの中から得
られた多くの成果のうちの一つにすぎない．幾何学や力学の研究の中から変化
率，面積，および級数総和法といった直観的なアイデアが生まれる．これらの
アイデアは無限小を用いて，いささか曖昧な形で定式化され，18世紀には強力
な道具となったが，同時にいろいろな難点も出てきた．たとえば，関数列 $f_n(x)$
$= n^2x(1-x)^n$ は $0 \leqq x \leqq 1$ 内のすべての x に対して 0 に収束するが，$f_n(x)$ の
0 から 1 までの定積分は $n^2/(n+1)(n+2)$ となり，したがって積分値の列は
0 に収束しない！（もとの関数列の収束は「一様」でない）（Titchmarsh[1932]，
1.75）．これは2つの無限操作（この場合でいえば収束と積分）を交換する場合
に起こる典型的な問題である．こういった難点のゆえに，やがて微積分学は，
極限の概念の注意深い展開に基づいたより精緻な定式化を必要とすることにな
った．またこの極限という概念を通じて，限定作用素の注意深い使用が必要と
なり，同時に，その研究の中から **R**^{2}, **R**^{3} あるいはもっとはるかに一般の位相
空間における極限についての考察が生み出されることにもなった．定積分の研
究には一様連続性，およびコンパクト性という新しい概念が不可避的に必要と
なる．そしてそこでの証明は，実数の注意深い公理化——1次元幾何学の算術
化——に基礎をおくものとならざるをえない．いや公理系だけではなく一連の
精緻な推論も用いられることになる．そしてさらにまた今度はコンパクト性が
「有界閉」といったより具体的な概念から解放されることになるのである．この
ほかにも多くの発展がある．とくにルベーグ積分のようなより一般化された積
分の理論はその一例である．かくして結局，初期の直観的アイデアや問題とそ

8. テイラー（Taylor）級数と近似　**217**

の展開，応用の中からさまざまな観念が生まれ，それらが今度は数学に内在するより精緻な概念を要求してくるのである．

8. テイラー（Taylor）級数と近似

微積分学の背後には逐次近似の考え方がある．図形の面積は，それに内接および外接するより簡単な図形の面積によって近似されるし，積分は有限和で近似される．曲線の接線は割線で近似され，瞬間的変化率は平均変化率で近似される．高階微係数に対しても同様である．たとえば関数 $y = f(x)$ は，その1階微係数を用いて1次関数で

$$f(x) \sim f(a) + (x - a)f'(a) \tag{1}$$

のように近似できる．ここで右辺の1次関数およびその1階導関数の $x = a$ での値は，f のそれらの値に等しい．言い換えれば，それは $y = f(x)$ の $x = a$ での接線をグラフにもつ1次関数である．さらにわれわれはこのような1次近似の誤差の評価を行なうこともできる．1階導関数 $f'(x)$ が a から x にいたる閉区間で連続であり，そこで2階導関数 $f''(x)$ が存在するならば，平均値の定理（本章第7節）を繰り返し用いることにより，a と x の間の実数 ξ で

$$f(x) = f(a) + (x - a)f'(a) + f''(\xi)\frac{(x - a)^2}{2} \tag{2}$$

を満たすものの存在が示される．言い換えれば，その区間内での2階導関数（の絶対値）の値が小さければ，1次近似（1）は良い近似となる．

この公式（2）はテイラーの定理の特別な場合である．関数 $f(x)$ が a から x にいたる閉区間で連続な $(n - 1)$ 階導関数 $f^{(n-1)}(x)$ をもち，n 階導関数が a から x にいたる開区間で存在すれば，a と x の間に

$$f(x) = f(a) + \sum_{k=1}^{n-1} f^{(k)}(a)\frac{(x - a)^k}{k!} + f^{(n)}(\xi)\frac{(x - a)^n}{n!} \tag{3}$$

218 第6章 微積分学の諸概念

が成り立つような実数 ξ が存在する．ここで $k! = 1 \cdot 2 \cdot \cdots \cdot k$ である．言い換えると，f の最初の $(n-1)$ 階までの微係数により f を近似する $(n-1)$ 次の多項式が決まるのである．この多項式は，同じ次数の多項式の中で，$x = a$ における値，およびそこでの $(n-1)$ 階までの微係数が f のそれと一致するようなものとして一意的に定まる．そしてこの近似の誤差は（3）の最後の項に見られるように，n 階導関数の値によって測ることができる．この「剰余項」については別の（積分を用いた）公式もあり，また上とは違ったタイプの多項式近似もある．

任意階数の導関数が存在するような関数 $f(x)$ に対しては，上の考察から無限冪級数

$$\sum_{k=0}^{\infty} f^{(k)}(a) \frac{(x-a)^k}{k!} \tag{4}$$

が考えられる．これは f の**テイラー級数**と呼ばれる．この無限和の実際の意味は，第4章第4節で議論したように，部分和の収束極限として与えられる．テイラーの定理の剰余項の公式（3）は，しばしばテイラー級数が x のある値（すべての値の場合もある）に対して収束するとか，ある閉区間に属する x に対して「一様」収束するとかを示すのに利用される．この式から e^x，$\sin x$ や $\cos x$ に対する周知の冪級数展開が得られる．そしてこういった級数は三角関数表をつくるのに利用できる．実は $\sin x$ は，第4章第2節での巻き付け関数の代わりにこの冪級数を用いて解析的に定義することもできるのである．ただしその方式では $\sin x$ が周期性をもつ理由はわかりにくくなる．冪級数の応用はこのほかにもたくさんある．このことは，その基礎にある近似，とくに1次近似という初等的な考え方が，大変実りのあるものだということを示している．これはしかし，数理経済学でよく見られるような，多重回帰法（最小自乗法）を用いるに際しての1次近似の乱用までも正当化するものではない．

9. 偏導関数，偏微分係数

代数における初等的な問題を考える際には足し算をすればよいのか，それとも掛け算をするのかがいつも決定的な問題となる．たとえば，ある変化が2つ

の独立な原因が重なって起こる場合，全変化は通常それぞれの原因による変化の和となるべきことは明らかであろう．他方，合成変化率を考える場合には掛け算が使われることになる．たとえばポンドからドルへの交換率と，ドルからフランへの交換率が与えられた場合，ポンドからフランへの交換率はそれらの積となるだろう．

　加法および乗法の実用的な意味について上で見たような簡単な事実が，微分法の**連鎖律**の中に形式化された形で登場する．この連鎖律はすでに利用したことがある．$z = g(y)$ と $y = h(x)$ を連続な導関数をもつ2つの関数とするとき，適当な変域の上で，$z = g(h(x))$ は x の関数となり，その導関数は

$$z'(x) = g'(y)h'(x), \quad \text{あるいは} \quad \frac{dz}{dx} = \frac{dz}{dy}\frac{dy}{dx} \tag{1}$$

で与えられる．証明のためには，それぞれの微分係数を定義する極限について少し注意深く見てみればよい．つまり，対応する有限増分 $\Delta x = x - x_1$ などについての式の極限をとってやればよい．後者については

$$\frac{\Delta z}{\Delta x} = \frac{\Delta z}{\Delta y}\frac{\Delta y}{\Delta x}$$

が成り立っているからである．かくして(1)は，変化率については積をとらねばならないことの背景にある理由を表わしていることになる．

　多変数関数の場合には，対応する連鎖律はいっそう目ざましいものとなる．たとえば座標 (x, y)-平面のある開集合 U の任意の点 (x, y) に対して定義された関数 $z = f(x, y)$ で与えられる量 z を考えよう．この場合，微分係数としてどういうものを考えればよいかは簡単にわかる．y を固定すれば量 z は x だけの関数となる．そのようにみなしたときの z の微分係数が存在するとき，それを z の x に関する**偏微分係数**という．したがって，U の1点 (x, y) でのこの微分係数は $h \neq 0$ として

$$\frac{\partial z}{\partial x} = f_x(x, y) = \lim_{h \to 0}\frac{f(x + h, y) - f(x, y)}{h} \tag{2}$$

220 第6章 微積分学の諸概念

で与えられる. x のほうを固定すれば，同様に偏微分係数 $f_y(x, y)$ が得られる．$f_x(x, y)$ などの記法は両方の変数を特定し，しかも固定される変数と動く変数がそれぞれどちらであるかを表わしている点でより詳しいものといえる．それに対して同じ偏微分係数を表わすもう1つの記法 $\partial z/\partial x$ は，固定される変数が何かを示す指示が与えられない限り不完全である（このことは，たとえば熱力学では重要な点である．というのも，その場合は独立変数の組の選び方が何通りもあるからである）．

$z = f(x, y)$ に対しては，これらの2つの偏微分係数は平面上の点 (x, y) がそれぞれ水平（x 軸方向）および垂直（y 軸方向）に動く際の z の変化率を与えている．したがってそれがそのまま z のあらゆる可能な変化率に対する完全な情報を与えているわけではない．少なくとも，点 (x, y) が別の方向——たとえば x 軸の正の方向に対して角 θ をなす方向——に動く場合の変化率ぐらいは必要なこともあろう．この方向への直線的変化は，パラメータ t を用いて

$$x(t) = x + (\cos \theta)t, \quad y(t) = y + (\sin \theta)t$$

と表わすことができる．全変化は x 軸および y 軸方向への変化の和となるという直観的原理から，z の θ 方向へのパラメータ t に関する微分係数は1次結合

$$\frac{dz}{dt} = \left(\frac{\partial z}{\partial x}\right)\cos \theta + \left(\frac{\partial z}{\partial y}\right)\sin \theta \tag{3}$$

になるはずだと考えられる．これは**方向微係数**と呼ばれる．z の両方の偏導関数が連続ならば，この公式は正しい．これは次に述べる連鎖律の特別の場合である．関数 $x = g(t)$ および $y = h(t)$ が連続な導関数をもち，その値 x，y が集合 $U \subset \boldsymbol{R}^2$ に入るとし，他方，関数 $z = f(x, y)$ が同じ U 上で連続な1階偏導関数をもつ場合，$z = f(g(t), h(t))$ は t（の適当な値）についての関数として連続な導関数

$$\frac{dz}{dt} = \frac{\partial z}{\partial x}\frac{dx}{dt} + \frac{\partial z}{\partial y}\frac{dy}{dt} \tag{4}$$

をもつ．この式は明らかに上の（3）を含んでいる．同様な公式は，z が 3 変数以上の関数の場合や，x および y が 2 つ以上のパラメータに依存している場合にも成り立つ．

この連鎖律（4）はいくつかの異なった解釈が可能である．

まず第一に，$dx = (dx/dt)dt$ を t の無限小変化 dt によって引き起こされる x の無限小変化と考えよう．このとき（4）に dt を掛けて約分すれば

$$dz = \frac{\partial z}{\partial x}dx + \frac{\partial z}{\partial y}dy \qquad (5)$$

が得られる．この表現は z の**全微分**と呼ばれる．x および y の与えられた値に対して，それは無限小変化 dx および dy による z の全変化を表わしている．われわれはもう少しあとで，この式の「無限小」を用いない解釈を与える．

点 x_0, y_0 を出発点として有限の変化 $x - x_0$, $y - y_0$ を考えた場合には，対応する z の変化 $z - z_0$ は，式（5）から 1 次近似においては

$$(z - z_0) = \left[\frac{\partial z}{\partial x}\right]_0(x - x_0) + \left[\frac{\partial z}{\partial y}\right]_0(y - y_0) \qquad (6)$$

のようになるであろうと考えられる．これからさらに 2 変数 x，y の十分滑らかな関数 z に関しては，テイラーの公式およびテイラー級数が存在するであろうことも示唆される（これは実際に正しい）．今後ともこの「滑らか」という言葉は，何階まで(偏)導関数が実際に必要となるのかをいちいち特定しないですませたい場合に，考えている関数が必要なだけ十分高い階数の連続な(偏)導関数をもつことを表わすのに用いることにする．

連鎖律（4）において dz/dt は

$$\frac{dz}{dt} = \frac{\partial z}{\partial x}\frac{dx}{dt} + \frac{\partial z}{\partial y}\frac{dy}{dt} = \left[\frac{\partial z}{\partial x}, \frac{\partial z}{\partial y}\right] \cdot \left[\frac{dx}{dt}, \frac{dy}{dt}\right] \qquad (7)$$

のように 2 つの「ベクトル」の「内積」として考えることもできる．右辺の第 1 成分は $z = f(x, y)$ の**勾配**（gradient）と呼ばれる．それは平面上の各点 $(x_0,$

222 第6章 微積分学の諸概念

y_0) で定義され

$$(\nabla f)_0 = \left[\frac{\partial f}{\partial x}, \frac{\partial f}{\partial y}\right]_{x=x_0, y=y_0} \tag{8}$$

のように書かれる．このベクトルは f の増加率が最大となる方向に「向いて」おり，その長さが当該増加率の大きさになっている．関数 f は平面上の各点ごとに1つずつこのようなベクトルを定める．平面上の点を固定したときすべての f に対するこのようなベクトルの全体は，2次元ベクトル空間をなす．これをその点における平面の**余接空間**（cotangent space）という．

積(7)における第2のベクトルは，関数 $x = g(t)$，$y = h(t)$ に依存している．それらは点 x_0，y_0 を通る連続な**径路**を表わしている．このような径路は，パラメータ t によって $(g(t), h(t))$ と書ける点からなっているので，**パラメータ付けられた曲線**とも呼ばれる．これは，動点の軌跡である．時刻 t_0 において $x = x_0$，$y = y_0$ であれば，そのときのこの動点の速度は(7)の第2成分

$$\left[\frac{dx}{dt}, \frac{dy}{dt}\right]_{t=t_0} = (g'(t_0), h'(t_0)) \tag{9}$$

となる．それはこの点における上述の径路への**接ベクトル**と呼ばれる．点 (x_0, y_0) を通るいろいろな軌跡に対する接ベクトルの全体は2次元ベクトル空間をなす．これは，この点における平面への**接空間** T_0 と呼ばれる．

さて(7)の形における連鎖律は，dz/dt を z の勾配ベクトルと径路への接ベクトルとの積として表わしている．両方のベクトルが同一の2次元空間に属するものと考えれば，この積は第4章第9節で述べた内積にほかならないことになる．しかし接空間と余接空間は概念的に違うものと考えたほうがよい．こう考えた場合(7)における「積」はおのおのの空間から1つずつとった2つのベクトルの実数値関数となる．この関数は，一方のベクトルを固定した場合，もう一方について線形であり，それゆえ双線形（双1次，bilinear）であるといわれる．第7章でわれわれはこの関数によって余接空間が接空間の「双対（dual）」になることを説明する．

余接空間は形式的に次のようにして構成できる：すなわち，(x_0, y_0) の適当

な近傍で定義されている滑らかな関数 $f(x, y)$ をすべて考える．それらは通常の和および実数倍という演算のもとで（無限次元）ベクトル空間をなす．このような2つの関数 $z = f(x, y)$ と $w = k(x, y)$ は，それらが点 (x_0, y_0) で同じ1階偏微分係数をもつとき，すなわち

$$\left[\frac{\partial z}{\partial x}\right]_0 = \left[\frac{\partial w}{\partial x}\right]_0, \quad \left[\frac{\partial z}{\partial y}\right]_0 = \left[\frac{\partial w}{\partial y}\right]_0 \tag{10}$$

が成り立つとき，その点で**余接的** (cotangent) あるいは同値であるということにする．この関係のもとでのこれらの関数の同値類全体が，求める2次元空間，すなわち点 (x_0, y_0) での余接空間である．この構成法は，平面だけでなく球面のような他の（曲った）曲面に対しても平面座標 (x, y) を球面の緯度・経度のような適当な座標で置き換えることにより適用することができる．

他方，任意の滑らかな関数 f は (8) におけるように勾配 ∇f をもっている．とくに，座標 x および y はそれ自身滑らかな関数であって，その勾配は $\nabla x = (1, 0)$，$\nabla y = (0, 1)$ となる．したがって任意の勾配は各点でこれら2つの勾配の1次結合として

$$\nabla f = \left(\frac{\partial f}{\partial x}\right)\nabla x + \left(\frac{\partial f}{\partial y}\right)\nabla y$$

のように表わすことができる．記号の違いを別にすれば，これは**全微分**の定義式

$$df = \left(\frac{\partial f}{\partial x}\right)dx + \left(\frac{\partial f}{\partial y}\right)dy$$

にほかならない．すなわち，全微分はもともと無限小量としてつくられたものであったが，勾配——すなわち，余接空間のベクトル——として定義することができるのである．余接空間と接空間の違いはここにある．

径路 $(g(t), h(t))$ への t_0 における接ベクトルはまた，次のようなパラメータ表示をもつその径路への通常の意味での接線を定める．

$$x - x_0 = g'(t_0)(t - t_0), \quad y - y_0 = h'(t_0)(t - t_0) \tag{11}$$

ここで $x_0 = g(t_0)$, $y_0 = h(t_0)$ とおいた．

連鎖律(4)は3次元的解釈をすることもできる．関数 $z = f(x, y)$ は平面上の点 (x, y) から上（あるいは下）への高さ z を表わしており，したがって平面の一定の部分の上方にあって，平面から高さ z だけ離れている滑らかな曲面 S によって描写することができる．この曲面に対する点 $p = (x_0, y_0, z_0 = f(x_0, y_0))$ での接平面は，点 p を通る S 上のすべての滑らかな曲線に対する p での接線の全体を含む平面として定義される．そのような滑らかな曲線は $x = g(t)$, $y = h(t)$, $z = f(g(t), h(t))$ で与えられる．点 p でのそれへの接線は，パラメータ表示(11)と z についての対応する方程式

$$z - z_0 = \left(\frac{dz}{dt}\right)_0 (t - t_0) \tag{11'}$$

を連立させて得られる．しかるにこの3つの方程式(11)および(11′)は合わせて $z - z_0$ を近似する1次方程式(6)を満足する．この1次方程式(6)は3次元空間の平面を表わす．(11)がこの方程式を満足するのだから，定義によりこの平面が曲面 S への接平面でなければならない．

以上見たように，連鎖律は幾何学（接平面），力学（速度ベクトル），微積分学（1次近似）および代数学（双対空間）からの諸概念を掛け算や足し算をうまく利用して互いに結びつけているものである．「全微分」の意味もこれによって明確になる．

これらの考え方の中には，図示することによりいっそう明確になるものもある．たとえば，全平面 (x, y) で定義された関数 $f(x, y)$ の勾配は，その平面

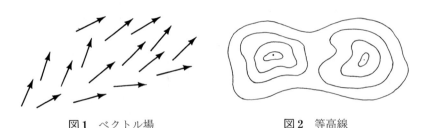

図1　ベクトル場　　　　　　図2　等高線

10.　微　分　形　式　　**225**

の各点に1つずつベクトルを与え，したがってその平面上の**ベクトル場**を定める（図1）．あるいはまた，式 $f(x, y) = $ 定数 によって平面上に曲線の族――すなわち，f の**等高線**――が与えられる．これらは海面からの高さを平面上に図示する地図にヒントを得たものである（図2）．f が滑らかならば，勾配ベクトルは0でない限り，等高線に直交する．地図の上では，それは一番速く登っていく方向を表わしている．数学にとっても，これらの勾配ベクトルは，トポロジーやモース (Morse) 理論において決定的な形で利用されてきたのである．

10.　微　分　形　式

x軸上の a から b までの区間に沿った1次元定積分

$$\int_a^b f(x)dx$$

は x の増分 dx に関数 f の値 $f(x)$ を重みとして掛けてつぎつぎと足し合わせたものである．2次元ではこれと平行して平面上のある径路に沿った「線」積分

$$\int_{(a,b)}^{(c,d)} (P(x, y)dx + Q(x, y)dy)$$

が考えられる．これは x および y の無限小増分に関数 $P(x, y)$ および $Q(x, y)$ をそれぞれ重みとして掛けて加え合わせたものである．これらの概念を明確にするには積分記号の中にあるものについてまず最初に考えねばならない．

(x, y)-平面の開集合U上の1次（外）**微分形式**とは

$$\omega = P(x, y)dx + Q(x, y)dy \tag{1}$$

のような形のものをいう．ここでPとQはU上の点 (x, y) の滑らかな関数である．このような微分形式はまたUの各点 (x, y) にその点での余接ベクトル $Pdx + Qdy$ を滑らかに対応させる関数と見ることもできる．任意の滑らかな関数 $z = f(x, y)$ に対して，全微分 $dz = f_x dx + f_y dy$ は上のような微分形式 ω の1つである．しかし全微分には**なっていない**ような微分形式もたくさん

226　第6章　微積分学の諸概念

ある．このことは少なくとも連続な2階導関数をもつような関数 $f(x, y)$ に対
しては，偏微分の順序が交換できる，すなわち

$$\frac{\partial^2 f}{\partial x \partial y} = \frac{\partial^2 f}{\partial y \partial x} \tag{2}$$

が成り立つという重要な定理からわかる．直観的にはいかにも確からしいこの
定理の証明は，ふつう平均値の定理を用いてなされる．この定理により，（1）
の微分形式が全微分となるためには条件

$$\frac{\partial P}{\partial y} = \frac{\partial Q}{\partial x} \tag{3}$$

を満たさねばならないことがわかる．この条件を満たす微分形式は閉形式と呼
ばれる．

　以下にあげるようなさまざまな例から考えて，**線積分** $\int_L \omega$ の形式的定義は次
のようにするのが適当だと思われる．ここで「線」 L とは，ω が定義されてい
る (x, y)-平面の領域 U 中の滑らかな曲線のことである．積分はこの場合もや
はり和の極限として定義される．すなわち，曲線 L を $p_i = (x_i, y_i)$ なる点 p_0,
$p_1, \cdots, p_n$ で n 個の「小」部分に分割し，和

$$\sum_{i=1}^{n} (P(x_i, y_i)(x_i - x_{i-1}) + Q(x_i, y_i)(y_i - y_{i-1})) \tag{4}$$

をつくる．この和の各項はちょうど，微分形式 ω の点 p_i での値（あるいは，
曲線上で p_i と p_{i-1} の間にある別の点での値でもよい）の中に出てくる全微分
dx および dy を実際の座標の増分 $x_i - x_{i-1}$ および $y_i - y_{i-1}$ で置き換えたも
のとなっている．適当な条件のもとで，この和は $n \to \infty$ で曲線の各小部分の
長さが0に近づくとき，一定の極限に近づく．この極限値が線積分 $\int_L \omega$ である．
この考えは普通の積分のものと全く同じである．考え方の同一性は形式的な形
でも表わすことができる．線 L を滑らかなパラメータ表示 $x = g(t)$, $y = h(t)$

で表わす．そうすれば線積分はパラメータ t の適当な上下端に対する通常の定積分に一致する：

$$\int_L \omega = \int_{t_1}^{t_0} [P(g(t),\ h(t))g'(t) + Q(g(t),\ h(t))h'(t)]dt$$

さらに積分の変数変換の標準的な公式から，右辺の積分（ t の適当な両端の値に対するもの）は滑らかなパラメータ表示の選び方によらないことが示されるのである．

　線積分の例はいくらでも挙げられる．物理学において，力（ベクトル）F により変位（ベクトル）D が起きたときなされた**仕事**は，力と変位の力方向の成分との積，すなわちこれら2つのベクトルの内積 $F \cdot D$ として定義される．問題となっている力が平面上の位置によって $F = (P(x,\ y),\ Q(x,\ y))$ のように変化しているとき，小変位 $\varDelta x,\ \varDelta y$ のもとでなされる仕事は近似的に内積 $P(x,\ y)\varDelta x + Q(x,\ y)\varDelta y$ となり，したがって和（4）は線 L に沿ってなされる仕事の総量を近似的に測るものとなる——そして線積分はその極限として正確な仕事量を与えるわけである．

　平面における流体の流れは，線積分の別の例を与える．流体がいたるところ同じ定速度ベクトル V をもって流れているとし，V の x 成分，y 成分をそれぞれ M および N とすれば，単位時間内に位置ベクトル $(\varDelta x,\ \varDelta y)$ を横切る流体の量は，その位置ベクトルの長さに速度 V のそれと直交する成分を掛けたものとなろう．言い換えるとそれは，V とその位置ベクトルに直交するベクトル $(-\varDelta y,\ \varDelta x)$ との内積である．これと同じ式 $-M(x,\ y)\varDelta y + N(x,\ y)\varDelta x$ は，流れの速度ベクトル $V = (M(x,\ y),\ N(x,\ y))$ が $(x,\ y)$ について変化している場合にも成り立つ．これらの寄与をすべて加え合わせて，線積分の定義の場合と同様に極限をとれば，この積分 $\int_L (Ndx - Mdy)$ は線 L を単位時間に横切る流体の全流量を表わしていることになる．以上の例やその他の同様の例から，線積分というものもまた，全体の量を測るのにすべての小部分（直観的な言い方をすれば無限小部分）を加え合わせるという一般的な考え方の一つの実現であることがわかる．

　$(x,\ y)$-平面の有界面分 A 上の滑らかな関数 f の**2重積分** $\displaystyle\iint_A f(x,\ y)dxdy$

もまた2重和 $\sum_{ij} f(x_i, y_j)(x_{i+1} - x_i)(y_{j+1} - y_j)$ の適当な極限である．これはいろいろに解釈できる．たとえば $f(x, y) = 1$ ならば，2重積分はまさに A の面積であるし，一方 A が薄板で $f(x, y)$ が点によって一般に異なっているその密度を表わしているならば，2重積分はその板の重さを表わすことになる．この場合，積分法の基本定理がガウスの補題（「発散定理」）の形でふたたび現われる．面分 A が滑らかな閉曲線 C で囲まれているとせよ．この $C = \partial A$ は A の**境界**と呼ばれる．そして ω が A および C 上で定義された滑らかな微分形式とする．このとき

$$\int_C [P(x, y)dx + Q(x, y)dy] = \iint_A \left[\frac{\partial Q}{\partial x} - \frac{\partial P}{\partial y}\right] dxdy \qquad (5)$$

が成り立つ．すなわち ω の線積分は2重積分に帰着される（この2重積分は，流体の流れの場合，全「発散」と解釈できる）．(5)の証明の要点は簡単である．$P = 0$ と仮定しよう．そうすれば Q だけが問題となる．そして C と交わる各水平線は C とちょうど2点——左側を (x_l, y_l)，右側を (x_r, y_r) とする．図1参照——で交わるとする．このとき，$\partial Q / \partial x$ の2重積分は，明らかに累次積分——すなわち，まず x について積分し，次に y について積分する——で置き換えられる．そして x についての水平線に沿った積分（すなわち，水平の細い帯に沿った和）は基本定理によりちょうど $[Q(x_r, y_r) - Q(x_l, y_l)]dy$ となる．y に関する第2の積分は，Qdy の線積分を2つの部分——A の左側と右側——に分けて与える．図の矢印が示すように，この場合面分 A がつねに C の左側にくるような向きに C に沿って積分することが重要である（これには第3章で議論したように向き付けという幾何学的概念が必要となる）．ここでは(5)を厳密に証明するのに必要となる細かい議論（たとえば C がもっと複雑なからみ方をし

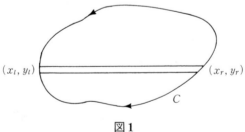

図1

ている場合など）には触れないでおく．われわれがここで問題にしたのは，ガウスの補題（6）が，（境界曲線Cに沿った）全変化量はまさに無限小変化の総和であるという考え方——すでに（第4節）基本定理においても表わされていた考え方——の別の形での（当然ながら形式的でしかも周到な）実現だということを大づかみに理解することなのであった．

　同じアイデアは高次元に関しても現われる．3次元ユークリッド空間における2次元曲面S上の積分は，2重積分を一般化した

$$\iint_S [L(x,\ y,\ z)dydz + M(x,\ y,\ z)dxdz + N(x,\ y,\ z)dxdy]$$

の形をもっている．ここでL，M，Nは座標x，y，zの滑らかな関数であり被積分項は2次微分形式である．このような積分は適当な和の極限としても定義できるし，また曲面Sがパラメータ表示 $x = g(s,\ t)$，$y = h(s,\ t)$，$z = k(s,\ t)$ で与えられているときは，2つのパラメータs，tについての平面上の2重積分に帰着して定義することもできる．Sがある立体Vの全境界となっている場合には，グリーン（Green）の定理（ガウスの補題ともいわれる）により

$$\iint_{\partial V} [Ldydz + Mdxdz + Ndxdy] =$$
$$\iiint_V \left[\frac{\partial L}{\partial x} - \frac{\partial M}{\partial y} + \frac{\partial N}{\partial z} \right] dxdydz \tag{6}$$

が成り立つ．同様に，ストークス（Stokes）の定理は一片の曲面Sの境界となる曲線 ∂S 上の1次微分形式の積分に関するものである：

$$\int_{\partial S} [Pdx + Qdy + Rdz] =$$

$$\iint_S \left[\left[\frac{\partial Q}{\partial x} - \frac{\partial P}{\partial y} \right] dxdy + \left[\frac{\partial R}{\partial x} - \frac{\partial P}{\partial z} \right] dxdz + \left[\frac{\partial R}{\partial y} - \frac{\partial Q}{\partial z} \right] dydz \right] \tag{7}$$

　基本定理の以上あげた3つの形（5），（6），（7）のおのおのにおいて，左辺

230 第6章 微積分学の諸概念

の「境界」上で積分される微分形式 ω から右辺の被積分項として出てくる別の微分形式が決まってくる．後者の微分形式は ω の**外微分**(exterior derivative)と呼ばれ，$d\omega$ と書かれる：

$$d[P(x,\,y)dx\,+\,Q(x,\,y)dy] = \Big(\frac{\partial Q}{\partial x} - \frac{\partial P}{\partial y}\Big)dxdy,$$

$$d[Pdx\,+\,Qdy\,+\,Rdz] = \Big[\frac{\partial Q}{\partial x} - \frac{\partial P}{\partial y}\Big]dxdy$$

$$+\Big[\frac{\partial R}{\partial x} - \frac{\partial P}{\partial z}\Big]dxdz + \Big[\frac{\partial R}{\partial y} - \frac{\partial Q}{\partial z}\Big]dydz,$$

$$d(Ldydz\,+\,Mdxdz\,+\,Ndxdy) = \Big[\frac{\partial L}{\partial x} - \frac{\partial M}{\partial y} + \frac{\partial N}{\partial z}\Big]dxdydz$$

微分形式の外微分を上のように記述することにより，上でいくつかの形で述べてきた「積分法の基本定理」をすべて1つの統一的な形にまとめることができる．ある空間の有界で滑らかな小部分 V（立体，曲面，面分など）で滑らかな境界 ∂V をもつものを考える．このとき

$$\int_{\partial V}\omega = \int_V d\omega$$

が成り立つ．ここで滑らかな微分形式 ω（したがってまたその外微分も）は，領域 V とその境界上で定義されているものとする．外微分についての上にあげた諸公式には簡便な記憶法がある．すなわち，まず関数 P や L については dP（や dL）はふつうの全微分である．積に対しては $d(PQ) = (dP)Q + PdQ$，また変数 x に対しては $d(dx) = 0$ であり，変数の全微分 dx，dy などの積の計算では，自乗はすべて0とする．したがって $(dx)(dx) = 0$ であり，一方 $(dx + dy)^2 = 0$ から $dxdy = -dydx$ となる．滑らかな関数の場合，偏微分を続いて行なうときの順序交換の規則(2)から，2次微分形式 $dd\omega$ がつねに0になることも導かれる．

　以上述べてきたいろいろな事実はトポロジーや幾何学における多くの重要な発展の出発点となっている(第8章参照)．こういった技法は，古典的な数理物理学においても，微分形式よりはベクトル解析の言葉を用いて盛んに利用され

ている.

11. 微積分学から解析学へ

　瞬間的変化率と無限和を用いて量を効果的に計算するための規則として出発した微積分学は，上述のような諸概念の発展とともにしだいに解析学へと姿を変えていく．ここでいう「実」解析学とは，実数 R から R への関数を扱い，その積分や，極限，微分などに関するより深い性質を調べるものである．それはこの本では扱えない多くの側面をもっている．ここでは簡単な二三の点を注意するにとどめよう．

　上で論じた（リーマン）積分は，収束する級数の項別積分や，累次積分の順序の交換などについていろいろ都合の悪い面をもっている．これらは積分をもっと広い範囲の関数 f に対して定義できるルベーグ積分 $\int_L f(x)dx$ にまで拡張してやれば大部分解消する．この積分を考える１つの方法は，階段関数を用いるものである．実数直線上のある区間で有界な関数 f とその区間の点の集合 S を考える．S を互いに共通部分のない開区間で覆い，これらの区間の長さの和をとる．このような和全体の下限が S の「外測度」である．集合 E が**可測**(measurable) であるとは，任意の $\varepsilon > 0$ に対して，E を含む開集合 U で差集合 $U - E$ の外測度が ε より小さいものが存在することをいう．E が可測ならばその測度（「幅」）も定義できる．階段関数とはいくつかの互いに共通部分のない可測集合 E_i のおのおのの上で定数値をとりそれ以外では 0 となるような関数のことである．階段関数 f の積分は，各 E_i の「幅」とそこでの f の値の積を加え合わせたものとすればよいことは明らかであろう．$f(x)$ が下からある階段関数 $s(x)$ で近似され，上からまた別の階段関数 $t(x)$ で近似されるとし，下からの近似の上限が上からの近似の下限と一致するとき，この共通の値が**ルベーグ積分** (Lebesgue integral) $\int_L (f(x))dx$ である．またこのとき関数 f は**ルベーグ可積分**であるといわれる．集合の共通部分や合併の測度に関しては自明な代数的諸性質がいくつかある．実際こういった測度の概念は，確率論の概念的公理化に際して不可欠なものなのである．測度 0 の集合についてはとくに簡明な定義がある．また２つの関数がある測度 0 の集合を除いて一致するとき，

232　第6章　微積分学の諸概念

それらは「ほとんどいたるところ」一致すると呼ぶことにしておけば便利である．さてほとんどいたるところ一致する2つの関数 f を同一視するものとしたうえで，定区間上の（複素数値）関数 f でその絶対値の自乗がルベーグ可積分であるもの全体からなる集合 L^2 を考えよう．L^2 の各関数 f に対しては，そのノルム $\|f\|$ を，その区間上の積分を用いて

$$\|f\|^2 = \int |f(x)|^2 dx$$

により定義することができる．

　L^2 に属する2つの関数 f と g の間の「距離」は，ノルムを用いて $\|f-g\|$ で与えられる．この距離により L^2 は距離空間となる．しかもこの解析的に定義された集合 L^2 に空間についての幾何学的考えを応用してみるとたいへんうまくいく．この距離空間が完備であること――すなわち L^2 におけるコーシー列はそこで極限をもつこと――がルベーグ積分の本質的な長所となっている．さらに L^2 の任意の2つの関数 f と g の「内積」を $\int f(x)\overline{g(x)}\,dx$ によって定義することができそれによって L^2 は無限次元内積空間となる（第7章第5節）．

　リーマン積分とルベーグ積分が互いに異なったものであることは，「小部分を加え合わせる」という1つの素朴なアイデアが2つ以上の（実際にこの2つ以外のものもある！）形式的表現をもちうることを示している．

　微分方程式について基本となる考え方は，滑らかな関数 $f(t)$ は，その $t=0$ での初期値と，1階導関数のすべての値を知ることにより完全に決まってしまうというものであった．2変数以上の滑らかな関数 $f(x, y)$ などに対しても同じ考え方をすることができる．つまり，それらは「境界条件」と偏導関数がわかれば決定できると考えるのである．こうして**偏微分方程式**の概念が生まれるが，それは上述の考え方の概念的類比だけから得られたわけではない．理論物理学において，いくつかの独立変数に依存する量に対してちょうど上で述べたような（境界条件と偏導関数の値という）データが観察できるような，さまざまな多くの場合の考察もまた，それを生み出すために大きな役割を果たしてきたのである．

　たとえば，時刻 $t=0$ における1次元の波が図1の左の図のように（各点 x に対して）滑らかな関数 $y=f(x)$ で与えられる高さ y によって表わされてい

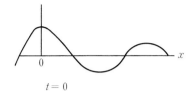 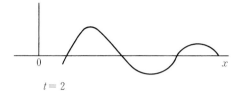

図1　1次元波の運動

るとする．この波が右へ定速度 c（距離/時間を単位として）で同じ形のまま動いていくとすれば，時刻 t での位置 x における高さは $u = f(x - ct)$ で与えられる（読者自ら確かめよ！）．この関数 u は1階偏微分方程式 $\partial u/\partial t = -c\,\partial u/\partial x$ を満たす．しかも（ロルの定理により）この偏微分方程式を満たす任意の滑らかな関数は，ある滑らかな関数 k によって $u(x, t) = k(x - ct)$ と書ける．このようにこの偏微分方程式の解 $k = k(x, t)$ はその初期値 $k(x, 0)$ で決定される．同様に速度 c で左へ動いていく波は $v = g(x + ct)$ で与えられる．u と v は両方とも，**波動方程式**と呼ばれる2階偏微分方程式

$$\frac{\partial^2 u}{\partial t^2} = c^2 \frac{\partial^2 u}{\partial x^2} \tag{1}$$

を満たす．この方程式の最も一般な滑らかな解は，f と g を任意の滑らかな関数として $f(x - ct) + g(x + ct)$ と書ける．

空間の3つの座標 x, y, z に関しては波動方程式は

$$\frac{\partial^2 u}{\partial t^2} = c^2 \left(\frac{\partial^2 u}{\partial x^2} + \frac{\partial^2 u}{\partial y^2} + \frac{\partial^2 u}{\partial z^2} \right) \tag{2}$$

で与えられる．これは時間および空間的に変化する多くの種類の量に適用される方程式である．

ポテンシャル　ニュートンの万有引力の逆自乗の法則のもとで，原点におかれた重力の中心から距離 r にある単位質量のポテンシャル・エネルギーとは，その単位質量を「無限遠から」そこまでもってくるために重力によってな

234　第6章　微積分学の諸概念

される仕事のことである．重力は $1/r^2$ に比例するので，このポテンシャル（r についての積分）は $1/r = (x^2 + y^2 + z^2)^{-1/2}$ に比例する．この x，y，z の関数 $u = 1/r$ は（原点を除いて）偏微分方程式

$$\frac{\partial^2 u}{\partial x^2} + \frac{\partial^2 u}{\partial y^2} + \frac{\partial^2 u}{\partial z^2} = 0 \qquad (3)$$

を満足する．さらに重力の中心がいくつかある場合や，それらが滑らかに分布している場合にも，対応するポテンシャルはこの偏微分方程式を満たす．この方程式はポテンシャル u に対するラプラス（Laplace）の方程式と呼ばれる．

$\boldsymbol{R}^3$ の開集合 V 上で方程式 (3) を満たす滑らかな関数 u は，V 上で**調和** (harmonic) であるといわれる．たとえば，空間内の閉曲面 S 上に分布した電荷は，S 上では定数で S の内部で調和なポテンシャルを定義する．これをはじめとする一連の物理的現象からつぎのディリクレ問題が考えられる．すなわち，V を適当な曲面 S で囲まれた $\boldsymbol{R}^3$ の開集合とし，f を S 上で定義された滑らかな実数値関数とするとき，f を S と V の合併の上で定義され，V の内部で調和な関数に拡張するという問題である．ディリクレはこの問題を解くために，f の拡張となっているすべての関数 u の中で3重積分

$$\iiint_V \left[\left(\frac{\partial u}{\partial x} \right)^2 + \left(\frac{\partial u}{\partial y} \right)^2 + \left(\frac{\partial u}{\partial z} \right)^2 \right] dxdydz \qquad (4)$$

を最小にするものを考えた．そして彼はこの最小値を与える関数が調和であることを証明することができた．積分 (4) は非負だから，すべての u に対する下限が存在する．しかしこの下限を実際に最小値としてとる関数が存在するかどうかは明らかではない．この状況の解明は解析学に大きな進展をもたらしたのである（Monna [1975]）．

（2変数の）調和関数は複素解析学においても登場する（第10章）．

調和運動とは，（1次元の）位置 x が時刻 t の関数として常微分方程式

$$\frac{d^2 x}{dt^2} = -k^2 x \qquad (5)$$

を満たしているような運動のことである．この方程式の最も一般な解は，A，B を定数として

$$x = A \cos kt + B \sin kt \qquad (6)$$

の形をしている．この関数 x は t について周期 $2\pi/k$ をもつ周期関数である．さらに(6)は(5)のすべての解のつくる（実数上の）ベクトル空間が2つの解 $\cos kt$ と $\sin kt$ を基底にもつベクトル空間であることを示している．このように調和運動は，三角関数に帰着される．基底となっているこれら2つの解は，円周上を一様な速度で動いている点をそれぞれの座標軸に射影したものとみることもできる．

　偏微分方程式の解を決定しようとする際，まず最初にその方程式を特別の簡単な境界条件のもとで解き，次にそこで得られた解を適当に加え合わせることによりもとの解がうまく求まることがしばしばある．この方法をとるためには，本来要求されている境界条件を，より簡単な関数の和（または級数）の形に表わしておかねばならない．フーリエ（Fourier）級数

$$f(x) \sim \frac{1}{2}a_0 + \sum_{k=1}^{\infty}(a_k \cos kx + b_k \sin kx) \qquad (7)$$

は，x について周期 2π をもつ関数に対するそのような表示法の典型的なものである．このような級数展開の研究は，第5章で考えた「関数とは何か？」という問題の考察に歴史上大きな役割を果たしたのである．

　さて級数(7)がすべての x に対して実際に $f(x)$ に収束していると仮定して，係数 a_k および b_k を，f と右辺の級数に $\sin mx$ や $\cos mx$ を掛けて0から 2π まで積分することにより決定することを試みてみよう．その際現われる級数が項別積分できれば好都合である．これは二重の極限（収束と積分の交換）にかかわる典型的な問題である．これは解析学においてさまざまな形をとって現われる一般的問題である．いまの場合，この順序交換を行なうことができれば，それから簡単に(7)の係数に対する公式

236 第6章 微積分学の諸概念

$$a_m = \frac{1}{\pi}\int_0^{2\pi} f(x)\cos mx dx, \quad b_m = \frac{1}{\pi}\int_0^{2\pi} f(x)\sin mx dx \qquad (8)$$

が得られる．こうして得られた級数が実際に収束するかどうかについての研究にはルベーグ積分が効果的に利用され，多くの深い定理が得られている．さらにまた，一意性の問題も生じる．すなわち(7)のような2つの級数が同一の関数 $f(x)$ に収束する場合，それらの係数はすべて相等しいであろうか？ という問題である．この問題は直ちにつぎの，「(7)のような級数が $0 \leqq x \leqq 2\pi$ なるすべての x に対して0に収束するならば，係数はすべて0となるだろうか？」という問題に帰着される．答は肯定的であり，しかも有限個の点を除くすべての x に対して0に収束するということを仮定するだけで十分である．実は，除外してよい点がさらにどの程度まで許されるだろうかという問題こそが，ゲオルク・カントールに，抽象的集合——この場合で言えば，任意の $x \in S$ に対して収束した値が0ならば係数がすべて0となるような集合 S ——の考察の端緒を与えたものだったのである．このような収束についての特定の（具体的な）問題が集合論のような一般的概念を生み出す主要な契機であったとは！ 集合論がこのようにして成立したという点は，ソロヴェイ (Solovay) による集合論についてのごく最近の研究の中でも強調されている．

　上述のフーリエ級数は，2π を周期とする周期関数 $f(x)$ を扱っている．このような関数はまた，（半径1の）円周上のすべての点 θ に対して定義された関数 $f(\theta)$ として記述することもできる．この場合，角の**加法性**を考慮に入れることにより，**円周**はコンパクトで可換な位相群となる．この立場に立つ「調和解析」（この術語は調和運動に由来する）という分野は，一般的にはいろいろな位相群上で定義された関数を扱うものである——そしてその内容はきわめて多岐にわたる．

　滑らかな関数 $y = f(x)$ が極大値および極小値をとる点では，その関数の微分係数は必ず0となる．この事実は極大および極小をとる点を決めるための初等的な（しかし有用な）方法として用いられている．極値問題の中にはもっと複雑なものもたくさんある．たとえば，運動する粒子が A から B まで最小時間で降りてくるには，どんな曲線に沿って動けばよいだろうか？ あるいはまた，与えられた長さの単純閉曲線のうち最大の面積を囲むのはどんな曲線か？等々．これらの場合には，与えられた関数 $y = f(x)$ を最小にする x の値では

なく，考えている量を最小にする関数 $f(x)$ の形（たとえば，降下曲線の形など）を求めることになる．典型的な場合には，その量はふつうxと，問題になっている関数 $y = f(x)$ の値，およびその導関数の値のすべてに関係するある量Fの積分――たとえば

$$\int_a^b F(y,\ y',\ x)dx, \quad y = f(x),$$

のような積分――で与えられる．最小値を与える関数 $f(x)$ を選ぶこのような問題は，力学における「最小作用の原理」（第9章参照）や上述のディリクレ問題(4)にも現われる．こういった最小（あるいは最大）値問題は，**変分学**の内容をなしている――この分野は多くの概念上の問題をもち，ε-δ 式の周到な基礎づけがとくに要求されるところである．それは（最近では広く）実用的な最適問題にも応用されており，しかも驚くべき概念的着想を含んでいる．たとえば滑らかな関数 $y = f(x)$ の極小を与える2つの点の間には，極大を与える点があるという初等的事実はどのように一般化できるだろう？ （2変数関数などの極小点，鞍点，極大点の数についてのいわゆる「モースの不等式」はこの問題の解答を考える中から得られた）．

　変分学においては，特定の積分があらゆる滑らかな関数 $f(x)$ に対してとる値の最大・最小を考える．ここから，そのような関数全体の集まりを一つの「空間」として考える考え方が生じる．先に L^2 空間を述べた際にも注意したように，歴史的に見れば，この種の関数空間の研究が，距離空間という一般的概念を導入する一つの契機となったのである．

12.　諸概念のあいだの内的関連

　代数学（たとえば群論）および幾何学（たとえばベクトル空間）はどちらもある単純な形式化された公理系のモデルの研究として記述することができた．微積分学をそれと同様に記述することは容易でない．それはむしろ計算についての直観的な方法を出発点とした多様な形式的概念（極限，微分係数，積分，微分形式など）の展開であって，しかもそれらの諸概念がすべて（実数と実数の集合および実数上の関数の集合に対する公理体系という）1つの公理体系に

238　第 6 章　微積分学の諸概念

支配されているようなものであると言ったほうがよい．それにもかかわらず，微積分学は代数学や幾何学と同じ基本的性格をもっている．すなわちそれもやはりまず実際的な問題と計算に役立つ直観的アイデアが出発点となっているのであり，ついでそれらが厳密に形式化できることがわかり，そして実際に ε-δ 論法を用いたり，あるいは，「無限小超実数」を導入したりすることにより，現在あるように形式化されてきたのである．さらにまた，そこに現われる多様な概念はつぎの図式からもうかがえるように互いに密接に関連し合っているのである．

12. 諸概念のあいだの内的関連

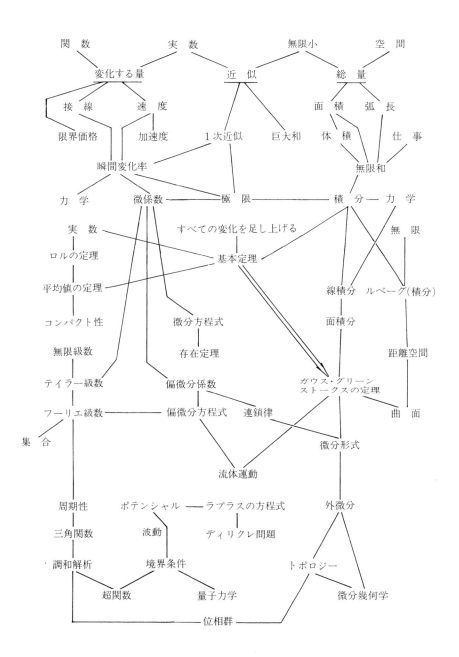

第7章 線 形 代 数

第4章第7節において平面幾何学の諸問題を代数的に取り扱った際に，われわれは実数体 R 上の2次元ベクトル空間を導入した．一方微分積分学においては勾配や接線の考察を通して余接空間および接空間の概念に達した．3次元のベクトル空間は，物理学における標準的対象であり，他方高次元幾何学のいろいろな概念はベクトルを用いて代数的に取り扱うのが便利である．また解析学では第6章第11節で見たように，L^2 空間のような無限次元空間が必要となる．この章では，必ずしも R や C に限らない任意の体上の線形空間の諸性質をまとめてみよう．

1. 線形性の源泉

ある作用が「線形」であるとは，それが比を保ち，さらに和に対する作用の結果が，それぞれに対する作用の和に一致することを意味する．そのような線形性は，第4章第7節におけるのと全く同様に定義される「線形」ベクトル空間を用いて形式的に記述することができる．与えられた「スカラー」のなす体 F 上で定義されたベクトル空間（線形空間）とは，「ベクトル」の集合 V であって，2つのベクトル v と w の和 $(v, w) \mapsto v + w$，およびベクトル v のスカラー $a \in F$ による積 $(a, v) \mapsto av$，という2つの演算を備えたもののことをいう．これに対する公理系は，ベクトル全体がアーベル群をなすことと，スカラーによる乗法がつぎの2つの条件

$$a(v + w) = av + aw, \quad 1v = v, \tag{1}$$

1. 線形性の源泉　*241*

$$(a + b)v = av + bv, \quad (ab)v = a(bv) \tag{2}$$

を満足することを要求するものである．ここで v，w は V の任意のベクトル，a，b は F に属するスカラーである．これらの加法およびスカラー倍の 2 つの演算を用いて，より一般に n 個のベクトル $v_i \in V$ の $a_i \in F$ を係数とする次のような 1 次結合

$$a_1v_1 + a_2v_2 + \cdots + a_nv_n = \sum a_iv_i$$

が得られる．与えられた n 個のベクトル v_1，$\cdots$，v_n の 1 次結合全体は V の部分空間をなす．これを v_1，$\cdots$，v_n で**張られる**部分空間と言う．$\sum a_iv_i = 0$ となるのは係数 a_i がすべて 0 の場合に限るとき，v_1，$\cdots$，v_n は**1 次独立**であるという．さらに，V の任意のベクトルが v_1，$\cdots$，v_n の 1 次結合 $\sum a_iv_i$ の形にただ一通りに表わされるとき，v_1，$\cdots$，v_n は有限次元空間 V の**基底**をなすという．基底に属するベクトルは必ず 1 次独立となる．1 つのベクトル空間の 2 つの基底は，同じ個数の元からなる．この数 n をその空間の**次元**といい，$\dim V$ で表わす．これらの概念はすべて 1 次結合を用いて定義されている．

　平面の場合と同様に，ベクトル空間 V の幾何学は，V からそれ自身あるいは（同じ体 F 上の）別のベクトル空間 W への変換——より正確にいえば線形変換——を用いて記述される．この線形変換（1 次変換，線形写像ともいう）は，V から W への関数 T で，1 次結合を保つもの，すなわち

$$T(\sum_{i=1}^{n} a_iv_i) = \sum_{i=1}^{n} a_iT(v_i) \tag{3}$$

が成り立つものとして定義される．（3）が成り立つためには，もっと簡単なつぎの 2 つの等式

$$T(v_1 + v_2) = Tv_1 + Tv_2, \quad T(av) = aT(v) \tag{4}$$

が成り立てばよい．（4）の 2 つの式は，T が和を保つ（つまり，T が**加法的**である）こと，および，T がスカラー倍を保つ（つまり T が**斉次**である）ことを

242   第7章 線 形 代 数

それぞれ意味している．$S:W \to U$，と $T:V \to W$ が線形ならば，合成 $S \cdot T:V \to W$ も線形である．V から自分自身への線形変換 T は線形**自己準同形**と呼ばれる．$T:V \to V$ が両側逆写像 $T^{-1}:V \to V$ をもつとき，T は**正則**であるという．このときこの逆写像（これはもちろん一意的に定まる）もまた線形になる．

数学に登場する加法的でしかも斉次となるような演算の多くは，この線形変換の言葉を用いて定式化することができる．

微積分学では，以下に見るように微分および積分の演算が線形となる．実際実軸上の１つの区間，たとえば単位区間 $I = \{x \mid 0 \le x \le 1\}$ 上の無限回連続微分可能な関数，$f:I \to \boldsymbol{R}$，全体のつくる集合 $C^\infty = C_I^\infty$ を考えよう．次のように I の各点 x ごとに和とスカラー倍をとることにより，

$$(f + g)(x) = f(x) + g(x), \quad (af)(x) = a(f(x)) \tag{5}$$

C^∞ に和とスカラー倍の演算が入り，これによって C^∞ は $\boldsymbol{R}$ 上のベクトル空間になる．各微分演算，たとえば $Df = df/dx$ は「和の微分は微分の和」といった微積分学の基本的公式によって，C^∞ から C^∞ への線形変換になる．あるいはまた，各 f に $\int_0^x f(x)dx$ を対応させる積分演算も（「和の積分」の公式により）線形となる．この空間 C^∞ は明らかにたいへん大きなもので，有限個の元からなる基底をもたない．すなわちそれは**無限次元**である．C^∞ は，多くの**関数空間**（すなわち，ある特定の種類の関数からなる空間）のほんの一例にすぎない．このような C^∞ をはじめとするさまざまな関数空間を扱うためには，ベクトル空間を用いた幾何学的手法がきわめて有用である．

第６章第11節で調和振動子について述べた際，微分方程式 $d^2x/dt^2 = -k^2x$ の任意の解は，２つの解 $\sin kt$ および $\cos kt$ の１次結合としてただ一通りに表わされることを注意しておいた．この調和振動子の微分方程式は，定数係数の斉次**線形微分方程式**（すなわち，導関数 d^nx/dt^n, $\cdots$, dx/dt, および x の $\boldsymbol{R}$ 上の１次結合を０とおいた方程式）の一例である．調和振動子の場合と同様に，n 階の定数係数線形微分方程式についても，その任意の C^∞-解は，n 個の１次独立な解の１次結合になっている．

第６章第９節で見たように，２変数 x，y の関数に対する微積分学において

は，連鎖律を用いて，各点 (x, y) に 2 つの異なったベクトル空間を付随させることができる．すなわち，(x, y) を通るあらゆる可能な径路に対する (x, y) での接ベクトル全体のつくる接空間と，(x, y) での滑らかな関数の微分全体のつくる余接空間がそれである．これら 2 つの空間の間の関係は，のちに本章第 4 節で考察する双対空間の概念を生み出す一つの動機を与えたものであり，また高次元の幾何学を発展させるための原動力の一つでもあった．径路を運動する質点の軌跡と考えてみればよくわかるように，接空間の概念は力学の展開から示唆されたものなのである．これらについてはのちに第 9 章で詳しく見ることにする．

　代数的に見ると，ベクトル空間の次元は，空間の大きさを測る一つの手段を提供するものである．たとえば F 係数の多項式 $f(x)$ が F 上既約（すなわち，F 上では真の約数をもたない）ならば，本章第 10 節で見るように F と $f(x) = 0$ の 1 つの根 α で生成された体 $K = F(\alpha)$ を構成することができる．この体は，F の各元を動かさない自己同形を除いて一意的に定まる．この K は F 上のベクトル空間になり（その際，加法としては K における加法をとり，スカラー倍としては，F の元との K の中での積をとる），F 上のその次元は $f(x)$ の次数に一致する（特別な場合として，複素数体 $\boldsymbol{C}$ は $\boldsymbol{R}$ に $x^2 + 1 = 0$ の根を添加することにより得られ，$\boldsymbol{R}$ 上の 2 次元ベクトル空間になる）．次元の概念のこのような応用については，すでに第 5 章第 7 節でガロア群に関連して注意したところである．そこではガロア群の位数が，分解体の次元に一致するのであった．同様に次元の概念は，体論のあらゆる領域（たとえば，すべての有限体の決定など）に登場するし，さらに，四元数体など，体を含むその他の環（しばしば体上の**多元環**と呼ばれる）の研究にも現われる．

　このように，多様な例が「ベクトル空間」の概念を用いて一つにまとめられる．これらの例をすべて考え合わせてみると（$\boldsymbol{R}$ 上のベクトル空間については 1888 年にすでにペアノがその公理を述べてはいたが），ワイルが 1918 年に相対論についての本を出版するまでベクトル空間の公理系が数学者の間で一般に認識されるに至らなかったことは，むしろ大きな驚きといえよう（ワイルは上記の本の中で，ベクトル幾何学とアフィン幾何学の利用を必要としたのである）．

　上にあげた公式（1），（2）では，スカラー a，b がベクトルの左側から作用するという意味で，V は F 上の**左**ベクトル空間として定義されていた．同じベクトル空間はまた，スカラー倍が右から作用するものとして記述することも

244 第7章 線 形 代 数

できる．次節では，そのような**右**ベクトル空間を用いるほうが便利である．

2. 線形変換と行列

　線形代数を展開するには2つの方式がある：すなわち，ベクトルの1次結合を用いる幾何学的方式（あるいは**不変な方式**）と具体的に座標を用いる方式である．座標のほうは基底の選び方によって決まる．くわしく言うと，右ベクトル空間Vが有限基底 u_1, $\cdots$, u_n をもつとき，Vの任意のベクトルvは，スカラー x_i を係数とする u_1, $\cdots$, u_n の1次結合として

$$v = u_1 x_1 + u_2 x_2 + \cdots + u_n x_n$$

の形に一意的に表わされる（ここでスカラーが右から作用している点に注意せよ）．これらのスカラーによって，基底 u_i に関するベクトルvの座標 $X = (x_1,$ $\cdots$, $x_n)$ が与えられる．あるいはまた，ベクトルとは数 x_i の n 個の組Xのことであり，したがってVはこのようなn個の数の組全体のつくる空間 F^n にほかならないのだということもできる．これによってベクトルのすべての性質はこれらの数（座標）を用いて表現することができる．たとえば，線形変換 $T : V$ $\rightarrow V$ はn個の基底 u_j の像

$$Tu_j = \sum_{i=1}^{n} u_i a_{ij} \tag{1}$$

を与えることにより完全に決定される．したがってTは，係数の配列

$$A = \begin{bmatrix} a_{11}, & a_{12}, & \cdots, & a_{1n} \\ \vdots & & & \\ \vdots & & & \\ a_{n1}, & a_{n2}, & \cdots, & a_{nn} \end{bmatrix} \tag{2}$$

すなわち$n \times n$ 行列によって決定される．線形性により $T(\sum u_j x_j) =$ $\sum_{i,j} u_i a_{ij} x_j$ が成り立ち，したがってTの像 $v' = Tv$ の座標はつぎの式で与え

られる.

$$x'_i = \sum_{j=1}^{n} a_{ij} x_j, \quad i = 1, \cdots, n \tag{3}$$

これは，正方行列Aが座標（あるいは変数）x_jに関して線形変換Tを表わす通常の方法である．とくにj番目の基底ベクトル u_j は行列Aの第j列ベクトル（を座標とするベクトル）にうつされる.

Tの座標による表現（3）と基底を用いる表現（1）は同値である．しかしTに対する行列Aは，Tだけでなく基底の選び方にも依存する．これから，「いつ，2つの異なる正方行列が同じ線形変換を表わすか？」という中心的問題が生じる（本章第12節参照）.

線形性が認識されるようになったもう1つの動機は，連立1次方程式を解くという実用上の問題である．すなわち$x'_1, \cdots, x'_m$と，m個の方程式（3）が与えられたとき——ここではiは1からmまで動くものとする——，これらの方程式を満たす x_j をすべて求めよという問題である．これらの m 個の方程式は，$(x_1, \cdots, x_n)$のつくるn次元ベクトル空間Vから，x'_iの組 $(x'_1, \cdots, x'_m)$ のつくるm次元ベクトル空間Wへの線形変換 $T : V \to W$ を表わす．解についてのおなじみの結果はみな，対応する長方行列に関する結果に言い換えることができる．たとえば，Tの像 $\mathrm{Im}\, T$ とは，V のある元vによって Tv の形に書けるすべての元からなる W の部分空間のことである．言い換えれば，（3）の形に書けるすべての値 $(x'_1, \cdots, x'_m)$ の集合である．その次元はT（とその行列A）の**階数**（rank）と呼ばれる．Tの**核** $\mathrm{Null}\, T$ とは，$Tv = 0$ となるすべてのvからなるVの部分空間のことである．その次元は，T（とその行列A）の**退化次数**と呼ばれる．基底についての初等的議論により，これらの次元の間には，つぎの等式が成り立つ.

$$n = \dim(T \text{の定義域}) = \dim(\mathrm{Im}\, T) + \dim(\mathrm{Null}\, T) \tag{4}$$

この式は，n個の連立1次方程式の解についてのつぎの事実に対応している．すなわち，与えられた x'_j に対して方程式（3）が解をもつための必要十分条件は，$(x'_1, \cdots, x'_m)$ が $\mathrm{Im}\, T$ に属することである．とくに $n = m$ で rank A

246 第7章 線形代数

$= n$ ならば(すなわち，Aの行が1次独立ならば)，解はつねに存在して一意的である．そしてその解は行列式を用いてクラメール (Cramér) の公式で与えられる．n個の斉次方程式（すなわち，すべての $x'_j = 0$ である方程式）に対しては，1次独立な解の個数はnからAの階数を引いたものに等しい．これらの結果は，代数的な計算が幾何学的概念に翻訳できるもう1つの例を与えている．

行列の積は，対応する線形変換の合成から得られる．n次正方行列Bが $Su_k = \sum u_j b_{jk}$ で決まる別の線形変換 $S: V \to V$ を表わすとすれば，合成 $T \cdot S$（まずSを作用し，次にTを作用する）は（2）を用いて

$$TSu_k = \sum_{i=1}^{n} u_i \sum_{j=1}^{n} a_{ij} b_{jk} \qquad (5)$$

の形に書ける．したがって合成変換に対応する行列Cの (i, j)-成分は $c_{ik} = \sum_j a_{ij} b_{jk}$ ——つまりAの i 行目とBの k 列目の積——で与えられることになる．これにより，おなじみの行列の積の計算規則が説明される．線形変換の合成は結合律を満たすので，この行列の乗法も結合律を満たす．このことはまた，上の成分を用いた積の定義から直接証明することもできる．このように「合成」というアイデアが，行列による定式化での計算法に対しても実現されることになる．後者は数値計算に——とくに，たとえば行列の成分の多くが0の場合などは——便利である．

長方行列に対しても同じ考え方によって積が定義される．すなわちl次元ベクトル空間からm次元ベクトル空間への線形変換Sには，それぞれの空間に1組ずつ基底を選ぶことによって，m 行 l 列の行列Bが対応する．Tがこのm次元空間から別のn次元空間への線形変換で行列Aに対応するものとするとき，合成 $T \cdot S$ に対応して，行列の積 AB が成分を用いて（5）と同様に定義される．この場合も，3つの行列の間に**積が定義される場合には**，結合律が成り立つ．さらに行列の和との間に適当な分配律も成立する．これらの計算に際しては，ベクトルXを $n \times 1$-行列と考えると便利である．こう考えれば，行列AのベクトルXへの作用（3）自身が，行列の積 $X' = AX$ の形に書ける（この場合，行列Aは対応する線形変換やその他の関数一般と同様に左から作用する．スカラー倍を右から作用するように定めたのはこれとバランスをとるためだったのである）．行列Aの列は**転置行列** A^T をとることにより，行に変えることが

できる．この A^T は $(A^T)_{ij} = A_{ji}$ によって定義される．これについては $(AB)^T$ $= B^T A^T$ が成り立つ．

　線形代数学は n 個の数の組 X の言葉だけを用いて完全に展開することができる（ただ，この方法はよく用いられるものではあるが，幾何学的不変性がないため理解を不十分にするおそれがある）．この方法の場合，モデルとなる有限次元ベクトル空間 F^n はそのような n 個の組（$n \times 1$ 列ベクトル）全体からなり，加法とスカラー倍は自明な仕方で定義される．また部分空間とは，n 個の数の組の集合であって，これらの演算で閉じているもののことである．$n \times n$-行列 A は，その行が 1 次独立のとき，またそのときに限り**正則**である．これはまた，その列が 1 次独立であることとも同値であり，さらに $BA = I$（単位行列）となる正方行列 B が存在することと同値でもある．このとき B は一意的に決まる．これが A の逆行列 A^{-1} であり，$A^{-1}A = I = AA^{-1}$ が成り立つ．A が正則であれば，1 次方程式（3）は与えられた X' に対して，ただ 1 つの解 $X = A^{-1}X'$ をもつ．A の**行列式** $|A|$ は，$|AB| = |A||B|$ を満たすので，それは（乗法に関する）F への準同形である．

　与えられた体 F の元を成分とするすべての正則行列全体は，合成（積）に関して群をなす．これを一般線形群 $GL_n(F)$ という．それはまた F 上の n 次元ベクトル空間 V のすべての正則線形自己準同形 $T : V \to V$ のつくる群といってもよい．幾何学的にいえば，それはある一点（原点）を固定するすべての正則アフィン変換からなり，原点に関する縮小，拡大，ずらし変換，鏡映および回転を含む．線形性はこれらのさまざまな変換に共通する形式的性質である．

　線形変換の合成は一般に可換でないので，行列の乗法も可換でない．今世紀になって，行列乗法は量子力学において見事な（しかも予想外の）応用がなされた．しかし行列理論のもとになる考え方が最初に現われたのは弾性体の研究，その中でもとくに変数解析を利用して 1 次近似を求める方法においてであった．たとえば 3 次元空間の原点を固定する滑らかな変形 $\boldsymbol{R}^3 \to \boldsymbol{R}^3$ を考える．座標 (x, y, z) をもつ各点が，点 (x', y', z') に変形されるとする．このとき，後者は x, y, z の関数として 1 次の項から始まるテイラー展開をもつ．

$$x' = a_{11}x + a_{12}y + a_{13}z + \cdots,$$
$$y' = a_{21}x + a_{22}y + a_{23}z + \cdots,$$
$$z' = a_{31}x + a_{32}y + a_{33}z + \cdots.$$

248 第7章 線 形 代 数

この変形の諸性質は第1次近似においては上の係数 a_{ij} の振舞いに依存することになろう．しかし，イギリスのケーリーや大陸のほかの代数学者たちが，係数 $A = (a_{ij})$ を応用場面から切り離して，それ自身を研究対象とするようになるまでには，長い時間が必要であった．この場合もまた，行列計算という抽象的なアイデアは，より具体的な問題から生じてきたのである．

3. 固 有 値

行列を用いた数学的対象の記述は，基底の選び方に依存するので，基底の変換がその場合どのような効果を及ぼすか注意することが必要となる．古い座標 x_i を新しい座標 y_i に変換する場合，変換の式を $y_i = \sum P_{ij}x_j$ とすれば，P_{ij} を成分とする正方行列 P は（逆の変換が可能であるから）正則である．V の同一の線形変換を別々の基底に関して表現する2つの行列 A，B は**相似**であると呼ばれる．たとえば新 (X)，旧 (Y)，2つの座標について，同一の線形変換が

$$X' = AX, \quad Y' = BY$$

で表わされたとする．座標の変換は，$Y = PX$，$Y' = PX'$ なる式で表わされるとする．このとき簡単な計算で $B = PAP^{-1}$ となることがわかる．言い換えれば，行列 A と B が相似であるためには，$B = PAP^{-1}$ となる正則行列 P があることが必要十分である．形式的には以上で一応結着がつく．われわれはのちにもう一度この問題に戻って，2つの行列が相似になるための具体的な判定条件を論じるつもりである（本章第12節参照）．

与えられた行列 A と相似な行列のうちで最も簡単なものは何であろうか？とくに A は対角行列 D，すなわち主対角線上に成分 $\lambda_1, \cdots, \lambda_n$ をもち，他の成分はすべて0であるような行列，と相似でありうるだろうか？

$$D = \begin{bmatrix} \lambda_1, & & & 0 \\ & \lambda_2 & & \\ & & \ddots & \\ 0 & & & \lambda_n \end{bmatrix} \tag{1}$$

3. 固 有 値 **249**

これが可能な場合には，対応する線形変換は基底の i 番目のベクトルを単に λ_i 倍するものとなろう．このようなスカラー λ_i は A の**固有値**と呼ばれる．とくに λ が線形変換 T の固有値であるためには，$Tv = v\lambda$ となる 0 でないベクトル v が存在することが必要十分である．言い換えれば λ が行列 A の固有値であるためには，ある $X \neq 0$ に対して $AX = X\lambda$ となることが必要十分である．A の**固有ベクトル**とは，あるスカラー λ に対して $AX = X\lambda$ となるような任意のベクトル（0 を含む）のことである．固有値の概念は，明らかに座標変換により不変である．上の議論によってつぎの定理が示された．

定理 1 n 次正方行列 A が対角行列と相似になるための必要十分条件は，A が n 個の 1 次独立な固有ベクトルをもつことである．

単位行列 I（対角成分がすべて 1 である対角行列）を用いると，方程式 $AX = X\lambda$ は，$(A - \lambda I)X = 0$ と書ける．したがってスカラー λ が固有値であるための必要十分条件は，この n 個の斉次連立 1 次方程式が，$X \neq 0$ なる解をもつこと，すなわち $A - \lambda I$ が正則行列でないことである．しかるに正方行列が正則でないためにはその行列式が 0 となることが必要十分である．n 次正方行列 A に対し，$A - \lambda I$ の行列式 $|A - \lambda I|$ は λ の次数 n の多項式である．

$$(-1)^n \lambda^n + (-1)^{n-1}(a_{11} + \cdots + a_{nn})\lambda^{n-1} + \cdots + |A| = 0 \quad （2）$$

この多項式は A の**特性多項式**と呼ばれる．以上によりつぎの定理が示された．

定理 2 A の固有値はその特性多項式の根と一致する．

この定理により，代数学の基本定理を用いて，実（あるいは複素）行列は確かに固有値をもつことがわかる．

固有値および固有ベクトルの概念は，とくに解析や物理における線形代数の応用において中心的な役割を果たしている．もともとは単純な線形性というアイデアが，さまざまな方面に驚くほど多岐にわたって展開されていく．初等的な例として，n 個の（実）変数 x_i に関する連立 1 階斉次微分方程式

250　第7章　線 形 代 数

$$\frac{dx_i}{dt} = \sum_{j=1}^{n} a_{ij}x_j, \quad i = 1, \cdots, n, \tag{3}$$

を取り上げよう．a_{ij} を成分とする実行列 A は，重複度を込めて n 個の実または複素数の固有値 $\lambda_1, \cdots, \lambda_n$ をもつ．もし A が対角行列に相似ならば，変数をそれに対応して $y_1, \cdots, y_n$ にとりかえることにより，（3）は

$$\frac{dy_i}{dt} = \lambda_i y_i, \quad i = 1, \cdots, n,$$

の形になる．C_i を任意定数（積分定数）とするとき，$y_i = C_i e^{\lambda_i t}$ は明らかにこの方程式の解となる．もし固有値のうち正の実数のものがあれば，それに対する解 y_i は指数関数的に増大する．しかし λ_i は複素数かもしれない．これは実数に関する（実の）問題を解く際に複素数を含む式——この場合で言えば，複素数 z を指数にもつ指数関数 e^z ——がどうしても必要となる一つの典型的な例を示している．

　行列 A の特性多項式（2）は面白い性質をもっている．すなわち（2）式の λ の代わりに行列 A を代入すれば 0 となるのである．これが**ハミルトン-ケーリー（Hamilton-Cayley）** の定理である．

4．双 対 空 間

　ベクトル空間は互いに作用し合う対の形で現われることが多い．たとえば行ベクトルと列ベクトルを行列とみて掛け合わせればスカラーが得られる．この積によって行ベクトルは列ベクトル全体の上で定義された線形関数とみなすことができるし，逆に列ベクトルを行ベクトルに対する線形関数とみることもできる．第 6 章第 10 節においてわれわれは 1 つの径路に沿った関数 $z = f(x, y)$ の方向微分が，f の勾配と，その径路に接する接ベクトルの積の形に書けることをみた．したがって勾配（余接ベクトル）はこの積によって接ベクトルに対する線形関数とみることができる．逆にまた接ベクトルを勾配に対する関数とみることもできる．この考え方を発展させるため，まず最初に任意の集合 X 上のスカラー値関数全体は 1 つのベクトル空間になることを注意しよう．正確に

4. 双 対 空 間　**251**

言うと，F が体のとき，F から X への関数全体 F^X は，f，$g : F \to X$ と任意のスカラー $a \in F$ に対して演算を

$$(f + g)(x) = f(x) + g(x), \quad (af)(x) = a(f(x)) \qquad (1)$$

と定めることによりベクトル空間になる．ここで x は X の任意の元である．(1)が成立することを，「演算は各点ごとに行なう」ということにする．X が無限集合なら F^X は無限次元になるが，X が有限の場合，たとえば X が n 個の元からなるとすれば，F^X は F の n 個の元の組からなるおなじみのベクトル空間 F^n と同形である．

　X 自身が F 上のベクトル空間 V である場合，V 上の関数のうちで線形なものだけを考えるのは自然であろう．各点ごとの演算により，それは (F^V の部分空間である) ベクトル空間

$$V^* = \hom(V, F) = \{f \mid f : V \to F \text{ は線形}\} \qquad (2)$$

をなす．これを V の **双対空間** と呼ぶ．この空間は V とは概念上異なったものであるが，V が有限次元の場合は V と同じ「サイズ」をもつ．すなわち V が n 個の元 $u^1, \cdots, u^n$ からなる基底をもつ場合，座標 x_i をもつベクトルに対する f の値は

$$f\left(\sum_{i=1}^{n} u^i x_i\right) = \sum_{i=1}^{n} (fu^i) x_i \qquad (3)$$

のようにして計算される．したがって線形関数 f は V の与えられた基底の n 個の元に対する n 個の値 $y^i = fu^i$ で完全に決定される．このことは，f の座標としてこれらの y^i を用いることができることを示唆している．実際，双対空間 V^* の n 個のベクトル $u_1, \cdots, u_n$ を

$$\begin{aligned} u_i(u^j) &= 1, \quad i = j \\ &= 0, \quad i \neq j \end{aligned} \qquad (4)$$

252 第7章 線 形 代 数

によって定めることができる．上の式は，$u_i(u^j) = \delta_{ij}$ とまとめることができる．δ_{ij} は単位行列の成分を表わすもので**クロネッカー（Kronecker）のデルタ**と呼ばれる．上のように u_i をとれば $f = \sum y^i u_i$ と書ける，したがって u_i は V^* の n 個の元からなる基底となる．この V^* の基底 $u_1, \cdots, u_n$ を $u^1, \cdots, u^n$ の**双対基底**という（後者の添字を上につけることにより，$\sum y^i u_i$，$\sum u^i x_i$ などの和において添字の一方が上，もう一方が下にくるように按配してある点に注意せよ）．以上によりわれわれは次元の間のつぎの等式を得る．

$$\dim V \text{ が有限ならば，} \dim V^* = \dim V. \qquad (5)$$

しかしながら，V と双対空間 V^* を同一視するべきではない．なぜならば，それらは概念上全く異なったものでもあるし，さらに無限次元の場合には，その違いがはっきり現われることになるからである．たとえば V として F の元の有限列 $(x_0, x_1, \cdots, x_n, 0, 0, \cdots)$ 全体からなる空間をとる．これらはまた，関数 $N \to F$ でたかだか有限個の値を除いて 0 をとるもの全体といってもよい．u^i を，i 番目が 1 でほかはすべて 0 であるベクトルとするとき，この空間の各ベクトルは，$\sum x_i u^i$ の形の，u^i の**有限な** 1 次結合の形に書ける．つまり，これらのベクトル u^i は V の（可算）基底をなす．したがって線形関数 $f : V \to F$ はこれらの基底の上でとる値 $fu^i = y_i$ によって決まることになる．このことは，双対空間 V^* が F の元 y_i の無限列全体の空間 F^N と同一視できることを示している．この空間 V^* は V よりはるかに大きい．実際，たとえば F が有理数体の場合，V は可算集合だが V^* は非可算である．したがって V^* と V を同一視することはできない．

われわれは V^* を V から**構成**したが，これら 2 つの空間はむしろ対称的に取り扱うほうがよい．ベクトル $v \in V$ で関数 $f \in V^*$ の値をとる操作は，V^* の元 f と V の元 v の 2 変数関数として

$$e : V^* \times V \to F, \quad e(f, v) = f(v) \qquad (6)$$

と書ける．f を固定したとき，f が $V \to F$ の線形写像なので上の関数は V 上の線形関数となる．他方 $v \in V$ を固定すれば，この関数 e は f について線形である．このことは双対空間 V^* が（１）における演算についてベクトル空間を

なすことからわかる．以上をまとめて，2変数関数 e は**双線形** (bilinear) ——
すなわち，各変数について線形——である．

　一般に W，V を同じ体 F 上の任意の2つのベクトル空間とするとき，2変数
関数 $b : W \times V \to F$ が**双線形**であるとは，$b(w, v)$ が $w \in W$ を固定すれば
v について線形となり，また $v \in V$ を固定すれば w について線形となることを
いう．このことは，固定した $w_0 \in W$ に対し，$b(w_0, -) : V \to F$ が V^* の元
であることを意味し，したがって b は W から V^* への線形写像

$$W \to V^*, \quad w_0 \mapsto b(w_0, -), \tag{7}$$

を定義する．同様に b は線形写像

$$V \to W^*, \quad v_0 \mapsto b(-, v_0), \tag{8}$$

を定める．

　定　理　　W と V を F 上の有限次元ベクトル空間とする．$b : W \times V \to F$
が双線形であり，さらに任意の $w_0 \in W$ と $v_0 \in V$ に対して

$$b(w_0, -) = 0 \text{ ならば } w_0 = 0, \quad b(-, v_0) = 0 \text{ ならば } v_0 = 0 \tag{9}$$

が成り立つならば，b は（7），（8）により同形 $W \cong V^*$，および $V \cong W^*$ を
与える．

　（（9）の性質をもつ双線形な b は，**双対ペアリング**と呼ばれる．定理は，双
対ペアをなす2つのベクトル空間は互いに他の双対空間となることを示してい
る．）

　（**証明**）　仮定（9）により，（7）と（8）の核は $\{0\}$ である．したがって階
数と退化次数の和が定義域の次元に等しいという基本的性質により，両方の線
形写像は同形写像になる．

　以上の抽象的な定式化を用いれば，余接空間と接空間の間にある幾何学的関

254 第7章 線 形 代 数

係について第6章第9節で述べた結果がふたたび得られる．そこでは2変数関数についての連鎖律から（関数の勾配としての）余接ベクトルと，（径路への）接ベクトルとの積が定まるのであった．この積は双線形であり，しかも上の（9）を満足する．したがって双対ペアリングを定める．ゆえに上の定理により余接空間は接空間の双対空間であり，逆も成立することになる．かくて微積分学における事実と，代数的な双対性とが結びついたわけである．

行ベクトル $Y = (y_1, \cdots, y_n)$ と列ベクトル——すなわち $n \times 1$-行列—— $X = (x_1, \cdots, x_n)$ の行列としての積はスカラー $\sum y_i x_i$ である．これは双対ペアリングを与える．したがって行ベクトル全体は，列ベクトル全体の双対空間となる．

双対空間について，上述のどちらの記述法をとる場合でも，V の二重双対 V^{**} やそれ以上の「多重双対」は出てこなかった．というのも，有限次元の場合はこれらは全く必要がないからである．実際，（6）の評価写像 $v \mapsto e(-, v)$ により，各ベクトル v は V^* の上の線形関数に，したがって V^{**} の元になる．この写像

$$v \mapsto e(-, v) : V \to V^{**} \tag{10}$$

は V が有限次元ならば同形写像である．あるいは（6）における写像 e は V と V^* の間の双対ペアリングになるので，上の定理から同形 $V \cong (V^*)^*$ が得られるといってもよい．この同形は，基底の選び方などの他の特別な選択に依存せず，与えられた構造だけを用いて直接（10）により定義されている．この意味でそれは**自然な**（natural）同形である．有限次元ベクトル空間 V については，たとえば V の基底の各ベクトル u^i を，対応する双対基底のベクトル u_i にうつすことによって，同形 $V \cong V^*$ も成立する．しかしこの同形写像は基底の選び方によるので**自然でない**．

行列の作用は，左右どちらの側についても考えることができる．たとえば $m \times n$-行列 A は列ベクトル X に，$X \mapsto AX$ として作用することにより，n 次元空間から m 次元空間への線形変換を与える．一方また，それは，行ベクトル Y に対する $Y \to YA$ の作用により，m 次元空間から n 次元空間への線形変換をも定義する．別の例でいえば，A は基底ベクトルには本章第2節（1）のように右から作用し，座標には本章第2節（2）のように左から作用している．

4. 双 対 空 間　　**255**

これらの事実は，双対性を用いて説明できる．$T : V \to W$ が線形変換（たとえば行列 A で与えられる列ベクトル空間上の変換）とする．このとき，双対空間 W^* の各ベクトル f は，線形写像 $f : W \to F$ を与えるので，その合成 $f \cdot T : V \to F$ が双対空間 V^* の元となる．したがって $f \mapsto f \cdot T$ によって，T とは逆向きの線形写像

$$T^* : W^* \to V^* \tag{11}$$

が定まる．そのうえ $(TS)^* = S^* T^*$ が成り立つ．以上のことをわれわれは，ベクトル空間 V と，その間の線形写像 T に対する双対の構成 $V \mapsto V^*$，$T \mapsto T^*$ は，**反変関手**であると表現する．

　V^* の構成はもっと一般化することができる．同じ次元の 2 つの行ベクトルの和が成分ごとの和によって定義されたように，同じサイズの 2 つの行列の和も成分ごとの和として定義できる．より概念的な述べ方をすれば，2 つのベクトル空間 V，W が与えられたとき，線形変換 T，$T' : V \to W$ の和 $T + T' : V \to W$ は，各点ごとの和として

$$(T + T')v = Tv + T'v$$

によって定義される．スカラー倍についても各点ごとに定義することにより，V から W へのすべての「準同形」T 全体は，ベクトル空間

$$\mathrm{hom}(V, W) = \{ T \mid T : V \to W \text{ は線形} \} \tag{12}$$

になる．W が基礎体 F を F 上のベクトル空間と見たものである場合，$\mathrm{hom}(V, F)$ は双対空間 V^* にほかならない．V と W の次元がそれぞれ m および n ならば，おのおのの基底を選んで各 T を行列で表わすことができ，したがって $\mathrm{hom}(V, W)$ は F の元を成分とする $n \times m$-行列全体の空間と同形になる．後者の次元は mn であり，たとえば 1 つの成分が 1 でほかはすべて 0 であるような行列（行列単位）がその基底となる．

256 第7章 線形代数

5. 内積空間

　幾何学的な応用のためには，多くの場合ベクトル空間だけでは十分でない．たとえば線形変換は直線を直線にうつすが，角度は必ずしも保存せず，一般に，円を楕円に変え，また距離を変えてしまう．他方第4章第9節で三角法や平面の回転を論じた際に，われわれは角や距離の記述には平面ベクトルの内積が有用であることを見てきた．ここでも（他の多くの場合と同様に）2次元の場合の考察がモデルとなる．すなわちベクトル空間の構造に内積を追加してやるだけで，n次元空間において適切な「ユークリッド幾何学」を展開することができるのである．

　内積空間Eとは，実数体 $\boldsymbol{R}$ 上のベクトル空間Eであって内積──すなわち，2つのベクトルu，vの実数値関数 $u \cdot v$ で（第4章第9節の(10)，(11)，(12)と同じく）双線形，対称かつ正定値となるもの──が与えられているもののことである．このような空間の例には，すでになじみ深いものがいくつもある．たとえば各次元nに対し，実数のn-組 $(x_1, \cdots, x_n)$ 全体のつくる空間 $\boldsymbol{R}^n$ には，**標準内積**

$$(x_1, \cdots, x_n) \cdot (y_1, \cdots, y_n) = x_1 y_1 + \cdots + x_n y_n \tag{1}$$

が定義される．また自乗の和が収束するような実数の無限列 $(x_1, \cdots)$ 全体からなるヒルベルト空間 l^2 を考える．この場合 $\sum x_i{}^2$, $\sum y_i{}^2$ が収束することから，和

$$(x_1, x_2, \cdots) \cdot (y_1, y_2, \cdots) = x_1 y_1 + x_2 y_2 + \cdots \tag{2}$$

が収束することがわかり，したがってこれを内積として用いることができる．同様に解析学においては，（たとえば単位区間上の）実数値ルベーグ自乗可積分関数f全体のなす L^2 空間も用いられる（第6章第11節参照）．この空間での内積は，ルベーグ積分

$$f \cdot g = \int_0^1 f(x) g(x) dx \tag{3}$$

で与えられる．

内積が与えられると，ベクトルの**長さ**，あるいは**ノルム** $|u|$ が

$$|u|^2 = u \cdot u, \quad |u| \geqq 0 \tag{4}$$

により定義され，また2つのベクトル u と v のなす角度が，余弦法則の一変形
として

$$u \cdot v = |u||v|\cos\theta \tag{5}$$

で定まる（とくに $u \cdot v = 0$ のとき，u は v に**直交**するという）．ここで角 θ が
実際に定義できることを言うためには，つぎの**シュワルツ（Schwarz）の不等
式**

$$|u \cdot v| \leqq |u||v| \tag{6}$$

が必要である．この式は内積空間の公理から示すことができる．さらにわれわ
れは2つのベクトル u と v の間の**距離**——すなわち両ベクトルの端点間の距離
——を $|u-v|$ で定義することができる．シュワルツの不等式を用いると，こ
の距離が通常の三角不等式を満足することがわかる．したがってこの距離によ
って内積空間は期待どおり距離空間になる．実際，上述の標準内積をもつ $\boldsymbol{R}^n$
においては，2つの n-組 X と Y の距離は，

$$((x_1 - y_1)^2 + \cdots + (x_n - y_n)^2)^{1/2}$$

で与えられる．かくしてピタゴラスの定理が得られ，われわれは幾何学の出発
点——ただし今度は n 次元の——に戻ってくることになる．

有限次元内積空間の任意の基底 $u^1, \cdots, u^n$ に対し，その内積 $u^i \cdot u^j$ はスカ
ラー g^{ij} であり，これらのスカラーによって任意の2つのベクトルの内積は座
標を用いて，

258　第7章　線形代数

$$[\textstyle\sum u^j x_j]\cdot[\textstyle\sum u^j y_j] = \sum_{i,j} g^{ij} x_i y_j \qquad\qquad (7)$$

と書ける．右辺は x と y の座標の双線形形式として内積を表現したものになっている．上述の標準内積の場合には，行列 $G = (g^{ij})$ は n 次単位行列である．同じことは，任意の有限次元内積空間についても，**正規直交基底**をとることによって可能である．ここで $u^1, \cdots, u^n$ が正規直交基底であるとは，内積 $u^i \cdot u^j$ がクロネッカーのデルタ δ_{ij} に等しいことをいう．幾何学的にいえば，このことは各基底ベクトルの長さが1で，それらが互いに直交していることを意味する．任意の与えられた基底 $v^1, \cdots, v^n$ から次のようにして正規直交基底をつくることができる．まず（v^2 に v^1 の適当なスカラー倍を加えて）v^2 の v^1 への直交成分をつくる．次に v^1 と v^2 で張られる平面への v^3 の直交成分をつくる．同じ操作を続け，最後にこうして得られた各ベクトルの長さを1に縮めればよい．この方法は，**グラム-シュミット (Gram-Schmidt) 法**と呼ばれる．無限次元の場合にも，フーリエ級数，ヒルベルト空間その他において，正規直交基底が同じように利用される．内積というアイデアは幾何学から解析に移入することができるのである．

　ベクトル空間上の内積は，自動的に自分自身との間の双対ペアリングを定義する．したがって内積をもつ有限次元空間と同形になる．なぜならば，各ベクトル v はまた「v との内積をとる」という線形関数にもなっているからである．したがって内積をもつ空間については，もとの空間と双対空間との区別はなくなると思ってよい．

6.　直　交　行　列

　内積をもった空間においてはユークリッド幾何学のすべての概念を展開することができる．たとえば球面や剛体運動といったものが定義できる．そのような空間 E にとっては，自己準同形として直交変換をとるのが適切である．ここで**直交変換**とは，$T : E \to E$ なる関数のうちで線形でありしかも内積を保つもの，言い換えればすべてのベクトルの対 u, v に対して $Tu \cdot Tv = u \cdot v$ が成り立つようなもののことである．この定義から T が距離と角度を保存し，互いに直交するベクトルを直交するベクトルにうつすこともわかる．実際には，も

しTがEのある1組の正規直交基底を正規直交基底にうつせばTは直交変換になる．なぜならば，内積はこの基底を用いて第5節の（1）式によって計算できるからである．

正方行列Aが**直交行列**であるとは，対応する変換が（標準内積 (5.1) に関する）直交変換になる場合であると定義する．列ベクトルXを用いるとこの変換は $X \mapsto AX$ で与えられるので，それは各基底ベクトルをAの各列にうつす．したがってAが直交行列となるための必要十分条件は，Aの列が正規直交系をなすこと，すなわちそれらの長さが1で，互いに直交していることである．A^TをAの転置行列とすれば，これはまた $A^T A = I$，すなわち A^T がAの左逆行列であることと同じである．左逆行列はまた右逆行列でもあったので，結局Aが直交行列になるための必要十分条件は

$$A^T A = I = A A^T, \tag{1}$$

つまりその転置行列が逆行列に等しいことになる．積の行列式は行列式の積に等しいので，上式より直交行列の行列式は ± 1 であることがわかる．また直交行列Aがもし実の固有ベクトル $X \neq 0$ をもてば，等式 $AX = X\lambda$ とAが長さを保つことから$\lambda = \pm 1$が出る．すなわちAの実の固有値は（もし存在しても）± 1 に限る．

2次元の場合，直交変換は原点を固定する剛体運動であるから，それは回転であるか，あるいは回転と鏡映の合成であるかどちらかである．よって2次の直交行列は A_θ あるいは A_θ に $\begin{pmatrix} 1 & 0 \\ 0 & -1 \end{pmatrix}$ を掛けたものと書ける．ここで A_θ は，

$$A_\theta = \begin{pmatrix} \cos\theta, & -\sin\theta \\ \sin\theta, & \cos\theta \end{pmatrix} \tag{2}$$

で与えられる，原点の周りの角 θ の回転の行列である（第4章第9節（6）参照）．この行列の特性多項式は $\lambda^2 - 2\lambda\cos\theta + 1$ であり，したがって固有値は $\lambda = \cos \pm i\sin\theta$ となり，$\theta = \pi k$，k：整数，の場合を除いて虚数になる．つまり恒等変換と半回転の場合を除いて，実の固有ベクトル，すなわち自分自身のスカラー倍に回転でうつるベクトルは存在しない．固有値は絶対値1の複素

260　第7章　線形代数

数である.

　この事実は一般にも成り立つ. 直交行列 A（したがってまた直交変換）の固有値はすべて絶対値 1 の複素数である. これを見るために, A の実の成分を複素数として扱い, A が複素数の n-組のつくる複素ベクトル空間 C^n に働くものとみなそう. この C^n においては, 内積は

$$(x_1,\ x_2,\ \cdots,\ x_n)\cdot(y_1,\ \cdots,\ y_n) = x_1 y_1{}^* + \cdots + x_n y_n{}^* \qquad (3)$$

で定義される. ここで y^* は y の複素共役を表わす. この内積は半双線形でありしかも $yy^* \geqq 0$ だから正定値である. しかしそれは対称ではなく,

$$(v\cdot u) = (u\cdot v)^*$$

が成り立つという意味で**共役対称**である. このような内積（半双線形, 共役対称, 正定値な）をもつ C 上のベクトル空間は**ユニタリー空間**と呼ばれる. 複素数体上のこのような「ユニタリー空間」の理論は全く実数体上の内積空間の理論と平行に進めることができる. とくに, 線形変換が**ユニタリー**であるとは, それが内積を保つことをいう. n 次複素正方行列 A がユニタリーとなるための必要十分条件は, その転置行列の共役が逆行列になることである. これから, ユニタリー行列（ユニタリー変換）の固有値はすべて絶対値が 1 であることが従う. とくに実直交行列はユニタリー行列なので, いま述べた結果からその固有値はすべて絶対値 1 の複素数となる. これもまた, 実数をめぐる問題の解決に複素数が必要となる一例である.

　定義からも明らかなように, n 次直交行列全体は積に関して群をつくる. これを**直交群** O_n と呼ぶ. それはまた, n 次元内積空間のすべての直交自己準同形のつくる群であるといってもよい. この群は空間の向きを逆にする鏡映を含む. ここで空間の向きについては第3章第8節で定義したことを想起されたい. 直交（変換の）行列の行列式は ± 1 であった. **固有直交行列**（すなわち, 行列式が 1 となる直交行列）全体は**特殊直交群**と呼ばれる O_n の部分群 SO_n をつくる.

　直交変換は, 原点（ベクトル 0）を動かさない剛体運動としても定義できる. 平面の場合と全く同様に, n 次元内積空間の最も一般の剛体運動は, 直交変換

7. 随 伴 変 換　　***261***

と平行移動の合成として表わされる.

　以上まとめると，空間，変換，剛体運動といった幾何学的な観念は，2次元，3次元を超えて高次元へ（そして解析学においては，無限次元にまで）自然に拡張される，しかもそれらは，ベクトル空間，直交変換とその行列表示などを通じて具合よく代数的に定式化できることがわかった.

7.　随 伴 変 換

　すでに見たように，各線形変換 $T:E \to E$ にはその双対 $T^*:E^* \to E^*$ が対応している. もしEが内積空間ならば，Eのベクトルvと，「vとの内積をとる」というE上の線形関数 $v \cdot$ ─とを同一視することにより，E を E^* と同一視できる. この同一視のもとでは，T^*v は双対 T^* の定義により，合成関数 $v \cdot T$ にほかならない. すなわち任意の $u \in E$ に対して

$$(T^*v) \cdot u = v \cdot Tu \qquad\qquad (1)$$

が成り立つ. ベクトルはほかのすべてのベクトルとの内積を与えれば一意的に定まるので，（1）式は T^*v を，したがってまた線形変換 T^* を決定する. それはTの**随伴変換** (adjoint) と呼ばれる. （1）式はしばしば内積の記号の代わりにブラケットを用いて

$$<T^*v,\ u> = <v,\ Tu> \qquad\qquad (2)$$

とも書かれる.

　さていまTがある正規直交基底 u_i について成分 a_{ij} をもつ行列Aで表わされているとしよう. そのとき（2.1）と同様に $Tu_j = \sum u_i a_{ij}$ が成り立つ. 定義（1）により，$u_k \cdot u_i = \delta_{ki}$ を用いて

$$(T^*u_k) \cdot u_j = u_k \cdot Tu_j = u_k \cdot \sum u_i \cdot a_{ij} = a_{kj}$$

が得られる. 同じ理由で

262 第7章 線 形 代 数

$$[\textstyle\sum_i u_i a_{ki}] \cdot u_j = a_{kj}, \quad j, k = 1, \cdots, n$$

も成り立つ．したがって $T^* u_k = \sum u_i a_{ki}$，言い換えると T^* は (i, j)-成分が a_{ji} である転置行列 A^T で与えられる．まとめると，随伴変換は（正規直交基底に関して）転置行列で表わされることになる．これが転置行列の本質的意味である．

　随伴変換が登場したのは，おそらく 2 階斉次線形常微分方程式の研究におけるものが最初であろう．そのような方程式は $L(y) = 0$ の形に書ける．ここで y は x の滑らかな関数であり，また d/dx を $'$ で表わすとき，L は，

$$L(y) = (py')' + ry' + qy,$$

の形の微分作用素である．ただし p, q, r は x の適当な関数とする．古典的な扱いでは，この作用素の随伴変換が，関数 z に作用する形で天下り的に

$$M(z) = (pz')' - (rz)' + qy$$

で与えられるとする（Frank-von Mises [1930]，p. 363 参照）．より概念的な形では，L と M を適当な関数空間上の線形作用素と考え，その空間での y と z の内積が，積 yz を a から b まで x について積分したもので与えられるとする．そうすれば，y と z が積分区間の両端で 0 となるとき，部分積分により

$$\int_a^b L(y) z \, dx = \int_a^b y M(z) dx$$

が成り立つ．したがって M は確かに上述の意味での L の随伴変換になる．偏微分方程式についても，ガウス-グリーン-ストークスの定理を用いて同様な議論ができる．この考え方はヒルベルト空間の量子力学への応用においては本質的な意味をもつ．

　さて有限次元内積空間 E の考察に戻ろう．

　線形自己準同形 $T : E \to E$ は $T^* = T$ となるとき，**自己随伴**（self-adjoint）であるといわれる．このことは，任意の正規直交基底に関するその表現

行列が，対称行列（すなわちそれ自身の転置行列に一致する行列）であること
と同値である．内積空間 E に対しては，つぎの定理が成り立つ．

定　理　　自己随伴変換 $T:E\to E$ の固有値はすべて実数である．

　証明には（実ベクトル空間についての命題であるけれども）複素数を用いる
必要がある．定理は T を表現する対称行列 A についての命題と考えて証明する
のが便利である．代数学の基本定理により，A の特性多項式 $|A-\lambda I|$ は（一
般には）複素数の根をもつ．それらが A の固有値である．1 つの固有値 λ をと
る．そのとき，複素列ベクトル $X\neq 0$ で，対応する固有ベクトルとなるものが
存在し，$AX=X\lambda$ となる．＊によって転置行列の複素共役をとる演算を表わ
すことにすれば，上式から $X^*A^*=\lambda^*X^*$ が得られる．ここで X^* は行ベク
トルである．A は実対称行列なので $A^*=A$ が成り立つ．一方，行列の積の結
合律により

$$(X^*A)X=X^*(AX)$$

が得られる．この式に上の 2 つの式 $AX=X\lambda$ と $X^*A=\lambda^*X^*$ を代入して，

$$\lambda^*(X^*X)=\lambda(X^*X)$$

が得られる．しかるに $X\neq 0$，したがって $X^*X\neq 0$ ゆえ，これから $\lambda^*=\lambda$ と
なり固有値 λ が実数であることが証明された．
　この証明において A は元来実ベクトル空間 E の自己準同形 $X\mapsto AX$ であっ
スが，われわれはそれを，同じく $X\mapsto AX$ によって定まる同じ次元の複素ベ
クトル空間 E' の自己準同形と考えた．この体の変更は E の**基底を用いて**行な
われた．しかしこれを基底を用いずにもっと不変な形で行なうことができれば
都合がよい．これについては，すぐあとの第 9 節で扱うことにする．

8.　主　軸　定　理

　平面解析幾何学では，楕円や双曲線は方程式

264　第7章　線 形 代 数

$$\frac{x^2}{a^2} \pm \frac{y^2}{b^2} = 1 \qquad\qquad (1)$$

を満たす点の軌跡として表わされる（上式で＋は楕円，－は双曲線に対応する）．
もっと一般の2次式

$$ax^2 + 2bxy + cy^2 = 1 \qquad\qquad (2)$$

を満たす点の軌跡はどうなるであろうか？　この方程式は行列を用いて

$$(x,\ y)\begin{pmatrix} a & b \\ b & c \end{pmatrix}\begin{pmatrix} x \\ y \end{pmatrix} = 1 \qquad\qquad (3)$$

のようにも書ける．中央の2行2列の行列をAと書くことにする．座標軸を回
転することにより，この方程式を（1）のようにAが対角行列になる形に変換
することができるであろうか．座標軸を回転することは，座標ベクトルに直交
行列Pを掛けることに相当する．これにより（2）式のAは明らかに行列 $P^{T}AP$
に変換される．しかるにPは直交行列だから，転置行列 P^{T} は逆行列 P^{-1} に
等しい．よってAは相似な行列 $P^{-1}AP$ に変換されることになる（本章第2節
参照）．これはちょうどAを2次形式（2）の係数行列と見る代わりに，自己随
伴変換の表現行列と見ることに相当する．われわれはつぎの定理を示そう．

定理1　　内積空間における任意の自己随伴変換 $T: E \to E$ は，適当なE
の正規直交基底に関して対角行列で表わされる．

（2）式の場合について言えば，この定理から，新しい直交座標 $x',\ y'$ を用
いて方程式は

$$\lambda(x')^2 + \mu(y')^2 = 1$$

と書けることがわかる．ここで $\lambda,\ \mu$ はAの（実の）固有値である．もし λ,
μ がともに正ならば，上の式は（「主」軸に関する）楕円の方程式となる．$\lambda > 0$,

8. 主 軸 定 理　**265**

$\mu<0$ の場合は，（やはり主軸に関する）双曲線の方程式となる．λ も μ も負ならば（実の）軌跡はなく，また $\mu=0$，$\lambda>0$ ならば，軌跡は 2 直線 $x'=\pm\,\lambda^{1/2}$ となる．いずれの場合も，定理により曲線は座標軸の回転（と必要なら鏡映を行なうこと）によって主軸形に直すことができるのである．

　任意の有限次元ベクトル空間 E（次元を n とする）に対して定理を証明しよう．T を自己随伴変換とし，λ をその 1 つの実の固有値とする．対応する固有ベクトルは，スカラー倍をとることにより，長さが 1 であるとしてよい．そうすればこのベクトルを第 1 番目とする E の正規直交基底をとることができる．この新しい正規直交基底に関する T の表現行列は，座標 $(1,0,\cdots,0)$ をもつ固有ベクトルを $(\lambda,0,\cdots,0)$ にうつすので，

$$
A=\begin{pmatrix} \lambda & \overline{\quad\quad} \\ \vdots & B \\ 0 & \end{pmatrix}
$$

の形をもつ．ここで B はある $(n-1)$ 次正方行列である．しかるに A に対称だから，第 1 行も $(\lambda,0,\cdots,0)$ となり，さらに B もまた対称となる．これから，数学的帰納法を B に適用することにより求める結果が得られる．

　この定理は，楕円，双曲線，さらに 3 次元空間における楕円面や 1 葉あるいは 2 葉の双曲面など幾何学への応用にちなんで，**主軸定理**と呼ばれることがある．この定理はまた，単に行列に関するものと考えた場合にも，つぎの 2 通りの立場から見ることができる．

任意の実対称行列 A に対し，$P^{-1}AP$ が対角行列となる直交行列 P がある．
任意の実対称行列 A に対し，$P^{T}AP$ が対角行列となる直交行列 P がある．

　どちらの場合でも，対角行列の対角成分は A の固有値となる．
　第 1 の立場では，A は自己随伴変換 T の表現行列と考えられている．第 2 の場合は，A は **2 次形式** $X^{T}AX=\sum a_{ij}x_{i}x_{j}$ の行列と考えられている．この立場に立てば，定理は任意の 2 次形式が座標 X を直交変換によってとりかえることにより対角型にできることを述べたものとなる．これは 1 つの形式化された結

266 第7章 線形代数

果（ここでは行列に関するもの）が，2つの異なった幾何学的解釈——この場合でいえば，一方は，線形変換について，もう一方は2次形式についての——を許すという事実の興味深い一例を与えている．

定理1にはさらに別の解釈もある．$T：E \to E$の各固有値λに対して，その固有ベクトル全体からなる部分空間 E_λ を考える．この部分空間は少なくとも1次元以上であり，その次元は固有値λの重複度（すなわち，特性多項式の根としての重複度）となっている．これを用いると，上の定理は，「Eの任意のベクトルvは，E_λ に属するベクトル v_λ の和として $\sum_\lambda v_\lambda$ の形に一意的に表わすことができる」と言い換えることができる．このときEは部分空間 E_λ の**直和**であるといわれる．無限次元の場合にも，これに似た，しかしずっと複雑な結果が成り立つ．それは**スペクトル定理**と呼ばれる．

以上の結果は，適当な変更を加えれば，すべて複素数体上のベクトル空間についても成り立つ．すなわち，対称行列の代わりにエルミート行列，——それ自身の共役の転置行列に一致する行列——を用いればよい．これはとくに解析において重要である．

9. 双線形性とテンソル積

U，V，Wを同一の体F上の3つのベクトル空間とする．関数

$$B：U \times V \to W \qquad\qquad (1)$$

が双線形であるとは，$B(u, v)$ が，vを固定したとき，$u \in U$ についてつねに線形であり，またuを固定したとき，$v \in V$ について線形であることをいう．たとえば内積（5.7）は双線形である．実は（1）のような**任意**の双線形関数Bは，線形関数と，$U \times V$ からUとVの**テンソル積**と呼ばれる一つの新しい空間へのある決まった双線形関数$\otimes$との合成として表わすことができるのである．この空間の諸性質は，幾何学および代数学の諸問題に対して広い応用をもっている．テンソル積の存在はつぎの定理によって保証される．

定理1 体F上の2つのベクトル空間UとVが与えられたとき，ベクトル空間 $U \otimes V$ と，双線形関数

$$\otimes : U \times V \to U \otimes V \tag{2}$$

でつぎの性質をもつものが存在する：B が $U \times V$ から F 上の第3のベクトル空間 W への（1）の形の双線形関数とするとき，線形変換 $T : U \otimes V \to W$ で，任意の $u \in U$ と $v \in V$ に対して

$$B(u, v) = T(u \otimes v) \tag{3}$$

となるものがただ1つ存在する．

この性質（3）は，各 B に対し，つぎの図式において $T \otimes = B$ となる，すなわちこの図式が「可換」となるような（点線で示される）線形変換 T がただ1つ存在するというように述べることもできる：

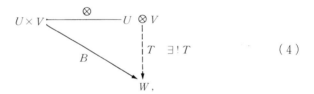
(4)

この定理により，われわれは双線形関数 B についての諸性質を，もっと取扱いが容易な線形関数 T の性質に可能な限り帰着させることができる．すべての双線形関数 B が，ただ1つの双線形関数 $\otimes$ から一意的に得られるのだから，この $\otimes$ は「普遍的である」，より正確には，与えられた U と V に対して **普遍的である**，と言うことができよう．

テンソル積の応用の一例をあげよう．双対空間 $V^* = \hom(V, F)$ や，線形変換（行列）の空間 $\hom(V, W)$ と全く同様にして，すべての双線形関数 $B : U \times V \to W$ ，のつくるベクトル空間

$$\mathrm{Bilin}(U, V ; W)$$

が得られる．上の定理により，図式（4）における B と T の1対1対応から，この空間はつぎの同形により，すぐ前にあげたタイプのものに帰着させること

ができる：

$$\mathrm{Bilin}(U, V ; W) \cong \hom(U \otimes V, W) \qquad (5)$$

この結果は，「双線形関数は $U \otimes V$ で「表現される」」というように述べられることもある．ある意味で，それらは $U \otimes V$ によって，「具体的な物として表わ」されるのである．三重線形関数についても同様な表現が存在する．

（4）を満たす普遍的双線形関数 $\otimes$ の構成を述べるまえに，（4）で述べられている性質をもつ限り，それが**どのようにして**構成されるのかは問題でないこと，換言すれば，重要なのは形式化された性質（4）なのであって，$U \otimes V$ が具体的にどのような元からなるのかという点ではないことにまず注意しよう．これは正確には次のように述べられる．いま上述の条件を満たす2つの普遍的双線形関数 $\otimes$ と $\square$ が存在し，それぞれ，みかけのうえでは異なった2つの空間 $U \otimes V$ と $U \square V$ に対して定義されているものとしよう．このとき，つぎの図式が成立する．

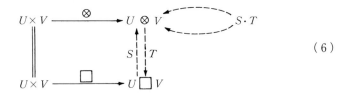
(6)

さて $\otimes$ は普遍的だから，$\square$ に対しても普遍性をもち，したがって上の図に示されているとおり，$T \otimes = \square$ となる線形関数 T が存在する．他方 $\square$ も普遍的だから，$S \square = \otimes$ となる線形関数 S が存在する．合成 $S \cdot T : U \otimes V \to U \otimes V$ は，$(S \cdot T) \otimes = \otimes$ を満たす．一方 $U \otimes V$ の恒等変換も同じ等式を満たす．しかるに $\otimes$ の普遍性により，このような線形関数はただ1つである．したがって $S \cdot T$ は $U \otimes V$ の恒等変換に一致する．まったく同様に，$T \cdot S$ は $U \square V$ の恒等変換となる．したがって S は T の両側逆変換となり，T は同形写像になる．したがって $U \otimes V$ と $U \square V$ は互いに同形となり，しかもその同形写像は，前者の普遍的双線形関数 $\otimes$ を後者のそれ $\square$ にうつすことがわかった．

上の議論は，単に普遍的双線形関数に対してだけでなく，一般の普遍的対象

に対しても通用するものである点にまず注意しよう．別の例は以前にすでにあげてある．すなわち第5章第8節で，2つの群の自由積 $A*G$ を，A と G の元からなる語 $a_1 g_1 \cdots a_n g_n$ 全体のつくる群として定義した．これに対して，2つの群準同形 $A \overset{k_1}{\to} A*G \overset{k_2}{\leftarrow} G$ が定まり，それらは第5章第8節（4）で見たように，A と G から第3の群 H への準同形の組 $A \to H \leftarrow G$ の中で普遍的なものであった．上でテンソル積に対するのと同じ議論を用いることで自由積 $A*G$ と準同形 k_1，k_2 が，上の普遍性によって，k_1，k_2 を保つ同形を除いて一意的に決定されることがわかる．言い換えれば，自由積 $A*G$ に関して肝心なのは，語を用いた構成法ではなく，その普遍性なのである．あるいはまた2つの群の直積 $A \times G$ と射影 $A \leftarrow A \times G \to G$ もまた第5章第8節（2）で見たように，普遍性をもっていた．したがって群（あるいは空間）の直積は，おのおのの元の順序対から構成される必要はない．それが別のどんな構成法から得られるものであっても，普遍性を満足してさえいればよいのである！

さて元に戻って，ベクトル空間のテンソル積 $\otimes$ の構成を述べることにしよう．いま，U および V は有限次元であるとし，その基底をそれぞれ $u_1, \cdots, u_m$ および，$v_1, \cdots, v_n$ とする．まず $i = 1, \cdots, m$ と $j = 1, \cdots, n$ に対して mn 個の記号 $u_i \otimes v_j$ をとり，それらを基底とする F 上の新しいベクトル空間 $U \otimes V \cong F^{mn}$ を考える．この空間のベクトルは，形式的な1次結合 $\sum a_{ij}(u_i \otimes v_j)$ である．次に任意の空間 W への双線形関数 B を考える．その双線形性により，B の値は基底ベクトルに対する値 $B(u_i, v_j)$ がわかれば完全に決まる．さて線形写像 $T : U \otimes V \to W$ を

$$T(\sum a_{ij}(u_i \otimes v_j)) = \sum_{i,j} a_{ij} B(u_i, v_j)$$

で定めれば，T は $T \otimes = B$ を満たす．明らかに T はこの性質をもつただ1つのものである．

この構成には勝手に選んだ基底が用いられている．しかし前の注意により，どのような基底を用いても，この構成で得られるものは同形となる．またこのつくり方から，テンソル積の次元は（有限次元空間の場合には）

$$\dim(U \otimes V) = (\dim U)(\dim V) \tag{7}$$

270 第7章 線 形 代 数

で与えられることもわかる.

さらに上の構成法から，普遍的双線形関数により「積ベクトル」$u \otimes v$ がテンソル積の元として定まる．これらの積ベクトルは確かに $U \otimes V$ を張る．しかし一般には $U \otimes V$ の元は積ベクトルの1次結合として表わされるだけで，単一の積ベクトル $u \otimes v$ の形には書けない.

U（あるいはV）が無限次元ベクトル空間の場合にも，（ツォルンの補題を用いて）任意のベクトル空間に（一般には無限個の元からなる）基底が存在することを証明しておきさえすれば，上と全く同様にしてテンソル積 $U \otimes V$ の存在が証明できる．ここで無限次元空間の基底とは，その空間の任意のベクトルがその有限個の元の1次結合として一意的に表わされるような部分集合のことである．基底を用いない，より不変な形のテンソル積の構成法については，次節で述べる.

テンソル積を用いて，スカラーの体の変更を行なうことができる．たとえば C は実数体 R 上の2次元ベクトル空間である．V を任意の実ベクトル空間とするとき，テンソル積 $V \otimes C$ には，スカラー倍として（右から）C を作用させることができる．この対応 $V \mapsto V \otimes C$ により，実ベクトル空間Vを C 上の（同じ次元の）ベクトル空間に変えることができる．——これは前に本章第7節で必要となった操作であった.

1つのベクトル空間Vと，その双対空間 V^* を用いて，1階共変2階反変混合テンソルの空間 $V^* \otimes V \otimes V$ などのさまざまなテンソル空間をつくることができる．$u^1, \cdots, u^n$ をVの1つの基底とし，$u_1, \cdots, u_n$ と対応する V^* の双対基底とすれば，たとえば $V^* \otimes V \otimes V$ の基底として，n^3 個のベクトル $u_i \otimes u^j \otimes u^k$ をとることができる．これを用いてテンソルをこの基底に関する座標で表わすこともできる．さらにまた，1つの基底から別の基底への座標変換に関する，多重添数を用いた公式を導くこともできる．かつては，それはテンソルの定義に用いられたものでもあった．しかしわれわれはこの方式の定義を避け，テンソル積自身を不変な形で定義するやり方をとった．内積空間 $V = E$ の場合には，標準同形 $E \cong E^*$ を用いて，上付きの添字を下付きの添字に置き換える規則も存在する.

テンソル積にはほかにも多くの有用な性質がある．たとえば $T : U \to U'$ と $S : V \to V'$ を2つの線形変換とするとき，$<u, v> \mapsto Tu \otimes Sv$ は $U \otimes V \to U' \otimes V'$ への双線形関数である．したがって普遍性により，対応する線形関

数

$$T \otimes S : U \otimes V \to U' \otimes V' \qquad (8)$$

が存在して，$(T \otimes S)(u \otimes v) = Tu \otimes Sv$ を満たす．言い換えれば，テンソル積をつくる操作は，単にベクトル空間に対するのみならず，それらの間の線形変換にも適用される．この意味でそれは**関手的**であるといわれる（第 12 章参照）．

3 つのベクトル空間の三重テンソル積 $U \otimes (V \otimes W)$ は**三重線形関数** $(u, v, w) \mapsto u \otimes (v \otimes w)$ を定義する．上の写像は明らかに $U \times V \times W$ 上の三重線形関数の中で普遍性をもつ．括弧を付け換えて，$(u, v, w) \mapsto (u \otimes v) \otimes w$ もまた，$(U \otimes V) \otimes W$ への普遍的三重線形関数である．普遍性により，空間は同形を除いて一意的に定まるので，つぎの同形が得られる．

$$U \otimes (V \otimes W) \cong (U \otimes V) \otimes W, \quad u \otimes (v \otimes w) \mapsto (u \otimes v) \otimes w \qquad (9)$$

この 2 つの空間は上の同形で同一視するのが便利である．こうすればベクトルのテンソル積は結合律を満たすことになる．

10. 商　空　間

この節では線形写像について考察する．線形写像を構成する手段が必要になる場合がしばしばあるが，そのような手段の一つとして，ベクトル空間から商空間をつくる操作を導入しよう．

第 2 章第 8 節で述べたように，整数 m を法とした合同式を研究する中から，m を法とする剰余環 Z_m，およびそれに付随する，有理整数環 Z から Z_m への準同形写像が構成された．この準同形により，m の倍数はすべて 0 にうつる．このことはまた，m の倍数全体の集合が 0 に「縮め（collapse）」られるというように表現することもできる．群についても同様に，商群 G/N において，与えられた正規部分群 N の元全体が 1 に縮められるのであった．

同じ操作はベクトル空間 V についても行なうことができる．もしあるベクトル u_0 とそのスカラー倍をすべて無視する必要があれば，V を新しくつくられた空間に写像し，その際 u_0 のスカラー倍全体のつくる部分空間がちょうど 0

にうつされるようにすればよい．たとえば3次元空間において x-y 平面への直交射影は，ちょうど z 方向の単位ベクトルのスカラー倍全体を0に縮めるものとなっている．このような操作は，もっと一般に V の任意の部分空間 S を縮める場合にも適用できる．すなわち，**商空間**と呼ばれる新しい空間 V/S と，線形変換 $P: V \to V/S$ で $P(S) = 0$ を満たすものが存在して，つぎの普遍性の条件を満足している： V から別のベクトル空間 W への線形変換 $T: V \to W$ で， $T(S) = 0$ を満たす任意のものに対して，つねに，線形変換 $T': V/S \to W$ で，つぎの可換図式に見られるように $T = T' \cdot P$ となるものがただ1つ存在する．

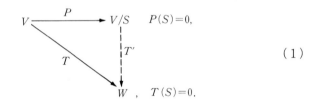
(1)

これは P として V の各ベクトル v をその「剰余類」（あるいは超平面） $S + v$ にうつすものをとることによって示される．ここで $S + v$ は， $s + v$, $s \in S$, の形のすべてのベクトルの集合である．これらの剰余類全体の集合は，たとえば和を， $(S + v) + (S + w) = S + (v + w)$ ，などと定義することにより，ベクトル空間になる．これらの剰余類は， m を法とする剰余環の構成の際に使った m を法とする合同類 $C_m(a)$ と本質的に同じ種類のものである．実際，各剰余類 $S + v$ は， $v' - v \in S$ （すなわち $v' \equiv v \pmod{S}$ ）となる V のすべての元 v' から成り立っているからである．しかしながら，いったん普遍性（1）が示されれば，商空間 V/S の元がどのように記述されるかは重要でなくなる．なぜなら商空間についての諸性質を形式化する（そしてまた商空間が，ベクトル空間の同形を除いて一意的に定まることを示す）のは，この普遍性にほかならないからである．

上の結果から，空間 V のベクトルの任意の集合 $s_1, \cdots, s_k$ を0に縮めることができる――そのためには S として，これらのベクトルの1次結合 $a_1 s_1 + \cdots + a_k s_k$ 全体のつくる部分空間，つまりこれらの s_i で生成される部分空間をとればよい．すべての s_i を0にうつす任意の線形変換 T が，この部分空間を0に

うつすのは明らかだからである．

商空間の典型的な応用として，2つのベクトル空間UとVのテンソル積$U \otimes V$の別の構成法を述べよう．まず$u \in U$と$v \in V$のすべての対$<u, v>$をとり，この対を積のような記号で$u \cdot v$と書くことにする．これらの対$u \cdot v$全体を基底とする（非常に大きな）ベクトル空間Lを考える．Lは記号$u_i \cdot v_i$の体Fの元を係数とする有限な1次結合全体からなる．$<u, v> \mapsto u \cdot v$は関数$F : U \times V \to L$を与える．しかしそれは双線形ではない．Fを双線形にするためには，Fがもし双線形ならば0となるはずのLのすべての元を0に縮めればよい．すなわち

$$(a_1 u_1 + a_2 u_2) \cdot v - a_1(u_1 \cdot v) - a_2(u_2 \cdot v) \qquad (2)$$

の形のすべての元と，第2成分vについての線形性に対応する同様の形の元全部である．このときFは$U \times V \to L/S$の双線形関数となり，しかも普遍性をもつことが確かめられる．したがって，こうしてつくられたL/Sがテンソル積となる．

この例では，有限次元のベクトル空間を構成する過程で無限次元空間が用いられている．それと同時にまた，この例は同じテンソル積を構成するのにも，多くの異なった方法があることを示すものにもなっている．

数学における他の構成に対しても，さまざまなタイプの「収縮法(collapse)」が用いられる．どの場合でも，まず考えておかねばならないのは，縮めることのできるものは何であるか，すなわち準同形で0にうつされるものはどういうものか，ということである．ベクトル空間については，それは任意の部分空間であった．群の場合は正規部分群である．環の場合を考えるために，環Rの**イデアル**を次のように定義する．部分集合$K \subset R$がつぎの条件を満たすとき，KをRのイデアルと呼ぶ：Kの任意の元k_1，k_2に対して$k_1 + k_2$もKの元となり，そのうえKの任意の元kとRの任意の元rに対してrkがふたたびKの元となる．任意の環準同形$f : R \to S$に対して，$fk = 0$を満たすRの元kの全体はイデアルをなす．これをfの**核**(kernel)という．逆に環Rの任意のイデアルKが与えられたとき，環R/Kと，Kがちょうど核となるような準同形$R \to R/K$であって，Rから他の環への準同形でその核がKを含むものに対して普遍性をもつものが存在する．この**商環**は，Kによる剰余類$K + r$を元とする環

274　第7章　線 形 代 数

をとることにより構成できる．m の倍数全体は整数環 Z のイデアルなので，前述の m を法とする剰余環はこの構成の一例となっている．商環はまた，実数体 R から複素数体 C を構成する一つの方法を与える．すなわち，まず実係数の x に関する多項式全体のなす環をとる．この環において，$(x^2 + 1)$ の倍数全体はイデアル K をなし，商環 R/K は複素数全体（と同形）になる．なぜならば，$x^2 + 1$ が 0 にうつるから，x は（イデアルを 0 に縮めたあとでは）虚数単位 i を定義する方程式 $i^2 = -1$ を満足するからである．

　上述の操作を用いると，ガロア理論を複素数体を引き合いに出さないで展開できる．任意の（抽象）体 F 上の x についての多項式全体は，環 $R = F[x]$ をつくり，1 つの多項式 $f(x)$ の倍数全体はそのイデアル (f) となる．f が既約ならば，商環 $R/(f)$ は，$f(\xi) = 0$ を満たす元 ξ（x の剰余類）と F を含む体となる．結局 $R/(f)$ は，f の 1 つの根と，F から生成された体 $F(\xi)$ に等しい．残りの根も同じ方法で添加することにより，（抽象的）分解体とそのガロア群が得られる．

　イデアルの概念は商環の構成に有用であったが，そのほかにも数論や算術においていろいろな応用をもっている（第 12 章第 3 節）．

11.　外積代数と微分形式

　微分形式や，面積分と体積積分の間に成り立つガウス-グリーン-ストークスの関係式などを考える場合に，われわれは微分式 dx と dy を

$$(dx)(dy) = -(dy)(dx), \quad (dx)^2 = 0 \tag{1}$$

の規則に従って取り扱う必要があった．これらの規則は，たとえば 3 次元ユークリッド空間の 1 つの点における余接空間のベクトル dx，dy，dz に適用されるべき規則である．この規則を別に神秘的なものと考える必要はない．これらはベクトル空間 V の形式的な積から，適当な商空間をつくることで得られる代数的規則だからである．この商空間がこれから述べる**外積代数**である．

　V から出発してつぎつぎにテンソル積をとることにより，ベクトル空間の列

$$F, \quad V, \quad V \otimes V, \quad V \otimes V \otimes V, \quad \cdots \tag{2}$$

11. 外積代数と微分形式 **275**

が得られる．これらの空間の元は（反変）テンソルと呼ばれる．Vのn個のテンソル積 T_n の元を**n階**のテンソルといい，またFの元（スカラー）は0階のテンソルであると約束する．これらのテンソルは全部まとめてつぎの演算規則をもつ代数系をつくる．すなわち，まず任意のテンソルにはスカラーを掛けることができる．同じ階数をもつ任意のテンソルは加え合わすことができる．さらに任意の2つのテンソルを積 $\otimes$ を用いて掛け合わすことができる．たとえばテンソルuと $v\otimes w$ の積は

$$u\cdot(v\otimes w) = u\otimes v\otimes w \qquad (3)$$

となる．このようにして上述のテンソル全体はいま述べた演算のもとで，いわゆる**テンソル代数** $T(V)$ をつくる．この代数系はベクトル空間にはならない．というのは，階数の異なるテンソルどうしは加えられない（し，その必要もない）からである．同様にそれは和と積について環をなすわけでもない．それは**次数付き代数**(graded algebra)（すなわち，**次数付き**ベクトル空間であり，同時に**次数付き**環となるもの）という術語で呼ばれるものであり，テンソルの階数により次数付けられている（Algebra 第14章第4節参照）．読者はこのような次数付き代数系に対する公理系を容易に書き下ろすことができるだろう．その際3つのテンソル積に関する約束 (8.9) により，結合律が保証されている点に注意されたい．しかし乗法は**可換ではない**.

　任意のテンソルはベクトルの積の和として書けるので，$T(V)$ はベクトル空間Vにより生成される．それはVから生成される次数付き代数のうちで「最も一般」なものであり，V上の**自由**次数付き代数（free graded algebra）と呼ばれる．すなわちそれはつぎの「普遍性」をもっている．任意の次数付き代数Aが与えられたとき，VからAの次数1の元全体のつくるベクトル空間への線形変換 $V \to A$ はつねに次数付き代数の間の射 $T(V) \to A$ に一意的に拡張される．したがってVで生成される次数付き代数Aは $T(V)$ から適当な商をとることにより得られる．

　微分形式（1）からなる次数付き代数の場合には，その積は階数1の元について $u\otimes v = -v\otimes u$，と $u\otimes u = 0$ を満足していなければならない．これらの等式は，テンソル代数 $T(V)$ においては成立しない．したがって $T(V)$ の適当な商をとる必要がある．そのためには，$T(V)$ の元で $t\otimes t$（t は階数1の

276　第7章　線形代数

任意のベクトル）の形のすべての元，および，この $t \otimes t$ に（左右から）他の
テンソルを掛けて得られる元全体を 0 に縮めればよい．そうして得られた商代
数 $E(V)$ は V の**外積代数**と呼ばれる．その元を e，f，g などと書き，そこで
の積を $e \wedge f$ のように書くことにしよう．つくり方から，$E(V)$ ではすべての
階数 1 の元 e に対して

$$e \wedge e = 0 \qquad\qquad (4)$$

が成り立つ．これから

$$0 = (e + f) \wedge (e + f) = e \wedge e + e \wedge f + f \wedge e + f \wedge f$$

が得られる．$e \wedge e$ と $f \wedge f$ は 0 であるから，結局任意の階数 1 の元 e，f に
対して求める式

$$e \wedge f = - f \wedge e \qquad\qquad (5)$$

が成り立つことになる．

　この代数を書き下すために，その階数 k の元全体を $E_k = E_k(V)$ とおく．E_k
は k 重テンソル積 $T_k(V) = V \otimes \cdots \otimes V$ の商ベクトル空間である．商をとると
き 0 に縮められるのは，階数 1 の元 t の「自乗」$t \otimes t$ を含むものだけだから，
階数 0 および 1 の元は縮められない．したがって $E_1(V)$ は $T_1(V) = V$ に一
致する．さて V は有限次元とし，u_1, $\cdots$, u_n をその 1 つの基底とする．このと
き $T_k(V)$ はこの基底ベクトルのすべての（重複も許した）k 個のテンソル積
全体を基底にもつ．$E_k(V)$ では，ある u_i が重複しているものは（4）により
すべて 0 となり，他方どの相異なる 2 つの u_i も（5）にしたがって順序を入れ
替えることができるので，$E_k(V)$ の任意の元は，基底ベクトルを，添字の増大
する順に掛け合わせた k 重「外」積

$$u_{i_1} \wedge u_{i_2} \wedge \cdots \wedge u_{i_k}, \quad i_1 < i_2 < \cdots < i_k \qquad\qquad (6)$$

の 1 次結合として書ける．$k > n$ ならばそのような積はないので，$k > n$ に対し

ては $E_k(V) = 0$ となる．k が n より小さければ，（6）の形の元は ${}_nC_k$ 個あ りこれらが基底となる．このことは，たとえば $n = 3$ の場合には容易に確かめられる．実際この場合は（6）にあげた元は次のように並べられる．

$$
\begin{aligned}
E_0&: \quad 1, \\
E_1&: \quad u_1,\ u_2,\ u_3, \\
E_2&: \quad u_1 \wedge u_2,\ u_1 \wedge u_3,\ u_2 \wedge u_3 \\
E_3&: \quad u_1 \wedge u_2 \wedge u_3.
\end{aligned}
\tag{7}
$$

これらの元の積はすべて，（4）と（5）を用いて計算できる．これらの規則から，任意の $t = a_1 u_1 + a_2 u_2 + a_3 u_3$ が $t \wedge t = 0$ を満たすことも確かめられる．したがって（7）の元がすべて 1 次独立とした場合にすでに，求めていた収縮が実現されている．したがってそれらは $E(V)$ において実際に 1 次独立である．

$V = \boldsymbol{R}^3$，$u_1 = dx$，$u_2 = dy$，$u_3 = dz$ とおけば，この外積代数は 3 変数の微分形式の計算に対する（そしてまたもっと高次元についても）形式的方法を与えていることがわかる．外積代数のこのような幾何学的起源から，1 つの予期しない副産物が得られる．ある体の元 a_{ij} を成分とする任意の $n \times n$-行列 A に対して，その第 i 行 R_i を外積代数の次数 1 の元 $R_i = \sum a_{ij} u_j$ とみなす．そうして n 個の行の外積を計算すると

$$
R_1 \wedge R_2 \wedge \cdots \wedge R_n = |\,A\,|\, u_1 \wedge u_2 \wedge \cdots \wedge u_n \tag{8}
$$

が得られる．ここで $|\,A\,|$ は行列 A の行列式である（$n = 3$ の場合実際に確かめて見よ）．実際（4）と（5）は，行列式を計算する際の形式的規則——2 つの行が等しければ行列式は 0 になる（（4）），2 つの行を入れ替えると，行列式は符号だけ変わる（（5））——を言い換えたものにすぎない．その結果，外積代数を用いて行列式を定義し，その諸性質を完全に展開することができるのである（*Algebra*，第 14 章第 7 節）．これはまた行列式を，行列 A に対してでなく，（より幾何学的な）A で表わされる線形自己準同形に対して定義することによって，不変性をもつ方式で行なうこともできる．ここでもまた，幾何学と行列の間の緊張がふたたび現われ，そして解決されるのである．

278　第7章　線 形 代 数

線形変換 $T: V \to W$ は対応する外積代数の間の準同形 $E(T): E(V) \to E(W)$ を引き起こすことに注意せよ．この意味で $E(V)$ の構成は V について**関手的**である．

12.　相 似 性 と 直 和

さて線形代数の中心的問題に戻ることにしよう．それは「2つの正方行列が同じ線形自己準同形 $T: V \to V$ の異なった基底に関する表現となるのはいつか？」あるいは「T の表現行列のうちで最も簡単な形をしたものを見出すことができるか？」という問題であった．$V = E$ がユークリッド空間で，T が自己随伴の場合は，本章第8節の主軸定理がその解答を与えている．すなわち表現行列として T の固有値を対角成分とする対角行列を選ぶことができる．しかしこの解答は，一般の場合には拡張できない．たとえば 2×2-行列

$$\begin{pmatrix} 0 & 0 \\ 1 & 0 \end{pmatrix} \qquad\qquad (1)$$

の固有値は0だけであるが，それは0写像を表わすものではないので，0行列と相似にはならない．したがって一般の T に対して「最も簡単な」行列を見出すには単に対角行列を考えるだけではだめで，もう少し手の込んだやり方が必要となる．

1つの方法は V を単にベクトル空間としてだけ考えるのではなく，T およびその冪（べき）による構造が余分に加わったもっと「豊富な」代数系（「加群」）として考えることである．この意味はつぎのとおりである．すなわち，V の任意のベクトル v に対して，基礎体 F のスカラーだけでなく，F の元を係数とする x の多項式も

$$(a_0 + a_1 x + \cdots + a_k x^k)v = a_0 v + a_1 Tv + \cdots + a_k T^k v \qquad (2)$$

に従って掛けることができる．われわれはこれを v の多項式 $a_0 + a_1 x + \cdots + a_k x^k$ による「積」と呼ぶことにする．x に関する上のような多項式全体は，可換な環，すなわち**多項式環** $F[x]$ をなす．このように多項式をスカラーとみて

ベクトル v に掛ける乗法は，通常の乗法についての規則をすべて満たす．したがって（2）により V はつぎの定義の意味で $F[x]$ 上の加群となる．

　環 R 上の**加群** M とは，加法についてのアーベル群であって，M の任意の元 v と R の各元 a の間につぎの（3），（4）を満たす乗法演算 $(a, v) \mapsto av$ が定義されているもののことである：

$$a(v + w) = av + aw, \quad 1v = v, \qquad (3)$$
$$(a + b)v = av + bv, \quad (ab)v = a(bv). \qquad (4)$$

高等幾何学や解析学には，このような加群——すなわち，いろいろな作用素のつくる環の作用をもつアーベル群——の例がたくさん出てくる．たとえば，微分形式は，$d^2 = 0$ なる作用素 d をもつ次数付き加群をなす．

　加群の公理（3），（4）はベクトル空間に対するものと同じ形をしている．違っている点は，R の元であるスカラー a は一般には逆元をもたないことと，2つのスカラーの積が必ずしも可換ではないということである．ベクトル空間の基本的理論の多くの部分は，加群にもそのまま適用できる．とくに1つの加群から他の加群への線形写像 $T : M \rightarrow N$ が，ベクトル空間と全く同様に定義できる．M の部分加群 S（M の部分集合で演算に関して閉じているもの）が与えられると，商加群 M/S と，S を0にうつす線形写像の中で普遍性をもつもの $P : M \rightarrow M/S$ を構成することができる．同じ環 R 上の2つの加群 M と N が与えられると，$v \in M$ と $w \in N$ のすべての順序対 (v, w) からなる**直和** $M \oplus N$ をつくることができる．その演算は，

$$a_1(v_1, w_1) + a_2(v_2, w_2) = (a_1 v_1 + a_2 v_2, a_1 w_1 + a_2 w_2) \qquad (5)$$

で与えられる．この直和は R 上の加群となる．そこには $v \leftarrowtail (v, w) \mapsto w$ で与えられる，各成分への線形写像

$$M \leftarrow M \oplus N \rightarrow N$$

が定義されている．それらは「普遍性をも」ち，したがって $M \oplus N$ は第5章第8節の群の場合における意味で M と N の直積になっている．$M \oplus N$ にはま

280 第7章 線形代数

た，$v \mapsto (v, 0)$ および，$w \mapsto (0, w)$ で与えられる，各成分からの線形写像

$$M \to M \oplus N \leftarrow N$$

もある．これらもまた普遍性をもち，したがって $M \oplus N$ は M と N の「余積 (coproduct)」となる――これは第5章第9節の群の自由積に相当するものである．

　F 上のベクトル空間の場合について見れば，体 F の n 個の直和 $F \oplus \cdots \oplus F$ は，F の元の n-組のつくる標準的 n 次元ベクトル空間 F^n にほかならない．任意の有限次元ベクトル空間は，いったん基底を選んでおけば，この形に帰着させることができる．このことはしかし，一般の加群については成り立たない．すなわち，環 R 上の加群であって，R のいくつかの直和の形には決して書けないものがいくつも存在する．たとえば多項式環 $F[x]$ を x^2 の倍数全体のつくるイデアル (x^2) で割った商環を考えよう．この $F[x]/(x^2)$ はやはり $R = F[x]$ 上の加群であるが，それは R よりずっと「小さい」．その任意の元は $a + bx$，$a, b \in F$ の形の多項式からきている．x を掛けると，a は ax にうつり，bx は 0（$x^2 = 0$!）にうつる．言い換えると，$F[x]/(x^2)$ は F 上の2次元ベクトル空間であって，基底ベクトルに対して $u_1 \mapsto u_2$，$u_2 \mapsto 0$ と作用する線形自己準同形 T を備えたものにほかならない．この T はまさに上の（1）の行列表現をもっている．このように，多項式環 $F[x]$ 上の任意の加群は，F 上のベクトル空間であって，x を掛ける演算に対応する線形自己準同形 $V \to V$ をもつものにほかならないのである．

　さて多項式環 $F[x]$ においても，整数環 **Z** におけると同様，剰余定理が成り立つ．このことから，$F[x]$ の任意のイデアル K は 0 であるか，または，1つの多項式 $f(x)$ の倍数全体のつくるイデアル $K = (f(x))$ であるか，のいずれかに限ることが導かれる．ここで $f(x)$ は**モニック**（すなわち，最高次の係数が1）にとることができる．対応する商加群 $F[x]/(f(x))$ は F 上のベクトル空間 V で次元は $f(x)$ の次数 m に等しい．このベクトル空間の基底として，x の冪 1，x，x^2，$\cdots$，x^{m-1} をとる．そうすれば，「x 倍」に対応する自己準同形 $T : V \to V$ は，各基底の元を1つ次のものにうつし，x^{m-1} は

$$x^m = - a_0 - a_1 x - \cdots - a_{m-1} x^{m-1},$$

にうつす．ここで a_i は $f(x) = a_0 + \cdots + a_{m-1}x^{m-1} + x^m$ の係数である．したがってこの基底に関する T の行列は次のようになる（ここでは $m = 4$ とした）：

$$\begin{bmatrix} 0 & 0 & 0 & -a_0 \\ 1 & 0 & 0 & -a_1 \\ 0 & 1 & 0 & -a_2 \\ 0 & 0 & 1 & -a_3 \end{bmatrix} \tag{6}$$

これを（多項式 $f(x)$ の）**同伴行列**（companion matrix）という．この形の行列が，相似性を考える際の素材となる．

解析学では特別な種類の環上の加群が用いられる．可換環が**整域**であるとは $bc = 0$ から $b = 0$ または $c = 0$ が従うことをいう．整域 D において任意のイデアルがある 1 つの元 d の（D における）倍数全体からなるイデアル (d) となるとき，D を**単項イデアル整域**と呼ぶ．$F[x]$ も $\mathbf{Z}$ も単項イデアル整域である．単項イデアル整域 D 上の加群に対しては，つぎの定理が成り立つ（証明はかなり面倒である．*Algebra* 第 10 章参照）．

定　理　　単項イデアル整域 D 上の加群 M が有限個の元で生成されるならば，自然数 r と，D の 0 でない元 $d_1, \cdots, d_k$ で，各 i に対して d_i が d_{i+1} の倍数となっているものが存在して，M は直和

$$M \cong \underbrace{D \oplus \cdots \oplus D}_{r \text{個}} \oplus D/(d_1) \oplus \cdots \oplus D/(d_k). \tag{7}$$

の形に書ける．しかも整数 r とイデアル (d_i) は M により一意的に定まる．

この結果はもちろん（F 上の加群としての）ベクトル空間にも適用できる．体 F はイデアルが (0) と F 自身しかない単項イデアル整域だからである．しかし（7）は，ベクトル空間と比較したときの加群の複雑さをはっきり示している．実際，F 上の有限次元ベクトル空間 V については，$V \cong F \oplus \cdots \oplus F$ となり，（7）の最初の r 個の直和の部分しか出てこないからである．この場合 r は

282 第7章 線 形 代 数

Vの次元と一致する．一般のDに対して余分に現われる加群 $D/(d_i)$ は**巡回加群**
(cyclic module) と呼ばれる．なぜならばそれらは，ちょうど（第5章第6節
の）巡回群のように1つの元，すなわちDの単位元1で生成されるからである．

Dが多項式環 $F[x]$ の場合，この定理はどういう意味をもつであろうか？
この場合，加群Mは「x倍」にあたる線形自己準同形を備えたベクトル空間V
にほかならない．Vが有限次元の場合，（7）の分解において $D = F[x]$ の成
分は現われない．なぜならば，そのような成分Dは無限次元ベクトル空間 $F[x]$
に対応することになるからである．結局巡回加群 $D/(d_i)$ の列のみが出てくる．
これらはどれもみな，同伴行列（6）を行列表現としてもつ線形変換に対応す
る．したがってつぎの系が得られた．

　　系　　体F上の有限次元ベクトル空間Vの任意の線形自己準同形 $T：V \rightarrow$
V に対して，次のようなVの基底が存在する：その基底に関するTの表現行列
は，対角線上に多項式 $d_i \in F[x]$ の同伴行列 C_i を並べた

$$\begin{bmatrix} C_1 & 0 & \cdots & 0 \\ 0 & C_2 & & 0 \\ \vdots & & & \\ 0 & 0 & & C_k \end{bmatrix} \tag{8}$$

の形をしている．ここで $i = 1,\ \cdots,\ k-1$ に対して d_i は d_{i+1} の倍数である．

　　数kと多項式 d_i は，d_i をモニックに選んでおくことにすれば，Tにより一
意的に定まる．

　　これらのモニック多項式 d_i は T の**不変因子**と呼ばれる．それらは相似性に
対する不変量の**完全系**をなす．すなわち，2つの行列が相似となるための必要
十分条件は，それらが同じ不変因子をもつことである．それに対して表現（8）
は（正方）行列の相似性に関する標準形と呼ばれる．——各正方行列は上のよ
うな標準形のうちのただ1つのものと相似になる．いま述べた「有理標準形」
や，またジョルダン標準形をはじめとする他の標準形についても多くの結果が
あるが，それらについては，ここではこれ以上触れないことにする．

　　単項イデアル整域Dが整数環 $\mathbf{Z}$ の場合には，定理はどういう意味をもつであ

ろうか？ 任意のアーベル（加）群 A を考える．A においては，同じ元 $a \in A$ を何度も加えること（たとえば $a + a + a$ のように）は，a を整数倍することと考えられる．たとえばいまあげた例でいえば $3a = a + a + a$ である．スカラー倍をこのように定めると，それは加群の定義の（3），（4）を満足する．言い換えれば，アーベル群 A は $\boldsymbol{Z}$-加群と同じものである．

系 任意の有限生成アーベル群 A は r 個の無限巡回群 $\boldsymbol{Z}$ と，位数がそれぞれ m_1，m_2，$\cdots$，m_k の巡回群の直和として

$$A = \boldsymbol{Z} \oplus \cdots \oplus \boldsymbol{Z} \oplus \boldsymbol{Z}/(m_1) \oplus \cdots \oplus \boldsymbol{Z}/(m_k) \qquad (9)$$

の形に表わすことができる．ここで $i = 1$，$\cdots$，$k - 1$ に対して m_i は m_{i+1} の倍数である．数 r，および m_1，$\cdots$，m_k は A の不変量である．

　すべての有限生成アーベル群が不変量 r と m_i で決定されるというこの結果は，とくに代数的位相幾何学において有用である．そこに現われる多面体の「ホモロジー群」A はアーベル群で，しかも有限生成なので，その「ベッチ数」r と「ねじれ係数」m_i で決定されることになるからである．

　標準形（8）において，各不変因子 d_i は既約多項式の冪積の形に書ける．この既約多項式は T の**単因子**と呼ばれる．それに対応して同伴行列 C_i も分解される．アーベル群については，たとえば各 m_i は素数 p_i の冪積として $p_1{}^{e_1} \cdots p_s{}^{e_s}$ のように書ける．このとき，ちょうど $\boldsymbol{Z}_6 \cong \boldsymbol{Z}_2 \oplus \boldsymbol{Z}_3$ であったのと同様にして，

$$\boldsymbol{Z}/(m_i) \cong \boldsymbol{Z}/(p_1{}^{e_1}) \oplus \cdots \oplus \boldsymbol{Z}/(p_s{}^{e_s}) \qquad (10)$$

の同形が成り立つ．

　（9）と合わせて，これは第 5 章第 8 節（3）で予告しておいた有限アーベル群の分解定理を与える——第 5 章での直積はここでいう直和と同じものである．

　これまでの議論で一番肝心な点は，アーベル群についてのこの（9）の結果と同伴行列についての結果が本質的に同一であることを認識することである．

284 第 7 章 線 形 代 数

それぞれに対する証明（しばしば行列の巧妙な操作を用いてなされる）が一見
異なっているように見える場合でも，実はそれらは本質的に同じ工夫を用いた
ものなのである．そしてそれらの工夫はベクトル空間を一般化した加群の概念
を用いて一つにまとめられ，したがってまたそれによりいっそうよく理解され
るのである．

13. 要　　　約

　線形代数はベクトルの幾何学的イメージと，「線形な」作用——すなわち，和
と比を保存する作用——についての初等的なアイデアがもとになって始まった
ものである．しかしこれらのアイデアを正確に定式化することは，ベクトル空
間の間の線形変換の概念を待ってはじめて可能となったといえるだろう．この
変換を取り扱う際には，概念的な定式化と行列による計算の双方が必要となっ
てくる．その際，2つの行列はいつ同一の線形自己準同形を表わすのかという
相似性の問題が中心的なものとして現われてくる．幾何学的，あるいは解析的
な考察から，ベクトル空間に対するさまざまな構成——双対空間や内積空間な
ど——が生まれる．線形関数はまた，双線形関数や，テンソル積を用いたさら
に一般の構成へと発展していく．内積が存在する場合，対称行列に対する相似
性の問題は，固有値と固有ベクトルを用いて解決される．一般の場合は行列の
標準形を得るために，体上のベクトル空間の概念を，適当な環上の加群に拡張
して考えることが必要となる．ここでは述べなかったが，線形代数のいっそう
高度な展開に際しても，これと同じパターンが見られる．すなわちそこでも幾
何学と解析が相互にからみ合い，つぎつぎに形式上の一般化が行なわれる，そ
してまたそうした一般化が，線形性およびその多彩な応用——1次近似や解析
的演算への応用など——の諸側面を定式化し，理解するうえの助けとなってい
くのである．

　[**参考文献**]　　*Survey of Modern Algebra* はアングロサクソン流の行列手
法と，ベクトル空間による概念的な見方（ヘルマン・ワイル（Hermann Weyl））
とを結びつけて成果をあげた英語の教科書として最初のもの（1941 年刊）であ
った．ハルモス（Halmos）の古典的教科書 [1942] においては，ヒルベルト空
間（フォン・ノイマン（von Neumann）による）との関連が強調されている．

Algebra，および Hungerford [1974] においては，加群が重点的に利用されている．現代ではコンピュータの発達のおかげで，大きなサイズの行列を取り扱うことが可能となってはきたが，現行の多くの線形代数の教科書が，アイデアを行列計算の泥沼の中に埋めてしまって，概念の正確な理解をなおざりにしているのは残念である．

第8章　空間が有する形式

　空間や空間における運動についてのいろいろな見方から，数学者は，さまざまな形式的な幾何学的構造の記述に導かれた．この章においては，それらのいくつかについて述べることにする．まず，弧の長さと種々の曲率の記述から始め，位相空間，層，多様体，等々にも言及したいと思う．その過程で，このような幾何学的構造の解析には，直観的な思いつき（アイデア）が非常に重要な役割をもつこと，そして，一見明らかな幾何学的直観が，はっきりした形式的表現をもつに至るまでには，しばしば長い時間を要することが明らかにされるであろう．それらの表現を通して，空間という把握しにくい概念に，実にさまざまな形式が与えられることになるのである．

1.　曲　　　率

　ユークリッド幾何学においても，非ユークリッド幾何学においても，その空間内に生じるさまざまな事柄は，直線，三角形，角，合同という言葉を用いて解析される．つまりこれらの幾何学は，第一義的には，線形的なのである．しかし，幾何学的現象の中には，平面上の曲線や，3次元空間内のねじれた曲線とか曲面などの線形的でないものも現われる．曲線を直線で近似しようとするとき，微分積分学の方法が役に立ち，おのずと微分幾何学の主題に行き当たる．このことについて，これから述べようと思う．曲率を調べるという初等的な方法からは，必然的に曲面の内在的構造の研究や，曲面の，あるいはさらに高次元の多様体の分類問題へと導かれるのである．

　第6章第9節で行なったように，x，y平面の中の滑らかな**径路**(すなわち，

パラメータで与えられた曲線）

$$x = g(t), \quad y = h(t) \tag{1}$$

について考えよう．ここに，g，h はある区間 $t_1 \leqq t \leqq t_2$ で定義された滑らかな関数である．このとき，この径路の任意の点 $p = (g(t_0), h(t_0))$ における接ベクトルは，その点における接平面 T_p 内のベクトル

$$(g'(t_0), h'(t_0)) \tag{2}$$

となる．もし，この接ベクトルがいたるところゼロとならないならば，その径路は，**正則**であるといわれる．ところで，径路のパラメータは，それを別のものに変更することができる．たとえば，滑らかな関数 k が定義区間内でつねに $k'(t) \neq 0$ となるならば，パラメータとして $u(= k(t))$ を使うこともできるのである．この変更によって接ベクトル（2）の長さは変化するかもしれないが，方向は変わらない．また，この変更によって生ずる（1）に対する式は，x，y 平面の集合として，変更前と同じものを与える．この集合が径路（1）によって描かれる**曲線**である．したがって，パラメータを変更しても，曲線は変わらない．ただ変更前のものと，各点でのスピードと各点を表現するパラメータの値は，違ってくることがある．

　はじめに，曲線の長さを求めてみよう．t が t_1 から t_2 まで動いたときに得られる曲線の長さを決めるには，まずこの曲線に折れ線を内接させ，各辺をピタゴラスの定理を使って計算し，その合計によって折れ線の長さを求める．次にだんだんと短い辺をもつ折れ線をつくって逐次その長さを求め，その極限をとると，これが求める長さとなる．これは，ちょうど，（リーマン）積分

$$\int_{t_1}^{t_2} [g^1(t)^2 + h'(t)^2]^{1/2} dt = \int (dx^2 + dy^2)^{1/2} \tag{3}$$

によって表わされる（この極限操作は，もっと一般に，滑らかでない曲線についても考えられ，その極限値が確定するとき，その曲線は**長さをもつ**といわれる）．この長さを s とすると，s は t_1 と t_2 で決まる．いま $t_2 = t$ として，s を t の関数と考えると

288 第8章 空間が有する形式

$$s = \int_{t_1}^{t} (dx^2 + dy^2)^{1/2} \tag{4}$$

となる．このとき，逆に t は s の関数とも考えられるから，t の代わりにこの
弧長 s を曲線のパラメータとして用いることもできる．弧長 s の微分は，つぎ
の式で与えられる．

$$ds^2 = dx^2 + dy^2 \tag{5}$$

これは，ピタゴラスの定理の無限小版であり，接平面 T_p における内積 $dxdx$
$+ dydy$ とも考えられる．接平面 T_p 上のこの内積構造は，点 p を通るすべて
の曲線に対して適用される．

　曲率に関しては，円が典型的な例となる．直観的にもわかるように，円の半
径 r が小さいほど，曲率は大きくなるから，円の曲率を $k = 1/r$ と定義する．
一般の曲線に対しては，p を曲線上の点として，その点を通る円でこの曲線を
近似するのが自然なやり方である．もっと明確に述べるなら以下のようになる．
点 p とこれに近い2点 p' と p'' を曲線上にとり，これら3点で一意に決まる円
C を考える．曲線は滑らかであるとしているので，p が変曲点でない限り，p' と
p'' が p に近づけば，C は一意的にある円 C_p に近づくはずである．この C_p を
接触円といい，この円の曲率を問題の点 p でのその曲線の曲率と定義するので
ある．定義からただちに，点 p における曲率の解析的表示を次のように与える
ことができる．

$$\kappa = \frac{g'(t)h''(t) - h'(t)g''(t)}{(g'(t)^2 + h'(t)^2)^{3/2}} \tag{6}$$

ここに，曲線はパラメータ t によって正則に表わされるものと仮定されている
ので，分母はゼロにはならない．ところで，$y = f(x)$ というよく知られた形の
平面曲線に対しては，座標 x をパラメータと考えると，この場合，曲率 κ の公
式（6）は

$$\kappa = \frac{y''(x)}{(1 + y'(x)^2)^{3/2}} \tag{7}$$

と簡単な形になる．同じ曲線が別の座標で記述されることもあるので，パラメータとして，座標を選ぶということは，幾何学的に何の本質的な意味もないが，ある点から測られた弧長 s は，パラメータとして本質的である．各点における曲率 κ を s の関数として表現するほうがずっと自然なのである．

ところで，弧長および曲率についてのこの"本質的"な定義から一見してわかるように，弧長や曲率は，曲線の回転や平行移動に関して，変化を受けない．つまり，ユークリッド変換で変わらないという意味で，ユークリッド**不変量**なのである．さらに，つぎのことが成り立つ．これら 2 つの量は，以下の意味で，不変量の**完全系**をなしているのである．つまり，弧長 s をそれぞれ p_1 と $p_1{}'$ から測るとして，もし 2 つの曲線が，同じ曲率関数 $\kappa = \kappa(s)$ をもつならば，そのうちの 1 つを残りの 1 つに p_1 と $p_1{}'$ を含めて完全に重ねてしまう平面の剛体運動が存在するのである．

空間曲線については，もう 1 つ，**捩率**（れいりつ）と呼ばれる不変量がある．これを使うと，ある平面内に完全に含まれるある 1 つの曲線からの，その曲線の"逸れ具合"を測ることができる．これを定義するには，ふたたび，直観的概念を定式化するための極限という操作を，適切に使用することが必要となる．空間曲線の曲率と弧長は，平面の場合とだいたい同様に定義される．このようにして得られた弧長，曲率，捩率の 3 つが，滑らかな空間曲線のユークリッド不変量となるのである．

空間内に，u をパラメータとする径路が滑らかな関数

$$x = g(u), \quad y = h(u), \quad z = k(u)$$

によって与えられているとする．座標 (x, y, z) は，これをひとまとめにして 1 つの太字の $\boldsymbol{p}$ で表示すると便利である．弧長 s の点 $\boldsymbol{p}$ における微分は，空間曲線の場合も，$ds^2 = dx^2 + dy^2 + dz^2$ という形式になる．ここで，パラメータとして，弧長 s をとれば，各点における接ベクトル $\boldsymbol{t}$ の長さは 1 となる．これは，$\boldsymbol{t}$ とそれ自身との内積が定数 1，すなわち，$\boldsymbol{t} \cdot \boldsymbol{t} = 1$ となることを意味する．これをパラメータ s について微分すれば，$2\boldsymbol{t} \cdot \boldsymbol{t}' = 0$ となり，この弧長に関する接ベクトルの変化率を表わすベクトル $\boldsymbol{t}'$ は，接ベクトル $\boldsymbol{t}$ と直交することになる．ここで，空間曲線の**法ベクトル**を，ベクトル $\boldsymbol{t}'$ と同じ方向をもつ長さが 1 のベクトル $\boldsymbol{n}$ として定義する．これは，$\boldsymbol{t}'$ が $\boldsymbol{n}$ に比例することを意

290 第8章 空間が有する形式

味するが，実際，$t' = \kappa n$ となる．というのは，曲率 κ とは，平面曲線の場合
でも空間曲線の場合でも，接ベクトルが変化する割合を表わすものと考えられ
るからである．ところで，空間曲線の場合には，法ベクトル n と接ベクトル t
に直交する第三の単位ベクトルを考えることができる．このベクトルには，2
通りの方向が考えられるが，それを適当に決めて**従法ベクトル b** と呼ぶ．した
がって，空間曲線の各点に（その点における接空間の）正規直交系 t，n，b が
つくられ，この（標構と呼ばれる）3つの基底ベクトルの組が，その曲線に沿
って動くとき，その変化の様子はその曲率と振率によって明確に記述されるこ
とになる．すなわち，これらは，方程式 $t' = \kappa n$ とともに"フレネの公式"を
構成するのである．この"動標構"の方法を使うと，さまざまな事柄が直ちに
視覚化される（親指，人指し指，中指をそれらが互いに直交するように伸ばし，
それが曲線に沿って動いている様子を思い浮かべてみられたい）．この方法は，
曲線ばかりでなく，曲面やさらには高次元の対象にも応用され，微積分学を用
いて幾何学を理解するための強力な形式的道具となるのである．

　要するに，空間における曲線（あとの節では，曲面）は，ユークリッド空間
の直線や，円や，平面を用いて近似することができ，それによって，微積分学
のアイデアが，幾何学的文脈の中で適用されるのである．

2. 曲面のガウス曲率

　ユークリッド幾何学の理解に，空間が2次元（平面）であることが決定的で
あったように，曲率の理解にも，空間が2次元（曲面）であることが決定的と
なる．3次元空間の中には，球面，楕円面，円柱面，放物面，双曲面，円環面
（トーラス）などのさまざまな曲面が，手近な例として存在する．原点を中心と
する半径 r の球面が（ピタゴラスの定理によって）1つの方程式 $x^2 + y^2 + z^2$
$= r^2$ の解集合となるように，この中には1つの方程式の解集合として記述さ
れるものもある．球面の場合，その上の点 p の座標 x，y，z は，適当な（2
つの）パラメータの関数として表わすこともできる．よく知られているパラメ
ータは，緯度 θ と経度 ϕ である（これらの名称は，地中海の東西に長い方向
の航海にちなむものである）．これらのパラメータのとり方は，図1に見られる．
具体的には，この図より，

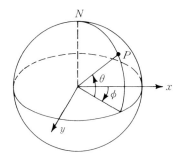

図1 球面座標

$$x = r\cos\theta\cos\phi$$
$$y = r\cos\theta\sin\phi \qquad (1)$$
$$z = r\sin\theta$$

となる．曲線に対してそのパラメータを1つ決めることは，ある区間からその曲線への連続写像を1つ決めることを意味した．球面上の議論で注意しなければいけないことは，球面の北極と南極では，経度が不定となること，および緯度，経度とも，2π を周期として同じ点を表わすことである．したがって，(1) の球面座標 ϕ，θ は，θ-ϕ 平面のへりのない正方形 I^2

$$-\pi/2 < \theta < \pi/2 \qquad -\pi < \phi < \pi \qquad (2)$$

から，北極南極それに日付変更線（大円，$\phi = \pi$ の半分）を球面から除いた部分への双連続写像を表わしていると考えたほうがよいのである．この写像 $I^2 \to S^2$ を球面の**チャート**と呼ぶ[1]．球面は明らかに長方形とは異なる図形であるから，この種のチャート1つだけでは球面全体を覆うことはできない．しかし，チャートを2つ使えば，可能となる．——1つは，上に述べたもので，もう1つは，赤道上に南極と北極に相当するものを考えればよい．こうすると，球面上に双方のチャートの重なる部分が生じるが，このとき球面はその部分をのり付けして，得られるものであるということもできる．他の曲面についても同様で，それは何枚かのチャートをのり付けしたものとして記述される．この場合もチャートとは，(2)のようなへりのない正方形（もっと一般には，平面内の

---

1) ふつうこの逆写像をチャートという．本章第7節を見られたい．[訳注]

292 第8章 空間が有する形式

開集合）上で定義された写像のことである．たとえば，円環面は，このような
チャート 3 枚で覆うことができる．しかし，2 枚では全体を覆うことはできな
い．

　しばしば，曲面の一部は，直交座標 x，y，z を用いて，方程式 $z = f(x, y)$
で与えられるが，これは，x，y 座標をパラメータとするチャートにほかなら
ない[1]．

　曲面の曲率とは，いわば，曲面の一部において，曲面の接平面が点から点へ
移るとき，どんな速さでその向きを変えるかを測るための量である．この変化
を見るには，曲線の場合と同様に，曲面の各点の法ベクトル（接平面に垂直な
ベクトル）を考えるとよくわかる．明確に言えば，第 6 章第 9 節で行なったよ
うに，その種の計算と方程式 $z = f(x, y)$ を用いて，曲面の各点 p で S の接平
面を定め，これに直交する長さ 1 のベクトル n を考えるのである．このベクト
ルを S の**単位法ベクトル**と言う．また，チャートの各点に，このベクトルを選
んでおくと，法ベクトルの**場**が得られる（n の符号を変えて $-n$ とすると，
もう 1 つの場が生じる）．曲面の曲率は，当然，単位法ベクトルが曲面上の点を
動くときの変化の仕方を測ることになる．このアイデアは，曲線の場合と全く
同じである．曲線の場合には，曲率は，接ベクトル（法ベクトルでも同じ）が
変化する割合であった．曲面に対して曲率を測るというこの素朴な考えは，2，
3 のやり方で，定式化される．

　その 1 つは，この問題を直接，曲線の曲率を扱う問題に還元してしまうこと
である．そのために，点 p における法ベクトルを含む平面すべてを考えよう．
これらの平面は，どれも点 p における接平面と直交し，曲面からある平面曲線
を切りとる．したがってこの平面曲線は，点 p においてある曲率 κ を有するこ
とになる．もし，曲面が球面であれば，この“断面”となる平面曲線は円であ
り，すべて同じ曲率をもつ．しかし一般にはこの曲率 κ は，法ベクトル n を
通る平面が，n を軸として回転するとき，その方向に応じて変化する．たとえ
ば，楕円面の 1 つの頂点で，上のような切り口がどうなるかを考えて見られた
い．この例を見ると，切り口としての平面曲線の曲率の中で，最大曲率 κ_1 と最
小曲率 κ_2 だけを考えても意味がありそうである．そこで，これら 2 つを，点 p
における**主曲率**と呼び，（接平面における）その 2 つの方向を点 p における**主方
向**と呼ぶことにする（実際には，主曲率は，適当な行列の固有値として算出さ

---

1)　正確には，写像 $(x, y) \mapsto (x, y, f(x, y))$ がここでの意味のチャートとなる．[訳注]

れ，主方向は，その行列の互いに直交する固有ベクトルとなる）．（楕円面のような）凸曲面上では，すべての点で，2つの主曲率は，いつも同じ符号（たとえば正の符号）をもつ．しかし，曲面の鞍点 p（たとえば，曲面 $z = x^2 - y^2$ の原点）では，切り口の曲線のうち，一方は下になるので，主曲率は互いに反対の符号をもつことになる．もし，曲面の各点の曲率を単独の量として表わしたければ，2つの主曲率を適当に組み合わせて，1つのものにすればよい．──たとえば，**平均曲率** $(\kappa_1 + \kappa_2)/2$ を考えるのもよい．しかし，この曲率は曲面の鞍点でゼロとなってしまう（曲面がそこでは確かに"曲がっている"にもかかわらず！）．

これとは違ったもっと深い概念が，ガウスによって与えられた．いま，曲面の点 p を含む微小部分 A をとり，その各点で決まる単位法ベクトルすべてを考えることにする．それを平行移動して，各始点が原点にくるようにすると，この単位ベクトルの終点全体が，原点を中心とする単位球面上にある領域 B を描き出すことになる．さらに，曲面が点 p で鋭く曲がっていればいるほど，領域 B は大きくなる．そこで，点 p における**ガウス曲率**を，A と B の面積は測れるものとして，極限

$$K = \mathrm{Lim} \frac{（単位球面における）\ B の面積}{（曲面上の）\ A の面積} \qquad (3)$$

と定義するのである．ただし，極限は，A の大きさがつぶれずにゼロに近づくようなもの全体にわたってとる（あとでこの極限に符号を与える）．

この直観的記述を定式化する方法はいろいろある．そのうちの1つに**共変微分**を用いる方法がある．それは，曲面上の点 p における接平面内のベクトル $\boldsymbol{v}$ に沿って微分することである．明確に言えば次のようになる．法ベクトル $\boldsymbol{n}$ は3つの成分をもつが，その各成分の $\boldsymbol{v}$ 方向の微分は実数となるので，これを成分にもつベクトルが考えられる．これがベクトル場 $\boldsymbol{n}$ の $\boldsymbol{v}$ 方向の微分 $\nabla_v \boldsymbol{n}$ と呼ばれるものである．場 $\boldsymbol{n}$ に属するベクトルは，すべて長さが1であるから，内積 $\boldsymbol{n} \cdot \boldsymbol{n}$ は1となる．したがって，微分 $\nabla_v \boldsymbol{n}$ は $\boldsymbol{n}$ に垂直となる．すなわち，点 p における接平面のベクトルとなる．別の言い方をすれば，対応

$$\boldsymbol{v} \mapsto \nabla_v \boldsymbol{n}$$

294　第8章　空間が有する形式

が，接平面 T_p からそれ自身への写像となる，ということである．すぐにわかるように，これは，線形変換である．それを

$$L : T_p \rightarrow T_p$$

と書くことにする．注意深く見るとこの変換は自己共役(すなわち，T_p の任意の基底に対して対称行列) となっていることがわかる（たとえば　Barrett O'Neill ［1966］を参照）．これを問題の曲面の"概形写像"(shape mapping) と呼ぶ人もいる．明らかに概形写像 L には，単位法ベクトルが点 p から任意の方向へ移動するときの変化の速さに関する情報が含まれている．したがって，L が，曲面の点 p における曲率に関するすべての情報をもっているのも当然なのである（たとえば，O'Neill 同上を見よ）．くわしく言えば，符号の違いはあるにせよ，概形写像の（表現行列の行列式として計算される）行列式が，その曲面のガウス曲率となる，ということである．また L は，自己共役変換であるから，主軸変換され，このときの主軸が，ちょうど曲率の主方向となる．そして，（対角成分である）その固有値が，2つの主曲率 κ_1 と κ_2 に一致するのである．一般に対称行列の主軸は互いに直交するので，曲率の主方向も互いに直対することがわかる．——このことは，すでに，楕円面などの特別な曲面については知っていたことである．さらに，（行列の行列式としての）ガウス曲率は，2つの主曲率の積 $K = \kappa_1 \kappa_2$ となる（これによって（3）の意味での K に符号を定めるのである）．これによって，曲面が問題の点で，凸または凹のとき(すなわち，曲面がその点の近くで，接平面の片側にあるとき)，ガウス曲率は正になり，曲面が接平面の両側にまたがる鞍点においては，ガウス曲率は負になることがわかる．

　これらの結果の詳細な証明は，時間をかけ注意深くせねばならない．それには，必ずしも"概形変換"L による定式化を必要としない証明技法も種々ある．しかし，この変換を用いれば，対称行列の代数的性質と曲率の幾何学的研究との間の密接な関係が，非常にはっきりと示されるのである．

3.　弧長と内在的幾何学

　任意の滑らかな曲線の弧長は，球面上では (1.4) のような積分によって計算

3. 弧長と内在的幾何学　　**295**

される．ここに，微分 dx，dy，dz は，適当なチャートにおいて，座標として緯度 θ と経度 ϕ を用いた曲線の表示から，直接求めることができる．デカルト座標を x，y，z とすると，式 (2.1) より（r を一定として），

$$dx = -r\sin\theta\cos\phi d\theta - r\cos\theta\sin\phi d\phi$$
$$dy = -r\sin\theta\sin\phi d\theta + r\cos\theta\cos\phi d\phi$$
$$dz = r\cos\theta d\theta$$

となる．したがって，球面上に制限された線素 $ds^2 = dx^2 + dy^2 + dz^2$ は，

$$ds^2 = r^2 d\theta^2 + r^2\cos\theta d\phi^2 \qquad (1)$$

と表わされる．これは，球面上に斜辺 ds，底辺 $r\cos\theta d\phi$，高さ $rd\theta$ の球面三角形を描くと，（1）が，無限小直角三角形に対するピタゴラスの定理となることからもすぐにわかる．さらに，この形式的な計算法は（ここでは，説明は詳しく与えないが），つぎのことをも示している．それは，緯度 θ，経度 ϕ を球面上の座標とするとき，この計算法が $\theta = g(t)$，$\phi = h(t)$ とパラメータ t とで表示された径路の弧長に対する被積分量 ds を正しく与えるということである．このような計算は，海洋航行においても実際上必要とされ，そこでは，2 地点を結ぶ大円がその間の最短距離の航海を与えた．一方理論面では，それが（第 10 章以後の）リーマン幾何学の多くの事柄の出発点となったのである．

　3 次元空間の他の曲面に対しても類似の公式がある．それは，その曲面上の径路の弧長に適用される．いま，この曲面の一部が，u と v をパラメータとして滑らかな関数

$$x = f(u, v), \quad y = g(u, v), \quad z = h(u, v) \qquad (2)$$

によって与えられ，しかも，この (2) が，(u, v) 平面のある開集合で定義されたこの曲面の 1 つのチャートとなっているとしよう．すなわち (2) を，この開集合からこの曲面の 1 つの開集合への全単射と考えるのである．また表示 (2) は，行列

296　第8章　空間が有する形式

$$
\begin{bmatrix}
\dfrac{\partial f}{\partial u} & \dfrac{\partial g}{\partial u} & \dfrac{\partial h}{\partial u} \\[3mm]
\dfrac{\partial f}{\partial v} & \dfrac{\partial g}{\partial v} & \dfrac{\partial h}{\partial v}
\end{bmatrix}
\tag{3}
$$

がいたるところランク2である（すなわち，つねに1次独立な行をもつ）という意味で正則であるとする．これは(u, v)平面の各点において，写像（2）が(u, v)平面の接平面を曲面の対応する点の接平面へ線形にうつすことを意味する．具体的には，行列（3）がこの線形写像となる．このとき，球面に対して行なったのと同じ形式的計算をすることによって，弧長に関する（すなわち，ds^2に関する）つぎの公式が得られる．

$$
ds^2 = Edu^2 + 2Fdudv + Gdv^2
\tag{4}
$$

ここに，E，F，Gは，考えている開集合におけるパラメータu，vについてのある滑らかな関数である．具体的には，これらの関数は，（2）のfとgとhとそれらの微分を使って表わされる．さらに，この形式的な公式は，曲面上の滑らかな径路の真の弧長を決定するのに使われる．この2次形式（4）を，**第1基本形式**と呼ぶ．また，“第2基本形式”と呼ばれるものもあるが，それには立ち入らない．

　ここで，曲面における図形の幾何学的諸量に関して，それらが曲面の“内在的な”幾何学に属するかどうかが問題となる．つまり，それらの量が環境空間，すなわち，その曲面をとりかこむ空間を考えに入れることなく，その曲面における計測だけによって完全に決められるものとなっているかどうかという問題である．第1基本形式だけから計算できる量は，“内在的”なものに含まれる．なぜならこの形式は，曲面における（径路の）弧長の測り方に依存するだけだからである．しかし，曲面に関する測定可能な量がすべて内在的となるわけではない．たとえば，2つの主曲率は，内在的ではない．一例として円柱を考えてみよう．これを平面に転がしてみればわかるように，この曲面上のどのような弧も，長さを変えずに平面内の弧にうつされるが（すなわち，曲面から平面への局所等長変換があるにもかかわらず），明らかに2つの主曲率の1つは変化するからである．ところが，ガウスによって，驚くべき定理が発見された．そ

の定理は，主曲率が変化しても，ガウス曲率は内在的であることを主張しているのである．もう少しくわしく言えば，ガウス曲率は，第1基本形式（4）の係数のみに依存するということである．

この結果の証明は美しいが込み入っている．それは，はじめにガウス曲率 K を，先に述べた2つの基本形式の係数を使って表示し，次に巧妙な計算によってそれが E と F と G とそれらの微分で表わされることを示すことでなされる．

この説明のもう1つのやり方として，曲面上の小さな"三角形"ABCを用いる方法がある．三角形の辺としては，測地線を考える．そうすれば AB の長さは A から B までの最短距離を表わすことになる．この計量から三角形のおのおのの角の大きさを測り，それによって**超過量** $E(ABC)$，すなわち，3つの角の和から π を引いた量を決めるのである．こうしたうえで，各点 p におけるガウス曲率 K_p が，つぎの式

$$K_p = \lim_{A,B,C \to p} \frac{E(ABC)}{\triangle ABC \text{ の面積}}$$

によって与えられることを示すのである．ただし，上の極限は，3つの頂点が p に近づくようにとられる．このように曲率が表示されると，球面の場合と同様に，正の曲率を曲面がもてば，その上の三角形の内角の和は π より大きくなること，さらに，正の曲率が大きくなればなるほど，それに応じて同じ三角形の内角の和も大きくなることがわかる．これによって，曲率の内在的性質が視覚的に理解される．また，非ユークリッド幾何学（第3章）における三角形の内角の和に関する事柄も思い出されよう．

こうして，曲面の幾何学それ自身を内在的に，すなわち，環境空間を考えることなく研究するという問題が，はっきりとした形をもつようになる．さらに，曲面，およびより高次元の対象を，いかなる環境空間も用いずに記述するにはどのようにすべきか，という問題に導かれるのである．これが，相対性理論にも使われる（本質的に）"曲がった空間"という概念の起源であり，このようにして幾何学のユークリッド的視点が乗り越えられたのである．

4. 多価関数とリーマン面

曲面を内在的に考察するというアイデアには，もう1つの重要な起源がある．たとえば，2次方程式を解く場合などには，$u = \pm\sqrt{x}$ のような2価関数（2次以上の方程式の場合には，一般には，多価関数）に出合うことになる．はじめ，数学者は，プラスとマイナスの符号を不確定にしたまま，この種の式をふつうの関数 $u = f(x)$ のように取り扱う傾向にあった．実際，いまでも2次方程式の解の公式を書く場合は，このようにするのが慣例となっている．しかし，この2価関数 $u = \pm\sqrt{x}$ は，x とそれに対する u の（2つの）値を座標とする放物線 $u^2 = x$ の (x, u) 平面内のグラフ（図1）によっても表わされる．このようにすれば，u と x を，変数 x の関数 u としてではなく，放物線上の点 p の1価関数と考えることができ，どうしようもなく曖昧な2価関数なるもの（$u = \pm\sqrt{x}$）を考えずにすませることができるのである．この考え方は，次のようなもっと複雑な2価関数の場合にも適用される．たとえば，関数 $u = \pm\sqrt{(x^2-1)(x^2-4)}$ に対しては，u と x を4次曲線 $u^2 = (x^2-1)(x^2-4)$ 上

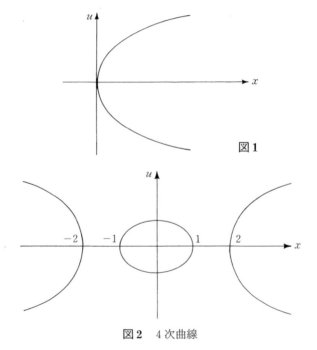

図1

図2　4次曲線

の点 p の 1 価関数と考えることができる．この曲線の全体の形は，図 2 のように
なる．

　ようするに，これら実変数の多価関数は，数の関数としてではなく，曲線上
の点の関数として 1 価関数とみなすことができるということである．またこの
曲線は，u 軸と x 軸への射影を通して，もとの関数のすべての値を連続的に表
示する．したがって互いに近い点には，互いに近い値が対応することになる．

　この幾何学的処置を実変数関数ではなく，複素 1 変数関数に対して行なうと，
情況はより決定的より明示的なものとなる．複素変数 $z = x + iy$ は 2 つの実
の量 x と y とで表わされるので，そこでは曲線の代わりに曲面を扱わねばなら
ない．一例として，z の平方根の 2 つの値 $w = \pm\sqrt{z}$ を考えてみよう．この
関数は，$w^2 = z$ を満たす 2 つの複素数のすべての組 (w, z) を点とする曲面 S
によって表わされていると考えられる．S の 2 つの点は，大きさ $|w_1 - w_2|$ と
$|z_1 - z_2|$ が小さいとき，近くにあると考える．つまり，この曲面は，$w^2 = z$ の
すべての解のなす幾何学的な意味での"多様体"となるのである．対応 (w, z)
$\mapsto z$ は，この多様体から複素平面 Z への連続な射影 $p : S \rightarrow Z$ となる．ここ
で，S 上の $w^2 = z$ を満たす点 (w, z) は，複素数 w によって完全に決定され
るので，曲面 S は，実際には，複素 w 平面 W にほかならない．一方で射影 $W =$
$S \rightarrow Z$ は連続である．$z \neq 0$ となる各 z は 2 つの複素平方根 w_1 と w_2 をもつ
から，射影 $W \rightarrow Z$ は 2 点 (w_1, z) と (w_2, z) をともに z にうつすことにな
る．この意味で，W は Z の 2 つのコピーから構成されていると考えられる．

　このことをもっとくわしく見るために，z 平面に極座標 r と θ を考えること
にする．すなわち，$z = r(\cos\theta + i\sin\theta) = re^{i\theta}$ と書く．2 つの複素数の積
をつくることは，それらの絶対値を掛け，偏角を足し合わせることになるから，
上の $z (\neq 0)$ の平方根は，

$$w_1 = \sqrt{r}\, e^{i\theta/2}, \quad w_2 = \sqrt{r}\, e^{i(\theta/2+\pi)}, \quad 0 \leqq \theta < 2\pi$$

となる（ここで，$\sqrt{r}$ は正の実数とする）．はじめの平方根の値 w_1 は負の実軸
$0B$ を除いて，W 平面の上半平面の点をすべてとり（図 3），一方，値 w_2 は正
の実軸 $0A'$ を除いて，下半平面の点をすべてとる．したがって，これらの半平
面のおのおのが，全 z 平面の $\sqrt{z}$ による像となっていることがわかる．すなわ
ち図 4 のように，z 平面のコピーが 2 つ必要になる．

300　第8章　空間が有する形式

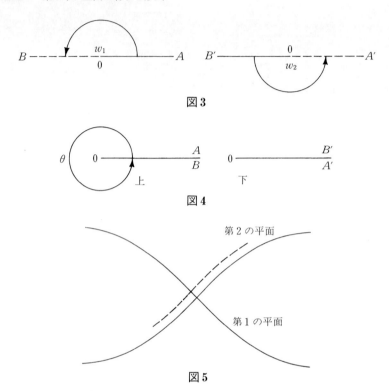

図3

図4

図5

　この像のつづきぐあいが連続になるようにするためには，正の x 軸に沿って各 z 平面のコピーに切れ目を入れておくのがよい．図3より全曲面 S は，w 平面の2つの半平面をはり合わせることによって得られることに注意しよう．すなわち，上半平面の B 方向の半直線を下半平面の B' 方向の半直線に，また，下半平面の A' 方向の半直線を上半平面の A 方向の半直線にはり合わせるのである．同じ曲面 S は，切れ目の入った2つの z 平面をはり合わせることによっても得られる（図4）．すなわち，上平面の下側の切れ目 $0B$ は，下平面の上側の切れ目 $0B$ にはり合わせ，上平面の上側の切れ目 $0A$ は，下平面の下側の切れ目 $0A'$ にはり合わせるのである．こうして得られる曲面を，正の実軸の無限遠からみると図5のようになる．ただし，半直線 0∞ は原点のみで交わる2つの分離した半直線を表わすので，その点，この図は，少し不正確である．以上をまとめると，関数 $\sqrt{z}$ がその上で1価となる曲面 S は，切れ目をもつ z 平面のコピーの2つをはり合わせることによって表わされ，その結果，各コピーの

上で，$\sqrt{z}$ のとりうる 2 つの値の 1 つ（分枝の 1 つ）が実現されるということになる．ただ注意すべきは，切れ目の位置は正の実軸を他の 0 から ∞ に向かう滑らかな曲線で置き換えてもよいことである．このように切れ目を入れる限り，得られる曲面は，位相的曲面としてはどれも全く同じものであり，$w^2 = z$ を満たす組 (w, z) からなる多様体として，内在的に記述されるわけである．

この例は，複素変数 z の"多価関数" w を z の関数でなく**リーマン面**という曲面上の 1 価関数とみなす一般的方法を例示するためのものである．一般には，まず，z 平面に切れ目を入れて，その切れ目を横切らない径路に沿って w を延長しているかぎりは，それが 1 価となるようにするのである．そうすると，w の**分枝**と呼ばれるいくつかの 1 価関数ができるので，各分枝 w_j に対し，w_j の値を実現するための切れ目の入った z 平面のコピーを用意する．次に適当に組み合わせた切れ目に沿ってこれらのコピーをはり合わせれば，求める曲面 S が得られるのである．これは，点 (w, z) からなる多様体として，内在的に記述されている曲面 S を視覚化する方法である．

ところで，関数 $w = \sqrt{z}$ に対しては，$z = \infty$ には $w = \infty$ が対応していると考えるのが自然である（第 4 章第 2 節を見よ）．このとき，上の図 5 と全く同様に，曲面は，次のように構成される．すなわち，2 つのリーマン z 球に 0 から北極まで大円に沿って切れ目を入れ，次に，一方の球の切れ目のへりを他の球の切れ目のへりにはり合わせるのである．このようにすると，w も z も，∞ を含めて，その上で 1 価関数となる 2 次元の閉曲面が得られる．

これは，この曲面を視覚化するもう 1 つの方法である．つまりその切れ目が丸い穴になるように 2 つの球を変形し，2 つのこの穴を円柱でつなげれば，上で必要とされたへりのはり合せが，視覚化されるのである．

もっと著しい例は，2 価関数 $w = \pm\sqrt{(z^2-1)(z^2-4)}$ である．これは，初等関数だけでは積分できない楕円積分というものの被積分関数として現われ

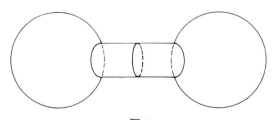

図 6

る．ここで，$w^2 = (z^2 - 1)(z^2 - 4)$ を満たす点 (w, z) のリーマン面を構成してみよう．すなわちこの曲面の上では，w も z も 1 価関数となるようにするのである．$z = \pm 1$ と $z = \pm 2$ 以外の点 z に対しては，w に対応する値は 2 つあり，したがって，射影 $(w, z) \mapsto z$ によって，この曲面は z 平面を 2 回覆っていると考えられる．いま w を

$$w = \pm \sqrt{z-1}\sqrt{z+1}\sqrt{z-2}\sqrt{z+2}$$

と積の形に表示しておけば，根 w_1 と w_2 の具体的な表示を用いるまでもなく値 w_1 と w_2 が入れかわることがわかる．それは $z = 1$ の近くの z の値に対して，平方根 $\sqrt{z-1}$ の値が入れかわるのと同じ理由による．くわしく言えば，$z = 1$ の周りを z が 1 回まわるうちに，はじめの根 w_1 は 2 つ目の w_2 に，同時に，w_2 は w_1 に変わるのである．このことは，$z = -1, +2, -2$ の近くでも同様である．したがって，2 つの z 平面のコピーをはり合わせる必要がここに生じる．これは，z 平面の 2 つのコピーに x 軸に沿って $+1$ から $+2$ に，-1 から -2 に切れ目を入れることでなされる．このため，これらの切れ目を横切らない円や，その他の閉じた径路は，$\pm 1, \pm 2$ の 4 点のうちの 1 点だけの周りをまわることができなくなる．もしどれか 1 つをまわろうとすれば，4 点のうちの 2 点か 4 点すべてをまわることになる (図 7)．したがって，このような径路に沿って，w_i が他の 1 つへ変わることはない．ここで，これらの切れ目を横切る w_i に対して起こる現象（w_i の値の入れかわり）に応じるために，前の図 5 と同様に，上 z 平面の切れ目の上側のへりを下 z 平面の切れ目の下側のへりに，また，上側下側の上下を逆に入れかえて，はり合わせることにする．つまり，前の場合と同様に，z 平面の 2 つのコピーを同一視するのである．このようにして z 平面の 2 つのコピーを考えることにより，w_1 と w_2 の値を決めることができる．この結果として得られるものは，リーマン面であり，その上で，z と w は点の関数として 1 価連続関数となるのである．

図 7　切れ目

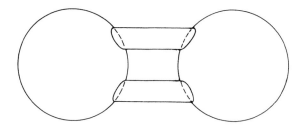

図 8　変形を受けた円環面

　実は，曲面のこの記述は，内在的にはなっていない．というのは，これとは違った切れ目の入れ方（たとえば，-2 から $+2$ へ至る半円と -1 から $+1$ へ至る半円）もできたからである．しかしながら，このような記述でも，方程式 $w^2 = (z^2 - 1)(z^2 - 4)$ の解の集まりとしての内在的な多様体（"代数曲線"）のだいたいの様子はわかるであろう．前の図 2 は，ちょうど，この曲線の実の点の部分を表わしているのである．

　この曲面に対しても以前と同様に，より幾何学的な表示を与えることができる．すなわち，2 つの切れ目を入れた z 平面の代わりに，2 つ切れ目を入れたリーマン球から出発するのである．リーマン球に入れた 2 つの切れ目をそれぞれ丸い穴になるまで変形すると，2 つの穴のあいた球が得られる．これらの球を図 8 のように，2 つの円柱でつなぎ，少し変形すれば，ドーナツの表面のようなもの，すなわち，円環面が得られる．ここまでくると，これらの曲面あるいはもっと複雑なリーマン面に対する内在的な記述法がほしくなる．以下にそれを順を追って見ていくことにする．

5.　多様体の例

　球面は，方程式 $x^2 + y^2 + z^2 = 1$ のすべての解からなる多様体として記述される．他の多くの場合においても，直面している問題の解全体や，ある種の観測可能な事柄全体は，曲線や曲面や立体のような幾何学的対象と考えられ，"近接"する 2 つの解は，"近接"する点として描写される．

　簡単な例としては，実係数の 2 次の多項式 $ax^2 + bx + c$ の全体がある．このような多項式は，3 つの実数 a，b，c によって完全に決まってしまうので，それは，座標 a，b，c をもつユークリッド空間の点として表現される．した

がって，2次の多項式全体のなす多様体は，ちょうど空間 R^3 と同じものになる．

力学においては次のようなものを考えることがある．すなわち第1のおもり A からさらに第2のおもり B が下がった（図1のような）平面内の二重振子である．その運動を調べるためには，二重振子のとりうる位置全体の多様体を考える必要がある．この位置は，2つの角度 θ と ϕ，すなわち，おもり A, B をつるしている糸の垂線となす角によって，完全に記述される．ここに，角 θ と ϕ のとりうる値は，0から 2π までで，2π は0と同じとみなされる（図2）．したがって上のとりうる位置というのは，辺の長さが 2π の正方形の点をみることができる．ただし，上辺の点 P は対応する下辺の点 P' と，また，左辺の点 Q は右辺の点 Q' と同一視するものとする．いまこの正方形がしなやかな紙でできていると考えて，上の同一視をのり付けによって実現するならば，上下の辺の同一視によって円柱ができ，さらに，左右の辺，正確には，左右の円周の同一視によって円環面ができる．言い換えれば，円環面が，二重振子のとりうるすべての位置を表わす幾何学的多様体となるわけである．つまり，この振子のさまざまな周期的運動が，この円環面の上に描き出されるのである．同じ円環面が，振子の問題と，リーマン面に関する問題の双方から生ずるのは驚くべきことである．

もう1つの例として，メビウス(Möbius)の帯がある．まず，細長い長方形を考え，図3のように左側のへりと右側のへりを上下逆にして同一視すると，メビウスの帯が得られる．この帯，すなわち，曲面は，ねじれているばかりか，1つの面しかもっていないのである．また，この曲面のへり（境界）は，1回だけねじれた輪になっている．

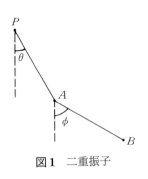

図1 二重振子

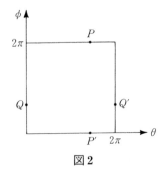

図2

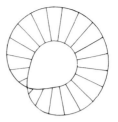

図3 メビウスの帯

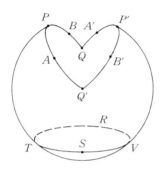

図4 射影平面

　これと関連した例に射影平面がある．これは3次元空間 R^3 の原点0を通る直線の全体からなる多様体として記述され，この多様体の点としての直線と直線が近接しているということには，明確な意味が与えられる．繰返しになるが，射影平面は，3次元空間 R^3 の原点を通る直線を点とする多様体である．原点を通る直線は，すべて，原点を中心とする単位球と原点に対して対称な2点で交わるから，この多様体は，単位球上の点対称な2組の点を点とする多様体としても記述される．より簡単にしたければ，たとえば，南半球の点だけを用いることもできる．ただし，南半球のへり，すなわち，赤道上の原点に対して対称な点だけは，同一視する必要がある．円周上の中心に対して対称となる点を同一視した円盤を説明するための図は，上の円環面のときとほとんど同じように考えられるが，実際に，対応する点をはり合わせることによって，南半球のへり，すなわち，赤道に関する同一視をしようとすると，図4のような図形になるのであろう．ここに，A は A' に，B は B' にはり合わされる，等々である．したがって，扱い慣れた空間 R^3 では，奇妙な部分が残るが，この同一視によって得られる多様体を想像することはできる．この多様体は，明らかに曲面で，したがって，その次元は2となる．

この多様体は，南半球をそれと南極で接する平面 π へ，その（北半球を合わせた球としての）中心から射影することによっても描かれる．そのとき赤道より下の点は，平面 π の点に射影され，赤道上の点は，"無限遠点"に射影される．ゆえに，この多様体は，通常の平面と無限遠点との和集合からなると考えられ，通常の平面内の平行線は，無限遠においてこれら無限遠点の1つとだけ交わると考えることができる．こういう理由で，この多様体が，**射影平面**と呼ばれるのである．このような多様体は，ほかにもたくさんある．たとえば，3次元射影空間とか，あるいは，$\mathbf{R}^4$ の原点を通る平面の全体などである．これらは，それ自身として多様体をなしているが，ユークリッド空間の部分集合としては与えられていない．

図4より理解できるように，射影平面は，1つの面しかもたない曲面である．つまり，内側（たとえば，点 A'）から外側（たとえば，点 A）に，面を突き破ることなく移動できる．この点，これはメビウスの帯に似ている．実際，この曲面の底部（図4の円 $TSVR$ より下の円盤）を切り落とせば，残りはちょうどメビウスの帯となる．これを見るため，図4の残りを $TSVR$ を通る平面に射影してみよう．この像に適当な変形をほどこせば，図5の左の環が得られる．ただし，$Q'PQ$ を，$QP'Q'$ にはり合わすときには向きを逆にするものとする．これを実際に行なうためにこの環を垂直に RQ と $Q'S$ に沿って切り離し，右側半分をひっくり返せば，$Q'PQ$ は $QP'Q$ にはり合わせることができる．一方，RQS は $RQ'S$ に逆向きにはり合わされることになる．ところが，（図5の右側の図をみればわかるように）これは，ちょうどメビウスの帯であり，1つの辺 $STRVS$ はその境界となっている．ただし，この図では，弧RQSと弧 $RQ'S$ は，

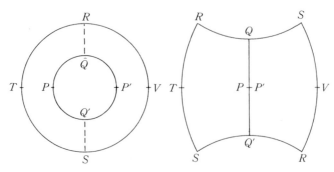

図5　メビウスの帯

逆向きにはり合わせるものとする．言い換えれば，射影平面は，メビウスの帯
に円盤（図4の下側の円盤）を，図3に示したメビウスの帯の円状のへりに沿
ってはり合わせることで得られるのである．

6. 曲面の内在的記述と位相空間

　これまでの例が示すように，2次元の曲面は"内在的に"，すなわち，（通常
の）3次元空間に埋め込まれているものとは考えずにで記述できることが望ま
しい．ガウス曲率のアイデアは，この意味で，内在的なものである．種々のリ
ーマン面やその他の多様体も，内在的に記述されることが求められるが，それ
を最もドラマティックに感じさせるのは射影平面である．射影平面は，特異点
をもたせずには3次元空間に埋め込むことはできない曲面である．曲面のこの
ような記述は，その構造をひとつひとつ明示してゆくため，いくつかのステッ
プを踏んで行なわれる．

　第一に，曲面Sは，少なくとも位相空間（第1章）でなくてはならない．そ
れによって，曲面上の2つの点が"近くにある"ということの意味が与えられ，
曲面を少し変形するということに対しても，それは位相同形写像をほどこすこ
とであるという数学的な意味がつけられるのである．

　第二に，曲面Sは，2次元的である必要がある．これは，曲面の局所的性質
で，これによってSの各点は，ユークリッド平面の点の近傍と"同じように"
見えることになる．"局所的"というのは，"大局的"というのに対置される考
え方である．

　第三に，曲面Sは，通常滑らかなものとされる．これによってS上のどの曲
線が滑らかで，どの関数が微分可能であるかが決定されることとなる．他方，
曲面の接平面や余接平面も定義される．

　第四に，曲面Sには，計量を付与することが考えられる．これによって曲面
上の滑らかな曲線の長さを測ることができ，そればかりでなく，2つの曲線の
なす角も測れるようになる．つまり，曲面上での計測に関する基本操作が得ら
れるのである．この計量構造は，通常，適当な微分式 ds^2 で与えられる．ds は
曲線の曲面上での弧長を与える積分の"線素"となる．

　以上を詳しく見ていくことにしよう．まず，位相についてであるが，曲面S
が少なくとも位相空間であるということは，Sのある種の部分集合が開集合と

308 第8章 空間が有する形式

して指定され,それらの開集合が第1章第10節で与えられた公理を満たすことを意味する.したがって,いつその曲面上の関数が連続になるかが定められる.すなわち,Sまたは実数空間 $\boldsymbol{R}$ または任意の位相空間に値をとる S 上の関数 f が連続であるとは,各開集合の逆像がまた開集合となるとき,とすればよいわけである.また,S と S' を2つの曲面とするとき,位相同形写像(第5章第5節を見よ)$f: S \to S'$ とは,S から S' への全単射であって,f も f^{-1} も連続となるものを言う.したがって,2つの球をパイプでつないだものとして描かれる $z = \sqrt{w}$ のリーマン面は,球面に位相同形となる.同様に,$z = \sqrt{(w^2 - 1)(w^2 - 4)}$ のリーマン面(図4.8)は,円環面に位相同形となる(しかし,円環面は球面とは位相同形とはならない).写像 $f: S \to S'$ が位相同形となるためには,連続かつ全単射となるだけでは,十分ではない.たとえば,写像 $\theta \mapsto e^{2\pi i\theta}$ は,実数軸の半開区開 $\{\theta \mid 0 \leqq \theta < 2\pi\}$ から複素平面の単位円への全単写であるが,f^{-1} は,点1で連続とはならない.一方,円は楕円や正方形の周囲と位相同形となる.

位相空間の定義は,非常に一般的で,ひれやフィラメントのくっついた曲面も,くりぬかれた穴をもつ曲面も位相空間となる.平面 $\boldsymbol{R}^2$ の任意の集合 Y も,$\boldsymbol{R}^2$ の各開集合 V と Y との交わり $V \cap Y$ を Y の開集合と考えると,位相空間になる(いわゆる**誘導位相**,または,**相対位相**と呼ばれるものである).このように Y の位相を決めておくと,包含写像 $Y \subset X$ は,連続写像 $Y \to X$ となる.くわしく言うと,この位相は,この包含写像を連続にするのに必要な最も少ない開集合を Y に与えているのである.このように,位相空間の定義は,非常に一般的で,"病的な"空間までも位相空間となるが,重要なことは,それが多くの数学的対象を空間として取り扱う柔軟な方法を内包していることである.たとえば,"関数空間"というものがある.その一例として,単位区間 $\{0 \leqq x \leqq 1\}$ 上の実数値関数 f の全体のなす集合を考えてみよう.関数 f と g との距離をその区間における量 $|f(x) - g(x)|$ の最大値と定義すれば,それは距離空間となり,したがって,位相空間となるのである(第1章第10節で,すべての距離空間は,位相空間となることを述べた).また,同じく単位区間上の実数値関数でも,これとは別に,たとえば,ルベッグの意味での自乗積分可能な関数の空間 L^2 を考えても,位相空間を構成することができる.

任意の集合 X は,それがどんなものでも,すべての部分集合を開集合と考えて位相空間となる.これは,X にいわゆる離散位相を考えることである.また,

6. 曲面の内在的記述と位相空間　　***309***

無限集合Xに対しては，有限部分集合の補集合と空集合を開集合と考えても，Xに位相が与えられる．これらは，もちろん開集合の公理を満たすのであるが，通常の幾何学的対象としての位相空間からはほど遠いものである．

　位相空間は，このように一般的であるから，位相空間に制限をもうけ，そのさまざまなクラスを考察することが有用となる．第1章第10節に見たように，空間Xは，つぎの"分離公理"を満たすとき，**ハウスドルフ空間**といわれる．

　ハウスドルフの公理　　Xの異なる2点p，qに対して，Xの交わらない2つの開集合UとVが存在して，$p \in U$ かつ $q \in V$ となる．（言い換えれば，異なる2点p，qが，交わらない開近傍U，Vをもつことである）．

　$\boldsymbol{R}^2$または$\boldsymbol{R}^3$のすべての部分集合は，明らかに，ハウスドルフ空間である．これは，任意の距離空間でも同じことである．しかしながら，ハウスドルフ空間でない空間も多い．最も簡単なものは，つぎのシェルピンスキー空間である．それは，2点p，qからなる空間で，その開集合は空集合と集合$\{p\}$と$\{p, q\}$とからなるものである．そこでは，点pは開集合となるが，点qは開集合とはならない．

　球面が，重なりをもつ2つのチャートによって記述され，円周が，2つあるいはもっと多くの重なりをもつ区間によって記述されるように，多くの目的のためには，空間がより小さな部分から組み立てられていると思うこともできる．この視覚に訴える（はさみとのりの）アイデアは，被覆という概念によって定式化される．集合Iによって添数付けられた，集合Xの開被覆とは，Xの開集合の族U_iであって，Xは，U_i，$i \in I$の和集合となる（すなわち，Xの各点は，あるiに対するU_iに含まれる）もののことである．このとき，空間Xは，すべての部分空間U_iと，これがどのように重なり合っているかを知ることによって，完全に決定される．たとえば，Xの部分集合Vが開集合であるとは，各共通部分$V \cap U_i$が空間U_iの中で（誘導位相に関して）開集合であることと同じことになる．また，Xから他の空間Yへの写像が連続であることと，fの各開集合U_iへの制限が連続になることとは同じことになる．開集合からなる被覆を考える理由，および，曲面を重なりをもつチャートで記述する理由は，このことからわかるであろう．

　注意すべきは，被覆はまた，コンパクト性の定義にも用いられることである．

310 第8章 空間が有する形式

目的によっては，一般的な位相空間ではなく，もっと特別な，コンパクト・ハウスドルフ空間を研究することも多い．とくに，曲面は，コンパクトかつハウスドルフ空間であるものを考える．

　ところで，空間が，いつ連結となるかを考えるのもまた意味のあることである．直観的に述べれば，空間は2つ，あるいは，それ以上の部分に分かれなければ，連結であると言えるであろう．このことは，少なくとも，2通りの方法で定式化される．まず，空間は，2つの空でない開集合UとVとの直和とはならないとき，連結であると定義するのが，その1つである．たとえば，実数直線全体から原点を除いた空間は，共通部分のない2つの半直線（原点が，除かれているので，これは開集合である）の直和となるので，連結ではない．

　連結性を定義する2つ目の方法は，**径路**を用いるものである．ここに，径路とは，平面における径路と同様次のように定義されるものをいう．位相空間Xにおける径路とは，単位区間$I = \{\, t \mid 0 \leqq t \leqq 1 \}$から$X$への連続写像$f : I \rightarrow X$のことである．これは，$f(0)$から$f(1)$への径路とも呼ばれる．空間$X$の任意の2点に対して，それらの2点を結ぶ径路が少なくとも1つ存在するとき，**空間Xは径路に関して連結**（あるいは，**弧状連結**）であるという．径路に関して連結な空間は，第一の意味でも連結になることは，すぐに示される．実際，それが連結でなければ，共通部分をもたない開集合UとVに分けられるが，もしUの1つの点とVの1つの点が，径路fによって結ばれているとすれば，2つの開集合$f^{-1}U$と$f^{-1}V$は，共通部分をもたない開集合となり，区間Iを分けることになる．しかしながら，区間Iは，連結である．これで上のことは示された．ところが，径路に関して連結でない（第一の意味で）連結な空間も存在するのである．ここにもまた，同じ直観によるアイデアに対して，2つの異なる定式化が存在する例が見られる．

7. 多　様　体

　曲面の"内在的"記述に関する第二段階は，曲面が"2次元"であることの意味を考えることである．それは，曲面の各点が，ユークリッド空間の1点の近傍と**似た**（同位相となる）近傍をもつということである．この条件は，球面の内在的な記述においてすでに用いたチャートを使って表現される．明確に言えば，Sを位相空間とするとき，Sの（2次元の）チャートとは，Sの開集合

U からユークリッド平面の開集合 V への同位相写像

$$\phi : U \rightarrow V, \quad U \subset S, \quad V \subset \boldsymbol{R}^2 \qquad (1)$$

のことで，上の開集合 U をこのチャートの**定義域**と呼ぶ．また，ある集合 I の元 i によって添数付けたチャートの族で，その定義域の和集合が S となるようなもの（すなわち，S の各点は少なくともあるチャートの定義域に属する）を S の**アトラス**と言い，このようなアトラスをもつ位相空間を 2 次元の**位相多様体（曲面）**という．通常はさらに前に述べた意味で連結であることを要求する．こうすると，どのチャートも，ある別のチャートと重なりをもつこととなる（2 つのチャート ϕ と ϕ' が**重なりをもつ**とは，それぞれの定義域 U と U' の共通部分 $U \cap U'$ が空でないことをいう）．このとき，重なり部分の像 $\phi(U \cap U')$ $= W$ と $\phi'(U \cap U') = W'$ は，ϕ^{-1} と ϕ'^{-1} の存在と連続性から，平面内の開集合となり，ϕ と ϕ' を $U \cap U'$ に制限することにより，次の図式（図 1 を見よ）

$$W \xleftarrow{\ \phi_1\ } U \cap U' \xrightarrow{\ \phi_1'\ } W' \qquad (2)$$

が得られ

$$\phi_1' \cdot \phi_1^{-1} : W \rightarrow W' \qquad (3)$$

は同位相写像となる．これは，多様体上の 2 つのチャートが，いかなる具合に "のり付け" されているかを規定しているので，これを仮に，2 つのチャートの**重なり写像**（または，**はり合せ写像**）と呼ぼう[1]．換言すれば，曲面とは，ユークリッド平面の開集合（より正確には，開円盤）を "はり合わせ" て得られる位相空間であるといってもよい．

　曲面 S のこの記述の仕方は不変的ではない．同一の曲面に対して，非常に多くのアトラスが存在しうるからである．これが，曲面の定義を「1 つのアトラ

---

1)　overlapping map および patching map の訳，（3）が座標で表現されているときは座標変換というのが慣例である．［訳注］

第8章 空間が有する形式

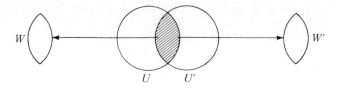

図1 チャートの重なり

スをもつような位相空間」としなければならない理由である（たとえば，球面にも非常に多くの異なるアトラスが存在しうるのである！）．曲面を定義するもう1つの方法としては，Sの**すべて**の可能なチャートを考えることもできる．それら全部のチャートは**極大アトラス**と呼ばれるアトラスとなる．このように呼ばれる理由は，このアトラスが他のすべてのアトラスを含むからである．これを用いれば，曲面は，すべての可能な2次元のチャートの定義域によって覆われた位相空間として定義されよう．

例として，射影平面を考えてみよう．これは $\boldsymbol{R}^3$ の原点を通る直線全体からなる多様体として定義されたが，第5章で見たように，原点について対称な，球面上の2組の点を同一視した円盤状のものとしても記述できた．この平面は，チャートとして，たとえば，図2のような3つの扇形によって覆うことができる．ただし，これらの扇形が開集合になるように，その境界は，少し拡張しておく必要がある．このアトラスにおいて，チャート U と U' は，$A0$ および BC に沿って，拡張された部分がそれぞれ重なりをもつ．ただし，CB は BC と上下逆になってはり合わされるので，BC 上に沿うチャートの重なり方は，上下逆となる．したがって，$U \cap U'$ は，2つの連結な部分 W_1 と W_2 に分かれる．したがって重なり写像を前者において向きが保たれるように選ぶと，後者においては，逆になってしまうのである．図3のように，ビーズのつながったような，もっと多くの小さなチャートをつくれば，各チャートの共通部分がつながるようにすることもできる．しかし，そのようにしても，この中の少なくとも1つの重なり写像 $W \to W'$ は，ユークリッド空間 W と W' の向きを逆にしたものにせざるをえない．それは，CB と BC が，上下逆になるからである．言い換えれば，射影平面に対しては，アトラスのすべてのチャートの上で，整合的に向きを定めることはできないということである．したがって，こういう曲面を**向き付け不可能**な曲面と呼ぶ（この性質は，射影平面が（向き付け可能な）ユークリッド空間に埋め込まれるときは，片面しか面をもたないことを意

7. 多　様　体　**313**

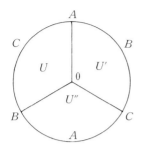

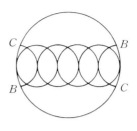

図2　射影平面の3つのチャート　　　　図3

味する).

　向き付けの可能性に関するこれらのことは，一般の曲面にも適用可能な形で，定式化される．まずはじめに，平面幾何学の基本的な公理（第3章第8節）により，ユークリッド平面 $\boldsymbol{R}^2$ には，1つの向きを選ぶことができることに注意しよう．回転の1つの向きとしては，たとえば，"時計回り"を選べばよい．2つのチャート間の重なり写像（3）は，$\boldsymbol{R}^2$ の開集合 W を $\boldsymbol{R}^2$ の開集合 W' に移す．ここで，W と W' は，ともに空でなく，かつ連結であると仮定する．ところで，この重なり写像は，W の各点では，与えられた向きを保つか，それを逆にするかのいずれかである．W は連結であったから，このことに注意すると，W の1点において向きが保たれることは，W のすべての点で向きが保たれることを意味する．さて，曲面が，あるアトラスをもちその中の互いに空とならない重なり写像がすべて向きを保つとき，その曲面は，**向き付け可能**であると言い，またそれは，1つのチャートにおける1つの向きの選択によって**向き付け**られているとも言われる（そうすれば，接続によって，すべてのチャートにおける向きも決まることになる）．この形式的な定義は，直観的概念とよく合っている．実際，この $\boldsymbol{R}^2$ の向きは，回転の方向が指定された小円（時計の文字盤，あるいは，周上に時計回りの矢印が記された円など）を描くことによって決まるのである．ところで，各チャート $\phi: U \to W$ は（ϕ^{-1} によって），この円を多様体の一部 U に移す．したがって，重なり写像すべてが，整合的に与えられている場合には，向きをもったこの小円は，1つのチャートの定義域から他のもう1つのそれへと，その重なり部分を通して，矛盾なくつぎつぎに移っていくことになる．しかし，このようなことは，射影平面では不可能である．以上のことから，ユークリッド幾何学における向きという初等的な概念（第3章）

が，いかにしてより一般的な幾何学的文脈にまで拡大されるかがわかる．

曲面が連結であるためには，弧状連結であることが必要十分であることもすぐ証明できる．

これらの定義を手にしてはじめて，つぎの問題，すなわち曲面にはどんなものがあるかという問題，とくに，コンパクトかつ連結かつ向き付け可能な曲面にはどんなものがあるか，という問題に答えることができる．ただし，互いに位相同形となる2つの曲面は，同じものとして扱うものとする．したがって，球面と楕円面は同じものとなり，円環面（トーラス）とは明らかに違ったものとなる．また，この円環面は，2つの穴をもつ浮袋（図4）とは異なるものとなる．等々．この"等々"は，すべての可能性をさす．正確に言えば，任意のコンパクトかつ連結かつ向き付け可能な曲面は，球面か，または，g 個の穴をもつ浮袋に位相同形となると，いうことである．ただし，$g(g \geqq 1)$ は，自然数で，その曲面の**種数**と呼ばれる．種数の異なる上の意味での2つの曲面は，位相同形とはならない．この定理の証明（代数的位相幾何学に関する初等的教科書にはたいてい書かれている）には，曲面の閉多角形による記述が使われる．つまり曲面を，辺が適当にのり付けされた閉多角形と考えるのである．たとえば，

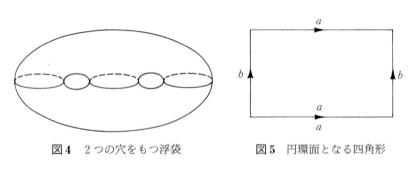

図4　2つの穴をもつ浮袋　　　図5　円環面となる四角形

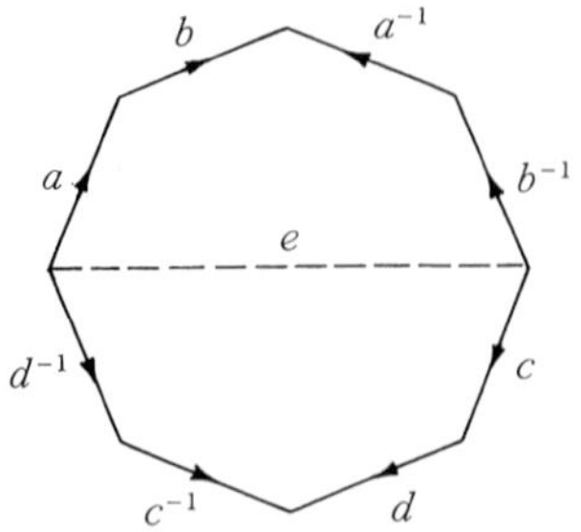

図6　浮袋を得るためののり付け

7. 多 様 体 **315**

円環面を正方形とみるにはすでに上で述べたように，正方形の 4 つの辺を，$bab^{-1}a^{-1}$（図 5）に従って，巡回的にのり付けすればよい．同様に，$aba^{-1}b^{-1}cdc^{-1}d^{-1}$ というパターンに従って，巡回的に 2 つずつ組にされた辺をもつ八角形からは，2 つの穴をもつ浮袋がつくられる（図 6 の円周 e に沿って結ばれた 2 つの円環面を考えるとよい）．曲面に関する，この一般的な定理の証明は，結局，連結かつ向き付け可能な曲面を形成する多角形ののり付けのいかなるものも，球面または（1 つまたは複数の穴をもつ）浮袋に対する標準形の 1 つに還元されることを示すことでなされるのである．すでに述べたリーマン面に対して，この結果は決定的な意味をもつ．実際，適当な関数 $w = w(z)$ に対するコンパクト・リーマン面は，この種の曲面となり，その種数 g は重要な不変量となるのである．

向き付け不可能な曲面に対しても，全く同様の定理がある．それは，メビウスの帯（すでに見たように，1 つの円周を境界としてもつ向き付け不可能な曲面）を用いて定式化される．いま，向き付け可能な任意の曲面を考え，円周を境界とする円盤を 1 つ切り抜き，その境界をメビウスの帯の境界とはり合わせれば，そのときできる曲面は，明らかに向き付け不可能なものとなる．そこで，一般に，任意のコンパクトかつ連結かつ向き付け不可能な曲面が，上のように構成されたものの 1 つに位相同形となることが予想されるが，それは肯定的に証明されている．たとえば，この構成法を球面に適用すれば，射影平面（メビウスの帯と円盤として）が得られる．

コンパクトでない曲面に対しては，このような簡単な結果は得られない．たとえば，コンパクトな曲面から有限個の点や，あるいは無限個の点，あるいは線分を除くと，このようなコンパクトでない曲面がいろいろつくりだされる．

さらに高い次元に関しても，このように定式化された曲面の定義，すなわち，2 次元位相多様体の定義はただちに，n 次元位相多様体の定義に移される．変更を要する箇所は，チャートが，V を $\boldsymbol{R}^n$ の開集合として位相同形 $\phi : U \to V \subset \boldsymbol{R}^n$ となるところだけである．各チャート ϕ に対して，$\boldsymbol{R}^n$ の直交座標 x_i を関数 $\boldsymbol{R}^n \to \boldsymbol{R}$ と考えて ϕ と合成することによって，関数 $x_i\phi : U \to \boldsymbol{R}$ が生じる．これがそのチャートの局所座標と呼ばれるものとなる．定義域 U の 1 点は，その局所座標によって完全に決まり，一方の局所座標でのその位置が，他の局所座標での位置にどのように変化するかを，その重なり写像が記述するのである．古い流儀では，多様体は，局所座標のみを用いて扱われ，大域的記

316　第8章　空間が有する形式

述に欠けていたが，多様体の完全な概念としては，位相空間としての大域的記述とチャートによる局所的な記述の双方が必要となる．

　3次元より大きな次元に対する多様体の分類は，難しい問題である．また，この節を終えるにあたり多様体の無限次元での類似物もあることを注意しておく（Lang［1967］参照）．

8.　滑らかな多様体

　四角い箱（平行六面体）の表面は，われわれの定義に従えば，2次元の多様体となる．それは，コンパクトで連結な位相空間であるばかりでなく（中心からの射影を考えれば），球面と同位相となる．しかしながら，この箱の角の点での曲率を定義することは，不可能であるし，その点では接平面も存在しない．接平面や，内在的曲率などを記述するには，扱う範囲を**滑らかな曲面**に制限する必要がある．

　アイデアとしては，第6章第9節にも示したように，十分多くの微分をもつ関数を滑らかな関数と呼んで，関数としてはこの種のものに話しをかぎることである．この考えをさらに拡張するために，まずはじめに，平面 $\boldsymbol{R}^2$ のある開集合Wで定義された x_1 と x_2 の実2変数関数を考える．つまり，関数f

$$\boldsymbol{R}^2 \supset W \xrightarrow{f} \boldsymbol{R} \tag{1}$$

を考えてみる．ここでWは，開集合としているので，Wの各点 (x_1, x_2) はWに含まれる開近傍をもつ．したがって，各点における偏微分を通常どおり定義することができる．そして，f がWの各点ですべての階数の偏微分をもつとき，滑らかであると言い，k 階までの連続な偏微分をもつとき，C^k クラスに属すると言う．

　次に，平面 $\boldsymbol{R}^2$ の2つの開集合 W' と W の間の写像

$$\boldsymbol{R}^2 \supset W' \xrightarrow{\psi} W \subset \boldsymbol{R}^2 \tag{2}$$

を考えよう．ここで，W' の各点pは，座標 x_1，x_2 によって，また，Wの各点

は座標 u_1, u_2 によって与えられているとする．u_1, u_2 は，W 上の実数値関数とみなせるので，（2）の写像 ψ は，2 つの合成関数 $u_1 \cdot \psi$ と $u_2 \cdot \psi$

$$u_1 = f_1(x_1, x_2), \quad u_2 = f_2(x_1, x_2) \tag{3}$$

によって記述されることになる．これが，ψ の（局所）座標による表現である．2 つの座標関数 f_1 と f_2 が滑らかな（すなわちすべての階数の偏微分をもつ）とき，写像 ψ は，滑らかであると定義する．

この定義は，つぎの 3 つの基本的性質をもっている．

1^0　**合成の原理**　　2 つの滑らかな写像の合成は，滑らかである．とくに，（2）の $\psi : W' \to W$ と（1）の $f : W \to \boldsymbol{R}$ が，ともに滑らかならば，合成 $f \cdot \psi$ もまた滑らかとなる．なぜなら，その偏微分は，鎖状律を満たすからである．

2^0　**制限の原理**　　滑らかな写像は，定義域を制限しても，その制限によって得られる写像は滑らかである．とくに，（2）の $\psi : W \to W$ が滑らかならば，V' を W の任意の開集合として，ψ の V' への制限 $\psi \,|\, V' : V' \to W$ は，滑らかとなる．

3^0　**つぎ合せの原理**　　滑らかな部分を寄せ集めてつくられた関数も，また滑らかである．たとえば，f を（1）の関数とするとき，i をある添数集合 I の元として，W が開集合 V_i の族によって覆われ，f の各 V_i への制限が滑らかならば，f も滑らかとなる．なぜなら，W の各点 a での微分は，その点を含む V_i の 1 つで確定されるからである．このとき f は，滑らかな部分 $f \,|\, V_i$ のつぎ合せよりできているという．

そこで，滑らかな重なりをもつチャートからなるアトラスの存在を要求することによって，滑らかな曲面を記述することにする．第 7 章を思い出してもらえばわかるように，曲面の 2 つのチャート

$$S \supset U \xrightarrow{\phi} V \subset \boldsymbol{R}^2, \quad S \supset U' \xrightarrow{\phi'} V' \subset \boldsymbol{R}^2$$

は，定義域に共通部分 $U \cap U'$ をもち，ϕ' と ϕ^{-1} の（適当な制限）の合成としての"重なり写像"

$$\mathbf{R}^2 \supset W' = \phi(U \cap U') \xrightarrow{\phi'\phi^{-1}} W = \phi'(U \cap U') \subset \mathbf{R}^2$$

をもつ．この重なり写像は，$\mathbf{R}^2$ の部分集合間の写像であるから，（2）におけるように，滑らかであるかどうかを決めることができる．チャート ϕ と ϕ' は，もし合成 $\phi'\phi^{-1}$ が滑らかならば，滑らかであるという．もし，V の局所座標を u_1, u_2，W の局所座標を x_1, x_2 と書くことにすれば，これはちょうど重なり部分の局所座標 u_1, u_2 が $\phi(U \cap U')$ 上の局所座標 x_1, x_2 の滑らかな関数であるということと同じになる．

したがって，滑らかな曲面とは，チャート $\phi_i: U_i \to V_i (i \in I)$ からなるアトラスをもつ曲面で，その任意の2つのチャート ϕ_i と ϕ_j が滑らかな重なりをもつものと定義するのである．前に注意したように，このアトラスは極大となっていないかもしれないが，次にくわしく述べるように極大なアトラスが構成される．まず，任意の S のチャート $\phi: U \to V$ がアトラス A に対して滑らかであるとは，ϕ がアトラス A の任意のチャート ϕ_i と滑らかな重なりをもつという意味とする．そこで，このようなすべてのチャートの集まり A^* を考えることにする．このとき，$\phi': U' \to V'$ をこのようなもう1つのチャートとすると，ϕ と ϕ' は，滑らかな重なりをもつことがわかる．実際，与えられたアトラスのチャート ϕ_i に対して，定義域の共通部分（空集合のこともある）$V_i = U \cap U' \cap U_i$ とつぎの図式（図1）を考えれば，チャートの適当な制限に対し，

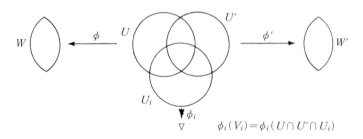

図1　重なり合うチャート

2つの滑らかな重なり写像

$$\phi_i\phi^{-1}: \phi(V_i) \rightarrow \phi_i(V_i) \quad \phi'\phi^{-1}{}_i: \phi_i(V_i) \rightarrow \phi'(V_i)$$

が得られる．事実，はじめの写像は，ϕ がすべての ϕ_i と滑らかな重なりをもつことから，滑らかとなり，ϕ' も同様に滑らかとなる．合成の原理より，写像 $\phi'\phi^{-1}: \phi(V_i) \rightarrow \phi'(V_i)$ は滑らかとなり，一方，与えられたチャートの定義域は全曲面 S を覆っているので，$\phi(U_i \cap U \cap U')$ は，$W = \phi(U \cap U')$ を覆う．したがって，つぎ合せの原理より，$\phi'\phi^{-1}: W \rightarrow W'$ は，W の上全体で滑らかとなることがわかる．言い換えれば，A に対して滑らかなすべてのチャートからなるアトラス A^* においては，それに含まれるどの2つのチャートも滑らかな重なりをもつということになる．

　したがって，曲面 S のアトラスの中で A^* が極大なアトラスとなり，任意の滑らかな曲面は，このような極大なアトラスにより，不変な形で記述されるのである．それは，明らかに，滑らかな写像の3つの基本原理（合成の原理，制限の原理，つぎ合せの原理）に基づくものである．

　以上と全く同じアイデアによって，任意の次元の滑らかな多様体も記述され，そのような多様体 M，M'（次元は同じでも，違っていてもよい）の間の滑らかな写像

$$\theta: M \rightarrow M' \tag{4}$$

という概念も定義される．M の各点 p に対して，M，M' の2つのチャートを，それぞれの定義域 U，U' が $p \in U$ かつ $\theta(p) \in U'$ となるように選び，さらに k，n をそれぞれ M，M' の次元として，U の局所座標を $x_1, \cdots, x_k$，U' の局所座標を $u_1, \cdots, u_n$ とすれば，（3）と同じように写像 θ は局所座標を使って n 個の実数値関数

$$u_1 = f_1(x_1, \cdots, x_k), \cdots, u_n = f_n(x_1, \cdots, x_k) \tag{5}$$

によって表現される．この写像 θ は，これら n 個の関数が滑らかとなるとき，滑らかであると定義される．この定義は，チャートのとり方によらない．なぜ

320　第8章　空間が有する形式

なら，2つのチャートは，それ自身滑らかであり，滑らかな写像の合成もまた，滑らかとなるからである．

　実数値連続関数

$$f : M \to \boldsymbol{R} \qquad (6)$$

という簡単な場合には，実数の集合 $\boldsymbol{R}$ に対しては，1次元多様体として1つのチャートだけを用いればよく，上の定義により，このような関数 f が滑らかになるのは，M の各チャートの局所座標 $x_1, \cdots, x_k$ をもつ定義域 U 上で，対応する実数値関数 $f(x_1, \cdots, x_k)$ が C^∞ クラスに属するときとなる．いま，V を M の開集合とすると，V 自身，滑らかな多様体（M のすべてのチャートの V への制限をチャートとして）となるので，V 上の関数が滑らかであることに意味がつけられる．このことから，ただちに，滑らかな多様体間の写像 $\theta : M \to M'$ が滑らかとなるための必要十分条件は，局所座標 u_i をもつすべての滑らかな M' のチャートに対し，実数値関数 $u_i\theta$ が（6）に述べられた意味で滑らかとなることであることがわかる．つぎ合せの原理より，M を覆うある1つのアトラスに属する各チャートに対して，このことを示せば十分である．滑らかであることの定義は，内在的であって，チャートや座標の選び方には無関係なのである．

　平面，球面，円環面，射影平面はすべて，すでに述べたアトラスに関して滑らかな2次元多様体であり，それに関係した写像も，期待どおり，滑らかなものとなる．次元が高い場合にも，これらに類似した多様体が考えられる．また，このような言い方をすれば，円や開区間や実数直線は，すべて，滑らかな1次元多様体ということになる．

9. 径 路 と 量

　次に，多様体間の写像を考えてみよう．滑らかな曲面に関する微積分学の対象として，滑らかな写像の組

$$I \overset{h}{\to} S \overset{f}{\to} \boldsymbol{R} \qquad (1)$$

が考えられる．ここに I は $\boldsymbol{R}$ のある区間，たとえば $-1 < t < 1$ で，t は局所座標である．このとき，曲面 S の適当な座標 x_1, x_2 に対し，2つの関数 h と f は，つぎの式によって表わされているものとする．

$$t \mapsto h(t) = (h_1(t),\ h_2(t)),\quad (x_1, x_2) \mapsto f(x_1, x_2)$$

$h(0)$ は，S の（局所座標の）原点 $(0, 0)$ としてもよい．

写像 h は，t をパラメータとする $h(0)$ を通る**径路**であり，写像 f は，S 上いたるところで定義された（実数値をとる）**量**（たとえば物理量）である．このような S 上の量は，等高線（$f(x_1, x_2) =$ 定数となる場所）により描写される（たとえば図1）．径路は原点 $t = 0$ で，

$$\left[\frac{dh_1}{dt},\ \frac{dh_2}{dt}\right]_{t=0} \tag{2}$$

を座標成分とする接ベクトルをもつ．また f は，第6章第9節で見たように，座標を使って

$$df = (\nabla f)_0 = \left[\frac{\partial f}{\partial x_1},\ \frac{\partial f}{\partial x_2}\right]_{x_1=x_2=0} \tag{3}$$

と表わされるグラディエント（すなわち微分）をもつ．これは，原点における f の**余接ベクトル**で，f の原点における最大増加率を示す方向となる．また原点における，径路 h の方向に沿った f の**方向微分**は，合成関数 fh のそこでの

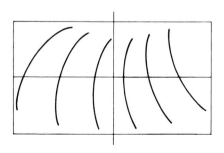

図1　等高線

322　第8章　空間が有する形式

微分と定義される．それは，座標を使えば，鎖状律によって

$$\frac{d(fh)}{dt}\bigg|_{t=0} = \left[\frac{\partial f}{\partial x_1}\frac{\partial h_1}{dt} + \frac{\partial f}{\partial x_2}\frac{dh_2}{dt}\right]_{t=0} \tag{4}$$

と表わされる．この式は，方向微分（4）が，（3）の余接ベクトル $(\nabla f)_0$ と（2）の接ベクトル (h'_1, h'_2) との内積であることを示している．2つの量 f と g とは，すべての径路に沿った方向微分が等しいとき，原点において同じ余接ベクトルをもつ．双対的な言い方をすれば，原点を通る2つの径路が同じ接ベクトルをもつのは，これら2つが任意の量に対して原点において与える方向微分が等しくなるときである，といえる．

　上のことに注意すれば，接ベクトル（または余接ベクトル）を座標を使わずに定義することができる．いま，原点を通るすべての径路と，その近傍におけるすべての量を考ることにしよう．これらの量は，加法とスカラー積（実数 a との掛け算）により（高次元の）ベクトル空間をなす．滑らかな合成関数 fh は，座標を使わなくとも，原点において微分

$$D_0(fh) = \frac{d(fh)}{dt}\bigg|_{t=0} \tag{5}$$

が計算でき，しかもこの微分は量 f の関数としては線形となる．したがって，写像 $h \mapsto D_0(fh)$ は，各径路 h を量全体のつくるベクトル空間上の実数値線形関数に対応させることになる．そこで2つの径路 h，k が，この仕方で同じ線形関数を決定するとき，すなわち，すべての量 f に対して $D_0(fh) = D_0(fk)$ となるとき，2つの径路 h，k は，点0で**接する**と言うことにする（記号で $h \sim_0 k$ と書く）．この関係 $h \sim_0 k$ は，反射的かつ対称的かつ推移的となる．したがって，各 h に対して，同値類

$$\tau_0 h = \{\text{すべての滑らかな径路 } k \mid h \sim_0 k\} \tag{6}$$

を定義することができ，これを径路 h によって定義される点0における“接ベクトル”と呼ぶのである．全く同様にして，点0を通るすべての滑らかな径路

9. 径路と量　**323**

h に対して，$D_0(fh) = D_0(gh)$ となるとき，2 つの量 $f, g : S \to \boldsymbol{R}$ は，点 0 において**余接する**といい，記号で，$f \sim_0 g$ と書くことにする．この関係も，反射的かつ対称的かつ推移的であるので，各 f に対して，同値類

$$d_0 f = \{ すべての\ g \mid g\ は滑らかかつ\ f \sim_0 g \} \tag{7}$$

が導入でき，それを点 0 における f の**グラディエント**（または，**微分**，または**余接ベクトル**）という．

いま，$f_1 \sim_0 g_1$ かつ $f_2 \sim_0 g_2$ とすれば，

$$(f_1 + f_2) \sim_0 (g_1 + g_2), \quad a f_1 \sim_0 a g_1 \quad (a \in \boldsymbol{R})$$

となる．したがって，同値類 $d_0 f$ のなす空間の，ベクトル空間としての加法と実数との乗法が，関数の（量の）なすベクトル空間から誘導される．つまり，余接ベクトル全体は，そのつくり方から $\boldsymbol{R}$ 上のベクトル空間となるのである．また，鎖状律からわかるように，各 $d_0 f$ は，座標を使えば $d_0 x_1$ と $d_0 x_2$ に対する座標 $\left(\dfrac{\partial f}{\partial x_1} \right)_0$ と $\left(\dfrac{\partial f}{\partial x_2} \right)_0$ によって決まるので，その全体は 2 次元の空間となる．これにより，曲面 S の点 0 における余接空間 $T^\circ(S)$ の記述は完全に不変的な（座標によらない）ものとなる．さらに注意すれば，点 0 を通る各径路 h は写像

$$d_0 f \mapsto D_0(fh)$$

を考えることにより，余接空間上の線形関数 $T^\circ(S) \to \boldsymbol{R}$ を与えることがわかる．h によって決まるこの写像 $T^\circ(S) \to \boldsymbol{R}$ は，共役空間 $T^\circ(S)^*$ の元であるから，各接ベクトル $\tau_0 h$ は，$T^\circ(S)$ の共役空間 $T^\circ(S)^*$ の元と考えられ，このとき，2 つの接ベクトルの和は，共役空間の元としての和となり，局所座標系におけるそれらの成分の和から計算される和と一致する．このようにして，共役空間 $T^\circ(S)^*$ は，点 0 における S の接空間 $T_0(S)$ の不変な（座標によらない）記述を与えるのである．さらに高い次元の多様体に対しても，その接ベクトル空間や余接ベクトル空間が，曲面の場合と同様に，多様体の滑らかな構

324 第8章 空間が有する形式

造と，それによって定義される滑らかな径路や，滑らかな量から自然に定義されるのである．多くの教科書では，この自然な起源が説明されていない．

曲面 S の各点は，余接ベクトル空間という2次元のベクトル空間をもつ．S のすべての点に対する余接ベクトル空間の全体を考えると，それらの全体は，余接束 $T^{\cdot}S$ と呼ばれる1つの幾何学的対象を形成する．これもまた，滑らかな多様体となる．実際 S の1つのチャートに対し，各余接ベクトル df は，明らかに4つの実数，すなわち，点の局所座標 (x_1, x_2) と，f のその点における偏微分の値 $\dfrac{\partial f}{\partial x_1}$ と $\dfrac{\partial f}{\partial x_2}$ とによって決まる．これら4つの実数を座標と考えると，その座標として受ける変換は，S の2つのチャートの重なり部分では滑らかとなり，したがって余接束 $T^{\cdot}S$ は4次元の滑らかな多様体となるのである．さらに，各余接ベクトル $d_0 f$ をその足場（cotangency）にうつす（$d_0 f \mapsto 0$）写像 $p: T^{\cdot}S \to S$ は，滑らかな写像となり，これは余接束の底空間 S 上への**射影**と呼ばれる．次に，この射影の横断面 ω について考えよう．それは，$p\omega:$ $S \to S$ が恒等写像となるような滑らかな写像 $\omega: S \to T^{\cdot}S$ のことである．言い換えれば，横断面とは，曲面 S の点 (x_1, x_2) をその点における余接ベクトル $d^{(x_1, x_2)}f$ にうつす滑らかな写像を言うのである．局所座標 x_1, x_2 を用いると，座標の微分 dx_1 と dx_2 とは，余接ベクトル空間の基底を形成するから，各横断面 ω は（局所座標で）つぎの表示をもつ．

$$\omega = g_1(x_1,\ x_2)dx_1 + g_2(x_1,\ x_2)dx_2 \qquad (8)$$

ここに，g_1 と g_2 は，滑らかな関数である．したがって通常，微分形式と呼ばれる（8）のような表示は，余接束の横断面として，内在的に記述されることになる．とくに，曲面 S 上の各滑らかな関数 f からは，1つの微分形式が定まる．それを局所座標で書けば

$$df = \left[\frac{\partial f}{\partial x_1}\right]dx_1 + \left[\frac{\partial f}{\partial x_2}\right]dx_2 \qquad (9)$$

となる．余接ベクトルというこのアイデアは，力学（第9章）からも生ずる．

接束 $T.S$ も上と同様に記述される．つまり，そこにおける点とは，曲面 S

上の各点における接ベクトルのことであり，それは全体として，4次元の滑らかな多様体を形成し，滑らかな射影 $T.S \to S$ をもつ．また，この射影の横断面は，S 上の**ベクトル場**と呼ばれる．このような場は，S の各点に，その点における接ベクトルを滑らかに対応させる．S を x と y を座標とする平面，f と g をその上の滑らかな関数とすれば，連立微分方程式

$$\frac{dx}{dt} = f(x, y), \quad \frac{dy}{dt} = g(x, y)$$

は，平面 S 上のベクトル場にほかならない．

　多様体上の微積分学の研究は，これらのわずかな定義から始まるのである．たとえば，微分形式に対しては積分が定義され，また微積分学の基本定理は，高次元における類似物であるガウスの定理，グリーンの定理，およびストークスの定理などに拡張される．滑らかな量の高階の微分も登場する．たとえば，量 $f: S \to \boldsymbol{R}$ の k-ジェットがそれで，それは，局所座標のある組についての f の k 階までの偏微分をすべて集めたものとして定められる対象のことである．

　曲面の，または，多様体の位相構造は，開集合を指定するという非常に簡単な方法で与えられたが，滑らかな構造は，より立ち入った記述（それは結局，アトラスという術語を用いてなされたのだが）を必要した．よく知られた集合 $\boldsymbol{R}^n$ は，多様体としての（標準的な）滑らかな構造をもつが，最近，$\boldsymbol{R}^4$ には，この標準的なものと同値とはならない滑らかな構造が入ることがわかった（$n \neq 4$ の場合は，このようなことは起こりえない）．7次元球面 S^7 は，

$$x_1^2 + x_2^2 + \cdots + x_8^2 = 1$$

で定義された $\boldsymbol{R}^8$ 内の集合であり，もちろん標準的な滑らかな構造をもつ．たとえば，チャートとして，$\boldsymbol{R}^8$ 内の座標超平面への射影を考えればよい．ところが，この S^7 にも，本質的にこれとは異なる滑らかな構造が別に存在するのである．

326 第8章 空間が有する形式

10. リーマン計量

これまで，曲面Sの内在的な記述に関していろいろ述べてきたが，最後に計量について述べておこう．これは，S上の曲線の長さの指定によって定義される．具体的には，弧長の微分 ds を積分することによってなされる．球面（その他の曲面も同じであるが）に対して ds^2 は，適当な局所座標u，vを使って，つぎの形の公式によって与えられた．

$$ds^2 = E(u,\ v)du^2 + 2F(u,\ v)dudv + G(u,\ v)dv^2$$

ここにE，F，Gは滑らかな関数である．より一般的に，このリーマン計量は，局所座標 x_i によって，

$$ds^2 = \sum_{i,j=1}^{2} g^{i,j}(x_i,\ x_j)dx_i dx_j, \tag{1}$$

と"2次の微分形式"で表わされる[1]．

ここに $g^{i,j}$ は局所座標の滑らかな関数で，対称 $(g^{i,j} = g^{j,i})$ かつ正定値とする．正定値とは $(a_1,\ a_2) \neq (0,\ 0)$ ならば $\sum g^{i,j}(x_i,\ x_j)a_i \cdot a_j > 0$ となることである．曲面上のリーマン計量は各チャート上の計量（1）であって，それに付随する行列が（座標変換によって）各チャートの重なり部分で一致するものをいう．

これを説明するために，曲面上の径路 $h: I \to S$ を考えてみよう．ただし，像 $h(I)$ は，1つのチャートに含まれているものとする．すでに見たように，微分形式

$$\omega = g^1(x_1,\ x_2)dx_1 + g^2(x_1,\ x_2)dx_2$$

は，下の公式によって接ベクトル $h'(t)$ の1次関数を与える．

$$\omega(\tau_0 h) = g^1(x_1,\ x_2)\frac{dh_1}{dt} + g^2(x_1,\ x_2)\frac{dh_2}{dt}$$

---

1) これを微分形式とはふつういわない，一般にテンソル形式という．〔訳注〕

それと同様に，（1）の2次形式 ds^2 は，接ベクトルの次のような2次関数を与える.

$$Q(\tau_0 h) = \sum_{i,j=1}^{2} g^{i,j}(h_1(t),\ h_2(t)) \frac{dh_i}{dt} \frac{dh_j}{dt} \qquad (2)$$

チャートの重なり部分の仮定から，任意の t での $Q(\tau_0 h)$ の値は，チャートの選び方によらない．これを使って，径路 h の $h(t_1)$ から $h(t_2)$ までの長さは，積分

$$\int_{t_1}^{t_2} Q(\tau_0 h) dt \qquad (3)$$

によって定義される．この計量はまた，上式に対応する面積に関係した式の記述にも使われる.

ds^2 の意味は，ベクトル空間の概念を用いて定式化される．曲面 S の各点で，ds^2 は正定値 2×2 型行列 $g^{i,j} = g^{i,j}(x_1, x_2)$ を意味する．もし，v，w が同じ局所座標で，$v = (v_1, v_2)$，$w = (w_1, w_2)$ と表わされているとすると式（2）によって，双線形，対称，正定値な内積

$$(v,\ w) = \sum_{i,j=1}^{2} g^{i,j} v_i w_j \qquad (4)$$

が考えられる．ゆえに，曲面 S 上に1つのリーマン計量を指定することは，S の各点における接平面に，内積を滑らかに指定することになる（ここに，滑らかとは，局所座標の関数として滑らかになることを言う）．以上のことは，さらに高次元の滑らかな多様体についても同様である．これが，リーマン多様体の広大な理論の出発点となるのである.

以上で，曲面に関する内在的定義を終えるが，これまでのことを一言で言えば，曲面とは，位相空間であって，チャートをもち，その重なりは滑らかで，さらにリーマン計量をもつもの，ということになる．これを基礎として，曲面の幾何学的性質の注目すべき展開がなされ，同じことが高次元多様体についても言えるのである．とくに，曲面のガウス曲率は，直接計量を使って定義され

328 第8章 空間が有する形式

る．以上でこの節を終える．

11. 層

位相空間X上の連続関数は，Xの開集合だけを使って記述される．すなわち関数$f: X \to Y$が連続であるとは，Yの任意な開集合のfによる逆像が，またXの開集合となることである．多様体上の滑らかな関数を定義するには，開集合だけではなく，すべてのチャートを考えることが必要となった．しかし，これとは別のアプローチによって，連続関数や滑らかな関数（これらをよい関数と呼ぶことにする）の全体を，直接記述することもできる．そうしたアプローチでは，まずXの上全体で定義されたよい関数だけではなく，Xの各開集合U上で定義されたよい関数と，それらの関数のより小さい開集合への制限の仕方を決めておく必要がある．このような関数（時には関数以外のものになることもあるが）の集まりを層という．これは，高次元の幾何学では，主要な役割を演じる．

いま，XとYを位相空間とすると，各開集合$U \subset X$に対して，UからYへの連続関数の集合

$$C(U,\, Y) = \{f \mid f: U \to Y \ \text{連続}\} \tag{1}$$

が考えられ，さらにVをXの開集合で$V \subset U$とすれば，U上の連続関数はVへの連続な制限$f \mid V$をもつ．これによって**制限**という演算$\gamma_V{}^U$

$$f \mapsto f \mid V, \quad \gamma_V{}^U: C(U,\, Y) \to C(V,\, Y)$$

が与えられる．いま，Yを固定して，集合$C(U,\, Y)$がいかなる仕方でUに依存しているかを調べてみよう．

X上の**前層**Pとは，Xの各開集合Uに集合$P(U)$を割り当てる関数とすべての$V \subset U$に対する制限写像

$$\gamma = \gamma_V{}^U: P(U) \to P(V) \tag{2}$$

11. 層　　**329**

の組をいう．ただし，$\gamma_U{}^U$ はつねに恒等写像を表わし，3つの開集合

$$W \subset V \subset U \tag{3}$$

に対して，$\gamma_V{}^U$ と $\gamma_W{}^V$ は合成可能で，

$$\gamma_W{}^U = \gamma_W{}^V \gamma_V{}^U : P(U) \rightarrow P(W) \tag{4}$$

となっているものとする．多くの場合，$P(U)$ としては，よい関数の全体を考え，また演算 $\gamma_V{}^U$ としては，ふつうの意味の制限写像を考える．たとえば，Y を1つ固定すれば（1）の $C(U, Y)$ は前層になる．なぜなら，開集合の3つ組（3）において，連続関数 f の U から V への制限は，f の U から V への制限をさらに W に制限したものにほかならないからである．もし X が滑らかな多様体ならば，滑らかな関数 $f : U \rightarrow \boldsymbol{R}$ の全体 $S(U, \boldsymbol{R})$ も，前層の1つの例を与える．

　また，横断面も別の一例を与える．$p : E \rightarrow X$ が位相空間の連続写像であるとき，X の開集合 U 上の p の**横断面**とは，関数 $\omega : U \rightarrow E$ で，写像の合成 $p\omega : U \rightarrow X$ が恒等写像であるものをいう．U 上の各横断面は，明らかに，開集合 $V \subset U$ への制限をもち，この制限に関して横断面全体は，前層 $\chi(U, p)$ をなす．さらに他の例としては，X を任意の位相空間として，集合

$$\Omega(U) = \{W \mid W \subset U,\ W \text{ は } X \text{ の開集合}\} \tag{5}$$

がある．つまり，開集合 U の中の開集合の全体である．ここに制限写像としては，つぎのものを考える．

$$\Omega(U) \rightarrow \Omega(V) \qquad (W \mapsto W \cap V) \tag{6}$$

　ところで，連続関数について調べると，つぎのことがわかる．大きな開集合がそれに含まれる小さな開集合の和集合として表わされているとき，小さな開集合のおのおので定義された連続関数が，その重なりで一致していれば，それは大きな開集合上の1つの連続関数に"はり合わされる"のである．詳しく言

うと，U_1, U_2 を開集合とし，$f_1: U_1 \to Y$, $f_2: U_2 \to Y$ をそれぞれ連続関数とするとき，$U_1 \cap U_2$ 上でそれらが一致しているとすると，$U_1 \cup U_2$ 上の連続関数 f が，ただ1つ存在して，その U_i への制限が f_i と一致するということである．たとえば，U_1, U_2 が直線上の交わりのある2つの区間の場合は，図1のようになる．

要するに，すべての重なり部分で一致するよい関数の集まりは，はり合せで決まるということである．この条件が前層にあてはまるとき，前層は**層**と呼ばれる．

形式的には，位相空間上の層とは，前層であって，つぎの性質をもつものを言う：Xの開集合Uの各被覆；

$$U = \bigcup_{i \in I} U_i \quad (\text{ただし } U_i \text{ は}X\text{の開集合}) \qquad (7)$$

および，任意の $i, j \in I$ に関し，$U_i \cap U_j$ への制限が等しくなるような $\{f_i\}_{i \in I}$ ($f_i \in S(U_i)$) に対して，各 i に対するその U_i への制限が f_i となるような $f \in S(U)$ が一意に存在する．すなわち，被覆（7）と $S(U_i)$ の元 f_i が下記の条件

$$\gamma_V^{U_i} f_i = \gamma_V^{U_j} f_j, \quad V = U_i \cap U_j \qquad (8)$$

をすべての i, j に対して満たすとき$S(U)$の元fが一意に存在し，

$$\gamma_{U_i}^{U} f = f_i \qquad i \in I \qquad (9)$$

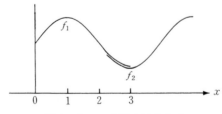

図1　2つの曲線のはり合せ

となる，ということである．この性質，すなわち，「（8）の意味で一致すれば（9）の意味ではり合せ可能」は“よい”関数の集まり（層）の重要な性質であり，他のいろいろな幾何学的対象にもあてはまるのである．

上に与えた前層の例はすべて層の例にもなっている．たとえば，連続関数の前層 $C(U, Y)$ や，写像 $p : E \to X$ の横断面の前層に対しては，明らかに，はり合せ条件は成り立っている．これはまた（5）で記された開集合の前層に対しても成り立つ．なぜなら，開被覆（7）と各 $i \in I$ に対して開集合 $W_i \subset U_i$ が与えられて $W_i \cap U_j = W_j \cap U_i$（すべての i，j に対して）となっていれば，和集合 $W = \cup W_i$ は各 i に対し $W \cap U_i = W_i$ となるただ1つの開集合となるからである．したがって Ω は層である．

この，一致とはり合せの条件は，滑らかな関数についても成立する．実際，滑らかな多様体の開集合 U を被覆 $U = \cup V_i$ に対して，関数 $f : U \to \boldsymbol{R}$ で，その制限 $f : U_i \to \boldsymbol{R}$ がすべて滑らかならば，それ自身必ず滑らかになる．なぜなら，f の U の点における微分は，その点の十分小さな近傍での f の値にしかよらないからである．したがって，任意の滑らかな多様体 M に対して，集合

$$C^{\infty}{}_M(U) = \{f \,|\, f : U \to \boldsymbol{R} \ \text{滑らか}\} \tag{10}$$

は，M 上の層を定義し，しばしば，これは，M の**構造層**と呼ばれる．

この構造層の概念を使うと，n 次元多様体上の滑らかな構造に対して，もう1つの定義を与えることができる．どのようにするかというと，まず $\boldsymbol{R}^n$ の開集合 V と，その上の滑らかな実数値関数の層 S_V との組をモデル空間として，滑らかな n 次元多様体を，構造層 S をもった位相空間 X で，その1つの開被覆 $\{U_i\}_{i \in I}$ に対して S の U_i への制限が構造層 S_{V_i} に同形となるものと定義するのである．ただし，V_i は $\boldsymbol{R}^n$ のある開集合である．ここでは詳細は略すが，この定式化には，層 S をもつ空間 X から他の同様な性質をもつ空間への同形とか，それよりさらに一般的な射という概念を必要とする．しかしながら，一般的な考え方は明らかであろう．すなわち，多様体とは，その上のよい関数を指定して，その関数からなる構造層を与えることによって記述されるのである．このように考えると，別のモデル空間に対しては，それに対応する新しいタイプの多様体が得られる．たとえば，C^k 多様体とか複素解析多様体などが考えられる．最近，代数多様体を記述するのにも，このアプローチが特別な成功をおさ

めた．このように層の概念は，非常に多くの種類の空間を記述するのに，有効な概念的道具となることが示されているのである．しかし，こうした高級な概念の発展も，空間という，もともと初等的な考えによるものなのである．

これまで，層の代数的構造は扱わなかったが，これもいずれ必要になる構造である．たとえば，多様体の構造層 C_M^∞ は環の層にもなっている．実際，各集合 $C_M^\infty(U)$ は，関数の通常の加法と乗法に関して可換環であり，（2）の制限写像 $\gamma_V{}^U$ は環の準同形写像である．同じように，位相空間上にアーベル群の層がとれ，これを使うと，その空間の連結性が記述される．層はまた，集合論（第12章）におけるある種の独立性の証明にも関係してくる．

12. 幾何学とは何か？

幾何学が数学において重要な役割を果たしていることは上に見たが，数学の一部が何によって幾何学を形成するのかはまだ見ていない．幾何学の出発点は，数学には，"空間の科学"があるべきである，ということであろうが，その科学の発展は多岐にわたり，あるいは思いもよらない方向へ，あるいはあまり"幾何学的"とは思えない方向へと発展した．はじめは，空間は平らで3次元的でかつ広がりをもったものであった．空間のこの限りない広がりによって幾何学に無限が導入された．それは形式的にはアルキメデス（Archimedes）の公理によるものである（この公理には実数を用いる全く算術的な定式化もあるが）．同じように，幾何学には剛体運動の考察も含まれていた．一つには，異なる位置にある同じ図形を比較する手段としてであり，一つには，運動の経験から幾何学的広がりという考えが生じるからでもあった．この剛体運動を用いることは，運動の合成を暗黙のうちに行なうことであり，したがってそこに運動群というものが生じる．もっともこの群の考えは幾何学の歴史的発展においては遅れて定式化されたというべきかもしれない．

他方，幾何学では定規とコンパスという単純な道具が用いられ，その後これらの道具は，完全にまっすぐな直線や，完全に丸い円を描くものとして理想化された．これら理想化された図形を用いて，幾何学の経験的な事実が公理系という体系的なものとして組織されたのである．驚いたことに，理想的な平面は空間に関する粗雑な初期の経験にはなかったものなのに，平面幾何学についてこれらの公理の多くは，定式化されたのである．このユークリッド平面はさら

に 1 つではなく 2 つの構造をもつ. 1 つは向き付けられていない構造であり, 他の 1 つは向き付けられたものである. したがってそれは, 対称移動のより小さな群が備わったものとなる.

ユークリッド平面は, 多くの幾何学的な現象を表わすのに有効な形式的対象であり, 3 次元空間を扱うのにも手頃な道具を提供するが, 幾何学はわれわれをとりまく物理的空間である 3 次元空間にとどまるものではない. 現われるものすべてを扱おうとすれば, 3 次元よりももっと高い次元についての幾何学的な定式化を必要とする. この高次元における線形的な現象は, 座標を使った代数的な方法によっても, あるいは 2 次元と 3 次元からの適当な洞察を押し広げることによっても, ただちに取り扱われる. こうして生ずる n 次元の幾何学の研究は, 一つには線形代数として, 一つにはベクトル幾何学として二重の理解のもとになされていく. この二重の分類から生ずる緊密な関係は, たとえば行列と線形変換とどちらを選ぶか, といった形で繰り返し現われることになる. "幾何学とは何か"というわれわれの疑問に答えるためには, 幾何学を他の数学の源泉とも関係させざるをえないことを, この二重の掲出は意味するのである. 同じように, 初等幾何学の概念である角度や, 長さや, 三角関数は, 高次元においてはユークリッド・ベクトル空間の内積構造に形を変えて現われる. スペクトル定理とも呼ばれる主軸定理は, 円錐曲線の軸に関する幾何学的性質と, 線形微分作用素に特有の固有値との 2 つのことがらについて同時に述べているのである. したがって, 幾何学は単に数学の一分科, あるいは一主題なのではなく, それは, 他の数学的現象を理解するために視覚的イメージを, 形式的な道具に変える一つの方法となっているのである.

しかし幾何学は, 空間のただ一つの形式ではない. まず非ユークリッド幾何学の発展によっていろいろな幾何学の可能性が示された. ユークリッドの平行線の公理は, ユークリッド幾何学の他の公理から導かれるものではなく, いくつかの可能性のうちの一つを示していることがわかったのである. つまり与えられた直線上にない 1 点を通る平面内の平行線は, 全くないか, ただ 1 つあるか, あるいはたくさんあるかのいずれかなのである. これらいろいろな可能性を示す公理は, 幾何学的なモデルによりその正当性が保証されるのである. もっとも, その公理において述べられている"直線"は, いわゆるユークリッド的な直線とはなっていないかもしれない. 重要なのは角度の和や, その他の計量的な (そして群論的な) 性質が, その公理から, 整合的に展開できることで

334 第8章 空間が有する形式

ある．歴史的にはこの時点で，幾何学とは"空間"というただ一つの形式に関する科学ではなく，多くの空間的な形式に関する拡張された研究であることが明らかになったのである．

このとき，これらの空間のどの一つにおいても，そこに含まれるあらゆる種類の図形が考察の対象となる．これらの図形は線形代数の直線や三角形だけではない．曲線や，曲面，あるいはねじれのある立体が，解析的には方程式の解集合として，幾何学的には空間における構図として考えられる．曲率や大域的な形式はそれらのエッセンスである．これらの図形は，局所的には，点の座標が時間とか，経度，緯度のような適当なパラメータの関数によって与えられるとき，くわしく記述されるのであるが，それらの図形の性質を十分に述べるためには，大域的な巧妙な記述が必要となる．これらの図形は，はじめは単にある標準的なユークリッド空間に埋め込まれたものとして出現するにしても，この立場に留まることは適切でない．これらの図形の性質，とくに曲率に関する性質は，ユークリッド空間への埋込みにはよらない内在的表現をもっているからである．実際，多くの'多様体'が存在する．たとえば，直線を点とする多様体のような，ユークリッド空間の部分集合としてではなく，直接，多様体として与えられるものがある．この章ではこのような多様体の内在的な記述を主に扱ってきた．これを記述するには，いろいろな種類の"空間"や"多様体"を含む非常に多くのステップを必要とした．まず位相空間という非常に一般的な概念から始めるのが便利であった．そこではすべての事柄は（開集合を通して）近傍という概念で記述された．この種の空間は十分一般性をもち，解析的な目的のための幾何学的な言葉の使用を，たとえば関数空間によって提供する．多様体という位相空間よりもっと特殊な概念に対しては，"チャート"という考えが重要な"局所的"概念となった．これは多分，地球上を航行する際の地図の使用からきた考えであろう．大域的な多様体は，重なり合う局所的なチャートのはり合せであり，そのチャートのおのおのは，ユークリッド空間（または他の適当なモデル空間）の一部（開集合）の全単射による像となっていた．このとき，隣り合ったチャート間の"重なり写像"の種類を指定することが重要であった．その写像が連続であるか，連続かつ滑らかであるか，複素解析的であるかに従って，位相多様体，微分可能多様体，複素解析多様体が得られたのである．この場合，1つの単純な幾何学的対象——たとえばトーラス——が異なった構造をもっているとみなせることがある．つまり単純な構造から見てゆけ

ば，それはまず位相多様体（空間）であり，つぎは滑らかな多様体，次に複素多様体（リーマン面）となる．トーラスよりもさらに一般的な場合には，この事情は多くの重要な問題（たとえば，位相多様体は異なった滑らかな構造をもちえるか？）を提起することになる．

　多様体において，チャートが使われるのはそれが第一に目的達成の手段となるからである．上の場合で言えば，多様体上の関数が連続であるか，微分可能であるか，複素解析的であるかを決定するための手段となっている．これに変えて，領域を制限して，そこでの"よい関数"の集まりと，それらの振舞いを考えに入れると，自ずと"層"という概念に導かれる．数学のいたるところで広く使われることになるこの概念は，幾何学の視覚的な考えを概念的に定式化する方法の一例として著しいものである．

　この概念はこの章の最後で扱ったが，それで幾何学が尽されたわけでは決してない．他にも多くの例がある．そのいくつかはあとにも出てくる．つぎの章では，力学におけるいくつかの問題が非常に自然に多様体の接束の研究になっていくことを見るであろう．つぎの複素解析（第10章）では，位相（連結性）と多様体（リーマン面）が用いられる．代数多様体（すなわち多項式系の解集合）は，たとえば数論（第7章）において重要な役割をもつ．何度も繰り返すようであるが，幾何学的な直観は，それとは全く関係をもちそうもない数学の分野を理解するにも強力な助けとなるのである．

　以上は，わずかな例にすぎない．ほかにも，多くの分野が幾何学にはある．それらは，非常に変化に富んでいるので，"幾何学とは何か"，というわれわれの最初の問に対して，簡単な答は与えられない．むしろ，初期の空間と運動に関する感覚的，組織的，かつ想像力を駆使して続けられた研究が，多くの異なる種類の数学形式の研究となっているようにも見える．この結果生じた発展は，一部は幾何学的なものであり，一部は概念的なものである．そこでは，組織化と理解の双方を得るために，幾何学的洞察が用いられている．幾何学は数学の一分科というよりは，むしろ数学形式の一つの源泉なのである．

第9章　力　　　　学

　科学における理論の構築と数学における概念的記述の間には，注目に値する相互的影響がある．それは見た目には違って見えるかもしれないが，同じアイデアが科学と数学において生じることがある，ということである．この相互的影響は，理論物理学と純粋数学の間では，とくにはっきりと見られる．それはまず，ガリレオ(Galileo)による力学の構築と，ニュートンの微積分学の発見において明らかになった．微積分学は，少なくとも2世紀にわたって数学の発展の主軸をなしたが，それは，ニュートンが力学の問題，とくに，天体力学の問題を解決するために発展させたとも言えよう．しかし，それは私たちが知っている衝撃的なほんの一例にすぎない．今日では，物理学におけるゲージ理論(ヤン-ミルズ方程式)と，ファイバー束の接続に関する幾何学理論との，驚くべき出会いがある．この章の目的は，これらのいくつかの発展の様子をスケッチすることである．ほんのわずかのことにしか触れることはできないが，科学と数学の相互作用の結果生じた決定的影響の例としてそれらを挙げるのである．

1.　ケプラーの法則

　惑星や恒星の運動に強い関心を示した地域があった．ギリシア人達は，プトレマイオス(Ptolemaios)の天文学によって，惑星の運動を詳細に記述していた．ギリシアの幾何学では，繰返しの運動，すなわち，周期運動の表現には，もっぱら円が用いられていたので，惑星は地球を中心とする円運動を行なう，とまず考えられた．しかしながら，軌道についてのこのような考え方では，すべての現象を十分に説明しきれるものではなかった．――とくに，惑星が朔に

1. ケプラーの法測 337

おいて，ときどき逆行するように見える事実は説明できなかった．これを説明するために，プトレマイオスは，周転円（円軌道上を回転しながら動く小円の周上の点の描く曲線）を導入した．そして適当な数の周転円によって多くの（おそらくほとんどすべての）運動が説明できたと思われた．そのような説明のためには，かなりの数の周転円を必要としたが，こうした説明はその後コペルニクスが地動説を唱えるまで続けて行なわれた．次に，ケプラー(Kepler)が現われ，太陽に対する惑星の位置（すなわち，軌道）についての多くの注意深い観測結果を用いた多くの巧妙な計算ののち，彼の惑星に関する3つの法則を提出したのである．その3法則は，次のように述べられる．

（1）　惑星は，太陽を含む平面内に軌道をもち，惑星と太陽を結ぶ線分は等しい時間に等しい面積を描く．（面積速度一定の法則）

（2）　惑星の軌道は太陽を1つの焦点とする楕円である．

（3）　惑星の公転周期の自乗は，その軌道の長軸の長さの3乗に比例する．

ケプラーの法則は，このような形式で，観測事実の（幾何学的表現による）一つの集約となっている．ニュートンは，運動に関する，より基本的な原理から，微分積分学を用いてこれらの法則を演繹することができた．とくにニュートンの運動の第2法則によれば，質点にかかる力は質量 m と加速度との積に等しい．ここに，力と加速度は3次元のベクトルで，理論物理学の習慣に従い，それぞれ太字の $\boldsymbol{F}$, $\boldsymbol{a}$ で記すこととする．そうすれば，ニュートンの第2法則は，つぎのベクトル方程式

$$m\boldsymbol{a} = \boldsymbol{F} \tag{1}$$

の形式をとる．ここに，加速度 $\boldsymbol{a}$ はある"慣性系"に対して計られている．このベクトル方程式は，座標系のとり方には依存しない．座標系を1つ決めれば，それは，$\boldsymbol{a}$ と $\boldsymbol{F}$ の（直交座標の）成分としての3つのスカラー方程式と同値となる．

ここに微積分学が本質的に入ってくる．というのは，質点の加速度とは位置ベクトル（慣性系の原点から質点に向かうベクトル）$\boldsymbol{s}$ の2階微分と定義されるからである．1回の微分を1つの点で表わすニュートンの記法を用いれば，加速度 $\boldsymbol{a}$ の定義は $\boldsymbol{a} = \ddot{\boldsymbol{s}}$ となる．いま，とくに，質点に働く力 $\boldsymbol{F}$ がゼロであるとすれば，加速度 $\boldsymbol{a}$ も 0 となるから，速度 $\boldsymbol{v} = \dot{\boldsymbol{s}}$ は一定となる．これは，

338 第9章 力　　学

「質点は外力を受けなければ，静止し続けるか，または，等速直線運動をする」
というニュートンの第1法則そのものである．ニュートンは，また，重力の一
般法則も定式化した．それは次のように述べられる．「質量 m_1，m_2 の2つの
物体に働く重力の大きさは，その質量の積に比例し，その距離の自乗に反比例
する．その方向は2つを結ぶ直線に沿ったものとなる」．言い換えれば，重力の
大きさFは，**逆自乗の法則**

$$F = \gamma \frac{m_1 \, m_2}{r^2} \qquad\qquad (2)$$

で与えられるということである．ここに，γ は適当な単位系における定数（重
力定数という）である．なぜ，一般法則と呼ばれるかというと，それは，惑星
や恒星の運動はもとより，地球の重力場における物体（たとえば，ほうり投げ
られた小石や砲弾など）の運動のような，もっと局所的な運動に至るまで，こ
の法則が適用されるからである．ニュートンは，彼の有名な著書"自然哲学の
数学的原理"(1687)の中で，2種類の応用を示したが，微積分学を明らさまに
は用いることはなかった．ニュートン力学の主題を微積分学を用いて，流体力
学等の広範な対象にまで十分に展開させるには，1世紀以上を要したし，ニュ
ートン以外の多くの著名な数学者，とりわけオイラー（1707～1783）による寄
与が必要であった．

　ニュートンは，自分の法則からケプラーの法則を引き出した．その過程を簡
単に追ってみよう．太陽に対する質量 m の惑星の運動を考える．他の惑星から
の引力の影響は考えないことにすると，問題は太陽と惑星についての2体問題
となる．ある初期時刻を考えると，そのとき惑星に作用する力は，太陽の方向
を向き，惑星はある初期速度をもつ．もしこの速度がたまたま太陽の方向（あ
るいは，反対の方向）であったとすれば（ニュートンの第2法則により），その
後の運動は太陽と惑星を結ぶ直線上のものとならなければならない．この例外
的な場合を別にすれば，初期速度，および惑星と太陽とを結ぶ直線の2つによ
って，惑星の速度ベクトルと加速度ベクトルを含む平面が決まる．惑星のその
後の運動は，ニュートンの第2法則によりこの平面内に位置をとる．したがっ
て惑星の軌道が1つの平面内にあることを主張するケプラーの第1法則の該当
部分はこれで導かれたことになる．これには逆自乗の法則は使われていない．

1. ケプラーの法測

軌道の形を決定するために，その軌道平面を，太陽を原点 0 とする x, y 座標で記述することにしよう．このとき，惑星 P に作用する重力 F は $1/r^2$ に比例し，方向は P から原点 0 の方向となる．ここに r は距離 0P を表わす．そこで，図 1 に示す極座標 (r, θ) を導入することにしよう．この極座標は，よく知られた式

$$x = r\cos\theta, \quad y = r\sin\theta \tag{3}$$

によって直交座標に置き変えられる（この式は，sin と cos の定義を書き下したものにほかならない）．したがって，力 F は，成分として x 軸方向と y 軸方向に，それぞれ $-F\cos\theta$ と $-F\sin\theta$ をもつベクトルとなる．そこで，ニュートンの第 2 法則を成分で書けば，

$$m\ddot{x} = -F\cos\theta, \quad m\ddot{y} = -F\sin\theta \tag{4}$$

となる．ここに，文字の上の 2 つの点は時間に関する座標（変数）の 2 階微分を表わす．これらの微分方程式を 2 つ合わせて用いると，方程式

$$m(\ddot{x}y - \ddot{y}x) = 0$$

が得られる．これは，$[\dot{y}x - \dot{x}y]$ の時間微分がゼロとなることを意味するので，k をある定数として

$$\dot{y}x - \dot{x}y = k \tag{5}$$

となる．

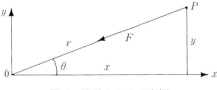

図 1　軌道のための座標

この形式的な演繹には本質的な意味が含まれている．(5)の左辺 $\dot{y}x - \dot{x}y$ に質量 m を掛けると点 O の周りの**角運動量**と呼ばれるものとなる．したがって，いま，力が原点 O の（あるいは反対の）方向を向いているときには，原点 O の周りの角運動量は 0 となることが証明されたことになる．極座標では，角運動量の式 (5) は (3) を用いて

$$mr^2\dot{\theta} = mk \qquad (6)$$

となる．これは，原点 O の周りの角運動量と，原点 O の周りの角速度との関係を与える式である．ここで位置ベクトルと速度ベクトルを，直交座標でそれぞれ成分 $(x, y, 0)$ と $(\dot{x}, \dot{y}, 0)$ をもつ 3 次元ベクトルと考えよう．これら 2 つのベクトルのベクトル積（第 4 章第 14 節）は $(0, 0, \dot{y}x - \dot{x}y)$ であるから，これに m を掛ければ，それは原点 O を通る運動面に直交した角運動量そのものとなる．

これはまた動径ベクトル OP によって時間 t 内に描かれる図形の面積 $A = A(t)$ にも関係する．すなわち，図 2 を見ればわかるように，角度の増分 $\Delta\theta$ による面積 $A(t)$ の増分は，半径を r とする開き角 $\Delta\theta$ の扇形の面積 $(1/2)r^2\Delta\theta$ に近似的に等しくなる．そこで，いつものように極限移行を行なえば，面積の変化率は $\dot{A} = (1/2)r^2\dot{\theta}$ となる．したがって方程式 (6) は，面積速度一定というケプラーの第 1 法則の該当部分を含むこととなる．この結論も，逆自乗の法則とは無関係である．

しかし，軌道の方程式を得るためには，μ をある定数として，$F = m\mu/r^2$ という形で逆自乗の法則を用いなければならない．(6) より，これは $F = (m\mu/k)\dot{\theta}$ と書き直されるので，2 階の微分方程式 (4) は

$$\ddot{x} = -(\mu/k)\cos\theta\,\dot{\theta}, \qquad \ddot{y} = -(\mu/k)\sin\theta\,\dot{\theta}$$

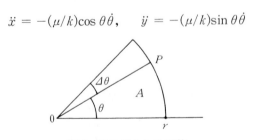

図 2　描き出される面積

となる．これを1回，積分すれば，

$$\dot{x} = -(\mu/k)(\sin\theta + A), \quad \dot{y} = (\mu/k)(\cos\theta + B)$$

となる．ただし，A，B は，初期状態における初期速度によって決まる積分定数である．この方程式を式（5）に代入すると

$$k^2 = \mu(x\cos\theta + y\sin\theta) + \mu(xB + yA)$$

となる．ところが，$r = x\cos\theta + y\sin\theta$ であるから，この式は

$$r = k^2/\mu - xB - yA \tag{7}$$

と書くことができる．ここでxとyの極座標値（3）を代入すれば，これが，極座標で書かれた軌道方程式となる．また，そんなことをしなくとも，（7）の右辺がそれ自身を0とおくことによって決まる直線から惑星までの距離に比例する量であることは明らかである．それは仮に初期条件として $\theta = 0$，$\dot{x} = 0$ となるように選べばよりわかりやい．そのとき，$A = 0$ となって方程式（7）は

$$r = B(k^2/\mu B - x) \tag{8}$$

となる．そして右辺の $k^2/\mu B - x$ は明らかに惑星Pから（x軸に垂直な）直線 $x = k^2/\mu B$ までの水平距離となることがわかる．このとき，方程式（8）が意味するところは，惑星はつねに，原点0に位置する太陽との距離rが，1つの鉛直線までの距離の定数倍となるように運行している，ということである．

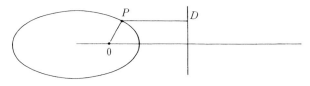

図3　軌跡としての楕円

342 第9章 力 学

ところで，円錐曲線（図3）は**焦点**からの距離と**準線**からの距離とが $P0 = ePD$ となるような点の軌跡として定義される．ここに定数 e は円錐曲線の**離心率**である．したがって，軌道は楕円（$e<1$），放物線（$e=1$），双曲線（$e>1$）のいずれかとなるはずである．惑星の場合，回帰現象の観測から，その軌跡は（太陽を一つの焦点とする）楕円でなければならないことがわかる．楕円はよく知られているように2つの焦点によって，P とその2つの焦点までの距離の和が定数 $2a$ であるような点の軌跡としても定義され，$2a$ は楕円の長軸の長さとなる．そこで機械的な計算を行なえば，惑星の周期の自乗に関するケプラーの第3法則も得られる．すでに本質的な論点は確立された．微積分学において定義されているように，速度と加速度が微分によって表わされていれば，惑星の位置の観測の集約であるケプラーの法則は，運動に関するニュートンの第2法則と重力に関する逆自乗の法則から導かれるのである．さらに，この演繹の過程で，自然にモーメントのような物理量が現われ，また適当な座標系の選択とか，初期条件を用いて積分定数を決定しつつ微分方程式を解く，などという数学的なアイデアが導かれることとなったのである．これらのアイデアのさらに先には素晴しい眺めが待っている．

2. 運動量，仕事，エネルギー

ニュートンの第3法則によれば，作用と反作用は等しい．たとえば，2つの質点からなる力学系について言えば，これは第1の質点が第2の質点に及ぼす力は，第2の質点が第1の質点に及ぼす力と，ちょうど大きさが等しく，向きが反対になることを意味する．この法則から，孤立力学系の運動量保存の原理が導かれる．

質点の運動量は速度に質量を掛け合わせたものと定義される．したがって座標 x_1, x_2, x_3 をもち質量が m の質点の運動量は，座標成分が mx_1, mx_2, mx_3 のベクトル $m\boldsymbol{v}$ となる．加速度は運動量の時間変化率であるから，ニュートンの第2法則 (1.1) は，質点に働く力は運動量の時間変化率である，ということになる．したがってとくに力がゼロのときには，運動量は保存されることになる．また，2質点の孤立系においても，互いに及ぼし合う力の大きさは等しく，その向きは反対となるから，その運動量も保存される．同様に，同じ結論が n 粒子系に対しても成立する．

2. 運動量，仕事，エネルギー　　**343**

　次に仕事という概念について述べよう．とくに，力Fがある道筋に沿って質点を動かすときになす仕事について考える．最も簡単な場合は，一定の力Fで質点をその力の方向に距離dだけ動かした場合である．この場合，大きさFdの仕事をしたといわれる．一般には，力Fによって，変位wを生じたときになされる仕事は，Fのw方向の成分のみに依存し，その成分とwの長さとの積に等しい．もっと普遍的な言い方をすれば，それは，これら2つのベクトルの内積$F\cdot w$ということになる（内積は，これも力学ではよく使われるベクトル積と区別するため，スカラー積とも呼ばれる）．公式「仕事 $= F\cdot w$」からわかるように，力は変位の線形関数として働く．したがって力はベクトル場の共役ベクトル，すなわち微分形式として現われる．

　そこで，次のように定式化することができる．いま$\boldsymbol{R}^3$の開集合Uをとり，その点を直交座標x_1, x_2, x_3で表わすことにすると，力Fのベクトル場は位置に依存する成分F_1, F_2, F_3をもち，U上に微分形式

$$\omega = F_1 dx_1 + F_2 dx_2 + F_3 dx_3 \tag{1}$$

を定める．いつものように，径路とは時間のある区間$I = \{t \mid 0 \le t \le t_1\}$から$U$への滑らかな写像$u : I \to U$とし，この径路に沿ってなされる仕事を求めてみよう．この仕事は近似的には短い径路に沿った仕事の微小量の合計であるから，径路uに沿った力Fの仕事は線積分

$$\begin{aligned}
\int_u \omega &= \int_u (F_1 dx_1 + F_2 dx_2 + F_3 dx_3) \\
&= \int_0^{t_1} (F_1 \dot{x}_1 + F_2 \dot{x}_2 + F_3 \dot{x}_3) dt
\end{aligned} \tag{2}$$

と定義される．この積分による仕事の定義は，上に出てきた力が一定の場合などの特別な場合を含んでいる．われわれが微分形式と呼んでいるものは，物理学では仕事の微分δWといわれているが，概念としては同じものである．δWと記してもそれに対するWという位置の関数があるわけでは必ずしもない．

　そこで，力Fの下で滑らかな径路$u = (x_1, x_2, x_3)$に沿って運動する質量mの質点にニュートンの第2法則を適用すれば，

344 第9章 力 学

$$F_i \dot{x}^i = m \frac{d\dot{x}^i}{dt} \dot{x}^i \qquad i = 1, 2, 3$$

を得る．この種の不定積分は $(1/2)(m(\dot{x}^i)^2)$ であるから，この径路に沿った仕事は

$$\int_u \omega = (1/2)m[(\dot{x}^1)^2 + (\dot{x}^2)^2 + (\dot{x}^3)^2]_0^{t_1} \qquad (3)$$

となる．右辺の記号は括弧内の t の関数の $t = t_1$ と $t = 0$ における値の差を表わす．そこで質点の運動エネルギー T を

$$T = (1/2)m((\dot{x}^1)^2 + (\dot{x}^2)^2 + (\dot{x}^3)^2) \qquad (4)$$

と定義すれば，径路に沿った仕事は，その径路に沿った運動エネルギーの変化（3）に等しい，という定理が得られる．速度の大きさを v と書けば，運動エネルギーは簡単に

$$T = (1/2)mv^2$$

とも書ける．

　仕事を表わす微分形式 $\omega = \delta W$ は，本当の位置の関数 $-V$ の外微分として $\omega = -dV$ と表わされることがある．それは力 F の x^i 方向の成分 F_i が

$$F_i = -\frac{\partial V}{\partial x^i} \qquad i = 1, 2, 3 \qquad (5)$$

であることを意味する．それはさらに，点 b から c に至る滑らかな径路に沿った仕事が，ちょうど $V(c) - V(b)$ に等しいことを意味し，径路にはよらないこととなる．関数 V は定数差を除いて一意的に決まり，**ポテンシャル・エネルギー**と呼ばれる．またこのとき，力は**保存的**であると言う．たとえば，ある質点が別の質点と距離 r を隔てて逆自乗の法則に従う万有引力の下で運動しているときには，つぎの形のポテンシャル・エネルギーが存在する．

$$V = -\gamma m/r \qquad (6)$$

実際 V を座標 r に関して偏微分すれば，望みどおりそれは逆自乗の法則に従う $-\gamma m/r^2$ となる（マイナスの符号は力が原点に向かうことを示している）．単位質量当りのポテンシャル・エネルギー（いまの場合は $V = -\gamma/r$）を単に**ポテンシャル**と呼ぶ．そのほかの種々の引力に対しても，同様にポテンシャルが存在する．これらのポテンシャルは幅広く研究され，その理論は偏微分方程式や確率論とも深くかかわっている．

　力が保存的である場合，径路に沿った仕事は，ちょうどポテンシャル・エネルギーのその径路に沿った変化に等しい．したがってこのような系では，ポテンシャル・エネルギーと運動エネルギーの和は保存されて一定となる．これが有名なエネルギー保存の法則と言われる物理学の原理の最初の形である．

　調和振動子はこのような保存系の簡単な例である．いま，一つの質点がある直線上を原点に向かって，原点との距離 x に比例する力を受けながら運動しているとすると，この運動はニュートンの法則によって，つぎの2階の微分方程式の支配を受けることになる．

$$\frac{dx^2}{dt^2} = -kx \qquad (7)$$

ただし k はある定数である．この力 $-kx$ は，C を任意の定数としてポテンシャル $-kx^2/2 + C$ から出てきた，と考えることもできる（ポテンシャル・エネルギーは定数差を除いて一意に決まる）．この方程式（7）は，よく知られた解 $A \cos kt + B \sin kt$ すなわち，

$$x = A \cos(kt + \phi) \qquad (8)$$

をもつ．ここに A，B と A，ϕ は積分定数である．（8）の形にすると，この2つの定数の意味はただちに理解される．A は x の最大値，すなわち運動の**振幅**であり，ϕ は**位相**すなわち単純な余弦関数 $A \cos kt$ からのずれを与える．時間の関数としての速度は（8）より

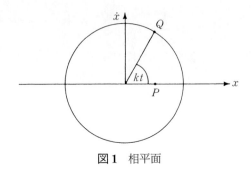

図1 相平面

$$\dot{x} = -kA\sin(kt + \phi)$$

となることがわかる．この運動は，x と $\dot{x}$ とを**相平面**と呼ばれる平面 P にプロットしていくことによって視覚化される．k が 1 の場合，これによって得られる図形は円である（図1）．点 Q は周上を一様な速度で運動し，この点を x 軸への射影した像として得られる点 P が本来の調和運動を表わす．このような調和振動は重要である．というのは，一般の周期運動（振動）はこれら単純な調和振動の線形結合（フーリエ級数）として合成されるからである．ここにふたたび，幾何学的に定義された三角関数 $\cos kt$ と $\sin kt$ が，力学との関係で現われたが，これは，数学的に構成されたものを説明する顕著な（そして典形的な）例の一つとみなせる．

位置と速度の2つの座標をもった相平面を用いるという，このアイデアは適切である．運動の初期条件（位置と速度）を与えるということは，この相平面上に点を指定することにほかならない．この点すなわち初期条件は積分定数 A, ϕ を決定する．すなわち幾何学的には，この点は上述の円を決定することになる．別の言い方をすれば，この点は，実軸上の位置とそこにおける速度との組，すなわち x 軸上の接束の点なのである．これから見ていくように，このアイデアは，この形で一般化されるのである．

3. ラグランジュの方程式

われわれは本章第1節で，惑星の軌道計算を直交座標で始めたが，すぐに極座標に切り換えた．はじめから極座標で運動方程式を表示できれば都合がよか

ったわけである．これは実は可能であり，その方程式の形から他の任意の座標系での方程式の形についての示唆が得られる．

直交座標から極座標 r, θ への変換は

$$x = r\cos\theta, \quad y = r\sin\theta \tag{1}$$

とすればよく，これにより速度の直交成分は

$$\begin{aligned}\dot{x} &= -r\sin\theta\dot{\theta} + \cos\theta\dot{r} \\ \dot{y} &= r\cos\theta\dot{\theta} + \sin\theta\dot{r}\end{aligned} \tag{2}$$

と表わされる．よって運動エネルギーは

$$T = (1/2)m(\dot{x}^2 + \dot{y}^2) = (1/2)m(r^2\dot{\theta}^2 + \dot{r}^2) \tag{3}$$

となる．さらに（2）を時間について微分すれば，加速度 $\boldsymbol{a}$ の直交成分 $\ddot{x}$, $\ddot{y}$ が得られ，その動径成分 a_r と角度成分 a_θ はそれぞれ次のようになる（図1）．

$$\begin{aligned}a_r &= \ddot{x}\cos\theta + \ddot{y}\sin\theta = \ddot{r} - r\dot{\theta}^2 \\ a_\theta &= -\ddot{x}\sin\theta + \ddot{y}\cos\theta = r\ddot{\theta} + 2\dot{\theta}\dot{r}\end{aligned} \tag{4}$$

この力 F は，動径方向の成分 F_r とその方向に垂直な方向の成分 F_θ とに分けられる．

しかし，この角度方向の力に関しては原点の周りの**トルク** T_θ を用いたほう

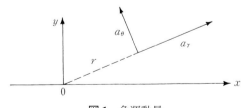

図1　角運動量

348 第9章 力　　学

がより自然である．ここに T_θ は F_θ と原点からの距離 r との積として定義される．この2成分に対し，ニュートンの第2法則は

$$F_r = m(\ddot{r} - r\dot{\theta}^2), \qquad T_\theta = m(r^2\ddot{\theta} + 2r\dot{\theta}\dot{r}) \qquad (5)$$

となる．上の右辺は一見神秘的に見える．たとえば，第1式の右辺の $-r\dot{\theta}^2$ という項は，しばしば左辺にうつされ，角速度 $\dot{\theta}$ による**遠心力**と呼ばれる（この遠心力はひもに結んだ馬栗の実[1]をぐるぐる回せば，感じられるであろう）．しかしながら，この右辺は（3）の極座標表示された運動エネルギー T の偏導関数を用いると，もっと系統的に説明される．T は r，$\dot{r}$，$\dot{\theta}$ の関数であり，その偏微分を計算すると，つぎの式が得られる．

$$F_r = \frac{d}{dt}\left[\frac{\partial T}{\partial \dot{r}}\right] - \frac{\partial T}{\partial r} \qquad (6)$$

$$T_\theta = \frac{d}{dt}\left[\frac{\partial T}{\partial \dot{\theta}}\right] \qquad (7)$$

この2つの式は，（7）の右辺から $\partial T/\partial\theta$ を差し引くことによって，みかけを同じにすることもできるが，実は $\partial T/\partial\theta = 0$ となる．それは運動エネルギー T が θ とは独立であるからである．これはみかけ上，機械的な計算の結果のようであるが，このことからすばらしいことが出てくる．このような方程式は，任意の座標系で成立するのである．とくに q を一つの任意の座標として，T を q と速度の q-成分 $\dot{q}$ に依存する運動エネルギーとすれば，この座標に対するニュートンの方程式は

$$\frac{d}{dt}\left[\frac{\partial T}{\partial \dot{q}}\right] - \frac{\partial T}{\partial q} = Q_q \qquad (8)$$

となる．ここに Q_q は q 方向の"一般化された"力を表わす（それは（7）のトルクのようなものである）．そして q についての偏導関数は，系のほかの座標に対して一定となる．上式を座標 q に対するラグランジュの方程式 (Lagrange's

---

1) クルミに似た実で，色は光沢のある茶色，アメリカの一部では，この実を外皮のついたままひもに結び，それをまわして人にぶつけて遊ぶいたずらがあるらしい．[訳注]

equation)という.

このラグランジュの方程式は,座標 r, θ についての方程式（6）と（7）の一般化である．この形の方程式がどんな座標系に対しても成り立つというのは,一つの奇跡である．これは一つの数学的形式が多くのやり方で実現されることの一例である．

そこで,N 組の質点についての,一般の場合におけるラグランジュの方程式（8）の導出と,一般化された力の定義を与えることにしよう．各質点の空間における位置はいつものようにデカルト座標で表示しておく．全系の位置は k（$=3N$）組の座標 x^i, $i=1$, $\cdots$, k で表示される．このようにすると,その運動を $\boldsymbol{R}^k$ の1点の運動としてとらえることができるのである．このとき,ニュートンの法則は

$$m_i \frac{d^2 x^i}{dt^2} = F_i, \quad i=1, \cdots, k \tag{9}$$

となる（ただし注意してほしいのは,$m_1 = m_2 = m_3$ となっていることで,これらは第1の質点の質量である．等々）．運動エネルギーは速度に依存し,標準的な書き方をすれば

$$T = (1/2)(m_1(\dot{x}^1)^2 + \cdots + m_k(\dot{x}^k)^2) \tag{10}$$

となる．ここに $m_j \dot{x}^j = \dfrac{\partial T}{\partial \dot{x}^j}$ であるから,ニュートンの法則（9）は次のように書き換えられる．

$$\frac{d}{dt}\left[\frac{\partial T}{\partial \dot{x}^j}\right] = F_j, \quad j=1, \cdots, k \tag{11}$$

T は x^j にはよらないので,これはラグランジュの方程式（8）の特別の場合となっている．

さてここで,x^j を新しい座標で置き換えよう．この座標は習慣的に q と表わされる．この新しい座標によって,x^j はある滑らかな関数 h^j を用いて,

350 第9章 力　　学

$$x^j = h^j(q^1, \cdots, q^n), \quad j = 1, \cdots, k \tag{12}$$

と書かれる．また，$\partial h^j/\partial q^i$ は習慣的に $\partial x^j/\partial q^i$ と記され，これによって関数 h^j を使わずに済ませることができる．それにともない x^j で（座標としての）量 h^j と，q^j の関数 h^j の両方を表わすことにする．径路に沿った速度 $dx/dt = \dot{x}$ の成分は，鎖状律によって

$$\dot{x}^j = \frac{\partial x^j}{\partial q^1}\dot{q}^1 + \cdots + \frac{\partial x^j}{\partial q^n}\dot{q}^n, \quad j = 1, \cdots, k \tag{13}$$

である．したがって運動エネルギー T は，q^j と $\dot{q}^j$ の関数となる．この座標系でニュートンの法則が，つぎのラグランジュの方程式の形式をとることを示そう．

$$\frac{d}{dt}\left(\frac{\partial T}{\partial \dot{q}^i}\right) - \frac{\partial T}{\partial q^i} = Q_i, \quad i = 1, \cdots, n \tag{14}$$

ここに Q_i は，たとえばトルクのような，ある一般化された力である．

　ラグランジュの方程式は直交座標の場合に成立しているので，これが一般に成立することを言うには古い座標系 x^i（必ずしも直交座標である必要はない）から新しい座標系 q^i への任意の取替えで変わらないことを示せばよい．それには，座標 x^i は"配位空間" D の点，ここでは $D = \boldsymbol{R}^{3N}$ の点として，一方，座標 q^i は別の次元 n の配位空間 C の点と考えると都合がよい．このとき，座標の取替え (12) は滑らかな写像 $\phi: C \to D$ と解釈される．しばしばこのような写像は**基底変換**（change of base）と呼ばれる（たとえば代数幾何で）．ラグランジュの方程式を C から D へうつすために，まず径路（軌道）と関数（運動エネルギー）の取替えを行う必要がある．下の式を見れば，何をしているのかよくわかるであろう．ただし I は区間を表わす．

$$I \overset{u}{\to} C \overset{\phi}{\to} D \overset{f}{\to} \boldsymbol{R} \tag{15}$$

空間 C の径路は ϕ と合成することにより空間 D の径路 $\phi \cdot u$ となり，各関数 f

すなわち D 上で定義された量は ϕ との合成で C 上の関数 $f\cdot\phi$ となる．これを C への"引き戻し"という．同様に D 上の仕事（したがって力）を定める微分形式 ω もまた写像 ϕ によって引き戻される．D 上の k 個の座標は，それぞれ ϕ と合成することにより，C 上の量 $x^i\cdot\phi$ となるので，公式より，

$$dx^j = \sum_{i=1}^{n} \frac{\partial x^j}{\partial q^i} dq^i, \quad j = 1, \cdots, k$$

と計算される（ここに $dx^j/\partial q^i$ は (13) の $\partial h^j/\partial q^i$ である）．この式により，D 上の仕事に対応する微分形式 $\omega = \sum F_j dx^j$ は，D 上の微分形式

$$\phi^*\omega = \sum_j F_j dx^j = \sum_j \sum_i F_j \frac{\partial x^j}{\partial q^i} dq^i$$

になる．これはまた，dq^i の係数をまとめることにより，

$$\phi^*\omega = \sum_{i=1}^{n} Q_i dq^i, \quad Q_i = \sum_{j=1}^{k} F_j \frac{\partial x^j}{\partial q^i} \tag{16}$$

となる．このようにして C 上に得られた量 Q_i を，方向 q^i に作用する"**一般化された**"力と定義する．この定義の本質的な点は，この力によってなされる仕事，すなわち ω のある径路に沿った積分として与えられる量が保存されることである．これは，線積分の定義より，任意の径路 $u : I \to C$ に対して

$$\int_{\phi\cdot u} \omega = \int_u \phi^*\omega \tag{17}$$

となることによる．速度の成分である $\dot{x}^j$ は式 (13) を見ればわかるように，q^i と $\dot{q}^i$ の関数として表わされる．そしてこの式により，$\dot{x}^j(q^1, \cdots, q^n, \dot{q}^1, \cdots, \dot{q}^n)$ の偏導関数は，

$$\frac{\partial \dot{x}^j}{\partial \dot{q}^i} = \frac{\partial x^j}{\partial q^i}, \quad \frac{\partial \dot{x}^j}{\partial q^i} = \sum_l \frac{\partial^2 x^j}{\partial q^i \partial q^l} \dot{q}^l \tag{18}$$

352 第9章 力　　学

となる．いま I を区間とし，その点を t で表わすことにすると，各径路 $u : I \to C$ に対して座標 q^i, $\dot{q}^i$, x^j は，u と合成することにより I 上の関数とみなされる．また，合成関数の鎖状律によって，

$$\frac{d}{dt}\left[\frac{\partial x^j}{\partial q^i}\right] = \sum_l \frac{\partial^2 x^j}{\partial q^i \partial q^l} \frac{dq^l}{dt}$$

を得る．ところで，$\dot{q}^l = dq^l/dt$ であるから，上の右辺は（18）の第2式の右辺と同じになる．よって

$$\frac{d}{dt}\left[\frac{\partial x^j}{\partial q^i}\right] = \frac{\partial \dot{x}^j}{\partial q^i} \tag{19}$$

が，任意の径路 u 上で成立する．ここでの偏導関数は q^1, $\cdots$, q^n, $\dot{q}^1$, $\cdots$, $\dot{q}^n$ の関数と考えてのそれであるが，それらは u を用いれば，みな t だけの関数となっている．

　以上の準備のもとに，座標 q に対するラグランジュの方程式が，次のように導出される．すなわち径路 $u : I \to C$ に対し，合成された径路 $\phi \cdot u : I \to D$ が，D の x 座標におけるラグランジュの方程式

$$\frac{d}{dt}\left[\frac{\partial T}{\partial \dot{x}^j}\right] - \frac{\partial T}{\partial x^j} = F_j, \quad j = 1, \cdots, k$$

を満たすときは，いつでも，径路 u は C 上でのラグランジュの方程式を満たす．実際一般化された力 Q_i の定義（16）より，積の微分に関する公式を使えば，

$$\begin{aligned}
Q_i &= \sum_j F_j \frac{\partial x^j}{\partial q^i} = \sum_j \left[\frac{d}{dt}\left(\frac{\partial T}{\partial \dot{x}^j}\right)\frac{\partial x^j}{\partial q^i} - \frac{\partial T}{\partial x^j}\frac{\partial x^j}{\partial q^i} \right] \\
&= \sum_j \left[\frac{d}{dt}\left(\frac{\partial T}{\partial \dot{x}^j}\frac{\partial x^j}{\partial q^i}\right) - \frac{\partial T}{\partial \dot{x}^j}\frac{d}{dt}\left(\frac{\partial x^j}{\partial q^i}\right) - \frac{\partial T}{\partial x^j}\frac{\partial x^j}{\partial q^i} \right]
\end{aligned}$$

となる．（19）を上の第2項に代入して，第2項と第3項を合わせると $-\partial T/\partial q^i$ を得る．そして第1項については鎖状律により

$$\frac{\partial T}{\partial \dot{q}^i} = \sum_j \left[\frac{\partial T}{\partial \dot{x}^j} \frac{\partial \dot{x}^j}{\partial \dot{q}^i} + \frac{\partial T}{\partial x^j} \frac{\partial x^j}{\partial \dot{q}^i} \right]$$

であり，一方（18）より $\partial \dot{x}^j / \partial \dot{q}^i = \partial x^j / \partial q^i$ であったから，$\partial x^j / \partial q^i = 0$ に注意すれば以上のことから，

$$Q_i = \frac{d}{dt} \left[\frac{\partial T}{\partial \dot{q}^i} \right] - \frac{\partial T}{\partial q^i}, \quad i = 1, \cdots, n$$

を得る．これが，求めていた，C 上の径路 u に対するラグランジュの方程式である．

　ラグランジュの方程式は，束縛条件を課した運動の場合にも適用される．たとえば，いわゆる"ホロノームな"束縛条件と呼ばれる場合である．この場合には質点は，ユークリッド空間のある曲線上，あるいは曲面上のみを動くことが要求される．その例としては，テーブルの上を転がる球や，振子などがある．振子の重りの動きはちょうど球面上の点の動きとなり，球面の座標，たとえば経度と緯度によって記述される．この場合，配位空間 C は 2 次元の多様体（球面）となり，先の配位空間 D は $\boldsymbol{R}^3$（3 次元のユークリッド空間）となる．上の議論はただちにこの場合に適用され，経度と緯度によって運動を記述するラグランジュの方程式が得られる．ここで C の次元は 2 で，D のそれより小さいこと（したがって，$k \neq n$）および配位空間 C は，包含写像 $\phi : C \to D$ により，D に含まれる多様体となることに注意されたい．さらに，座標 q^i は局所座標であって，あるチャート内のみで有効であることにも注意しなければならない．経度は北極では定義されていないのである．

　このような場合においては，質点を部分多様体につなぎとめておく束縛力 F_j^c が，外力 F_j^e 同様存在する．したがってユークリッド空間における力の総和は $F_j = F_j^e + F_j^c$ となる．ところがこの束縛力は部分多様体 C に対しては直角に働くので，結果的に，この束縛力によってなされる仕事に対応する微分形式の C への引き戻しは 0，つまり $\phi^*(\sum F_j^c dx^j) = 0$ となる．簡単にいえば，束縛力は何も仕事をしないということになる．すなわち C 上の求めるべき一般化された力 Q_i は外力 F^e だけを引き戻すことによって計算されるのである．

　上記のようなホロノームな束縛条件よりさらに一般的な（非ホロノームな）

354　第9章　力　　　学

束縛条件の下でも，ラグランジュの方程式は適用可能である．一例として凹凸のある机の上を転がる球の問題を考えてみよう．この球の運動は各時刻において3次元多様体上に束縛される．すなわち，それは面（机）と球との接点における2次元直交座標系と角度座標1つ（接触点を通る球の直径の周りの球の回転角）を局所座標とする3次元多様体である．しかしそれを適当に前後に転がしてみればわかるように，ほんとうは球は4次元多様体（面上の点を表わす2次元と球の回転を記述するための2次元）の任意の位置をしめるのである．この場合でもホロノームな束縛条件 $\phi: C \to D$ を写像 $\phi: C \times I \to D$ で置き換えて，上と同様の議論をすれば，ラグランジュの方程式を導くことができる．ここに $\phi_t = \phi(-, t)$ は時刻 $t \in I$ における C への束縛の位置を与える．C 上のラグランジュの運動方程式における一般化された力 Q_i は仕事 ω を径路 ϕ_t^* に沿って引き戻すことによって得られる．古典的な言い方をすれば，これは"仮想変位"を考えることに当たる．

　ラグランジュの方程式は，力が保存力の場合には簡単になる．このときポテンシャル V が D 上で定義されて，力 F_j は V の微分，$F_j = -\dfrac{\partial V}{\partial x^j}$ で与えられる．またポテンシャルは C 上でも（合成 $V \cdot \phi$ によって）定義され，それによって C 上の一般化された力は

$$Q_i = \sum_j F_j \frac{\partial x^j}{\partial q^i} = -\sum_j \frac{\partial V}{\partial x^j}\frac{\partial x^j}{\partial q^i} = -\frac{\partial V}{\partial q^i}$$

となる．言い換えると，Q_i は新しい座標系でもポテンシャル V の微分で与えられるということである．V を用いて $L = T - V$ とおけば，これは D および C 上で定義された量で**ラグランジアン**と呼ばれる．したがって力が保存力の場合のラグランジュの方程式は，ラグランジアンと配位空間 C 上の座標 q^i を用いて書くと，次のようになる．

$$\frac{d}{dt}\left[\frac{\partial L}{\partial \dot{q}^i}\right] - \frac{\partial L}{\partial q^i} = 0, \quad i = 1, \cdots, n \tag{20}$$

　ラグランジュの方程式は実用上広い応用をもつ．こんどは重力加速度 g をもつ重力場の中を，質量 m の質点が，その運動を鉛直平面に含まれる半径 r の円

周上に束縛されつつ運動する単振子の場合を考えてみよう．その一般化された座標としては，鉛直線（と振子の腕）とのなす角 θ を考えるものとする．重力はポテンシャル・エネルギー $V = -mg\cos\theta$ をもつ保存力であるので，運動エネルギーは，それを直交座標系からこの座標系へ変数変換すると $(1/2)mr^2\dot\theta^2$ となる．したがって θ で書かれたラグランジュの方程式は

$$\frac{d}{dt}(\dot\theta) = -\frac{g}{r}\sin\theta$$

となる．近似によらずにこれを積分するには楕円関数が必要となるが，角度 θ が小さければ $\sin\theta$ は θ で近似されるので，上の方程式は単振動の方程式に帰着する．今度は質量 m の質点が半径 r の球面に拘束されて運動する球面振子の場合を考えてみよう．このときは座標として，緯度 ϕ と経度 θ（球面の南極から測る）をとるのがよい．直交座標を球面座標に変換する公式により

$$T = mr^2(\dot\theta^2 + \sin^2\theta\,\dot\phi^2)/2, \qquad V = -mg\cos\theta$$

となる．そして θ と ϕ で書かれたラグランジュの方程式は

$$\frac{d}{dt}(r^2\dot\theta) = r^2\sin\theta\cos\theta\dot\phi^2 - rg\sin\theta$$

$$\frac{d}{dt}(r^2\sin^2\theta\,\dot\phi) = 0$$

となる．第2の方程式はすぐ積分され，h を積分定数として $\dot\phi = h/\sin^2\theta$ となる．これを用いると第1式は

$$\ddot\theta = \frac{h^2\cos\theta}{\sin^3\theta} - \frac{g}{r}\sin\theta$$

となる．$h = 0$ のときは，単振子の問題に帰着するが，それ以外の場合はもっと複雑になる．

356 第9章 力　　学

4. 速度と接束

ラグランジュの方程式

$$\frac{d}{dt}\left(\frac{\partial T}{\partial \dot{q}^{i}}\right) - \frac{\partial T}{\partial q^{i}} = Q_i, \quad i = 1, \cdots, n$$

は Q_i を位置の関数として，次のように座標を用いて書き下すことができる.

$$\sum_{j=1}^{n}\left[\frac{\partial^2 T}{\partial \dot{q}^{i}\partial q^{j}}\frac{d^2 q^{j}}{dt^2} + \frac{\partial^2 T}{\partial \dot{q}^{i}\partial q^{j}}\frac{dq^{j}}{dt}\right] - \frac{\partial T}{\partial q^{i}} = Q_i \qquad (1)$$

すぐわかるように，これは n 個の座標 q^{i} に関する n 個の2階の微分方程式である．したがって，解は一般に，位置座標 q^{i} と速度座標 $\dot{q}^{i}$ の $2n$ 個の初期値によって決定されることになる．これら $2n$ 個の量は，$2n$ 個の独立変数と考えることもできる．そして $d^2 q^{j}/dt^2$ を $d\dot{q}^{j}/dt$ で置き換えると（1）は

$$\sum_{j=1}^{n}\left[\frac{\partial^2 T}{\partial \dot{q}^{i}\partial \dot{q}^{j}}\frac{d\dot{q}^{j}}{dt} + \frac{\partial^2 T}{\partial \dot{q}^{i}\partial q^{j}}\frac{dq^{j}}{dt}\right] - \frac{\partial T}{\partial q^{i}} = Q_i \qquad (2)$$

と書き換えられる．ここで $\dot{q}^{i}$ は導関数ではなく，座標と考えたので，つぎの方程式も考えに入れる必要が生じる．

$$\frac{dq^{i}}{dt} = \dot{q}^{i}, \quad i = 1, \cdots, n \qquad (3)$$

こうして（相空間の点である）位置と速度を表わす $2n$ 個の変数 q^{i} と $\dot{q}^{i}$ とに関する関数係数をもつ $2n$ 個の1階の微分方程式が得られる.

ところで，直交座標に対しては，方程式（2）はより簡単な形

$$m_i \frac{d\dot{x}^{i}}{dt} = F_i$$

となる．また計算すればすぐわかるように，$\partial^2 T/\partial \dot{x}^i \partial \dot{x}^j$ を成分とする行列は非特異である．一般の場合でも $\partial^2 T/\partial \dot{q}^i \partial \dot{q}^j$ を要素とする行列は非特異となることが多く，このとき，方程式（2）は導関数 $d\dot{q}^j/dt$ を未知数とする方程式と考えて解くことができる．ここで $m(=2n)$ 個の変数 q^i, $\dot{q}^i$ の変数名を y^1, $\cdots$, y^m とつけなおすと，方程式（2），（3）は y^k の滑らかな関数 G^k を用いて，

$$\frac{dy^k}{dt} = G^k(y^1, \cdots, y^m), \quad k=1, \cdots, m \qquad (4)$$

という一般的な形に書き換えられる．このとき与えられた力学系の軌道は上の方程式の解 $y^k = y^k(t)$, $k=1, \cdots, m$ となる．ここで m 組の G^k は座標 y^1, $\cdots$, y^m の点における接ベクトルの m 個の成分と考えられ，したがって G^k は，m 次元空間 $\boldsymbol{R}^m$（のある領域）上のベクトル場（第8章第9節を見よ）を与える．このとき方程式の解は $\boldsymbol{R}^m$ 内のある滑らかな径路となり，その接ベクトルは与えられた場のベクトルとその各点で一致する．よりくだけた言い方をすれば，$m=2$ の場合の図1で示唆されるように，解とは与えられたベクトル場のベクトルをつないでできる径路ということになる．ところで，こうした見方の中に，解の存在定理がすでに見られる．それは次のような形をとる．すなわち滑らかな系においては，十分短い時間に対して各初期値を満たす滑らかな解が必ず存在するというものである．しかしながら，初等関数を用いてその解を表現できるとはかぎらない．

単振動（本章第2節）に対して見たように相空間は位置と速度を表わすもの

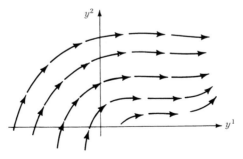

図1 ベクトル場に沿った径路

であった．それと同じように，量 q^i（位置）と量 $\dot{q}^i$（速度）も運動の**相空間**に対する座標となる．したがって，この空間における点とは，配位空間Cの点とその点における接ベクトルをならべたもの，言い換えれば，Cの接束$B.C$の点となるのである．ただしここでは，運動エネルギーを表わす文字Tとの混乱をさけるため文字Bを使った．つまり，この種の相空間の中を移動する点を考察するための工夫は，多様体の接束を用いるという幾何学的アイデアと同じなのである．

　この幾何学的言葉を用いると，運動方程式のラグランジュ形式は基底の変換のもとで保存される，ということの証明に，はっきりとした見通しが与えられるのである．C,Dを多様体とすると，滑らかな写像 $\phi : C \to D$ は，Cの（径路の）接ベクトルをDの接ベクトルにうつす．したがってこれにより，写像 $B.\phi : B.C \to B.D$ が誘導される．これは接空間上では座標を使って，式(3.13)によって与えられる写像であり，したがって線形である．この線形写像（行列として成分 $\partial x^j / \partial q^i$ をもつ）の行列式は，qに依存し，変換 ϕ のヤコビアンと呼ばれる．

　上で述べた術語を使うと，図式（3.15）は拡大されて，基底変換と関係するすべての座標がここに表示される（q^i はCの座標で，x_j はDの座標）．

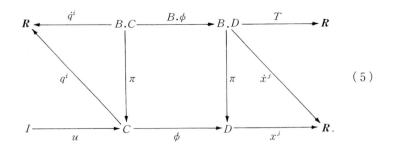

(5)

　ここに π は各接束（相空間）からその底空間への射影である．そして底空間上の座標 q^i（また x^j も）は，π との合成により接束上の座標 $q^i \cdot \pi$ となる．この図式は，そこに含まれる他の機能をも表わしている．もともと，はじめの相空間上の量と考えられた運動エネルギー T（すなわち，$B.D$ から実数への関数T）は，$B.\phi$ と合成することにより，新しい相空間上の量となる．習慣的

に文字 T はたいていこれらの関数のうちの 1 つを表わすが，両方を同じ T で書くこともある．このようにして本章第 3 節のすべての証明を，これらを用いてやりなおすこともできる．

二重に課した束縛条件に対しては，配位空間の間の写像を 2 回続ければよい．

$$ E \overset{\Psi}{\to} C \overset{\phi}{\to} D $$

この場合，E の接ベクトルの二重にとられた像は，ちょうど合成写像 $\phi \cdot \Psi$ によって与えられる像と一致する．言い換えれば $B.(\phi\Psi) = (B.\phi)(B.\Psi)$ となる．この事実，すなわち $B.$ がこのような仕方で合成に関与するということを，圏論的定式化でいえば，接束とは多様体の圏における関手であるということになる（第 11 章第 9 節を参照）．

5. 数学における力学

この辺でちょっとひといきいれて，力学と数学の間には，多くの，しかも注目すべきアイデアの交換があったことを強調しておこう．そもそも，微積分学の概念そのものは，ニュートンによって惑星運動の力学を定式化するためにつくり出されたものであった．力学に必要な，速度と加速度のアイデアに到達するためには，変化の割合（すなわち微分）というアイデアが必要であった．それに従って（常）微分方程式とその初期条件に従う解（または近似解）の考察に導かれた．そこに表われたものは典型的な 2 階の微分方程式であったので，その初期条件はおのずと初期位置と初期速度を含むものとなった．このため，位置と速度とをひとまとめにして，1 つの点として与えることのできる接束（相空間）上で，1 階の微分方程式を考えることになったのである．複数の質点に対しては，配位空間はしばしばその次元が 3 を越えるものを必要とした．はじめのうちは，配位空間も相空間も座標によって記述されていたが，運動方程式の有効な定式化（たとえば，ラグランジュ方程式による形式）のためには，座標変換のもとでの，ある種の不変性が必要であることが注目を引いた．このような考え方が一度なされてしまうと，実質的には滑らかな多様体という，概念的に記述されたアイデアが使われたのと同じことになるが，この種の多様体の

360 第9章 力　　学

一般的な定義は1930年代までは定式化されることはなかった．しかし，それより少なくとも1世紀以上前に，こうしたことは幾何学者や物理学者の頭の中では暗黙のうちに用いられていたのである．

　それだけではない．物理学者のいう"仕事の微分"という概念は，数学者の"微分形式"にあたるものであり，物理学における1つのプロセスの全仕事量は，微分を寄せ集めたものとなるから，つまりそれは線積分にあたるわけである．このほか両者の間で生じた，アイデア間の関係はこの章の終りに示しておいた．それらは，理論物理と数学を結ぶ非常に多くの概念の一例としてとりあげたものである．すべてを1冊の本に記載することはとうていできない．しかし最近ゲージ理論（場の量子論におけるヤン-ミルズ方程式）と，ファイバー束の接続についての数学上の研究との間に，魅力的な類似が発見されたことだけは述べておきたい．テンソル解析と相対性理論の間の相互的な影響も，このような例（Weyl [1923]）の一つであり，量子力学において，行列やヒルベルト空間が用いられることもそうである．

　こうした場合，一つのアイデアが，物理学と数学のいずれか一方でまず生じ，次にそれとは独立して他方にも生じるわけであるが，どちらが先かということは問題ではない．両方に生じたということが重要なのである．概念は物理学上の問題と，数学上の全く純粋な思考の中から生ずるわけであるが，双方のこのような出会いは注目すべきことである．

6.　ハミルトンの原理

　配位空間 C におけるラグランジュの方程式は，その空間の局所座標のとり方によらない．これは説明を要することであるが，その説明の一つにハミルトンの原理がある．その主張するところは，ラグランジュの方程式の解，すなわち求める径路は，C における径路のうちで，それに沿ってのラグランジアン L の積分が極小となるものにほかならない，ということである．ここでは，ラグランジアン L をもつ保存系を考えることにしよう．ただしこのラグランジアン L は位置と速度ばかりでなく時間 t にも依存するものであってもよい．このような時間に依存するラグランジアンとは，滑らかな関数 $L: B. C \times I \to \mathbf{R}$ のことである．ここに I は $0 \leqq t \leqq 1$ なる t の全体とする．したがって C 上の座標 $q^1, \cdots, q^n$ を1つ選べば，L は関数 $L(q^1, \cdots, q^n, \dot{q}^1, \cdots, \dot{q}^n, t)$ となる．い

ま空間Cに2点aとbが与えられているとする．aからbへ向かう径路としては滑らかなものを考えることにする．すなわち，滑らかな関数$u: I \to C$で$u(0) = a$, $u(1) = b$となるものである．径路の各点には，その点における接ベクトルが考えられるので，$u(t)$とその点における接ベクトルにより，径路$u_B: I \to B.C$が接束の中に考えられる．ここにu_Bは$B.C$からCへの射影πによるuの**持ち上げ**と呼ばれる．それは，射影$\pi: B.C \to C$によってuは$u = \pi u_B$となるからである．さらに各時刻tをそれ自身に移すようにすれば，新たに写像$u_\#: I \to B.C \times I$ ($t \mapsto (u_B(t), t)$) が考えられる．

ここで問題となる極小化されるべき積分Jは，この径路に沿ったLの積分

$$J(u) = \int_0^1 L(q^1, \cdots, q^n, \dot{q}^1, \cdots, \dot{q}^n) dt = \int_0^1 (L \cdot u_\#) dt$$

である．この式の最後の表示は，座標に依存しない形になっている．そこでこの積分$J(u)$と，同じ2つの端点をもつ径路に沿った積分を比較し，$J(u)$が極小または少なくとも"定常的"になる径路を見つけるのが目標となる（図1を見よ）．

さて滑らかな実変数関数fの極小値（または極大値）を求めるには，ふつうfの微分が消える点を求める．ここで$x = x_0$で$df/dx = 0$となるときfはその点x_0で**定常的**と呼ぶことにすれば，fは極大点，極小点，およびそこでの接線が（x軸に）平行になる曲線$y = f(x)$の変曲点の，すべての点で定常的となる．このどれになるかを知るには，単に1階微分が消えること以上のことが必要となる．さて，これと同様の定常点を，$f(x)$のような数の関数に対してではなく，径路uの関数$J(u)$に対して求めたい．ここにuは，aからbへの径路全体を動くものとする．このような問題は**変分法**（第6章第11節）に属す

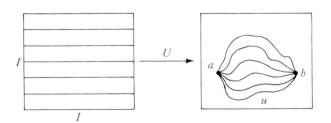

図1

362 第9章　力　　学

る．変分というのは径路の変化を意味する．ここでは径路 u は径路の1助変数族 $U(t, \varepsilon)$ の中に埋め込まれていると解釈する．ここに ε は実数を表わすが，いま仮に $\varepsilon \in I$ としておく．つまり U は滑らかな関数 $I \times I \rightarrow C$ で $U(t, 0) = u(t)$ かつ任意の $\varepsilon \in I$ に対して $U(0, \varepsilon) = a$ かつ $U(1, \varepsilon) = b$ となるものとするのである．この状況を絵で示せば図1（前ページの図）のようになる．このような族に対して積分 $J(U)$ を考えることができ，その値は滑らかな関数になる．そこで u が径路の滑らかな族 U に埋め込まれているとき，どのように埋め込まれていても $\varepsilon = 0$ で必ず $dJ(U)/d\varepsilon = 0$ となるならば，積分 $J(u)$ は u で**定常的**であるということにする．

ハミルトンの原理　　多様体 C 上の時間に依存する滑らかなラグランジアン L に対して，点 a から点 b にいたる径路 $u: I \rightarrow C$ がラグランジュの方程式を満たすための必要十分条件は，対応するラグランジアンの積分 $J(u)$ が u で定常的となることである．

　積分 $J(u)$ は，関数 L と径路 u のみに依存し，座標には依存しないので，この定理によって，ラグランジュの方程式は座標の選び方にかかわらず，つねに同じ形をとることが説明される．

　この原理では，本当の（ラグランジュの方程式を満たしている）径路 u と，それに近いが必ずしもラグランジュの方程式を満たすとは限らない径路で，u と同じ出発点，同じ終着点をもつものとを比較していることに注意しよう．

　この原理の証明を理解するには，配位空間の座標が q^1 の場合（すなわち $n = 1$ のとき）を考えれば十分である．

　まずラグランジュの方程式が成立していると仮定しよう．このとき $J(u)$ が定常的となること，すなわち任意の族 U に対して微分 $dJ/d\varepsilon = 0$ となることを示そう．十分滑らかな関数に対しては，積分 J の微分は，微分を積分の中に入れて計算できるので

$$\frac{dJ}{d\varepsilon} = \int_0^1 \frac{dL}{d\varepsilon} dt = \int_0^1 \left[\frac{\partial L}{\partial \dot{q}} \frac{d\dot{q}}{d\varepsilon} + \frac{\partial L}{\partial q} \frac{dq}{d\varepsilon} \right] dt$$

となる．ここに $B.C$ 上に持ち上げた径路に沿っては

$$\frac{d\dot{q}}{d\varepsilon} = \frac{d}{dt}\left[\frac{dq}{d\varepsilon}\right]$$

であるから，これを代入し t の2つの関数 v，w に関するよく知られた部分積分の公式

$$\int_0^1 v\frac{dw}{dt}dt = -\int_0^1 \frac{dv}{dt}wdt + (vw)_{t=1} - (vw)_{t=0} \tag{2}$$

を用いれば，さきの積分の括弧の中の第1項は積分される．この場合，v と w はそれぞれ $v = \partial L/\partial\dot{q}$，$w = dq/d\varepsilon$ として適用する．すべての径路は同じ終着点をもつから，$t=0$ と $t=1$ における $w = dq/d\varepsilon$ はゼロである．したがって

$$\frac{dJ}{d\varepsilon} = \int_0^1 \left[-\frac{d}{dt}\left(\frac{\partial L}{\partial\dot{q}}\right) + \frac{\partial L}{\partial q}\right]\frac{dq}{d\varepsilon}dt \tag{3}$$

を得る．ここで $\varepsilon = 0$ とすれば，大括弧の中の項はちょうど L に対するラグランジュの方程式の左辺となるから，それがこの径路に沿ってすべての t に対し 0 となることは，$dJ/d\varepsilon = 0$ となることを意味し，J は定常的となることがわかる．

逆にすべての族 U に対して J が定常的であったとしてみよう．このとき，滑らかな関数 $\eta : I \to \mathbf{R}$ を $\eta(0) = \eta(1) = 0$ となるようにとり，次のような2変数関数

$$q(t,\ \varepsilon) = q(t) + \varepsilon\eta(t)$$

を考える．これはちょうど1つの径路の**変分**を与える．この特別な族 U に対しても公式（3）は成立する．いまの場合は $dq/d\varepsilon = \eta$ であるから，

$$0 = \int_0^1 \left[-\frac{d}{dt}\left(\frac{\partial L}{\partial\dot{q}}\right) + \frac{\partial L}{\partial q}\right]\eta(t)dt \tag{4}$$

364　第9章　力　　学

となる．つまりこの式がすべての滑らかな関数 η に対して成立することになる．そしてつぎの補題によって，大括弧の中はゼロになるのである．すなわちラグランジュの方程式が成立することになる．

補　題　　Mを滑らかな関数 $I \to \boldsymbol{R}$ とするとき

$$\int_0^1 M\eta dt = 0 \tag{5}$$

がすべての滑らかな関数 $\eta : I \to \boldsymbol{R}$（ただし $\eta(0) = \eta(1) = 0$）に対し成立しているならば，Mは恒等的にゼロとなる．

（証明）　もしそうでなかったとすると，ある $t_3 \in I$ に対して $M(t_3) \neq 0$ となる．仮に $M(t_3) > 0$ としてみよう．$t_3 \neq 0$ かつ $t_3 \neq 1$ としてよいことは明らかである．ところでMは連続であるから t_3 を含むある区間で $M(t) > 0$ となる．いま滑らかな関数 $b : I \to \boldsymbol{R}$ をこの区間の外側では 0，内側では正で t_3 で 1 となるように選び，$\eta = bM$ とおけば，

$$\int_0^1 M\eta dt = \int_0^1 bM^2 dt > 0$$

となるが，これは仮定（5）に矛盾する．

　この議論で用いられた方法は，力学だけに適用されるものではない．ラグランジアンが他の滑らかな関数Kに置き換わっても議論は成立する．いま，平面座標 x, y で点 (x_0, y_0) から点 (x_1, y_1) へ至る滑らかな曲線全体を考えてみよう．このとき積分

$$\int_{x_0}^{x_1} K(x,\, y',\, x) dx \tag{6}$$

が定常的となる曲線を求めたい．ただし $y' = dy/dx$ である．上の証明をそのまま用いると，曲線が定常的となるためには，その曲線がオイラーの方程式

$$\frac{d}{dx}\frac{\partial K}{\partial y'} - \frac{\partial K}{\partial y} = 0 \tag{7}$$

を満たすことが必要十分であることがわかる．$K = L$ の場合がラグランジュの方程式なのである．このような問題は，多くの事柄——たとえば，垂直面内で，点 (x_0, y_0) から点 (y_1, y_1) への最急降下径路を求める問題——に関連して，早い時期に現われた．この目的のためには，比較のための適当な曲線の中で，積分（6）が，定常となるばかりでなく，それが，実際，最小（または，最大）となるものが，求められた．そして，この研究によって，変分法に一連の注目すべき厳密な方法がもたらされたのである．その中には，そこで使用される曲線に角がある場合や，最小値を与える曲線に，種々の“付帯条件”が課せられている場合にも適用可能なものが含まれていた．一方，力学では，適当な積分を最小にする径路として軌道を特徴づけよう，というアイデアがいろいろな形で現われた．それは，積分や“付帯条件”を適当に選ぶ，という形でなされた．これら多くの形式は，“最小作用の原理”という名で呼ばれている．われわれの形式では，“作用”とは，運動エネルギーとポテンシャルエネルギーとの差（ラグランジアン $L = T - V$）の，軌道上での積分と，定義される．それは（2階の微分方程式という）局所的性質によって同軌道を記述する，ニュートンの第2法則と対比されるものである．この最小作用の原理の物理学における記述に関しては，ファイマン-レイトン-サンズの『ファイマン物理学』第2巻第19講を参照されたい．その記述には，誰をも納得させるものがある．

　以上を要約して言えば，ラグランジュの方程式の形が不変であることを，曲線族上のある適当な積分の極小化に基づいて説明したということである．これは変分法の発展と密接に結びついている．変分法は最近，最適制御理論としてふたたび発展を見た．

7.　ハミルトンの方程式

　運動方程式のより不変的なもう一つの形式がハミルトン方程式である．この方程式は座標として，位置と速度の代わりに位置と（速度に対応する）運動量を用いる．ここでは系に働く力は，あるポテンシャル V によって与えられた保存力であると仮定し，ラグランジアンの代わりに全エネルギー H （**ハミルトニ**

アン)

$$H = T + V$$

を用いる．ここに H は位置と運動量の関数と考えている．

まず N 個の質点の場合を考えよう．その位置 x^i（すなわち q^i）は $3N (= k)$ 個の座標で決まり，その軌跡はニュートンの法則により (3.9) と同じく，つぎの形で与えられる．

$$m_i \frac{d^2 x^i}{dt^2} = F_i, \quad i = 1, \cdots, k \qquad (1)$$

ところで，力は保存力であるとしているから，$F_i = -\partial V/\partial x^i = -\partial H/\partial x^i$ となり，運動量の第 i 成分 p_i は $p_i = m dx_i/dt$ となる．したがって上の方程式は

$$\frac{dp_i}{dt} = -\frac{\partial H}{\partial q^i}, \quad i = 1, \cdots, k \quad (q^i = x^i) \qquad (2)$$

と書きなおされる．一方 $\dfrac{dq^i}{dt} = p_i/m_i$ に関しては，運動エネルギーが

$$T = \frac{1}{2} \sum m_i \left(\frac{dx^i}{dt} \right)^2 = \frac{1}{2} \sum \frac{p_i}{m_i}$$

と書けるから，

$$\frac{dq^i}{dt} = \frac{\partial H}{\partial p_i} \qquad (3)$$

となることがわかる．つまり，$2k$ 次元（以下では $k = n$ とする）の運動量相空間のデカルト座標を（位置を表わす）$q^1, \cdots, q^n$，（運動量を表わす）$p_1, \cdots, p_n$ とすれば，運動の軌跡は $2n$ 個の 1 階の微分方程式

$$\frac{dp_i}{dt} = -\frac{\partial H}{\partial q^i}, \quad \frac{dq^i}{dt} = \frac{\partial H}{\partial p^i}, \quad i = 1, \cdots, n \tag{4}$$

の解となる．この2つの方程式を**ハミルトンの方程式**と呼ぶのである．

　この方程式は，保存力に従ういかなる束縛運動に対しても成立する，非常に一般的なものである．これを示すために，座標 $q^1, \cdots, q^n, \dot{q}^1, \cdots, q^n$ で書かれたラグランジュの方程式，すなわち $2n$ 個の1階の微分方程式

$$\frac{d}{dt}\left[\frac{\partial L}{\partial \dot{q}^i}\right] - \frac{\partial L}{\partial q^i} = 0, \quad \frac{dq^i}{dt} = \dot{q}^i, \quad i = 1, 2, \cdots, n \tag{5}$$

から，この方程式を導き出してみよう．最初の n 個の座標 $q^1, \cdots, q^n$ を固定すると，これらにより配位空間 C の1点 x が決まる．このとき残りの座標 $\dot{q}^1, \cdots, \dot{q}^n$ は点 x における C の接空間 B_xC の接ベクトルの座標と考えられる．ここで $\dot{q}^1, \cdots, \dot{q}^n$ を，q^i と $\dot{q}^i$ の関数

$$p_i = \frac{\partial L}{\partial \dot{q}^i}, \quad i = 1, \cdots, n \tag{6}$$

として定義された運動量 $p_1, \cdots, p_n$ で置き換えることにより，これらの方程式を簡略化しようと思う．デカルト座標においては，この式はちょうど運動量の通常の成分を与え，さらに

$$\frac{\partial^2 L}{\partial \dot{q}^i \partial \dot{q}^j}, \quad i, j = 1, \cdots, n$$

を成分にもつ行列は非特異となる．そこで一般の場合にもこの行列は非特異であると仮定しておこう．そうすれば，n 個の方程式（6）は $\dot{q}^i$ について次のように解くことができる．

$$\dot{q}^i = \dot{q}^i(q^1, \cdots, q^n, p_1, \cdots, p_n) \tag{7}$$

したがって速度相空間の関数として与えられた関数

368 第9章 力　　学

$$L = L\,(q^1,\,\cdots,\,q^n,\,\dot{q}^1,\,\cdots,\,\dot{q}^n) \tag{8}$$

は，運動量相空間上の p_i と q^i の関数として表わされることになる（変数 p, q に注目されたい！）．

そこで，ハミルトニアン H を

$$H = \sum_{j=1}^{n} p_j q^j - L \tag{9}$$

と定義する．これは（7）によって p_i と q^i の関数と考えられる．またその p_i に関する偏微分は合成関数についての鎖状律により

$$\frac{\partial H}{\partial p_i} = \dot{q}^i + \sum_{j=1}^{n} p_j \frac{\partial \dot{q}^j}{\partial p_i} - \sum_{j=1}^{n} \frac{\partial L}{\partial \dot{q}^j} \frac{\partial \dot{q}^j}{\partial p_i}$$

となる．右辺の偏微分の計算に際して，$\dot{q}^i$ と L は，（7）と（8）によって p_i と q^i の関数と考えていることに注意されたい．ところで，上の第2項と第3項は p_i の定義（6）により，互いに打ち消し合うので，これとラグランジュの方程式（5）により，

$$\frac{\partial H}{\partial p_i} = \frac{dq^i}{dt}, \quad i = 1,\,\cdots,\,n \tag{4a}$$

を得る．さらに H の $q^1,\,\cdots,\,q^n$ に関する偏微分もやはり（7）と（8）を用いて，

$$\frac{\partial H}{\partial q^i} = \sum_{j=1}^{n} p_j \frac{\partial \dot{q}^j}{\partial q^i} - \frac{\partial L}{\partial q^i} - \sum_{j=1}^{n} \frac{\partial L}{\partial \dot{q}^j} \frac{\partial \dot{q}^j}{\partial q^i}$$

と計算され，ふたたび p_i の定義（6）より，第1項と第3項が打ち消し合い，最終的には，これとラグランジュの方程式より

$$\frac{\partial H}{\partial q^i} = -\frac{d}{dt}\left[\frac{\partial L}{\partial \dot{q}^i}\right] = -\frac{dp_i}{dt}, \quad i = 1, \cdots, n \tag{4 b}$$

が得られる．

　つまり，ラグランジュの方程式からハミルトンの方程式を導くことができたわけである．ここでは，この導出を一種のトリックによって，つまりラグランジュの方程式の形を簡略化するための変数変換によって示したのである．これはラグランジュの方程式が自ずから dp_i/dt について解かれた形になるように $\partial L/\partial q^i$ を p_i で置き換えることと，定義（9）によって天下り的に関数 H を導入するという2つのことから成り立っている．こうした偏微分の計算の際に，どの変数を定数とみるか，というめんどうな説明（われわれは（7）と（8）という形で明示したが）などせずに，このようにしてハミルトンの方程式を導出するのが標準的な記述の仕方である．

　しかし，トリックの背後には必ず"アイデア"があるものである．ハミルトン自身がこの方程式を導いたときには，このアイデアは彼にとって，おそらく明白なものであったに違いない．一般に数学に表われる多くの形式的なトリックは，"アイデア"によるものなのである．ただそれは表面上は計算手段として表われているわけである．計算手段は明示しやすいが，アイデアは説明しにくい．いまここで背後に表われているアイデアを説明してみよう．

　座標 $q^1, \cdots, q^n$ を固定しておく．これにより配位空間 C の1点 x が決まる．このとき速度はこの点 x における C の接空間 $B_x C$ の座標 $\dot{q}^1, \cdots, \dot{q}^n$ をもつベクトルとなる．この接空間を，図式（10）にあるように，W と記すことにする．

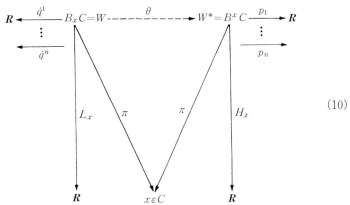

370 第9章 力　　学

この図式において，それぞれの空間から実数の集合 **R** への関数(矢印)が各"量"を表わしている．すべてはラグランジアン L が出発点で，それは点 x においては B_xC $(= W)$ 上の量 L_x を与える．B_xC は定義によりベクトル空間で，n 個の量 $\dot{q}^1$, …, $\dot{q}^n$ がその座標となる．ところで，ラグランジュの方程式の主要項には，n 個の微分 $\partial L/\partial\dot{q}^i$ が含まれている．これらは座標 $\dot{q}^1$, …, $\dot{q}^n$ の選び方に依存する量であるが，実は関数 L_x の全微分

$$dL_x = \sum_{j=1}^{n} \frac{\partial L_x}{\partial\dot{q}^j} d\dot{q}^j \tag{11}$$

という座標の選び方によらない量の係数となっているのである．ところで，全微分はちょうど余接空間 W^* $(= B^xC)$ のすなわち W の共役空間のベクトルになるので，上の図式の中に点 x における余接空間が出てくるのである．ただし W^* から $x\in C$ への射影も π とした．実際には dL_x の扱いにはもう少し注意が必要である．というのは，微分 dL_x は W の点 w すなわち座標 $\dot{q}^1$, …, q^n をもつ点において考えられているわけで，ふつうには，これはこの W の点 w における余接空間の（余接）ベクトルとなるべきものである．ところで W の各点 w における接空間は W 自身と標準的に同一視される．これを見るには W の原点から出るベクトルを w だけ平行移動すればよい．そしてこれと同じ仕組(標準同形写像)で点 w における W の余接空間は W の共役空間 W^* と同一視されるわけである．こうすると，変数変換というトリックの背後にあるアイデアを理解することができるのである．つまりそれは，接（速度）空間 W の各点 w を，上の同一視と L_x の点 w における全微分 dL_x とで定まる共役空間 W^* の点に変換することだったのである．共役空間におけるこの点の共役座標，p_1, …, p_n は(11)からわかるように

$$p_i = \frac{\partial L_x}{\partial\dot{q}^i}$$

であり，これはちょうど（6）と同じ形になる．上の変換は図式（10）の中に矢印 $\theta: W \rightarrow W^*$ として書かれている．これは古典的には量 L に対する**ルジャンドル変換**と呼ばれるものである．

ここに変換 θ を手にしたわけであるから，これが逆 θ^{-1} をもつことが期待される．さらにそれが余接束 $B\dot{}C$ のある適当な量 K に対するルジャンドル変換として得られるならば，それにこしたことはない．もしこのようにできたとすれば，$\dot{q}^i = \partial K/\partial p_i$ となるはずであるから，まず $K = \sum p_j q^i$ と考えたいが，これは正しくない．なぜなら，$\dot{q}^i$ は θ^{-1} と合成すると p_i の関数となるわけで，そのため，その偏微分を計算すると

$$\frac{\partial K}{\partial p_i} = \dot{q}^i + \sum_{j=1}^n p_j \frac{\partial \dot{q}^j}{\partial p_i} = \dot{q}^i + \sum_j \frac{\partial L}{\partial \dot{q}^j}\frac{\partial \dot{q}^j}{\partial p_i} = \dot{q}^i + \frac{\partial L}{\partial p_i}$$

となってしまうからである．しかし，これは $H = K - L$ とおけば，それがまさに望んでいた量となることを意味する．このとき $\partial H/\partial p_i$ はちょうど $\dot{q}^i$ となり

$$H = \sum p_j q^i - L$$

となる．これは上では（9）によって天下り的に導入したハミルトニアンにほかならない．したがって方程式の形が，より単純になるのは当然だったわけである．ここで図式（10）を配位空間のすべての点 x に対して表記すれば，以下のようになる．

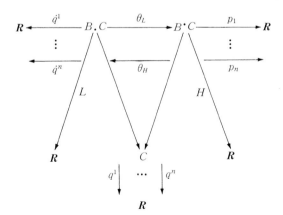

372 第9章 力　　　　学

さらにもう少し考えれば，一般に標準的な場合，運動エネルギーは配位空間におけるリーマン計量となっていることがわかる．くわしく言えば，N個の質点の場合の運動エネルギーは，速度座標で書かれた正定値2次形式 (1/2) $\sum m_i(\dot{q}^i)^2$ になるということである．したがって束縛のある場合にも，運動エネルギーは接空間 $W(=B_xC)$ の座標 q^i を使って，ある係数 g_{ij} をもつ2次形式 $T = \sum g_{ij}\dot{q}^i\dot{q}^j$ となっていると考えられる．これはまさに空間 W の内積そのものである．すでに（第8章で）見たように実際多様体C上のリーマン計量とは，その多様体の接空間に内積を滑らかに指定するものであった．ところでTは2次の同次関数であるから

$$2T = \sum_i \dot{q}^i \frac{\partial T}{\partial \dot{q}^i} = \sum_i \dot{q}^i p_i$$

と表現される．最後の等式には，運動量 p_i の定義が使われている．

したがって（9）で定義されたハミルトニアンHは

$$H = \sum p_i \dot{q}^i - L = 2T - (T - V) = T + V \qquad (12)$$

と書き換えられる．言い換えれば，この場合のハミルトニアンは，ちょうど全エネルギー $T + V$ を表わす，ということになる．

ところで有限次元ベクトル空間Wの内積$\langle -, - \rangle$は，Wからその共役空間への標準的な同形写像 ϕ を与える．実際 ϕ は，第7章第5節で見たように，Wの各ベクトル v を1次形式 $\phi v = \langle v, - \rangle : W \to \mathbf{R}$ に対応させるものとして定義された．上の場合，g_{ij} からつくられる行列は正定値対称行列であり，2つのベクトル $v = (v^i)$ と $w = (w^i)$ との内積は $\sum g_{ij}v^i w^j$ と書かれているわけであるから，1次関数 $\langle v, - \rangle$ は，$\sum g_{ij}v^i$ をその第j成分としてもつことになる．ところが，これは因数2と変数の文字の違い（v^i と $\dot{q}^i$）を別にすれば，まさに運動量のi成分の定義に用いられている量

$$p_i = \frac{\partial T}{\partial \dot{q}^i} = \frac{\partial}{\partial \dot{q}^i} \sum g_{ij}\dot{q}^i\dot{q}^j$$

にほかならない．言い換えれば，$\dot{q}^i$ を p_i に置き換えるルジャンドル変換 θ は，各接空間 $B_x C (= W)$ 上で内積空間 W からその共役空間 W^* への標準同形写像（第7章第5節）になっている，ということになる．つまり，ラグランジアンが運動エネルギーとして与えられた場合は，運動エネルギーとしてのリーマン計量が，双対写像を通して，そのルジャンドル変換を決定しているのである．

8. トリックとアイデア

対称性のすばらしいハミルトンの方程式は，ラグランジュの方程式からトリックおよびその背後にある "アイデア" を用いて導かれた．トリックについて言えば，古い座標 $\dot{q}^i$ を，新しい座標 p_i で置き換えて H をつくり，あとは何回かの偏微分を実行すれば，ハミルトンの方程式が得られるというものであった．このことを概念的に解析して説明しようとすると，かなりの手間を必要とした．新しい座標 p_i は，物理的には運動量の成分であり，$\partial L / \partial \dot{q}^i$ と定義された．それは全体として，点 x における接空間に沿ってのラグランジアンの微分 dL_x（したがって時には L の "ファイバー微分" と呼ばれる）となっていたのであった．$\dot{q}^i$ を p_i に変更したのは，単に変数の入れ換えを意味したのではない．接空間から余接空間への変換 θ を意味していたのである．また，その逆変換は余接空間上の別の関数（これがハミルトニアンであった）によって与えられた．したがって方程式 $\partial H / \partial p_i = dq^i / dt$ は，H が逆変換を与えることを述べていたにすぎないのである．さらに運動エネルギーは2次形式であったから，接空間 W の内積となり，上の変換 θ は，実は W の双対空間すなわち余接空間への（この内積に関する）標準同形そのものであった．

以上の説明はハミルトン力学の大筋の理解に役立つと思う．これには数学上の多くのアイデア，とくに線形代数や多様体からのアイデアがかかわっている．ハミルトンがはじめて彼の方程式を打ち立てた当時，これらのアイデアが線形代数や多様体の言葉で定式化されていなかったのは確かである．しかしこうした技術上の定式化がなかったとしても，そこに含まれている多くのアイデアは，この計算法を手軽に結果を導くためのトリックと考えた人たちの脳裏には存在していたと言えよう．

以下に示唆するように，ハミルトン力学のさらに広い発展を考えると，このことは非常に興味深いことである．また，そこから，はっきりとした形をとら

374 第9章 力　　学

ないまでも，その他のトリックにも概念的な基礎があるのではないか，という問題が生じてくる．解析学においては，実にうまい座標変換や，代入や，巧妙な変形が多く使われている．これらの中には概念上の基礎を見出せるものもある．そうなったとき，その明確にされた概念によって真相が理解されるようになるのである．このように，理解するということ自体が，数学では最も重要な一つの事柄となることをここに申し上げておこう．

　理解するということは容易なことではない．それを示すために，つぎの話しをしたい．私がハミルトンの方程式の導出を理解できるようになるまでには，50年以上を要したのである．私はその方程式を1929年イギリスの著名な応用数学者であるジーンズ卿（Sir James Jeans）の著書"理論力学"（*Theoretical Mechanics*）ではじめて知った．それは天体力学の専門家であるブラウン教授（E. W. Brown）の講義で出てきたものであった．彼はジーンズの形式的な表現を適当とは思わなかったに違いない．それまで忠実にジーンズの教科書に沿っていたのに，そこでは自分の手書きのノートを使って講義をしたのである．私にはその講義を思い出すことはできないが，そのノートが黄ばんで角が折れていた印象は強く残っている．すぐつぎの年も，同じ題目で今度は物理学のページ教授（Leigh Page）の講義を受けた．この講義の内容は述べることができる．それは彼の理論物理学入門（*Introduction to Theoretical Physics*）という本と全く同じものであった．彼は例のトリックを使って天下り的にハミルトニアン H を導いた（そして変分法にも触れた）．もちろん，接空間や余接空間などは出てこなかった．40年して，今度は私自身が同じ題目で講義をすることになった．当時の私の生徒がこの講義を注意深く筆記して講義録として出版してくれた．その講義では例のトリックは接空間と余接空間をしかるべく使って述べられていたが，それで満足できるわけではなかった．そこには，「どうしてこの方法でハミルトンの方程式が導き出されるのかもっとうまく知りたい」と書かれ，続く2ページの最後には「いつ θ が可逆になるのかという問を考えると，ハミルトニアンが自然に生じてくる（おそらくこれはハミルトンがとった道筋ではないであろうが）」とある．2年後，私は上の理解の仕方では不十分であったことに気づき，"ハミルトン力学と幾何学（*Hamilton Mechanics and Geometry*）"（*American Mathematical Monthly*, vol. **77** (1972) pp. 570-586）でその不足を補った．さらに12年経ったいま，そこで補足した理解が（たとえば，W の接空間の W 自身との同一視において）形式的すぎると思われたので，もう

一度やり直しをして前述の記述に改めたのである。

　以上の話しは，私の個人的なことが述べたかったのではなく，本質に迫ることがいかに困難であるかを示したくてお話ししたのである。指導原理をもった数学によって導入された形式的な式の操作は，有効ではあるけれども複雑で巧妙なことが多い。そして，その操作を述べるほうが，アイデアを言葉で定式化することよりも一般にはやさしい。同じアイデアがいろいろな形式で実現されるように，同じ結果がさまざまなアイデアによって理解されることもある。一部でも見通しよく説明できれば，そこに表われたアイデアは，操作計算という暗闇の中からかがやきだすことになる。

9. 主 関 数

　保存系に対する運動方程式（微分方程式）を積分するためには，もう一つの非常に実り豊かな方法がある。それは幾何光学における波の研究に示唆されたものであるが，波の理論一般がそうであるように，そこでは偏微分方程式（P.D.E.[1]）を考えることになる。それは古典力学ばかりでなく量子力学においても有用なものとなる。

　まずハミルトンの原理から始めよう。その原理によれば，配位空間 C における運動の軌跡 $q^i = q^i(t)$ は，つぎのラグランジアン L（時間にも依存する）の積分

$$\int_0^{t_1} L(q, \dot{q}, t)dt$$

を定常にする径路となる。ここに定常というのは，同じ点 $q^i = a^i$ を（$t = 0$ において）出発し，時刻 t_1 で同じ点 $q^i = q^i$ に到達する他の滑らかな径路と比べてのことである。ここに添え字 1 は到着の時刻と位置を表わす。この変分問題に対する（$2n$ 個の 1 階の）オイラーの方程式の解は，位置 q と速度 $\dot{q}$ の初期値 $q^i = a^i$ と $\dot{q}^i = b^i$ とで決まり，たいていの場合，滑らかな関数

---

　1)　Partial Differential Equation の略。［訳注］

376 第9章 力　　学

$$q^i = u^i(a,\ b,\ t), \quad i = 1,\ \cdots,\ n \tag{1}$$

で表わされる．ところで力学における質点の軌跡は，光学における光路と非常によく似た性質をもつ．光学においては"主関数"Wが用いられ，それは本質的には，初期条件 a^i, b^i の各値に対して，実際の軌跡（すなわち解）に沿ってとられた上の積分の値である．つまり，保存的力学系に対する主関数とは

$$W(a,\ b,\ t_1) = \int_0^{t_1} L(q,\ \dot{q},\ t)dt \tag{2}$$

のことである．

　ところでハミルトンの原理は，同じ出発点と同じ到達点（初期速度ではなく）をもつ径路に関するものであるから，（2）においては初期速度 b を到達点 q_1 で置き換えたい．それは可能である．実際，軌跡を表わす式（1）は（$t = t_1$ における）到達点の座標 q_1 を与えるのであるから，これを方程式と考えれば，陰関数の定理によって（$t = t_1$ とした）この方程式は初期速度 b^i について解かれ，出発点と到達点の関数（正確には出発時刻の関数でもある）として

$$b^i = f^i(a,\ q_1,\ t_1), \quad i = 1,\ \cdots,\ n \tag{3}$$

が得られるからである．ハミルトンの原理という形式からすれば，すべての事柄を a^i, q_1^i, t_1 で表わしておきたい．もちろん，これらの量は多様体 $C \times C \times I$ 上の $2n + 1$ 個の座標とみなすわけである．たとえば（3）を（1）に代入すると，この軌跡自身はこれらの量と時間 t の関数

$$q^i = g^i(a,\ q_1,\ t_1,\ t) \tag{4}$$

として与えられた座標をもつことになる．ここに，t は軌跡に"沿う"時間であるから，速度の i 成分は

$$\dot{q}^i = \frac{\partial g^i}{\partial t}(a,\ q_1,\ t_1,\ t)$$

9. 主 関 数　**377**

となる. 同様に上の主関数 W をこれらの変数を用いて表わしたものを S と呼ぶ. すなわち

$$S(a, q_1, t_1) = W(a, f(a, q_1, t_1), t_1)$$
$$= \int_0^{t_1} L(g, \dot{g}, t)dt \tag{6}$$

となる. というのは, 積分は軌跡に沿って計算されるからである. ここに g は (4) の g^i を成分にもつベクトルを表わす.

さて S の偏微分を a, q_1, t_1 の関数と考えていくつか計算してみよう. これらの量の 1 つに関して偏微分するとは, 言うまでもなく他の量を定数と考えて微分することである. まず (4) と (5) を用いて積分記号下で (6) を微分すれば,

$$\frac{\partial S}{\partial q_1^i} = \int_0^{t_1} \sum_i \left[\frac{\partial L}{\partial \dot{q}^i} \frac{\partial}{\partial t} \frac{\partial g^i}{\partial q_1^i} + \frac{\partial L}{\partial q^i} \frac{\partial g^i}{\partial q_1^i} \right] dt$$

となる. 次に, 最初の項を部分積分すれば,

$$\frac{\partial S}{\partial q_1^j} = \sum_i \left[\frac{\partial L}{\partial \dot{q}^i} \frac{\partial g^i}{\partial q_1^j} \right]_{t=0}^{t=t_1} + \int_0^{t_1} \sum_i \left[-\frac{\partial}{\partial t} \frac{\partial L}{\partial \dot{q}^i} + \frac{\partial L}{\partial q^i} \right] \frac{\partial q^i}{\partial q_1^j} dt$$

となるが, 上に残っている積分において括弧の中はちょうどラグランジュの方程式の i 成分 (i 番目の式) であるから, この項は消える. また出発時刻 ($t = 0$) においては g^i は一定 ($g^i = a^i$) であるから, 偏微分 $\partial g^i / \partial q_1^i$ は 0 となり, 到達時刻 ($t = t_1$) においては $g^i = q^i$ であるから, $\partial g^i / \partial q_1^i = \delta_j^i$ となる. 運動量は $p_j = \partial L / \partial q^j$ と定義されていたから上式は単に

$$\frac{\partial S}{\partial q_1^j} = p_j, \quad j = 1, \cdots, n \tag{7}$$

となる. このように, 明解な証明によって簡単な結果が得られたが, それはどこに変数があり, 各関数は何の関数なのかに注意をはらったからである. ここ

378　第9章　力　　学

では慣習によらず，軌跡に沿って q を表現する関数を g と記したのはこのためである．

次に t_1 に関する S の偏微分を考えてみよう．まず（6）と（1）により関数 W を，S を使って

$$W(a,\ b,\ t_2) = S(a,\ u(a,\ b,\ t_2),\ t_2) \qquad (8)$$

と表わし，W の他の変数を固定して鎖状律を用いると

$$\frac{\partial W}{\partial t_1} = \frac{\partial S}{\partial t} + \sum_{j=1}^{n} \frac{\partial S}{\partial q^i} \frac{\partial q^i}{\partial t_1}$$

となる．左辺の偏微分は L の定積分の上限に関する微分であるから，ちょうど L となる．また（7）によって $\partial S/\partial q^i$ は p_i であるから，これを $\partial S/\partial t_1$ について解けば

$$\frac{\partial S}{\partial t_1} = L(q_1,\ \dot{q}_1,\ t_1) - \sum p_i \dot{q}^i$$

となる．この右辺の量は，定義より到達時刻 $t = t_1$ におけるハミルトニアン H の値の符号を変えたものであるから，各軌跡の到達時刻 t_1 で

$$\frac{\partial S}{\partial t} + H(q,\ p,\ t) = 0$$

が成り立つ．この軌跡の任意の点は（最短の軌跡の）到達点となりうるから上の式はすべての t に対して成立することになる．さらに（7）により $p_i = \partial S/\partial q^i$ であったから，

$$\frac{\partial S}{\partial t} + H\Big(q^1,\ \cdots,\ q^n,\ \frac{\partial S}{\partial q^1},\ \cdots,\ \frac{\partial S}{\partial q^n},\ t\Big) = 0 \qquad (9)$$

となる．これが主関数 S に対するハミルトン-ヤコビの偏微分方程式である．左

辺はちょうど $\partial S/\partial t$ と，ハミルトニアンHの各変数 p_i を対応する $\partial S/\partial q^i$ で置き換えたものとの和となっている．これは概念上適切な置換えである．というのはSを単に配位空間Cの座標qの関数とみると，これはCの各点でこれらの偏微分を含む微分

$$dS = \frac{\partial S}{\partial q^1} dq^1 + \cdots + \frac{\partial S}{\partial q^n} dq^n$$

をもち，したがってそれは q，p を座標とする余接束（相空間）$B^{\bullet}C$ の１つの断面 $q \mapsto (q, dS)$ を与えるからである．

　要約すると，ラグランジアンLをもつ保存的力学系に対しては，主関数Sが軌跡に沿っての積分として定まり，この主関数は時刻および軌跡の到達点の関数としてハミルトン-ヤコビの偏微分方程式（H.J.）（9）を満たすということになる．逆につぎの節で示すように，H.J.P.D.E. の適当な解が運動の軌跡を与えることになる．この解はしばしば，その P. D. E. の**特性曲線**と呼ばれる．これは力学（量子力学においても同様である）における P. D. E. の重要性を最初に示したものであり，"数理物理学における微分方程式"という主題の出発点でもある（Frank-v. Mises [1930] を見よ）．

　以上によって力学と幾何光学の間に深い関連があることがわかった．後者の主題は，ある媒体の中を点Aから点Bへ向かう光線の径路を決定することであり，それはフェルマの原理によって与えられる．すなわちAからBへの径路は，AからBへ向かうときにかかる時間が最小，より正確には定常となるものになるのである．一方，Aから出る光に対し，その波面は対応する主関数 $S(a, q)$ が一定となるような座標qをもつ点の集合となる．このように，力学も光学も"最小作用"の原理を含み，それは変分学において中心的役割をはたしている（Caratheodory [1965] を見よ）．変分学は，一つの数学的形式が多くの異なった事柄に適用できる，という著しい一例となっている．

10. ハミルトン-ヤコビの方程式

　ここでは，これまでと違う偏微分方程式である，波動方程式と呼ばれるつぎの方程式

380　第9章　力　　学

$$\frac{\partial^2 u}{\partial t^2} = c^2 \frac{\partial^2 u}{\partial x^2} \qquad\qquad (1)$$

の解について考えてみよう. この方程式はすでに第6章第11節において現われたものである. これは滑らかな任意の関数 $k(x)$ に対しては $u = k(x - ct)$（前進波）という解をもち, 同じく $g(x)$ に対しては $u = g(x + ct)$（後退波）という解をもつ. このように P. D. E. は任意の滑らかな関数に依存する数多くの解を一般にもつ.

同じ理由で $S(q^1, \cdots, q^n, t)$ に関するハミルトン-ヤコビの偏微分方程式

$$\frac{\partial S}{\partial t} + H\left(q, \frac{\partial S}{\partial q}, t\right) \qquad\qquad (2)$$

も多くの解を $q^1, \cdots, q^n$ と t の関数としてもち, その中のどれが力学系の主関数となるのかは同定されない. そこで主関数に似た性質をもつ次のような解 S を調べることにしよう. それは n 個のパラメータ a^i に依存する関数 $S(a^1, \cdots, a^n, q^1, \cdots, q^n, t)$ で, 成分

$$\frac{\partial^2 S}{\partial a^i \partial q^j}, \quad i, j = 1, \cdots, n \qquad\qquad (3)$$

をもつ行列が, 変数のすべての値に対して非特異となるものである. よく知られているように, このような解の族 S は, P. D. E.（2）の**完全解**と言われる. もちろんこれは, いま考えているハミルトニアン H が決定する保存力学系の主関数ではないかもしれない. しかしそれにもかかわらず, ハミルトン-ヤコビの定理が主張しているように, この完全解はどれも, $2n$ 個のパラメータ a^i と c^i に依存するハミルトン方程式の解の族によって決まる軌跡を与え, しかも, その軌跡は本章第9節で本当の主関数に対してなされたのと同じ方法で得られるのである. 正確には次のようにして得られる. まず, 運動量の初期値と考えられる新しいパラメータ c^j を導入し, 方程式（9.7）と同様の方程式

$$\frac{\partial S}{\partial a^i} = -c^i, \quad i = 1, \cdots, n \qquad\qquad (4)$$

を考える．この n 個の方程式は $S(a, q, t)$ に含まれる q^i を未知数として含むが，行列（3）についての仮定により，それらは（局所的に）a, c, t の関数として q について解ける．そこで運動量を（9.7）のように，つぎの n 個の式

$$\frac{\partial S}{\partial q^i} = p_i, \quad i = 1, \cdots, n \tag{5}$$

で定義し，S に含まれる変数 q を上で得られた $q^i(a, c, t)$ で置き換えれば，p は関数 $p_i(a, c, t)$ と表わされることになる．こうして t の関数として表わされた q^i, p_i は，ハミルトンの方程式を満たし，したがって，これがハミルトニアン H によって特定された力学系の軌道を与えるものとなるのである．これがハミルトン-ヤコビの定理である．

　ここでこの定理の証明を簡単に述べておこう．上の仮定が成立するための a や c の定義域がどうであるかというような細かい点は省くことにする．まず解となるべき $q(a, c, t)$ が H. J. P. D. E. に変数 q として代入されているとし，これを変数たとえば a^1 について偏微分する．こうすると合成関数の偏微分に対する鎖状律により

$$\frac{\partial^2 S}{\partial a^1 \partial t} + \sum_{i=1}^{n} \frac{\partial^2 S}{\partial a^1 \partial q^i} \frac{\partial H}{\partial p^i}\Big(q, \frac{\partial S}{\partial q}, t\Big) = 0$$

となる．一方 t に関して（4）を微分すれば，

$$\frac{\partial^2 S}{\partial t \partial a^1} + \sum_{i=1}^{n} \frac{\partial^2 S}{\partial a^1 \partial q^i} \frac{\partial q^i}{\partial t} = 0$$

となる．S は滑らかであると仮定している．したがって偏微分の順序は気にする必要はない．a^1 を a^j で置き換えても上のことは同様に成立するので，これら 2 つの方程式の差をとれば

$$\sum_{i=1}^{n} \frac{\partial^2 S}{\partial a^j q^i}\Big[\frac{\partial H}{\partial p_i} - \frac{\partial q^i}{\partial t}\Big] = 0, \quad j = 1, \cdots, n$$

382 第9章 力　　学

となる．ところで行列（3）は非特異と仮定してあるので，各 i に対し

$$\frac{\partial H}{\partial p_i} - \frac{\partial q^i}{\partial t} = 0, \quad i = 1, \cdots, n \qquad (6)$$

を得る．これはハミルトンの方程式のはじめの n 個である．

　次にまた，H.J. にもどり，こんどは q^i について微分すると，

$$\frac{\partial^2 S}{\partial q^i \partial t} + \frac{\partial H}{\partial q^i} + \sum_{j=1}^n \frac{\partial H}{\partial p_j} \frac{\partial^2 S}{\partial q^i \partial q^j} = 0$$

を得る．また運動量 p_i の定義式（5）を t について微分すると

$$\frac{\partial^2 S}{\partial t \partial q^i} + \sum_{j=1}^n \frac{\partial^2 S}{\partial q^j \partial q^i} \frac{\partial q^j}{\partial t} - \frac{\partial p_i}{\partial t} = 0, \quad i = 1, \cdots, n$$

となり，上と同じ $\partial^2 S / \partial q^i \partial t$ が(微分の順序だけ変えて)得られる．ここで(6)を見れば明らかなように，上の総和の部分は1つ前の方程式の総和に等しい．したがって引き算をすれば

$$\frac{\partial H}{\partial q^i} + \frac{\partial p_i}{\partial t} = 0, \quad i = 1, \cdots, n \qquad (7)$$

を得る．これはハミルトンの方程式の残りの式である．

　以上によって H.J. 偏微分方程式の完全解 $S(a, q, t)$ よりハミルトンの方程式（6），（7）の解 $q^i(t)$，$p_i(t)$ の族が得られ，その族は $2n$ 個のパラメータに依存することがわかった．もちろんこの a^i と c^i が $t = 0$ における座標 q^i と p_i の初期値を表わしているという保証はない．ただそれらが $2n$ という必要な積分定数の数と一致していることがわかるだけである．

　ラグランジアン L が時間によらない場合は，ハミルトニアンも時間によらない．この場合は，ことは簡単になる．このときハミルトン–ヤコビの方程式は

$$\frac{\partial S}{\partial t} + H\left(q, \frac{\partial S}{\partial q}\right) = 0 \qquad (8)$$

という形をとる．またハミルトンの方程式の解 $p(t)$, $q(t)$ に対して，

$$\frac{d}{dt}H(p, q) = \sum_{i=1}^{n}\left[\frac{\partial H}{\partial q^i}\frac{dq^i}{dt} + \frac{\partial H}{\partial p_i}\frac{dp_i}{dt}\right] = 0$$

となる．ハミルトンの方程式より総和の部分が打ち消し合うからである．これは $H(q, p)$ が各軌道に沿って定数となることを意味する．また H は全エネルギーを表わしているから，これはちょうどエネルギー保存の原理の一つの定式化となる．また上のことより軌道に沿って $\partial S/\partial t = -k$ となるので，S を t によらないある関数 K

$$K = K(q^1, \cdots, q^n) = S + kt$$

で置き換えることができる．そしてこの関数 K は多少は簡単になった（しかし非常に有用な）ハミルトン-ヤコビの方程式を満たすことになる．

11. 回 転 ご ま

　力学は個々の多くの問題を取り扱うことで発展してきた．子供のおもちゃとしてよく知られている回転ごまは，力学における著しい問題を提供する．それは大人の道具であるジャイロスコープの問題と基本的には何ら変わるところがない．オズグードの卓越した記述 (W. F. Osgood [1937], Pars [1965] p. 113) のとおり，ここでは軸について対称な重いこまについてだけ考えることにしよう．こまは，軸を中心に回転しながら傾くが，軸の接地点は移動しないものとする．絵で示せば図1のようになる．

　その運動に関する配位空間は，こまのとりうる位置全体からなるわけであるが，それは，空間に固定した直交軸 x_0, y_0, z_0 からこれと同じ原点をもつこまに固定した軸 x, y, z へうつるのに必要な3つの角度で記述される．これらの軸の位置を決めるために，原点を中心とする大きな球とこまの軸が交わる点を

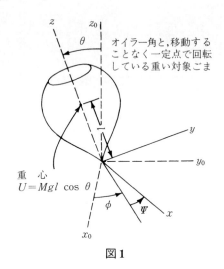

図1

C とし（北極から測った）この点の緯度を θ，経度を ϕ とすれば，こまの軸はこれら2つの角度 θ と ϕ で記述される．あとはこのこまがこの軸の周りにどれだけ回転しているかを示す角度 Ψ があればよい．実際にはつぎの3つの手続で角度 θ, ϕ, Ψ を決め，そのこまをはじめのまっすぐ立った位置から，いまある位置にもっていくことになる（図1）．

はじめにこまを空間の $0z_0$ 軸の周りに経度 ϕ だけ回転させ，次にこまの新しい軸 $0x$ の周りに緯度 θ だけ回転させ，最後にこまの新しい軸 $0z$ の周りに角度 Ψ だけ回転させればよい．

これら3つの角

$$0 \leq \phi \leq 2\pi, \quad 0 \leq \theta \leq \pi, \quad 0 \leq \Psi \leq 2\pi$$

は，こまの位置，もっと一般には，固定点の周りの任意の剛体の回転を完全に記述するのに十分である．これらは**オイラーの角**と呼ばれ，配位空間 C の局所座標となる．しかし大域的な座標とはならない（たとえば $\theta = 0$ または π のとき座標 Ψ は必要ない）．この例からもわかるように，力学ではしばしば扱っている問題に応じて直交座標を他の座標に置き換えたほうがよいことがある．いまの場合は3次元空間の回転群に固有な座標を選んだわけである（この群は

3次元多様体にもなっており，リー群の1つの例でもある）．

　この問題のハミルトニアンを求めるには，回転体の運動エネルギーに関する基本的事実を必要とする．平板（どんな形のものでもよい）がその面に垂直な軸の周りを回転しているときは，その位置を決めるのに必要な座標としては回転角 θ だけでよい．対応する角速度は $\omega = d\theta/dt$ となる．この平板内の質量 m の点は，座標 $x = r\cos\theta$，$y = r\sin\theta$ をもつので，その運動エネルギーは

$$2T = m(\dot{x}^2 + \dot{y}^2) = mr^2(\sin^2\theta + \cos^2\theta) = mr^2\omega^2 \qquad (1)$$

となる．したがって平板の全運動エネルギーはこれら $mr^2\omega^2$ の和(もっと正確には積分)となる．m^2r に関するこの種の積分は，平板の**慣性モーメント** I として周知のものである．これを用いると運動エネルギーは

$$T = (1/2)I\omega^2$$

と書ける(ここにも積分を用いる一例が見られる)．対称ごまの場合には，こまはそれに固定された各軸の周りで，それぞれ慣性モーメント I_x, I_y, I_z をもち，また各時刻でこれらの軸に関する角速度 ω_x, ω_y, ω_z をもつ．こまの対称性により，これらの量だけでこのこまの全エネルギーは

$$T = (1/2)[I_x\omega_x^2 + I_y\omega_y^2 + I_z\omega_z^2] \qquad (2)$$

と計算される（対称性のないときには $I_{xy}\omega_x\omega_y$ などの量が必要となる）．対称性からさらに $I_x = I_y$ となる．

　角速度はベクトルで表わされる．正確には，軸Aに関する角速度 ω の回転は，軸Aに平行で向きを適当に定めた大きさ ω のベクトルとして表わされる．この表現は2つの角速度の合成において有効である．2つの回転の合成を計算することにより，2つの角速度を合成した結果は対応する2つのベクトルの和で表現されることが示される．とくにオイラー角の角速度 $\dot{\phi}$, $\dot{\theta}$, $\dot{\Psi}$ がベクトル表示されていれば，これら3つのベクトルを，こまに固定した各軸 x, y, z に沿った成分ごとに加え合わせたつぎの式（図1を見よ）

386 第 9 章 力　　学

$$\omega_x = \dot{\phi} \sin \theta \cos \Psi - \dot{\theta} \sin \Psi$$
$$\omega_y = \dot{\phi} \sin \theta \sin \Psi + \dot{\theta} \sin \Psi$$
$$\omega_z = \dot{\phi} \cos \theta + \dot{\Psi}$$

が得られる．したがって（2）の運動エネルギーはオイラー角を使うと

$$T = (1/2)[I_x(\dot{\phi}^2 \sin^2 \theta + \dot{\theta}^2) + I_z(\dot{\phi} \cos \theta + \dot{\Psi})] \qquad (3)$$

となる．よって対応する運動量の座標 $p_i = \partial T / \partial \dot{q}^i$ は

$$p_\theta = I_x \dot{\theta}$$
$$p_\phi = (I_x \sin^2 \theta + I_z \cos^2 \theta)\dot{\phi} + I_z \cos \theta \dot{\Psi} \qquad (4)$$
$$p_\Psi = I_z(\dot{\phi} \cos \theta + \dot{\Psi})$$

となる．この記法の意味は明らかであろう．このときハミルトニアン $H = T + V$ は p と q の関数として

$$H = (1/2)\left[\frac{p_\theta^2}{I_x} + \frac{p_\Psi^2}{I_z} + \frac{1}{I_x}\left(\frac{p_\theta - p_\Psi \cos \theta}{\sin \theta} \right)^2 \right] + Mgl \cos \theta \qquad (5)$$

となる．ただし $Mgl \cos \theta$ のMはこまの質量を表わし，l はこまの下端から重心までの距離を，g は重力の加速度を表わすものとする．このときハミルトン-ヤコビの P. D. E. は

$$\frac{1}{I_x}\left[\frac{\partial S}{\partial \theta} \right]^2 + \frac{1}{I_z}\left[\frac{\partial S}{\partial \Psi} \right]^2 + \frac{1}{I_x \sin \theta}\left[\frac{\partial S}{\partial \phi} - \frac{\partial S}{\partial \Psi} \cos \theta \right]^2$$
$$= -2\left[\frac{\partial S}{\partial t} + Mgl \cos \theta \right] \qquad (6)$$

となる．

　このP. D. E. の完全解を得るためには2つの方法が用いられる．第1は変数分離法である．これはSをt，θ，ϕ，Ψ のそれぞれの4つの1変数関数の和として求めようというものである．次に第2の方法についてであるが，このP. D.

E. を見ると θ のみが $\cos\theta$ として表だって現われ，他の変数（t，ϕ，Ψ）は偏微分の記号の分母に出てくるだけである．この後者のような変数を"無視可能な"(ignorable)変数と言い，これらを含む偏微分はすべて定数と見て解を求めようというのが第 2 のそれである．以上のことをふまえて，a_i を定数，R を θ の関数として解を

$$S = a_1 t + a_2 \phi + a_3 \Psi + R(\theta) \tag{7}$$

の形で求めてみよう．明らかに上の S は，R が

$$\left[\frac{\partial R}{\partial \theta}\right]^2 = -2I_x(a_1 + Mgl\cos\theta) - \frac{I_x}{I_z}a_3^2 - (a_2 - a_3\cos\theta)^2/\sin^2\theta \tag{8}$$

を満たせば，P. D. E. (6) を満たす．つまり変数分離法によって P. D. E. (6) はパラメータ a_i をもつ $R(\theta)$ に関する 1 階の常微分方程式に置き換わったのである．ところでこの方程式の分母に現われる $\sin^2\theta$ は $1 - \cos^2\theta$ で置き換えることができるので，θ は $u = \cos\theta$ という形でのみ関係していることになる．したがって u を新たに変数と思うのが自然である．そこで方程式（8）をつぎの一般的な形で考えよう．

$$(dR/du)^2 = F(u)/(1 - u^2)$$

ここに $F(u) = F(u, a_1, a_2, a_3)$ は，u に関して 3 次，a_2 と a_3 に関しては 2 次，a_1 に関しては 1 次の多項式で，かつ $\partial F/\partial a_1 = -2I_x(1 - u^2)$ となるものとする．したがって R は

$$R = \int_0^\theta \left[\frac{F(u)}{1 - u^2}\right]^{1/2} d\theta = -\int_u^\theta \frac{(F(u))^{1/2}}{1 - u^2} du \tag{9}$$

と積分される．ここに $du = \sqrt{1 - u^2}\, d\theta$ を用いた．これによって解 S の公式が得られるわけであるが，いま必要なのは S そのものではなく，S の各偏微分である．$\partial F/\partial a_1 = -2I_x(1 - u^2)$ に注意すれば，それらは

388 第9章 力　　　学

$$\frac{\partial S}{\partial a_1} = t + I_x \int_0^\theta \frac{du}{\sqrt{F(u)}}, \quad \frac{\partial S}{\partial a_2} = \phi + \frac{\partial R}{\partial a_2}, \quad \frac{\partial S}{\partial a_3} = \Psi + \frac{\partial R}{\partial a_3} \quad (10)$$

となることがわかる．はじめの方程式に現われた積分は u の3次多項式の平方根の逆数についてのもので，いわゆる楕円積分である．この積分は初等関数によって表わすことはできないが，古典解析，とくに複素関数論（第10章）においては多くの研究がなされている．話しを元に戻すと，R は ϕ，Ψ には依存していないので（10.3）に書かれている行列は本質的には

$$\begin{bmatrix} \dfrac{\partial^2 S}{\partial a_2 \partial \phi} & \dfrac{\partial^2 S}{\partial a_2 \partial \Psi} \\[3mm] \dfrac{\partial^2 S}{\partial a_3 \partial \phi} & \dfrac{\partial^2 S}{\partial a_3 \partial \Psi} \end{bmatrix} = \begin{bmatrix} 1 & 0 \\ 0 & 1 \end{bmatrix}$$

となる．したがって3つのパラメータ a_i をもつ完全解が得られたことになる．

さてすでに知っているように，運動の軌道は新しい定数 c^i を導入して，方程式 $\partial S/\partial a_i = -c^i$ を座標 θ，Ψ，ϕ について解くことにより，時間の関数として得られる．いまその最初の方程式を書くと

$$t = -c^1 - I_x \int_0^\theta \frac{du}{\sqrt{F(u)}} \quad (11)$$

となる．これによって θ は時間 t と4つの定数 a_1，a_2，a_3，c^1 とで決定される．$-c^1$ は $\theta = 0$ となる t の初期時刻と考えられる．また第2番目の方程式からは，ϕ は t で決まり，一方3番目の方程式からは Ψ が θ と ϕ と t で，したがって最終的には t で決まることがわかる．最初の2つは，こまの軸の緯度と経度を与えるもので，非常に興味を引くものである．これらのことから得られる結果全般については有名な Klein-Sommerfeld [1965] の4冊の本 [1897-1910] に述べられている．

この解の定性的性質についてのいくつかは簡単に調べることができる．$F(u) = ku^3 + \cdots$ は最高次の係数が正の3次多項式であるから，$F(u)$ の値は $-\infty$ から $+\infty$ まで変化し，$F(u) = 0$ の根は一般に3つある．そのうちの2つ，u_1 と u_2 は -1 と $+1$ の間にある（図2）．ところで $u = \cos\theta$ より $-1 \leqq u \leqq 1$

であるので，この2つだけが物理的に興味の対象となる．いま (11) より $dt/du = I_x(F(u))^{-1/2}$ であるから，

$$\left[\frac{du}{dt}\right]^2 = F(u)/I_x^2$$

となる．したがって $F(u)$ のゼロ点が $du/dt = 0$（すなわち $\dot{\theta} = 0$）となる点を与える．もしこの（常）微分方程式で $F(u)$ の正の平方根をとれば，ある時間の間に u_1 から u_2 まで増加する解が得られ，続けて $F(u)$ の負の平方根をとると，今度は u_2 から u_1 へ減少する解に元の解が拡張されることがわかる．

したがって図3に示された形の解 u が得られる．関数 u（したがって解 θ）は t に関して周期的となる．これはこまが回転をしながら（すなわち ϕ を増加しながら）その軸を上下させる（緯度 θ を増減させる）という，しばしば観察される状況にほかならない．

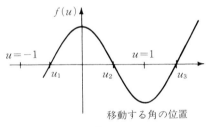

移動する角の位置

図 2

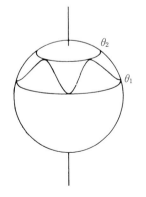

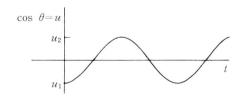

図 3

390 第9章 力 学

他の角度座標 ϕ と Ψ に対して，運動量 p_ϕ と p_Ψ はハミルトンの方程式

$$\frac{dp_\phi}{dt} = -\frac{\partial H}{\partial \phi}, \quad \frac{dp_\Psi}{dt} = -\frac{\partial H}{\partial \Psi}$$

で与えられるが，このハミルトニアンHは ϕ および Ψ には依存しないので，これらの右辺は0となる．したがって（角）運動量 p_ϕ と p_Ψ はそれぞれ定数 m_ϕ と m_Ψ となる．言い換えれば，その下端で摩擦を受けないとすれば（われわれの定式化ではこのような摩擦は無視してきた），一度動き始めたこまは永久に回り続ける，ということになる．

運動量（定数）m_ϕ と m_Ψ はaとcに依存する．しかしどのように依存するかを考えなくても，これらの運動量を使って方程式（4）を角速度 $\dot{\phi}$ と $\dot{\Psi}$ について解くことができる．たとえば $\dot{\phi}$ については

$$\dot{\phi} = (m_\phi - m_\Psi u)/I_x(1 - u^2)$$

となる．これは垂直な軸の周りのこまの**歳差運動**の速さを与える．つまりこまの軸が上下する際（すなわち $\cos\theta = u$ が2つの限界の間を変化する際）上の式に従って歳差運動の速さが変化するのである．このように，力学によって実際に事実が説明されるから不思議である．もちろん現実的な結果を得るには複雑な計算が必要ではある．

12. 力 学 の 形 式

われわれは，力学の現象を以上のようにまとめたが，そこには数学の形式が整えられていくいくつかの過程が示されている．まず惑星や落体の運動の定量的な観測データは，はじめは定性的な，次に定量的な記述にまとめられ，そしてケプラーの法則のような経験法則によって，ある程度整理された．しかし，真に数学がかかわりはじめるのは，形式的な規則から経験法則を導き出す方法が発見されたときからである．上の場合で言えば，運動の法則，逆自乗の法則，微積分学や微分方程式の取扱いに対する形式的な規則から，すべてが導き出されることがわかったときからである．この方法は，しばしば経験的に無視して

よい量は無視するという近似法を伴って用いられるが，原則的には，これは全く形式的な方法なのである．すなわち，初期値と上の規則があれば，もはや現象それ自身に戻って考える必要はなく，"機械的に"これらの規則を適用していくことが可能なのである．しかもその結果からは，首尾よく現象を予言することもできるのである．これら形式的な規則は，全く"機械的に"使われてよいのであるが，実は，これらの規則は，概念的な背景をもっている．それらは，ベクトル場における径路の変化率や初期条件などといった"アイデア"から生じたのである．これらのアイデアは経験から得られたものであるが，この形式的な規則と基礎的なアイデアは，第4章の接束や第9章のP.D.E.の特性曲線に対しても述べたように，数学の他の分野にまで影響を及ぼすのである．

　ニュートンの法則は，出発点にすぎない．その他多くの力学の問題を扱うためには，さらに形式的な発展が必要となる．前にも簡単に触れたように，その扱いははなはだ複雑なものである．上では取り扱わなかったが，たとえば，連続体の力学とか剛体の運動（回転運動については，オイラー角が使われる！）といった力学の重要な分野においてはなおさらである．これら形式的な発展の多くは，はじめは単なるトリックのように見えるものである．たとえば，偏微分方程式の解法における"変数分離法"などは，場あたり的とも思える．それらは，形式的な展開を急ぐあまり，神秘的な，あるいは曖昧な状態に終始してしまっている伝統的な記述のためである．つまりそこでは全く同じ記号 $\dot{q}$ が，座標 q の時間変化率を表わしたり，(相空間上の)座標として独立変数を表わしたり，他の量の関数やパラメータを表わしたりするのである．実際，"パラメータ"が現われた場合，それが定数であるのか，変数であるのか，関数であるのか，しばしばはっきりしないことがある．さらに，ある変数の他の変数に関する偏微分についても，はじめの"変数"がどんな関数関係にあるのかが明示されずにしばしば用いられるため，読み手には，どの変数が定数と考えられているのかがわからなくなってしまうことがある．最初に考えた人はわかっていたにちがいないのであるが，本から本へと書きうつされるうちに，曖昧なものとなってしまうのである．

　しかしながら，巧みになされた形式的計算にはそれぞれ概念的な背景があり，それによって，よりよい理解が得られるのである．第7章と第8章ではハミルトンの方程式をラグランジュの方程式から導くことで，このことを示した．そこでは比較的単純な変数変換が用いられ，そこには，この変換が接束から余接

392 第9章 力 学

束へのルジャンドル変換を表わすという深い意味があった．この意味を説明するには，より多くのスペースを必要としたが，それによって，しっかりした理解ばかりでなく，他の数学の分野で生じた幾何学的概念との注目すべき関係も得られたのであった．

ハミルトン–ヤコビの方程式については，形式的な簡単な説明だけですませ，その基礎にあるアイデアについては，あまり注意をはらわなかった．そこにもそうしたアイデアは存在したのであり，そのため，十分なスペースをさく価値はあった．それについては偏微分方程式の扱いが，光学とのアナロジーに示唆されたこと，および，光学において，光線が波面に分解されることだけを記した．

われわれは，意味をあまり気にせずに，相空間の座標 p と q を導入した．重要なのは，ハミルトニアンの定義に現われる形式的な項 $\sum p_i \dot{q}^i$ を理解することであった．この式は，結局，微分形式 $\theta = \sum p_i dq^i$ を表現したが，このような微分形式は，余接束という相空間（接束）に似た偶数次元の多様体ではいつでも定義され，これは，座標を使わないで記述することができた．後のためには，この1次微分形式 θ の外微分 $\omega = d\theta = \sum dp_i \wedge dq^i$ を考えるのが都合がよい．この ω は，2次微分形式（次数が2の微分形式）で多くの有用な性質をもっている．このような2次微分形式をもつ多様体を，シンプレクティックな多様体と呼ぶ．ハミルトン力学の多くの事柄は，このシンプレクティック多様体上で展開されると，最も理解しやすくなる．そこでは，座標のとり方に，より大きな自由度が与えられ，そのうえで定義された2つの関数に対しては，ポワソン・ブラケットを考えることができるのである．この"シンプレクティックなアプローチ"によって，運動量と位置という特別な座標 p, q の使用から解放され，もとの座標 p, q を新しい座標 P, Q にうつす"正準変換"という古典的な手続きが説明される．そして P, Q は運動量や位置とは関係のない，より当面の問題に適したものにすることができるのである．そこからはまた，微分形式，および多様体に作用するリー群の研究に導かれる．リー群というのは，連続群のことである．たとえば，3つのオイラー角をパラメータとする3次元空間の1点の周りの回転群はリー群である．形式的な言い方をすれば，リー群 G とは，群でもあり多様体でもあり，その群演算（積と逆をとる演算）が滑らかとなる集合のことである．すなわち，これらの演算は微分可能であり，このことからリー群には同伴するリー環があることが導かれる．以上は，力学

と“抽象”数学との間にある非常に多くの関係の一例にすぎない．しかし，これは，抽象化を応用に結びつける一つの方法を説明しているのである．古典力学から生じたアイデアについての概念上の発展を現代的に説明した本がないのは本当に残念なことである．L. A. Pars [1965] には，すばらしい伝統的な記述が見られる．

13. 量 子 力 学

　ハミルトニアン H とそれに付随するハミルトン-ヤコビの方程式は，量子力学の定式化にも本質的な役割を果たす．このことをごく簡単にまとめておこう．観察された事実のうち，つぎのことが本質的である．水素原子のような微視的な系は，離散的な振動数によって表わされる離散的なエネルギー・レベルをもち，そのエネルギー・レベルで輻射が起こるということである．このエネルギー・レベルは，ある適当なベクトル空間 W 上の H のような適当なエネルギー作用素の固有値として説明される．空間 W としてはたとえば座標 q^1, q^2, q^3 をもつ古典的配位空間 C 上の複素数値関数でルベッグの意味で自乗可積分なもの全体を考える．この空間 W は内積

$$\langle \phi, \ \Psi \rangle = \int_C \phi \, \overline{\Psi} dq^1 dq^2 dq^3 \tag{1}$$

をもつ (複素数体上の) ベクトル空間となる．W の1次元部分空間は，系の“純粋 (pure)”な状態と呼ばれ，（位置やエネルギーなどの）観測可能な量は W の自己共役作用素として解釈される．

　そこで，古典的配位空間 C に対するハミルトニアン H を考えよう．それは(直交) 座標 q^i とそれに対応する運動量 p_i の関数として表わされる．次に，関数 H において各 p_i を微分作用素 $(h/2\pi i)\partial/\partial q^i$（$h$ はプランク定数）で置き換え，また，各 q^i を“q^i を掛ける”という作用素で置き換えるのである．それは，q^i の関数はこの関数を W の元 Ψ に掛けるという作用素で置き換えることを意味する．この操作によって，関数 H は，空間全体で定義されるとは限らないにしても，ともかくヒルベルト空間 W 上の1つの作用素となるのである．大筋をいえば，この作用素の固有値が系のエネルギー・レベルとなる，ということ

394 第9章 力　　学

である.

たとえば，核を原点として通常の逆自乗の法則に従う質量 m，電荷 e の電子に対する古典的ハミルトニアンは，つぎの形をとる.

$$H = (1/2)(p_x^2 + p_y^2 + p_z^2) - e^2(x^2 + y^2 + z^2)^{-1/2} \qquad (2)$$

そこで，上で述べた置換えをすれば，これは各関数 Ψ を

$$(h^2/4\pi^2 m)\left[\frac{\partial^2 \Psi}{\partial x^2} + \frac{\partial^2 \Psi}{\partial y^2} + \frac{\partial^2 \Psi}{\partial z^2}\right] - e^2 \Psi (x^2 + y^2 + z^2)^{-1/2} \qquad (3)$$

にうつす作用素となる．この作用素の固有ベクトルは，次の式を満たす関数 Ψ

$$\frac{h^2}{4\pi^2 m}\left[\frac{\partial^2 \Psi}{\partial x^2} + \frac{\partial^2 \Psi}{\partial y^2} + \frac{\partial^2 \Psi}{\partial z^2}\right] - \frac{e^2 \Psi}{\sqrt{x^2 + y^2 + z^2}} = E\Psi \qquad (4)$$

のことである．ここに，E をその固有値とした．不思議なことに，この固有値は水素スペクトルの観測値と一致しているのである.

この方程式は古典的な波動方程式とも明らかに関係している．それは量子力学の初期の形式が波動力学として知られていたことの1つの理由である．この関係は実際にはもっと深く，事実，上の方程式は古典的な波動方程式とハミルトン-ヤコビの定理の起源において微妙に関係していたのである．実際（4）の関数 Ψ を

$$\Psi = e^{iS/h}$$

と置き換え（S は本章第9節の主関数）$h \to 0$ の極限をとると，その結果として現われる方程式は本質的にハミルトン-ヤコビの偏微分方程式である（空間が1次元の場合でためしてみるとよい）．これは，古典力学が量子力学の $h \to 0$ のときの極限である，ということの正確な意味を暗に示すものである.

以上は非常に簡単なスケッチであったが，もっとくわしいことについては Mackey [1978] を参照されたい.

13. 量子力学

数学と力学との相互的関係

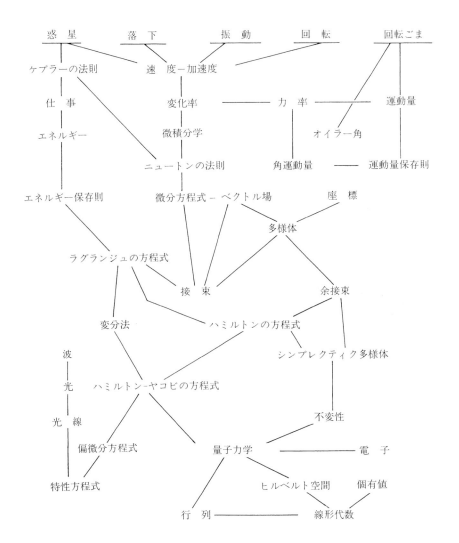

第 10 章　複素解析とトポロジー

　ゼロでない実数の平方はつねに正であるから，実数の範囲では -1 の平方根は存在しない．しかしながら，第 4 章第 10 節で求めたように，そのような平方根 i を考え，それを実数に付け加えると，広大で重要な発展に導かれるのである．また，こうして得られた複素数 $x + iy$ はユークリッド x-y 平面の性質をうまく表現しており，複素数の実在感の一部は平面幾何学的実在感から導かれることになる．さらにまた，よい振舞いをする複素数 $z = x + iy$ の関数は，複素微分をもち，このような関数の性質はまことに注目すべきものとなる．"複素関数" の研究すなわち複素数 z の微分可能な関数の研究からは，電磁ポテンシャルや，流体に関する定常流や，航空力学などへの予期もしない応用をもった深い数学上の定理が得られる．この章では微分と，それに対応する積分という概念を導入し，見た目には単純で，代数的には $i^2 = -1$ となるにすぎない"数" i が，いかに多くの結果を幾何学や解析においてもたらすか，ということに目を向けながら，これらの関係を示していきたいと思う．これは，形式的なアイデア相互の，注目すべき関係の衝撃的な例の一つとなっている．多くの幾何学的アイデアが，平面幾何学にまずはじめに現われたように，微分や積分の基本的諸相は，平面内に表示をもつ複素数により最もよく説明されるのである．

1.　1変数複素関数

　実数 x のふつうの初等関数はみな，x を複素数（"複素変数" z）に置き換えても同じようにうまく（あるいはもっとうまく）機能する．たとえば，複素数全体は体をなすので，すべての実多項式関数は複素変数 z に対しても同様に定

義される．実際，任意の複素数 $a_0\ldots,\ a_n$ に対して，それを係数にもつ多項式
関数

$$w = f(z) = a_0 + a_1 z + \cdots + a_n z^m \tag{1}$$

が考えられる．幾何学的にはこれは，複素 z 平面の各点を同じ平面の 1 つの点
$w = f(z)$（時には第 2 の複素平面の点 w と考えることもある）にうつす写像で
ある．このように平面間の写像と考えれば，z の 1 変数複素関数は，ある幾何
学的方法で視覚化される．これはちょうど，グラフが実 1 変数関数を表わすの
と似ている．たとえば $w = z + c$ は，z 平面のベクトル c による平行移動で
あるし，$|c| = 1$ に対する $w = cz$ は，平面における回転角 $\arg c$ の回転であ
る．そして $w = z^2$ は，各点からの距離が $|z|$ の自乗で，偏角が $\arg z$ の 2 倍
となる点への移動を表わす．

　多項式 f と g とによる z の有理関数からも，写像

$$w = f(z)/g(z) \tag{2}$$

が生じる．ただし，定義域は分母 g の（有限個の）ゼロ点を除いた全複素平面
である．たとえば，a，b，c，d を $ad - bc \neq 0$ を満たす複素定数としたとき，

$$w = (az + d)/(cz + d) \tag{3}$$

は，$c \neq 0$ ならば，分母のゼロ点 $z = - d/c$ を除く各点で定義された 1 次分数
変換である．上の除外点 $z = - d/c$ に関しては，この写像によって ∞ にうつ
されるといいたい．これにならえば，∞ は $- d/a$ にうつされるということにな
る（立体射影によって，このことを球面上で考えてみられたい）．

　指数関数も複素変数に対して，同様に機能する．あの注目すべき実数 e およ
び $e^1 = e$，$e^0 = 1$ と $de^x/dx = e^x$ で特徴づけられた関数 e^x を思い出してほ
しい．この関数はまた，公式

$$e^{x+y} = e^x e^y \tag{4}$$

398　第 10 章　複素解析とトポロジー

に従って加法を乗法にうつす．そこで，自然対数 $\log_e$ をこの指数関数の逆関数として定義すれば，これによって乗法が加法に変わることとなる．それは対数を用いた積の計算でよく知られたことである．公式（4）は複素数に対する指数が $e^z = e^{x+iy} = e^x e^{iy}$ を満たすことを示唆する．実の指数 e^x はすでに知っているので，e^z を知るには iy に対する e^{iy} がわかればよいことになる．つまり，実変数 y の複素数値関数で y に関する加法を乗法に変えるものを見つければよい．それはまさに，$\cos y$ と $\sin y$ についての 2 つの加法公式から得られる次式

$$(\cos y + i \sin y)(\cos u + i \sin u) = \cos(y + u) + i \sin(y + u)$$

にほかならない．そこで複素指数関数を

$$e^{x+iy} = e^x(\cos y + i \sin y) \tag{5}$$

と定義する．そうすれば，必要な性質 $e^z e^w = e^{z+w}$ は成り立ち，これによって e^z は望まれるほかのすべての性質をも有することになるのである．とくに e^z の（複素）微分はそれ自身となる．

　上の定義によって，e^z は決して 0 にはならない（もし，$e^z = 0$ とすれば，$e^{z+w} = 0e^w = 0$ となり，この指数関数はつねに 0 となってしまうからである）．また，写像 $z \mapsto e^z$ は幅 2π の水平帯 $\{y \mid 0 \leqq y < 2\pi\}$ を点 $w = 0$ を除いた全 w-平面にうつす．これによって各水平線（$y =$ 定数）は w-平面の原点から出る半直線（$\theta =$ 定数）となり，一方，各垂直線（$x =$ 定数）は，それぞれ円周となる．以上により，$w = 0$ でない各点は（幅 2π の各水平帯で 1 回ずつといったぐあいに）z-平面の点によって無限に覆われることがわかる．したがって，対数関数をこの指数関数の逆関数として定義しようとすると，必然的に"多価"関数となってしまう．具体的には $w(\neq 0)$ を極形式によって $w = s(\cos \varphi + i \sin \varphi)$ と書き，あとは，正の実数 s が実の対数 $\log_e s$ をもつことと，$\cos \varphi$ および $\sin \varphi$ が周期 2π をもつことに注意すれば，定義（5）より任意の整数 k に対して

$$e^{\log_e s + i(\varphi + 2k\pi)} = s(\cos \varphi + i \sin \varphi) = w$$

となるというわけである．言い換えれば，各 k を1つ選ぶごとに，$w(\neq0)$ の（1価）関数

$$\log_e w = \log_e s + i(\varphi + 2k\pi), \quad 0 \leqq \varphi < 2\pi \tag{6}$$

が，$e^{\log_e w} = w$ を満たし，指数関数の逆関数となるということである．これは，（古い術語では）"多価"関数 $\log_e$ の分枝と呼ばれているものである．もちろん，われわれの形式的な関数の定義には"多価関数"というものは存在しない．しかしながら，リーマン面を考えるならば，第8章第4節で見たように，これらすべての分枝を（幾何学的に！）はり合わせることで，真に1価な関数としてこれを平面上にではなく，リーマン面上に得ることができるのである．

指数の定義（5）により，任意の複素数 $z(\neq0)$ の極形式は

$$z = re^{i\theta}, \quad r = |z|, \quad \theta = \arg z \tag{7}$$

と書ける．この公式は，$\cos\theta$ や $\sin\theta$ が 2π を周期にもつ，という事実からの帰結である．これには $1 = e^{2\pi i}$ という特殊ではあるが，重要な場合が含まれる．また上の対数関数を用いると，任意の複素基底 $c(\neq0)$ に対する"多価"の指数が，$c^z = e^{z\log_e c}$ と定義される．

さて，複素数 z に対する $\sin z$ や $\cos z$ はどのように定義されるであろうか？

複素指数関数の定義（5）を $x = 0$ について考えれば

$$e^{i\theta} = \cos\theta + i\sin\theta, \quad e^{-\theta i} = \cos\theta - \sin\theta \tag{8}$$

が得られる．よって

$$\cos\theta = (e^{i\theta} + e^{-i\theta})/2, \quad \sin\theta = (e^{i\theta} - e^{-i\theta})/2i$$

となる．ところで，この右辺は θ を複素数 z と考えても意味があるので，これを $\cos z$ と $\sin z$ の定義として採用する．すなわち

400 第10章 複素解析とトポロジー

$$\cos z = (e^{iz} + e^{-iz})/2, \quad \sin z = (e^{iz} - e^{-iz})/2i \qquad (9)$$

これらの関数の導き方から，このように定義された関数は，z が実数の場合，通常のそれと一致する．さらに，このように構成された $\cos z$ や $\sin z$ は，実の余弦関数や実の正弦関数のもつすべての性質（2π を周期としてもつこと，加法公式，$\cos^2 z + \sin^2 z = 1$ など）をもつことが示される．あとでテーラー級数を用いることによって，実関数 $\sin x$, $\cos x$ を"よい"複素変数関数に拡張するには，これが唯一の定義の仕方であることがわかる．

1変数複素関数が"よい"とはどういうことか，"よい"関数は収束するテーラー級数をもつか，ということは説明を要することであるが，それはあとで考えることとする．とにかくよく知られた e^x のマクローリン級数

$$e^x = 1 + x + x^2/2 + x^3/3! + \cdots$$

は，x が複素変数 z になっても成り立つ．指数関数の新しい定義はうまくできているのである．

上のように，関数 e^x, $\cos x$, $\sin x$, $\log x$ の実変数 x を複素変数 z に置き換えるとき，複素数の幾何学的表現とともに，三角関数の基本的事実を一緒に考えると，このような注目すべきことが観察されるのである．そこでは解析学，幾何学，三角関数が相互に関連し合っている．こうしたことは，複素変数を用いてはじめて明らかになるのである．

興味を起こさせる z の複素関数はほかにもたくさんある．無限級数 $\sum 1/n$ は発散してしまうが，たとえば，s を実部 $\sigma > 1$ をもつ複素数 $s = \sigma + it$ とすると，級数

$$\zeta(s) = \sum_{n=1}^{\infty} \frac{1}{n^s}, \quad n^s = e^{s \log_e n} \quad (\log_e n \text{ は実数であることに注意}) \qquad (10)$$

は収束する．したがって，これによって半平面 $s > 1$ におけるひとつの関数が定義される．これがリーマンのゼータ関数で，数論に利用されていることで有名である．

2. 病 的 関 数

実数の関数とは，形式的には実数の順序対 (x, y) からなる集合で，各実数 x に対しただ 1 つの順序対 (x, y) がとれるものと定義した（第 5 章）．これは漠然たる"依存"の概念を用いることなく，y が x に依存するということに正確な意味を与えるものであるが，このままでは意図した以上に多くのものが関数として許されてしまうことになる．その中には本当に奇妙なものまでが含まれる．たとえば，

$$f(x) = 0 \qquad x が有理数のとき$$
$$= 1 \qquad x が無理数のとき$$

と定義すると，これは上の条件を満たす関数となるが，この関数は絶え間なく 0 から 1 へジャンプを繰り返し，いたるところ不連続となる．したがってグラフを"描く"ことは不可能となる．次に

$$f(x) = x \sin 2\pi/x \qquad x \neq 0 で$$
$$= 0 \qquad\qquad x = 0 で$$

と定義すると，これも関数となる．この関数は，x が 0 に近づくにつれ振動が速くなる．それにもかからわず（グラフを描いてみよ），いたるところ連続となるのであるが，$x = 0$ における微分は存在しない．もっと工夫して

$$h(x) = \sum_{n=1}^{\infty} 4^{-n} \sin 110^n x$$

を考えると，これは $\boldsymbol{R}$ のどんな点でも連続にはなるが，微分をもたないものとなる．このような，いたるところで微分が不可能な連続関数は，通常の直観に反するもののように思われる．

微積分学において，テイラーの公式（第 6 章第 8 章）が示唆するように，"良い"関数はすべて，冪（べき）級数によって表現されるはずである．このことは，e^x，$\sin x$ などその他の多くのよく知られた関数に対しては成り立ってい

402 第 10 章 複素解析とトポロジー

る．しかし

$$f(0) = 0, \quad f(x) = e^{-1/x^2}, \quad x \neq 0$$

という具体的な式によって与えられる関数を考えてみるとわかるように，それ
は原点においてすべての階数の微分をもつにもかかわらず，その微分はすべて
0 となってしまうので x の冪の形のテイラー級数に展開されないのである
(Wilson [1911]，p. 66 ♯ 9 p. 438 ♯ 7)．また $1/(1-x)$ は $x = 1$ 以外でいた
るところ定義された良い関数で，"長除法"でわかるように

$$1/(1-x) = 1 + x + x^2 + \cdots$$

という明らかな冪級数展開をもっているが，この級数は $|x| < 1$ のときしか収
束しない．

　これら以外にも，いろいろ幾何学的に定義された病的な現象がある．たとえ
ば以前，平面における（パラメータで表わされる）"曲線"を，ある区間，たと
えば単位区間 I 上で定義された連続関数 $I \to R \times R$ として定義した．直観的
にはこうした曲線は"1 次元的"なものと思いたいのであるが，ペアノは上の
定義に従う曲線で，正方形のすべての点を覆いつくしてしまうものをつくって
みせた．これは 1 次元的とはとうてい思えない．

　この例が示すように，形式的には"正しく"定義され，計算上はすべて厳密
にうまくいくようでも，いろいろ病的なことが起こったりする．一般に"連続
性"の概念のように，直観的なものを形式的に定義すると，反直観的なものが
容易に生じてしまうのである．形式と直観とは不完全な形でしか結ばれていな
いということである！

　ところで，連続性や微分といったものの定義は複素変数関数にもただちに適
用される．実際，複素平面は明らかに 1 つの距離空間であり，2 つの点 z と z'
のユークリッド的距離は（複素数のことばでは）絶対値 $|z - z'|$ として与えら
れる．任意の距離空間がそうであるように，複素平面は位相空間となり，開円
盤 $D(c, \varepsilon)$ の任意の和集合が開集合となる．ここで $D(c, \varepsilon)$ は中心を c とす
る半径 $\varepsilon > 0$ の円盤，すなわち $|z - c| < \varepsilon$ を満たす複素数の全体である．こ
の位相によって（この距離によってと言ってもよいが）複素変数 z のいかなる

3. 複素微分　　***403***

関数 $w = f(z)$ が（どの領域で）連続となるか，ということが通常のやり方で定義されるのである．そうすると e^z や，$\sin z$ や，$\cos z$ はすべて連続となり，$\log_e z$ の各分枝も（1.6）の φ がゼロとなるところを除けば連続となる．同様に1階微分に関するよく知られた定義も複素数 z の関数 $w = f(z)$ に適用される．ここで注目すべきは，この標準的な意味での微分をもつ関数 $f(z)$ に対しては，上に述べた病的な現象はほとんど起こらないということである！　この章で見ていくように，この複素微分を用いると非常に多くの結果が得られるのである．

3.　複　素　微　分

微積分で行なったのと同じように，複素変数 z の関数 $w = f(z)$ の，点 z_0 における微分は，複素数 h が 0 に近づくときの極限

$$f'(z_0) = \lim_{h \to 0} \frac{f(z_0 + h) - (f(z_0)}{h} \qquad (1)$$

として定義する．この定義が意味をもつためには，もちろん $f(z_0)$ と $f(z_0 + h)$ が定義されていなければならない．とくに後者は，増分 h に対するすべての値に対して定義されている必要がある．これは，f の定義されている集合が，各 z_0 とともにそれを中心とする開円盤を含まねばならないことを意味する．したがってその集合は，先に述べた平面の位相に関して開集合となる．そこで，複素平面の開集合 U で定義された関数 $f : U \rightarrow \mathbf{C}$ が正則であるとは，U の各点 z_0 で複素数 h に関する極限（1）が存在するとき，ということにする．そしてこの極限値が U における f の複素微分 f' である．ここに"極限"は絶対値による通常の形式的定義によって考えている（すなわち，平面の距離に関してとられる）．くわしく言えば，任意の実数 $\varepsilon > 0$ に対して，ある実数 $\delta > 0$ がとれて，$|h| < \delta$ となるすべての複素数 h に対して，

$$\left| \frac{f(z_0 + h) - f(z_0)}{h} - f'(z_0) \right| < \varepsilon \qquad (2)$$

404 第 10 章 複素解析とトポロジー

が成り立つ，ということである．

この定義の背後にある考えはおなじみのもので，微分 $f'(z_0)$ は，複素変数 z の変化量 h に対する f の平均変化率を測っているのである．しかし，複素数 z_0 の変化 h は $|h|<\delta$ を満たしさえすれば，実数でも純虚数でもよいから，この定義は実は見た目以上に多くのことを含んでいる．それを見るため $z = x + iy$ と記し，$w = f(z)$ も実部と虚部に分けて，

$$f(z) = u(x, y) + iv(x, y) \tag{2}$$

と書いてみよう．ここに u と v は与えられた開集合 U の各点 (x, y) に対して定義された実数値関数である．いま，z における h の変化を実数に限るとすれば極限（1）の存在から，実数 h が 0 に近づくとき，式

$$\frac{u(x_0 + h, y_0) - u(x_0, y_0)}{h} + i\frac{v(x_0 + h, y_0) - v(x_0, y_0)}{h}$$

は極限をもつことになる．ここで関数 u，v の"実"偏微分の定義を使えば，この極限は

$$\frac{\partial u}{\partial x}(x_0, y_0) + i\frac{\partial v}{\partial x}(x_0, y_0) \tag{4}$$

となる．したがって，とくに，これら 2 つの関数の偏微分は存在することがわかる．

一方，z の変化 h を純虚数，たとえば $h = ik$ にとり，$i^{-1} = -i$ という事実を使えば，$f'(z_0)$ に対して極限

$$-i\frac{\partial u}{\partial y}(x_0, y_0) + \frac{\partial v}{\partial y}(x_0, y_0) \tag{5}$$

を得る．つまり，複素微分は（4），（5）のどちらによっても表現されるわけである．したがって，この 2 つの表現は一致しなければならないということになる．言い換えれば，$f = u + iv$ がある開集合 U で正則ならば，f の実部と

3. 複 素 微 分　　**405**

虚部はともにUにおいて偏微分をもち，つぎの方程式

$$\frac{\partial u}{\partial x} = \frac{\partial v}{\partial y}, \quad \frac{\partial u}{\partial y} = -\frac{\partial v}{\partial x}, \quad (x, y)\in U \qquad (6)$$

を満たすことになる．これが，**コーシー–リーマンの方程式**である．つまり $f = u + iv$ が U で正則であるためには，u, v がこれらの方程式を満たすことが必要なのである．

　このことは次のようにも述べられる．偏微分をもつ実数値関数 u, v をとってこれらの組合せでできる関数 $u(x, y) + iv(x, y)$ を考えると，それは z の複素関数となるが，一般には正則とはなりえないということである．正則となるのは u, v がコーシー–リーマンの方程式を満たす場合に限られる．ところで，指数関数 $e^z = e^x(\cos y + i \sin y)$ や，以前定義したような関数 $\sin z$ や $\cos z$ は，この方程式を満たしている．したがってこれらの関数は（全 z–平面で）正則となるのである．

　これらの方程式からはまた，物理的な，あるいは幾何学的な多くの性質が導かれる．すぐあとに見られるように，正則関数 $f(z)$ の 1 階微分が存在することからは，すべての高階の複素微分 $f^{(n)}(z)$ の存在もわかる．これは，逐次，実部 u，虚部 v が，連続な偏微分をすべての階数にわたってもつことを意味する．したがって $\partial^2 v/\partial x \partial y = \partial^2 v/\partial y \partial x$ なども得られ，コーシー–リーマンの方程式の両辺を微分することにより，

$$\frac{\partial^2 u}{\partial x^2} + \frac{\partial^2 u}{\partial y^2} = 0, \quad \frac{\partial^2 v}{\partial x^2} + \frac{\partial^2 v}{\partial y^2} = 0 \qquad (7)$$

が，U のすべての点で成立することになる．つまり，u と v はラプラスの方程式 $\varDelta u = 0$ を満たすのである．$\varDelta = \partial^2/\partial x^2 + \partial^2/\partial y^2$ は平面のラプラスの作用素と呼ばれる．この方程式は，第 6 章第 11 節のラプラスの P. D. E.（3）の 2 次元版である．一般に $\varDelta u = 0$ を満たす 2 階微分可能な関数 $u(x, y)$ を，調和関数と呼ぶ（第 6 章第 11 節）．

　調和関数は理論物理学において，重力ポテンシャルや，電磁ポテンシャルとして現われる．たとえば，(x, y) 平面に垂直な，1 つまたは数個の非常に長い

406 第10章 複素解析とトポロジー

円柱に一様に分布した電荷から生じる静電場を考えると、これに対するポテンシャルは、平面に垂直な座標には関係せず、x と y だけの関数とみなされ、ラプラスの方程式（7）を満たすことになる。言葉を換えて言えば、正則関数 f の実部からは、こうしたポテンシャルが生じるということである。そこでは、等高線（$u(x, y) =$ 一定）は"等ポテンシャル"曲線となり、f の虚部 v からは、"力線"が曲線"$v(x, y) =$ 一定"として与えられる。これらの力線は、$f'(z) \neq 0$ を満たすすべての点で等ポテンシャル曲線と直交する。このような静電ポテンシャルが与えられたとき、ポテンシャル関数を正しく求めることは、z の正則関数でその実部 $u(x, y)$ が要求された境界値をもつものを求めることを意味する。

次に幾何学的な面を見てみよう。すなわち、開集合 U における正則関数 $w = f(z)$ を、集合 U から w-平面への写像 $z \mapsto f(z)$ と考えるのである。上で注意したように、f は任意の階数の導開数をもつので、それは滑らかな写像となる。したがって、U における滑らかな曲線とその接線を w-平面の滑らかな曲線とその接線にうつすことになる。この写像は $f'(z_0) \neq 0$ なる任意の点 $z_0 \in U$ で、z_0 を通る2つの曲線の接線のなす角を保存する。その意味で**等角写像**である。実際 t をパラメータとして、$z = g(t) = x(t) + iy(t)$ で与えられる曲線を考えてみよう。ただし $t = t_0$ で点 $z_0 \in U$ を通っているとする。すなわち、$z_0 = g(t_0)$ とするのである。ここで1階微分をとれば、$g'(t) = x'(t) + iy'(t)$ であるから、$g'(t_0) \neq 0$ ならば z_0 におけるこの曲線への接線は x 軸と角 $\arg(g'(t_0))$ をなすことになる。また、w-平面におけるこの曲線の像は、関数の合成 $w = h(t) = f(g(t))$ で与えられる。ゆえに、合成関数の微分に関する（この場合もやはり成立する）鎖状律により

$$h'(t) = f'(z)g'(t)$$

となるので、$f'(z_0) \neq 0$ かつ $g'(t_0) \neq 0$ ならば、その偏角はともに定義され、積 $f'g'$ の偏角はそれぞれの和

$$\arg h'(t_0) = \arg f'(z_0) + \arg g'(z_0)$$

になる。言い換えれば、写像 f によって、この曲線の接線は、時計と反対の向

きに角 $\arg f'(z_0)$ だけ回転したということになる。したがって、2つの曲線の
なす角は保たれる。すなわち上に主張したとおり、写像 $z \mapsto f(z)$ は等角写像
となるのである。

　しかし、$f'(z_0) = 0$ のときは $h'(t_0) = 0$ となり、1階微分 f' は曲線の接線の
傾きを決定するには十分でない。そのような点 z_0 では、写像 $z \mapsto f(z)$ は等
角写像であるとは限らない。たとえば、写像 $w = z^2$ は原点で交わる曲線のな
す角を2倍にしてしまう！

　なお（リーマン）球から複素平面への立体射影も等角写像となることが示さ
れるから、球面上でもこの幾何学的な見方は有効となる。

　$f'(z_0) \neq 0$ となる点における角の保存は、"実際には"コーシー–リーマンの方
程式からの帰結とみなされるべきものである。事実、写像 $z \mapsto f(z)$ は (x, y)
$\mapsto (u(x, y), v(x, y))$ と実座標で書いた場合、平面の各点 (x, y) にヤコビ行
列

$$\begin{bmatrix} \dfrac{\partial u}{\partial x} & \dfrac{\partial u}{\partial y} \\[2mm] \dfrac{\partial v}{\partial x} & \dfrac{\partial v}{\partial y} \end{bmatrix}$$

に付随する線形変換を誘導する。さらにこの行列の列は（したがって行も）、コー
シー–リーマンの方程式からわかるように、互いに直交しているのである。し
たがって、この行列自身は、ちょうどある直交行列にその行列式を掛けたもの
になる。コーシー–リーマンの方程式をふたたび用いれば、この行列式は

$$\frac{\partial u}{\partial x}\frac{\partial v}{\partial y} - \frac{\partial u}{\partial y}\frac{\partial v}{\partial x} = \left[\frac{\partial u}{\partial y}\right]^2 + \left[\frac{\partial u}{\partial y}\right]^2 = |f'(z_0)|^2$$

となる。言い換えると、接平面上 f によって誘導される線形変換は、角を保ち
長さを $|f'(z)|$ 倍するのである。

　上のことから、この微分幾何的な接空間の考えをもち込むことで、複素関数
論に1つの有用な方法がつけ加わることが理解されよう。それは、複素関数論
の一般の教科書にはあまり書かれていないことである。

　正則関数は流体力学にも応用される。いま各点 (x, y) における速度が、時間

408 第10章 複素解析とトポロジー

によらないという意味で定常的な平面内の液体の流れ（いわゆる層流）を考えることにする．この速度の成分を $P(x, y)$ と $Q(x, y)$ と書くことにすれば，その"無限小"ベクトル (dx, dy) に沿う成分は，内積 $Pdx + Qdy$ となる．したがって，その閉曲線 C の周りの線積分

$$\int_C P(x, y)dx + Q(x, y)dy$$

は，曲線 C の周りの"回転"(rot) と呼ばれる物理量を表わすことになる．これはガウスの公式（第6章10.5）より，$\partial Q/\partial x - \partial P/\partial y$ の C の内部での積分に等しい．ここで，この積分が，すべての曲線 C に対してゼロとなっている，と仮定してみよう．それは，流れが非回転的である（直観的には渦がない）ことを意味する．この仮定により $\partial Q/\partial x = \partial P/\partial y$ となるが，そうすれば，適当な連続性の仮定のもとに

$$\frac{\partial u}{\partial x} = P(x, y), \qquad \frac{\partial u}{\partial y} = Q(x, y) \tag{8}$$

となる関数 $u(x, y)$ が存在することになる．曲線 L を横切る流量は $Qdx - Pdy$ の L に沿った積分である．とくに曲線 C を横切る全流量は

$$\int_C Q(x, y)dx - P(x, y)dy$$

となる．ところで，流体が非圧縮であるとは，この積分がすべての滑らかな曲線 C に対してゼロになることであるから，流体が非圧縮であると，この仮定のもとでは，$\partial Q/\partial y = -\partial P/\partial x$ となる．ここで（8）の関数 u を用いれば，$\dfrac{\partial^2 u}{\partial x^2} + \dfrac{\partial^2 u}{\partial y^2} = 0$ となり，u は調和関数となる．したがって u はある正則関数 $w = f(z)$ の実部とみなされる．このようにして正則関数は非圧縮流体の非回転的な定常平面運動を表わすのである．

つまり，われわれはいくつかの注目すべき関係事項を手にしたのである．すべては，複素数 z の関数 $z \mapsto f(z)$ が，複素微分をもつという要求から始まっ

ている．この要求からコーシー–リーマンの方程式が導かれ，それによって等角写像が記述され，さらに調和関数へと導かれる．それは，静電ポテンシャルや流体にも現われた．数学の奥深いアイデアは，いろいろな事柄と関係をもつのである．

ところで，コーシー–リーマンの方程式からこのように多くのことが出てくるのであるから，$z \mapsto f(z)$ が複素微分をもつという仮定からは，たとえば，斜め方向からの微分を考えると，もっと多くのことが得られるのではないかという気持ちになるが，もはや何も出てこないのである．というのは，ローマン–メンショフの定理によって，開集合 U で定義された連続な2つの関数 $u(x, y)$ と $v(x, y)$ とが U で偏微分可能でコーシー–リーマンの方程式（6）を満たせば，$f = u + iv$ は U で正則となることが示されるからである．

以上すべては，正則関数 f の列挙されるべき重要な性質のはじめの部分にすぎない．定義としては1回微分の存在を要求しただけであるが，このことから，すべての階数の導関数の存在（と連続性）が導かれ，さらには，そのテイラー級数が収束することさえ出てくる．したがって，複素1変数の正則関数は，通常の実変数関数にあったすべての病的現象から開放されるのである．これら重要な結果の証明は（いままでに触れた応用からも強く示唆されるように）本質的には積分を用いてなされる．f が複素平面内の閉曲線とその"内部"を含む開集合で正則であるとすると，その閉曲線の周りでの f の積分はゼロとなる．このコーシーの積分定理は，複素解析において中心的役割を果たす．これを定式化するために，まず積分について考え，次に積分路の性質（本章第5節）を調べよう．

4. 複 素 積 分

複素平面内のある径路に沿った正則関数 f の複素積分

$$\int_h f(z)dz = \int_h f dz \tag{1}$$

とは，この記法からも示唆されるように，点 z における f の値 $f(z)$ に，その径路に沿った z の無限小増分 $dz = z' - z$ を掛けたものの無限和とされるべきも

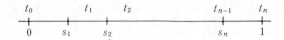

のである．積分の正確な定義は，この考えに従って適当な有限和の極限としてなされる．いま，f は開集合 U において正則であるとし，$h: I \to U$ は U における t をパラメータにもつ滑らかな（すなわち，$h'(t)$ が連続な）径路とする．このとき単位区間 I を $0 = t_0 < \cdots < t_n = 1$ と $n+1$ 個の点で分けておくと，t が t_{i-1} から t_i に変化するときの $z = h(t)$ の増分は $h(t_i) - h(t_{i-1})$ となる．これに各区間に1つずつ選ばれた点 s_i における正則関数 f の値を掛けて和をとれば，

$$\sum_{i=1}^{n} f(s_i)(h(t_i) - h(t_{i-1})) \qquad (2)$$

となる．(1) の積分は，$t_i - t_{i-1}$ の最大値がゼロに近づくように n を無限大としたときの，和 (2) の極限として定義される．この極限（すなわち積分）は，h が I の各点で連続な1階微分 $h'(t)$ をもてば存在する．ただし，I の端点における微分は，片側微分として定義する．このとき，径路に対するパラメータの選択は重要ではない．重要なのは，径路が滑らかなことと，"向きが付いている"ことだけである．というのは，積分がパラメータの選択によらず決まることが証明されるからである．別のパラメータを選択するということは，次のような滑らかな関数 $k: I \to I$ を考えることである．つまり単調増加（すなわち $t < t'$ ならば $k(t) < k(t')$）かつ $k(0) = 0$ かつ $k(1) = 1$ となるものである．このとき，径路 h 上の積分と径路 $h \cdot k : I \to U$ 上の積分とは一致するのである（その証明にはコンパクトな I 上で連続な k が一様連続となることが使われる）．

すぐあとに見るように，像が長方形の境界となるような，角を有する径路上でも積分が考えられると都合がよい．このような径路は**区分的に微分可能**な径路と呼ばれ，それは微分可能な（滑らかな）径路を有限個つなぎ合わせて（合成して）得られるものとして，きちんと記述される．そして上で考えた極限，すなわち積分は，このような径路に対しても存在するのである．

4. 複 素 積 分　　***411***

　この積分は，関数 $f(z)$ が正則であることを除けば，第 6 章第 10 節で種々の物理学上の応用（たとえば仕事）を契機に導入された線積分にほかならない．くわしく言えば，z, dz, $f(z)$ をそれぞれ実部虚部に分けて，$z = x + iy$, $dz = dx + idy$, $t(z) = u(x, y) + iv(x, y)$ と書くとき，上で定義した積分はちょうど線積分

$$\int_h f(z)dz = \int_h [u(x, y)dx - v(x, y)dy] + i\int_h [v(x, y)dx + u(x, y)dy]$$

（3）

になるということである．さらに，径路を記述する関数 h を代入して，この積分を通常の t に関する 0 から 1 までの（実）積分に還元することもできる．これらすべてのことは，全体は部分の寄せ集めである，という昔からの考えを表現したものにすぎない．

　明らかに積分全体の大きさの上限は，各部分の大きさの上限によって決まる．とくに，関数 $t \mapsto |f(h(t))|$ はコンパクト集合（区間 I）上連続であるから，そこにおいては最大値 M をもち，他方，積分径路はその径路に沿った折れ線の長さの極限すなわち積分 $\int_0^1 |h'(t)| dt$ として，幾何学的に定義された長さ L_h をもつ．したがって，積分（1）の定義に用いられる和（2）を見れば明らかなように，第 6 章 4.3 におけると同様

$$\left| \int_h f(z)dz \right| \leq ML_h$$

（4）

となることがわかる．これは多少あらっぽい上からの評価と思われるかもしれないが，非常に便利なものである．あとでその使用の一例を見るであろう．解析学ではこのほかにもいろいろ，積分の大きさを適当に評価することがしばしば必要となる．

　複素積分はまた，いくつかの有用な代数的性質をもっている．まずその 1 つは正則関数に関して次式が成り立つという意味で加法的なことである．

412 第10章 複素解析とトポロジー

$$\int_h (f(z) + g(z))dz = \int_h f(z)dz + \int_h g(z)dz \tag{5}$$

また，径路に関しても，つぎの意味で加法的となる．つまり，はじめに径路 h_1，次に径路 h_2 を通るものを"合成"径路 $h_2 \cdot h_1$ ということにすると，

$$\int_{h_2 \cdot h_1} f(z)dz = \int_{h_2} f(z)dz + \int_{h_1} f(z)dz \tag{6}$$

となるのである．このとき径路の向きが重要である．積分を径路 h 上逆向きに（正確には $h^{-1}(t) = h(1-t)$ で与えられる径路上に）とると，和（2）に含まれるすべての項 $h(t_i) - h(t_{i-1})$ の符号が変わるので積分全体の符号も変わり，

$$\int_{h^{-1}} f(z)dz = - \int_h f(z)dz \tag{7}$$

となる．

また複素積分は（実）積分に還元されるので，微積分学の基本定理を利用することができる．たとえば，h が点 $c_0 = h(0)$ から $c_1 = h(1)$ に向かう径路で，$f(z) = z^3$ ならば，

$$\int_h z^3 dz = \frac{z^4}{4}\Big|_{c_0}^{c_1} = \frac{1}{4}(c_1^4 - c_0^4)$$

となる．とくに h が閉じた径路（$h(0) = h(1)$）であれば，積分は 0 となる．一般に区分的に滑らかな閉じた径路に沿う z の多項式の積分はゼロとなる．しかしこのことは，$W = 1/z$ のような関数に対しては成立しない．なぜなら，原点を中心とした円周 $z = re^{i\theta}$（r は実数，θ が 0 から 2π まで動く）を径路とする積分は，

$$\int \frac{dz}{z} = \int \frac{d(re^{i\theta})}{re^{i\theta}} = \int i d\theta = 2\pi i \tag{8}$$

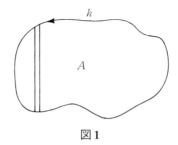

図1

となり，確かにゼロとはならないからである．これは，$dz/z = d(\log_e z)$ であることと，対数関数は以前に見たように1価関数でないことに起因する．実際 $\log_e z$ の1つの分枝が連続的に円周上を（反時計回りに）1周すれば，それはちょうど $2\pi i$ だけ異なる"つぎの"分枝に移ることになる．また，$f(z) = 1/z$ は $z = 0$ では定義されていない．したがって，円の内部では正則関数とはならないのである．

上の計算やその他多くの例から，つぎのことが成り立つべきことが示唆される．すなわち関数 f がある領域 A で正則で，径路 h が図1のように A の境界（すなわち $h = \partial A$）となっていれば，正則関数 f の閉じた径路 h を1周する積分はゼロとなる，ということである．ところで，微分（形式）ω に対する $\int \omega$ のような線積分は，第6章第6節のガウスの公式によれば，二重積分で置き換えることができる．すなわち，

$$\int_{\partial A} Pdx + Qdy = \iint_A \left(\frac{\partial Q}{\partial x} - \frac{\partial P}{\partial y}\right) dxdy \tag{9}$$

が成立する．とくに $\int fdz$ に対する公式（3）に現われる線積分は

$$\begin{aligned}\int_h (udx - vdy) &= -\iint_A \left(\frac{\partial v}{\partial x} + \frac{\partial u}{\partial y}\right) dxdy \\ \int_h (vdx + udy) &= \iint_A \left(\frac{\partial u}{\partial x} - \frac{\partial v}{\partial y}\right) dxdy\end{aligned} \tag{10}$$

と二重積分になる．いま f が U で正則で，かつ A が U に含まれているとすると，コーシー-リーマンの方程式より，右辺の被積分関数はともにゼロとなり，$\int f dz$ もゼロとなる．

こうしてつぎのコーシーの積分定理の第 1 の形が得られる．

定理 区分的に滑らかな閉じた径路と，その"内部"をすべて含む開集合 U において $w = f(z)$ が正則で，連続な 1 階微分 $f'(z)$ をもつとすれば，$f(z)$ の h 上の積分はゼロとなる．

$$\int_h f(z) dz = 0 \tag{11}$$

これは積分が径路によらずに決まることを示しているとも考えられる．すなわち，点 c と点 d を結ぶ 2 つの径路 h_1 と h_2 を考えたとき，もし h_1 が図 2 のように f の正則となる領域を通って h_2 に"変形"できたとすると，

$$\int_{h_1} f(z) dz = \int_{h_2} f(z) dz \tag{12}$$

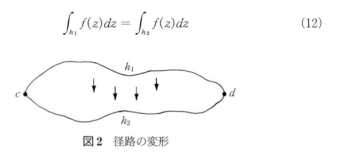

図 2　径路の変形

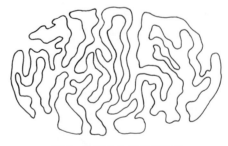

図 3　内側または外側は？

となる.

　この形のコーシーの定理は次に述べるいくつかの理由で満足できるものではない. 第1に二重積分を含むガウスの公式が成立するためには, 偏導関数 $\partial Q/\partial x$ と $\partial P/\partial y$ とが領域Aのいたるところで連続でなければならないことである. このために, コーシーの定理の仮定において, f が正則であることのほかに, その"1階微分f'"が連続となることを要求しなければならなくなる. あとで見るように別の方法を用いれば, f に関して付け加えられたこの仮定は除くことができる. また, ガウスの公式を証明するには, ふつう領域Aを縦方向あるいは横方向に細かく分けるという操作をするが, 境界hが入り組んでいる場合, この操作を実行するには, 面倒な修整が必要となる. 事は図1が示すほど簡単ではないのである. 最後に, この定理の証明には閉じた境界hの"内部"Aという概念を用いる. 図1のような滑らかな丸い曲線に関しては, その内部を認識するのは容易であるが, (図3の)迷路のような非常に入り組んだ曲線については容易ではない. 正確に言えば, 次のようになる. 径路 $h : I \to P$ は $h(0) = h(1)$ となるとき, **閉じている**と言い, 自分自身と交わらないとき, すなわち $t_1 \neq t_2$ ならば $h(t_1) \neq h(t_2)$ となるとき, **単純**であると言う. そして単純で閉じた径路の像を平面 C における**単純閉曲線**と呼ぶ. ジョルダンの曲線定理は, 単純閉曲線は平面を2つの部分に分けること, すなわち, $h(I)$ を除いた平面 C は連結ではなく, "内部"と"外部"という2つの連結な集合からなることを主張する. この定理は正しいが, 証明は決してやさしくない. 折れ線の場合ですら難しい. 曲線が三角形の境界のような最も単純な場合でも, この定理はパッシュの公理(第3章第2節)のような幾何学的事実によって基礎づけられているのである. そして, この定理の高次元への類似を求めることは, 代数的位相幾何学の研究の主な動機ともなった.

　要約すれば, 正則関数の積分 $\int f dz$ が径路によらない, というコーシーの定理は, 微積分学の基本定理の直接の拡張であって, 全体は部分の寄せ集めである, という考えのいま一つの表現となっているということである. ガウスの補題によるその証明は, この定理の背後に光をあてるものであるが, 一般性を追求しようとすると, 幾何学的, 位相数学的困難が待ち受けていることとなる. 複素解析からはこのような平面(あるいはもっと一般の空間)の位相に関する一般的な問題に導かれるのである. しかしもう少しあとに, このコーシーの定

416　第10章　複素解析とトポロジー

理の証明には，上で与えたものとは異なるもっと直接的なアプローチがあることも示されるのである．

5.　平面上の経路

いままで述べてきた複素積分の性質の中には，平面上の径路に関するいろいろな演算があった．たとえば，２つの径路の合成や，径路の逆をとるという演算などである．また径路の変形というものもあった．これは，積分が径路のとり方によらないことを主張するコーシーの積分定理を述べたところで現われたものである．こうした複素積分の研究を通して，径路の演算そのものを独立して考察することが，高次元の空間における積分の研究や（リーマン面などの）空間の連結性の解析にも有用となることがしだいに明らかにされていった．あとの目的には，滑らかな径路や区分的に微分可能な径路だけではなく，連続なすべての径路を考えることが有用となる．

複素平面 C の部分集合 S における**径路**とは，実数直線の単位区間 $I = \{t \mid 0 \leqq t \leqq 1\}$ から C への連続写像 $h : I \to S$ のことである．点 $h(0)$ をその**出発点**と言い，点 $h(1)$ をその**到達点**と言う．いま k を $h(1)$ を出発点とする別の径路とするとき，$k \cdot h$ でそれらの**合成径路**を表わすことにする．つまり，はじめは h に従い，次に k に従う径路である．形式的には，

$$
\begin{aligned}
(k \cdot h)(t) &= h(2t) & 0 \leqq t \leqq 1/2 \\
&= k(2t - 1) & 1/2 \leqq t \leqq 1
\end{aligned}
\tag{1}
$$

と記述される．こうして得られた径路は I 上連続となる．それは，$h(2(1/2) = h(1) = k(0) = k(2(1/2) - 1)$ となるからである．つまり，２つは真中でつながっているのである．合成径路 $k \cdot h$ に沿う微分形式 ω の線積分の値は，(4.6) で見たように，k，h それぞれに沿う線積分の値の和となる．

逆径路 h^{-1}（h を逆に進む径路）は，式

$$
h^{-1}(t) = h(1 - t), \quad 0 \leqq t \leqq 1
\tag{2}
$$

によって与えられる．これも連続な径路となるが，合成 $h^{-1} \cdot h$ は，$h(0)$ を出発

し $h(1)$ に到達したのと同じ速さで逆もどりする径路を表わすので，(1)で定義した合成に関する逆とはならない．つまり，恒等径路，すなわち，$h(0)$ を動かない径路とはならないのである．しかし，$h^{-1} \cdot h$ をこの恒等径路に変形することはできる．また，合成 $k \cdot h$ は結合律を満たさない．なぜなら，m を k の到達点 $k(1)$ を出発する径路とするとき，合成 $m \cdot (k \cdot h)$ は，パラメータ t が $1/2 \leqq t \leqq 1$ の間は，m に従う径路を表わすのに対し，$(m \cdot k) \cdot h$ は $3/4 \leqq t \leqq 1$ でしか，m に従わないからである．

ここで必要となるのは，$m \cdot (k \cdot h)$ を $(m \cdot k) \cdot h$ に変形する手続きであるが，それは，つぎの**ホモトピー**という形式的な概念によって与えられる．いま，h_0，h_1 を部分集合 $S \subset C$ における同じ端点 $h_0(0) = h_1(0)$, $h_0(1) = h_1(1)$ をもつ 2 つの径路とするとき，つぎの条件を満たす連続写像 $H : I \times I \to S$ を考えて，

$$H(t, 0) = h_0(t) \qquad 0 \leqq t \leqq 1 \qquad (3)$$
$$H(t, 1) = h_1(t) \qquad 0 \leqq t \leqq 1 \qquad (4)$$
$$H(0, s) = h_0(0), \ H(1, s) = h_1(t) \quad 0 \leqq s \leqq 1 \qquad (5)$$

この H を h_0 から h_1 への端点を保つ**ホモトピー**（連続な変形）ということにするのである．言い換えれば，ホモトピー H とは，出発点を $h_0(0)$，到達点 $h_1(1)$ とする径路 h_s の"連続な族"を与える（座標 s，t をもつ）単位正方形から S への写像である．つまり，$s = 0$ で h_0，$s = 1$ で h_1 となるようなパラメータ s をもつ径路の族のことである．たとえば，図 2 のように，原点を中心とする半径 1 の円によって与えられた閉じた径路は，ホモトピー $H(s, t) = (1 + s)e^{2\pi i t}$ を使って，半径 2 の円によって与えられる閉じた径路に変形される．

h_0 から h_1 へのホモトピーと h_1 から h_2 へのホモトピーに対して，合成を考

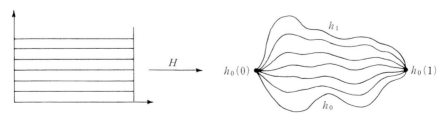

図 1　ホモトピー

第10章 複素解析とトポロジー

図 2

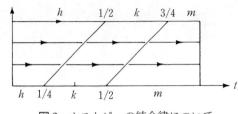

図 3　ホモトピーの結合律について

えて，h_0 から h_2 へのホモトピーを与えることができる．また，h_0 から h_1 へのホモトピー $h_0 \sim h_1$ の "逆" (s を $1-s$) で置き換えたものは h_1 から h_0 へのホモトピーとなる．つまり，"h_0 は h_1 にホモトピーでうつれる"（そのとき，"h_0 は h_1 にホモトープである"という）という関係は，反射的かつ対称的かつ推移的なのである．したがって，各 h_0 に対して，同値類を考えることにより，h_0 と同じ端点をもち h_0 にホモトープとなるすべての径路 h_1 からなるホモトピー類が生じる．これを $[h_0]$ と書くことにする．ホモトピー $h_0 \sim h_1$ とホモトピー $k_0 \sim k_1$ からは，ホモトピー $k_0 \cdot h_0 \sim k_1 \cdot h_1$ が構成されるから，2つのホモトピー類の合成を $[k][h] = [k \cdot h]$ と定義することができる．先ほどと違い，この合成は結合律を満たす．それは図3からわかるように，ホモトピー $m \cdot (k \cdot h) \sim (m \cdot k) \cdot h$ がつくられるからである．この変形を，s を止めて t 方向に沿って見ると，$t = 0$ から $t = 1/4 + s/4$ までは h に，$t = 1/4 + s/4$ から $t = 1/2 + s/4$ までは k に，あとは m に従っていることがわかる．

　このことから，1つの点 z_0 から出発して同じ点に戻る閉じた径路（ループ）だけに注目すると，つぎの定理が証明されることになる．

定　理　　C の任意の部分集合 S と，その任意の点 z_0 に対して，z_0 を出発して z_0 に戻る S の閉じた径路のホモトピー類全体は，上の合成に関して群となる．

　この群は**ポワンカレの基本群**と呼ばれるもので，$\pi_1(S, z_0)$ と書かれる．この単位元は，つねに一定な点 z_0 を表す自明な径路の属する類であり，任意のホモトピー類 $[h]$ に対して，その逆元は $[h^{-1}]$，つまり h とは逆の道をたどる経路の属する類である．

　いま，部分集合 $S \subset C$ に対して，基本群をつくったが，これは，幾何学的対

象である S に，代数的対象である $\pi(S, z_0)$ を対応させていることになる．たとえば，S が $\boldsymbol{C}$ 内の単位円 S^1 で，z_0 がその単位円上の点 1 であるとすると，対応する基本群 $\pi_1(S, 1)$ は無限巡回群 $\boldsymbol{Z}$ となる．この群の生成元は，反時計回りに 1 周する径路 p である．少し注意すれば，1 を出発して 1 に戻る S^1 の任意の径路 h は，ある n に対する p^n にホモトープとなることが証明される．ここに n は h が反時計回りにこの円周を正味何回まわったかを表わす数である（この n は h の**次数**とも言われる）．つまり代数的な同形 $\pi_1(S^1, 1) \cong \boldsymbol{Z}$ は一つの幾何学的事実を表わしているのである．それは，連続写像 $S^1 \to S^1$ は，ホモトピーの違いを別にすれば，その写像によって，第 1 の円を 1 回まわるループが第 2 の円にうつされるとき，その像（ループ）が第 2 の円に関して正味何回まわるものになるか，という数すなわち"回転数"によって決まる（第 1 の円は，単位区間 I の両端を同一視して得られるので，閉じた径路 $h: I \to S$ は，写像 $S^1 \to S^1$ となることに注意すればよい）というものである．

全複素平面から原点 0 を除いた $\boldsymbol{C} \setminus \{0\}$ を考えると，その基本群 $\pi_1(\boldsymbol{C} \setminus \{0\}, 1)$ も上と同じ無限巡回群となる．実際，$\boldsymbol{C}$ 上の原点を通らない閉じた各径路を，動径方向の射影を使って，単位円 S^1 上の径路に変形すれば，群の同形 $\pi_1(\boldsymbol{C} \setminus \{0\}, 1) \to \pi_1(S^1, 1)$ が与えられる．この基本群は，すべての $z = re^{i\theta} (r > 0)$ に対する，すなわち $\boldsymbol{C} \setminus \{0\}$ で定義された多価関数 $\log_e z + (\theta + 2\pi k)i$ に関連して表われる．すなわち，この対数関数の k に対応する分枝から出発して原点の周りを n 回まわる径路に沿っていくと $n + k$ に対応する分枝に達するのである．

次に，$\boldsymbol{C}$ 内の 1 点（たとえば 1）で接する 2 つの円からなる集合 B を考えよう．この B には，それぞれの円を反時計回りにまわる 2 つの閉じた径路 k, h（図 4 を参照）がとれる．この 2 つによって定まる B の基本群の元を，それぞれ $x = \{h\}, y = \{k\}$ とすると，B の任意の閉じた径路は，一様な速さで一方の円を

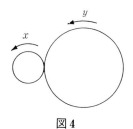

図4

420　第10章　複素解析とトポロジー

回り，次に同じ円または他方の円を回り，さらに…，といった具合に繰り返して回る径路に分解される，正確に言えば，変形される．したがって，この基本群の任意の元は，x と y の整数冪（べき）の積に $x^{m_1}y^{m_1}x^{m_2}y^{m_2}\cdots$ と書けることになる．一般に，2つの元 x,y を含む群は，このような積をすべて含むのであるが，上の場合には，このような2つの積が等しくなるのは，形式的な簡約によって等しくなる場合に限られる．したがって，この基本群は2つの生成元 x，y をもつ**自由群**となるのである．複素平面 $C\backslash\{0,1\}$ は，これと同じ基本群をもつ．生成元は，0と1をそれぞれ反時計回りに1周する径路 x と y である．いま f を $1/z(z-1)$ のような集合 $C\backslash\{0,1\}$ 上で正則な関数とする．このとき，コーシーの積分定理から，2つの閉径路 h，k に対し，

$$\int_h f(z)dz = \int_k f(z)dz \tag{6}$$

となるのは，h と k が上の基本群の同じ元を定めるときであることがわかる．

微分幾何学（本章第8章）では，1点の近傍で定義された滑らかな関数と滑らかな径路を考えることにより，その点における余接ベクトルと接ベクトルが得られたが，それらは，関数の径路についての"方向微分"をその点において考えるときには1組のものとして扱われた．これと似たことが，ここでも考えられる．つまり，ある集合 $S\subset C$ 上の正則関数 f（被積分関数）と径路 h とを1組のものとして，それに対して積分 $\int_h f(z)dz$ を考えるのである．

基本群 $\pi(S, z_0)$ を定義するのに，S の点 z_0 を，かってに1つ選んで基点とし，そこを出発する閉じた径路を考えた．しかし，こうして得られたホモトピー群は，S が弧状連結であるかぎり，基点 z_0 の選び方にはよらず，みな同形となる．このことは，S のすべての径路（閉じている必要はない）のホモトピー類 $[h]$ からつくられる代数系を考えるとすぐわかる．これらの類の合成に関しては，合成類 $[k]\cdot[h]$ がつねに定義されるわけではないので，これは群とならないのが通常であるが，k が h の終点から出発する径路であれば，積はいつでも定義できる．$[m]\cdot([k]\cdot[h])$ は定義されていさえすれば，約合律を満たし，また，各類 $[h]$ は，両側逆元をもつのである．これらの性質により，ホモトピー類全体は**亜群**と呼ばれる代数系をなすことになる．これは，つぎの章で現われ

る．この代数系を考えることにより，弧状連結な S に対し，ただちに，同形 $\pi_1(S, z_0) \cong (S, z_1)$ がつくられる．それを見るには，基点 z_0 を出発し，基点 z_1 に向かう径路 k を適当に選び z_0 を基点とする任意の閉じた径路 h に対し，対応

$$[h] \mapsto [k][h][k^{-1}] \qquad (7)$$

を考えればよい．亜群の代数的性質から，これが同形を与えることがわかる．実際，この対応は亜群における共役変換であり，それは，変換群（第6章第6節）というこれとは別の幾何学的対象におけるものと同じ役割をはたす．変換群では，k による共役変換により，点 x を固定する部分群が，点 kx を固定する部分群にうつされた．

いま，正則関数 $f(z)$ が C のある連結開集合 U で定義されているとしよう．U が開集合であることから，それが連結（空ではない2つの開集合の和集合とはならない）であることは，弧状連結であることと同値となる．したがって，積分 $\int f(z)dz$ が U の径路によらないためには，コーシーの定理より U が**単連結**であればよいことになる．それは，基本群が単位元1のみからなることを意味する，つまり，U の任意の閉じた径路が，恒等径路にホモトープとなることを意味するのである．これは，単位円 S^1 から U への任意の連続写像 $h : S^1 \to U$ が，単位円盤から U への連続写像 $H : \{z \mid |z| \leq 1\} \to U$ に拡張されることと同値となる．このような拡張が，h と恒等径路（あるいは定常な径路）を結ぶホモトピーを与えることは，図5から明らかであろう．

全複素平面 C は単連結である．これは，一見ジョルダンの定理と関係あるように思えるが，実は，この証明は非常にやさしい．いま，C 内に，1つの閉じ

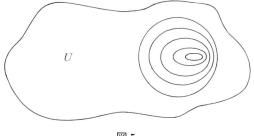

図5

422 第10章 複素解析とトポロジー

た径路が与えられているとしよう．このとき，次のような径路の変形を考えれ
ば，上のことは示される．すなわち，それは，この径路上の各点をこの点と基
点を結ぶ直線に沿って一定の速さで基点方向に移動させることによって得られ
る径路の変形である．

さて，ここで注意してほしいのは，複素平面 C の部分集合 S に対し，その基
本群 $\pi_1(S, z_0)$ を定義するのに，複素数全体が標準的な距離によって位相空間と
なっていること以外は，複素数の性質を何も用いていないことである．任意の
部分集合 S は，同じ距離によって位相空間となっている（これは，C の任意の
開集合 U に対して $S \cap U$ が S の開集合となることと同値である）．したがって，
任意の位相空間 X に対しても，基本群 $\pi_1(X, x_0)$ を同様に定義することができ
る．そして，空間 X が弧状連結であれば，その基本群は基点 x_0 によらないこと
も言えるのである．とくに，曲面とりわけリーマン面に対して，この群は定義
されるが，これが，複素解析学において基本群が有用となる一つの理由である．
たとえば（リーマン面の一例として），トーラス $S^1 \times S^1$ の基本群は，ちょう
ど2つの生成元をもつ自由アーベル群 $Z \times Z$ となる．その他の多様体や空間
に対しても，基本群は有効である（たとえば，第8章第4節で述べた射影平面
の基本群は，次数2の巡回群である）．

位相空間内の幾何学的な図形の連結性や，ホモトピーに関する性質を代数的
に研究するのが，代数的位相幾何学であるが，その第一歩となったのが，基本
群である．この章では，複素解析学のことから位相幾何学のことに話しがいつ
のまにか変わってしまった．それは，複素解析が歴史上代数的位相幾何学の一
つの源泉となっていることによる．もう一つの重要な源泉は，力学における軌
道の定性的な研究にある．話しが変わったついでに，第1章でだしぬけに述べ
た位相空間の概念の補足をしておこう．位相空間 X においては，部分集合 C の
補集合 $X \backslash C$ が開集合となるとき，**閉集合**と呼ぶと都合がよい．複素平面には，
閉集合がたくさんある（たとえば，円周）．第1章第10節では，開集合を使っ
て，位相空間 X の公理を述べたが，閉集合を使っても同じようにうまく定式化
することができる．とくに，閉集合の任意の族の共通部分は閉集合となる．こ
れによって，X の任意の部分集合 A に対して，A を含む X のすべての閉集合の
共通部分として，A の閉包 $\bar{A}$（A を包む最小の閉集合）を定義すると，$\bar{A}$ は閉集
合となる．位相空間の公理は，X のすべての部分集合に対して，その"閉包を
とる"という1次演算 $A \mapsto \bar{A}$ を考えることによっても記述される．位相空間

ではまた，点 $x \in X$ を含む開集合を x の**近傍**と呼ぶと便利である．こうすると，写像 $f: X \to Y$ の連続性を，近傍を使って次のように自然に述べることができる．f が点 $x \in X$ で連続であるとは，$f(x)$ の近傍 N に対して，x の近傍 M がとれて，$f(M) \subset N$ となることと定義するのである．ここで注意してほしいのは，"十分小さな"近傍という言い方は必要なく，ただ，"任意の N"とさえ言えばよいことである．

"位相空間"が，開集合によっても，閉集合によっても，あるいは閉包によっても，あるいは近傍によっても，同じようにうまく定義されることは，一つのアイデアが多くの定式化をもつ，という一般的テーゼの例証となっている．この定式化によって，位相空間，とくに平面に関する注目すべき多くの深い性質の研究に，手頃な言葉が与えられるのである．

6. コーシーの定理

ここでコーシーの積分定理の証明に立ちもどることにしよう．複素平面 $\boldsymbol{C}$ のある開集合 U で正則な関数 f の**原始関数**とは，微積分学におけると同様，U における正則関数 F で，その微分が $F' = f$ となるものをいう．このような原始関数が存在したとすれば，区分的に微分可能な任意の閉径路 h 上の f の積分に対して，コーシーの積分定理：

$$\int_h f(z)dz = 0 \tag{1}$$

が成り立つことがわかる．実際，径路 h に対してパラメータ t を導入し，微分に関する鎖状律を使えば，

$$\int_h f(z)dz = \int_0^1 f(h(t))h'(t)dt = \int_0^1 F'(h(t))h'(t)dt$$
$$= \int_0^1 \frac{d}{dt}F(h(t))dt = F(h(1)) - F(h(0)) = 0$$

となるからである．ここで最後にゼロとなるわけは，径路が閉じていること $(h(1) = h(0))$ による．

とくに，z^n は，正の整数 n に対して原始関数 $z^{n+1}/(n+1)$ をもつので，$f(z)$ が多項式であればコーシーの定理は成立する．しかし，このことからもっと一般的な正則関数 f に対する原始関数の構成法が知られるわけではない．これを知るために，まず反時計回りの向きをもつ長方形の境界という非常に特殊な閉曲線を考えることにする．これによって入り組んだ境界曲線によって生じる問題を回避することができるのである．

コーシー-グルサーの定理 U を $\boldsymbol{C}$ の開集合とし，f をそこで正則な関数とする．さらに，R を実軸と虚軸に平行な辺をもつ長方形とし，その境界も，その内部も U に含まれているものとすれば，

$$\int_{\partial R} f(z)dz = 0 \tag{2}$$

となる．

この定理を証明することは，積分を近似する際に用いられる ε-δ 論法の使い方の一例を示すことになる．またある種の代数的な境界のクラスを導入することにもなる．それはのちに，代数的位相幾何学の分野であるホモロジー論に発展するものである．まず，長方形 R を考え，その周囲の長さを p とし，対角線の長さを d とする．

$$p = R \text{の周囲の長さ}, \quad d = R \text{ の対角線の長さ} \tag{3}$$

いま，問題の積分がゼロでないとして，その絶対値

$$A = \left| \int_{\partial R} f(z)dz \right| \tag{4}$$

図1

に注目する．そして，つぎのことを示そう．それは，逐次，長方形を分割していけば，分割された小さな長方形に対する積分の絶対値は大きくなりすぎてしまう（したがってそこにおいては f が正則にはなりえない）ということである．分割の仕方としては，次のようなものを考える．すなわち与えられた長方形を，図1のように，小さな4つの合同な長方形に分けるのである．その4つの小さな長方形の境界上では，つねに反時計回りに積分するものとすれば，図1の右側に示されているように，"内側"の境界上での積分は相殺されるから，径路の合成についての積分の加法性により，$f(z)$ の ∂R 上での積分は4つの小さな長方形の境界上での積分の和となる．したがって，これら4つの長方形のうち少なくとも1つは，その積分の絶対値が $A/4$ 以上となる．すなわち，このような長方形の1つを R_1 とすると

$$\left| \int_{\partial R_1} f(z)dz \right| \geqq \frac{1}{4}A \qquad (5)$$

となる．この R_1 に対して，これをさらに4つの小さな長方形に分け，前回と同様に4つの中から1つを選ぶということを無限に繰り返すと，長方形の入れ子の列

$$R \supset R_1 \supset R_2 \supset \cdots \supset R_k \supset \cdots$$

が得られ，

$$\left| \int_{\partial R_k} f(z)dz \right| \geqq \frac{1}{4^k}A,$$

$$R_k \text{ の周囲の長さ} = \frac{1}{2^k}p, \ R_k \text{ の対角線の長さ} = \frac{1}{2^k}d \qquad (6)$$

となる．このとき，これら複素平面 $\boldsymbol{C}$ の（閉集合の入れ子の列をなしている）すべての長方形 R_k に含まれる $\boldsymbol{C}$ 上の点が，ただ1つ存在するので，この点をたとえば c とすると，c の x 座標は，長方形 R_k の左下角の x 座標の最小上界となる．f は U で正則であるから，点 c において1回微分 $f'(c)$ をもつ．これは，任意の正数 $\delta > 0$ に対して，c の近傍を適当にとれば，そこに含まれる任意の z に対して

$$\left| \frac{f(z) - f(c)}{z - c} - f'(c) \right| < \delta$$

となることを意味する. ところで, 長方形 R_k の大きさは, $k \to \infty$ のときゼロに近づくのであるから, ある k をとれば, それ以後の長方形 R_k のすべてが, この近傍に含まれることになる. したがって, ∂R_k 上では,

$$f(z) - f(c) - f'(c)(z - c) = \varepsilon(z), \quad |\varepsilon(z)| < \delta |z - c| \quad (7)$$

と評価される. ここに

$$\int_{\partial R_k} f(z)dz = \int_{\partial R_k} f(c)dz + \int_{\partial R_k} f'(c)(z - c)dz + \int_{\partial R_k} \varepsilon(z)dz \quad (8)$$

であり, 右辺のはじめの2つの積分は, 閉曲線の周りの多項式の積分であるからゼロとなる. また残りの $\varepsilon(z)$ の積分については, 一般公式 (4.4) によってその大きさをおさえることができる. (7) によって, $|\varepsilon(z)| \leq \delta \times (R_k$ の対角線の長さ) となるから, (6) を使って,

$$\frac{1}{4^k}A \leq \delta \ (R_k \ \text{の対角線の長さ}) \times (R_k \ \text{の周囲の長さ}) \ = \delta \frac{1}{4^k}pd$$

を得る. これを書き換えると, $A \leq \delta pd$ となる. これが任意の正数 δ に対して成り立つのであるから, $A = 0$ とならざるをえないわけである. したがって定理は証明された.

この証明の要点は, 長方形の入れ子の列はだんだん小さくなってある1点 c に縮まってしまう, ということにある. そして, この点において, 関数の微分が**線形**近似を与える, という微分学の基本的な考えを使うことができたわけである (ここでは複素数を用いる近似式 (3)). このため, 微分 $f'(z)$ の連続性の仮定を必要とせず, その存在だけを仮定して証明が完成したのである (ガウスの補題を用いた本章第4節では $f'(z)$ の連続性まで必要であった).

またこの証明は, トポロジーにおけるいくつかの中心的な考えを説明している. 第1に, 点 c の存在は, 平面における閉集合の任意の入れ子の列 $C_1 \supset C_2 \supset$

$C_3\cdots$ は空でない共通部分をもつ，ということからきている．この平面の位相に関する基本的事実は，すべての点がそこにある（いわゆる平面が完備である）ということを言っている．これは実数論のデデキントの切断に相当するものである．

他方，上では，図1の4つの小さな長方形の境界 $h_i = \partial R_i$ の和 $h_1 + h_2 + h_3 + h_4$ の上で積分を行なったが，このような和は（鎖（chain）の群と呼ばれる）アーベル群をなしている．同様に図1からは2次元の"鎖" $R_1 + R_2 + R_3 + R_4$ も考えられる．h_1 は境界 $h_1 = \partial R_1$ であるから，h_1 は0に**ホモローグ**であるという．先ほど（長方形の）各辺 e を e' と e'' の2つの部分に分けたが，このとき $e - e' - e''$ は境界であるから，"特異"ホモロジー $e \sim e' + e''$ が成立するという．実際，三角形は（図2において垂直方向に）つぶすことができるので，その境界は $e - e' - e''$ となる．これは"特異"ホモロジーと単体（すなわち三角形）近似の考え方の出発点となっている．これらホモロジーと鎖体という考え方は，代数的位相幾何学についての幾何学的問題を取り扱う際にはすべての次元で有効となる．

次にコーシー–グルサーの定理に立ち戻って考えよう．まず，$f(z)$ を中心が c で半径 r の1つの開円盤

$$D(c, r) = \{z \mid |z - c < r\} \tag{9}$$

で正則な関数としよう．このとき，コーシーの定理：

$$\int_h f(z) dz = 0 \tag{10}$$

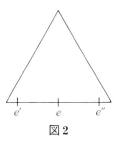

図 2

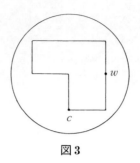

図 3

は，円盤（9）内の区分的に微分可能な任意の閉径路 h に対して成立する．それは，円盤内の点 c から点 w への径路として各軸に平行な辺をもった折れ線を考えれば，それに沿った積分

$$F(w) = \int_c^w f(z)dz$$

として f の原始関数 F が構成されるからである（図 3 を見よ）．実際コーシー-グルサーの定理より，$F(w)$ は上の性質をもつ c から w へ向かうどんな径路にもよらないことがわかる．このことにより，ただちに $F(w)$ が f の原始関数となることがわかる．したがって，(1) が適用されるのである．

ところで，円盤を凸開集合（すなわち，そこに含まれる任意の2点を結ぶ線分がふたたびその集合に含まれるという性質をもつ開集合）で置き換えても明らかに同じ議論が使えるので，上のことはさらに一般化される．事実，円盤 D を任意の単連結かつ連結な開集合 U で置き換えても，上の議論は成立するのである．このとき，図 3 におけるような各辺が軸に平行な U 内の2つの折れ線を比べる必要が生じる．ところが U は単連結であるので，この2つの径路は互いにホモトープとなる．したがって，あとは適当な近似を用いて，このホモトピーの途中の径路が軸に平行な折れ線になるようにすればよいのである．

コーシーの定理には，もう1つ次のようなホモトピー論的な記述がある．それは f を，開集合 U で正則な関数とし，h と k を，U 内の同じ端点をもつ径路とするとき，h が k にホモトープならば，h と k の上での積分は等しくなるというものである．すなわち，

$$\int_h f(z)dz = \int_k f(z)dz$$

さらに，記述も証明もより難しくなるが，もう1つ次のようなことも成り立つ．h を C 内の区分的に微分可能な単純で閉じた径路とし，f を h の内部で正則，かつ内部と h を合わせたところで連続な関数とするとき，$\int_h f(z)dz = 0$.

これら形式上少しずつ異なった記述は，すべて，コーシーの積分定理の基礎となっている一つの考えを具体化したものなのである．複素解析が，数学的な厳密さに対する優れた訓練の場として役に立ってきた理由の一つに，この定理の証明がある．実際その証明は，すべて厳密に行なわれる（またその多くは明快である）．歴史的には，これは，コーシーの微積分学の基礎づけ，リーマンの幾何学的洞察の強調，最後に，ワイエルシュトラスの複素解析学や，変分法その他における注意深い論法として徐々に発展してきたものである．そして，これらの方法をよりよく理解し分析することで，トポロジーの広大な発展に導かれるのである．

この本では，完全な証明をそんなに多く載せていないが，**厳密**な証明についての客観的な考え方だけはそこに示されていることを強調しておきたい．証明における各ステップは，その前のステップ，および定理や(実数，集合などの)公理からの論理的帰結から構成されており，ここで言う帰結とは，数学的論理(第11章)における推論規則の明確なルールに従った帰結を意味する．実際の数学者はこれらのルールをただ直観的に習得しているのがふつうであろうが，次のような話はあまりまじめにとるべきではない．W教授は複素解析の専門家で厳密さで有名な人であったが，同教授のところで学んだ学生に，証明が厳密とはどういうことかと尋ねると，その学生は「W教授が認めるような証明」と言ったというのである．

7．一 様 収 束

無限に関する数学的演算を記述するうえで，無限級数の使用は最も本質的である．たとえば，次のような無限級数がある．

430 第10章 複素解析とトポロジー

$$\pi/4 = 1 - 1/3 + 1/15 - 1/7 + 1/9 - \cdots \qquad (1)$$
$$\log_e 2 = 1 - 1/2 + 1/3 - 1/4 + 1/5 - \cdots \qquad (2)$$

また，任意の実数 $r(<1)$ に対して，1 を $1-r$ で割る割り算を無限に繰り返すことによって，$1/(1-r)$ に収束する幾何級数

$$\frac{1}{1-r} = 1 + r + r^2 + r^3 + r^4 + \cdots \qquad (3)$$

が得られる．しかし $r=1$ や $r>1$ に対する幾何級数，および調和級数

$$1 + 1/2 + 1/3 + 1/4 + 1/5 + 1/6 + \cdots \qquad (4)$$

の場合のように，時として無限和は手に負えなくなることがある．事実，（4）は第1項より逐次長さが 1, 1, 2, 4, …の項に分けて足すと，その和は 1, 1½, 2, 2½…よりも早く大きくなることがわかる．したがって，これは発散級数となる（しかしこれはリーマンのゼータ関数を示唆するものである．(11.7)参照）．

ところで，実際には無限級数を本当に足すようなことはしない．どんなに簡単に収束する級数であっても，無限に多くの項を本当に足した者はいないのである．数学の他の場所におけるのと同じように，ここでも $a_1 + a_2 + \cdots$ のような無限表示を用いるのは，それが実際には形式的な有限の手続きで逐次近似されるものである，ということを直観的かつ示唆的に記述するためである．この手続きは，集合論および論理によって厳密に記述される．たとえば，実数あるいは複素数の無限級数

$$a_0 + a_1 + a_2 + a_3 + \cdots \qquad (5)$$

は，自然数の集合 N から実数（または複素数）の集合への関数 $n \mapsto a_n$ を与えることで決定される．この関数はまた，各 n に対し有限部分和

$$s_n = a_0 + a_1 + \cdots + a_n$$

を決定する。そして s_n が極限 s をもつとき，級数（5）は和 s に収束する（第4章第4節）というのである。第4章第4節におけるように，この極限に関する記述は，任意の実数 $\varepsilon > 0$ に対して，ある自然数 N が存在して，すべての $n \geqq N$ に対して，$|s_n - s| < \varepsilon$ となることを意味する。つまり，他の場合におけるのと同様，このアイデア，すなわち極限 s とは，有限和によって（N が大きくなればなるほど）近似されるある数である，という考えは，2つの限定作用素すなわち"すべての ε に対し"と"ある N が存在する"というものによって，形式的に表現されるのである。言い換えれば，収束とは実在しない無限和に対して，（ε までの）**有限**近似を繰り返すことを意味するのである。

級数（5）は，それに対応する絶対値の級数

$$|a_0| + |a_1| + |a_2| + \cdots$$

が収束するとき，**絶対収束**するといわれる。絶対収束する級数は収束する。それは，数列 s_n が，収束に関するコーシー条件を満たしていることが，絶対値に関する三角不等式 $|z_1 + z_2| \leqq |z_1| + |z_2|$ の適用により示されるからである。一方，

$$1 - 1/2 + 1/3 - 1/4 + \cdots$$

のような，絶対収束はしないが，収束はする多くの級数が存在する。

幾何級数（3）においては，各項が変数 r の関数となっている（ここに r は実数であるが，この級数は r を複素数 z としても $|z| < 1$ であれば収束する）。もっと一般に，1つあるいは複数のパラメータを変数にもつ（ここでは z と w）関数 f_n の級数

$$f_0(z, w) + f_1(z, w) + f_2(z, w) + \cdots \tag{6}$$

を考えてみよう。客観的には（6）は，D と E をある複素数の集合として，積集合 $N \times D \times E$ から複素数全体への1つの関数 $(n, z, w) \mapsto f_n(z, w)$ が与えられていることを意味する。このような級数の部分和 $s_n(z, w)$ は，関数 $s_n : N \times D \times E \to C$ を与える。この級数は，ある $z \in D$ とある $w \in E$ に

432 第10章 複素解析とトポロジー

対しては収束し，他の値に対しては発散することになるかもしれない．このような級数においては，その収束の速さがパラメータ z と w の値に強く依存することとなろう．たとえば，幾何級数（3）では部分和は $s_n = (1 - r^{n+1})/(1 - r)$ であるから，r が 1 に近ければ近いほどゆっくり $1/(1 - r)$ に収束することになる．もっと具体的に言うならば，誤差 $\varepsilon > 0$ 以内の近似がほしいときは，r に依存した N を選んで，$|s_n - 1/(1 - r)| = |r^{n+1}/(1 - r)|$ がすべての $n \geq N$ に対して ε より小さくなるようにする必要が生じるが，明らかに与えられた ε に対してすべての r に共通に機能する N を選ぶことはできない．このとき，すべての $r > 1$ に対しては"一様に"N を選ぶことができないという．

　このことからもわかるように，収束が一様となることの形式的な定義を与えるのは，意味のあることである．この概念は後で重要となる．定義は短刀直入に次のようにすればよい．すなわち，関数の級数（6）が $D \times E$ で一様に関数 $s : D \times F \to C$ に収束するとは，任意の $\varepsilon > 0$ に対してある $N \in N$ が存在して，すべての $n \geq N$ とすべての $(z, w) \in D \times E$ に対して，

$$|s_n(z, w) - s(z, w)| < \varepsilon \qquad\qquad (7)$$

となることであるとするのである．つまり問題としている z と w のすべてに対して同じ N がとれることを主張するのである．いま，すべてを意味する $\forall$ と存在を意味する $\exists$ という限定記号を用いて，上のことを記せば，

$$\forall \varepsilon > 0 \, \exists N \in N \quad \forall n \geq N \quad \forall (z, w) \in D \times E$$

ということになる．重要なのは，論理記号 $\forall$ と $\exists$ を注意深く正しい順序で使用することである．あとの目的のために（次章においてこの論理記号を問題にするので）各限定記号に関して，その変数が ε は正の実数，n は N 以上の自然数，z は D 内を，といったぐあいにはっきり定まった集合上を変動していることをみておいてほしい．応用上，集合 D は（そして E も）C の位相に関して閉集合であるのがふつうである．というのは（幾何級数に対する $r(r < 1)$ の集合のように），開集合上では収束が一様となることはあまりないからである．

　ここで述べた一様性という概念は，実は第6章第7節の微積分学の基礎において，関数の一様連続性として現われたものと全く同じものである．ここにお

けるのと同じように，そこでも"一様近似"という考え方の形式的な表現は，限定作用素によっているのである．この一様性という概念はさらに発展する．たとえば，"一様空間"（位相空間を特殊化したもの）という概念がある．一様極限という考えは，かつて（1900年代初頭）数学教育において最も難しいものであったが，いまではこの困難はほとんど問題にならないようである．

　一様収束の特質の一つに，それによって無限級数の扱いが楽になるということがある．たとえば，$f_n(z)$ をある開集合 U 上の z の連続関数とするとき，U の各閉集合で $\sum f_n(z)$ が一様収束していると，和 $\sum f_n(z)$ もまた U で z の連続関数となる．同様に一様収束級数（6）で，任意の w に対して各項 $f_n(z, w)$ が，$z \in U$ に関して複素微分可能ならば，和 $s(z, w)$ も各 w に対して z の複素微分可能な関数となり，さらにこの和の複素微分は導関数 $\partial f_n / \partial z$ の級数の極限となる．簡単に言えば，正則関数の一様収束級数は，項別微分可能ということである．同様に，くわしくは述べないが，（正則関数の）一様収束級数は項別積分可能となる．

　収束に関する判定条件はたくさんある．たとえば，幾何級数（3）のような収束の知られた正項級数と比較することによって，一様絶対収束を検証することができる．とくに（6）において，もしある正の実数 $r < 1$ とある M が存在して，すべての n と z と w に対し

$$| f_n(z, w) | \leqq M r^n$$

となるならば，（6）は収束し，その収束は一様かつ絶対となる．正則関数のテイラー級数による表現を通して，無限級数の性質は複素解析にとって重要なものとなる．さらに（対数関数や三角関数の）数表の計算にとっても重要である．

8.　冪(べき)級数

　複素解析学の全主題は，複素変数の"よい"関数とは冪級数によって定義されたものである，という考えをもとにして展開することもできる．歴史的には，これは周囲に大きな影響を及ぼしたワイエルシュトラスのベルリンにおける講義の中で主唱された視点であった．いまでもフルヴィツ（Hurwitz）とクーラント（Courant）の本 *Funktionentheorie* の中に，このワイエルシュトラスの視

434 第10章 複素解析とトポロジー

点とより幾何学的な（リーマンとクラインの）アプローチとの対比を見ることができる．まず初等関数を考えてみよう．実数 x に対して，$\sin x$，e^x，$\cos x$ の値はテイラー級数を使って計算される．その同じ級数は複素変数 z に対しても（コンパクト集合上一様）収束するので，これによってこれらの関数によい定義を与えることができる．つまり

$$e^z = 1 + z + z^2/2 + 2 + z^3/3! + \cdots$$
$$\sin z = z - z^3/3! + z^5/5! + \cdots$$

とするのである．

　そこで次のような $z - c$ の冪級数

$$a_0 + a_1(z - c) + a_2(z - c)^2 + a_3(z - c)^3 + \cdots \qquad (1)$$

を考えてみよう．収束に関してはどうなっているであろうか？　これについて基本となる事実は，級数（1）に対し，次のようなある1つの実数 $R(0 \leqq R \leqq \infty)$ が存在することである．すなわち，$|z - c| < R$ となるすべての z について（1）は収束し，$|z - c| > R$ となるすべての z について発散する（もちろん $R = \infty$ のときは R は実数ではないが，意図はわかっていただけると思う）．この数 R を（1）の**収束半径**と言う．

　このことを示すためには，$c = 0$ の場合を考えれば十分である．実数 $r \geqq 0$ に対しすべての項 $|a_n| r^n$ がすべての n に共通する上界をもつとき，すなわちある実数 M_r がとれて，すべての自然数 n について $|a_n| r^n \leqq M_r$ となるとき，r は "よい" 実数であると呼ぶことにしよう．このとき上のすべての "よい" 実数の最小上界を R とすればよいのである（もちろん $R = \infty$ となることもある）．なぜなら $|z| < R$ とすると，$|z| \leqq r < R$ となる "よい" 実数 r がとれるから，$|a_n z^n| < |a_n| r^n$ となる．さらに，$r < s < R$ となる "よい" 実数 s も存在するから，$|z| < r$ となる z に対して，

$$|a_n z^n| \leqq |a_n| r^n \leqq |a_n| s^n \left|\frac{r}{s}\right|^n \leqq M \leqq \left[\frac{r}{s}\right]^n$$

が言える．よって r/s の収束する幾何級数と比較して，（1）は $|z| < r$ を満たすすべての z に対して収束することがわかる．この証明を見てわかるかように，（1）は任意の閉じた小円盤 $|z - c| \leqq r (\forall r < R)$ で一様収束しているのである．一方 $|z| > R$ となる z に対しては，（1）は収束しない．仮に収束したとすれば，項 $|a_n z^n|$ は共通の上界をもつことになり，R の定義に反することになるからである．

円 $|z - c| = R$ のことを**収束円**という．この円の周上の点に関しては，級数は収束することもありしないこともある．たとえば $\sum z^n / n$ は収束半径 $R = 1$ をもつが $z = 1$ では，この級数は調和級数（7.4）となって発散するが，$|z| = 1$ を満たすその他の点では収束する！

ここにいたってはじめて複素解析を新たに展開することができる．複素平面のある開集合 U で定義された関数 $f : U \rightarrow \boldsymbol{C}$ を考えよう．この f が，各点 $c \in U$ を中心とするある円内で収束する冪級数（1）で与えられるとき，f は，U で**正規解析的**であるということにする．上で見たように，収束はそれより小さな同心円内では一様であるから，冪級数（1）は項別微分ができ，導関数として収束する級数

$$f'(z) = a_1 + 2a_2(z - c)^1 + 3a_3(z - c)^2 + \cdots \qquad (2)$$

が得られる．したがって U で正規解析的なすべての関数は U で正則となる．また $z = c$ における f の1階微分は $f'(c) = a_1$ であることもわかる．さらに微分を繰り返せば，$f^{(n)}(c) = n! a_n$ となることもわかる．これによって級数（1）の係数は決定され，級数は必ず

$$f(z) = f(c) + f'(c)(z - c) + \cdots + (1/n!)f^{(n)}(c)(z - c)^n + \cdots \qquad (3)$$

という形をとることがわかる．これは点 $z = c$ の周りで展開した $f(z)$ のテイラー級数にほかならない．以上をまとめれば，正規解析関数の $z = c$ における収束冪級数は必ずテイラー級数（3）となるということである．したがって正規解析関数は正則である．すぐあとで（コーシー積分を使って）正則関数は必ず正規解析的となることを示す．

この冪級数の視点は厳密かつエレガントにしかも系統的に展開することがで

436 第10章 複素解析とトポロジー

きる（しかし本書は多様なアプローチを示すのが目的であるから，そのような
展開はしない）．この方針によれば，よい関数は冪級数そのもので与えられると
考えられ，したがってはじめは収束円内のみで定義されていることになる．た
とえば，幾何級数

$$g(z) = 1 + z + z^2 + z^3 + \cdots$$

により $|z| < 1$ の中でのみ定義された関数を考えてみよう．これは$1/(1 - z)$
を表わしているわけであるが，どのような級数を使えば，$1/(1 - z)$ の残りの部
分が見出されるであろうか？　この問題から"解析接続"の基本的な考えが生
ずる．それは本章第11節に見ることになる．

9.　コーシーの積分公式

　コーシーの定理からUにおける正則関数fの驚くべき積分表示が得られる．
いま，単連結な開集合Uの各点wに対して，wを反時計回りに１周するU内の
区分的に微分可能な単純閉径路hを考えると，$f(w)$ は

$$f(w) = \frac{1}{2\pi i} \int_h \frac{f(z)}{z - w} dz \qquad (1)$$

と表示されるのである．この右辺は容易に２つの積分の和

$$\frac{1}{2\pi i} \int_h \frac{f(z)}{z - w} dz = \frac{1}{2\pi i} \int_h \frac{f(w)}{z - w} dz + \frac{1}{2\pi i} \int_h \frac{f(z) - f(w)}{z - w} dz$$

として書き直すことができる．最初の積分においては，$f(w)$ は径路h上一定で
あり，一方hはwを中心とした小さな円に変形されるので，(4.8)ですでに計
算したように，積分 $\int dz/(z - w)$ は $2\pi i$ となる．したがって，はじめの項は
ちょうど $f(w)$ となる．第２の積分においても，積分径路は周囲の長さが $2\pi r$
の小さな円に変形できる．また積分すべき関数 $(f(z) - f(w))/(z - w)$ はちょ
うどfの差分商であり，それは定義により $z \rightarrow w$ としたとき点wにおけるf

の微分 $f'(w)$ に近づく．これは，被積分関数がその小さな円の上では（そして内部でも）ある定数でおさえられることを意味する．一方，その円周の長さは必要なだけ小さくできるので，複素積分に関する評価式 (4.4) を使うと，この第2の積分はいくらでも小さくできる．したがって，それはゼロとなるわけである．これで（2）が証明された．ここでは ε を表に出さなかったが，読者はすぐにも ε を用いて証明を厳密なものとすることができよう．

　このコーシーの積分公式（1）には，円の内部のすべての点における値は円周上における値で完全に決まる，という正則関数についての重要な事実が述べられている．円のかわりに単純閉曲線をとっても同じである．これは正則関数の変動に関する強い規制である．1変数の実関数にはこれにあたるものがない．さらに正則関数 f の各微分の値も f の境界上での値で決まってしまう．これに関しては以下に公式（5）という形で具体的に見ることになる．

　コーシーの公式によって正則関数に対する冪級数も与えられる．たとえば f を原点 $w = 0$ を含む単連結な開集合で正則な関数とし，コーシーの公式（1）における h は0を中心とする半径 r の円で U 内にあるものとしよう．被積分関数における商 $1/(z - w)$ は $|w| < |z| \neq 0$ で収束する幾何級数

$$\frac{1}{z - w} = \frac{1}{z}\frac{z}{(z - w)} = \frac{1}{z}\left[\frac{1}{1 - \dfrac{w}{z}}\right]$$
$$= \frac{1}{z}\left[1 + \frac{w}{z} + \left(\frac{w}{z}\right)^2 + \cdots + \left(\frac{w}{z}\right)^n + \cdots\right] \tag{2}$$

に展開できる．そこで，円 h の半径を r として，$0 < r' < r$ となるような r' を適当に選ぶと，この円の上にある任意の z と $|w| < r'$ を満たす任意の w に対して，この級数は一様収束する．これは任意の w に対して少なくとも幾何級数 $\sum(r'/r)^n$ と同じ程度の速さで収束するからである．したがって，z について項別に積分でき，そうすることによって w に関して収束する級数

$$f(w) = a_0 + a_1 w + a_2 w^2 + \cdots + a_n w^n + \cdots \tag{3}$$

が得られる．ここに係数 a_n は積分

438 第10章 複素解析とトポロジー

$$a_n = \frac{1}{2\pi i} \int_h \frac{f(z)}{z^{n+1}} dz \tag{4}$$

で与えられる．この議論は f が正則となっている集合 U 内の w を中心とする任意の円に対しても有効である．

　ゆえに，U で正則(holomorphic)な関数 f は U で必ず正規解析的(regularly analytic) となることがわかる．言い換えれば，U の各点で f の複素微分が存在することと，各点で f が収束する冪級数に展開されることとは同値なのである．したがって"正規解析的"という（古めかしい）術語は使わなくてもよいこととなる．

　収束する級数（3）は $w = 0$ を中心とする f によって一意に決まる冪級数であるから，（4）の第 n 係数 a_n は $w = 0$ における f のテイラー級数（8.3）（すなわち，マクローリン級数）の第 n 係数になる．したがって，$a_n = f^{(n)}(0)/n!$ となる．各点 $c \in U$ に対しても対応する関係は成り立つから，

$$f^{(n)}(c) = \frac{n!}{2\pi i} \int_h \frac{f(z)}{(z-c)^{n+1}} dz \tag{5}$$

となる．ここに積分路は $z = c$ を中心とする十分小さな円である．これは $f(z)$ の微分に対するコーシーの公式である．この式を覚えるには次のようにする．最初のコーシーの公式（1）を使って，積分記号下で n 回 w に関して微分し，次に w を c に変えればよいのである．

　この公式の証明からつぎのこともわかる．正則関数 f の点 $z = c$ におけるテイラー級数は，f が正則となる開集合に c を中心とする円が含まれるならば，その級数はその円の内部で収束する．したがって，つぎのスローガンを掲げることができる．正則関数 f のテイラー級数はその中心から最も近い f の特異点（すなわち，f が定義されていないか，定義されていてもそこで正則とはならない点で最もその中心から近い点）までの距離を半径とする円の内部では収束する．しかし，関数 f は不自然な形で定義されることもあるので，これはスローガンであって，定理ではない．たとえば，f を $|z| < 1$ では $f(z) = z^2$，$|z| \geqq 1$ では $f(z) = 1$ と定義すると，この関数は $|z| < 1$ で正則となるが，原点を中心とするより大きな円（と $|z| = 1$ を含む任意の閉集合）では正則とはなら

ない．ところが，原点におけるこの関数のテイラー級数は z^2 であるから，いたるところ収束するのである．この関数は"本来" z^2 であるべきなのである．このスローガンは少し困難を伴うが，定式化しなおして，厳密なものにすることもできる．しかし，そこまでしなくてもすでに要点は明らかであろう．たとえば，$1/(1-z)$ の幾何級数は $|z|<1$ で収束し，それより大きな円では収束しないが，それは $z=1$ が原点から最も近い特異点であるからである．

　全平面で正則な関数でよく知られたものはたくさんある．たとえば，多項式や e^z, $\sin z$, $\cos z$ などがある．全平面で正則なこのような関数は一般に**整関数**と呼ばれる．上にあげた各関数は（定数関数を除いて）平面全体では有界とはならない．それは偶然そうなっているのではない．リウヴィル（Liouville）の定理に述べられているように，全平面で正則かつ有界な関数 $f(z)$ は定数関数しかないのである．というのは，そのような関数の原点でのテイラー級数（3）を考えると，それは全平面で収束する．いま M を $f(z)$ のその平面での上界とすれば $|f(z)| \leqq M$ となり，その係数は公式（4）で与えられるのであるから，半径 r の周長 $2\pi r$ の円を積分径路として公式（4）を使えば，評価式

$$|a_n| \leqq Mr^{-n}$$

が得られる．ここで $n \geqq 1$ なる任意の n に対して，r を無限に大きくすれば，この任意の n に対して $|a_n|=0$ となることがわかる．したがって，$f(w)=a_0$ となるのである．

　上の証明から，積分の大きさに関する評価式（4.4）が非常に有用であることがふたたび認識される．

　リウヴィルの定理を使うと，代数学の基本定理（第4第10章）がただちに示される．いま $g(z)$ を次数 $n>0$ の複素係数 b_i をもった多項式

$$g(z) = b_0 + b_1 z + \cdots + b_n z^n, \qquad b_n \neq 0$$

としよう．もし g がゼロ点を全くもたないとすると，$f(z)=1/g(z)$ は全複素平面で定義された正則関数になる．ところが（大きな z に対しては $|b_n z^n|$ が $|g(z)|$ の大きさを支配するので）f は有界となることがすぐに示される．したがって，リウヴィルの定理により，$f(z)$ は定数関数となるが，それはナンセ

440　第10章　複素解析とトポロジー

ンスである.

　この間接的な証明は求めるべき $g(z)$ のゼロ点の場所を教えはしないので, 構成的なものではない. しかし, 冪級数と複素積分およびそれらの正則関数への応用の仕方さえ手にすれば, 複素多項式に関するこの初等的な事実がす早く証明されるのであるから, それはまわり道にしてもエレガントな証明のすばらしい一例となっている. この基本定理の証明には, ほかにもっと位相的なものや代数的なものもあり, その中には構成的なものも含まれる.

　コーシーの積分公式からはほかにも多くの著しい結果や有用な結論が導かれる. たとえば次のようなものがある. それは, (C の開集合) U の任意の開部分集合 V の正則関数 $f : U \rightarrow C$ による像 $f(V)$ が C の開集合となるというものである. その意味で f は**開写像**となるわけである. これを使って, つぎの**最大値の原理**が得られる. f を有界な連結開集合 U とその"境界" ∂U で定義された関数で, U で正則かつ U と ∂U の和集合上で連続であるとし, M を $|f(z)|$ の ∂U 上での最大値とすれば, f は定数関数であるか, または, すべての $z \in U$ に対して $|f(z)| < M$ となる. 言い換えれば, f は $\bar{U}$ の"内部"では最大値をとらないということである. 上の定理において, U の境界は C における U の閉包 $\bar{U}$ に対する U の補集合として定義される. したがって, 閉包 $\bar{U}$ は U と ∂U の和集合となる.

　この最大値の原理の述べ方には, ほかにも多くの形式がある. また, 調和関数に対する最大値の原理もある.

10.　特　　異　　点

　孤立特異点を1つもつ関数 f を考えよう. このような特異点としては, 原点 $z = 0$ を考えれば十分である. つまり関数 f は少なくとも $0 < |z| < R$ を満たすすべての複素数の集合 D で正則とするのである. このような集合は半径 R の**穴あき円盤**と呼ばれる. ローラン (Laurent) の定理によれば, このような関数が与えられたとき, 2つの収束する級数, 1つは z の冪級数, もう1つは $1/z$ の冪級数があって, 穴あき円盤内の任意の z に対する $f(z)$ はそれらの和

$$f(z) = a_0 + \sum_{n=1}^{\infty} a_n z^n + \sum_{m=1}^{\infty} a_{-m} z^{-m} \qquad (1)$$

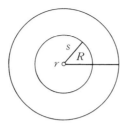

図1 穴のあいた円盤

によって与えられる．この"ローラン級数"の係数 a_i は f によって一意に決まり，z^{-1} の係数 a_{-1} を f の $z=0$ における**留数**という．

この証明はここにくわしくは与えないが，2つの同心円 $|z|=r$ と $|z|=s(r<s)$ を使ってなされる（図1を見よ）．コーシーの積分公式のときと同様の議論によって

$$f(w) = \frac{1}{2\pi i}\int_{|z|=s}\frac{f(z)}{z-w}dz - \frac{1}{2\pi i}\int_{|z|=r}\frac{f(z)}{z-w}dz$$

となることが示されるのである．最初の積分について言えば，$|w/z|<1$ であるから，第9章の（2）や（3）の場合と同様に，そこから w の冪級数が得られる．また2つ目の積分についても同様に $|z/w|<1$ より w^{-1} の冪級数が生ずる．そして w を z に代えてこれら2つを合わせると（1）が得られるのである．この公式（1）は，1つは $|z|<R$ の内部で正則な関数，もう1つは $|z|>0$ で正則な関数の和による $f(z)$ の表現と考えられる．

たとえば，関数 $e^{1/z}$ を考えてみると，e^z の冪級数から

$$e^{1/z} = 1 + \frac{1}{z} + \frac{1}{2!z^2} + \cdots + \frac{1}{n!z^n} + \cdots \quad (2)$$

が得られる．これは（1）のタイプの級数で無限に多くの負の添え字に対して係数がゼロとならない例となる．このような関数は原点 $z=0$ で**真性特異点**をもつといわれる．また $a_{-m}\neq 0$ となる係数が有限個しかないとき，関数 f は**極**をもつといい，その $a_{-m}\neq 0$ となる最大の m を f の 0 における**極の位数**という．

442 第 10 章 複素解析とトポロジー

この位数の符号を変えたものを $V_0(f)(=-m)$ と書くとあとのために都合がいい.

ローラン展開において z の負冪が現われないときは，ゼロにおける関数 f の値を（もしそこにおいて f が定義されていないならば）$f(0)=a_0$ と定義できる．そうすれば，f は $|z|<R$ で正則となる．このとき f は**除去可能**な特異点をもっていたといわれる．f が $z=0$ の近くで定義されかつ正則であるとき，もし $f(0)=a_0=0$ ならば，f はそこでゼロ点をもつ．このとき $a_n\neq0$ となる最小の n を原点における**ゼロ点の位数**という．この位数を $V_0(f)=n$ と記す．この（$z=0$ における位数を表わす）作用素 V_0 は，関数 f と g に対してつぎの性質をもつ.

$$V_0(fg)=V_0(f)+V_0(g),\qquad V_0(f+g)\geqq\mathrm{Min}(V_0f,\ V_0g)\qquad(3)$$

これと同じ性質をもつものが，整数論（第 12 章）でも現われる．このような作用素を**付値**ということがある．$\|f\|=2^{-V_0f}$ と定義すると，この種の付値に関する性質（3）はつぎの形をとる.

$$\|fg\|=\|f\|\cdot\|g\|,\qquad\|f+g\|\leqq\mathrm{Max}(\|f\|,\|g\|)$$

関数 f が 0 において高い位数の極をもつとき，"絶対値" $\|f\|$ は "大きく" なり，高い位数のゼロ点をもつとき，"小さく" なる.

関数の "∞ における" 特異点も考えられる．この無限遠点 ∞ は立体射影のもとでリーマン球の北極に対応する．もっとはっきり言うと，等角写像 $z\mapsto1/z$ によって無限遠点 ∞ は原点にうつされ，∞ の近くで（すなわち，ある大きな円の外側で）正則な関数は 0 を中心とする適当な円の内部で正則となる関数にうつされるのである．したがって，原点におけるテイラー級数を上のように変換することにより，$|z|>R$ と ∞ で正則な関数 f は $|z|>R$ で収束する $1/z$ の冪級数

$$f(z)=a_0+\sum_{m=1}^{\infty}a_{-m}z^{-m}\qquad(4)$$

に（一意的に）展開されることとなる．それは（2）で見たのと同じである．
係数 a_0 は $f(\infty)$ である．したがって，$a_0 = 0$ のときは，f は無限遠でゼロと
なる．正則関数の挙動はその特異点の位置と位数によって大きくコントロール
される．たとえば，拡張された複素平面で有限個の極を除いて正則な関数は必
ず有理関数となるのである．

　関数 e^z は ∞ を真性特異点にもつ．注意すべきは，それが ∞ の任意の近傍
（すなわち円の外側）で 0 を除くすべての値をとることである．これは真性特異
点における関数の典型的な振舞いである．いわゆるピカールの大定理によれば，
点 c を真性特異点とする正則関数は c の任意の近傍で，たかだか 1 つの値を除
いてすべての複素数値をとるのである．

　a_{-1}/z のような 0 で位数が 1 となる極をもつ関数に対して，その極を中心と
する小さな円 h を反時計回りにまわる積分は（4.8）からわかるように，

$$\int_h \frac{a_{-1}}{z} dz = (2\pi i) a_{-1} \qquad (5)$$

となる．それは極における留数 a_{-1} によって完全に決まることを意味する．一
方，$m > 1$ では $\int a_m z^{-m} dz = 0$ となる．複数の極をまわる積分に対しては，そ
れらの寄与は加法的である．したがって，つぎの定理が示される．

　留数定理　　f が開集合 U の有限個の極 $c_1, \cdots, c_k$ を除いて正則で，h が区
分的に滑らかな 0 にホモトープな単純閉曲線ならば，これらすべての極を h が
（反時計回りに）1 周するとき，

$$\int_h f(z) dz = 2\pi i \sum_{j=1}^{k} \mathrm{Res}_{c_j} f \qquad (6)$$

となる．

　簡単に言えば，積分は h 内のすべての極における留数の和を $2\pi i$ 倍したもの
ということである．このよく知られた定理を使うと，定積分のいくつかは，そ
の原始関数を求めずとも計算が可能となる．しばしば，ある実軸上の区間にわ
たる（実数値）関数の積分は，（6）によって計算される "1 周積分" の一部と

考えることができ，多くの場合周囲hの（実軸上にない）他の部分についての積分はゼロとなっているのである．この計算法はたいていの教科書に書かれている．このことからも，コーシーの積分定理の有効性がわかる．

11. リーマン面

さて，正則関数の幾何学的性質に話しを戻そう．その中には同相写像のような位相幾何学的な考えも含まれる．つまり，2つの空間のうちの1つを，さいたり貼りづけしたりすることもなくもう1つの空間に変形できるとき，2つの空間は同相（つまり位相的に同じ）であるという考えである．形式的には，第8章第6節で述べたように，連続写像$f: X \to Y$が，連続な両側逆写像$g: Y \to X$をもつとき，XとYは**同相**であるという．もう1つの位相幾何学的な考えに，"被覆"写像というものがある．簡単な例をあげれば関数$e^{\theta i} \mapsto e^{5\theta i} (0 \leq \theta \leq 2\pi)$がある．図1を見るとわかるように，$\theta$を円周$S^1$上の座標と考えれば，これは円周を一様に5回覆う写像になっている．円周を局所的にながめれば，それはばらばらな線分の積み重なりのように見える．つまり，第2の円の各点yに対し，図1に描かれたような小さな近傍Uをとると，そのUのpに関する逆像は交わらない部分（線分）からなり，そのおのおのはpによってUと同相となるのである（ここにUの"逆像"とは，$px \in U$となるすべての点xの集合のことである）．ほかにもこのような"被覆"写像はたくさんある．たとえば，

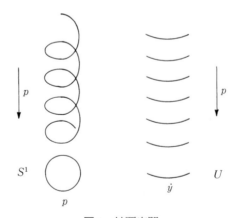

図1 被覆空間

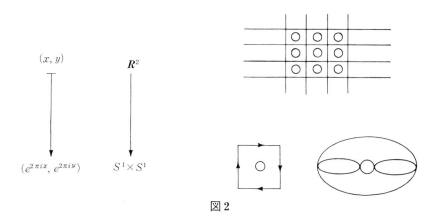

図 2

　三角関数は被覆写像 $x \mapsto (\cos x, \sin x)$ にその基礎をもつ(直線は第 4 章第 2 節の巻き付き関数により円周を覆っているのである).

　もう 1 つの被覆写像の例は写像 $(x, y) \mapsto (e^{2\pi i x}, e^{2\pi i y})$ である. これによってトーラス $S^1 \times S^1$ は平面 $\boldsymbol{R}^2$ で覆われることになる. 図 2 に示したように, トーラスの各点に対して適当に小さな近傍をとれば, それは共通部分をもたない平面の小さな (可算個の) 近傍の像となる. 以上のことから, 被覆空間 Y の一般的な定義が得られる. すなわち, 位相空間 Y から位相空間 X への連続写像 p で, 各 $x \in X$ に対するその点の近傍 U を適当にとれば, その逆像 $p^{-1}U$ が共通点をもたない Y の開集合 U_j の和集合として表わされ, かつ p の U_j への制限 $U_j \to U$ が同相写像となるものを**被覆写像**といい, Y を X の**被覆空間**というのである.

　被覆写像はリーマン面と, とくに重要な関係にある. 図 1 の例は正則関数 $w \mapsto w^5 = z$ を示唆する. これは w-平面 $\boldsymbol{C}_w$ から z-平面 $\boldsymbol{C}_z$ 上への写像であって, 各複素数 $w \neq 0$ の偏角を 5 倍にするので, (原点を除いた) z-平面を五重に覆うことになる.

　いま, $\boldsymbol{C}\backslash\{0\}$ を原点を除いた複素平面とすると, この写像 $(\boldsymbol{C}_w\backslash\{0\}) \to (\boldsymbol{C}_z\backslash\{0\})$ はいま定義した意味での被覆写像となる. $w^5 = z$ は $w = \sqrt[5]{z}$ を意味するので, $z \neq 0$ の 5 つの五乗根が表われているとも考えられる. つまり $\boldsymbol{C}_w\backslash\{0\}$ は多価関数 $\sqrt[5]{z}$ がその上で 1 価関数となるようなリーマン面なのである. これは第 8 章第 4 節で議論した $\sqrt{z}$ のリーマン面と同様のものである.

　この穴のあいた平面 $\boldsymbol{C}_z\backslash\{0\}$ はほかにも多くの被覆をもつ. たとえば, $w^n =$

z に対する n 重被覆もあり，次に述べる無限に多くの葉数をもつ被覆もある．いま指数関数

$$w = u + iv \mapsto z = e^w = e^u(\cos v + i \sin v) \qquad (1)$$

を考えてみよう．指数関数の定義（1）によって，$0 \leqq v < 2\pi$ の水平帯は（0 を除いて）全 z-平面上に写され，この帯の v 軸に沿った線分 $u=0$ は z-平面の単位円の上にうつされる．一方，w-平面の B, C, D を通る水平線は z-平面の原点を始点とする半直線となる（図3を見よ）．同様に，互いに平行な水平帯 $2\pi k \leqq v < 2\pi(k+1)$ は全 z-平面を0を除いて覆う．点 $z \neq 0$ の原点を含まない各開円盤は，w-平面の共通部分をもたない可算個の開集合に覆われるので，この指数写像（関数）は被覆写像 $C_w \to (C_z \backslash \{0\})$ となる．ところで，この被覆空間 C_w は連結でありかつ単連結である．そして，この穴のあいた平面 $C_z \backslash \{0\}$ の連結かつ単連結な被覆空間 $p : Y \to (C_z \backslash \{0\})$ は必ずこの被覆空間 C_w に同相となることが証明されるのである．このため C_w は穴のあいた平面 $C_z \backslash \{0\}$ の**普遍被覆空間**と呼ばれる．さらに，この w-平面の $2\pi k$ だけのずらしによる垂直方向の変換は可算個あり，そのおのおのはこの穴のあいた平面の基本群（無限巡回群）の元に対応する．また，この穴のあいた平面の他の被覆は，この基本群の部分群に対応しているのである．ここに群論がかかわりをもつ！

平面 $\mathbf{R}^2$ もまた上と同様の意味で，トーラスの普遍被覆空間となる．

関数 $w \mapsto e^w$ の逆関数は 多価の対数関数 $w = \log_e z$ である．それは，曲面 C_w 上では1価となり，したがって C_w は $\log_e z$ のリーマン面となる．なぜなら $\log_e z$ のリーマン面は，$z = e^w$ を満たす複素数の対 (z, w) の全体とし

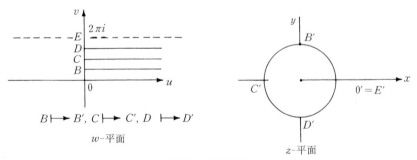

図3 指数関数

て定義されるので，それはちょうどすべての複素数 w の全体からなる多様体 C_w となるのである．

このことからただちに，複素構造をもつ特殊な曲面としてのリーマン面の一般的な定義が得られる．ここで第 8 章第 7 節の曲面の定義を思い出そう．2 次元の多様体（曲面）S とは，位相空間であって，つぎの性質をもつものであった．S はいくつかの開集合 U の和集合であって，各開集合 U は $\boldsymbol{R}^2$ の開集合 V への同相写像

$$\phi : U \to V, \qquad U \text{ は } S \text{ の開集合}, \qquad V \text{ は } \boldsymbol{R}^2 \text{ の開集合} \qquad (2)$$

をもつ．この ϕ をチャートと言い，これらがアトラスを形成した．U，U' をそれぞれ ϕ，ϕ' の定義域とするとき，$U \cap U'$ が空集合でないならば，ϕ と ϕ' は重なりをもつといった．そのとき ϕ^{-1} の $\phi(U \cap U') = W$ への制限を ϕ_1^{-1} とし，ϕ' の $U \cap U'$ への制限を ϕ_1' とすれば，これらを合成して，ユークリッド平面の開集合 W，W' 間の"重なり写像"

$$\phi_1' \cdot \phi_1^{-1} : W \to W' \qquad (3)$$

が得られた．ところで，ユークリッド平面は複素平面と同一視される．そこですべての重なり写像が正則となるような曲面，すなわち，（3）の各 $\phi_1' \cdot \phi_1^{-1}$ が開集合 $W' \subset \boldsymbol{C}$ 上の正則関数となるアトラスをもつ曲面をリーマン面と定義するのである．言い換えれば，リーマン面を得るためには次のようにすればよい．（2）のような同相写像 ϕ_i によって $\boldsymbol{C}$ の開集合 V_i と同一視された位相空間 U_i の族をとり，各 U_i を（3）の同一視によって正則的にはり合わせればよいのである．平面 $\boldsymbol{C}$ は複素 1 次元（実 2 次元）であるから，リーマン面を 1 次元"複素多様体"ともいう．代数幾何学では高次元の複素多様体も現われる．

同じく空間 S の 2 つの異なるアトラス A と A' とは，おのおの（A のチャートから A' のチャートへの）重なり写像がすべて正則となるとき，同じリーマン面を与える．したがって，滑らかな曲面のときと同様に，極大アトラスを用いれば，リーマン面を内在的に記述することができる．リーマン面の開集合 S_0 は，すべてそれ自身リーマン面となる（S の各チャートを $U \cap S_0$ に制限したものを S_0 のチャートとすればよい）．時には，連結であるものだけをリーマン

448 第10章 複素解析とトポロジー

面ということもある（とくに S_0 としてはそのようなものをとることが多い）.

　チャートが役に立つのは，それによって曲面 S の開集合が C の開集合に置き換えられるからである．そのことは，たとえば曲面 S 上の複素数値関数 $f: S \to C$ が S 上正則であることを定義するのにも使われる．すなわち，各 S のチャート ϕ に対して，合成

$$C \supset V \xrightarrow{\phi^{-1}} U \xrightarrow{f \mid U} C \qquad (4)$$

が，チャートの値域 $V \subset C$ で正則であるとき，f は正則であるとするのである．ここに $f \mid U$ は与えられた関数 f の U への制限である．とくに各チャートはそれ自身，重なりの条件（3）によって，そのチャートの定義域上の正則関数となる．いまこれを $s: U \to V \subset C$ と記すと，この s は V への同相写像となっているので，しばしば，各点 $q \in U$ における**一意化助変数**と呼ばれる．必要があれば，s と V の適当な移動を合成したものを改めて s とすることにより，q における助変数値 $s(q)$ は 0 と考えてよい.

　このとき，上の定義（4）は次のようにいうこともできる．f が q の近傍 U で正則であるとは，f がそこにおける一意化助変数 s の正則関数 g となることである．記号で書けば

$$f(q) = g(sq) \qquad (5)$$

となる．ここに $g = (f \mid U)\phi^{-1}$ は（4）の合成関数である．昔はこのような言い方がなされた．それは，抽象的な元（いまの場合は点 q）の関数は"実在感のある"元（数）の関数に置き換えて考えたい，という古い考えを反映したものであろう．しかし，われわれはこのような考え方はとらない．なぜなら，それは一意化助変数のとり方に依存し，そのとり方はいろいろあるので，不変な表現とはならないからである.

　チャートを使ったリーマン面上の正則関数の定義は，ちょうど（第8章8.3）でのチャートを使った微分可能多様体上の滑らかな関数の定義と同じである．これと同様の考えで定式化できるものは，ほかにもいろいろある．たとえば，バナッハ空間上にモデルをもつ多様体においても同じようなものが考えられ

る.

複素平面，開円盤，複素平面の任意の開集合，リーマン球（チャートは立体射影で与えられる）などはすべてリーマン面である．トーラスも同様である．曲面 S 上で正則な関数は，すべての一意化助変数に関して 1 階微分をもつ．ただし，その微分が一意化助変数の選び方によることはもちろんである．

リーマンは，特殊な関数 f に対してリーマン面を構成し，それを使ってその関数が（それが多価であっても）本質的にはその特異点の位置と性質のみによって決まることを示した．これを説明するには，ワイエルシュトラスにならって，ある円 $|z| < R$ 内で収束する冪級数 $\sum a_n z^n$ で与えられた関数から始めるのがよい．この円内の各点 c' における f の微分はすべて，この冪級数によって決まるので，これにより c' を中心とするある円 $|z - c'| < R'$ で収束するテイラー級数 $\sum f^{(n)}(c')(z - c')^n / n!$ が与えられる．もちろんこれらの円の中には，c' を動かすと最初の円をはみだすものもある．このような円に対し，同じことを繰り返せば，テイラー級数の列が得られるが，2 つの収束円の共通部分でそれらを定義域とする（テイラー）級数が一致するとき，この 2 つの収束円をはり合わせることにする．そうすれば，連結リーマン面が得られ，もとの冪級数で定義された関数から拡張して得られた関数は明らかに各点で正則となる．この曲面 S の各点は複素平面の点（つまり c'）と考えられるから，この曲面には自然に正則関数 $p: S \to \boldsymbol{C}$ が備わることになる．これがいわゆる（$\boldsymbol{C}$ 上の，正確には $\boldsymbol{C}$ の部分集合上の）被覆写像である．第 8 章第 4 節で構成した $\sqrt{z}$ のリーマン面は，$\boldsymbol{C} \setminus \{0\}$ を二重に覆っている．

この拡張の一般的な手続きを適切に定式化したものが，**解析接続**といわれているものである．例として，円盤 $|z| < 2$ で収束する級数

$$\frac{1}{2 - z} = \frac{1}{2}\Big[1 + \frac{z}{2} + \frac{z^2}{4} + \cdots + \frac{z^n}{2^n} + \cdots\Big] \tag{6}$$

から始めるとわかりやすい．点 $z = i$ で得られる新しい冪級数は，半径 $\sqrt{5}$ の円で収束する．この半径はその中心から最も近い特異点（極）である 2 までの距離となっている．この円での値を使って，点 $z = 2 + i$ でのテイラー級数がつくられる．これは半径 1 の円内で収束する．図 4 に示されているように，この手続きは $z = 2$ を除く全平面を覆いつくすまで続けられる．こうして目的の

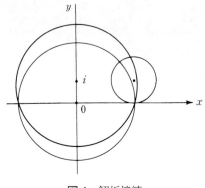

図 4　解析接続

関数 $1/(2-z)$ が得られるのであるが,容易に証明されるつぎの一般定理によって,これ以外のものは生じないのである.

解析接続の原理　2つの関数 f と g が C の連結な開集合 U で正則であり,空でないある開集合 $U_0 \subset U$ で $f = g$ となるならば,U 全体で $f = g$ となる.

証明には $h = f - g$ として,すべての微分 $h^{(n)}$ がそこでゼロとなるような U の部分集合 E を考えればよい.U_0 におけるすべての微分は差分商の極限をとって計算されるのであるから,集合 E は U_0 を含む.また E の各点における h のテイラー級数はゼロであるから,E は開集合である.一方各 $h^{(n)}$ は連続であるから,そのゼロ点の集まりは閉集合となり,それらの共通部分である E も閉集合となる.したがって,E は連結集合 U の中の空でない閉開集合(閉集合がありかつ開集合となるものをつめてこう呼ぶことになる)となるので,E は必然的に U 全体となる.

これは"連結"の定義(第 8 章第 6 節)の典型的な使われ方の一例である.念のため述べておくと,連結集合とは,2つの空でない開集合の直和(共通部分をもたない和集合)として表わされることのない集合のことであった.

解析接続というこの手続きを使うと,ただちに複素平面の一部とはならないリーマン面をつくることができる.たとえば,$\sqrt{z} = (1-(1-z))^{1/2}$ に対する 2 項級数(すなわち,テイラー級数)を $z = 1$ で考え,上述のように原点を中心に接続を行なって 1 周して $z = 1$ に戻ると,その平方根の値は反対になるこ

とがわかる．実は，これら $\sqrt{z}$ の冪級数の接続がもたらすこの関数のリーマン面はちょうど第8章第4節で述べたものとなるのである．

以上の冪級数による解析接続の例は，$1/(2-z)$ や $\sqrt{z}$ といった既知の関数をそれらのテイラー展開の1つからつくっているにすぎず，説得力に欠けるといわれてもしかたがないものであるが，実は解析接続にはもっと有効な用いられ方がある．その1つが，リーマンのゼータ関数である．この起源は調和級数 $1 + 1/2 + 1/3\cdots$（これは発散する）にある．実部が1より大きい複素数 s に対して，級数

$$\zeta(s) = 1 + \frac{1}{2^s} + \frac{1}{3^s} + \cdots + \frac{1}{n^s} + \cdots \qquad (7)$$

は収束する．ここに n^s は $e^{s\log n}$ を意味する．複素数 s を実数 σ と τ を使って，$\sigma + i\tau$ と表記しよう（ゼータ関数に関してはふつうこのような記号が用いられる）．このとき，級数は任意の閉じた半平面 $\sigma \geqq c > 1$ で絶対かつ一様に収束し，したがって，$\zeta(s)$ は全半平面 $\sigma > 1$ で正則となる．さらにこれは，点 $s = 1$ という極（留数は1）を除いて，全複素平面に接続されるが，この解析接続は冪級数によるよりも適当な積分表示と関数等式によってなされるのが最もよい．これは，解析接続の効力を示す著しい一例であり，これにより非常に広い領域で定義された正則関数が最初の定義（7）から生じるのである．

整数論の基本定理によれば，各自然数は素数の積として一意に表現される．したがって（7）の右辺の無限級数は，形式的にはすべての素数 p に関してとられた級数

$$\frac{1}{1 - \dfrac{1}{p^s}} = 1 + \frac{1}{p^s} + \frac{1}{p^{2s}} + \cdots + \frac{1}{p^{ks}} + \cdots$$

の積となることがわかる．したがって $\zeta(s)$ に関するつぎのオイラーの公式が成立することとなる．

$$\zeta(s) = \prod_{p} \frac{1}{\left[1 - \dfrac{1}{p^s}\right]} \qquad (8)$$

452　第10章　複素解析とトポロジー

この"無限積"を有限積の極限として正当化することは直接的な方法でなされる．このようにして，公式（8）は整数論の基本定理の解析的な言い換えとなる．ゼータ関数と，数論の間にはいろいろ重要な関係があるが，これはその最初のものである．

　ゼータ関数は $\sigma > 1$ ではゼロ点をもたず，$\sigma < 0$ では $s = -2, -4, \cdots$ をゼロ点とする．リーマンは $\zeta(s)$ のその他のゼロ点はすべて"臨界線" $\sigma = 1/2$ 上にあることを予想した．これが証明されると，そこから多くの重要な数論的結果が得られるのである．それについては，次のような小詩がある（もとの詩は Sweet Betty from Pike の節に合わせて歌われる）．

> ゼータのゼロ点に乾杯しよう．
> B. リーマンは考えた．
> 「それらはみんな臨界線の上，
> $2\pi \log t$ 分の1の密度である」と
>
> それから多くのよい人たちが
> 本当かどうか考えたけど
> $\log t$ が大きくなるとどうなるんだか
> わからぬままに世を去った．

　この詩の続きには，少なくともハーディがこの臨界線上に無限に多くのゼロ点があることを証明したと歌われている．話しをもとのまじめなものに戻そう．複素解析の数論への重要な応用はたくさんある．解析的整数論として知られている部門は，それによって構成されている．たとえば，x を越えない素数の数を $\pi(x)$ で表わすことにすると，

$$\lim_{x \to \infty} \frac{\pi(x)\log x}{x} = 1 \qquad (9)$$

という**素数定理**の最も明快な証明（最も初等的というわけではない）が複素解析の応用として与えられるのである．

　上では，被覆空間をリーマン面について考えたが，それが有効なのは，複素

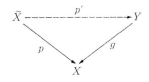

解析においてだけではない．"よい振舞い"をする連結空間 X（とくに連結な多様体）は連結かつ単連結な被覆空間 $p: \tilde{X} \to X$ をもち，基底空間 X の基本群の元 h は，$ph = p$ となる連続変換 $h: \tilde{X} \to \tilde{X}$ として $\tilde{X}$ に作用するのである．この変換 h は X の**被覆変換**と呼ばれる．被覆空間 $\tilde{X}$ は，つぎの意味で普遍的である．すなわち，任意の被覆空間 $q: Y \to X$ に対して，$p = qp'$ となる被覆写像 $p': \tilde{X} \to Y$ がいつでも存在するのである．この普遍被覆空間 $\tilde{X}$ の構成は，X の点を1つ基点として固定して，そこから出発する径路のホモトピー類を点と考えてなされる．被覆空間については Massey [1967]，Pontryagin [1939] に明快な説明があるので参照されたい．

被覆空間は，空間の基本群が，その空間に付随した他の対象にどのような仕方で"作用"するかを視覚的に説明するのに役立つ．それは，複素解析に関する具体的な構成と，トポロジーに関する一般的な発展との間で生じた相互作用の一つの例となっているのである．

12. 芽 と 層

収束円をはり合わせる解析接続という手続きは，"芽"と"芽の層"というものを使うともっと概念的に記述することができる．いま f と g とをそれぞれ，C の点 c の近傍 U と V とで正則な関数とする．このとき c の開近傍 W で $W \subset U \cap V$ となるものがとれ，そこでは $f = g$ となるとき，f と g は同じ芽をもつと言われる（これと同じ言葉は，2つの連続関数が位相空間の点において同じ芽をもつことを定義するのにも使われる）．この"f と g が c で同じ芽をもつ"という2項関係は，反射的，対称的，かつ推移的となる．したがって，各 f に対して同値類 $[f]_c$ をつくることができ，その同値類は c の近傍で正則で f と同じ芽をもつ関数 g の全体からなる．

テイラーの定理より，f と g が c で同じ芽をもつための必要十分条件は，c で同じテイラー級数をもつことである．したがって，c における芽は c を中心

454 第10章 複素解析とトポロジー

とするある開円盤で収束する $z-c$ の冪級数と同一視される（それにより芽は
いっそう具体的なものになる）．このような同一視は実数値関数が単に連続とい
うだけでは不可能である．

　いま点 c における正則関数の芽の全体を A_c と記すことにすると，A_c の和
集合 A は C のすべての点における芽の全体からなる集合となる．これには自然
な仕方で位相が入り，C 上の正則関数の芽の層と呼ばれるものになる．この位
相を記述するには，各正則関数 $f:U\to C$ に対し，芽の集合

$$W_{f,U}=\{U \text{の点における} f \text{の芽の全体}\}=\{[f]_c\mid c\in U\}$$

を考え，これを A における $[f]_c$ の"近傍"と呼べばよい．簡単に言えば，近い
関係にある芽とは，同じ正則関数から生じるものをいうのである．近傍に関す
るこの非公式な記述は正確ではないが，集合 $W_{f,U}$ を開集合の**基**ということに
すれば，位相は形式的に正しく記述される．つまり，$W_{f,U}$ の任意の和集合(そ
れは無限個とってもいいし，全くとらなくてもよい）を A の開集合とするので
ある．位相空間の公理が成り立っていることをみるには，2 つのこのような開
集合の共通部分がふたたび開集合となることを示せばよい．いまの場合でいえ
ば，任意にとった共通部分 $W_{f,U}\cap W_{g,V}$ が空でなければ近傍になることを示せ
ばよいのである．これは簡単である．もしある点で $[f]_c=[g]_c$ であれば，$c\in$
$U\cap V$ を含むある開集合 U' で $f=g$ となる．したがって，$W_{f,U}\cap W_{g,V}$ はこ
のような集合 $W_{f,U'}$ の和集合となるのである．A が位相空間となることのこの
証明には，近傍という考えや開集合の基という概念の典型的な使い方が示され
ている．とくにこの場合，A はハウスドルフ空間になる．こうしたことは，単
なる連続関数の芽の層では起こらないことである．

　各 $[f]_c$ に対して，点 c を対応させる自然な射影 $p:A\to C$ がある．この射
影は連続である．実際にはもっと強い性質，**局所同相**となることがいえる．つ
まり A の各点 a に対し近傍 W がとれて，$p(W)$ が C で開集合となり，p を W に
制限すると同相写像 $W\to p(W)$ となる．言い換えれば，各芽 a は p のもとで
複素平面の点 pa の近傍と同じ振舞いをする近傍をもつということになる．集
合 $W_{f,U}$ はこのような近傍となっている．ところで，被覆空間の射影 $\tilde{X}\to X$
も，この定義の意味の局所同相であるが，芽に関する射影 $p:A\to C$ は，各
点 c に対して収束半径がだんだん小さくなっていくように正則関数を見つける

ことができるので，決して被覆写像とはならないのである．したがって，c における近傍と同じものを c における各芽に共通にとることはできない．簡単に言えば，空間 A は非常に大きいということで，それはすべての c に対する収束冪級数 $\sum a_n(z-c)^n$ からなる集合を表わしているということである．ここに，これらの冪級数は z の関数としてではなく，単なる "もの" すなわち A の点と考えている．一般位相幾何学では，ほとんどどんなものでも "点" と考えることができ，その "空間" が非常に大きなものであっても，それは概念的に有用なものとなる．各芽 $[f]_c$ に f の c における値 $f(c)$ を対応させることにより，"非常に大きな" 連続写像 $F: A \to C$ が得られる．これを記号で書けば $F([f]_c) = f(c)$ となる．

この関数 F を伴った空間 A は，次のように "横断面" というものを考えることにより，すべての正則関数を表わすことになる．

定 理 複素平面 C の開集合 V 上で定義された任意の正則関数 $g: V \to C$ に対して，$F \cdot s = g$ となる連続な横断面 s が一意に存在する．逆に，C の開集合 V 上の p の連続な横断面 $s: V \to A$ に対して，$g = F \cdot s$ とおくことにより，V 上の正則関数 g が生じる．

ただし，p の**横断面** s とは写像 $s: V \to A$ でその p との合成写像 $p \cdot s$ が "恒等写像"，すなわち下の図式のように，V から C への包含写像となるものを言う．

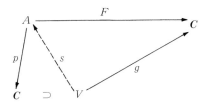

（証明） いま g が与えられているとしよう．このとき s として考えられる唯一の写像は V の各 c に対して $s(c) = [g]_c$ となるものである．そのように定義することにより，連続な横断面が得られる．そればかりか上の図に見られるように，F に対して合成 $F \cdot s$ はちょうど与えられた正則関数 g となることがわかるのである．

456 第10章 複素解析とトポロジー

逆に，s を C の開集合 V 上の p の横断面とすれば，この横断面は各点 $c \in V$ を，c を含む開集合 U で正則となるある関数 $f = f_{s,c}$ の芽 $[f]_c$ にうつす．このとき合成 $g = F \cdot s$ は，c を $F(sc) = f(c)$ にうつすことがわかるから，あとは g が正則となることを示せばよいだけとなる．ところが，c において s は連続であるから，C における c のある近傍 V_0 が，s によって f の芽の開集合 $W_{f,u}$ にうつされることになる．ゆえに V_0 内の c' に対して，$sc' = [f]_{c'}$ すなわち，$gc' = fc'$ となる．したがって g も f と同様に正則となるのである．

このように V 上の横断面が連続であることを要請するだけで，V 上で連続であるばかりかそこで正則となる関数 g が生じるのは不思議に思われるかもしれない．これは，正則性が A に組み込まれているために起こることなのである．すなわち A の点が**正則な関数の芽**であることに理由がある．

C 上の正則関数からは

$$H(V) = \{g \mid g : V \to C \text{ 正則}\}$$

とおくことにより前層 H が生じる．実際 $V_1 \subset V$ とすると，V 上の各正則関数は V_1 に制限され，これを制限写像として $H(V)$ は第8章第11節で定義した前層となる．さらにこの前層は層となる．つまり $V = \cup V_j$ を開集合 V_j による被覆とするとき，もしそれに対応する正則関数 $g_j : V_j \to C$ が，$V_j \cap V_k$ 上 g_j と g_k とが一致するように与えられていれば，関数 $g \in H(V)$ で，その V_j への制限が g_j となるようなものが存在するのである．実際，各点 $c \in V$ に対して g の値を $c \in V_j$ となる任意の添数 j に対して共通に決まる値 $g_j(c)$ と定義すれば，g は明らかに正則関数となる．

上の定理により，層 H は，$H(V)$ を射影 $p : A \to C$ の V 上の横断面の全体と考えても記述される．言い換えれば，正則関数というアイデアは，層によってすなわち大きな空間 A の横断面によって定式化することもできるということである．

空間 A は，実際には2次元の多様体であり，リーマン面（連続ではない）である．というのは，A の各点 $[f]_c$ は開集合 $U \subset C$ と同相な近傍 $W_{f,u}$ をもち，この同相写像がリーマン面の構造を与えるチャートとなるからである．しかしながら，A は連結とはならない．ところが，つぎの非常に一般的な分解定理が成り立つので，それは連結な部分から構成されているといえる．

定理 任意の n 次元多様体 M は，交わらない連結な部分集合 M_j で各 M_j がそれ自身 n 次元多様体であり，かつ M の開部分集合となっているものの和集合として表わされる．

この部分集合 M_j は M の**連結成分**と呼ばれる．この結果はより一般的な位相空間に対しても成り立っているのであるが，ここでは多様体に対する結果だけが必要なので，この場合について証明する（多様体に関しては，"連結"であることと"弧状連結"であることは同値であることに注意する）（第8章第6節を見よ）．

定理を証明するためには，まず M からかってに点 q をとる．このとき，q を含む成分 M_j は，q と M の（連続な）径路によって結ばれる M の点の全体として定義される．M の各点 q' は $\mathbf{R}^n$ の開集合と同相な開近傍をもつので，q と q' を結ぶすべての径路は，q の適当な開近傍の任意の点まで伸ばすことができる．したがって，集合 M_j は開集合となる．あるいは次のように言ってもよい．2点が径路で結ばれるとき，両点は"同値"ということにすれば，この関係は反射的，対称的，かつ推移的となるから同値関係となる．それによる同値類が連結成分となるのである．

空間 A において，各連結成分 A_j はちょうど1つの連結リーマン面となる．実際 A の点 q は，$\mathbf{C}$ の点 c とその点を中心とするある円盤で収束する冪級数 $f(z) = \sum a_n(z-c)^n$ とからなっているので，A の点 q を出発する径路は，c を出発する $\mathbf{C}$ の径路で，その上の各点に収束する冪級数を付随させたものと考えられる．したがって図1のように径路は円盤によって覆われる．図では，有限個の円盤しか描いていない．実は区間はコンパクトであるから，これで十分な

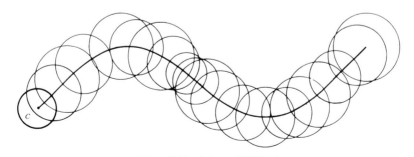

図1 曲線に沿った解析接続

458　第10章　複素解析とトポロジー

のである．つまり，Aの点qが属する連結成分は，はじめの級数fの解析接続によって得ることができるのである．すなわち，それはちょうどfのリーマン面になっているのである．リーマン面をこの大きな空間Aの連結成分と考えるというこの概念的な記述の仕方は，第10章第11節図4で示した$1/(z-2)$の解析接続などの例の理解にも役立つであろう．

この例からも明らかなように一般的な抽象概念は，具体的な例のよりよい理解を与えるのである．一度大きな空間Aを構成して，それを連結成分に分解するという実に簡単な幾何学的アイデアを適用しさえすれば，われわれが手間ひまかけて第8章第4節で構成した関数$\sqrt{(z^2-1)(z^2-4)}$のリーマン面など，すべてのリーマン面を含む大きな集合を手にすることができるのである．

以上のこの調子のよい話しは，このままでは全く正しいというわけにはいかないが，修正は簡単である．第1に，Aを拡大して∞における芽を含むようにし，リーマン球S^2の局所同相写像$p:A_\infty \to S^2$をつくる必要がある．第2には，A_∞の各成分に対して，たとえば$\sqrt{z}$に対する点0や$\sqrt{(z^2-1)(z^2-4)}$に対する4点$z=\pm 1$，± 2のような"分枝点"を付け加える必要がある．上の例はすべて，"次数"2の分枝点であるが，分枝点は一般には正の整数kを次数としてもつ．これは，**一意化助変数** $t=(z-c)^{1/k}$に関する収束冪級数の"芽"と考えられるものである．第3に，fが極をもつ場合には，これまでのリーマン面にこれに対応するローラン級数の"芽"をさらに付け加える必要が生じる．当然，それは分枝点における極をも含むものになる．そしてこの拡張によって，$1/(z-1)$のような有理関数に対するリーマン面が，リーマン球全体となることが保証され，点$z=1$を極，$z=\infty$をゼロ点として含むことになる．この場合のリーマン面はとくにコンパクトとなる．

一価性定理という重要な定理がある．それによれば，点cにおける芽から出発して，異なる2つの径路に沿ってもう1つの点c'に向かうとき，c'では同じ芽に達することが保証される．証明は，CからAに向かうホモトピーの"持ち上げ"という重要な位相幾何学的手続きによってなされる．

われわれの与えたリーマン面の概念的な定義は，美しく精妙な，多くの発展の始りにすぎない．たとえば，2つのリーマン面S，S'の解析同形写像$f:S \to S'$とは，正則な両側逆写像$g:S' \to S$をもつ正則写像fのことであるが，リーマンの写像定理は，連結かつ単連結なCの任意の開集合で，C自身では

図2　翼の断面

ないものは単位円盤に解析的に同形となることを主張する（単位円盤からそれ自身への解析同形写像の全体もよくわかっている）．もっと一般には，**一意化定理**がある．それは，連結かつ単連結な任意のリーマン面が，単位円盤または複素平面またはリーマン球のいずれか1つに解析的に同形となることを主張する．この定理の証明には，これまで述べてきた道具よりも，さらに解析的に複雑なものを必要とする．

この解析同形写像には実用的な応用もある．たとえば，C の単位円の外側は図2のような，飛行機の翼の断面の外側と等角的にうつり合う．したがって，翼の周りの空気のなす定常流は，円の周りの流れに置き換えて考えることが可能となるわけである(第3章を見よ)．この種の等角写像の構成，および近似に対しては，非常に有用な公式がある．

13. 解析学，幾何学，位相数学

この章では主題である複素解析学に話を限ることなく，解析学と幾何学との間で生じた著しい相互作用について述べてきた．その相互作用の中では，直接実際に起こった種々の問題から，新しい一般的な概念が導かれ，それによって最初の問題の解法についての理解が得られた．そればかりでなく，他の場所でもその概念はさまざまに応用されたのであった．たとえば，ピカールの大定理や一意化定理のような精妙な一般定理を展開するのにも，これらの概念が役に立った．

微分という操作は，速度や加速度を力学において定式化するのにも必要であったが，複素解析学もその概念から出発した．複素微分からは，正則関数という関数のクラスが生じ，それらの関数は顕著な性質を有していた．また，正則関数から等角写像が得られ，静電ポテンシャルや流体力学にも応用された．多

460 第10章 複素解析とトポロジー

くの正則関数を構成していくなかで，曲線に沿った解析接続という構成法が考えられた．それは，正則関数の芽からなる大きな空間Aの1つの連結成分を指定することである，と理解され定式化された．また多価関数を扱うために，複素平面に切れ目を入れたりはり合わせたりして具体的につくったリーマン面も，すべてその大きな空間Aの中におさまってしまうのを見た．

これは，抽象概念の発展をみていくうえでの雛形と考えられる．空間とは，はじめは広がりをもたない点の集まりで，目に見え手で触れることのできるものであったが，その概念はしだいに拡大され，ついには，一つの収束冪級数を同伴した円盤を一つの"点"とする空間Aのような，非常に大きな位相空間をも包含するにいたった．これと同じように，考察中の対象をすべて点と考え，それらが構成する"多様体"に位相を定義するといった，一般的な手続きが数学ではほかにも多く用いられている．

関数という概念も変化する．(C の開集合上の)正則関数は層を形成し，それは，局所同相写像 $p: A \to C$ の断面として表現された．これが歴史的には最初の層の例となった．いまでは，複素多様体，微分可能多様体，代数多様体など，あらゆる種類の多様体に対しても，その上の層が考えられる．一般に，S を任意の位相空間X上の層とするとき，Sの芽を点とする位相空間Aと局所同相写像 $p: A \to X$ が構成される．このとき，与えられた層Sは，pの断面からつくられる層となる．つまり $S(U)$ は，U上の p の断面からなる集合となるのである．言い換えれば，よいクラスに属する関数とは，連続な断面として表わすことができるもの，ということになる．このアイデアは集合論にも応用される．これについては次章に記すことにする．

第11章 集合，論理，圏

　数学の非常に多くの対象と，それらに関する定理の証明は，驚くほどわずか
な基礎のうえに，絶対的な正確さをもって形式的に構築される．実際，われわ
れは，数学のほとんどすべての対象を，集合として記述することができるので
ある．たとえば，自然数は集合の集合（基数），有理数は対の集合（の同値類），
実数は有理数の集合（デデキントの切断），写像は順序対の集合（関数表）とい
ったぐあいである．同様に，数学の諸定理もすべて，非常に切りつめた形式的
言語により，論理式として記述される．その形式的言語では，所属関係，論理
学の基本記号（または，〜でない，存在する）および，各主題で必要とされる
原始項（たとえば，総合幾何学では，"点"と"線"）だけが用いられ，最後に，
数学の諸定理の証明のほとんどは，有限個の基本推論図からなる推論の列とし
て，絶対的な厳密さをもって記述されるのである．

　数学の一つの"基礎づけ"は，数学を，以上のような注目すべき方法で，集
合と規則によってつくられた論理式，および形式的な推論に還元することによ
ってなされる．この還元のきかない数学の部分もいくらかある．形式的に決定
不可能な定理や，すべての集合からなる宇宙を必要とする構成法などが用いら
れることが，それを示している．われわれは数学を，人間の諸活動と科学上の
問題に，その基礎をもつものと考えるから，その基礎づけに関する議論をここ
までのばしてきたのであるが，いま，"基礎づけされるべき"かなりの例をもっ
ているので，本章でそれを論ずることにする．

　今日，ほとんどすべての数学者は，数学の構造を記述するのに，集合論とい
う便利な言葉を用いるが，それを成り立たせている公理を列挙できる者はまれ
である．また推論規則を正確に言える者は（論理学の専門家を除けば），ほとん

462 第11章 集合，論理，圏

どいない．そこで，本章では集合論についてのツェルメロ-フレンケル (ZF) の
標準的な公理から始めることにし，次に命題計算と述語計算について述べ，最
後に**三段論法**とその他の必要とされる推論規則を述べることにする．こうする
ことによって，"証明"の形式的な定義と，ゲーデルの不完全性定理 (本章第7
節)（算術化が可能なほど強力な，形式的かつ帰納的な体系の中には，その証明
も，その否定の証明もできない形式的な命題が存在する）の記述が可能となる
のである．さらに，あの有名な連続体仮説は，ツェルメロ-フレンケルの公理に
よっては片づかないこと，つまり，ZF のモデルの中には，この仮説を満たすも
のも，満たさないものもあることが言えるのである．後者の証明は，コーエン
(Cohen) の強制法によってなされたが，それは，他の"独立性"についての結果
をも示唆するものである．こうして，集合論の多くのモデルが，構成されるこ
とになる．もう一つの結果として，いろいろな公理が，ZF への追加として導入
される．

　こういったわけで，"集合"といっても多くのものがあり，数学をすべて集合
によって基礎づけるというもくろみも，ここへきてゆらぎはじめることになる．
しかし，ほかに可能性がないわけではない．たとえば，集合の所属関係は，し
ばしば写像の合成で置き換えることができる．そのことから，数学を圏，とく
に，すべての写像のなす圏によって基礎づける，という別のやり方に導かれる．
いまでは，数学の多くの部分が，対象から（同じ種類の）対象への射を考える
ことで，ダイナミックに構成されている．このような（写像に似た）射は，圏
を構成するので，圏によるアプローチは，数学を組織したり，理解したりする
目的によく適しているといえる．数学を組織し理解することは，数学独自の哲
学の真のゴールとなるべきことなのである．

1.　集　合　の　階　層

　集合が，数学のまじめな研究対象として，はっきり認識されるようになった
のは 19 世紀に入ってからのことであった．それには，少なくとも 2 通りの契機
があった．その一つは，デデキントがクンマー (Kummer) の理想数をある条件
を満たす通常の数の集合として定義したときであり，実数を切断，すなわち，
有理数の集合として定義したときである．他の一つは，フーリエ級数に関する
問題に関して，実数の全く一般的な（奇怪な）集合を考える必要が生じたとき

である．フーリエは，熱伝導の研究（1822）に際して，周期関数，たとえば周期 2π の関数を，下のような正弦関数と余弦関数とを項にもつ無限級数の和として表わした．

$$f(x) \sim a_0/2 + a_1 \cos x + b_1 \sin x + \cdots$$
$$+ a_n \cos nx + b_n \sin nx + \cdots \qquad (1)$$

驚いたことに，非常に多くの関数が，このように表現できたのであった．しかし，このことを示すのにフーリエが用いた方法は，直観的であり信頼できるものではなかった．ところが，この方法は熱方程式ばかりでなく，他の偏微分方程式にも明らかに有効であったので，数学者は，この種の級数を注意深く調べるようになった．その結果，今日，**調和解析**として知られる活発な研究に発展したのである．その研究は，円周の回転群（この群は，表現（1）の中にかくされている．それは，円周に対する座標として角度 $x(0 \leqq x < 2\pi)$ が使われていることからわかるであろう）に対してばかりでなく，他の多くの群に対してもなされた．

　この種の三角級数に関する問題の一つに，リーマンが提起した一意性の問題がある．関数 f がすべての x に対して，（1）のような収束する級数の和となっているとき，その係数 a_n と b_n は，f によって一意的に決定されるであろうか？　G.カントールは，その答が肯定的であることを見出したが，その際級数（1）は，必ずしもすべての x に対して収束している必要はなく，十分多くの x に対して収束していさえすればよいことを発見したのである．そこで，かれはつぎの問題を考えた．S を実数からなる1つの集合とするとき，S にどのような性質があれば，すべての x に対して，

$$\sum_n a_n \cos nx + b_n \sin nx = 0$$

が成立するという仮定から，係数 a_n，b_n のすべてがゼロとなるという結論を導くことができるであろうか？　考察の途中，この種の集合 S のあるものに対しては，めんどうな記述が必要になることがわかった．こうして，かれは，一般の集合を考えるようになり，集合論の創始者となったのである．

464　第11章　集合，論理，圏

　カントールは，集合Aの基数$\operatorname{card} A$（第2章第8節）や，整列集合の順序数（第2章第9節）などを導入して，集合論を大きく発展させた．2つの基数は，単射$A \to B$が存在するとき，$\operatorname{card} A \le \operatorname{card} B$として，比較されるのである．シュレーダー–ベルンシュタインの定理によれば，$\operatorname{card} A \le \operatorname{card} B$ かつ $\operatorname{card} B \le \operatorname{card} A$ ならば，$\operatorname{card} A = \operatorname{card} B$ となる（証明は *Survey* 第8章を見られたい）．これと選択公理から，基数の順序は全順序となることがわかる．カントールは，"対角線論法"を使って，実数の集合 $\boldsymbol{R}$ が可算集合ではないことを示した．これは，$\operatorname{card} \boldsymbol{N} < \operatorname{card} \boldsymbol{R}$ を意味する．次にかれは，これら2つの基数の間に真に入る基数は存在するか，という問題を考えた．そのような基数は存在しないというのが，カントールの連続体仮説である．

　任意の集合Aに対して，Aの"冪（べき）集合"すなわち，Aのすべての部分集合からなる集合 $P(A)$ を対応させることによって，つぎつぎと大きな集合を構成していくことができる．たとえば，$P(\boldsymbol{N})$ は $\boldsymbol{R}$ と同じ基数をもつ．実際 $P(A)$ の基数がAのそれより大きくなることは，上の対角線論法によって示されるのである．

　いま，$f : A \to P(A)$ を双射としよう．さらに，部分集合 $S \subset A$ を，

$$S = \{x \mid x \in A \quad \text{かつ} \quad x \notin f(x)\} \tag{2}$$

と定義する．ここに，$x \in A$ は，通常のように，xがAの要素であることを意味する．さて，$S \in P(A)$ であり，f は双射であるから，Aの中に$f(a) = S$ となる要素aが存在する．もし $a \in f(a)$ ならば，定義（2）より，$a \notin f(a) = S$ となり，一方，$a \notin f(a)$ ならば，ふたたび，（2）により，$a \in f(a)$ となる．これは矛盾である．この論法が，"対角線論法"と呼ばれるのは，S が，対角線要素 $x(x \in f(x))$ の全体のAにおける補集合となっているからである．ラッセルの逆理（第2章第8節）にも，対角線論法による集合の構成法

$$R = \{S \mid S \notin S\} \tag{3}$$

が使われていたことを思い出されたい．

　われわれは，必然的に，集合とは何かという問題につきあたる．われわれは，最初，集合を数学的な対象からなるものの（はっきりと定義された）集まりと

して記述した．もっとも，"集まり"とは何か，"対象"とは何か（数なのか？点なのか？　級数なのか？）ということを明記することはしなかった．ただここでは，集合の多くの構成法が，次のようなものであったことを注意しておこう．すなわちその構成法によってつくられた集合はみな，その要素がまた集合であったということである．たとえば，Aのすべての部分集合からなる集合 $P(A)$，整数のmを法とする合同類の全体からなる集合 $\mathbf{Z}_m$，Aの基数などである．このことから，次のような集合だけを考えればよいのではないかという可能性が生じる．すなわち，その集合の要素 x それ自身が集合であり，x の要素 t それ自身も集合であり，また t の要素も…となっているようなものである．この … は，ϕ と記される空集合から始めるともっと説得力のあるものとなる．空集合は，ただ１つの部分集合をもつ．したがって，ϕ のすべての部分集合からなる集合 $P(\phi)$ は，ちょうど，空集合を要素とする集合 $\{\phi\}$ となる．この２つの集合を

$$R_0 = \phi, \quad R_1 = P(R_0) = \{\phi\} \tag{4}$$

と記すことにする．さて，１つの要素からなる集合 $\{\phi\}$ は，自分自身と空集合という２つの部分集合をもつ，したがって，その冪集合は

$$R_2 = P(R_1) = \{\phi, \{\phi\}\} \tag{5}$$

となる．この集合は，今度は，４つの異なる部分集合をもつから，その冪集合は，

$$R_3 = P(R_2) = \{\phi, \{\phi\}, \{\{\phi\}\}, \{\phi, \{\phi\}\}\} \tag{6}$$

となる．ここに，$\{\{\phi\}\}$ は，もちろん，要素として，空集合 ϕ のみをもつ集合 $\{\phi\}$ をただ１つの要素とする集合を表わす．この操作を繰り返すと，2^n 個の要素をもった集合 R_n が得られる．これら R_n の和集合は，可算集合 R_ω となる．ここに，ω は，最初の無限順序数である．

　（４），（５），（６）に始まる上の構成法は，順序数に関する帰納法として定式化される．いま，順序数 γ が，ある順序数 α の"つぎの順序数" $\gamma = \alpha + 1$

とはならないとき，γ を**極限順序数**と呼ぶことにする．ω はその最初のものである．集合 R_α を順序数 α について帰納的に定義すると次のようになる．

$$R_0 = \phi, \quad R_{\alpha+1} = P(R_\alpha), \quad R_\gamma = \bigcup_{\beta < \gamma} R_\beta \qquad (7)$$

最後の式は，γ が極限順序数の場合に適用する．順序数は，整列順序集合（すなわち，任意の空でない順序数の集合は，最小元をもつ）をなしているので，上の階層（7）に表われる任意の集合 x に対してその**階数**を，$x \in R_\alpha$ となる最小の順序数 α として定義することができる．このとき，x の任意の元は，x のそれより小さい階数をもつことになる．したがって，いかなる集合 x も，それ自身の要素となることはない．上の階層の中の各集合 x は，その要素として，集合のみをもつので，われわれはそれを，要素であるという関係を示す"木"によって，図示することができる．たとえば，上の集合（6）は，次のような木となる．

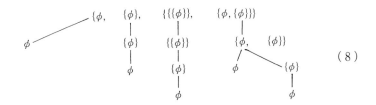

(8)

累積的な階層（7）の全体は，数学に必要な集合すべてを生成していると考えられる．もっともそれによって，すべての集合の"普遍集合"というものが生み出されるわけではないが，多くの無限集合と，有限の大きさの集合すべては，このようにして生じてくるのである．注意すべきはこの階層を記述するのに，空集合，集合の和集合，部分集合，冪集合といった（形式化されてはいない）アイデアが使われたこと，またそれが順序数（または，ほぼ同値である"構成の段階"という概念）という直観的なアイデアに基づいていたことである．上述の階層はこうした基礎のうえに，必要とされるすべての集合の組織的な"像"を与えているのであるが，それは，思弁的なものであって形式化されたものではない（下記の第4節を見よ）．

2. 公理的集合論

数学を基礎づけるのに，数学上のすべての概念を集合によって構成するのが，標準的な方法である．それに必要なステップのいくつかは，すでに示してある．写像，とくに全単射は，2つの集合のそれぞれの元の順序対の集合として定義され，基数は全単射についての集合の同値類であった．自然数は有限基数であり，整数は2つの自然数の組を用いて定義され，有理数は2つの整数の組の同値類であった．実数は有理数の集合（デデキントの切断）であり，複素数は2つの実数の組であった．複素関数は2つの複素数の組の集合であり，リーマン面はチャートと呼ばれる適当な複素関数から構成された集合であった．このように，少し注意をはらってペダンティックに表現すれば（ほとんど）すべての数学上の概念は集合を基礎にして構成されることがわかる．同値類における類はもちろん集合であり，第5章第4節で示したように，集合の順序対は適当な集合として定義されるのである．

数学に対するこのアプローチには，これによって，個々の概念を非常に明確にすることができるという利点がある．たとえば，リーマン面などは，複素平面から切り取ったシートを“巧妙にのりづけしてつくられたもの”と考えると，何か神秘的な気がするが，実は，チャートの単なる集合として定義できるのである．しかし，このアプローチが，本当に信頼できるものであるためには，ラッセルの逆理や，その種のものが生じないようにせねばならない．これらの逆理は，集合を，同定できるものの集まりと，素朴に考えたことに原因があると思われる．これを避けるためには，すでに記した累積的階層をもつような集合の公理を考えるのがよい．つまり，集合を“集まり”として記述するのではなく，集合 x，y，z には（x は y の要素であるという），所属関係 $x \in y$ が定められており，集合はこの関係 $\in$ を使って厳密に定式化されたある公理を満たしている，と考えるのである．集合に関するすべての事柄や，これらを使って構成される数学上の対象は，（最終的には）この所属関係によって定義されることになる．そして，すべての定理はこの公理から証明されるのである．

ツェルメロ-フレンケルの公理系 (ZF) は標準的なものである．まず，集合 x と y との間との包含関係 $\subset$ を次のように定義する．

$$x \subset y \iff \text{すべての } t \text{ に対して } (t \in x \Rightarrow t \in y) \qquad (1)$$

468 第11章 集合，論理，圏

ここに，$\Longleftrightarrow$ は "同値" を意味し，$\Rightarrow$ は "ならば" を意味する．また，集合と集合が等しいことを，下のように定める．

$$x = y \Longleftrightarrow x \subset y \text{ かつ } y \subset x \qquad (2)$$

これは，（1）を使えばわかるように，2つの集合が等しいためには，それら2つが同じ元をもつことを意味する．これは，まさに，集合という考えの基本的な側面である．

ツェルメロの公理系はつぎの8つの公理からなる．

外延性の公理，空集合の公理，対集合の公理，冪集合の公理

和集合の公理，無限公理，内包性の公理，正則性の公理 $\qquad (3)$

これらの公理をくわしく述べよう．

外延性の公理

$$x = y \text{ かつ } y \in z \text{ ならば } x \in z \qquad (4)$$

これは，2つの集合が等しく，その一方が $y \in z$ の左辺に表われるとき，これをもう一方で置き換えてもよいことを示しているのである．等号の定義（2）からは，$t \in y$ の左辺に関する置換え，

$$x = y \text{ かつ } t \in y \Rightarrow t \in x$$

がすぐに出てくる．時として，2つの記号 $\in$ と $=$ とを，集合に関する独立した基本記号と考えることがある．この場合，（4）は単に $=$ に関する基本性質の一つとなり，（2）がこの立場での外延性の公理となる．

空集合の公理　要素をもたない集合 ϕ が存在する．

定義（2）により，このような2つの集合は等しくなる．

2. 公理的集合論　　**469**

　対集合の公理　　任意の2つの集合 x と y に対して，次のような集合 u が存在する．すなわち，すべての t に対して，

$$t \in u \iff (t = x \text{ または } t = y) \tag{5}$$

が成り立つ．このような集合が2つあれば，それらは（2）によって，等しくなる．これを $u = \{x, y\}$ と書くことにする．この公理から，**一要素集合**，つまり，ただ1つの要素だけをもつ集合 $\{x\} = \{x, x\}$ の存在が保証され，また，第4章第4節で説明した順序対 $\langle x, y \rangle = \{\{x\}, \{x, y\}\}$ もつくられる．

　冪集合の公理　　任意の集合 x に対して，

$$s \in u \iff (s \subset x) \tag{6}$$

がすべての s について成り立つような集合 u が存在する．この集合もまた（2）により一意に決まる．これを（x の）**冪集合**といい，$u = Px$ と書く．

　和集合の公理　　任意の集合 x に対して，

$$t \in u \iff \text{ある } s \text{ が存在して，} t \in s \in x \text{ となる．}$$

がすべての t について成り立つ集合 u が存在する．この集合も一意に決まり，これを x のすべての元の**和集合**という．通常これは $\bigcup_{s \in x} s$ と記される．この記号を使えば，この公理は次のように書ける．

$$t \in \bigcup_{s \in x} s \iff (\exists s)\ (t \in s \text{ かつ } s \in x)$$

とくに，$x = \{y, z\}$ のときは，この和集合を $y \cup z$ と書く．

　つぎの（無限）公理を定式化するまえに，各集合 x に対して，一要素集合 $\{x\}$，二要素集合 $\{x, \{x\}\}$ 等々，一般に x の**つぎの集合**（successor）とも呼ばれる集合

470   第11章　集合，論理，圏

$$s(x) = x \cup \{x\} \tag{7}$$

が得られることに注意しよう．とくにこのことから，すべての有限順序数が生ずるのである．

$$0 = \phi, \quad 1 = s(\phi) = \{0\}, \quad 2 = s(1) = \{0, \{0\}\} = \{0, 1\}, \cdots \tag{8}$$

これは第2章9.5で定義したものと同じである．したがって，各順序数はそれ自身より小さな順序数からなる集合であることがわかる．このことから，最初の無限順序数 ω は，すべての有限順序数からなる集合となるはずである．したがって，この ω を含む集合が存在することを要求できれば，無限集合が少なくとも1つ存在することが保証されるわけである．

無限公理　　空集合を含み，$x \in \omega$ ならば，$s(x) \in \omega$ となる集合 ω が存在する．

内包性の公理　　任意の集合 u と，u の要素に関する任意の性質 P に対して，

$$x \in s \iff x \in u \text{ かつ } x \text{ は性質 } P \text{ を満たす} \tag{9}$$

となる集合 s が存在する．この集合もまた一意に決まり，ふつう，

$$s = \{x \mid x \in u \text{ かつ } x \text{ は } P \text{ を満たす}\} \tag{10}$$

と書かれる．これは，いままでに何度となく使用してきた集合の構成法である．たとえば，これによって，2つの集合 u と v の共通限分 $u \cap v$ が定義される．この公理は，時として，**分出公理**と言われる．というのは，それが，与えられた集合 u から，特定の性質 P をもつ u の要素を要素とする部分集合 s を "取り出す" すなわち，分離することを可能にするからである．このように定式化された公理からは，(1.3) のラッセルの逆理を生じる集合 R は構成されない．なぜなら，この公理は，与えられた集合 u の部分集合の構成を保証しているだけで，すべての集合からなる普遍集合の部分集合たとえば R のようなものの構成は保

証してないからである．この定式化は，また，集合とは本章第1節の累積的階層によって構成されるものである，という考え方とも一致する．

この公理は，実は，各性質Pに対して，1つの公理を表わしているわけで，本当は，無限に多くの公理の集まりなのである．こういうものを**公理図式**という．

以上の公理は，本質的には1908年に，ツェルメロによって定式化されたものである．最後の公理（9）は，形の上で満足できるものではない．というのは，これには基本記号 $\in$ だけでなく"性質"というものが，含まれているからである．そこで，スコーレムとフレンケルが行なったように，その意味を与えなければならない．すなわちxの"性質"Pとは，集合論的にはっきりした論理式によって明記されたものを意味する，とするわけである．言い換えれば，それはxと記号 $\in$ と通常の論理記号のみを使って定式化されたものである．たとえば，「すべての t と s に対して，$t \in x$ かつ $s \in x$ ならば，$t \in s$ となる」などは，xの性質と言える．

正則性の公理　　集合xが空集合でなければ，xとは同じ要素を共有しないxの要素がある．言い換えれば，

$$x \neq \phi \Rightarrow (\exists \omega) \quad \omega \in x \text{ かつ } x \cap \omega = \phi \tag{11}$$

この公理の意味を理解するために，まず，$x \in x$ となる集合x（自分自身を要素とする集合）は存在しないことが，この公理から，示されるのを見ておこう．もし，そのようなものが存在したとすると，一要素集合 $\{x\}$ は，空集合ではないにもかかわらず，その唯一の要素であるxが $\{x\}$ と共通の要素xをもってしまうことになる．同様にして，この公理から $x \in y \in x$ とは決してならないことが示される．もし，そうであったとすると，$\{x, y\}$ が空集合でないにもかかわらず，その元（xまたはy）は $\{x, y\}$ と共通元をもってしまうからである．また集合の列 y_n を定義すると，この正則性の公理は，無限"下降列"

$$\cdots y_n \in y_{n-1} \in y_{n-2} \in \cdots \in y_1 \in y_0 \tag{12}$$

は存在しないことを保証する．なぜなら，もし存在したとすると，集合 $x = \{y_0,$

472　第11章　集合，論理，圏

$y_1, \cdots\}$ がこの反例となってしまうからである．このことから，正則性の公理は，**基礎の公理**とも言われる．すなわち，与えられた集合 y_0 に対して，その要素からなる無限に後退していく列は存在しないのである．

　これらの公理の直観的意味は次のようになる．これらの公理は，本章第1節で述べた集合 R_α の累積的な階層が成立するように選ばれているのである．たとえば，正則性公理の場合で言えば，それによって，空でない各集合 x には階数 α が定まり，x のすべての要素の階数は α より小さなものとなるのである．x の要素 t の階数の中には，最小の順序数 β が存在することが（順序数の整列性から）わかる．この階数 β の任意の要素は，x に対して，公理 (11) の性質をもつことになる．もし，そうでないと，(12) の無限下降列から順序数の無限下降列が生じてしまうからである．ただしこの議論は，前に述べた順序数についての直観的な記述をよりどころとしているわけで，厳密ではない．

　ツェルメロの公理には，ふつう，選択公理が付け加えられる．それは，関数という概念を使うと次のように表現される．

　選択公理　　空でない集合を要素にもつ集合 x においては，x を定義域とする関数 f で，すべての要素 $y \in x$ に対して，$f(y) \in y$ となるものが存在する．

　言い換えれば，f は x の各 $y \neq \phi$ に対して，特定の要素 $f(y) \in y$ を選ぶことができる，ということである．つまり，f は x に対する一つの選択関数なのである．これが必要となるのは，x が無限集合の場合である．数学では，"無限"に関する多くの議論に，この公理が使われるが，その際，これと同値な形（ツォルンの補題）で現われることが多い．ツェルメロはこの公理から，すべての集合が整列集合となることを示した．

　幾何学を公理化した場合と同様，集合に対する（ツェルメロの）公理の役割は，集合に関する"すべての事柄"を，集合とはなにがしかのものが集まってできたものである，という直観的な考えによることなく，公理によって形式的に証明できるようにすることなのである．ここでは，話しを順序数と基数に限って，これらのことについて簡単に説明しておこう．

　まず，直観的な考察から始めよう．基本的なアイデアとしては，すでに用いた整列集合を考えるのである．とくに，順序数は，それ自身，整列集合であった．

$$0 < 1 < 2 < 3 < \cdots < \omega < \omega + 1 < \cdots$$

一般に順序数は，空でない任意の部分集合が最小元をもつとき，あるいは同じことではあるが，順序に関する (12) のような無限下降列が存在しないとき，整列集合と言われる．集合論の公理から有限順序数の"モデル"となる集合をつくることはやさしい．それは，まず，$0 = \phi$ とし，あとは，（7）の"つぎの元"を定める関数 s を使って，有限順序数を次のように決めればよい．

$$1 = \{0\},\ 2 = \{0, 1\},\ \cdots,\ n = \{0, 1, 2, \cdots, n-1\}$$

無限公理から示唆されるように，最初の無限順序数は

$$\omega = \{0, 1, 2, 3, 4, \cdots\}$$

である．見ればわかるように，これらの集合はどれも"推移的"である．ここに，**推移的**であるとは，$x \in y \in t$ ならば，$x \in t$ となることを言う．言い換えれば，t のすべての要素がまた t の部分集合となることである．

　上のことを形式的に展開すれば次のようになる．フォン・ノイマンに従って，**順序数**を，推移的な集合 α であってそのすべての要素 $t \in \alpha$ がまた推移的となるものと定義する（ω や有限順序数 n はこれを満たす）．そうすると，集合論の公理から，順序数 α のすべての要素全体は，所属関係 $\in$ に関して，線形順序集合となることがわかる．また，正則性公理から，この線形順序集合 α が整列集合であること，すなわち，所属関係 $\in$ という順序に関して，α の任意の空でない部分集合 x が，最小元をもつことが示される．実際，正則性公理により，x と共通の要素をもたない要素 $y \in x$ がとれる．もし y が最小元ではなく，ある $z \in \alpha$ に対して，$z < y$ となっているとすると，これは $z \in y$ を意味し，さらに，x の推移性より $z \in x$ が言える．これは x と y が共通元をもたないことに矛盾する．したがって，y が x の最小元となるのである．

　この証明は正則性公理を決定的なところに使った一例である．

　フォン・ノイマンの順序数 α についてのこの形式的な定義からは，順序数に必要なすべての性質が導かれる．とくに，すべての整列集合 P は，あるフォン・ノイマンの順序数に順序同形となることが示される．これは，フォン・ノイマ

474　第11章　集合，論理，圏

ンの順序数が以前に定義した順序数（第2章第9節）の"代表"となることを意味する．順序数とは，ある整列集合の順序形 ord P のことであった．ここに，

$$\text{ord } P = \{P' \mid P' \in V \text{ かつ } P \sim P'\} \tag{13}$$

で，$P \sim P'$ は P と P' が順序同形となっていることを意味し，V はあるタイプ，すなわち，"宇宙"である（内包性公理を適用するためには，なにがしかの宇宙が必要となるのである．単に $P \sim P'$ となる**すべて**の P' を考えるわけにはいかない）．宇宙がどんなものであれ，それが十分に大きいものであれば，$P \sim \alpha$ となるフォン・ノイマンの順序数 α を含むから，以前の順序数 P は α で実現される．すなわち，代表されるのである．

（宇宙はある集合 V で，V の要素全体がそれ自身ツェルメロの公理を満たしているものとして記述することも考えられるが，それにはツェルメロの公理に，"宇宙は存在する"という公理を付け加えておく必要がある．そうするとまた宇宙の宇宙というようなものができ，つぎつぎと宇宙を使わなければならないことになってしまう．）

　基数の素朴な定義（第2章第8節）は，同値関係 $\equiv$ を使って，

$$\text{card } S = \{S' \mid S \equiv S'\} \tag{14}$$

となるが，これはまた内包性公理の誤った用法となる．この困難を回避することは，(13)のように，宇宙を考えれば可能となるが，もっときれいに導入するには，まず，階層 R_α の定義 (1.7) と同じように，順序数を使った帰納法によればよいことを，公理から示すのである．公理からは，各集合 T に対して，$T \in R_\alpha$ となるような最小の順序数 α として，T の階数 $\rho(T)$ が定義される．集合 S の基数は，これと同値な集合で最小の階数をもつもの全体として記述されることになる．形式的には，

$$\text{card } S = \{S' \mid S \equiv S' \text{ かつ } \forall T, \ T \equiv S \Rightarrow \rho(S') \leqq \rho(T)\} \tag{15}$$

と定義するのである．

　あるいは，(14)における分出に伴う問題は，次のようにして回避することも

2. 公理的集合論　　*475*

できる．すなわち，自分自身よりも小さな順序数とは，基数同値とならない（1対1対応がつかない）順序数として基数を定義するのである．たとえば，ω は基数であるが，$\omega + 1$ は基数ではない．また，このように定義された基数は，(14)の同値類の代表元となる．なぜなら，すべての集合は整列可能だからである．

　順序数および基数という数学上の基本概念の以上の取扱いから，適切な公理化によって，概念がいかにして明白にされるかがわかっていただけたと思う．そこでは，整列集合という初期の（そして中心的な）概念を，正則性公理と推移的な集合という概念を使って定められたモデル（順序数）によって，焦点のはっきりしたものにすることができたのであった．

　無限集合 ω に，冪集合の公理を繰り返し用いると，集合の塔

$$\omega,\ P\omega,\ P^2\omega,\ \cdots,\ P^n\omega,\ \cdots$$

が得られる．これが集合の増大列であることは対角線論法からわかる．もっと大きな集合を得るためには，集合 $P^n\omega$ の自然数 n にわたる和集合を考え，これに，ふたたび P をほどこせばよいのであるが，すべての $P^n\omega$ を含む集合の存在，言い換えれば，関数 $n \mapsto P^n\omega(n \in \omega)$ による ω の像が集合となることを知らなければ，この和集合を構成することは不可能である．最後に述べるつぎの公理（置換公理）は，任意の集合の関数による像が，ふたたび，集合となることを保証するものである．ここに，"関数" $x \to y$ は，内包性公理の場合と同様，論理式によって規定された性質 $R(x, y)$ を使って記述される．この公理もまた公理図式（各性質ごとに1つの公理となるもの！）である．

　置換公理　　$R(x, y)$ を2つの集合 x，y と所属関係によって記述された論理式とし，u は集合で，その任意の要素 $x \in u$ に対して，$R(x, y)$ となる y がただ1つだけ存在するものとしたとき，ちょうどこれらの y の全体により構成される集合が存在する．

　もちろん，この集合は R によって定義される関数による u の像である．
　この置換公理（公理図式）からは，内包性公理が導かれる．ツェルメロの公理に，置換公理を付け加えたものが，ツェルメロ-フレンケルの公理（ZF）であ

476 第11章 集合，論理，圏

る．ふつうは，これに選択公理も加え，ZFC というものを考える．

3. 命 題 計 算

　数学的な記述は，曖昧さを完全に排除するために，特別な記号に基づく言語を用いて定式化される．このことは，たとえば，集合論での内包性公理や置換公理における "性質" が，何を意味するのかを，原理的に明らかにするためにも必要なことである．どういう言語を使うかということは，論理学において中心的役割を果たすことになる．

　はじめは，言語を "かつ"，"または"，"でない"（記号では，∧，∨，$\daleth$）という標準的な論理結合子に限って考えることにする．これらの記号は，命題 p，q，r を，結び合わせるのに用いられるのである．命題として考えられるものに，たとえば，

$$x < 2, \quad x + 3 = 7, \quad 3 < 4, \quad 3 < 2$$

などの数論に関するものがある．まず，最初の2つのように，ただ1つの "変数" x を含む命題 p を考えることにしよう．これには，その命題を成り立たせる数 x からなる集合 P が対応する．また，$p \wedge q$ のような2つの命題の結合には，それぞれに対応する2つの数の集合の共通部分 $P \cap Q$ が対応することになる．同じように考えると，つぎの論理結合子の表が得られる．

名前	形	読み方	ブール代数での形	名前
論理積	$p \wedge q$	p かつ q	$P \cap Q$	共通部分
論理和	$p \vee q$	p または q	$P \cup Q$	和 集 合
否 定	$\daleth p$	p でない	P'	補 集 合
含 意	$p \Rightarrow q$	p は q を含意する	$P' \cup Q$	——

表の最後にある含意という結合は，**実質的な含意**とも呼ばれ，$p \supset q$ または，$p \to q$ と書かれることもある．また，「p ならば q である」と読まれることもある．上にあげた以外の結合子もあるが，それらは，これら4つを用いて定義される．たとえば，p と q は互いに必要十分であるとは，$(p \Rightarrow q) \wedge (q \Rightarrow p)$ と

3. 命 題 計 算　　***477***

定義され，$p \Longleftrightarrow q$ と書かれる．しかし，「必要十分である」とは，あくまでも読み方であって，この言い方だけで，その意味がわかるわけではないのである．すべての結合子の使い方は，下記の**真理表**によって，形式的に決める．それは，p，q に**真理値**（真ならば＋，偽ならば－）を与えたときに，それらを結合して得られる結果の真理値を指定するものである．

p,	q	$p \wedge q$	$p \vee q$	$\daleth p$	$p \Rightarrow q$
＋	＋	＋	＋	－	＋
＋	－	－	＋	－	－
－	＋	－	＋	＋	＋
－	－	－	－	＋	＋

　この表は，結合子が何を意味するかを示している．第3列の論理式 $p \wedge q$ は下のように，真理値を表わす2つの元からなる集合 $\{\pm\}$ の自分自身との積の上で定義された関数

$$\wedge : \{\pm\} \times \{\pm\} \rightarrow \{\pm\}, \quad \{\pm\} = \{+, -\}$$

と考えることもできる．それは，$\Rightarrow$ と $\vee$ についても同様であるが，$\daleth$ は1変数の関数である．

　さらに，これらの合成関数も考えられ，それは，"論理式"によって表わされる．正確に言えば，文字 p，q，r や，結合子や，括弧からなる記号のある種の列を**論理式**（あるいは，**よく構成された論理式**）というのである．それらは，次のように帰納的に定義される．

　（1）　文字 p，q，r は，論理式である．

　（2）　F と G が論理式ならば，$F \wedge G$，$F \vee G$，$F \Rightarrow G$ も論理式である．

　（3）　F が論理式ならば，$\daleth F$ も論理式である．

論理式は，これらの方法だけを用いてつくられる（もちろん，$F \Rightarrow (G \wedge H)$ のように，論理式を曖昧さなく読ませるために，括弧を使うことはある）．真理表を使うことにより，n 個の文字 $p_1, \cdots, p_n$ を含む任意の論理式は，合成関数 $\{\pm\}^n \rightarrow \{\pm\}$ によって表現されることがわかる．このとき，論理式に対応する関数値が，つねに＋ならば，その論理式を**トートロジー**と言う．たとえば，$(p \wedge q) \Rightarrow$

478　第11章　集合，論理，圏

$(p \lor q)$ は，トートロジーである．

　$p \Longleftrightarrow q$ は，論理式を構成する他の結合記号を用いて定義されるので，"$\Longleftrightarrow$" を含む論理式も扱うことができる．有用なトートロジーの中に，次のようなものがある．

$$(p \Rightarrow q) \Longleftrightarrow (\neg p \lor q) \tag{1}$$

$$(p \land q) \Longleftrightarrow (\neg(\neg p \lor \neg q)) \tag{2}$$

はじめのものは，実質的な含意の定義として有名である．「p から q が導かれる」とは，「p でないか，または，q である」を意味するのである．とくに，偽の命題からは，いかなる命題も導かれることになる．これを，よしとしない哲学者たちは，"厳密な含意" とか，適切な論理といった命題論理の変種を導入したが，それらが，数学の定式化に役立つと認められたことはいまにいたるまでないのである．

　$r \Longleftrightarrow s$ は，r と s が，ともに真であるか，ともに偽であるときに限って，真となるので，トートロジー（1）は，$p \Rightarrow q$ と $\neg p \lor q$ が，真理値の関数としては，同じものであることを述べているわけである．言い換えれば，これが，$\neg$ と $\lor$ を使って，$\Rightarrow$ が定義できる根拠を与えているのである．同様に，ド・モルガンの法則の1つである（2）は，$\neg$ と $\lor$ を使った $\land$ の定義に用いられる．したがって，命題計算においては，あとの2つの結合記号だけあれば十分なわけである（この2つを1つの2項結合子で置き換えることもできるが，それでわかりやすくなるわけではない）．

　これらの結合子には，（はじめの表によって）集合，より正確には，ある固定した集合 V の部分集合に関するブール（Boole）代数の演算が対応する．この対応において，トートロジーは，すべての変数に対して，値 V をもつ関数となり，同値であるという論理式（トートロジー $F \Longleftrightarrow G$）は，ブール代数における恒等式となる．ブール代数についての完全な公理系（そのような公理系はたくさんある）は，どれでも命題計算に関する（推論の規則を含む）公理系に翻訳される．しかし，これらの公理系は必要ではない．それから導かれることは，要するにすべて単なるトートロジーとして直接に記述されるのである．しかし，このように言ったからといって，それだけで，"真理" という重大なことばが，説明されたわけではない！

4. 第 1 階 の 言 語

　数学を客観的に記述するためには，数学のすべてのことがらを書き下す"言語"をまず記述する必要がある．すでに見たように，限定作用"∃"と"∀"は，数学の概念を記述するためのいかなる言語にも必要となるものである．各言語はある領域の対象について論ずるが，その対象は，領域の中のものを表わす変数 x，y，z，…を用いて表わされ，それらの変数は十分な数だけあるとされる．ある言語の論理式は，いくつかの基本述語と基本関数記号とを用いてそれらの変数と定数 $(0, 1, …)$ からつくられる．例として，1 つの 2 項述語記号 $B(x, y)$ と 1 つの関数記号 $+$ をもつ言語 $L(B, +)$ について考えてみよう．これらの記号をもとにして，まず，**項**を次のように定義する．

　（ⅰ）　各変数と各定数は項である．

　（ⅱ）　$+$ が 2 項関数記号で，s と t が項ならば，$s + t$ も項である．

このようにして得られたものだけが項である．これらの項から上と同様に，帰納的に**論理式**が定められる．

　（ⅲ）　B が 2 項述語記号で，s と t が項ならば，$B(s, t)$ は論理式である．

　（ⅳ）　F が論理式ならば，$\daleth F$ も論理式である．

　（ⅴ）　F と G が論理式ならば，$F \vee G$ も論理式である．

　（ⅵ）　x が変数で，F が論理式ならば，$(\forall x)F$ も $(\exists x)F$ も論理式である．

このようにしてつくられたものだけが，論理式である．最後の条件（ⅵ）は，ふつう F が変数 x を含んでいる場合に用いる．このとき x は，論理式 $(\forall x)F$ または $(\exists x)F$，あるいは，これら 2 つの論理式からつくられた一般の論理式において**束縛**されているといわれる．束縛されていない変数は**自由**であるという．これが意図するところは，自由な変数 y，z，…を含む論理式 F は，これらの自由変数によって表わされる対象領域の要素に関するある性質を記述したものとなる，ということである．しかし，その性質には，全対象領域を動くその他の"束縛変数"が含まれることもある．たとえば，$[(\forall x)B(x, y)] \vee B(x, z)$ のような論理式において，はじめの x は束縛変数であり，最後の x は自由変数である．ふつう，束縛変数と自由変数は，誤解が生じないように，別の記号を使う．上の場合，最後の x は w などとするほうがよい．

　上に定義した論理式には，2 つの命題結合子 $\daleth$ と $\vee$ だけが使われている．他の記号は，前の節で示したように，上の 2 つを使って定義されるのである．

480　第11章　集合，論理，圏

われわれは，ただ1つの2項述語記号Bと2項演算＋だけをもつ言語 $L(B,$ ＋) について述べてきた．もし，Bを＜とするならば，それは，"数論の言語"と呼ばれるものとなる．可能性としては，1項述語，2項述語，あるいは，n項述語といった複数の述語や，1項関数，2項関数，3項関数といった複数の関数記号をもった言語，あるいは，全く関数記号をもたない言語もあるわけであるが，実際の数学体系では，それに含まれる基本関数は，ほとんどすべて，1項関数か，2項関数（つぎの元とか積など）で，基本述語Bは，たいてい，1項述語か2項述語になっているのは，著しいことである．もちろん，幾何学の基礎（第3章）における**間にある**という3項関係のような例外も時としてあるが，この場合も，それを実数座標に対する"より小さい"という2項述語で定義することにより，ただちに"間にある"という3項述語を除いてしまうこともできるのである．しかし，2項関係や2項関数を，すべて，1項関係や1項関数で置き換えてしまうことはできない．哲学的な言い方をすれば，アリストテレスの論理学にあるように，すべてをものの性質（1項述語）に還元することはできない，ということである．

　3項演算やそれより高いレベルの演算を考えずにすませることができるのは，ふしぎなことである．それは，数学のもつ本来の性質なのであろうか，それとも，単にわれわれの想像力の不足なのであろうか？　たとえば，アフィン幾何学では，2点p，qと変数wに対して"重さのついた平均"を対応させる3項演算$(p, q, w) \mapsto (1 - w)p + wq$ が基本的であるが，それを扱うのに原点（それは不変ではない）を決めて1項および2項演算だけですむベクトル空間を用いて表現するのがふつうである．"n-群"というものも考えられる．たとえば $(x, y, z) \mapsto (x - y + z)$ という3項演算によって"3-群"が考えられる．等々．このような考え方はすぐ思いつくものであるが，"n-群"の理論というようなものには発展しなかった．

　上に定義した $L(B, ＋)$ のような言語を1類[1] (one-sorted) の**第1階**述語言語と呼ぶ．というのは，限定作用素 $\forall x$ と $\exists x$ が，ただ1つの対象領域を動く変数にしか関係しないからである．さらに2類の第1階述語言語も考えられる．それは，2つの異なる対象領域（ベクトル空間で言えば，スカラーの領域とベクトルの領域の2つである）を動く2種類の変数をもつものである．第2階の

---

1)　この訳語は基礎論で別の意味で使われることがある．しかしこの本ではこれ以外の意味で使われることはない．［訳注］

言語というのは，第1階の言語に述語，すなわち集合を表わす変数に関する限定作用素を付け加えたものである．この"変数"という言葉は，実際に"変化する"量（時間や距離）を扱う微積分学における変数に由来しているものにちがいないが，ここでいう変数は，単なる記号である．その主な目的は，自由変数に他の記号（項）を代入することである．

集合論の重要な言語 $L(\in)$ は，1つの対象領域（集合）と所属関係を表わすただ1つの述語 $\in$ だけをもつ第1階の言語で，基本関数記号はもっていない．この言語においては，しばしば，**制限された限定作用素**と呼ばれるものが使われる．それは，ある特定の集合の要素に変域を制限したもので，そのようなものは，ふつう次のように

$$(\forall x)(x\in u \Rightarrow F) \quad \text{のかわりに} \quad (\forall x\in u)F$$
$$(\exists x)(x\in u \wedge F) \quad \text{のかわりに} \quad (\exists x\in u)F \tag{1}$$

と書かれる．おおかたの数学上の議論では，用いられる限定作用素は，すべて制限されたものとなっている．制限のない限定作用素は，主に，集合論における高級な研究に現われる（たとえば，すべての順序数に関する限定作用素である）．

集合論で使われる言語 $L(\in)$ の厳密な記述を用いると，ZF の内包性公理や置換公理に現われた"性質"という考えを明確に記述することが可能になる．つまり，x と y に関する性質とは，言語 $L(\in)$ に属するちょうど2つの自由変数をもった論理式を意味するものとすればよいのである．この内包性公理を，数学の通常の対象に用いる場合，ふつう，制限された限定作用素をもつ論理式だけを考えれば十分であることが多い．したがって，公理は，次のように述べられる．

制限された内包性公理（BQ）　　すべての限定作用素が制限された集合論における任意の集合 u と，任意の論理式 $F(x)$ に対して，

$$x\in s \iff x\in u \wedge F(x) \tag{2}$$

となる集合 s が存在する．

482 第11章 集合，論理，圏

おおかたの数学に対しては，集合論の適切な公理系は ZBQC，すなわち内包性公理を，制限された内包性公理で置き換えたツェルメロの公理系に，選択公理を付け加えたものであるように思われる．このアプローチは（どこにも，詳細には展開されていないが），実際的なものである．つまり（2.11 のような定義に対しては，十分でないにしても），大体の場合，これで十分なのである．

集合論の研究者の中には，本章第1節で述べた累積的階層において記述された集合に対しては，ZFC の公理系は，"真"であると"見る"人たちがいる．この階層のステージ $\alpha + 1$ に表われる新しい各集合 $s \in P(R_\alpha)$ は，R_α の部分集合であり，したがって R_α にすでに表われている要素から構成されているわけであるが，階層の記述においては，"部分集合"が何を意味しているのかは説明されていない．もし，R_α の各部分集合が，その要素の性質を指定することで，記述できるとすれば，この性質を表現する1階の論理式は，すでに存在している集合だけを規定しているはずであり，したがって，R_α に関する限定作用素のみを含んでいると考えてもよいであろう．この立場に立つと，制限された内包性公理は，制限のない内包性公理よりも，この階層においては，"理解しやすい"ものとなる（同じことは，"制限された"置換公理に対してもあてはまる）．ここでも，また，同じ直観的なアイデアに複数の形式的な実現の仕方があることを見たことになる．

ZFC においては，累積的階層は形式的に構成されているのである．公理を手にする以前は，この階層は**プラトン的な神話的存在**であり，集合に対する第六感をもった人々にだけはっきりと理解できるものであった．

5. 述 語 計 算

証明に関する完全な規則は，第1階の言語によって定式化されるが，それには代入という操作が必要となる．つまり，述語論理における自由変数 x を含む論理式を F，すなわち $F(x)$ とし，その論理における項を t とするとき，F に現われるすべての x に t を代入して得られる論理式を $F(t)$ と（ふつう）書くのである．

述語論理に関する**トートロジー**とは，命題論理に関するトートロジー T の各命題記号 p を述語論理の論理式で置き換えて得られるものである．たとえば，

$$(F(x) \Rightarrow G(x)) \Rightarrow (\daleth G(x) \Rightarrow \daleth F(x)) \tag{1}$$

$$F(x) \Longleftrightarrow \daleth\daleth F(x) \tag{2}$$

は，述語論理でのトートロジーであり，これらは明らかに，$(p \Rightarrow q) \Rightarrow (\daleth q \Rightarrow \daleth p)$，$p \Longleftrightarrow \daleth\daleth p$ から得られたものとなっている．

次に，証明を定義することにしよう．述語論理における**形式的証明**とは，その論理に属する有限個の論理式からなる列であって，各論理式が公理そのものであるか，あるいは推論規則の 1 つを使って，その列におけるそれより前の論理式から導かれるものをいうのである．ここに，公理（実際は，公理図）とは，つぎのものをいう．

（ⅰ）　その言語におけるトートロジーはすべて公理である．

（ⅱ）　各項 t と（自由変数 x を含む）論理式 $F(x)$ に対して，

$$((\forall x)F(x)) \Rightarrow F(t), \quad F(t) \Rightarrow (\exists x)F(x) \tag{3}$$

は，いずれも公理である．

（ⅲ）　分離の規則（modus ponens）：F と $F \Rightarrow G$ から G が導かれる．

（ⅳ）　一般化の規則：変数 x が F に現われないならば，

　　　（ⅳ a）　$F \Rightarrow G(x)$ から $F \Rightarrow (\forall x)G(x)$ が導かれる．

　　　（ⅳ b）　$G(x) \Rightarrow F$ から $((\exists x)G(x)) \Rightarrow F$ が導かれる．

通常，これらの推論規則は，前提を上に結論を下に，その間を線で分けた証明図の形に記される．たとえば，分離の規則（アリストテレス（Aristoteles）の三段論法）は，

$$\frac{F \quad F \Rightarrow G}{G} \tag{4}$$

となり，一般化の規則の証明図は，

$$\frac{F \Rightarrow G(x)}{F \Rightarrow (\forall x)G(x)} \qquad \frac{G(x) \Rightarrow F}{(\exists x)G(x) \Rightarrow F} \tag{5}$$

484 第11章 集合，論理，圏

となる．これら2つの規則は議論についての通常の原理に対応している．つまり，不特定の x について成立すれば，すべての x について成立するはずであり，不特定の x に関する性質 G から F が導かれるならば，性質 G を満たす x が存在しさえすれば，F はそれから導かれるというものである．また，（3）と分離の規則から，すべての x について成り立つものは，すべての項についても成り立つことがわかる．

　本質的な点は，証明の形式的定義には（いかに論理式をつくるかという）シンタックスと（いかにして，古い論理式から新しい論理式を推論するかという）推論規則との2つが必要となることである．たとえば，分離の規則の第2の形式「$F \Rightarrow G$ かつ $G \Rightarrow H$ ならば $F \Rightarrow H$」といったものは，トートロジーと推論規則から導くことができる．そのほかのものについても同様である．

　これら推論規則の使い方を見るために，

$$(\forall x)F(x) \iff \daleth(\exists x)\daleth F(x) \qquad\qquad (6)$$

を証明してみよう（この結果を使えば，存在記号を使って全称記号を定義することができるわけである）．$\Leftarrow$ 方向の証明は，古典的なトートロジー $p \iff \daleth\daleth p$ を使って，次のようになされる．

$\daleth F(x) \Rightarrow (\exists x)\daleth F(x)$	公理図（ⅱ）により
$\daleth(\exists x)\daleth F(x) \Rightarrow \daleth\daleth F(x)$	トートロジー（1）と分離の規則により
$\daleth(\exists x)\daleth F(x) \Rightarrow F(x)$	トートロジー（2）と分離の規則（第2形式）により
$\daleth(\exists x)\daleth F(x) \Rightarrow (\forall x)F(x)$	一般化の規則（ⅳa）により

読者は，（ⅳb）と公理図（ⅱ）を用いて，逆方向の形式的証明を試みられるとよい．形式的証明はつねに可能であり，つねにペダンティックであることが，上の証明からわかるであろう．数学の通常の証明をこの形になおすことが可能であることを示す入念な証明も（たとえば，ホワイトヘッド（Whitehead）とラッセルによる3巻からなる**数学原理**などに）ある．

　等号をもった述語計算は，しばしば用いられる．等号をもつとは，通常の公

理のほかに，2項述語“＝”があって，それが反射律，対称律，推移律を満たし，さらに，「互いに等しいものは置換えができる」という公理を満たすことを意味する．最後の条件に関しては，基本述語記号と基本関数記号について満たされていれば十分である．本章第4節で述べた言語 $L(B, +)$ について言えば，

$$(x = x' \wedge y = y') \Rightarrow (B(x, y) \iff B(x', y')) \tag{7}$$

$$(x = x' \wedge y = y') \Rightarrow x + y = x' + y' \tag{8}$$

が，満たされていればよいのである．上に述べた公理と推論規則の数は，驚くほど少ないが，これで，実際上も理論上も十分なのである．それは実際的な面で言えば，すべての数学上の証明は，論理に関係した公理に，その数学個有の公理を付け加えた言語を使って定式化されるからである．たとえば，集合論に関する証明は“すべて”，これらの推論規則と言語 $L(\in)$ における ZFC の公理により定式化されるのである．また，理論上も十分であることは，つぎの**文**(sentence)（自由変数を含まない論理式）に関するゲーデルの完全性定理によって保証されているのである．第1階の言語における文 S が公理系 A から証明できるためには，S がこの公理系の任意の集合論的なモデルで成立することが必要十分である．ここに，第1階の言語，たとえば $L(B, +)$ の**モデル**とは，大雑把な言い方をすれば，変数領域を表わす集合 M と2項述語記号 B を表わす部分集合 $B_0 \subset M \times M$ と2項関数記号 ＋ を表わす関数 $f : M \times M \to M$ との組で，その公理がこれらの集合に対して成り立っているものをいうのである．

　コンパクト性定理という重要な定理は，つぎのことを主張する．T を第1階の言語における文の集合とするとき，T のすべての有限部分集合がモデルをもてば，T もモデルをもつ．これが“コンパクト性”定理といわれるのは，この定理がある位相空間を考えると，その空間がコンパクトであるという命題として解釈されるからである（これはコンパクト性といった“幾何学的な”アイデアが，論理学においても有用となるという一つの著しい例である）．

　ペアノの自然数論は，1つの定数 0 と“つぎの要素”を表わす1項関数記号 s と等号とをもつ第1階の述語言語とによって，ただちに定式化される．はじめの2つの記号の詳細は，すでに第2章第2節のペアノの公理の最初の2つで扱われた．その2つとは，(ⅰ) 0 は数であり，(ⅱ) 数のつぎの要素も数であるというものであった．これに続いて，

486 第11章 集合，論理，圏

$$(\forall n)\urcorner(sn = 0) \tag{9}$$

$$(\forall n)(\forall m)(sn = sm \Rightarrow n = m) \tag{10}$$

という公理と，最後に，自由変数 n を含むすべての論理式 $F(n)$ に関する公理図式

$$(F(0)\wedge(\forall n[F(n) \Rightarrow F(sn)])) \Rightarrow (\forall m)F(m) \tag{11}$$

があった．

　自然数論を十分使いやすいものにするには，自然数の加法と乗法とが必要になる．これら2つの2項演算を帰納的に定義するには（第2章第2節におけるように），集合論を含んだ帰納定理が必要となる．したがって，集合論によらずにペアノの自然数論を適切に展開するには，これら2つの2項演算 ＋ と × と，これらを決定する2つの帰納方程式（第2章 2.1）と（第2章 2.2）を公理としてもつ言語が必要となる．(11)は，その言語に属する論理式によって表現できる自然数 n についての性質に関する帰納法である（これは，内包性公理において論理式を使うことに類似している）．論理式は有限個の記号の列にすぎないのであるから，この言語には単に，可算個の論理式があるだけである．したがって，ペアノの自然数論に表われる証明は，帰納法による可算個のものだけということになる．

　この考察からは，つぎの奇妙な結果が生じる．すなわちペアノの公理系は，ZFC において"非標準[1]な"モデルをもってしまうのである．実際ペアノの公理に δ という定数を付加した言語を考え，可算個の公理のリスト

$$0<\delta, \quad s0<\delta, \quad ss(0)<\delta, \quad sss(0)<\delta, \quad \cdots$$

を考えよう．これらの公理からなる集合の任意の有限部分集合は，モデルをもつことになる．それゆえコンパクト性定理により，これらの公理の全体もモデルをもつことになるのであるが，これは，このペアノの公理のモデルの中に，任意の自然数 $s^n(0)$ よりも大きな"自然数" δ が存在することを意味する．

---

1)　日本語の術語としては超準ともいわれる．［訳注］

5. 述 語 計 算　　**487**

　別の見方をすると，これはペアノの自然数論を集合論に埋め込むことができるということになる．このときのモデルは，要素 $0 \in N$ と関数 $s : N \to N$ をもつ集合 N で（9）と（10）を満たし，かつ，つぎの帰納法が成り立つものである．任意の部分集合 $T \subset N$ に対して，

$$0 \in T \wedge (\forall n)(n \in T \Rightarrow s(n) \in T) \Rightarrow T = N \qquad (12)$$

この場合，帰納法の強さは，集合論で，どのくらい多くの部分集合が考えられるかということに依存する．ZF や ZBQ では，第2章第2節の帰納定理が証明できる．これによって，上の公理を満たす任意の2つの N は同形となることが示されるのである．このように，集合論を適当に選ぶと，ペアノの自然数論は非標準的なモデルをもたないものになる．

　自然数論以外にも，ただちに第1階の述語計算で，定式化されるものがある．たとえば，平面ユークリッド幾何学（第3章第3節）を基礎づけるヒルベルトの公理系の最初の4つ（結合，順序，合同，平行線の公理）がそうである．しかしながら，第5番目のもの（連続の公理）を定式化するには，ヒルベルトによる完備性（より大きな系に埋め込むことはできない）という形をとるにせよ，デデキントの切断（切断はそもそも1つの集合であった）という形をとるにせよ，集合を必要とするのである．したがって，ヒルベルト平面を考えるときには，第3章の公理のところで記したように，種々の述語をもつ点の集合と，直線の集合とをあわせて考えるのが便利となる．

　実数の通常の公理も，集合論の中で定式化される．その中には，デデキントの完備性公理が含まれる．それは，実数の任意の有界部分集合が最小上界をもつことを要求するものである．ほかにも，これと同値なコーシーの完備性公理，あるいは，ワイエルシュトラスの完備性公理（第4章第5節）と呼ばれるものもあるが，それらも，点列とは何かを述べるために集合が必要となる．

　群論に対しても，その群の上を動く変数と，積という1つの2項演算および，等号をもつ第1階の言語が考えられる．群の公理を定式化するには，それで十分であるが，群論をさらに展開しようとすると，すぐに，この言語だけでは，間にあわなくなる．自然数や集合の使用が必要となるのである．すなわち群の要素の位数を考えると自然数が必要になり，剰余集合や，群の作用する集合の考察には，集合論が必要となるからである．群に限らず，抽象代数や位相など

488　第11章　集合，論理，圏

他の数学の分野に対しても，集合の使用は非常に便利なものである．

6. 正確な推論と理解

数学における証明には，2つの意義がある．1つは，それによって，ある事柄がなぜ成り立つのかを理解できるということであり，もう1つは，それによって，論理を正確に進めることが可能となるということである．後者については，すでに述べたように，1つの絶対的な基準がある．数学の証明は，公理系 ZFC からの一連の推論として，第1階の述語論理で書き下された（あるいは書き下すことができる）とき，厳密なものとなる．もちろん，各推論は，前に述べた推論規則に従っている必要がある．ところで，証明が"書き下された"というとき，それが，言語 $L(\in)$ だけで書かれていることを意味するわけではない．そこから導かれた概念に対するあらゆる記号が含まれていてもかまわないのである．そのような記号が現われるたびに，もとの定義で置き換えればよいからである．しかしこのような形式的な証明を，わざわざ書くような人は実際には，いない．通常の証明は，形式的な証明の1つのスケッチであり，いつでも形式的な証明に翻訳できる程度のくわしさをもっていればよいのである．証明が疑がわしいとき，その修復は，多くの場合，その完全な形式的証明への部分的な近似であるにすぎない．重要なのは，絶対的な厳密さを**完成**することではなく，絶対的な厳密さの**1つの基準が存在**することである．

　その基準には，いろいろな形のものがある．たとえば，集合論の公理としては，ZF, ZFC, Z, ZBQC, その他，どれを採用してもよい．1階の述語計算も，性質に関する限定作用素を用いて拡張し，2階の述語計算とすることもできる．厳密な含意を主唱する人は，様相論理の数ある体系の中からその1つを選ぶことになろう．直観主義者は，$(\exists x)F(x)$ のような存在命題が意味するところは $F(x)$ を満たす x が提示されることである，と主張するであろう．このとき，この存在命題は，$\daleth(\forall x)\daleth F(x)$ とは，論理的には同値とはならない．後者から，x の存在を得るには，$p \iff \daleth\daleth p$ を用いて，矛盾を引き出すという方法がとられるからである．したがって，直観主義者は，トートロジー $p \iff \daleth\daleth p$ を，あきらめることになるが，そうしても厳密さの基準は，いぜん成立するのである．完全に形式的な直観主義論理もある．それは，適切な公理と推論規則を備えた完全な体系である．厳密さの考え方は，ここでも適用され，そのほかのい

6. 正確な推論と理解　　**489**

ろいろな立場でも同じことであるが，次のような人たちは除かれる．それは，自分たちの考え方はどんな形式主義的なものにも還元されない，という"構成的"数学の主唱者たちである．また，将来の幾何学的な洞察はいまあるどんな論理をも超越してしまうという幾何学者たちの考えも除外されるべきであろう．他のどんな論理でも，なされた証明の正しさの検証は，形式的な判定によるのであって，そこで問題となっている事柄の評価によるものではない．

　歴史的に見ると，この厳密さという考え方は，すでに，ギリシアの幾何学に現われている．しかし，この考えが発展し完成するのは，現代になってからである．それは，19世紀に，微積分学を厳密に理解しようとしたことに始まり，複素解析の発展，変分法の綿密な研究，ヒルベルトによる平面幾何学の基礎づけ，それに続く公理的方法の使用の拡大，記号論理学（フレーゲ，ホワイトヘッド‐ラッセル）の定式化，ツェルメロによる集合論の公理化といったぐあいに，つぎつぎとなされたのである．ホワイトヘッドとラッセルは，集合論よりも，むしろ，"タイプ"の理論（クラス，クラスのクラス，等々）を用いたことに注意しよう．ラッセルが，かれのタイプの理論をはじめて出版したのは，1908年であり，それはツェルメロがかれの集合論の公理を公にした年と同じであった．

　われわれは歴史的な立場から，厳密さという概念に対して，つぎのことを要請したい．それは，厳密さは絶対的なもので，今日の形に定着したものでなければならないということである．もちろん，将来，集合論に対して付加的な公理が付け加わるかもしれないし，集合論に対する別の理論，あるいは，証明を書きとめる（または，発見する）ための今日よりも有効な方法が見つかるかもしれない．しかし，厳密な証明が一定の推論規則に従った一連の形式的な手続きであることに変わりがあってはならないのである．

　ところで，数学者が自分の証明を形式的かつ完全なスタイルで書こうとしないのには，それなりの理由がある．それは，証明が確かさのための手段であるばかりでなく，理解のための手段でもあるからである．実際，形式的な証明の背後には，1つ，あるいは，複数のアイデアがあるといえる．アイデアは，はじめは，結果が成立する理由を証明するぼんやりしたものかもしれないが，形式的に表現されることにより，はじめて数学的な概念となるのである．しかし，その表現は，アイデアを暗示するものでなくてはならない．決して，アイデアをその形式化の下にかくしてしまうものであってはならないのである．たとえば，ピタゴラスの定理の証明には，形式的な概念（面積や相似）が使われるが，

490 第11章 集合, 論理, 圏

それらは, なぜ斜辺の自乗が他の2辺の自乗の和になるのかを説明するのに役立っているのである.

長方形の形をした径路を用いるコーシーの積分定理の証明 (第10章第6節) は, 1つの例である. 第一にそれは厳密な証明である. 領域の分割 (ストークスの補題) という曖昧な方法をやめて, 軸に平行な辺をもった長方形の形をした径路を用いるというはっきりした方法によってなされるからである. もちろん, 長方形を用いることには, 必然性はない. 三角形を使っても同様の証明はできるし, また, そのようになされてもいる. しかしながら, 長方形を使うのは, 事の成り立つ根拠を示すのに, それが明確な方法となるからである. 正則関数が, 各点であらゆる方向に関して同じ微分をもつというのが, その根拠である. とくに, 両軸に平行な長方形は, 与えられた関数の原始関数を構成するのに用いられる. それが, 基本的なアイデアである. しかし, アイデアにすべてをたよるだけでは不十分である. アイデアは, 形式的に記述されてはじめて, 証明となるのである. 証明は, 人に説明したり, 人を納得させたりするのに役立つ. また, そうでなければならないが, 厳密な証明の役目は, あやまちを排除することなのである. これは, 証明の重要な機能の一つである.

しかし, これから述べるように, 証明には限界のあることも確かである.

7. ゲーデルの不完全性定理

素朴な集合論を定式化する際に, あの逆説的なラッセルの集合 R の構成を許してしまうと, そこでは $R \in R$ かつ $\daleth R \in R$ が証明されることになる. もちろん, これは矛盾である. 一般に, 形式的な体系の中に文[1] p が存在し, p かつ $\daleth p$ が同時に証明されるとき, その体系には**矛盾**が生じる. そのとき, トートロジー $p \wedge \daleth p \Rightarrow q$ によって, 任意の文 q が証明されることになる. そこで, ヒルベルトは(少なくとも, 自然数と解析学を含む), ある形式的な体系が存在し, それが矛盾を含まないという意味で, **整合的**となることを示すことで, 数学の確実な基礎を得ようと考えたのであった. そのような結果は体系内の証明に関する定理となる. それは数学的な定理ではあるが, その対象は集合とか, 点とか, 数とかではなく, (形式的な) 証明を対象とするものとなるのである.

---

1) 基礎論における術語 (本章第5節参照). [訳注]

7. ゲーデルの不完全性定理　　*491*

このような研究を**証明論**，あるいは，**超数学**（数学の数学的研究）という．これは推論や証明が，完全に形式化されてはじめて可能となるものである．ヒルベルトは，"有限の立場"だけが，超数学では用いられるべきであり，それによって超数学が確かなものとなる，と考えたのであった．

　1931 年，クルト・ゲーデルは，巧妙な対角線論法を用いて，一つの"不完全性"定理を証明した．それは，有限の立場という考えを全く新しいものとしない限り，ヒルベルトの目的は達せられないことを示すものであった．ゲーデルは，一つの形式的論理体系 T で通常の自然数を含み（あとで述べる強い意味で）無矛盾であり，かつそこにおける公理や推論規則は帰納的に定義されているか，またはその数が有限となっているものを考えた．われわれがいままでに考えてきた体系はすべてそのような体系である．ゲーデルは，その体系 T 内に，ある文（sentence）G で，G も $\daleth G$ も，その体系内では証明できないものがあることを示した．このような G を決定不可能な文という．その存在を主張するのが，ゲーデルの第 1 不完全性定理である．

　T の推論規則は帰納的であるから，ゲーデルはまたつぎのことも示したわけである．すなわちそれは解釈すれば"T は無矛盾である．"という意味の Con$_T$ という文を，T の内部で定式化できるというものである．次に，かれは，この Con$_T$ がその体系内では証明できないことを示した．つまり，このような体系はどれも，自分自身の無矛盾性を示すことができるほど強固ではない，ということである．とくに，このことを ZFC に適用すると，ZFC 内では，それ自身の無矛盾性を示すことができないということになる．この第 2 のゲーデルの不完全性定理によって，ヒルベルトのプログラムは実行不可能となるのである（"有限の立場"の方法は，みな ZFC 内において，おそらく定式化できるであろうが）．

　以下で，これら 2 つのゲーデルの不完全性定理の証明の非形式的なスケッチを与えることにしよう．それは，T での証明に関する命題を，下に述べる"ゲーデル数"でコード化することにより，T での自然数に関する命題に翻訳することでなされる．T は通常の自然数論を含んでいるので，第 1 階の述語計算という道具のほかに，0，$0' = 1$，$0'' = 2$ のような数，数を表わす変数 x，y，z，$\cdots$，等号，"つぎの数"を与える関数，加法，乗法を表わす記号 $+$，$\times$ を含んでいる．また T においては，"中国の剰余定理"を巧妙に用いることで"素数"が定義され，算術における基本定理，すなわち，すべての自然数は，順序を除

492 第11章 集合，論理，圏

いて，素数の積に一意に表わされることが証明される．

　超数学は，T における論理式と証明を扱うものである．これらの論理式（および，その証明）はみな，基本記号の可算個の表に含まれ，有限な形式的表現であるから，論理式と証明の全体は可算である．したがって，これらをあるコードで具体的に表現すれば，証明に関する記述を対応する自然数（コード）に関する記述に置き換えることができるのである．たとえば，次のようなコードが考えられる．まず，（適当な順序で並べた）基本記号に，素数を次のように割りふるのである．

$$\begin{array}{ccccccccccc} \lnot, & \lor, & \exists, & 0, & {}', & =, & +, & \times, & x, & y, & z \\ 2, & 3, & 5, & 7, & 11, & 13, & 17, & 19, & 23, & 29, & 31 \end{array}$$

各論理式は，基本記号の有限個の列であるから，ある有限数列 n_1, n_2, … によってコード化されることになる．この列は，1 つの数 $m = 2^{n_1}3^{n_2}5^{n_3}\cdots$ で置き換えられる．逆に，ある自然数が与えられれば，これを素数に分解して，対応する基本記号を読み出すことができる．もっとも与えられた m から，このように読み出される基本記号の列は無意味なものであることも多いが，（規則に従って導かれた）意味のある論理式となることもある．この場合，m は T のある論理式（formula）を表わすという意味で Form(m) と記される．すなわち，

$$\text{Form}(m) = \text{“} m \text{ は } T \text{ のある論理式のコードである”}$$

この m の性質は（複雑ではあるが），数論的な性質である．つまり m を因数分解して…ということによって，体系 T に“ちょうど”この性質をもち，自由変数 x を含む論理式 $F(x)$ が存在する（ただし，注意すべきことは，論理式 $F(x)$ に含まれる各限定作用素 $\forall k \; \exists l$ は「すべての $k < m$ に対して」とか「$l < m$ なる l があって」などのように，有界となっていることである．たとえば，m が素数であるかどうかを調べるには，可能性のある因子 $l < m$ だけについて考えればよい）．

　T における証明についても考えてみよう．各形式的な証明は論理式の有限列で表わされるから，数列 m_1, m_2, … によってコード化されるわけである．前と同様に，それを 1 つの自然数 $n = 2^{m_1} \cdot 3^{m_2} \cdot 5^{m_3} \cdot$, … と考えることもできる．

7. ゲーデルの不完全性定理　　**493**

これを証明のコードと呼ぶことにする．論理式と同様，逆に，n が与えられれば，これを因数分解して，その指数 m_i と対応する表現式を求め，次に，その表現式が正しい論理式となっているか，また，それらの列によって1つの証明が与えられているかを調べることができる．n が1つの証明を与える場合は，n は性質 $\mathrm{Prf}(n)$ をもつということにする（これは複雑な性質である）．体系 T は帰納的であるから，この性質もまた帰納的である．したがって，$\mathrm{Prf}(n)$ も命題 $P(y)$ として形式的な体系の中に，翻訳されることになる．形式的な体系の一つの変数として w，対応する非形式的な変数として h を選んでおくことにしよう．今後の翻訳のプロセスは，つぎの表に従ってなされる．

T について	T の中で
$\mathrm{Form}(m)=$ "m はある論理式のコードである．"	$F(x)$
$\mathrm{Prf}(n)=$ "n はある証明のコードである．"	$P(y)$
$\mathrm{Dem}(m,\ n)=\mathrm{Form}(m)$ であり $\mathrm{Prf}(n)$ であり，証明はコード m の論理式で終わっている．	$D(x,\ y)$
$\mathrm{Sub}(m,\ k)=$ つぎの論理式のコードである．"コード m をもつ論理式（があればそれ）をとり，その中の変数 w を k 番目の数字（mumeral）で置き換える．	$S(x,\ y)$ （項）
$\mathrm{Arg}(m,\ n)=\mathrm{Dem}(\mathrm{Sub}(m,\ m),\ n)$	$A(x,\ y)=$ $D(S(x,\ x),\ y)$
すべての n に対して $\mathrm{Dem}(\mathrm{Sub}(h,\ h),\ n)$ でない．	$(\forall y)\daleth A(w,\ y)$ コード p

右の列の最後の論理式は，この体系におけるすべての論理式と同様，1つのコードをもつから，それを p とする．さらに対応する数字を $\overline{p}$ とする．そして表の最後の行で，h の代わりに p を入れ，w の代わりに $\overline{p}$ を入れ，表を，つぎのように続ける．

すべての n に対して，$\mathrm{Dem}(\mathrm{Sub}(p,\ p),\ n)$ でない．　$(\forall y)\daleth A(\overline{p},\ y)=G$

いま，右の最後の論理式を G と呼ぶことにしよう．これは，すぐ上の表のコー

494 第11章 集合，論理，圏

ド p をもつ論理式で，変数 w の代わりに $\overline{p}$ を入れたものであるから，G はコード Sub(p, p) をもつことが，Sub(p, p) の定義からわかる．ところで，これを表の左側のことばに翻訳すると，"Sub(p, p) に対する証明は存在しない"ことを意味する．つまり，G の証明は存在しないことになる．すなわち，G は左側のことばで言いなおすと，自分自身の証明が（その体系内には）存在しないことを意味するのである．

この驚くべき状況をさらに吟味するには，上の（左から右への）翻訳がつぎの意味で"よい翻訳"であることを使う．

翻訳原理　Arg(m, n) のような数 m，n に対する命題が，非形式的な自然数論で成立しているならば，それに対応する数字 $\overline{m}$，$\overline{n}$ に関する $A(\overline{m}, \overline{n})$ の形式的な証明が，T 内に存在する．また，Arg(m, n) が成立しない場合は，$\daleth A(\overline{m}, \overline{n})$ の形式的な証明が T 内に存在する．これが適用されるのは，Arg(m, n) のように，命題の含む限定作用素 $(\forall k)(\exists k)$ が（たとえば，すべての $k < m$ に対して…のように）有界となるものに限られる．

補　題　すべての自然数 k に対して，非形式的な命題

$$\mathrm{Arg}(p, k) = \mathrm{Dem}(\mathrm{Sub}(p, p), k)$$

は成立しない．

なぜなら，もし成立すると仮定すると，上の命題は，k がコード Sub(p, p) をもつ G の1つの証明のコードとなることを意味する．すなわち，G の（コード k の）形式的な証明が存在することを意味するからである．一方，翻訳原理を上の非形式的な命題にあてはめると，$A(\overline{p}, \overline{k})$ の形式的な証明も存在することがわかる．したがって，$(\exists y)A(\overline{p}, y)$ の証明も存在する．すなわち，$\overline{k}$ が，存在を要求されている y となるのである．ところが，$(\exists y)(A(\overline{p}, y))$ は（古典論理において）$\daleth(\forall y)\daleth A(\overline{p}, y)$ と同値であるから，これは，$\daleth G$ となる．したがって，$\daleth G$ の証明が存在することになる．これは，矛盾である．体系は無矛盾であるから，そこに矛盾が存在してはならない．（証明終）

そこで，G の証明が存在することを仮定し，その証明のコードを k としてみ

よう．ところで，G はコード $\mathrm{Sub}(p, p)$ をもっているから，これは，$\mathrm{Dem}(\mathrm{Sub}(p, p), k)$ を意味するのであるが，上の補題より，そうはならない．

　逆に，$\daleth G$ の証明が存在すると仮定してみよう．すなわち，$\daleth(\forall y)\daleth A(\overline{p}, y)$ の証明，あるいは，これと同値な $(\exists y)A(\overline{p}, y)$ の証明があったとしてみよう．補題により，すべての自然数 k に対して，$\mathrm{Dem}(\mathrm{Sub}(p, p), k)$ は成立しないから，翻訳の後半を使うと，$\daleth A(\overline{p}, \overline{p})$ の証明が存在することがわかる．ここに $\overline{k}$ は，任意の自然数を表わす．言い換えれば，数字 0，$0'$，$0''$，…等に対して，

$$\daleth A(\overline{p}, 0), \quad \daleth A(\overline{p}, 0'), \quad \daleth A(\overline{p}, 0''), \quad \cdots$$

の証明が存在し，同様に，$\daleth G$ の証明，すなわち

$$(\exists y)A(\overline{p}, y)$$

の証明も存在することになる．これは，奇妙な状況である．こういうことは，この形式的体系 T が次に述べる"ω-無矛盾"ならば，起こりえないことである．すなわち，それは，T のどんな 1 変数の論理式 $H(y)$ をとっても，

$$\daleth(\forall y)H(y); \quad H(0), H(0'), H(0''), \cdots$$

の証明は存在しないというものである．ゲーデルの第 1 不完全性定理の議論のはじめのところで述べた"強い無矛盾性"とは，正確には，この ω-無矛盾性を指すのであった（この"強い"無矛盾性の仮定を必要としない G の巧妙な構成法も知られている．ロッサー）．以上で，ゲーデルの第 1 不完全性定理の証明のスケッチを終える．

　ゲーデルの第 2 不完全性定理を述べるには，無矛盾性という概念を定式化しておく必要がある．すでに注意したことであるが，矛盾を含む体系では，任意の命題 q（たとえば，$0 = 1$）が証明される．そこで，$0 = 1$ が T において証明されないとき，T は無矛盾であるということにする．この"T は無矛盾である"という命題は，非形式的な自然数論における命題 Con_T と考えられるが，これは，ただちに，形式的な理論における文 C_T に翻訳される．ところで，第 1 不

496 第11章 集合, 論理, 圏

完全性定理の証明は, T が無矛盾ならば, G は T で証明できないことを示すものであった. また, "T が無矛盾である"という命題と"G は証明できない"という命題は, それぞれ, C_T と G に翻訳されるので, 第1不完全性定理の証明は体系 T における

$$C_T \Rightarrow G$$

の証明に翻訳されることになる. ここで, もし T それ自身の無矛盾性が T において証明されるようなことがあれば, T における G の証明が得られることになる. しかし, これは周知のように, 不可能である. したがって, 無矛盾かつ帰納的な形式的体系 T では, それ自身の無矛盾性は証明できないことがわかる. これが, ゲーデルの第2の不完全性定理である.

この証明では, $\mathrm{Sub}(p, p)$ が重要な役割を果たした. つまり, これは, "対角線論法"である.

以上の議論は, S. C. クリーネの「*Introduction to Metamathematics*」の pp. 204-213 にあるゲーデルの定理に関する記述の要約である. 原文は, 翻訳原理 (そこでは, "numeralwise expressible" な性質と呼ばれている) の証明を含む詳細なものである.

この決定不可能な文 G は, "真"でもある. なぜなら, それは "G の証明が存在しない."といっているからである. したがって, これを, もう1つの (非常に複雑な) 公理として, その体系に追加することもできる. そうしたならばこの拡大した体系 T_G に対して, 新たに決定不可能な文 G' が構成されることになろう. つまり, すべてこのような体系には, 決定不可能な文があるという驚くべき事実がわれわれの前に残されるのである.

上で述べた G の構成法は, 非常に間接的なものである. もし, これが具体的になされたならば, それは, 素因数分解が何度も現われる非常に長い形式的な文になってしまったことであろう. G は, 数論的な文としてはそんなにおもしろいものではない. 最近, J. Paris は, ペアノの自然数論の文であって, その自然数論の中では証明できないが, 真であり, かつ, 興味深いものを構成した. くわしくは, J. パリス (J. Paris) とレオ・ハッリントン (Leo Harrington) の共著論文 *The Handbook of Mathematical Logic*, pp. 1133-1142 (Barwise [1977]) を見られたい.

ゲーデルの定理は，（自然数論における文の）真偽を自然数論の範囲のことばでは定義することはできない，というよく知られたタルスキーの定理と密接な関係がある．これらの定理は，数学とその定式化についての状況を深く説明したものになっている．

8.　独立性の証明

ツェルメロ-フレンケルの集合論については，その公理からは独立した多くの命題があり，その中には興味深いものもある．またその公理からは，それらの成否が決定されないものや，その決定が不可能なものもある．連続体仮設 CH は，そのような命題の一つである．それは，すでに述べたように，整数の集合と実数の集合の 2 つの基数の間にはいかなる基数も存在しない，というものである．この CH は，ZFC 内ではそれ自身もその否定も証明されず，すなわち，CH は ZFC から**独立している**のである．

この結果の後半，すなわち，CH は ZFC と無矛盾であること，つまり，その否定を ZFC では証明できないことは，ゲーデルによって示された．かれはこれを証明するために，ZFC の一つのモデル V から出発して，その中に，"構成可能な集合" 全体というより小さなモデル L をつくり，L が ZFC と CH を満足することを証明したのである．

ゲーデルの構成可能集合 [Gödel, 1940] は，本章第 1 節の累積的階層と同様，順序的な階層からつくられる．第 1 節では，階数 α をもつすべての集合からなる集合 R_α が与えられたとき，そのつぎのステップで，R_α の "すべての" 部分集合の集合 $R_{\alpha+1} = P(R_\alpha)$ を構成した．しかし，ここで問題となるのは R_α の "すべての" 部分集合といったときの意味である．それは全く明白というわけではない．部分集合はどのように定義されるのであろうか？　それは，内包性の公理を適当に用いてなされるのであろう．構成的階層は，その部分集合をつくる際，既存の集合 B からこの公理を "本質的に" 用いて得られるものだけを部分集合と考えて構成されるのである．B が与えられたとき，まず，要素 $b \in B$ に対して，集合論の言語 $L(\in)$ に新しい記号 b' を加えて，言語を拡張しておく．次に，拡張された言語における論理式としては，B 上に限定作用素をもったものだけを考え，そのような論理式 F は，通常のように解釈する．そして，集合 S が次のように記述されるとき，S を B から "定義可能な" 集合と呼ぶこ

498 第11章 集合，論理，圏

とにする．

$$S = \{x \mid x \in B \wedge F(x)\}$$

ここに，$F(x)$ は，拡張した言語における自由変数 x の論理式である（この論理式に含まれる付加定数 b' の数はたかだか有限個とする）．上の集合 $S \subset B$ の全体 $D(B)$ を B より**定義可能な集合**からなる集合という．これは冪集合 $P(B)$ の部分集合となる．

さて，**構成的階層** L_α を，順序数 α に関する帰納法によって，

$$L = \phi, \quad L_{\alpha+1} = D(L_\alpha), \quad L_\gamma = \bigcup_{\beta < \gamma} L_\beta \tag{1}$$

と定義しよう．ここに，γ は極限順序数である．これは，ZFC の累積的階層(1.7) と平行した概念である．2つを比較すれば，すぐに $L_\alpha \subset R_\alpha$ がすべての α に対して成立していることがわかる．さらに，数 α に注意をすると，**構成可能な**（すなわち，ある L_α に含まれる）集合のクラス L は，ZFC と CH を満足することが示されるのである．

ゲーデルに続いて，ポール・コーエンは，CH の独立性の前半部分（CH は，ZFC では証明できないこと）を証明した．当時レーヴェンハイム-スコーレムの重要な定理より，ZFC の任意のモデル M はその中に可算部分モデル M_0 を含むことが知られていた．コーエンは，M_0 から出発して，M から "生成的な" (generic) 集合 u を付加し，それと M_0 を用いて M_0 と u を含みかつ ZFC を満たすより大きなモデル M^1 をつくった．付加されたこの集合 u が実際に "生成的" であること（すなわち，特定されたもののほか何も特別な性質をもたないこと）は，いわゆる "強制法" と呼ばれる方法によって確かめられた．続いて，巧妙な議論によって，この大きなモデル M^1 は，ZFC は満たすが，CH は満たさないことが示されたのである．

CH は，ZFC の公理系から独立した命題の興味深い一例である．同様に，選択公理は ZF から独立しているのである．

強制法は他の多くの独立性の証明にも使われた．その中には，実解析（第6章第11節)で，積分を構成するのに使われるルベッグ測度に関する驚くべき結

8. 独立性の証明　**499**

果がある．選択公理を仮定すると，実数の部分集合でルベッグ可測でないものが存在することが証明されるのであるが，強制法を使うと，ZF のモデルで（したがって，それに含まれる実数の集合のモデルで）実数のすべての部分集合がルベッグ可測となるもので選択公理を満たさないものが，構成されるのである．また，代数学においても，独立性に関する驚くべき結果がある．たとえば，つぎの J. H. C. ホワイトヘッドの問題に関するものである．いま，F を自由アーベル群（すなわち，整数の加法群 Z のいくつかのコピーの直和）とし，$g: A \to F$ を，アーベル群の全射としよう．このとき，選択公理により，g は**分裂**するのである（すなわち，準同形 $h: F \to A$ で $g \cdot h$ が恒等写像となるものが存在し，この h によって，F は A の直和因子となる）．この h を構成するには，F の各生成元 x に A の元 $a \in A$ で $ga = x$ となるものを選んで対応させればよい．このとき，ホワイトヘッドの問題は，次のように述べられる．もし，H がアーベル群で任意の全射準同形 $g: A \to H$ が核 Z をもち，かつ分裂するならば，H は必ず自由アーベル群となるであろうか？　この問題は，一見しただけでは，代数学の問題にすぎないように思えるが，シェラ（Shelah）は，これが ZFC から独立したものであることを示す集合論のモデルを，強制法を用いて構成したのであった（Eklof［1976］を参照せよ）．

　これらの結果は，ここに列挙するには多すぎる他の結果とともに，興味深い数学の問題でツェルメロ‒フレンケルの集合論の公理からは解決されないものがたくさんあることを示している．それを補うため，いろいろな公理が提案された．それらのうちのあるものは非常に大きな基数の存在を要請した．他のあるものは（ある種のゲームの）決定性の公理を要請した．しかしそのような公理が，全く一般に成り立つとすると，選択公理と矛盾することとなる．これらの多様性や決定不能性についての結果は，集合論が原理上，不定なものであることを示すものである．すなわち，集合を規定する一意的な公理系は存在しないのである．集合とは“ものの集まり”であるという直観的な考えは，非常にちがった，互いに矛盾する結果を導いた．初等的な段階では ZFC, ZF, ZBQC あるいは直観主義的集合論のどれかを選ぶことが考えられる．もっと進んだ段階では“強制法”によって，ちがった性質をもついろいろなモデルをつくることもできる．どこかに理想的な集合の世界があるはずである，というプラトン的な考えは，——そういう世界がどんなものであるかは，まだ十分に記述されていないが——栄光ある幻影にすぎないのである．

500 第11章 集合, 論理, 圏

　これは, 非ユークリッド幾何学の無矛盾性が証明され, 幾何学は一つではなく, いくつもあることが示されたときの状況と似ている. すなわち, 複数の幾何学が, それぞれの公理系によって定式化され, そのあるものは高級な解析学のため, 他のものは物理学のため (たとえば, 非ユークリッド幾何学は相対性原理のため) 役立つ, といった状況である. それと同様に, ものの集まりといった初期の考えから, いろいろな集合論ができ, そのあるもの (たとえば, "強制法", あとの第14節参照) は (物理学はまだ? かもしれないが) 数学の他の部門に役立つ, というようなことになるのである.

　さらにこのことから言えることは, 数学を基礎づけるのに, 集合論以外のほかのものを考えたほうがよいかもしれない, ということである.

9. 圏 と 関 手

　代数学を組織する一つの方法は, 問題の対象 (集合, 群, 環など) だけでなく, 対象の間の写像にも目を向けることである. 集合の場合には写像そのものを, 群や環の場合には準同形写像を考え, 一般には, "対象"の間の"射"を考えるのである. このアプローチは, トポロジーや幾何学にも適用される. トポロジーの場合には, 射は位相空間の間の連続写像とし, 幾何学の場合には, 多様体の間の滑らかな写像とする. これらを一般化したのが, 次に述べる**圏**の概念である.

　圏 C は, **対象**A, B, C, …と**射**f, g, h, …からなる. 射fは, **定義域**として対象Aを, **値域**として対象Bをもつ. そのことは,

$$f : A \rightarrow B \tag{1}$$

と書かれる. 各対象Aには, **恒等射** $1_A : A \rightarrow A$ が存在する. もし, 射 $g : B \rightarrow C$ の定義域がfの値域に等しいときは, **射の合成**

$$(g \cdot f) : A \rightarrow C \tag{2}$$

が定義され, これら2つの (述語論理上の) 項は, つぎの2つの公理を満たす.

9. 圏 と 関 手　　**501**

結合法則　　3つの射

$$f : A \to B, \quad g : B \to C, \quad h : C \to D \qquad (3)$$

の合成に関して，

$$h \cdot (g \cdot f) = (h \cdot g) \cdot f : A \to D \qquad (4)$$

が成立する．

恒等射に関する不変則　　任意の射 $f : A \to B$ 対して，

$$f \cdot 1_A = f = 1_B \cdot f : A \to B \qquad (5)$$

が成立する．

　以上の事柄は，できれば，集合論の枠内で，圏 C とは対象と射の集合で（1）〜（5）を満たすものと考えたいが，そうもいかない．

　そこで，（1）〜（5）は，"対象"と"射"という2種類の個体変数をもつ1階の言語における独立した公理系と考えることにする．

　この単純な公理系を満たすモデルはたくさんある．ここに，圏の例をいくつかあげておこう．以下の例における射の"合成"は，写像についての標準的な合成を意味するものとする．

　　Sets　　：対象は集合，射は写像
　　Grp　　：対象は群，射は群の準同形写像
　　Ab　　：対象はアーベル群，射は準同形写像
　　Vect　　：対象はベクトル空間，射は線形写像
　　Euclid　：対象は内積空間，射は直交変換
　　Top　　：対象は位相空間，射は連続写像
　　Man　　：対象は C^∞ 多様体，射は C^∞ 写像

以上は，すべて"大きな"圏である．ほかにもたくさんの大きな圏がある．こ

れらの対象の全体や射の全体は**集合とはならない**．集合の全体や順序数の全体のように，それらは"クラス"である．したがって，これらは ZFC の枠内で論ずることはできないのである．もちろん，圏の中には，$\mathbf{N}$ の有限部分集合の全体とか，$\mathbf{R}^n$ の中にある多様体の全体などのような"小さな"圏もある．しかし，とくに注意してほしいのは，これらの圏における写像（射）は，単に要素の順序対というだけでなく，定義域と値域をもっているということである．したがって，恒等写像 $\mathbf{N} \to \mathbf{N}$ と埋込み $\mathbf{N} \to \mathbf{Z}$ とは，異なる射を意味することになる．なぜ，射の概念に定義域と値域を含ませておくのか，という理由は，つぎの（7）以下に見られる．

小さな圏（すなわち，対象や射の全体が本当に集合となるもの）もたくさんある．個々の群は，ただ1つの対象をもつ圏と考えられる．G の要素をそこにおける射と考え，群の要素間の積を射の合成と考えるのである．部分順序集合 S，あるいは，もっと一般に，前順序集合も圏となる（**前順序集合**とは，反射的かつ推移的な2項関係 $s \leq t$ をもつ集合をいう）．この圏での対象は S の要素であり，射 $s \to t$ は $s \leq t$ となることと考えることにするのである．このとき，順序に関する推移律から射の合成が決まり，反射律から恒等射の存在がわかる．逆に，与えられた定義域と値域に対して，たかだか1つの射しかないような圏は，前順序集合となる．とくに，順序数は圏となる．たとえば，順序数 $4 = \{0, 1, 2, 3\}$ は，4つの対象と，つぎの射をもつ圏である．

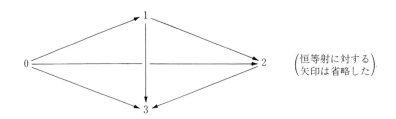

位相空間における径路のホモトピー類（第10章第5節）は，径路の合成に関して圏を形成する．この圏では，すべての射が，可逆となる．すなわち，両側逆元をもつ．この性質をもつ圏を**亜群**という．

大きな圏は，数学的対象を新たに考え出すごとに生じる．いま，ある種の数学的構造が与えられているとしよう．このとき，この構造を保存する射は，何であろうか？　それは，圏の射である．「射とは何か？」というスローガンは，

圏自身にもあてはまるのである．圏の射 $F: \mathbf{C} \to \mathbf{D}$（ふつうこれを**関手**と呼ぶ）とは，対象を対象に，射を射に移し，しかも，定義域，値域，恒等射，合成を保存するものである．すなわち，関手 $F: \mathbf{C} \to \mathbf{D}$ とは，$\mathbf{C}$ の任意の対象 C を $\mathbf{D}$ の対象 FC に，$\mathbf{C}$ の任意の射 $f: C \to C'$ を $\mathbf{D}$ の射 $Ff: FC \to FC'$ にうつし，かつ，つぎの2つの性質をもつものをいう．$F1_C = 1_{FC}$ かつ（$g \cdot f$ が定義されているときは），$F(g \cdot f) = Fg \cdot Ff$．したがって，関手は，下のように，$\mathbf{C}$ における "図式" を $\mathbf{D}$ にうつすことになる．

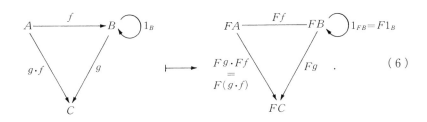

(6)

上のような，1つの頂点から他の頂点に向かう2つの射（合成されたものも含めて）が等しくなるような図式を**可換図式**という．

関手は，ある種の数学的対象から別の種類の対象を構成するときに典型的に現われる．もう少し正確に言うと，その構成の仕方が射に対しても適合しているときに生じるのである．例をあげれば，滑らかな多様体 M の接束 T_*M [1] がそれである．すでに見たように，M の点 p における接ベクトルは，滑らかな写像 $f: M \to M'$ によって，M' の点 fp における接ベクトルにうつされる．したがって，写像 $f_*T_*M \to T_*M'$ が得られるわけであるが，これも，滑らかであった．ここで，この写像 f_* を T_*f と記すことにすれば，滑らかな多様体の圏からそれ自身への "接束関手" T_* が得られたことになる．

他の例として，基本群 π_1 がある．位相空間 X で，その点 x_0 を1つ選んで固定したものを，**基点 x_0 をもつ位相空間**という．この概念に対応する射 $(X, x_0) \to (Y, y_0)$ とは，連続写像 $f: X \to Y$ で，$f(x_0) = y_0$ となるもの，すなわち，基点を保つ連続写像である．この圏は，普通，Top_* と書かれる．点 x_0 に関する基本群 $\pi_1(X, x_0)$ のつくり方（第10章第5節）から，基点をもつ位相空間には群が，そして，連続写像には群の射（準同形写像）$\pi_1(f): \pi_1(X, x_0) \to$

---

[1] 接束を第8章第9節では T_*M と，第9章では B_*M と書いた．［訳注］

504 第11章 集合，論理，圏

$\pi_1(Y, y_0)$ が対応することがわかる．したがって，π_1 は，基点をもつ位相空間の圏から群の圏への１つの関手となる．これによって，位相空間と連続写像というものに，群と準同形写像という代数的な表現がそなわることになる．位相幾何学は，空間だけではなく，それらの間の連続写像にも関係する学問であるから，そこでは，位相と代数の間をとりもつこのような関手が有効に使われるのである．ほかにも，このような関手はたくさんある．たとえば，ホモロジー群，コホモロジー群，K 群などである．

上で述べた π_1 という関手を使うと，なぜ射という概念に値域を含めなければならないのかが説明される．いま，閉円盤Dとその周囲 S^1 を考えることにする．恒等写像 1_{S^1} と包含写像 j

$$1_s : S^1 \to S^1, \quad j : S^1 \to D \tag{7}$$

は，S^1 の個々の点に関しては同じ効果をもつ．したがって，これらは，（写像として）順序対の同じ集合となる．ところが，$\pi_1(S^1) = \mathbf{Z}(S^1$ の基点としては，どの点を選んでもよい）に注意して，関手 π_1 を（7）にほどこせばわかるように，1_{S^1} からは，恒等写像

$$\pi_1(1_{S^1}) = 1_z : \pi_1(S^1) \to \pi_1(S^1) = \mathbf{Z}$$

が得られるのに，包含写像jについては，$\pi_1(j)$ が，$\pi_1(S^1) = \mathbf{Z}$ を単位群につぶしてしまうのである．なぜなら，$\pi_1(D)$ は，単位元だけからなる自明な群だからである．つまり，関手 π_1 は，（7）の２つの射に関してこのように非常に異なった結果をもたらすのである．（7）の２つの写像は値域が違うだけであるが，それは，位相的な見地からは，本質的な違いなのである．

関手の中には，射を逆向きにうつすものもある．体K上のベクトル空間Wに対して，その双対空間（第6章第4節）W^* は，線形写像 $f : W \to K$ の全体のことであったから，もし，射 $T : V \to W$ を，ベクトル空間の線形写像とすれば，W^* の各ベクトル f からは，Tとの合成によって，V^* のベクトル $f \cdot T : V \to K$ が得られる．いま，このベクトル $f \cdot T$ を $T^* f$ と書くことにして，$S : U \to V$ をもう１つの線形写像とすれば，任意のfに対して，

$$(T \cdot S)^* f = (S^* \cdot T^*) f$$

が成り立つ．さらに $1^*{}_w f = f$ も明らかに成り立つ．また上の式から，$(T \cdot S)^*$ $= S^* \cdot T^*$ となるが，これは，"双対をとる"という演算のもとで，線形写像の合成の順番が逆になることを意味する．この $*(V \mapsto V^*,\ T \mapsto T^*)$ と書かれる演算は，いわゆる**反変関手**（K 上のベクトル空間の圏における）である．この反変関手という概念は，（圏 **C** の）双対圏 $\mathbf{C}^{op}$ というものを導入することによって，形式的には定義せずにすませることもできる．双対圏 $\mathbf{C}^{op}$ というのは，**C** と同じ対象をもち，**C** の射 $f : A \to B$ に対して，$f^{op} : B \to A$ を $\mathbf{C}^{op}$ における射とするもので，恒等射は **C** におけるものと同じものとし，$f^{op} \cdot g^{op}$ $= (g \cdot f)^{op}$ として合成を定義したものである．そうすれば，圏 **C** から圏 **D** への "反変関手" は，ちょうど（通常の，すなわち，"共変"）関手 $\mathbf{C}^{op} \to \mathbf{D}$ となる．反変関手の例としては，多様体 M に対する余接束 $T^\bullet M$ の対応があげられる．なぜなら，滑らかな写像 $M \to M'$ は，（M' 上のある滑らかな関数で定められた）M' 上の余接ベクトルを M 上の余接ベクトルに引き戻すからである．

任意の圏 **C** において，それに属する 2 つの対象 A，B は，射の集まり，

$$\mathrm{hom}(A, B) = \{f \mid f\ は\ A\ を定義域，B\ を値域とする\ \mathbf{C}\ の射\} \quad (8)$$

を定める．これは，非常に大きな集まり（すなわち，クラス）となる可能性があるにもかかわらず，"射の集合" と呼ばれる．これらが，すべて本当の集合となるとき，**C** は**小さな射の集合**をもつという．上にあげた大きな圏はすべてこの例となっている．このような圏の任意の対象 B に対して，$A \mapsto \mathrm{hom}(A, B)$ は，反変関手 $\mathbf{C} \to Sets$ を与える．同様に，$A \mapsto \mathrm{hom}(B, A)$ は，しばしば，$\mathrm{hom}(B, -)$ と書かれ，共変関手 $\mathbf{C} \to Sets$ を与える．

位相空間 X の開集合 U の全体は，包含写像に関して，順序集合となるので，包含写像を射とする圏 $\mathrm{Open}(X)$ を形成する．いま，X を複素平面とし，U をその開集合とするとき，U 上の正則関数全体のなす集合 $H(U)$ は，上に述べた圏の上の反変関手となる．なぜなら，包含写像 $V \subset U$ からは，正則関数を制限することによって，写像 $H(U) \to H(V)$ が生じるからである．H が関手であるということは，$W \subset V \subset U$ ならば，必ず，$H(U) \to H(V) \to H(W)$ の合成が，$H(U) \to H(W)$ となることを意味する．同様に，任意の位相空間上

506 第11章 集合，論理，圏

の前層 P（第8章第11節）も，反変関手となるが，すでに注意したように，これは，共変関手

$$P : (\text{Open}(X))^{op} \to \textit{Sets} \qquad (9)$$

とも考えられる（H も同様）．

　数学的な操作をするとき，いろいろなものの全体をしばしば考えた．たとえば，素数全体の集まりとか，楕円上のすべての点の集合とか，3次元空間内のすべての直線からなる多様体とか，力学系によって定まるすべての位置と速度のなす多様体とか，ある集合のすべての部分集合の全体とか，1つの関数のすべての冪級数展開からなる集合（リーマン面）とか，すべての位相空間からなる圏などである．これには限りがないが，集合全体の"宇宙"（クラス）とか，小さな圏全体のなす圏 cat とか，大きな圏全体のなす圏 CAT などを考えることは有用である．これが"全体"という概念である．上にあげた例は，その多くの定式化の一部にすぎない．ある"全体"を注意深く制限すると，それよりももっと大きな全体を考えなくてはならなくなる．集合論によっても，圏の理論によっても，それらのすべてを含ませることはできないが，数学が含むものを理解するには，それらを考えることが必要なのである．

10. 自 然 変 換

　各種の数学的対象に対して対象とともにそれらの間の射も考えてみよう，というのが，われわれのスローガンであった．では，関手の間の射とはいったい何であろうか？　もう少しくわしく述べよう．F と G を圏 **C** と圏 **D** の間の関手とするとき，F から G への射とはいったい何であろうか？　このような例は，すでに，体 K 上のベクトル空間の圏 **V** の中に存在しているのである．そこでは，双対を2度とることにより，（共変）関手 $\mathbf{V} \to \mathbf{V}(V \mapsto V^{**})$ がつくられる．また内積 $e : V^* \times V \to K$ からは，各ベクトル $v \in V$ に対して，関数 $e(-, v) : K^* \to K$ が生じるが，それは二重双対 V^{**} の元となる．したがって，各 V に対して，線形変換

$$\kappa_v : V \to V^{**}, \quad v \mapsto e(-, v) \qquad (1)$$

が得られることになる．これは，基底の選び方によらずに定義されるので（第7章第4節で），"自然な"変換と呼ばれた．いま，この κ を恒等関手 $V \mapsto V$ から二重双対 $V \mapsto V^{**}$ への変換と考えてみよう．各線形写像 $T: V \to W$ に対して，その定義からただちにつぎの図式が可換であることがわかる．

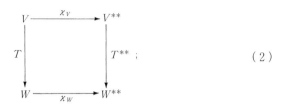
(2)

言い換えれば，T^{**} の前に κ をほどこしても，T の後に κ をほどこしても，結果は同じということである．そこで，関手間の射（標準的術語では，**自然変換**）の満たすべき条件としてこの性質（2）を，採用することにする．すなわち，F と G を，2つの関手 **C** → **D** とするとき，F から G への**自然変換**

$$\tau : F \to G$$

とは，**C** の任意の対象 A に，**D** における射 $\tau_A : FA \to GA$ を対応させるものであって，つぎの図式を可換にするものを言うのである．

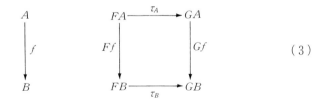
(3)

言い換えれば，任意の f に対して，$Gf \cdot \tau_A = \tau_B \cdot Ff$ となることである．ただし，$f: A \to B$ は，**C** における任意の射を表わすものとする．上の図式が次のように拡大できるという事実は有用である．いま，与えられた2つの関手が，**C** における可換図式（$A \to B \to C \to \cdots$）を **D** における可換図式に移すと仮定する．このとき，自然変換 τ は，下の全図式

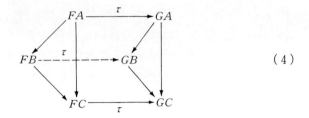
(4)

が可換になるように左の可換図式を右の可換図式に"変換"するのである．

たとえば，複素平面の開集合の圏 Open (**C**) の対象 U に U 上の正則関数 g の全体 $H(U)$ を対応させる関手を H とするとき，1階の微分をとる作用 $g \mapsto dg/dz$ は，圏 Open (**C**) 上の2つの関手 H とそれ自身の間の自然変換 $H \to H$ となる．

いま，関手間の射という概念が得られたので，あとは2つの自然変換 $\tau : F \to G$ と $\sigma : G \to H$ の合成がふたたび自然変換 $\sigma \cdot \tau : F \to H$ となることに注意すると，ここに関手の圏がつくられることがわかる．もっとはっきり言うと，与えられた2つの圏 **C** と **D** に対して，関手の圏 $\mathbf{D}^\mathbf{C}$

$$\text{objects}(\mathbf{D}^\mathbf{C}) = \{F \mid F \text{ は関手 } \mathbf{C} \to \mathbf{D}\} \tag{5}$$
$$\text{morphisms}(\mathbf{D}^\mathbf{C}) = \{\tau \mid \tau \text{ は自然変換 } \tau : F \to G\} \tag{6}$$

を考えようということである．これらは，集合と考えると不法に大きなものになる可能性がある．しかし，各圏 **C** に対して，**C** 上定義された集合に値をとる関手の圏 $Sets^\mathbf{C}$ を構成することができる．これも（少なくとも，圏 $Sets$ と同じぐらいの）大きな圏になるが，危険なものではない．むしろ，hom 関手による写像 $\mathbf{C} \to Sets^\mathbf{C}$ は，**C** をよりよい性質をもった圏に埋め込むので，それは有用なものとなる．

11. 普遍性

圏の語法を用いると，それぞれの圏で構成されてきた積や引き戻しなどの概念に，共通の記述を与えることができる．その共通の記述とは，ふつう，次のような形をとる．すなわち構成されるべき対象は，そこへ向かう射（または，

それから出る射）が，一定の性質をもつすべての射の中で，"普遍的"なものとなるというものである．

まず，積について考えてみよう．2つの集合XとYとの"デカルト積"は，ふつう，平面におけるデカルト座標にならって定義される．すなわち，それは，$x \in X$ と $y \in Y$ とのペア $<x, y>$ の全体からなる集合（これを $X \times Y$ と記す）として定義される．この定義から2つの区間の積の場合と同様に，2つの（射影と呼ばれる）写像 $p: <x, y> \mapsto x$, $q: <x, y> \mapsto y$ が，つくられる．

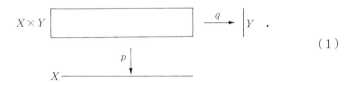
(1)

また，つぎのことは，積のつくり方から明らかである．ある集合ZからX，Yへの写像があれば，その集合から $X \times Y$ への写像がつくられる．すなわち，写像

$$f: Z \to X, \quad g: Z \to Y \qquad (2)$$

が与えられれば，$z \in Z$ を $<fz, gz> \in X \times Y$ に対応させて，写像 $h: Z \to X \times Y$ をつくることができる．この写像hは，要素zに言及することなく，$p \cdot h = f$ かつ $q \cdot h = g$ となるただ1つの写像 $h: Z \to X \times Y$ として，fとgのみを使って特徴づけられる．

ここでは，射（および，その合成）のみが用いられて，要素は使われていないから，この記述は，任意の圏でも，次のように適用される．

積の定義 圏$\mathbf{C}$における2つの対象XとYの積とは，対象Pと2つの射pとq

$$X \xleftarrow{p} P \xrightarrow{q} Y \qquad (3)$$

のことであって，共通の定義域Zをもった任意の射$f:Z \to X$と$g:Z \to Y$に対し，ただ1つの射$h:Z \to P$が存在して，$p \cdot h = f$かつ$q \cdot h = g$となるものをいう．言い換えれば，つぎの図式を可換にするただ1つの射hが存在するものをいうのである．

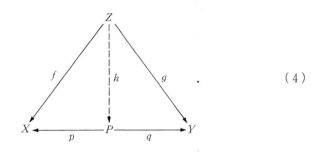
(4)

射pとqを，積の**射影**と呼ぶ．圏の任意の1組の対象に対して，積（3）が，つねに存在するとき，圏は積をもつという．

上の定義は，次のように述べることもできる．すなわち，与えられた対象XとYを含む（3）の形をした図式の中で，積の図式（3）は"普遍的"である．言い換えれば，その他の（Zという中間項をもつ）図式は，すべて，一意的に決まる射hによって，積の図式に写される，ということである．したがって，この性質により，積Pとそれに付随する射影pとqは，"同形を除いて"決まる．この意味は，もし，**C**において，別の図式

$$X \xleftarrow{p'} P' \xrightarrow{q'} Y \qquad (5)$$

が，上の意味で，与えられたXとYの積となっていれば，可逆な射$\theta : P' \to P$がとれて，$p\theta = p'$かつ$q\theta = q'$となるということである（実際，Pが普遍的性質をもつことから，θが与えられ，p'の普遍的性質より，θの両側逆の存在がいえるのである）．

群の圏に対しては，第5章8.2で，すでに注意したように，群の直積が上の意味での積になっている．これは，アーベル群についても同じである．同様に，同一の体上のベクトル空間の(圏の意味での)積も，ベクトルの組$<v, w>$の全体に，成分ごとの演算を考えたものとなる．この積は，ふつう，"直和"と呼

ばれる．位相空間XとYに対して，その集合論的直積には，それぞれ，UとVをXとYの開集合として，$U \times V$ の形の部分集合の任意の和集合を $X \times Y$ の開集合とする位相が考えられる．こうして定義された積位相は，まさに，射影pとqを同時に連続にする位相となっているのである．つまり，Top は，積をもつ圏となっているのである．

上の例においては，積は，すべて，"要素"の組から構成されている．言い換えれば，構造をもった2つの集合の積は，基底集合の積に（それぞれの場合の）構造を与えて構成されるのである．これには，理由があるが，それは省略する（構造をもった集合に，その基底集合を対応させる関手は，左随伴関手をもつ）．

いかなる圏においても，2つの対象の積（2つの因子をもつ積）がつねに存在するならば，その圏においては有限個の因子をもつ積も考えられる（それは適当な普遍的性質をもつものとして記述される）．さらに，Grp や $Sets$ や Top では，無限個の因子をもった積も存在する．興味ある読者は，位相空間の無限積の（チホノフ）位相が，ちょうど，すべての射影を連続にすることをチェックしてみられるとよい．

積に似たものに，"引き戻し"がある．いま，3つの対象X，Y，Zと"角"（または角図式）と呼ばれる図式

を構成する2つの射u，vが与えられているとする．もし，これらの対象が，集合であるならば，Pを$u(x) = v(y)$ となる $x(\in X)$ と $y(\in Y)$ の組 $<x, y>$ の全体とする．このとき，Pは，明らかに，XとYへの射影をもつ．さらに，対象が位相空間の場合にも，上と同じ組 $<x, y>$ 全体を考えると，それは，積空間 $X \times Y$ の部分空間となる．それには，"相対位相"を入れておくことにしよう．いずれの圏においても，Pは，つぎの可換図式

第11章 集合，論理，圏

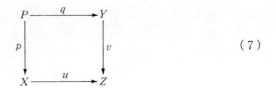

(7)

の構成要素となり，つぎの普遍的性質をもつ．すなわち，同じ(6)の図式を構成要素とする他の可換図式

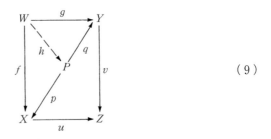

(8)

に対し，射 $h: W \to P$ が一意に存在して，$p \cdot h = f$ かつ $q \cdot h = g$ となる．つまり，つぎの図式を可換にする射 h が一意に存在するのである．

(9)

言い換えれば，対象 P は，図式(6)を(8)の形の図式にするものの中で，普遍的な性質をもったものといえる．一般の圏では，この普遍的性質をもった P を，**引き戻し**，あるいは，**ファイバー積**といい，$P = X \times_Z Y$ と書く（この記法は，正確ではない．なぜなら，P は対象 X, Y, Z だけで決まるわけではなく，射 u と v も必要だからである）．P は，また，u に沿った Y の引き戻しとか，Z から X への基底の交換ともいわれる．

引き戻しは，あらゆるところに現われる．たとえば，u と v が，Z の部分集

合の包含写像の場合には，引き戻し P は，それらの共通部分であり，$v: T_*M \to M$ が接束で，$u: N \to M$ が部分多様体の埋込みの場合には，この引き戻しは，N の接束を表わすことになる．

圏 **C** の対象 T は，その圏のいかなる対象 X に対しても，射 $X \to T$ がただ 1 つ存在するとき，**終対象**といわれる．この普遍的な性質から，**C** における終対象 T は，同形を除いて一意であることがわかる．集合の圏では，任意の 1 点集合が終対象となる（もちろん，このような集合は，みな同形である）．同様に，1 要素だけをもつ群や 1 点だけからなる位相空間は，それぞれの圏における終対象である．終対象 T があると，積は引き戻しから構成される．一意に決まる射 $X \to T$ と $Y \to T$ から構成される引き戻し $X \times_T Y$ が，ちょうど，積 $X \times Y$ となるからである．また，(2 つの対象の) 引き戻し P と終対象の存在を仮定すると，たとえば，次のようないろいろおもしろい有限図式に対する引き戻しも構成される．

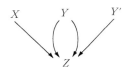

このような引き戻しは，P から X，Y，Y' 等への射 p と，図式に含まれる射との合成がすべて等しくなるような対象 P である．このような引き戻しを**有限極限**という．

射を用いた普遍的な対象に関する記述は，そこに含まれる射の向きを逆にすることで，双対化される．たとえば，圏 **C** における**始対象** I（終対象の双対概念）とは，任意の対象 X に対して，射 $I \to X$ が，ただ 1 つ存在する対象のことである．したがって，空集合は，Sets における始対象であり，ただ 1 つの要素をもつ群は，群の圏における始対象である．2 つの対象 X と Y の**双対積**とは，図式

$$X \xrightarrow{i} Q \xleftarrow{j} Y \tag{10}$$

で，同様のすべての図式 $f: X \xrightarrow{f} W \xrightarrow{g} Y : g$ に対して，$f = h \cdot i$ かつ g

$= h \cdot j$ となる射 $h: Q \to W$ が一意に存在するものをいう．すなわち，つぎの図式を可換にするものをいうのである．

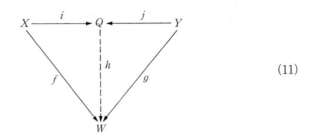

射 i と j は，双対積の**単射**と呼ばれる．2つの集合 S と T の双対積は（第2章8.1）で述べた直和であり，2つのベクトル空間 V と W の双対積は，それらの積（直和）である．このとき，包含写像が，双対積の単射となる．また，2つの群の双対積は，それらの自由積（第5章第8節）である．とくに，2つの無限順回群の自由積は，2つの生成元をもつ自由群で，それは，互いに接する円周からなる空間（第10章5.4の図）の基本群として，位相幾何学のところで現われた．

引き戻しの双対概念も，個々の圏で考えられる．それは，**押し出し**と呼ばれ，群の例でいえば，**融合積**がそれにあたる．

さて，話題を変えて，"冪"の構成について考えてみよう．m と n を自然数とすると，冪 m^n は，n 個のものの集合から m 個のものの集合への写像の個数と考えられる．そこで，Z^Y で写像 $f: Y \to Z$ の全体を表わすこととし，それを**冪集合**，または，**関数集合**ということにしよう．すなわち，

$$Z^Y = \{t \mid t: Y \to Z\} \tag{12}$$

周知のように，2変数 $x(\in X)$ と $y(\in Y)$ の関数 $f(x, y)(\in Z)$ は，変数 y の関数を値にもつ x の1変数関数 $F(x)$ とみなすことができる．この考えを使うと，上の集合 Z^Y は，次のように，普遍的なやり方で特徴づけられる．まず，F は次のように形式的に定義される．

$$(F(x))(y) = f(x, y), \quad x \in X, y \in Y \tag{13}$$

$F(x)$ は，Z の値をとる y の関数となるから，それは，Z^Y の元となる．したがって，$F: X \to Z^Y$ となる．これは，一種の f から F への推論（全単射）である．

$$\frac{f: X \times Y \to Z}{F: X \to Z^Y} \tag{14}$$

すなわち，下式の F からは，対応する上式の f が，同じ式（13）を逆に読んで構成されるのである．

この全単射 $f \mapsto F$ を，普遍的に記述するためには，次のように考える．(13) の左辺では，関数 $t = F(x)$ は，y で値が "測られている" わけである．そこで，t を "測る" 関数 e を

$$e: Z^Y \times Y \to Z, \quad (t, y) \mapsto t(y), \quad t \in Z^Y, y \in Y \tag{15}$$

で定義すれば，$e(F(x), y) = (F(x))(y)$ であるから，(13) で，元 x を使って記されていた F は，次のように，射によって記述されることになる．すなわち，任意の f に対して，ただ 1 つの F が存在して，図式

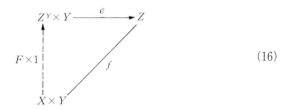

が，可換になるのである．これを式で書けば $f = e(F \times 1)$ となる．ただし，$1 = 1_Y$（Y の恒等射）．これは，ちょうど，(13) の要素を用いない表現になっている．

この冪の記述は，積をもつ任意の圏 **C** にも適用される．ある圏で，任意の 1 組の対象 Z と Y に対して，対象 Z^Y と射 $e: Z^Y \times Y \to Z$ がとれ，いかなる

射 $f: X \times Y \to Z$ に対しても，射 F が一意に存在し，図式 (16) が可換になるとき，その圏は冪をもつという．これは，射 e が，積からの射 f の中で，普遍であることを意味する．

上記の記述によれば，集合の圏では任意の2つの対象 Z と Y に対して冪 Z^Y が存在するわけであるが，このことは，ベクトル空間（または，アーベル群）の圏でも成立する．Z^Y としては，すべての線形写像（または，準同形写像）$Y \to Z$ のなすベクトル空間（または，アーベル群）を考えればよい．しかし，圏 Top では，すべての空間に対して，冪が存在することはない．すなわち，空間 Z^Y に位相を定義する"よい"方法が，いつも存在するというわけではないのである．このことからは，位相空間の圏が積と冪とをつねにもつように，位相空間の概念を制限（または拡大）することが示唆されるが，実際そういう試みもなされた．

冪の記述 (16) には，もう一つの定式化がある．それは，関手によるものである．まず，（対象の）積をもつ圏 $\mathbf{C}$ においては，射の積 $f \times g$ が考えられることに注意しよう．なぜなら，$f: X \to X'$ と $g: Y \to Y'$ に対して，つぎの図式を可換にする射 $f \times g$ が，(14) により，一意に存在するからである．

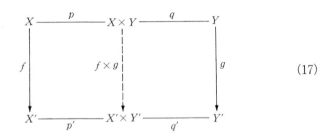

(17)

したがって，積 $X \times Y$ は，（2変数 X と Y の）関手とみなせるわけである．とくに，Y を固定すれば，作用素 $- \times Y$ は，X を $X \times Y$ に，$f: X \to X'$ を $f \times 1: X \times Y \to X' \times Y$ に対応させる1変数の関手（Y との積をとる関手）となり，一方，Z^Y も，Y を固定すれば，Z の関手となる．したがって，上の対応 (14) は，全単射 $f \mapsto F$ によって，関手 $X \mapsto X \times Y$ が，関手 $Z \mapsto Z^Y$ を，決定していることを示している．ここに，$F: X \to Z^Y$ は，"hom set" hom (X, Z^Y) の元であり，一方，$f \in$ hom $(X \times Y, Z)$ であるから，f を F で表わす全単射 (14) は，hom set ((9.8) を参照) 間の全単射と考えるこ

とができる．

$$\mathrm{hom}(X \times Y, Z) \cong \mathrm{hom}(X, Z^Y) \tag{18}$$

上の両辺は（変数 X，Y，Z の）集合の圏への関手であるから，この全単射は，関手間の自然同形となっているわけである．こういう場合，関手 $(\ )^Y$ は，関手 $-\times Y$ の右随伴関手をなすと言い，逆に，$-\times Y$ は $(\ )^Y$ の左随伴関手をなすという（それは (18) の hom set の左側にあるからである）．

　一般に，関手 $F : \mathbf{C} \to \mathbf{X}$ と $G : \mathbf{X} \to \mathbf{C}$ に対して，関手 $\mathbf{C}^{op} \times \mathbf{X} \to Sets$ 間の自然な全単射

$$\mathrm{hom}(FC, X) \cong \mathrm{hom}(C, GX)$$

が存在するとき，関手 F は，関手 G の**左随伴関手**であるという．随伴関手は，例にことかかない．普遍な構成法からは，2 組の随伴関手が生じ，そして，この逆も成り立つのである．

12．写 像 の 公 理

　数学の"基礎づけ"は，集合と要素をもとにして始めるのが標準的である．しかし，集合の要素ではなく，集合間の写像を公理化する方法もある．これは圏の語法と普遍的構成法を用いてなされる．ここでは，このアプローチをスケッチすることで，数学の指導的概念を形式的に表現する方法は一つとは限らないことを再度強調したい．

　なすべきことは，写像とその合成に対する適切な公理系を設定することである．これより先，写像をある圏の射と考えるが，その対象は集合であるかもしれないし，そうでないかもしれない．集合であるとしても，写像の公理は，その要素に関するものではない．それらは，対象，射，射の定義域，値域，射の合成，および，恒等射のみを使って表現されるのである．したがって，公理は，等号および対象と射という 2 種類の固有定数をもつ第 1 階の言語で記述されることになる．

518　第11章　集合，論理，圏

公理I（圏）　　対象と射は圏を構成する．

　公理II（有限極限）　　この圏においては，終対象1が存在し，かつ"角"（角
図式）$X \to Z \leftarrow Y$ に対して，引き戻しが存在する．

　この公理によって，数1の存在と，2つの数の積という概念が生ずる．なぜ
なら，本章第11節で注意したように，積は引き戻しと終対象から得られるから
である．また始対象と押し出しの存在を要求すれば，数ゼロおよび，2つの数
の和も得られる．しかしこれらを公理に加えることはしない．これらは，以下
の公理から導かれる性質だからである．

　公理III（冪）　　任意の2つの対象に対して冪が存在する．

　つぎの段階として部分集合の取扱いをどうするかが問題になる．ここでは，
Xの部分集合Sを，包含写像 $S \subset X$，つまり，射$S \to X$ と考えるのであるが，
この包含写像は単射であるから，これは次のように，"モニック"として特徴づ
けるのがよい．2つの射 f, $g : T \to S$ に対して，$m \cdot f = m \cdot g$ ならば，$f =$
g となるとき射 $m : S \to X$ は，**"モニック"**であるという．単射は，要素を使
えば，$mx = my$ ならば，$x = y$ と記述されるが，上の"モニック"の定義は，
それに対応するものである．もっとも，包含写像は単射であるばかりでなく，
部分集合Sの各要素を，それ自身にうつす写像であるから，モニックというだ
けでは包含写像を完全に特徴づけることはできない，という異論が出るかもし
れない．"それ自身"ということを，われわれの言い方で述べるのは難しい．そ
こで2つのモニックな射 $m : S \to X$ と $m' : S' \to X$ に対して，$m' \cdot \theta = m$
となる可逆な射 $\theta : S \to S'$ がとれるとき，これら2つの射 m, m' は，**同値**
であると呼ぶことにしよう．

12. 写像の公理　**519**

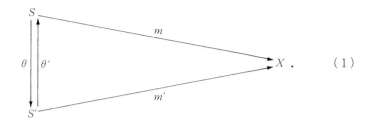
(1)

　このXの同値な部分対象は，Xから出る射ψによって特性関数のようなものとして表現される．特性関数とは確率論でよく用いられるものであるが，それは0と1の値だけをとる関数で，xが部分集合Sに属するとき，$\psi x = 1$，そうでないときには$\psi x = 0$となるものである．したがって，これによって，部分集合Sに関して，$x\in S$であるか，$x\in S$でないかという基本的事項が，表わされる．形式的には，部分集合 $S \subset X$ の特性関数 ψ_S は

$$\begin{aligned}\psi_S(x) &= 1 & x &\in S \\ &= 0 & x &\notin S\end{aligned} \qquad (2)$$

と定義される．逆に，特性関数 ψ からは，部分集合Sが構成される．それは要素 $x\in X$ で，その ψ による値が1となるもの全体である．このことはSがψの下での包含写像 $i:\{1\} \subset \{0,1\}$ の引き戻しとなっていることを意味する．

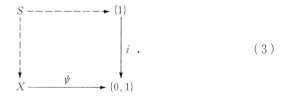
(3)

　さらに，2つの真理値からなる上の伝統的な集合 $\{0,1\}$ を任意の対象 Ω で置き換えることにより，この記述から"要素"というものを完全に取り除くことができる．すなわち，

公理Ⅳ（部分対象の取出し[1]）　対象 Ω と，終対象からの射 $\tau:1 \to \Omega$ で次のようなものが存在する．任意のモニックな射 $m:S\to X$ に対して，ただ1つの射 $\psi:X \to \Omega$ がとれ，$m:S\to X$ は ψ に沿う τ の引き戻しとなる．

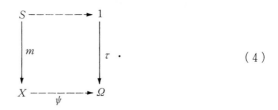

(4)

　この公理において，射 $S \to 1$ は，S から終対象1へのただ1つの射とならなければならない．また，1は終対象であるから，1から出る（τ のような）射は，すべて，モニックとなる．したがって，この公理は，モニックな射の中で，1から出るつぎの意味で"普遍的な"射 τ が存在することを主張していることになる．すべてのモニックな射は，τ のただ1つの引き戻しである．なお，公理Ⅱと公理Ⅲも，普遍的な対象の存在（すなわち，随伴関手）に関する命題となっていることに注意されたい．

　上の四つの公理を満たす圏は，**初等トポス**といわれる（"初等"というのは，公理が第1階の言語で述べられているからであり，"トポス"というのは，すべての位相空間（topological space）に対して，このようなトポス（層のトポス，これはあとで出てくる）が，考えられるからである）．これら4つの公理は強力である．たとえば，射 $1 \to Y$ は，あたかも Y の要素であるかのように振る舞う（集合の圏では，要素そのものとなる）．また，X は積 $X \times 1$ となるから，同形射 $X \times 1 \cong X$ が存在する．したがって，モニックから始めて，他の射への1対1対応がつぎつぎと考えられるのである．

$$S \to X \quad \text{モニック}$$
$$X \to \Omega \quad \text{特性関数}$$
$$1 \times X \to \Omega \quad X \cong 1 \times X$$
$$1 \to \Omega^X \quad \text{冪の法則}$$

---

1)　subobject classifier の訳．［訳注］

言い換えれば，同値なモニックな射 $S \to X$ には，Ω^X の "要素" が対応し，Ω^X は，X の "部分対象" 全体からなる "集合" に相当するということである．したがって，われわれは，冪集合 $\Omega^X = PX$ の圏論的な記述を得たことになる．

ここでも集合論の公理におけるのと同様に，例の無限なものの存在を保証しておく必要がある．集合論の場合には，有限順序数に関して 'そのつぎの要素' を指定する関数の性質を公理化したが，ここでは，0 とともに，"つぎの要素を指定する関数" が，帰納的に他の射を定める，ということを公理化することにする．

公理V（"自然数" に相当する対象の存在）　対象 N と 2 つの射 $0:1 \to N$ と $s: N \to N$ が存在して，任意の図式 $1 \xrightarrow{x} X \xrightarrow{h} X$ に対して，つぎの図式を可換にする射 f がただ 1 つとれる．

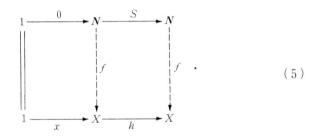

(5)

この図式（第 2 章 2.5 を参照）は，ちょうど，f を h から帰納的に定義する図式である．

$$f \cdot 0 = x, \quad f \cdot s = h \cdot f$$

この公理もまた，普遍的構成法の形をとっていることに注意されたい．

これらの公理だけを使っても，数学のかなりの部分は展開されるが，それによって得られる数学は，古典的な集合論よりも本質的に，より一般的なものとなる．その主な理由は，真理値が 0 と 1 の 2 つだけとは限らないことによる．また，二重否定が恒等射となるとは限らないので，そこに含まれる論理は，直観主義的なものになるかもしれない．このことは，X の部分対象（すなわち，

522　第11章　集合，論理，圏

Ω^X の要素）のなす代数がブール代数をなすとは限らないことを意味する．

　集合論において，選択公理は任意の全射 $e: X \to Y$ が"横断面" s をもつこと，すなわち，$e \cdot s = 1$ となる関数 $s: Y \to X$ が存在することと同値である．実際，全射 e は，各 $y \in Y$ に対して，空でない X の部分集合，すなわち，"逆像" $e^{-1}\{y\}$ を定義し，横断面 s はそのような集合おのおのに対して，1つの要素 sy を"選択"しているわけである．一般に射 $e: X \to Y$ は任意の f，$g: Y \to Z$ に対して，$f \cdot e = g \cdot e$ ならば，$f = g$ となるとき，**エピック**と呼ばれる．この定義を使えば，要素を使わずに，選択公理を，次のように述べることができる．

　公理 Ⅵ（選択公理）　　任意のエピック $e: X \to Y$ に対して，$e \cdot s = 1$ となる $s: Y \to X$ が存在する．

　この公理から，部分対象のなす代数がブール代数となることが従う．

　数学に対するこのアプローチにおいては，対象 X の要素というものは考えられていない．すでに注意したように，射 $1 \to X$ は，X の要素と考えられるのであるが，それで通常の議論がすべて可能となるわけではない．というのは"十分多くの"射があるとは限らないからである．集合論においては，2つの写像 f，$g: X \to Y$ が異なるのは，$fx \neq gx$ となる元 x が存在する場合である．しかし以上の公理を満たすトポスの中には，どんな射 $x: 1 \to X$ に対しても，それとの合成が等しくなってしまうような2つの射 f，$g: X \to Y$ が存在するものもある．そこで，つぎの意味で "well-pointed" であることを要求して，トポスを古典集合論により近づけることにする（ただし，0 は始対象を表わす．これは，前述の公理から構成される）．

　公理 Ⅶ（well-pointed）　　対象 0 と 1 は異なるものである．また，相異なる任意の射 f，$g: X \to Y$ に対して，射 $x: 1 \to X$ で，$f \cdot x \neq g \cdot x$ となるものが存在する．

　こうして，通常の数学におけるほとんどすべての事柄は，選択公理と自然数の存在公理を満たす well-pointed なトポス（公理Ⅰ～Ⅳ）で，展開することが可能となるのであるが，それでもその展開は，通常のものとはだいぶ違ったも

のになるであろう．これをくわしく扱ったものは，まだどこにもないが，この可能性によって哲学的に興味ある一つの論点，すなわち集合論 (ZFC) による数学の基礎づけだけが唯一絶対的なものではない，ということが示されるのである．

またこの 2 つの公理系を直接比較することもできる．ZFC によって与えられる集合から出発して，写像 $f: X \to Y$ を，順序対の集合として普通に定義すれば well-pointed なトポスが得られる．実は上の議論は，このプロセスをモチーフとしてなされたのである．この逆，すなわちトポスの公理から，集合を構成するのはもう少し複雑なものになる．というのは，このとき，集合を"木"として構成することになるからである．もう少しくわしく述べると，集合というものをトポスの対象に関するある 2 項関係による"木"として定義するのである．それは集合に対して (1.6) で述べた $\in$-木のようなものである．結果として得られる木（集合）はツェルメロの公理を満たし，ZBQ（有界内包性）に近い性質をもったものとなる．ただし，置換公理は必ずしも満たされるわけではない．このことは，大部分の数学にとって，有界内包性公理で十分なことをふたたび強調するものである．

13. 直観主義の論理

トポスの例としては 2 つよりも多くの真理値をもったものも考えられる．たとえば，2 つの集合 X_0 と X_1 の間の写像 $t: X_0 \to X_1$ を対象 X とする圏 **D** を考えてみよう．**D** における射はつぎの図式を可換にする写像 f_0 と f_1 との組とする．

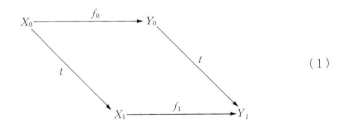

(1)

（ただし，2 つの対象 X と Y における写像を同じ文字 t で表わした）．また，**D** に

おける射の合成は f_i の合成として定義する．$\mathbf{D}$ における対象 X は，"時間 t とともに変化する集合"と考えてもよい．つまりはじめは，集合 X_0 だったものが時間 t を経て X_1 になったと考えるのである．そのとき X_0 の異なる要素が"癒着（$x_0 \neq x_0'$ であったのが $tx_0 = tx_0'$ となる）しても，新しい要素が生じてもよいとするのである．

この圏は初等トポスとなる．すなわち，上の公理Ⅰ～Ⅳを満たすのである．たとえば2つの対象 X と Y との積は，対象 $t \times t : X_0 \times Y_0 \to X_1 \times Y_1$ となり，射 $m : S \to X$ が $\mathbf{D}$ でモニックとなるのは，つぎの図式の2つの写像 $m_0 : S_0 \to X_0, m_1 : S_1 \to X_1$ がともに単射となるときである．

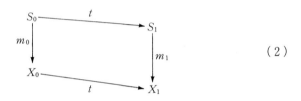
(2)

これは，$S_0(\subset X_0)$ と $S_1(\subset X_1)$ が，それぞれ m_0 と m_1 を包含写像とする部分集合となっていることを意味する．では，要素 $x_0 \in X_0$ が，X の部分対象 S に属するのは，いかなる場合であろうか？　その一つの場合は，$x_0 \in S_0$（すなわち，ある要素 s_0 に対して，$x_0 = m_0 s_0$ となる）となる場合である．このときは，$tx_0 \in S_1$ となる．他の場合としては，x_0 が S_0 に入らず，tx_0 が S_1 に入る場合と，$x_0 \in S_0$ も $tx_0 \in S_1$ もどちらも起こらない場合が考えられる．つまり**3つの真理値が生じるわけである！**　われわれは部分対象 S に対する"特性関数"ψ を，X_0 から $\{0, 1, \infty\}$ への写像として次のように定義する．

$x_0 \in X_0$ に対して，

$$\begin{aligned} \psi(x_0) &= 0 & x_0 &\in S_0 \text{ のとき} \\ \psi(x_0) &= 1 & x_0 &\notin S_0 \text{ で } tx_0 \in S_1 \text{ のとき} \\ \psi(x_0) &= \infty & x_0 &\notin S_0 \text{ で } tx_0 \notin S_1 \text{ のとき．} \end{aligned} \qquad (3)$$

より完全を期するならば，$\mathbf{D}$ の対象 Ω を

$$t: \varOmega_0 = \{0, 1, \infty\} \to \varOmega_1 = \{0, \infty\} \,;\, t0 = 0,\ t1 = 0,\ t\infty = \infty \qquad (4)$$

として，写像 $\psi_1 : X_1 \to \varOmega_1$ を，$x_1 \in X_1$ に対して，$x_1 \in S_1$ ならば $\psi_1(x_1) = 0$，$x_1 \in S_1$ ならば $\psi_1(x_1) = \infty$ として定義すればよい．こうして，**D** における 4 つの対象からなるつぎの図式が得られる．

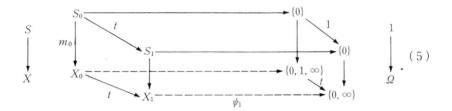

ここに，$\{0\} \to \{0\}$ は **D** における終対象である．また，この図式は可換であるからこれは引き戻しとなる．したがって，**D** は公理 IV を満たすことがわかる．この場合の"部分対象の取出し"は (4) で述べた対象 $\varOmega$ であるから，$\varOmega$ は，3 つの真理値をもつことになる．これらは，それぞれ，0 が"いま"の状態，1 が"いつか"起こる状態を表わし，∞ は"決して起こることのない"状態を表わしていると考えられる．全く同様の構成法によって集合と写像の無限個の列

$$X : X_0 \xrightarrow{t} X_1 \xrightarrow{t} X_2 \xrightarrow{t} X_3 \to \cdots \qquad (6)$$

を対象とする基本トポスも考えられる．このとき，部分対象の取出し $\varOmega$ は，無限個の真理値をもった対象

$$\varOmega : \varOmega_0 = \{0, 1, 2, 3, \cdots, \infty\} \to \cdots$$

となり，部分対象 $S \subset X$ の特性関数 $\psi_0 : X_0 \to \varOmega_0$ は次のように定義される．n が $t^n x \in S_n$ となる最小の自然数ならば，$\psi x = n$，$t^n x$ が決して部分対象 S_n に入らなければ，$\psi x = \infty$ とするのである．簡単に言えば，ψx は"真に至るまでの時間"である．

古典的には，集合 X の部分集合 S は和と積と補集合をとる演算（$\wedge$，$\vee$，$'$）

のもとで，ブール代数を形成する．とくに，部分集合 S の補集合を 2 度とると，S 自身となる．すなわち，$S'' = S$．これは，命題計算のトートロジー $\lnot\lnot p = p$ と平行になっている．最も単純なブール代数は，2 つの真理値からなる $\{0, 1\}$ であり，それは集合のトポスに対する"部分対象の取出し" Ω となっている．真理表によって定義される 3 つのブール演算は，写像

$$\Omega \times \Omega \overset{\land}{\to} \Omega, \quad \Omega \times \Omega \overset{\lor}{\to} \Omega, \quad \Omega \overset{\lnot}{\to} \Omega$$

を与えるが，任意のトポスにおいても，これら 3 つに対応する射が，部分対象の取出しのうえに定義されるのである．そして，これらのトポスではブール代数を定義する恒等式の多くのものが満足されるが，すべてが満足されるわけではない．こうしてできる代数を**ハイティング代数**と呼ぶ．これは最初にハイティング (Heyting) がブロウェルの直観主義に与えた形式的な記述にちなんで名づけられたものである．この代数では $\lnot\lnot$ が恒等写像とはならない．

　それについてくわしくは述べないが，幾何学的な例をあげておこう．位相空間 X の開部分集合 U の全体のなす代数は，次のようにすれば一つのハイティング代数となる．位相の公理から 2 つの開集合の共通部分と和集合は，ふたたび開集合となるから積 $\land$ と和 $\lor$ は普通のように定義する．$\lnot U$ については，一般に開集合の補集合は開集合とはならないので，X の開集合で，U と交わらない最大のものを $\lnot U$ と考えることにする．結果的に $\lnot\lnot U$ は U よりも大きくなる．たとえば X を実数直線，U を 1 を除いた正の実数からなる開集合とすると，$\lnot U$ は負の実数の全体となり，$\lnot\lnot U$ は**すべての正の実数の全体**からなる集合となって，U よりも大きくなる．

　つまりこのような古典的でない論理が，幾何学と密接に結びついているのである．

14．層の方法による独立性の証明

　驚くべき関係がもう一つある．それは強制法によってなされた連続体仮説に対する独立性の証明を，層の理論という幾何学的方法によって初等トポスの構成として解釈しなおすことができるということである．

　まず，"時間の経過を伴う集合"という初等トポス **D**（本章第 13 節）には，別

の記述の仕方があることを注意しておく．**C** をただ 2 つの対象 0 と 1，およびただ 1 つの自明でない射 $\tau: 0 \to 1$ をもつ圏とする．このとき，Sets に値をとる **C** 上の関手 F が，圏 **C** のただ 1 つの自明でない射の Sets における像によって次のように決まる．

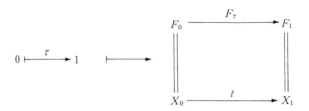

言い換えればこの関手は，ちょうど，圏 **D** の対象 $X_0 \to X_1$ となっているのである．一方 2 つの関手間の自然変換 $f: F \to G$ が，(13.1) で述べた **D** における射 (f_0, f_1) となる．つまり，**D** はちょうど，(10.5) と (10.6) で定義した関手のなす圏 Sets$^{\mathbf{C}}$ となるわけである．

一般につぎのことが成り立つ．**C** を任意の圏とするとき，**T** がトポスならば，関手の圏 **T**$^{\mathbf{C}}$ もトポスとなる．とくに，集合の圏はトポスであるから，関手の圏 Sets$^{\mathbf{C}}$ もすべてトポスとなる．証明はすぐにできる．要点は部分対象の取出し Ω の構成にあるわけで，それは，時間の経過を伴う集合のトポスに対して，本章第 13 節で構成した Ω の場合とほぼ同様のものとなる．

次に，第 8 章第 11 節で見たように，任意の位相空間 X 上の前層 P は (9.9) と同様，X の開集合の圏の上の反変関手，すなわち共変関手

$$P: (\text{Open } X)^{op} \to Sets$$

であるから，X 上の前層の全体は関手の圏

$$Sets^{(\text{Open } X)^{op}}$$

であり，したがって，初等トポスとなる．第 8 章第 11 節で示したように，幾何学では前層の圏から層という（より小さな）圏に移行できる．全く同じことがトポスに対しても可能となる．それには "位相" という概念を，ある性質をも

528　第11章　集合，論理，圏

った射 $j: \Omega \to \Omega$ で置き換えることが必要となるが，都合のよいことに，二重否定 $\neg\neg: \Omega \to \Omega$ はこの性質をもっているのである．以上の準備のもとに，コーエンの連続体仮説に対する独立性の証明が次のように定式化される．まず集合のモデル *Sets* を考え，その中に順序集合 P をとり，次にその P を圏とみなして，関手の圏（"前層"）

$$Sets^{P^{op}}$$

を考えるのである．この圏はトポスではあるが，その**部分対象の取出し** Ω は，ブール代数ではなく，ハイティング代数であるため，その論理は古典的ではない．そこでこのトポスに二重否定による"位相"を考え，対応する層の圏

$$Sh_{\neg\neg}\left(Sets^{P^{op}}\right)$$

に移行するのである．この圏もやはりトポスとなる（これには，相当の証明がいる）．**そればかりか**，二重否定を定式化に用いたおかげで，今度はその論理が古典的なものになるのである．このことは対応する**部分対象の取出し** Ω が非常に大きなものになるにせよ，ブール代数となることを意味する．さらに，Ω の中の極大イデアルを1つ選んで，その商代数をつくると，それは $\{0, 1\}$ のような2つの値をもつものになる．この商をとるという過程からは，新しいトポスが1つ生じるが，これが集合論の新しいモデルとなるのである．そこでは順序集合 P をうまく選ぶことによって，CH が成立しないことが示されるのである．

　大急ぎではあったが，この要約において示しておきたかったことは，層という，はじめはリーマン面に関して導入された幾何学的なアイデアが，集合の基礎的研究においても非常に豊かな結果をもたらす，ということである．数学においては一見無関係に見えるアイデアもしばしば密接に関係しているのである．

　ここで述べた詳細は，ピーター・ジョンストン（Peter Johnstone）の *Topos Theory* にある．論理学の面に関しては，Barwise の *Handbook of Logic* を参照されたい．

15. 基礎づけか組織化か？

集合論と論理学は，数学の標準的"基礎づけ"を提供する．すなわち，数学のすべての対象は集合に関する第1階の言語で定義され，数学のすべての定理は論理学で明記された推論規則によって，ZFCと定義から証明される．しかしながら，われわれは集合論の代わりに，たとえばトポスによる別の基礎づけがあることも注意した．基礎づけとはある意味で，安全性の保証と言ってもいいものである．つまりその推論規則に正しく従っていれば，逆理や矛盾は生じない，という保証である．実際にはそういった保証はいまのところ得られていない．矛盾が集合論の公理 ZFC に生じないことの証明はないし，ゲーテルの第2定理によれば，ZFC の中でこのような無矛盾性を導くことはできないからである．同様に，well-pointed なトポスに対する公理の無矛盾性の証明も存在しない．ただし，トポスの公理を満たすモデルを ZFC の中につくることができるので，ZFC が無矛盾である限り，トポスの公理も無矛盾であることはわかっている．

一方，集合論と圏論は数学を組織する方法と思うこともできる．集合論の方式は新しい概念を定式化するためのガイドラインを与え，数学の外延的性格を強調する．すなわち，"性質"といったものが完全に決定されるのは，その性質をもったすべての要素が決定されるときである，という考えである．圏論の方式は，対象だけではなく，それらの間の射もいっしょに考えることの重要性を強調する．それはまた，普遍的構成法や，随伴関手の使用をも強調するのである．

どちらの組織化も，完全に成功をおさめているわけではない．圏と関手は位相幾何学全般で用いられ，また，代数学の一部にも現われるが，解析学とはほとんど連絡がとれていないようである．集合論は，手頃な道具ではあるが，これを使う構成法には，しばしば不自然なものが現われる．もっと突っ込んで言えば，集合論は明らかに一般的すぎるということである．かつて，ヘルマン・ワイルが注意したように，それは，その中に"砂"がたくさん入っているのである．全数学を概念的に組織化する単純でかつ十分な方法は未だ得られていないのである．

歴史的には，数学，あるいは数学の一部を組織化するこころみは，このほかにもあった．ギリシア人にとって，数学は幾何学であった．かれらは，実数や

530 第11章 集合，論理，圏

代数的演算ですら幾何学の言葉で定式化した．18世紀の数学は主に微積分学の あらゆる面への発展であった．それはこの発展が，形式的な計算のためにも， 多方面的な応用のためにも，広大な可能性を示したことの自然な反映であった． 続いて，複素関数論が正則関数の非常に実り豊かな性質から起こり，数学（の 大部分）は，それを中心に発展した．そこには競い合う2つの組織化があった． 解析学では，厳密性は ε-δ 論法のもとに正統化された．また幾何学では非ユー クリッド幾何学やその他の幾何学によって与えられた非常に多くの空間を，線 形群，直交群，射影群などの空間の対称性を表わす群によって分類することで， 組織的に研究しようという提案がフェリックス・クラインによってなされた． これは，共形変換群の研究として，複素解析をも含むものであった．このアプ ローチは，幾何学的関数論に重点をおくものであり，解析関数論や ε-δ 論法の 過大な使用とは対比をなした．最近では群の表現の著しい性質が，数論や物理 学で用いられ，群論による有効な組織化が示唆されている．

　これら組織化に対する多くの提案は，数学の多様性と豊かさを反映している のである．

　図1は，この章で扱った主題相互のつながりをある程度示していると思う．

15. 基礎づけか組織化か？

集合，関数，圏

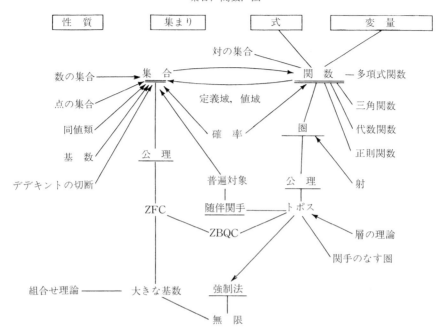

第12章　数学のネットワーク

いままでわれわれは，数学のさまざまな分野について調べてきたが，ここで最初の問題に戻ることにしよう．それは「これまで述べてきたさまざまな考察から数学の本性について何がわかるか？」，「これらの考察は，数学における真理や数学的美に関する哲学的問題をどのように解明し，数学研究の方向について判断を下すのにどのように役立つか」，とくに「数学の基礎は何であるか」という問題であった．

われわれの考察から得られた最も中心的な結果は次のようなものであった．すなわち，数学の発展によって形式化された規則，概念，および体系の堅固に結びついたネットワークが得られる．このネットワークの各結節点は，人間の諸活動において有用となるさまざまな事実や科学研究の中からもち上がってくる諸問題と密接に関連している．具体的な諸活動から形式的数学体系への移行は，一連の一般的洞察および着想（アイデア）に基づいている．またこの形式的ネットワークの内部においても，そこに起こってくる問題や予想の解決への努力，抽象化，さらには総じて従来よりいっそう深い理解を求める不断の欲求によって，新たな発展が刺激され，引き起こされることになる．

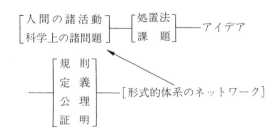

1. 形　式　性　**533**

この考察は，前ページの図式に要約することができよう．

これからこの図式の各部分について説明していくことにしよう．

1.　形　式　性

　数学という学問は形式的な形で提示されるものである．たとえば計算は，あらかじめ特定された規則に従って遂行されるし，証明は前もって定められた公理系から，定められた推論規則に従って行なわれる．必要な新概念の導入は，曖昧さを含まない定義によってなされる．誤りや不一致は，論争ではなく，関連する諸規則に照らして決着がつけられる．あらゆる形式的処置において特徴的なことは，それが意味や応用には関係せず，形式だけを問題にすることである．形式化がたとえ不完全で断片的にしかなされていない場合でも，そこにはつねに完全化への可能性が秘められている．こういった特徴のゆえに，「数学」は（その限界の範囲内では）絶対的に正確であり，個々の人間の考え方や判断にはよらないものとなる．なぜならば，形式化されたことがらは曖昧さを残さず，正しく伝達し合うことができるからである．形式化の過程は，多くの段階を経ながら展開されていく．

　形式性がまず最初に姿を現わすのは，算術の規則においてである．10進法で表示した2つの整数の「和」や「積」のつくり方は，一定の規則によって与えられる．そしてこの規則には曖昧なところは一つもない．手計算にせよ，ソロバンを使うにせよ，あるいはまたコンピュータによって計算するにせよ，計算した結果が合っているかどうかは一義的に決めることができる．同一の積を計算するのに違う仕方を用いても，計算が注意深くなされたならば同じ答が得られる．そして，その際適用される規則は，数とは何であるかとか，10進法とは何か，といったことには関係しない．もっとも，ペアノ算術のような，同様に形式的ではあるがもっと大きな体系の中では，それらの規則は，ペアノの公理系，和や積の帰納的な定義，および10進数の記述的定義から導くことができるのではあるが．

　算術的規則がいろいろな方面に適用できるのは，いま見てきたその厳密性によっているのである．算術の利用法は，すでによく了解されている実用的操作によって決まる．たとえば，数え上げるという操作は，10進数の「後者」の概念を利用し，たとえば一山のマッチの数の数え方などを指定しているのである．

534 第12章 数学のネットワーク

あるいはまた，2つの10進数を加えるという形式的過程は，2つの（マッチの）山を合わせるという実用的過程に対応している．2つの山を合わせたときのマッチの数が合わない場合でも，間違いは決して規則のせいではなく，数え違いか，あるいはマッチの数え落しが原因とされる．規則およびそのさまざまな基本的な応用の一般性のまさにそのゆえに，誤りが生じても，それが決して規則のせいにされることはないのである．同様に，面積（たとえば長方形の）を決定するおなじみの操作を考えよう．まず図形がほぼ長方形と考えてよいことを確かめ，それから幅と高さを，フィートを単位として計る．そうすれば掛け算の規則により面積を出すことができ，結果はふたたび計測によってチェックすることができる．かくして96平方フィートの面積をもつ長方形は，12インチ×12インチの正方形のタイル96個で（多少とも正確に）覆うことができよう．もしタイルが重なり合った場合には，計算か計測に間違いがあったはずである．あるいは長方形と考えていたものが，実際には平行四辺形だったという場合もあろう．いずれにせよ，間違いが10進数の積の規則のせいだということには決してならないのである．

　以上要するに，算術の形式化された規則は，計数操作——これ自体は，しばしば間違いを犯すことがある——の背後にあってその強固な基礎となっているのである．

　ペアノの公理系は，形式化における第2の段階である．これにより計算の諸規則が公理系から導出されることになる．この場合にも，この公理系によって定められる自然数が，基数あるいは順序数などとしての意味をもっているかどうかは問題にされることがない．あるいはさらにすすんで，第11章で述べたような順序数についてのフォン・ノイマンの定義を採用することもできよう．しかしこの場合にも，規則を導き出す議論は，ツェルメロ-フレンケルの集合論の公理系を用いる形式化された推論であって，順序数が整列集合の順序型であるといったことがらには全く関係しないのである．このように，算術における形式化には（数学のほかの分野においても同様であるが），多くの段階が存在し，しかもそれらは相互にきちんと関連し合っているのである．

　形式性のもう一つの顕著な例として公理系がある．決定的な例として，平面ユークリッド幾何学の完全な公理系があげられる．われわれは，直観的には平面幾何において，点，直線，三角形，円などからなる平面図形を取り扱っていると考えている．しかし，平面に対する（ヒルベルトの）公理系の注意深い定

1. 形　式　性　**535**

式化によれば，諸定理の証明はすべて厳密に公理系をもとにして行なわれる．これは第3章第2節の「図を用いない証明」で強調しておいたとおりである．つまり，たとえば直線を何かある幅をもたないもの（ユークリッドはおそらくこう定義したのだろうが）と考える必要はなく，合同公理や結合公理を利用するだけでよいのである．これは有難いことである．このおかげで，世の中に実際に真っ直ぐな直線や平らな平面がどこかに存在するというようなことを仮定する必要がなくなるからである．この場合にも，数学の厳密性が，それを応用する際の操作上の規則とのかかわりにおいて現われる．角度を測るには，測量技師がトランジットの軸を固定しておいて望遠鏡で1つの地点を覗き，次に望遠鏡をまわしてトランジット上の分度器の上での回転角を測ればよい．水平距離は，チェーンとおもりで測ることができる．測った距離がたとえばピタゴラスの定理に合わない場合にも，間違っているのは測量技師であってピタゴラスの定理の証明ではない．あるいはまた，3つの地点を定めて，注意深く各点から他の2点を望む角を測り，足し合わせて180°にならなかったとしよう．この場合も測定に誤りがあったか，あるいは，ここではある種の非ユークリッド幾何学を応用することが必要になっていたのかどちらかとなる．ユークリッド平面幾何学や三角法は公理系の上に確固として立っているもので，光線のずれや測量技師の気まぐれの入りこむ余地はない．演繹に対する形式的基準を与えるものとして，それは決してゆるぐことがない．そしてこのゆるぎなさが多くの成果をもたらすことをわれわれは長い経験からよく知っているのである．平面幾何学は一つの演繹体系であり，現実の空間に適用して有用なものではあるが，それ自身は空間についての科学ではない．

　ユークリッド幾何学の中には論理学における推論規則もまた登場する．幾何学における証明は（言葉の上ではそう表現することもあるかもしれないが），真理に関係するのではなく，単にトートロジーと公理や推論規則の効果的適用だけに関係しているのである．そして真理表を用いたトートロジーの記述も，哲学的な意味での真理に照らして考えているのではなく，単に都合のよい結果が出てくるように1つの論理式に0と1を代入する形式的な規則を表わしているにすぎない．この見方は限定作用素の場合，とくに重要である．述語計算において，$(\exists x)F(x)$ という命題は，「$F(p)$ という性質をもつ点 p を私が明示した」ということを実際に意味するわけではない．この $(\exists x)F(x)$ という命題は $F(p)$ なる p の明示により結論できることもあるが，その証明にはまた別の手

536 第12章 数学のネットワーク

段，たとえば背理法が使われることもありうるのである．結局 $(\exists x)F(x)$ は，単に一般化に対するいくつかの規則に従って操作される論理式の1つとみなされるべきものである．それらの諸規則は経験から示唆されたものであるが，実際の定式化は第11章第5節に与えられている．以上の見方とは別に，限定作用素の操作についてもっと制限的な規則をもつ別の述語計算法を構築することも可能である．このような述語計算法の例としては，存在に関する直観主義の立場に基づくものなどがあげられよう．しかし古典論理にしても，また直観主義論理にしても，いずれも完全に形式化できる．この場合，それらは証明とは何を意味するかという点で違った立場をとっているだけのことなのである．算術や幾何のみならず，数学の他のどの分野においても，そこに現われる公理系は，形式性を典型的な形で表わしている．たとえば実数は，現実の数に見られる諸事象に対して整った証明を行なう基礎となり，しかも計測上の諸操作にうまくあてはまる性質を与えるものというのが出発点であった．同様に集合に対するツェルメロ–フレンケルの公理系は，現実にある対象物の集まりを記述するものではない．この公理系は「～に属する」という2項関係の操作のための形式的規則である．それらが数学的概念を構成していくうえで効果的であることは，長い経験から示されてきたことなのである．もちろんこれらの公理は，経験から，とくに集合を階層的に累積していくやり方で直観的に記述する（第11章第1節）際の帰属関係の諸性質から示唆されたものであることは確かである．しかし，こういったことは数学的意味で公理を決定するわけでは決してない．たとえば包含公理において限定作用素を制限された形で用いるべきか，あるいは制限のない形で用いるべきかといったことは，上述のことからは決まらない．なぜならば，階層の各段階では，1つ前の段階に現われる集合の「すべての」部分集合をつくることになるのであるが，一方ここに現われる「部分集合」という概念は形式化された意味をもつものではないからである．同様に，順序数がどこまでのびるかとか，どれだけ大きな基数がありうるかといったことは階層性（hierarchy）からは決まらない．集合論の公理系も幾何学の公理系も，こういった点では同様であって，後者も測量技師の経験から示唆されたものではあっても，それによって決定されるようなものではないのである．

　形式性は定義においてもまた明瞭に現われる．原理的には，どの議論においても，**定義対象**（definiendum）はそれを**定義するもの**（definiens）で置き換えることができるのである．あるいはまた，個々の例について考えてみよう．**関**

1. 形 式 性　537

数はある種の順序対の集合として定義される．この場合，いまの定義から導か
れるものが，関数の諸性質ということになる．定義は，関数を用いて標準的な
操作を行なう場合，これらの諸性質がうまく生きてくるように選んである．た
とえば x と y が物理量を表わしており，そして $y = f(x)$ となっている場合，
y の測定値は x の測定値に依存して決まるわけである．別の例を考えてみよう．
複素平面 C 内の開集合 U 上で定義された関数 $h : U \rightarrow C$ が正則であると
は，それが U の各点で複素微係数をもつことと定義される．この定義は，形式
化された定義の中でもきわめて適切なものである．このことは，正則関数のも
つ著しい諸性質によって示されている．しかし，こういった諸性質は，もちろ
んそれらが定義から厳密に形式的な仕方で導き出されるからこそ成り立ってい
るのである．確かに正則関数 $f : U \rightarrow C$ の定義として，各点 $a \in U$ で $z -$
a の収束冪（べき）級数で表されるとするワイエルシュトラスの定義を上記の代
わりに採用することもできよう．しかし，この定義もまた形式的定義なのであ
って，さらにこれが複素微係数の存在を用いた定義と同値であることが，完全
に形式的に証明できるのである．さらにまた正則関数の理論には，積分や区分
的に可微分な径路などの他の諸概念の形式的定義も必要となる．関係するすべ
ての諸概念がしっかりと形式的に定義された場合に達成される明晰さは，上に
あげたいくつかの例からも——そしてまた数学を学ぶ若者が，それらを利用し
て厳密さということを理解するための訓練をしていく中からも——はっきり見
てとれるのである．

　ニュートン力学もまた形式性ということがあてはまる一例である．「力は，質
量×加速度である」という法則 $F = ma$ は「力」を特定してやらなければ完全
なものとはならない．しかし，力がたとえば逆自乗則によって与えられるなら
ば，上の法則から惑星の軌道について完全に形式的な計算を行なうことができ
る．一方これとは別に（望遠鏡を用いた）観測実験も行なわれ，それによる観
測結果に照らして形式的計算の結果をチェックできる．地上の投擲物やロケッ
トの場合も同様である．基礎になる方程式が与えられれば，弾道が実際どうな
っているかという事実を見ないで形式的に計算を行なうことができ，それと観
測結果とを比較してみることができる．こうして比べて見ると，ふつう結果は
正確には一致しない．しかしこれは形式的計算を無効にするものではなく，単
に，たとえば空気抵抗による力に対する適当な式を考慮してさらに計算を行な
う必要性を示唆するにすぎない．

538 第12章 数学のネットワーク

形式性は代数学において明瞭に現われる．有限群に対して部分群の位数はつねにその群の位数の約数であるということが形式的に証明できる．これは個々の群の数値例によって確かめることもできるし，また対称性の群論的記述をもとにして図形を用いて確かめることもできる．幾何学の場合，熟練した実務家は通常，図による例や直観を前面に出すが，この場合にも形式的性格が実際には存在している．このことはたとえば実際にはユークリッド空間に何らかの仕方で埋め込まれている曲面について，それを抽象的曲面として考え，そのうえでリーマン計量により定義される幾何学を座標に依存しない形で展開する場合に典型的に現われている．このように幾何学のもつ一般性は，実は，関係する幾何学的対象が完全に形式的な形で定義されていることに本質的に依存しているのである．

形式化を究極まで押しすすめるならば，数学のすべての定理を集合を用いた定義とツェルメロ-フレンケルの公理系からきわめて厳密に導き出すということにまで行きつくだろう．こういった極端なことは決して実際には行なわれないが，形式化の可能な限界というものが，この究極の姿によってはっきり定まるのである．それまで直観的にたてられてきた数学の諸分野に念入りな形式的定式化を展開することが歴史的に必要となった例は上にあげたもののほかにも実際にたくさんある．一例としては19世紀における微分積分学の厳密な基礎づけがある．——これは，それ自身重要であるばかりか，数学全体に対するより概念的なアプローチを確立することに大きく貢献した点でも重要であった．代数幾何学は別の例を提供する．19世紀後半におけるその発展（イギリス，ドイツ，イタリア）は目覚しいものがあった．——しかしそれはいささか頼りないもので，そのことは，「代数幾何学における最高の業績は，一つの一般的定理を証明すると同時に，その定理の反例を構成することである」という冗談によく表わされていた．この当時展開されたような幾何学的洞察は，1925〜1975年の間にいくつかの段階を経ながら形式化されていった．最初はイデアル論のより体系的な利用により，ついで一般付値論の導入により，そしてさらに，特殊化，層，スキームを用いることによって．この場合にも，もとになる幾何学的アイデアが**たくさん**の違った形式化をもちうるという事実がふたたびきわめて明瞭に現われている．

いままで述べてきた算術的，代数的計算，あるいは三角法による計算は**唯一**の答を正確に計算するものといえる．しかしまた単に粗い答しか必要でない場

1. 形 式 性　539

合やあるいはそれしか可能でない場合も多くある．あるいはまた計算の基礎と
なっている原理自体も不確かなところがあり，手に入るデータもせいぜい近似
値にすぎないという場合もある．したがって計算が評価の性格をもっている場
合も多いわけである．主要でない効果は無視したり，より低次の大きさしかも
たないと考えられる項は落したりする．あるいは扱いにくい式はもっと扱いや
すく，しかも（できれば）十分代替となりうる式で置き換える．こういった処
置は，（部分的には）形式的な場合もありうるが，往々にしてデータのもつ科学
的意味に従って近似法が選ばれるという点で実体的なものである．こういった
状況は応用数学の多くの分野で見られる．上述の意味での評価が完全に形式化
されている場合もある．——これは解析数論や古典的解析学の基礎的部分の多
くに見られる評価の場合などにとくに見られるものである．しかしまた，こう
いった評価を厳密な公理的形式の枠におさめることがどうしてもうまくいきそ
うにない場合もある．言い換えると応用数学の分野の中には定理あるいは定理
の証明を全く含まないものもあるわけである．こういった分野は，数学を形式
的なもの，ないし，形式化されうるものと見るわれわれの分析からはみ出して
しまうといえよう．このように形式的数学とその応用の間の境界線は漠然とし
ており，また変化しうるものである．このことは，数学におけるアイデアの中
には応用から生まれたものもあるという点を考えれば当然のことである．

　要約すれば，数学における形式性は

　　　計算規則（算術計算，三角法）
　　　微分積分学における微分法の公式
　　　評価と近似の規則
　　　算術と幾何学の公理系
　　　推論規則
　　　抽象代数やトポロジーの公理
　　　集合やトポスの公理
　　　数学全体の完全な徹底した形式化

といったさまざまな段階をとりつつ現われてくるものである．

　ヒルベルトの形式主義は，数学とは論理式の体系的操作にすぎないと主張す
る．この主張は，かれが数学全体に対して一貫した形式的証明を与えようと試

540 第12章 数学のネットワーク

みるにあたっての必須の前提であった．この主張を，数学とは記号によるゲームにすぎないとみなすような極端な形の形式主義と混同してはならない．

われわれはこの両極端の立場はいずれもとらない．われわれが主張したいのは，形式性が数学にとって本質的であるということである．数学は諸事実についての科学的な研究ではなく，そういった事実の底にひそむ形式の解析を展開していくものなのである．それは時空についての科学ではなく，時間，空間および運動を理解するのに必要な観念を定式化するものである．時空などの理解には，これらの観念が基礎になっている．そしてこの基礎をなす観念はこの本のいままでの諸章を通じて示したように，形式化されることによりはじめて正確で伝達可能なものとなることができるのである．

2．ア　イ　デ　ア

数学における形式化はたいていの場合，その背後にある一定のアイデアがもとになって成立する．ここでアイデアといっているのは，目標と展開の方向を指し示してくれる直観的観念のことである．こういったアイデアの本性を正確に記述することは難しい．実際，深いアイデアは，そのままでは伝達することがほとんど不可能で，何らかの形式化の中に組み込まれてはじめて認識できる場合も多い．数学におけるアイデアの中で比較的一般性をもつもののうちには，人間の日常の営みが多少とも直接の契機となって生み出されてきたものもいくつかある．第1章第11節の表1においてそのようなアイデアの例をあげておいた．そこでも注意したように（そしてまた他の多くの例についても述べたことだが）1つのアイデアの形式化がいくつかの互いに全く異なった形で実現されることもありうる．たとえば「多様体」というアイデアはある一定の性質をもった対象物や点全体のつくる幾何学的軌跡という形でまず現われる．それは位相多様体，$(C^\infty，C^1，$その他，一定の意味で滑らかな）可微分多様体，といった形で形式化されるし，また，複素多様体という形で形式化することもできる．これらのすべての場合において，多様体の各点は，「よい」局所座標系（チャート）で記述される近傍をもっている．しかし多様体というアイデアの本来のあり方から見れば，特異点をもつ多様体も何らかの形で許容されるべきものとなろう（そして幾何学には将来この種の形式化された概念がいっそう多く登場することになるだろうと私は考えている）．ともかく多様体という「アイデア」自

2. アイデア **541**

体は漠然としたもので，多くの形で形式化できる．そのうえこれらの互いに異なった形式化によってわれわれは，このアイデアのさまざまな側面を別個に研究することができるのである．

　数学におけるアイデアは，人間の日常の営みや科学上の問題だけから生まれてくるわけではない．それはまた，先行する数学の分野をいっそうよく理解しようとする強い欲求からも生じる．「集合」とは，最初は直線や平面上の点の集まりのことであったが，その後，一つのまとまりをつくっている数学的に明確に定義されたものからなる限り，どんな種類の集まりをも意味しうることになった．それに伴って，集合という「アイデア」は，累積的階層の術語を用いていっそう明確に記述されることになった．そのおかげでこのアイデアは伝達されうるに十分な明確さをもつことになったが，それでもなお，そこには曖昧な部分が残っている．階層の各段階 R_α に対して，その1つ次の段階は R_α の「すべての」部分集合からなっている——しかるにこの場合，部分集合の意味は，形式的に記述されてはいないのである．以上のように，われわれがこの節で述べた意味でのアイデアは，もともと漠然としたものなのである（この意味のアイデアを，理想直線，理想円，理想集合といったプラトン的イデアと混同してはならない）．

　「アイデア」という用語を正確に記述することはとうていできないので，ここでは単に例をあげるに止めよう（表1）．この表では先行する数学の諸分野から生まれたアイデアをあげてある．この場合にも，おのおののアイデアが，複数の形式化をもっていることが見てとれよう．ここで掲げたほかにもすでにわれわれはそのような例をいくつか見てきた．微分幾何学における曲率や，自己随伴作用素の固有値およびスペクトルといったアイデアがそれである．

　一つのアイデアの発展過程は多くの場合長く複雑なものである．たとえば，変化と運動の研究から，変化が突発的でなく滑らかに起こることがあるというアイデアが出てきた．こういう滑らかな変化の例は，力学にも幾何学にも現われる．この「滑らか」というアイデアはやがて「連続」と「可微分」という別々のアイデアに分化していく．しかしこの両者の相違は，それらが極限の記述を用いて注意深く形式化されることによってはじめて明確になる．そのような形で記述された可微分性は，その後，微分積分学や曲線，曲面および多様体の局所構造の解析の中に登場し，それからやがて滑らかな多様体の厳密な大域的定義の中に姿を見せることになる（しかしこれは1930年代になってようやく行な

542 第 12 章 数学のネットワーク

われたことである）．同様に，いったん形式化された連続性は，多変数関数や曲線上の関数に適用され，やがて 20 世紀になって距離空間という概念が導き出される．そのうちに距離という定量的概念は，位相空間の定義に見られるように，近傍というもっと定性的な概念に置き換えられることがはっきりしてくる．かくして，もともとの連続性という同じ概念を定式化するのに，開集合の形式的性質が使われることになるのである．

表1 数学の内部から生まれたいくつかのアイデア

起　　源	アイデア	その形式化
多項式 sin, tan, log 従属変数	関　数	（言語による）形式的表現 値の完全な表 順序対の集合 圏における矢印
速度，加速度 接　線	変化率	微分係数，導関数 偏微分 複素微分
微分作用素 行　列 算術演算	作用，演算	線形変換 2 項演算 単項演算
線形順序 半順序 （数や図形の）合同 間在性	関　係	2 項関係 順序対の集合 3 項関係
素因数分解 部分分数展開 （多様体の）連結成分	分　解	素イデアル分解 直積 余積　等

　アイデアのなかには，ある証明したい定理をどうやって証明しようかというアイデアのように，上述の場合ほど一般的でないものもたくさんある．また，考えているアイデアがうまくいかない場合も出てくるし，それを用いて成功す

るには，面倒な手続きや，別の技術的な工夫が必要な場合もある．あるいはま
た，証明のためには単にアイデアと決まりきった手順で実行していくだけで十
分な場合もあるかもしれない．いずれにしても，形式化された証明が得られた
ときはじめて，そのもとになったアイデアが（それを実行するうえでの細部も
含めて）実現されたことになる．アイデアは形式化を必要とするものなのであ
る．

　1つの関数の別々の断片を寄せ集めて1つにまとめ上げるというアイデアか
ら，一方では層の概念（第8章第11節）が生まれ，また一方，その断片という
のが冪級数展開の場合には，正則関数の解析接続の考えが導かれる．

　数学とは形式化されたものであり，またそうならざるをえないものなのだと
われわれは考えているが，同時に，各形式化の基礎には，その背後にあってそ
れを導き出すあるアイデアがあるという事実を忘れてはならない．そしてまた
反対に，たとえば幾何学上のあるアイデアがあまりに漠然としていたため，意
図した結果の証明がうまくいかなくなるというように，アイデアがあっても形
式化がなされなければ，やはり実りある結果は生まれてこないのである．

3.　ネットワーク

　数学を無理に単一の形式体系としてまとめ上げることは実際的ではない．む
しろ数学は，形式体系，公理系，規則およびそれらの間の連関からなる緊密で
精巧なネットワークであると考えたほうがよい．このネットワークは人間の日
常活動や科学上の諸問題の中にあるさまざまな出発点に結びつけられている．
すでにわれわれは第6章第2節で，関数，変換および群の表，第7章第2節の
微分積分学の概念間の相互関連を表わした表，第9章第13節の数学と力学の間
の関連を示す表において，このようなネットワークの一端をかいま見てきた．
　数学各分野の完全で緻密なネットワークには外部との結びつき（外線）がた
くさんある．最も基本的な諸分野（ネットワークの「端（edge）」に位置する分
野）は数学の外部に達する連結線にしっかりと結びつけられている．まず第1
に，さまざまな人間活動，つまりものを数えたり，量を計ったり，あるいはも
のを動かしたり変化させたり観察したりするといった第1章第8節にあげたよ
うな活動との間の結びつきがある．これらの結びつきの中には活動ではなく，
量（数えうるもの），広がり（計りうるもの），運動（観察できるもの），変化（こ

544 第 12 章 数学のネットワーク

れも観察できるものである),といった現象とかかわっているものもある.これ
らの結びつきや連関によって数学は「現実」——少なくともこのような活動や
現象によって表現されている限りの現実——の中に根をおろしているのであ
る.

　数学の諸分野はまた人間の知識の他の部分,とくにさまざまな科学とも結び
ついている.幾何学は測定,建築,測量,航海術,さらによりソフィスティケ
ートされたレベルでは物理学上の概念としての時間,空間および(4次元の)
時空空間と関連する.微分積分学は静力学,動力学をはじめ理論物理学の多く
の部分と関係する.微分方程式やフーリエ解析もまた物理学と関連をもつ——
双対空間やテンソル積を含むベクトル解析もそうである.微分積分学はまた,
たとえば数理経済学における限界概念の利用などに見られるように経済学とも
関連をもつ.数学と他の科学との間のこのような関連の数はきわめて多く,し
かも単に数学のネットワークの端に位置する基礎分野だけでなく,ネットワー
クの「中央部」の分野との間にも多くの関連が見られるのである.

　数学は上述のように,数学以外の諸分野との間に多くの強固なつながりをも
っているが,それらによって数学の諸分野がすっかり記述できたり決定できた
りするわけではない.基本的な数学の諸概念は,確かに人間の日常活動から導
き出されたものではあるが,しかしそれらは,そういった活動自体とは別のも
のであり,またそのような諸活動の背景をなす現象とも異なったものなのであ
る.応用数学の諸分野は科学のいろいろな分野と密接に関連している——しか
しそれら自身は科学とは別のものだと私は考えている.科学上の理論は事実の
データによって否定されうるが,数学の理論はそのような形で否定されること
はない.たとえば(現在われわれが見ている形での)ユークリッド幾何学は(た
とえば光線でつくられた三角形の内角の和を測るといったような)測定によっ
ては,決して誤りが見出されることはない.仮にその測定された和が180°から
ずれていたとすれば,それは光線がユークリッド幾何学の直線に関する公理を
満足するという科学理論を否定することにはなるだろう.しかしユークリッド
幾何学自身が誤りとされるのは,その公理系から矛盾が導かれた場合に限られ
る.公理的方法は数学の独立性の宣言なのである.

　数学の諸分野は,それをとり囲む日常活動,現象,あるいは科学といったも
のから**抽出された**ものであり,そうやって抽出された後,ふたたびそれらのも
のに応用されるのだというのが私の考えである.たとえば数論は,「数え上げる」

という活動から抽出され，幾何学は運動や形体から抽出されたものである．本書では，この「抽出」（extraction）の正確なメカニズムを詳細に記述することはしてこなかった．それが場合に応じてきわめて多様な形をとることは明らかであろう．私はここで，「抽出」という言葉を用いたが，これは「抽象化」（abstraction）といういっそうなじみ深い言葉に通じるものとして意識的に選んだものである．というのも抽出により得られる数学の諸分野は，実際抽象的なものであることを示したかったからである．数学は人間活動や諸現象，あるいは科学に「関する」ものではなく，アイデアの抽出と形式化——そしてそれから生じるさまざまな結果——にかかわるものなのである．

数学におけるアイデアどうしの互いの関連の密接さは驚異的である．われわれはすでに第8章および第9章において，多様体，接バンドル，および余接バンドルという幾何学的諸概念が，力学においては，配位空間，速度相空間および運動量相空間として全く平行に現われることに注意しておいた．ある意味でこの関連は微分積分学と天体力学がともにニュートンの手から生まれたことの延長線上にあるといえる．同様に曲面の微分幾何学における多様な諸概念を，現在リーマン面と呼ばれている複素多様体に結び付けたのはリーマンであった．これらのアイデアが十分に展開されるのには1世紀近くを要した．そしていまではそれは層の概念（正則関数の芽の層）を生み出し，後者はまた，集合論における「強制法（forcing）」において目覚しい応用をみているのである．

こういった数学内部における相互の深い関連のうちで，これまでの章では述べられなかったものがたくさんある．代数的数論における素イデアル，リーマン面上の点，および代数曲線上の点という3つのものの間の関係はその重要な一例である．これについて以下に要点を述べてみよう．

代数的数 y とは，有理係数 a_i をもつ（既約）代数方程式

$$y^n + a_{n-1}y^{n-1} + a_{n-2}y^{n-2} + \cdots + a_1y + a_0 = 0 \qquad (1)$$

の根のことである．ガロア理論で見たように（第5章第7節），y だけでなく y およびその冪の有理係数の1次結合 w の全体を考えると，それらは**代数体**と呼ばれる体 K をなす．既約方程式（1）の次数は，体 K を有理数体 $\boldsymbol{Q}$ 上のベクトル空間として見たときの次元に等しい．これにより線形代数との間に有用な関連が得られる．体 K に属する各数 w は，（1）と同様の，次数がたかだか n の代

546　第12章　数学のネットワーク

数方程式を満足する（線形代数を用いよ！）．そのような方程式として，最高次の係数が1で（このような方程式はモニックであるという），他の係数 a_i がすべて有理整数となるものがとれるとき，w は**代数的整数**と呼ばれる．体 K に属するすべての代数的整数の集合は，可換環 $\mathcal{O}$ をなす．実はいま述べている例が（多項式環とともに），環という概念を導入する基本的な動機となったのである．第6章第3節を見よ．このようにして整数から有理数に至る道は，$\mathcal{O}$ から K への道へと拡張される：

$$
\begin{array}{ccc}
\boldsymbol{Z} & \subset & \boldsymbol{Q} \\
\cap & & \cap \\
\mathcal{O} & \subset & K = \boldsymbol{Q}(y)
\end{array}
\qquad (2)
$$

代数的整数論，そしてまたそのガロア理論との結びつきの出発点となったのはこのことであった．

　まず最初に問題となるのは2次体（$n = 2$）の場合である．たとえば $y = i$ とすれば，上記の環 $\mathcal{O}$ はすべての**複素整数** $m + ni(m,\ n \in \boldsymbol{Z})$ のつくる環にほかならない．この環においては任意の整数は，本質的には一意的に素な（すなわち，既約な）複素整数の積に分解できる．しかしそのような一意分解が不可能な2次体もたくさんある．また y が1の高次の幂根の場合（このとき K を**円分体**という）にも，この分解の一意性は一般には成り立たない．このことはすでにクンマーが，フェルマの問題を扱った際に見出していたことである．

　しかし分解の一意性は，代数的整数を（既約な）整数の積に分けるのではなく，「理想的な」因子の積に分解する立場をとれば回復することができる．この「理想的な」因子が，第7章第10節で，環準同形の核として導入したイデアルにほかならない．まず $\mathcal{O}$ における2つのイデアル A と B の**積** AB を，$a \in A$ および $b \in B$ の積 ab 全体で生成されるイデアルとして定義する．一方 $\mathcal{O}$ の各元 w は，その整数倍全体のなすイデアル (w) を定める．さて代数的整数 w が $\mathcal{O}$ の素元であるとは，それが $\mathcal{O}$ で分解できないこと，すなわち，$u, v \in \mathcal{O}$ に対し，$uv \in (w)$ ならば $u \in (w)$ または $v \in (w)$ が成り立つことであるとする．同様にイデアル P は $uv \in P$ から $u \in P$ または $v \in P$ が従うとき**素イデアル**と呼ばれる．以上の準備のもとで，つぎのイデアル論の基本定理が成り立つ：「$\mathcal{O}$ の任意の代数的整数 w は相異なる素イデアルの積として

$$(w) = P_1{}^{e_1} P_2{}^{e_2} \cdots P_k{}^{e_k} \qquad (3)$$

の形に一意的に分解される（ここで e_i は整数）」．そのうえ，イデアル P が準同形 $\mathscr{O} \to \mathscr{O}/P$ の核となっていることもここで使われる．周知の p を法とする整数の体 $\boldsymbol{Z}/p$ の代わりにより一般な商環 $\mathscr{O}/P$（これは体になる）が用いられるのである．

　さて少し方向をかえて 1 つの（既約）代数方程式

$$w^n + a_{n-1}(z)w^{n-1} + a_{n-2}(z)w^{n-2} + \cdots + a_1(z)w + a_0(z) = 0 \quad (4)$$

で定義される複素変数 z の代数関数 w を考えよう．ここで係数 $a_i(z)$ は z の有理関数とする．この関数 w から z-平面上──あるいはむしろ全リーマン球面上といったほうがよいが──に広がったリーマン面が得られる．z と w のすべての有理式はこのリーマン面上で解析的（つまり極以外の点で正則）である．複素数体を $\boldsymbol{C}$ と書けば，それらの有理式全体は，**代数関数体**と呼ばれる体 $\boldsymbol{C}(z, w)$ をなす．さて z の有理関数はそのゼロ点と極を与えることにより定数因子を除いて一意的に決定される．同様に各代数関数 w についても肝心なのは w の極またはゼロ点となるリーマン面上の点 P である．点 P における関数 w のゼロ点の位数を $V_p w$ で表わそう（点 p が w の極となる場合は負の値をとるものとする）．そうすれば $V_p w = e_p \neq 0$ となる点は有限個しかない．これはイデアルへの分解（3）における因子に似た役目を果たす．さらに関数 w が**整関数**（すなわち，リーマン球面の有限部分の上にある点では極をとらない）となるのは，既約方程式（4）の係数 $a_i(z)$ がすべて多項式となる場合にちょうど一致する．$\boldsymbol{C}(z, w)$ の中の整関数全体は可換環 $\mathscr{O}$ をなす．これは代数的整数の環の類似物となる．われわれは 4 つの環からなるつぎの図式を得る．

$$\begin{array}{ccc} \boldsymbol{C}[z] & \subset & \boldsymbol{C}(z) \\ \cap & & \cap \\ \mathscr{O} & \subset & \boldsymbol{C}(z,\ w) \end{array} \qquad (5)$$

ここで $\boldsymbol{C}[z]$ は z の多項式全体の環を表わす．

　以上の考察から代数的数と代数関数の間の平行関係が示唆される．一方の対

548 第12章 数学のネットワーク

象について得られた方法をもう一方に適用しておのおのの理論を展開すること
によって，この平行関係を打ち立てることができるのである．たとえば，まず
イデアルの考えを代数関数に適用してみよう．リーマン面上の整関数の環 $\mathscr{O}$ の
任意のイデアルは，素イデアル P の積に一意的に分解される——そして素イデ
アルはちょうどリーマン面上の（有限部分にある）点と対応する．さらに整関
数のイデアル (w) の分解に現われる素イデアル P の冪指数 e_p はちょうど点 P
での w のゼロ点の位数に一致する．リーマン面の残りの部分（すなわちリーマ
ン球面の ∞ 上にある点）は，等角写像 $z \mapsto 1/z$ を考えることにより，すなわち
環 $C[1/z]$ 上の素イデアルを考えることにより取り扱うことができる．要約す
れば，いままで幾何学的にあるいは位相的に取り扱ってきたこのリーマン面上
の点が，代数的に素イデアルとして記述できるのである！

　以上の状況を逆にして代数に解析的手法を適用することもできる．リーマン
面の各点 P に対して（ゼロ点の位数を表わす）関数 V_p は

$$V_p(w,\ u) = V_p w + V_p u, \qquad V_p(w + u) \geqq \mathrm{Min}(V_p w,\ V_p u) \quad （6）$$

という形式的性質をもち（第10章第4節），またすべての複素数 c に対して，
$V_p(c) = 0$ を満たす．体上のこのような性質をもつ関数は**付値**と呼ばれる．そ
して体 $C(z,\ w)$ のすべての付値は，リーマン面上の点 P から得られ定数倍を
除いて V_p と一致する．これは「リーマン面上の点」のもう一つの記述方法で
ある．

　さて代数的数 w に対して，w の分解（3）に現われる素イデアル P の冪指数
e を考えよう．この指数 e は，代数体 $Q(w)$ 上の付値となる．そして $\mathscr{O}$ のすべ
てのイデアルはこの付値から再構成することができる．さらにここで，解析で
用いた冪級数の考え方を取り入れることができる．各付値 V から解析における
絶対値に相当する関数

$$|\,w\,| = 2^{-Vw}$$

をつくる．複素係数 $c_i \in C[z]/(z - a)$ をもつ $z - a$ の冪級数

$$c_0 + c_1(z - a) + c_2(z - a)^2 + \cdots$$

の代わりに, 係数 $0 \le c_i < p$ をもった, 言い換えれば, $\mathbf{Z}/(p)$ に係数をもった p の冪級数

$$c_0 + c_1 p + c_2 p^2 + \cdots \qquad (7)$$

を導入する. この級数 (7) は上の「絶対値」

$$|w| = 2^{-Vw}$$

に関して収束する. 実際 Vw が大きくなれば, つまり w が p の大きな冪で割れれば $|w|$ は小さくなるからである. 解析学から取り入れられたこのような「p 進」数は, 代数学において目覚しく利用されている. このように解析学と代数学は互いに交錯し, 互いに他を稗益しあっているのである.

そのほかにまた座標 z, w に関して (4) のような代数方程式で定義される代数曲線との間にも関連が見られる. この立場——これは多岐にわたる内容を含むものであるが——をとれば, z を特別扱いする必要はなくなる.

こういったアイデアは 2 変数 x, y に関する整係数のディオファントス方程式

$$\sum_{ij=1}^{n} a_{ij} x^i y^j = 0 \qquad (8)$$

を扱う際にもふたたび現われる. x と y を z と w で置き換えればこの方程式は, 複素数に関するものとなり, したがってある種数 g のリーマン面を表わすことになる (種数とはハンドルの数のことであり, たとえばトーラスの種数は 1 となる). 以前モーデルは種数 $g>1$ なるディオファントス方程式 (8) は, たかだか有限個の有理解 (x, y) しかもたないであろうと予想した. ごく最近になってこの予想は G. ファルティングス (G. Faltings) により肯定的に解決されたが, そこではいま述べたばかりの方法がはるかに拡張されて用いられている. 結局, 数論とリーマン面の間の関連は実に緊密でありしかも実り豊かなものなのである.

数学はネットワークである——そして (イデアル, 付値, リーマン面などの)

形式的概念はいくらでもある．

4. 部門，分野および下位区分

われわれは数学がネットワークであると述べてきたので，つぎの仕事としては，そのネットワークの結節点——すなわち，数学という学問を区分している多様な部門——をより明確に特定するべきであろう．この部門——すなわち数学のしわけ——という概念は有用ではあるが，同時にとらえどころのないものでもある．この「部門」の意味するところは多様であり，また変化しうるものである．

数学を区分するのは一見単純な操作のように見える．その主要部門は人間の基本的な日常の営みに基づいており，だいたい図1のように表わせるであろう．この図では対応する人間活動は枠で囲んで示してある．

この表では，数学は下線をほどこした5つの伝統的な部門に分けられている．**数論**は，それが扱っている対象，つまり自然数あるいは整数によって規定されている．この対象は本質的には一意的に定まっているもので，その構造は，ペアノ公準により記述されている（超準モデルの存在，あるいはまた，真なる命題でペアノの公理系からは証明できないものの存在といった事実はあるがこのペアノの公理系は一応自然数の記述として決定的なものと考えられる）．**代数学**は，それが用いる方法，すなわち，不確定の数（ふつうは実数）を表わす変数や，未知数を文字で表わして式を取り扱う方法によって規定される．**幾何学**は当初は科学として出発した．すなわち，ユークリッドの公理系で，記述された形の空間についての科学としてである．これ以外には空間はなく，ユークリッドがその予言者というわけである．**微積分学**は測定の際に現われ，（実）数値をとる変量についての科学であり，また同時にそのような量を微分や積分を用い

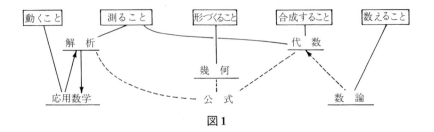

図1

て取り扱う技術でもある．——もう少しくわしく言えば，無限小量と無限操作を用いるものであり，いっそう正確には，極限や $\varepsilon\text{-}\delta$ 論法を限定作用素を用いて精密に定式化したうえで利用して行なわれるものである．**応用数学**は，（元来は）主として微積分を用いた質点（粒子）および連続体の力学の研究である．それはまた，逆に微積分学に新しい問題を提起するものでもある．たとえば熱伝導の微分方程式の研究から三角級数が生まれ，また一方「最小作用」の原理——力学における目的論といえるもの——は変分法と関係をもっている．

数学のネットワークについていま述べた最初の図式は，明らかにあまりにも簡単化されすぎている．つぎの図式（図2）では「アイデア」からくる入力を括弧に入れて書き加えてある．

この図でも「数論」という分野は依然として存在している．それは初等整数論，ディオファントス方程式や2次形式の研究などを含んでいる．しかし同時にそこから2つの新しい分野が分岐している．代数的整数論は第一義的にはその扱う主題，すなわち，代数的整数とその性質，によって規定されている．他方それは，そこで用いられる方法を通じて代数学とも密接に結びついている．解析数論はその方法により特徴づけられる．それは解析的技法，とくに複素積

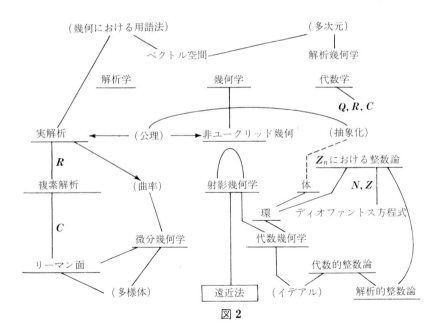

図 2

552 第12章 数学のネットワーク

分，を用いて素数分布やゼータ関数のゼロ点などに関する難問に挑むものである（この分野と複素解析を結ぶ線は重要であるが，この図にはうまく書き込めない）．

元来は未知の実数に関する式の操作であった「代数学」は，そこでの操作（演算）の規則を，他の数体系——m を法とする整数や，代数的整数論における p-進数，あるいは（収束を考慮しない）形式的冪級数など——に適用することを扱うものとなる．そのことにより代数学はいくつかの分野に分けられる．各分野は，そこに現われる有理演算についての一連の公理系を満たすすべての集合論的モデルの研究として言葉のうえでは記述することができる．たとえば，環論は，加法および乗法に関する環の公理によって形式上は記述できる．それはさらに，代数的整数論や代数幾何学に由来する「可換環論」と，非可換な環に関する理論に分かれる．後者は行列，4 元数，およびその他の多元体の研究から起こったものであり，また同時に代数的整数論ともつながりをもっている．素数の局所的振舞いは，ある種の線形代数によって定式化できるからである．いまの場合，一つの分野（環論）は形式的な一連の公理系によって，いま見たように正確に範囲を定めることができる一方，数学のネットワークの中における連関により，その起源と応用が明瞭になるのである．

体論も同様に形式上は（加減乗除の四則計算についてよい性質をもつという）その公理によって規定される．それはガロア理論——すなわち代数方程式の解を，その根全体の間の対称性と，根の有理結合全体のつくる体を用いて理解する方法——に起源をもっている．そのアイデアは，代数体および代数関数体についての本章第3節における議論において本質的であった．

さかのぼって図の最上部に戻るとそこには「解析幾何学」がくる（歴史的にも抽象代数に先んじた分野である）．この分野を規定するのは，そこで用いられる方法，すなわち，デカルト座標を用いて平面および立体幾何学の問題を代数的操作に還元するという目覚しい方法であるといってよいだろう．この方法についてはよく知られており，広く普及している．近代数学の概念のうちで素人にもなじみ深いただ一つのものは，よく言われているように，西15番街329番地9階といった呼び方に現われている座標の観念であろう．幾何学を座標操作へと還元するこの方法からまた，必然のなりゆきとして，「いくつかの入力に依存している事物（力学，統計力学におけるような）は，「高次元」の物理空間のうちに存在する物として幾何学の用語を用いて記述できる」というアイデアが

示唆されてくるのである．このアイデアを定式化するには**ベクトル空間論（線形代数**あるいは**行列論**とも呼ばれる）という分野を用いるのが標準的手法である．その実質は（固有値などの）多くの応用によって規定され，その形式は単純な公理によって決定されている．すなわちベクトル空間とはある体上の加群であるという具合である．したがってそれが（われわれの図には載せていないが）**加群理論**という分野に含まれるのは当然である．加群とは（第7章第12章），環とそのアーベル群への作用を同時に考えたもののことであり，したがって加群理論は環論を補完するものとして不可欠である．以上要するに幾何学的にものを見る場合にも確固とした形式化された代数的構造がそれを支えているのである．

　非ユークリッド幾何学とそのモデルの発見により，幾何学は現実の空間についての科学ではなくて，空間的図形についての公理論的研究なのだということが決定的に示された．歴史的に見れば，幾何学の公理系こそが公理論的探究方法のモデルとなったものである．非ユークリッド幾何学にはいろいろの種類があるが，それらはみな，射影幾何学の下にまとめることができる．後者は遠近法の研究という数学外の動機から生まれたものである．「画法幾何学」はおそらくこれと平行する分野といえようが，現実には数学の一部門とはみなされてこなかった．それに射影幾何学自体も今日では活発に研究されている分野ではない．しかしながら，射影空間内で，座標の代数方程式で定義される曲線，曲面あるいは多様体などの研究は，代数幾何学という盛んに進展している分野を形成している．もっともこういった多様体は現在では，もともとの射影空間よりいっそう抽象的なスキームの立場で記述されている．この分野は幾何学的，代数的および位相的考え方が一つに融合した目覚しい一例となっている．

　上の図にはまた実解析と複素解析の分野が示されている．これは本質的には特定の領域（R または C）上定義されたよい振舞いをする関数についての研究として定義される．ここにおいて微積分学の元来のアイデア（変化率，部分の和としての全体）は形式化されて大きな発展を遂げた．それはまた，接線，曲率，捩率の概念を通じて幾何学とも深い関連を有している．それは微分幾何学という分野を形成しており，これは微積分学を幾何学に応用するものとしても定義できるし，また，より本質的には，滑らかに曲がった空間の研究とも定義できよう．この場合，対象となる空間は必ずしもユークリッド空間と関係しなくてもよい．

上に掲げた図2には関数の研究が入っていないし，また至るところで応用されている群論の研究も入っていない．これらについては一部は第5章第10節の表において図示しておいた．原理的には，群論とは（きわめて単純な）群の公理系を満たす集合モデル全体の研究として形式的に記述できる．しかしこの記述からは群論のもつ他分野との多様な相互関連はみてとれない．図3はその相互関連の一端を描いたものである．対称性の基本的な例がその出発点となっているのは言うまでもない．数学の一分野としての群論は，直ちにいくつかの下位分野に分かれる．まず有限群論（これは整数論的考え方に密接に関連する）と無限群論（組合せ論的群論）がある．また交換法則を付け加えることによりアーベル群という分野が生じる．この分野はかなり違った色合いをもっており，有限群論ほど「深い」内容はもっていないといってよかろう．しかしアーベル群は，位相的不変量としてきわめて重要である．このアーベル群および加群の研究の中からホモロジー代数学（たとえばアーベル圏におけるもの）が生まれた．別の方向では，滑らかな構造をもった群（リー群）や位相の入った群があり，これらは解析学と緊密に結びついている．最後に群の線形変換による表現によって群論は，そのもともとの起源である幾何学のいくつかの部分とふたたび結びつく．さらにそのうえ**表現論**は，別の分野とも予想外の結び付きをもっている．すなわち対称性を表わすものとして群表現は，物理学における多種多様な素粒子の存在を予言するのにも利用できるのである．

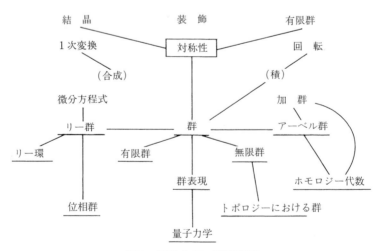

図3　群論内部の相互関連

図2には1つ省略した部分がある．解析学と古典的応用数学の結び付きに関する部分である．この部分ではさまざまな分野が対応する科学上の問題と密接に関連し合っている．それを図示すれば図4のようにまとめられよう．基本となるのは常微分方程式および偏微分方程式である．

　これらの諸分野においては，いずれもまず関係する物理学上の原理から，ある「状態」方程式——これはふつう，偏微分方程式になる——が導かれる．そこから出発して，一方ではこれらの方程式が（適切な境界条件のもとで）与えられたものとして，それをもとに厳密な数学的手法で一連の形式化された演繹を行なって理論を展開する．また一方では，目的としている応用を考慮しつつ，一連の近似や調整を行なう．こういった場合，何を目指して演繹を行なっていくかは，それをどう応用するのかという点から決まる場合が多い．この意味で，アイデアを指導原理とする形式的体系の研究としての数学という，われわれがこの本で描いてきた見地を補うものとして，科学上の諸問題から得られる指針の重大さという点にも留意することが必要となる．科学（物質的世界に関する真理）と数学（十分な動機づけをもった公理系からの演繹）の境界線は，いまあげた応用数学の諸分野のうちのいくつかを横切って通っているのである．第9章で論じた古典力学はこの点で典型的なものとは言えない．というのはそれは，他の応用分野に比べて起源が古く，したがってそれだけまた公理化がよりいっそう行き届いており（おそらくその結果として）解析学や幾何学といっそ

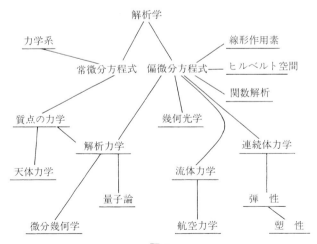

図4

う緊密に結びついているからである．

　そのほかにも応用数学と，数学の中核をなす部分との関連は多々存在する．一例をあげれば偏微分方程式の十全な研究に利用される関数解析やさまざまな無限次元ベクトル空間などがあろう．さらに動力学における軌跡の定量的研究は力学系の考察を生み出し，その力学系が今度はトポロジー（定性的幾何学）の発展に大きな役割を果たしている．

　応用数学の諸分野の中には，ここまでの考察で無視してきたものもたくさんある．図5ではその一端を示しておいた．

　確率を出来事の「頻度」として考えるとすれば，それは基礎にかかわる重大な問題をはらむことになるが，それはこの図で示唆されているように測度論的公理化を行なうことにより回避できる．確率は，統計的評価に大いに利用されるが，しかし統計学においてどの方法をとるか（線形回帰法が乱用される）は，その適用対象に強く依存しているし，一方，その基礎づけには依然として曖昧な部分(ベイズ統計)，あるいは少なくとも未結着の部分が残っている．統計学をわれわれの意味の数学の一部をなすものとしていまのところ勘定に入れなかったのはこのためである．

　以上われわれはさまざまな個々の「部門」や「分野」を結節点にもつ数学というネットワーク（の一部）をいくつかの図式によって明示してきた．個々の分野を記述する仕方は実に多様である．一定の文脈において精密に定義された概念（たとえば正則関数）を用いて記述される場合もある．また一定の形の経験（から由来するアイデア）に基づいて記述されることもある．──たとえば

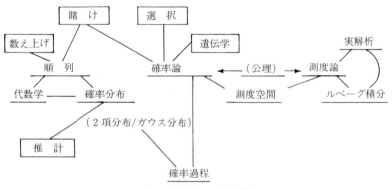

図5　確率論の成立過程

幾何学はこれにあたる．他方また一つの分野が，より特殊な下位分野に細分される場合も出てくる．個々の下位分野は（位相空間のように）公理系により与えられることもあるし，（代数幾何学のように）用いられる式のタイプで決まる場合もある．代数学の内部では適当な公理系がそれぞれの下位分野を区分していることが多いが，しかし一方，それらの公理系の利用の方向は，応用や特別な興味を呼んでいる問題などから示唆されてくることもしばしばである．公理系によって分野を区分する場合，一つの分野が形式上は別の分野の一部として「含まれる」ことが容易に起こりうる．たとえば束は半順序集合の特別な場合であり（任意の2元を与えたとき，それらの上限と下限が存在するという条件を満たすもの），他方，半順序集合のほうはある特定の種類の圏となる（与えられた対象 A, B に対して A から B への射がたかだか1つしかないもの，この射が $A \leq B$ に対応する）．このように形式上は一方が他方に含まれる場合でも各分野は実際には別々のものとみなされている．公理系からの展開の仕方は，それぞれ大変異なっているからである．

多くの分野はさらに細かな下位分野に細分される．それらは新しい技法を反映したものもあれば，いままでと違う関心に基づくものもあり，さらにまた場合によってはますます増加する専門家からの圧力以外に特別な理由がないものさえある．たとえば数理論理学はかつては図6の枠で囲んだ4つの主要な部門にきれいに分かれていた．しかしながら，そのうちの1つ（証明論）は，ほかのものとは違った地位にあり，それ以外の分野はふたたび細分されていった．

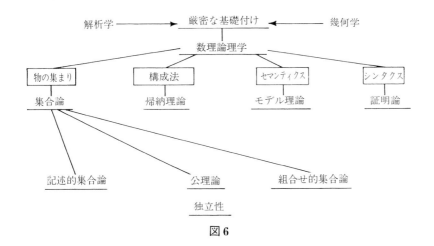

図 6

558 第 12 章 数学のネットワーク

図では集合論の場合について，その状況を示しておいた．またもとの 4 つの分野へのきれいな区分は，直観主義論理，様相論理，あるいは代数論理などといった比較的小規模な分野の活動を省いたものとも考えられる．そのほか，とくに回帰理論やアルゴリズムの研究においては，コンピュータ科学との間に広範な結び付きが見られるのである．

　いまあげた図は数学がますます細分化されていく現状の一例をよく表わしている．この細分化は，各分野が専門化することに伴って起こったものであるが，同時にこの専門化のおかげで他との関連（この場合は数学の他の分野との間の）への関心の欠如や元来の目標のうちのある部分（ここでは数学の基礎づけに関する諸問題）の軽視といったことがらもまた起こってきている．他の分野の細分化に関しても同様のことが随所に見られる．

　以上，われわれは数学の諸分野についてネットワークのそれらにかかわる部分の図式をあげながら，多くの例をあげて説明してきた．これにより数学のネットワーク全体がある程度は推測できるが，しかしそれはきわめて膨大で互いに結び付きも錯綜していてとうてい全貌はこの本の 1 ページにはおさまらない．

5. 問　　題

　数学が発展していることは，それがますます多くの分野に細区分されていくことでもわかるが，その発展の原動力となっているのは人間の日常の営みから生まれたアイデアや科学の中から提起された問題，さらには数学のうちで出てきた諸問題等々さまざまである．しかし数学研究を進展させる主要な要因は，個々の数学上の問題——それもパズルのような些細な問題ではなく，著名な大問題——を解決しようとする欲求であると考える数学者も多い．近年解決された著名ないくつかの問題はその好例である．たとえばヒルベルトの第 5 問題（リー群に関して，連続性の仮定から解析性が導かれること），ディオファントス方程式の決定問題の否定的解決（ヒルベルトの第 10 問題），あるいは 4 次元ポアンカレ予想の肯定的解決（4 次元球面と同じホモロジー群をもつ 4 次元単連結多様体は，4 次元球面と同位相になるという定理）などである．さらにまた未だ未解決の多くの有名な問題もここに入れなければならない．そのうちには 3 次元ポアンカレ予想，ゼータ関数のゼロ点に関するリーマン予想，ゴールドバ

5. 問　題　**559**

ッハ予想（任意の偶数は 2 つの素数の和になるという予想），任意の有限群が体 **Q** 上の正規拡大のガロア群として実現できるという予想などの多くの問題がある．このほかにもいまあげたようなものほど華々しくはないが，同じくらい困難な問題が，数学のそれぞれの分野にはいくつもある．いずれの場合にもこういった問題を解決しようとする不断の試みが主要な要因となって，新しい技法，新しいアイデア，さらにまた新しい数学の分野までもが生まれてくることがある．

　フェルマの最終定理（$x^n + y^n = z^n$ は $n>2$ の場合，自然数解をもたない）はその顕著な一例である．$n=2$ の場合は，因数分解

$$y^2 = z^2 - x^2 = (z + x)(z - x)$$

を利用し，右辺の素因数についての簡単な考察を行なうことにより，上の方程式のすべて自然数解（つまり各辺が整数値であるすべての直角三角形）が求められる．19 世紀にクンマーは，一般の n に対しても因数分解

$$y^n = z^n - x^n = (z - x)(z - \varepsilon x)(z - \varepsilon^2 x)\cdots(z - \varepsilon^{n-1}x) \qquad (1)$$

を用いて同じことを試みようとした．ここで ε は 1 の原始 n 乗根を表わす．しかしながら（1）の右辺から生じる代数的整数は（一般には）素元（既約元）の積として一意的に表わすことはできないので，このやり方でフェルマの最終定理の証明を行なうことは失敗した．しかし $n = 2$ と一般の場合の間のこのギャップを理解しようとするクンマーの試みは（3.3）で述べた素イデアル分解の理論の展開へとつながった．このアイデアから直接，代数的整数論（本章 3 節参照）という分野そのものが生まれた．それはさらに多くの成果を生んだ──しかしそれらをみな用いてもフェルマの予想を証明することは未だできていない．代数的整数論はまた，

$$ax^2 + 2bxy + cy^2$$

のような整係数 2 次形式の分類についてのガウスの研究を拡張・発展させるものでもあった．代数的数と代数関数のアナロジーを考えれば，フェルマ-クンマ

560　第12章・数学のネットワーク

一の線からの刺激がなくても代数的整数論がいずれ発展してきたであろうこと
は十分考えられる．しかしそれでも，ある決定的な好問題——初等整数論にお
ける——がより高度な整数論における主要な発展の直接の原動力となったこと
は事実として残るのである．

　別の例として有限単純群についてのバーンサイドの予想があげられる．これ
は素数位数の巡回群を除くすべての有限単純群の位数は偶数であろうというも
のであった．ファイト-トンプソンによるこの予想の深い洞察を伴う証明（第5
章第9節）がもとになって，すべての有限単純群が多大の努力の末に決定され，
有限群論という分野それ自身が大きく蘇ったのだった．この場合（他の多くの
場合でも同じことが見られるが）ある適切な問題の存在が，数学の発展におけ
る主要な原動力を与えている．しかしいつもこうであるわけではない．（連続群
についての）ヒルベルトの第5問題は，解決されるまでは著名であった——そ
して解決後は精彩を失った．しかしリー群という分野自体は，この問題の解決
とはほとんど無関係にいまでも活発に研究されているのである．

　このほかに，さまざまな形の小規模な問題がある．自然に出てきた問題もあ
れば，わざわざつくり出されたようなものもある．問題は競争や能力の誇示の
ための道具でもある．難問の作成とその解決だけが仕事の内容になっているよ
うな学派もある（ハンガリーの伝統の影響下にある学派にしばしばみられる）．
しかもその際，重視されているのは，その問題の重要性よりはその難しさらし
いのである．この種の問題は，チェスに似ている．解こうとする気はそそられ
るが，必ずしも意味のあるものではない．一例として平面グラフの問題をあげ
てみよう．ここで**グラフ**とは，頂点と辺の（抽象的）集合であって，各辺はち
ょうど2つの（異なる）頂点を結んでいるようなもののことである．グラフの
中には，辺どうしが互いに交らない形では平面（球面といっても同じ）には埋
め込めないものもある．簡単な例としてつぎの難題を考えてみよう．ガス会社
と電気会社と水道会社に，3軒の家のそれぞれに管を地下6フィートの同じ深
さのところに配管するように言ったとする．ジョルダン曲線定理（これ自身は
深い結果だが）の簡単な応用により，図（2）からもわかるとおりこれは不可
能である．あるいはまた，戦争中にベルンにいる5人のスパイに，地下6フィ
ートのところにトンネルを掘り，どの2人も他のスパイに知られず通信できる
ようにすることを命じたとする．この場合もジョルダンの定理により，この秘
密保持の試みは必ず失敗することがわかる．

5. 問　　題　　**561**

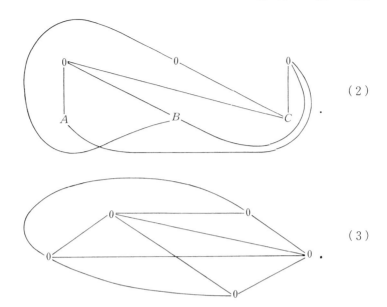

　つまり(2)も(3)も平面グラフにはならないのである．この話には続きがある．W. L. エアズ (Ayres) は平面におさまらないグラフはすべて(3)の形の部分を含むことを証明しようとし，一方，C. クラトフスキ (Kuratowski) は，そのようなグラフが必ず(2)を含むことを示そうとした．もちろんどちらもうまくいかなかった．しかしある国際会議で2人は出会いノートを交換した．その後クラトフスキはさらに研究を続け，「平面におさまらないグラフはすべて，(2)または(3)の形のグラフをその一部として含む」という見事な定理を証明した．

　グラフ(2)および(3)はどちらもトーラス（あるいは，それより大きな種数をもつ曲面でもよい）上ならば描くことができる．しばらくして，P. エルデシュ (Erdös) はつぎの問題を提起した：

　「トーラス上に描くことができないグラフのうちで極小なものをすべて決定せよ」（他の曲面についても同様の問題が考えられる）．

　平面電気回路やコンピュータ・チップの利用の増大に伴って，組合せ論の研究が復活してきたこともあり，最近つぎの結果が証明された：「103種類のグラフがあって，それらは射影平面上には描けず，しかも射影平面上に描けないどのグラフもその103種類のグラフのうち少なくとも1つを含んでいなければな

562 第12章 数学のネットワーク

らない」．この面倒な結果をみればエルデシュの問題があまり実り多いものでな
さそうなことは明白である．というのは，あるグラフが射影平面（あるいはトー
ラス）上に描けない理由が，この結果からは，（少なくともいまのところ）理
解できるようにならないからである．数学は物事の理解にかかわるものでなけ
ればならない．

　結論を述べよう．問題は定理同様，実りの多いこともあればそうでないこと
もある．有名な問題の解決が数学に著名な貢献をするとは限らない．ただわれ
われはここまで，構造と公理論的方法に重点をおいて数学を記述してきたので，
ここではつり合いをとる意味で，問題に焦点をあててみたのである．それらは
いずれも数学の発展のための不可欠な要因なのである．

6. 数学を理解するということ

　ある公式がなぜうまく働くか，なぜある定理が成り立つかという理由を十全
に理解しようという要求が数学における主要な要素をなしている．講義や授業
においても，あるいはまた互いのディスカッションにおいても，数学者は絶え
ずいま話題にしているテーマ，あるいはすでにあるいろいろな結果について，
それまでの理解の仕方を改善しようと努めているものだ．その方法は多岐にわ
たる．ここではそのうちのいくつかを，**類推（アナロジー），例の研究，証明の
解析，関心の推移，**および**不変な形式の探究，**の各項目に分けて調べてみよう．

　（**a**）　**類推（アナロジー）**　　2次元ユークリッド空間は多くの点で3次元空
間と大きな類似性をもつ．たとえば2次元の場合の点と直線は，3次元では点，
直線，平面となり，三角形と円に代わるものとして四面体と球が出てくるとい
う具合である．こういった平行性はほかにも見られ，それからさらに高い次元
の空間図形をも考察してみようという強い示唆が得られる．最初は，4次元空
間を点，直線，平面および超平面を用いて記述することが試みられた．しかし
これは面倒でもあり，またさらに高次元を必要とする現象が出てきたこともあ
って，もっと効果的な方法が探究され，まずは座標が，続いてベクトル空間が
利用されることになった．

　測定が利用され始めるようになると，距離，角度，およびその他の（重さを
含む）量の測定の間に見られる平行性がもとになってしだいに測定を扱うため
の一般的手段としての実数が定式化されるに至った．

6. 数学を理解するということ　　**563**

集合に対するブール代数の演算（結び，交わり，補集合）と，命題に対する論理演算（"および"，"または"，否定）の平行性は論理学において中心的役割を果たしている．

あるいはまた1次結合について考えてみよう．平面上の任意のベクトルは，水平成分と垂直成分の和で書ける．任意の複素数は実部と虚部の和になっている．また微分方程式 $y'' = -y$ の任意の解は，$\cos x$ の定数倍と $\sin x$ の定数倍の和となる．これらのすべてに平行に見られる一意的な1次結合への分解という性質から，ベクトル空間の基底の概念が生まれた．

さらに別の例をあげよう．代数的整数論における素イデアルは，代数関数のリーマン面上の点と平行した性質をもっている(本章第3節)．このように数学全体を通じて類推（平行性の認識）は発展の強力な原動力となっている．

（**b**）**例の研究**　　ある特定の選ばれた例が決定的な役割を果たして一つの理論全体の発展の方向が決められていく場合がよくある．たとえば，解析関数を複素変数の冪級数としてとらえるワイエルシュトラスの理論は，彼の師グーデルマン（Gudermann）が彼に，e^x，$\sin x$，$\cos x$ などといった特定の冪級数の込み入った組合せ的研究を課したことが契機となって生まれたものである．数体の相対2次拡大についてのヒルベルトの深い研究から，代数体のアーベル拡大一般についての彼の一連の予想が生まれた．そしてこの予想の証明が，この50年間の類体論の展開の内容をなしている．代数幾何学ははじめは平面の2次，3次，あるいは4次曲線を精密に分類することから始まった．複素変数の多価関数のリーマン面は，最初は代数関数の各分枝に対応して切れ目を入れた平面を貼り合わせることから生まれたもので，それに一般性をもった概念的定式化が与えられたのは後のことであった．

ある意味で数学における「一般」論は，多様な個々の例に共通する性質をうまく記述するためにある．――そしてその際，決定的な意味をもつ特別な場合の研究が，一般論を構築する鍵となることも多いのである．

（**c**）**証明の解析**　　既知の定理のよりよい証明を得ようとする努力は不断に続けられている．ここでよりよい証明とは，単にいままでのものより短いというだけでなく，その定理を成り立たせているものが何であるかをよりいっそう明らかにしてくれるもののことを言う．そのような研究から，証明の中で本質的な役割を果たす公理が発見される場合もある（解析学における基本的な議論のいくつかには，表面には現われないが選択公理が用いられていたのだとい

564　第12章　数学のネットワーク

う発見はその一例である）．さらに一つの証明を検討することにより新しい概念
が示唆されることもある．たとえば，コーシーの積分定理は複素解析において
中心的役割を果たしているものであるが，最初はいささか安易にガウス-グリー
ンの補題を用いて証明されていた．その証明を検討することから，長方形や三
角形を細分する論法が考案され，それによりさらにホモロジー的手法が導かれ
た．変形を用いる別の証明もあり，そこからはホモトピーの考えが導入された．
さらにまた別のアプローチからはジョルダン曲線定理が生まれ，それに伴って
平面のトポロジーに関するより深い研究が始められたのである．

　証明を実際に提示するに際して，それを見やすい図式的な（ダイヤグラムの）
形に表わそうとすることがよくある．ジョルダン-ヘルダーの定理（第5章第7
節）についてのこの種の試みから，半順序集合の図式的表示，そしてまた束の
概念が自然に生まれてくる．あるいはまたトポロジストは，1つの空間Xから
別の空間Yへの連続写像を表わすのに，矢 $X \rightarrow Y$ を用いれば便利であるこ
とに気がついた．この簡単な記法から完全系列や圏といった実り豊かな概念が
生まれてきた．以上約言すれば，証明は数学者にとって肉のようなものであり，
それをよく嚙みしめれば，おいしい結果が得られるということである．

　（**d**）　**関心の推移**　　われわれの関心が最初重視していた側面から別の側面
に焦点を移した結果，一つの事柄の証明の理解が進展することがある．たとえ
ばガロア理論は当初，個々の代数方程式の解の研究として出発した．その後そ
れは当該方程式の根の有理式全体のつくる体の研究へと変わっていった．この
変化により，方程式のガロア群を単にその根の置換群としてでなく，対応する
体の自己同形群と見ることが可能となった．群論から別の例をあげよう．群G
の正規部分群Nによる剰余類は商群 G/N の元となる．観点を変えて各元をそ
れに属す剰余類に写す写像のほうに重点をおけば，元の群Gから商群 G/N へ
の準同形が得られる——そしてこの準同形の性質のほうが剰余類の個々の性質
よりも商群をより具合よく記述できることがわかってくるのである．同様に行
列からそれに対応する線形変換へと観点をうつしかえることにより，線形代数
において計算から幾何学的取扱いへと実質的な重点の変化が生じた．——その
結果無限次元ベクトル空間の効果的な研究のための基礎がつくられたのであ
る．

　（**e**）　**不変な形での定式化**　　デカルトによる解析幾何学の導入により幾何
学上の事実を代数を用いて証明できるようになった——しかしこの代数的証明

は座標の選び方に依存しているのに対し，たとえば三角形の3中線が1点に会するといったような幾何学上の事実のほうは，証明に利用される座標系の選び方とは無関係である．このため幾何学において解析的手段が発展するのと平行してつねに，それにより得られた結果（あるいはまたそのための論法自体も）を座標などの選び方に依存しない形にしようとする努力がなされてきた．線形代数の場合，これは基底の選び方に依存しないような定式化として現われる．テンソル解析の場合，テンソルは最初基底に依存する形で，多重添字をもったスカラー t_{ij}^k の族 t として書かれた．したがってテンソルを記述するには基底の取換えによりこの t がどう変わるかを完全に与えておかなければならなかった．このやり方の代わりにテンソルをベクトル空間のテンソル積の元として座標に依存しない形で定義することができる(第7章第9節)．n 次元アフィン空間内の代数多様体は，座標に関する有限個の代数方程式の共通ゼロ点のことである——しかしそれはまた，そのうえでゼロとなる多項式**全体**のつくるイデアルを用いてより不変な形で述べることができる．その場合，もとの定義方程式は当該イデアルの（多くの可能なもののうちの）1組の生成元であるにすぎないわけである．

　不変な形式での定式化が求められるのは幾何学の問題に限られているわけではない．それは代数的な文脈においても現われる．たとえば，群の中には最初は生成元とその間の基本関係によって記述されていたものもある．（360°/n の）回転と鏡映から生成される2面体群はその一例である．しかしこの同じ群はまた正 n 角形の対称性全体のなす群としてより不変な形で定義することもできる．普遍代数の立場では，群とは1つの2項演算（積），1つの0項演算（単位元）および1つの単項演算（逆元）をもつ代数系として定義される．しかしながら群にはこのほかにもこれらを繰り返しほどして得られる演算がもともと備わっている．

$$(x_1,\ x_2,\ x_3) \mapsto x_1 x_3^{-1} x_2 x_1^{-1},\ \text{あるいは}\ (x_1,\ x_2,\ x_3) \mapsto x_3 x_2^2 x_1^{-1} x_2 x_3$$

といった3項演算はその一例である．同様に各 n に対して，x_i およびその逆元 n 個からなる「語」により定義される n 項演算が存在する．これらの群演算の総体を適当な形（たとえば圏として）に組織すれば，群の「理論」の完全でしかも不変な形での記述が与えられるのである．

566 第 12 章 数学のネットワーク

不変な形での定式化は，力学においても現われる．すなわち最小作用の原理は，力学の諸法則を本質的に座標によらない形で表現しているのである．

7. 一般化と抽象化

数学の発展をもたらすもう一つの原動力は，一般化あるいは抽象化という過程である．これについて以下にいくつかの項目に分けて考察することにする．

（a）個々の場合からの一般化 これはすでに知られているいくつかの特別な結果が，より一般的な 1 個の定理にまとめられるような場合のことである．たとえば，いくつかの具体的に与えられた（辺の長さが 3，4，5，あるいは 5，12，13 といったような）直角三角形の辺の長さの考察から，直角三角形についてのピタゴラスの定理が生まれ，同時にそれはまたピタゴラス方程式 $x^2 + y^2 = z^2$ のすべての整数解を得るためのアルゴリズムへと発展する．同様に，$(x + y)^2$，$(x + y)^3$ などのおなじみの展開式は，任意の自然数 n に対する $(x + y)^n$ の展開についての 2 項定理および 2 項係数の公式としてまとめられ，それはさらにまた，指数が分数の場合にも無限 2 項級数の形に一般化される．

以上の例においては，個々の場合の一般化によって特殊な場合に知られていた結果をすべて含むような一般的定理が得られている．しかしもっと複雑な場合にはこれとは違って，既知の場合に成り立つ結果のうちの（必ずしも全部ではなく）いくつかを統合するような形で理論が発展してくることもある．たとえば代数的整数論はまず 2 次体や円分体の個々との性質を扱うことから出発し，一般の代数体の場合へと進んだが，その中で類体論の深い結果は，アーベル拡大だけにしか適用されない（アーベル拡大とは基礎体（たとえば **Q**）上の正規拡大で，そのガロア群がアーベル群になるもののことを言う．第 5 章第 7 節参照）．同様に，平面の 2 次，3 次，あるいは 4 次曲線の精密な研究から交点数についていくつかの体系的な事実が引き出された．たとえば 3 次曲線と 4 次曲線は「一般に」3·4 = 12 個の点で交わる．これを一般化したものが，「次数 m と n の 2 つの平面曲線は「一般に」mn 個の点で交わる」というベズー (Bézout) の定理である．しかしこの定理が成り立つようにするにはいくつかの調整が必要である．まず交点の中に（射影平面上の）無限遠での交わり，および座標が複素数の点での交わりを勘定に入れなければならない．さらに，各交点は，適当な「重複度」を込めて数えなければならない．重複度をどう定義す

ればよいかを考えるには，接線や接触円といった特殊な場合の結果が参考になる．たとえば適当なイデアルを利用すればよいことがわかる．これからまた，曲面や高次元多様体の交わりに対しても同様な重複度の概念が考えられるようになる．それらは代数幾何学や代数的位相幾何学において大きな役割を果たしている．後者においては交点数は，コホモロジーにおけるカップ積の形で現われる．

　ほかにも個々の例からの一般化には多くの例がある．数論のいろいろな結果がもとになって有限アーベル群が巡回群の直積に一意的に分解するという定理が得られたのもその一例である（第5章第8節（4）参照）．

　（b）　類推的手順による一般化　　これもすでにあるいくつかの場合に平行した形でより一般的な理論がたてられる場合であるが，でき上がった一般論が，それまでの結果を一つにまとめ上げたり，実質的にそれらにとって代わったりはしないという点が前の場合とは違っている．例としては実数，複素数，および四元数の間の平行性があげられる．これからさらに同様な性質をもつもっと次元の高い実数上の多元環が研究され，その結果，たとえば乗法の結合法則を落とすといったことをしないかぎり上の3つ以外に（実数上の）有限次元多元体は存在しないことが見出された．別の著しい例としては，実解析から複素解析への一般化があげられる．

　（c）　修正による一般化　　直接な仕方ではある定理の望ましい一般化が得られないときに，適当な概念を用いてもとの定理を修正して一般化が可能となるようにすることがある．修正による一般化とはそのような場合のことを指す．たとえば，素因数分解の一意性は通常の整数の場合は正しいが，大部分の2次体や円分体の整数環については成り立たない．しかしこの場合にも，そしてまたこれ以外のいくつかの場合にも，任意のイデアルが素イデアルの積に一意的に分解されるという形にすれば定理は成り立つ．しかも出発点となった有理整数 n の素因数分解は，n の倍数全体からなる**単項イデアル**（n）の素イデアルへの分解という形で一般化された定理に含まれているのである．あるいはまた，ジョルダン曲線定理は，平面上の単純閉曲線については正しいが，トーラス上の単純閉曲線については必ずしも成り立たない．しかしながらこの定理が成立しない場合の分類が主要な要因となって，互いにホモローグな曲線の研究，そしてまたホモロジー群とホモトピー群（これらは実際上，ジョルダン曲線定理が成り立たなくなる場合が何通りあるかを，さまざまな仕方で測るものといえ

568 第12章 数学のネットワーク

る）の研究が生まれてきたのである．

　抽象化　　一般化と抽象化は互いに密接に関連してはいるが，はっきりと区別されるものである．「一般化」とはいままでにあるすべての例を，その主要な性質を失わない形で何らかの共通の観点のもとに一つにまとめることを目的としている．一方，「抽象化」のほうは，それまでの例の中のある中心的側面に着目し，それを当面の目的に関係のない他の側面から切り離して抜き出そうとするものである．したがって抽象化によって，新しい，より混じり気のない，すなわち，より「抽象的」な数学の概念の記述と分析が始められることが多い．以下では抽象化のいくつかのタイプを，「削除による抽象化」，「類推による抽象化」および「考察の焦点の移動による抽象化」の項目に分けて説明しよう．

　（**d**）　**削除による抽象化**とは，そのものずばりのプロセスである．すなわち当面問題にしている数学上の概念を記述しているデータのうちから，一部分をうまく削除し，より抽象的な概念を得ようとするものである．これにはまた，逆向きのプロセスが可能となる場合もしばしばある．つまり抽象化された対象の全部または一部に対し削除されたデータが（一般には複数の方法で）再構成できる場合である．このような場合，その再構成は「表現定理」と呼ばれる．

　例をあげて説明しよう．まず変換群の概念を出発点におく．次にそこから変換の合成に対する結合法則や単位元，逆元についての規則だけを残して，変換を受ける要素のほうは考えに入れないことにする．この結果「抽象」群の概念が得られる．これに対応する表現定理としては，「任意の抽象群はある集合の変換群と同形である」というケーリーの結果がある．

　集合代数（第1章第9節）はある与えられた集合の部分集合の間の結び，交わり，および補集合の構成という代数的演算に関するものである．これから，部分集合の元とのかかわりをすべて忘れて上記の3演算と，それらが満たす基本的関係式だけを残すことによってブール代数の概念に到達する．逆にストーンの表現定理により，任意のブール代数は適当な集合のある部分集合族の代数として表わすことができる．

　時には，考えている定理のタイプからこの種の抽象化が示唆されてくることがある．たとえば，関数解析において与えられた性質をもつ関数の存在に関するある種の定理には線形空間におけるある種のベクトルの存在に関する定理と似たものがある．このベクトルや線形空間という幾何学的対象との類比から抽象化が示唆される．すなわち関数の作用域としての数を忘れることにより，関

数は（当面の目的のためには）単にあるバナッハ空間やヒルベルト空間の点と
みなせることになるのである．

（e）類推による抽象化　別個の2つの理論の間にはっきりとした平行性
が見てとれる場合，それらの背後にはそういう平行性をもたらす何かより一般
的な理論があるのではないかと考えられる．類推による抽象化は，こういう場
合に現われる．たとえば，通常の四則算法で閉じた数あるいは関数の系は，ど
れもが同一の代数的規則に従い，したがってまた2次方程式や高次方程式の解
に対して，どの場合にも同一の定理が成り立つ（ガロア理論）．この平行性から
体という抽象的概念が考え出される．そうして得られた体の例としては，ほか
にも，p 進数体もあり，また素数 p を法とする整数のなす体をはじめとする有
限体もあることがやがてわかってくる．同様に代数体と代数関数体の密接な平
行性から，より抽象的な任意の体の有限次拡大の理論が得られる．

　モジュラー束の概念が考え出されたのも，同様にある顕著な平行性がもとに
なっている．まず有限群についてのジョルダン-ヘルダーの定理（第5章第7節
（3））のジョルダンに負う部分によれば，有限群の組成列はつねに同じ長さを
もっている．他方，ベクトル空間では，任意の2つの有限基底は同一の数の元
からなる．——この数（もちろん，当該ベクトル空間の次元のことである）は
また，部分空間の減少列の最大の長さ（列に現われる部分空間の数から1を引
いたもの）としても記述できる．さて与えられたベクトル空間の部分空間全体
（以下 R，S，T などで表わす）や1つの群の正規部分群全体（同じ記号で書く）
も包含関係について束をなす——すなわち第1章第9節で述べたように，任意
の R，S に対し上限 $R \cup S$ および下限 $R \cap S$ が存在する．そのうえこれらの
束は，もう1つ**モジュラー律**と呼ばれる条件

$$R \supset T \text{ ならば } R \cap (S \cup T) = (R \cap S) \cup T \tag{1}$$

をも満足している．これから，「有限モジュラー束においては極大降鎖はすべて
同じ長さをもつ」という形の定理が考えられ，実際にも証明されることになる．
ベクトル空間の部分空間全体の束の場合は，この長さはそのベクトル空間の次
元に等しい．しかしながらいまあげたモジュラー束についての定理は，もとの
ジョルダン-ヘルダーの定理を含んでいるわけではない．後者は与えられた群の
正規部分群の鎖ではなく，より一般に部分群の鎖であって各部分群が1つ前の

570 第12章 数学のネットワーク

部分群の正規部分群となっているものに関するものだからである。上のモジュラー束の定理が述べているのはしたがって，1つの群の**主組成列**（正規部分群の極大鎖）はどれも同じ長さをもつということにすぎない。反面，上記の定理が適用できる場合はほかにもいくつもある。たとえば射影空間の部分空間がそうである。そしてそれは無限次元の場合に一般化できる。これがいわゆる**連続幾何学**であり，これは，フォン・ノイマンによりヒルベルト空間の作用素環の解析に利用された（Birkhoff［1967］参照）。

ついでながらモジュラー律（1）は，ブール代数でも成り立つ。そこでは（**任意のRとTに対して**）より強い分配則

$$R \cap (S \cup T) = (R \cap S) \cup (R \cap T)$$

が成り立つが，一方（1）において $R \supset T$ なので右辺のTは $R \cap T$ で置き換えられるからである。

（f）　考察の焦点の移動による抽象化　　ある数学的事象についての研究が進むにつれて，その事象のもつ諸側面のうちあるもの——それも多くの場合当初は明確に認識されていなかったような側面——が実は構造を決定する中心的な担い手であることがわかってきて，そこから抽象化が行なわれる場合がある。その場合，当該側面が，その諸性質を生かした形で適切に抽象化されるのである。たとえばガロア理論は，当初は与えられた多項式の根の理論であり，ガロア群はこれらの根の置換群——すなわち，根の間に成り立つすべての整式（したがってまたすべての有理式）の形の関係式を不変にする置換全体の群——としてまず現われた。やがてこの置換群は，根の有理式全体の上に作用し，したがってガロア群はそのような有理式全体のつくる体の自己同形群として記述できることがわかってきた。ガロア群に対するこのより抽象化された見方に立つと，理論全体がいっそう明快になる！　抽象化によって物事の理解が深まるのだ！

点集合論の発展の中でも同様に何度か観点の推移があった。当初この分野が扱っていたのは，直線，平面，あるいは3次元空間の点集合およびそれらの点集合上で定義された連続関数の諸性質であった。やがて得られた結果の大部分は，これらの点集合それ自体の性質だけで決まり，それらがユークリッド空間にどのように埋め込まれているかに無関係であることが明らかになってきた。

7. 一般化と抽象化　*571*

肝心なのは，当該集合の任意の 2 点間の距離だったのである．このことから抽象的な距離空間の概念が，距離の諸性質を表わす公理系を用いて導入されることになった．これにはまた，たとえば変分法などから出てくるもっと一般的な場合を取り扱う必要性も与って力があった．その後しかし，連続性を定義するには距離の性質のうち「定性的な」部分だけで十分であることがわかり，これから位相空間というさらにいっそう抽象的な概念が生まれた（それと同時にまた「位相空間はいつ距離付け可能となるか？」という，対応する表現定理の問題も生まれたのである）．

いま述べた場合によく示されているとおり，1 つの概念から他の概念への観点の推移は，しばしば劇的に行なわれる．当初，連続性や極限は不等式と $\varepsilon\text{-}\delta$ 論法を用いて定義されていた．その後，不等式を用いる代わりに（直線上の）開区間あるいは（平面の）開円板を使っても同じことだということがわかってきた．やがて数学者達は，もっと一般の開集合，すなわち開区間や開円板の任意の合併，を利用するようになり，そして連続性を定義するのに必要なのはこの開集合にほかならないということを認識するようになったのである．このようにそれぞれの数学的状況において基礎的諸概念は洞察と理解を積み重ねることで解明されていくが，その際しばしば観点の移動が起こり，そこから抽象化の必要が起こってくることも多いのである．

このほかにも抽象化には多くのタイプがあるし，またその例もいろいろあげられよう．たとえばリーマン面を 1 次元複素多様体として「抽象的」に記述することにより，個々のリーマン面が，切れ目を入れたシートからどのように貼り合わせて得られるかが理解しやすくなる．シンプレクティック多様体という抽象的概念を用いることにより，力学のハミルトニアンを用いた定式化における p，q の役割がはっきりする．関数を順序対の集合として抽象的に定義することによって，1 つの量の他の量に対する関数的依存関係とは何であるかを，当該関係が式で表わされていない場合も含めてうまく説明することができる．数学の発展は対象をよりよく，より深く理解しようとする不断の試みにその多くの部分を負っている．そして一般化と抽象化はいずれもそのような理解を得るための有用な手段なのである．

572　第12章　数学のネットワーク

8.　新　機　軸

　以上見てきたように数学というネットワークを発展させる原動力の中には問題や一般化，抽象化などがある．さらにまた単なる好奇心もこれに含めてよいだろう．このネットワークはしかしまた人間のさまざまな日常の営みや科学上の活動と結びついている．したがってそこから生じる問題もまた新しい数学をつくり出す重要な契機を与える．歴史的に見ると射影幾何学の出発点の1つとなったのは実際に利用されている遠近法の考察であったし，また広い応用をもつフーリエ級数は，フーリエの熱方程式の研究から生まれたものだった．

　最近の例もいろいろあげることができる．ディラック (Dirac) は，量子力学の定式化を行なうに際して，有名なデルタ関数 $\delta(x)$ を考え出すに至った．この関数はすべての実数に対して定義され，$x = 0$ 以外では 0 に等しく，しかも，$-\infty$ から ∞ まで積分すれば 1 となるようなものである．文字どおりに解釈すればこのような関数は存在しないのでディラックの手法は数学的には無意味なものと思われていたようである．しかるに V. I. ソボレフ (Sobolev) とローラン・シュワルツ (Laurent Schwartz) は，デルタ関数の代わりに，関数に作用する適当な作用素，たとえば「超関数 (distribution)」を考えればよいことに気がついた．これにより，数学の一つの重要な分野が発展することになった．

　単独の孤立波 (solitary wave) という不思議な現象が最初に発見されたのは，1840 年頃でスコット・ラッセル (Scott Russell) がエジンバラとグラスゴーを結ぶ運河をそのような波が下っていくのを追跡したときであった．このような孤立波の存在は，水波を記述するそれまでの偏微分方程式からはどうしても導き出せないように見えた．結局，その後何人かの学者が，このような波を導き出せるような方程式モデルを発見することになる．その1つが，コルテウェフード・フリース (Korteweg-de Vries) 方程式

$$u_t + u_x + uu_x + u_{xxx} = 0, \quad \left(u_t = \frac{\partial u}{\partial t} \right) \tag{1}$$

である．ここで $u(t, x)$ は運河を距離 x だけ下った地点での時刻 t における水位を基準水位から測ったものを表わす．この方程式において，基本となる $u_t + u_x$ の項は，たとえば $u = f(x - t)$ で表わせるような波の伝播に対する通常

の条件を表わしている．それが3階微分 u_{xxx} およびuについて非線形な uu_x という拡散を表わす項によって修正されているのである．この方程式には，実際に観察された現象に適合する進行波解が確かにある．そのうえこの方程式はまたたとえば磁性流体力学など他の分野においても注目すべき応用をもっている．

これらとは別にコンピュータ科学も新しい数学上のアイデアを育くんでいる．たとえば2つの行列の積を計算するのに，直接定義どおり成分の積を計算するより早く答の出る新しいアルゴリズムがある．ほかにも新しいアルゴリズムはいろいろあり，それに伴って**コンピュータ的複雑性**についての原理的問題が出てくる．それは，「計算対象のサイズが与えられたとき，計算の実行に必要な最小時間をどう評価するか．たとえばその時間が多項式オーダーの増大度でおさまるか」といった問題である．

数学外からの影響がつねに豊かな実りをもたらすわけではない．一例をあげよう．1人の技術者が**ファジー集合**という概念を考え出した．Xがファジー集合とは，$x \in X$ という命題が真でも偽でもなく，たとえばその真理値が0と1の間のどこかにあるようなもののことである．この独創的概念からファジー・オートマタ，ファジー決定理論等々さまざまな豊かな応用が得られることが期待された．しかしいまのところ期待された応用は大部分，単に手の込んだ演習問題を解いただけのものであって，現実に適用できるものとはなっていない．確かにそのような演算問題は山のように解かれてはいるのだが．それはともかく，もし数学全体が集合から構成することができるとするならば，たくさんの数学の変種が（むしろはぐれ数学とでもいうべきかもしれない）これらの集合をファジー化することによって構成できることになろうか．

こういった新しいアイデアや新しい定式化の探究がつねに冒険的で不確実なものとなることは避けがたい．一見魅力的な新しいアイデアが実際に使ってみるとあまり成果も生まず，適切でなかったという場合もあり，また新しい抽象的概念や定式化が提案されても，それがあまりに煩瑣で厄介であるためにうまくゆかない場合もある．他方新しい形式的概念がその後の研究に決定的な重要性をもつことになる場合もある．結局本当に重要なのは，数学的形式のネットワークにおいてそういった概念がどんな役割を果たすかという点なのである．

574 第12章 数学のネットワーク

9. 数学は真実か？

数学上のある事柄について，「それは真実か？」と尋ねられるのはよくあることである．たとえば，「この複素平面に描かれた単純閉曲線に関して，ジョルダンの曲線定理は真実なのか？」という質問が出されたりする．その定理は，単純閉曲線は平面を内側と外側に分けその曲線と交わることなしにはどんな径路も内側の点と外側の点とを結ぶことはできない，というものである．前に見た特別な曲線（第10章第4節図3）は非常に入り組んでいるので，どの点が内側にあり，どの点が外側にあるのかを実際に見るのは少し難しい．それでも，これは真実なのであろうか？

数学に関してわれわれが示してきた分析を見ればわかるように，真実に関するこうした問題は，設定の仕方が間違っているのである．複素平面であれ何であれ，全く平らなユークリッド平面など実際にはないわけで，あるのはただ黒板のような（非常に平面に近い）でこぼこのある曲面にすぎない．しかも，それはどの方向に向かっても"無限に"広がっていることはない．また黒板に描かれているのは，単純閉曲線ではなく，波打った少し幅のあるチョークの跡にすぎない．おそらくそこには，描き残しの隙間もあるであろう．したがって注意深い製図家ならば，内側にある点と外側にある点とを径路で結ぶこともできるであろう．また，仮にその曲線に隙間がなかったとしても，私にはそれが連続であることを，ゼロより大きな任意の ε に対して，ある δ を選んで…という具合に証明することはできない．実のところ私はこのような特別なジョルダン曲線の内側や外側に関しては興味がない．私が興味をもつのは，この平面が単連結であるとか，その上で私が定義したいと思っている正則関数がコーシーの積分定理を満たすかとか，この定理の結果を等角写像を使って飛行機の翼のデザインに利用できるか，などということである．話しをもとに戻して結論を言えば，ジョルダンやその他の人々によって得られた数学の諸定理は，物理的な世界における対象やその振舞いについての命題ではないのである．

この点は，もっとはっきりさせることができる．これまでわれわれが見てきたように，数学は形式的な規則，定義，およびシステムからなる大規模なネットワークであって，いたるところで人間の諸活動ならびに諸科学と密接に結びついていた．そうはいっても，数学の個々の術語が物理学の対象を意味するわけでも，数学の個々の定理に個々の物理法則が対応するわけでもない．数学に

は多くの分野があり，それらの中のあるものについては，実用になるいろいろな手続きが知られている．数学の術語の間に一つの関係があるからといって，"対応する"物理的な対象の間にその関係が当てはまるかどうか，ということを問題にするのは無意味なことである．対応はそれほど直接的なものではないのである．われわれのいままでの記述からわかるように，数学についての設問が意味のあるものとなるためには次項のように問わねばならない．

　数学上のこの事柄は正しいか？　すなわち，計算はすでに述べられた形式的な規則に従っているか？　あるいは，定理は合意に基づいた推論規則によって公理から演繹されているか？

　数学上のこの事柄は問題に答えるものとなっているか？　すなわち，すでに生じている問題の解決になっているか？　あるいは，不完全な状態にあったものを発展させるものになっているか？

　数学上のこの事柄は啓発的であるか？　すなわち，すでに見たことについての理解を，より深い分析，あるいは抽象化，あるいはその他の方法によって深めるものになっているか？

　数学上のこの事柄は有望であるか？　すなわち，それが過去の数学や現在流行の数学から新しく分かれて出てきたものだとしても，将来役に立つ機会のありそうなものか？

　数学上のこの事柄は意味のあるものか？　すなわち，人間の諸活動や科学と関係したものに結びつくことができるか？

　これらの問題の多くは，程度の問題である．たとえば，意味があるというのは，多少とも意味があるか，ということである．これですら判定は難しい．意味というのは，数学のネットワークのすべてについて考えねばならないからである．数学上の多くの事柄は，それ自身整合性はあっても，はじめはどんな応用ももたず，ずっと後になって応用上の意味が明らかになったりするのである．新しいアイデアが有望かどうかも判定は難しい．新しいものは"突飛なもの"としてかたづけられてしまうことが多い．しかし，何はともあれ，「数学上のこの事柄は正しいか？」というのはまずとりあげるべき問題であろう．

　何世紀か前，数学が主として数論と初等幾何学とを扱っていた頃は，数や幾何学的図形というものは実在する対象であり，それらについて現実的な事実が述べられるものと考えるのはたやすいことであったろう．これらの対象は長い間親しまれてもきたし，非常に有用でもあったから，気楽にそのように考える

576　第12章　数学のネットワーク

ことができたわけである．しかし，注意深く考えると，この気楽さは幻想であることがわかる．数は規則に従って計算するときに用いられる手段であり，図形は幾何学の形式的な証明を考えるためのイメージである．それらの大きな効用は，形式的なことが実用面において有力であることを示唆しているにすぎない．現在では数や図形のほかにも多くの数学の対象があり，それらにそれぞれ実在性をもたせて考えるならば，それらの対象とその"実在性"を切り離すために，オッカムの剃刀[1]が何度でも用いられるであろう．

　実世界は，多くの異なった数学的形式によって理解される．たとえば4つの元からなる群 $Z_2 \times Z_2$ は，実世界にある1つの対象ではなく，むしろ1つの形式なのである．それは，長方形の形をしたものに現われる対称性によって，世界中で何度も例証されてきた．この群は数学においても，たとえば，i と $\sqrt{2}$ によって生成される体 $Q(\sqrt{2}, i)$ のガロア群などの例に見られる．しかし，数学においては，この群はそれ自身としてそれほどの意義のあるものではなく，群論の非常に小さな部分となっている．群論では，有限アーベル群の分解定理の一例となっており，また，群論自体第5章第9節で議論したモンスター群のような新しいものの影響も受けているのである．数世紀前には，これらの群のどれ1つも存在していなかった．われわれの先輩は**いかなる群も**認識していなかったのである．その間に数学は，多くの新しい，しかも意義のある形式をもたらしてきた．それらは，現実世界を眺めて得られたものであるが，それら自身は外界の中に存在していたのではない．それらは形式なのである．

　この議論はここにあげたわずかな例だけを根拠としているのではなく，数学の性格のすべてを例証として成立していることなのである．これまでわれわれが調べてきたように数学は形式的な規則，形式的な体系，および概念の形式的な定義から成り立っている．数学の証明は経験によるものではない．実際それは，経験のほとんどない若者によってなされることが多い．したがって，結果の良し悪しは，それが実際の経験にどれだけあっているかによっては判断されない．数学は，その結果が事実や経験によっては否定されないから，文字どおりの科学ではないのである．したがって，「数学は真実か？」ということは，問題にはならないのである．

---

1)　13〜4世紀のイギリスの学僧 William of Occam が，理由なく増強する存在は，無用のひげのように剃りとるべきであるといったことから，"オッカムの剃刀"という比喩が用いられる．［訳注］

9. 数学は真実か？　　*577*

　確かに，数学は真であると考えられやすいし，そう考えるのがふつうである．これは，一つには，形式的な数学がそれ自身現実的で有効な，直観に基づいたアイデアを理想化していることに理由がある．しかしそれよりもさらに深いもう一つの理由がある．それは数学では，形式的な証明という決定的な概念を通して，絶対的厳密さの規準が保たれていることである．この規準は客観的であって，主観的ではない．したがって，一度ある体系の公理が設定されると，その体系に関するすべての命題は証明可能か，偽か，（ゲーデルの言う）決定不可能かのいずれかとなる．どのような共謀も，政治的な影響も，それに考えなおしすらも，定理が証明されたという事実には変更をせまることはできない．"モンスター"の存在は，有限単純群の定義が与えられると同時に不可避となる．数学が真実であるとは言えないが，それがもつ正しい結論には確固としたものがある．

　このことからはいくつかの結論が導かれる．数学で使われる集合は物理的なものの集まりではない．それは注意深く選ばれた公理（これらの公理は選び換えることもできるし，実際選び換えたほうがよいようでもあるが）によって定義された抽象的な概念の一例である．これらの公理は小石や人間の集まりに対してわれわれが操作しているところをまねたものとなっている．しかし，実際の個々の集まりには限りがある．コインや切手の大変なマニアでも，収集物の数は有限である．ところが，無限公理はツェルメロ–フレンケルの集合論においても，圏論においても必要となる．それは，万が一そんな物の集まりが実際に存在したとすればそれは無限でもありうるという"集まり"の形式的な性質を述べているのである．もちろんそのようなものは存在しない．無限公理は単に切手やコインの収集家がいつでも自分のコレクションに新たな一品を付け加えることができるという実際に起こっていることの観察に基づいて設定された形式的な命題であり，それからいろいろなことが導かれるのである．この公理は永遠に続いてなされるという（いままで一度も起こったことのない）ことを想定している．これが数学における無限の意味である．しかし，数学者が実際に行なうすべての操作（計算や，定義や，証明）は，厳密に有限の範囲でなされている．これらのことを考慮に入れると無限集合についてのカントールのような扱い方を拒否した（クロネッカーのような）有限主義者の立場は受け入れられないものとなる．

　数学的存在は現実の存在とは違う．それを人間が存在するとか，政治運動の

578 第12章　数学のネットワーク

ようなものがあるとか，一角獣が存在しないなどということと比べることはできない．しかしそのような“現実の”存在がもつ一面から，数学的な（論理的な）アイデアが得られ，そこから述語計算における $(\exists x)F(x)$ についての公理が定式化されるということはある．しかし述語計算において各定理 $(\exists x)F(x)$ が意味しているのは，その形式的命題が推論規則という形式的な規則に従って演繹された，ということにすぎないのである．現実と形式的規則との平行性によって，これらの存在定理は，数学の応用にあたって，しばしば意味のあるものとなる．そのことはまた，形式化が適切であったかどうかのチェックともなっている．たとえば1つの微分方程式が，ある物理現象のモデルとなっているとする．このとき，この方程式の解に対する存在定理は，少なくともこのモデルには**何らかの**結果が生じる可能性があることを示している．また，代数学の基本定理は（複素係数をもつ）任意の多項式に1つの複素根が存在することを宣言しているが，それ自身はその根を直接与えるわけではない．もちろん構成的な証明もいくつかあるが，それらはその根を近似するための計算法を述べているにすぎない．ツェルメロは巧妙な証明によって，選択公理から実数の集合にも整列順序が入るという定理を示したが，この定理は整列順序を具体的に提示してはいないし，またそのようなものを提示した者はいない．つまり，存在に関する数学上の定理は，論理学の存在についての規則に基づいてなされるものであって，それ以上でもそれ以下でもないのである．あまり多くの結果を望まなければ，直観主義の論理からでも，いくらかの存在定理は証明される．しかし，直観論理も形式的体系であることには変わりはない．初期のブローウェル自身の非形式的な直観主義は，自然数が数学において至上のものであるという考えに基づいていた．実際の数学では，自然数と実数とは同様に至上のものとして用いられているのに対して，この考えは正面から衝突するものであった．実際の数学の2つの柱となっているのは，幾何学と数論である．

　数学は“正確（correct）”であるが“真実（true）”ではないという見方は，哲学にも影響を及ぼすことになる．第1に，それは数学が実存については何も実質を与えていないことを意味する．言い換えれば，数学は対象の実在性については何も述べていないのである．われわれは有理数の集合におけるデデキントの切断が“実際の数”を決定しているかどうか知る必要はないのである．ただ，この記述によって実数に形式が与えられ，すべてがうまくいくことを知ればそれでよいのである（幾何学と代数学との2つの柱を結びつける重要なカギ

となっているのは，おそらくこの成功であろう）．クワイン（Quine）は変数の範囲を限定するときには，われわれはその範囲に関して存在論的な言質を与えているのではないかと言ったことがあるが，それは論理学に関心をもちすぎて言っていることのように思われる．数学にとっての論理"法則"は，数学の定理の証明の記述に都合がよいように採用された，単なる形式的な規則にすぎないのである．それは，哲学者や法律家が実際のことを議論する際に用いる論理についての法則と（幸運なことに）一致しているが，数学自身は実在ではなく，法則を扱っているのである．

　この見方にたてば，数学独自の哲学では認識論や存在論の問題を扱う必要はなくなる．数学の定理が現実世界についての真理を主張しなくてよいのであれば，われわれはいかにして真理を知るのか，とか，いかにしたらそれがわかるようになれるのか，とかを問題にする必要はないことになる．（もちろん，正しい証明を知る方法を問題にすることは必要である．この知識を得ることが現代数学教育の主な目的であって，それはふつう，認識論とは考えられない）．したがって，数学独自の哲学についていえば，"数学的知識"というような表現をもつ多くの本によっては，たいした進展はもたらされないことになる．それは，とくにヴィトゲンシュタインの後期の著書や遺著［1964］にあてはまる．その著書の数学的内容は，3年生の算術ぐらいまでしか含まれておらず，実際の内容は数学ではなく，厳密に哲学的な問題を説明するために数学がどのように使われるかを示すことにある．

　しかし，それでは数理哲学の困難な問題を扱っていることにはならない．それは，単に問題を置き換えたにすぎない．数学は形式的なネットワークであるが，そこにおける概念や公理は，"アイデア"に基づいている．そのアイデアとは何なのであろうか？　われわれはこの種のアイデアのうちの特殊なもののいくつかについて，それがどういうものかを見てきた．そのほかにもまだ触れるに至っていない多くのアイデアがある．それらはプラトンのイデアの形式とは違い，直観的で曖昧なものである．何度も注意したように，"同じ"アイデアが多くの異なった定式化をもちうるのである．実際は，アイデアに1つ，あるいはそれ以上の形式的表現ができてはじめて，われわれはアイデアを認識し，アイデアと名づけているように思えるのである．形式的表現を得る以前は，アイデアは雲をつかむようで"空中に浮かんだ"ものである．数学についての新しい直観を他の人々に伝達するのが難しい理由はそこにあるのかもしれない．そ

580 第12章 数学のネットワーク

こで次のような問題が生じる.

問題 I　数学におけるアイデアの特徴は何か？　アイデアを認識し，記述するにはどうしたらよいか？（曖昧な）アイデアと（正確な）定式化との間にはどのような関係があるのか？

　この問題にも歴史的な側面がある．なぜ合成（対称，群，圏）というアイデアの発生が，あのように遅れたのか？　目に見える応用がなかったからであろうか？　幾何学において潜在的には使用されていたが，単に気づかなかっただけなのであろうか？　ガロアを待たなければならなかったのであろうか？

　次に難問が生じる．人間の単純な諸活動の中に，われわれはどのようにして形式的な規則の存在を認識するのか？　物を数えるという非形式的な行為から，数に関する"事実"をわれわれはどのようにして選出するのか？　同じようなことであるが，科学上のある種の問題が形式的な，すなわち数学的な側面をもつことをわれわれはどのようにして理解しているのか？　これはとくにわれわれを当惑させる問題である．実際，科学者が数学者のところへ何かの問題をもってくるとき，その問題を数学的にはっきりした形で説明できないのがふつうで，数学的な定式化に達するまでには，いろいろな質問をつけ加えなければならない．そこでつぎの問題が生じる.

問題 II　人間の諸活動や科学的問題からどのようにして数学的形式が生じるのであろうか？　数学的な定式化は何によって可能となるのであろうか？

　これは（逆に）認識論の問題かもしれない．抽出されるべき数学が存在していることをわれわれはいかにして知ることができるのか？

　数学的形式は，それが抽出されたのちも，先に述べたところの諸問題および一般化と抽象化とを原動力としてその発展を続けるのである．そのとき不思議に思うのは，これらの抽象化や創意工夫や計算技術が多くの応用をもち，疑いもなく実在する世界にフィードバックされることである．素数は長い間，数論の特別な秘伝的対象のように考えられていたが，それが暗号学で利用されるようになったのはいまにはじまったことではないのである．微分方程式からは役に立つ解が生じ，ヒルベルト空間は量子力学の基礎づけに多くの成果をあげ，微分幾何学におけるテンソルは相対性理論で使用され，さらに変分法の問題が最適制御の研究に応用されるなど，いろいろ例を挙げることができる．精巧な形式的体系が数学者によって相互に矛盾を生じないように構築されているが，そのプロセスもまた現実の世界に（部分的に）合うモデルを生じる．このこと

から，われわれは第3の，そして最も基本的な問題に導かれる．これはユージーン・ウィグナー（Eugene Wigner）によってはじめて定式化されたものと同様の問題である．

問題 III　　科学にモデルを提供する際に生じる不可解なほどの有効性は，どのようにしたら説明できるのであろうか？

ここで存在論と実在とがふたたび問題となる．数学的知識は論理式についての知識にすぎないように見えるのに，しばしば（物理）現象についての知識を得るのに役立つのである．

これは，実際の世界の創られ方が，部分的にではあるにしろ形式的なモデルに難なくあてはまるようになっているためであろうか？　それとも，形式的なモデルという概念そのものが，何千年もの時間をかけて発展してきたために，モデルそのものを事実にあわせることができるようになっているためなのであろうか？

厳密な形式主義者，すなわち数学を記号の操作術にすぎないと考えている者は，この問題 III には答えられない．

数学の規則，公理，および定義は実際，形式的なものではあるが，それらはまず，人間の諸活動および科学的現象に照し合わせて選ばれ，よりよい理解を求めて発展してきたものと考えられる．したがって，結果が応用可能であることを期待するのは理由のあることなのである．少なくともはじめに考察した現象に対してはなおさらである．しかしその結果は，しばしば他の異なる現象に対しても応用されるのである．

この種の応用可能性を完全に説明するためには，現象そのものがはじめからある意味で形式に適合している，としなければならない．これは実在というものの性格についての問題である．数学と物理学に関するこれまでの経験からすると，実在の多くの側面は，測定され，組織化され，そして相当形式的な内容をもつ理論と概念とによって理解が可能となるのである．前にわれわれは，形式が諸事実を反映するように選ばれていることを認めた．それはまた，諸事実が形式を受け入れる理由ともなるはずである．しかし，なぜそうなっているのかの説明はまだしていない．

別の言い方をすれば，しばしば現実世界にあった結論が，数学の精巧で形式的な発展から生じているということである．これは，"現実世界"が混沌ではなく，世界のいろいろな事象が，洗練された形式的記述に従うことを意味するの

582 第 12 章 数学のネットワーク

であろうか？ そのような形式が**実際**に存在するとして，人がそれを抽出し解析することができるのはどういうわけであろうか？ 複雑な構造をもつ数，対称性に関するいろいろな群，多くの種類の幾何学，変化を調べるのに使われる解析学，これらすべては現実世界に密接に関係した形式を扱っているのである．これには形而上学的および認識論的レベルからの説明が必要となる．したがって，それより先の多くの問題には私は適切に答えることができない．

ここには，これらの問題に対する仮の答を簡単に記しておく．

(i) 多くの諸現象は基礎的レベルで類似し規則性をもっている．これらの規則性は一つの事態から他の事態へ伝播する．

(ii) 人類は数千年の経験をもとに，この現象についての"アイデア"を発展させ，次に，そのアイデアを用いて，類似と規則性についての概念的記述を現象から抽出したのである．その記述に含まれるいくつかの概念は，全く形式的なものにされた．すなわち数学にまで高められたのである．

(iii) 現象のもつ規則性は伝播するため，それらの記述における異なった形式的諸命題は互いに密接な関係をもつようになる．これらの関係はその規則性を実際に理解するのに役立つため，それらはいろいろ調べられ，いくつかの場合には，うまく選ばれた公理から推論規則による形式的証明が得られるようになったのである．

(iv) 多くの場合，これらの証明から得られる結果は事実とよく合うものとなる．この中には，規則性の伝播のために，概念を抽出するのに直接用いたものだけでなく，これらの演繹の結果とよく合う他の事実も含まれる．概念，定式化，および演繹をうまく選ぶことは，数学から多くの分野を選択し，発展させることとなる．そしてしばしばこの発展は新しい現象がもつ規則性の形式的説明が加わることにより補強される．

この分析を発展させると，"数学が科学に方法を提供するときに生じるあの不可思議な有効性"を説明することもできるかもしれない．たとえば，群という概念は，はじめガロアの理論や幾何学におけるある種の対称性を分析するために定式化されたものであったが，いまでは数理物理学上にも意味をもつようになった．その主な理由は，物理学上にも対応する対称的な現象があるからである．

要約すると，現実世界は潜在的に多くの規則性をもっていて，それがひとたび抽出されると，数学上の形式によって分析され，理解されるということにな

る．数学的概念はそれが形式的であるために，多くの異なった現象に同じ概念が適用されるのである．

問題 IV　　数学と科学（たとえば物理学）との境界はどこにあるのか？

これまで数学を，現象によって示唆されたアイデアの形式的な発展として記述してきた．この記述のある部分は，他の科学，とくに理論物理学にはあてはまる．これもまたモデルと形式をかなり用いる学問である．つまり，数学が用いられるわけである．しかし，そこで発展させられる形式は特定のタイプの現象に向くと思われるものだけで，もし合わないと思われると，その形式は捨てられてしまうのである．しかし数学では，それが興味の対象であるかぎり，研究され続けるのである．

10.　プラトニズム

数学に関するわれわれの考え方には，形式的な概念も指導的な理念も含まれているので，数学において直観の果たす役割もわれわれの立場から説明される．しかし，それはプラトニズムと言われるいろいろな考え方とは鋭く対立するものである．これから，その対立について考えてみよう．

われわれの関心はプラトン自身によって定式化された，有名な歴史上の教義にあるのではなく，かれの名のもとに流布しているさまざまな考え方にある．これらの考え方に典型的なのは，数学的概念は外から与えられたものに関してあるので，その性質によって数学の結果も定まってしまうと見ることである．ユークリッド幾何学からプラトニズムに導かれるのは明らかなことである．この幾何学は，でこぼこの黒板やしわだらけの紙の上に描かれた不完全な線や図形に関する学問ではない．それは客観的実在性を有する理想的な線，完全な円，および絶対的に平らな平面に"関する"学問でなくてはならないのである．一度このように定式化されると，この教義は自然のなりゆきとして理想的な数とその性質に及んでゆき，次に関数とその微分，最後には集合の世界に及ぶものとなるのである．したがって，数学におけるプラトニズムでは，数学は抽象的"対象"または理想的"対象"を扱うものと考えることになる．その"対象"はそれについてのわれわれの思想とは独立した存在であり，われわれがそれに関して真に考えうることはその存在によって決定されるものとなるのである．

この考え方にはさまざまな種類のものがある．ここではミハエル・レスニク

584 第 12 章 数学のネットワーク

(Michael Resnik) の本（*Frege and the Philosophy of Mathematics*）の 162 ページにある注意深くなされた分類に従うことにしよう．まずはじめに，**方法論的プラトン主義者**がある．われわれの活動は数学のあらゆる標準的な無限の非構成的な方法をも是認するもので，数学はあたかも "心とは無関係な抽象的な無限のものの領域を扱っている" かのように考える人たちである．次に，**存在論的プラトン主義者**は "数や集合，…の存在もふつうの対象と全く同じもののように認識している" 人たちである．**認識論的プラトン主義者**は "数学的対象に関する知識はそれが部分的であるにせよ直接感知することによって得られる" と考え，最後に，"数学の対象はわれわれやわれわれの精神とは無関係に存在する" と信じている**実在主義者**がくる．

これらの見方はかなり違っている．はじめに，実際の数学の研究には，精神の集中と，既知の公理と定理から出てくるものについての複雑な理解が必要であることに注意しよう．このプロセスは，問題としている概念が実際に "そこに" 存在している対象に関するものであるという，いきいきとした直観的な想像に依存することが多い．数学研究の**実行**の様子をこのように記述することは "神話的プラトニズム" と呼ばれる．これは本質的には，上に定義した方法論的プラトニズムと同じようなものである．われわれの立場では，これを数学の本質についての哲学的教義ではなく，数学を研究するプロセスの記述と見ている．このようなものとしては，神話的プラトニズムは適切な出発点となるものと思う．たとえば（私自身がしたように），いわゆるアイレンベルク-マクレーン空間 $K(\pi, n)$ のコホモロジー群のさまざまな計算においては，これが次元 n にのみホモトピー群 π をもつ空間として定義されることの帰結として，その空間のコホモロジー群やホモロジー群は完全に決定されるという定理が用いられる．つまり，この計算は私の前にこうした空間の存在しているという疑いのない信念に強く支持されてなされるのである（この空間 $K(\pi, n)$ を実現する方法はいろいろあることは知られているが，この実現の方法まで考えなくても計算はできる）．計算が終わったあとは "ふつうの" 位相空間の世界に戻ることができる．そこでは，位相空間は通常基本群 $\pi_1(X)$ から始めて，一連の高次元ホモトピー $\pi_n(X)$ をもち，それらはある "障害余輪体" によって与えられるある種の関係で互いに結ばれているのである．アイレンベルク-マクレーン空間は，ふつうの空間のコホモロジーに適用される自然な "作用" のすべてを記述する，抽象的ではあるが便利な方法となっているのである．通常の位相空間の中には

病的なものも多いが，これらは連続関数や位相多様体の特別な性質に到達するために考え出された位相という一般的な定義の例としてたまたま選ばれたものなのである．また"実際"に取り扱われる多様体は単に位相空間であるだけでなく，複素構造やリーマン計量をもっていたり，ユークリッド空間に埋め込まれていたりするのである．われわれはしばらくそれらの構造を忘れて，"位相多様体"という概念のみに意識を集中するのである．

　換言すれば，数学が扱うのは一連の抽象化の積み重ねであって，その各段は前のものに基づき，最終的には人間の諸活動および実際の諸現象に関する問題にいきつくのである．数学的理解の進歩は，ひとつひとつの抽象化それ自身を熟視することに依存している．特定の問題に関係のない"実際の"ものを排除するためにこそ，抽象化があるのである．言い換えれば，われわれが見てきた数学の形式的な性格が，高度に抽象的な概念を"あたかも"それが実在しているかのように扱うことをわれわれに要求しているということである．それが神話的プラトニズムである．それは数学を理解するプロセスの記述であり，存在論とは関係のないものである．

　存在論的プラトニズムは，数学の"対象"を"実在"するものと考える．この考え方は，数と幾何学的図形（直線や円）だけを数学の対象としていた時代に始まる．いまでは，数学の対象が多くなりすぎて各対象がみな実在することは望めないのである．これらの新しい対象が考察されるのは，"そこここで"発見されたからではなく，これらが計算や移動を理解するのに手軽な手段であることがわかってきたからである．数学とその応用をすすめるにあたって，いままでに"実在する数学的対象"というものが実際に使われたことはない．"数学的形式"があれば十分である．

　認識論的プラトニズムが成り立つには，数学的対象の直接認識がなければならない．それは視覚，聴覚，味覚，嗅覚，触覚の五感には含まれないある種の感覚によって得られるものであろうが，私にはこれは空論に思える．感覚的であるにしろ，ないにしろ，われわれが述べてきたように抽象的な数学をすすめるのにこの種の認識が入り込む余地はないのである．そこにあるのは対象の認識ではなく，アイデアの活動である．

　すべての数学を集合より築き上げるというプロセスは，**集合論的プラトニズム**とも呼ばれる一つの教義となっている．そこには実在的かつ客観的な集合の世界があり，それは累積的階層で説明され，われわれに感知可能なものとされ

586 第12章 数学のネットワーク

ている．集合の公理とその性質のより深い理解は，この感知より始まり，そこから全数学が理解されるとするのである．これは集合論の学者によってしばしば支持される教義である．たとえば，クルト・ゲーデルは集合は実在のもので，その性質を知ることは可能であるという確固たる考えをもっていた．かれは選択公理は真であるが，連続体仮説や構成可能公理 $V = L$（すべての集合は第11章第8節の意味で構成可能である）は偽と考えていたのである．

この実在論者の考え方は，われわれの集合論の見方と鋭く対立をなしている．集合論における実在論は大きな困難に直面しているように思われる．まず第1に，存在論的プラトニズムと認識論的プラトニズムに対して述べた難点がこれにもあてはまる．第2に，集合についての"感知"がかなり曖昧である．抽象的集合は，われわれのもつ通常の感覚では感知されないからである．第3に，直観的集合論は言うに及ばず，ツェルメロ–フレンケルの公理以前にも，集合論には多くの公理が考えられる．第4に，その人工的構成のためこの教義によっては数学者が研究してきた実際の"対象"を十分に説明できない．たとえば，1変数の正則関数は数学の中心的対象であるが，"順序対の集合"としてはよく理解できないのである．

要するに神話的プラトニズムを除けば，実際の数学をすすめるにあたって，プラトニズムの各派は粉砕されてしまうのである．

11.　好ましい研究の方向

数学の形式と機能を完全に記述し解析することができれば，それは数学独自の哲学の洞察ばかりでなく，数学の研究を有効に遂行するうえにもいくらかの手引きとなるであろう．後者は微妙な仕事であるが，次のようないくつかのコメントを与えることはできる．ただし心理的な諸相（Hadamard［1954］を見よ）には立ち入らない．

われわれが記述している数学は，人間の経験と科学上の現象より生じたアイデアと問題に基礎をもち，それらの形式化と一般化の中で入りくみながら続いてゆく多くのステップから成り立っている．したがって，数学の研究は互いに関係し合いながら，種々さまざまな方向へと向かうことになる．すなわち，

（a）（科学上の）問題からアイデアと，数学上の問題とを抽出すること

（b）アイデアを定式化すること

（ｃ）　数学以外の分野から生じた問題を解くこと
（ｄ）　数学における概念相互の関係を新たに確立すること
（ｅ）　概念を厳密に定式化すること
（ｆ）　概念（たとえば，新しい定理）をさらに発展させること
（ｇ）　数学内部の問題を解決（または，部分的解決）すること
（ｈ）　新しい予想や問題を定式化すること
（ｉ）　上の事柄すべてを理解すること

　このリストではアイデアの抽出と定式化，ならびにそれらの意味を理解することにとくに重点がおかれている．これは，研究とは主に新しい定理を発見することである（項目（ｆ）），という伝統的な見方とはいくらか対立することになる．これらの仕事はすべて難しいものである．新しいアイデアと新しい定式化を見つけるというのは，冒険的なことであり，いつでもそれがむくわれるものになるとは限らないと覚悟しなければならない．いくつかの例をあげてみよう．

　（**ａ**）　周期関数をフーリエ級数を用いて表現する，というアイデアは熱の研究から生じたわけであるが，それは最終的には関数概念の十分な理解へとつながり，さらにはいまも発展し続けている広大な調和解析（項目（ｆ））へと続いているのである．もっと新しいところに例を求めれば，ゲームの理論の概念は実際的な関心から生じて，数理経済学でたくさんの応用をもった．しかし数学そのものへの寄与はフーリエ級数の場合ほどではなかった．

　（**ｂ**）　複素数，群，集合というアイデアは，19 世紀になってはじめて認識され，定式化された．それらはすべて非常に重要であることがわかってきた．とくに，群の研究は数学の他の部分とさまざまな仕方で関係しあっている．たとえば，群上の調和解析との関係などがある．

　位相空間という概念が今日のような一般的な形に発展したのは，たくさんの具体例にあたって調べた結果である．それはまた複素解析，微分方程式，代数幾何学，ガロアの理論などその多くの新しい関係の確立に役立った．形式的な概念の中には，発見が“時期尚早”のため，それが使われるまでに非常に時間のかかったものもある．たとえば，束の考えは 1900 年頃にデデキントらによって発見されたが，その当時は注目されるような影響は見出されなかった．ところが，同じその考えが 1930 年代初期にギャレット・バーコフ（Garett Birkhoff）とオイスタイン・オア（Oystein Ore）によって再発見され，たちまち射影幾何

588 第12章 数学のネットワーク

学や，連続幾何学や，代数系の部分系の分析に用いられたのである．1930年頃になると，このような抽象概念の取扱いがたやすくなったのである．束論はそれから10年ほど活発に研究された後，しだいに興味が失われ代数学の発展の中心ではなくなっていった．それは，束論の主だった使い道が出つくしたためと，残された問題が人工的なものになってしまったのが原因であろう．このほかにも，数学の新しい概念の導入における失敗や，成功の例はたくさんある．中には部分的な成功や，一時的な成功の例などもある．未知のものへの探究はいつも危険で不確実な仕事となる！

（**c**）　科学上の問題を解くことは応用数学の主たる目的である．とりあげるべき例は数多く，本文ではつくしきれないが，宇宙および地球上の力学の問題を解くために微積分学が発展したのは顕著な例である．

（**d**）　われわれはこれまでに，各分野間の相互関係が発見される様子をたくさん見てきた．線形代数は高次元の幾何学，線形微分方程式，関数解析，そしてガロアの理論と結びついている．リーマン幾何学は相対性理論に応用された．力学の相空間は微分幾何学の接束にほかならない．このように相互の関係を考えることで，よりよい理解が得られるのである．

（**e**）　19世紀における ε-δ 論法による，微分積分学の厳密な定式化は，非常に重大な発展であった．それは微積分学それ自身にとっても関数の役割を理解するうえで必要なことであったが，そればかりでなく，複素解析の発展に対しても不可欠なものであった．複素解析は，収束と微分可能ということに関して，はっきりとした概念を必要としていたからである．それはまた続いて起こる非常に多岐にわたった（思いもよらない）抽象的発展への準備でもあった．厳密化のステップとしては，ほかにも類似のものがある．代数的位相幾何学の最初のステップ（リーマン，ポワンカレ，シェーンフリース（Schönfließ））は正確なものではなかったが，それを訂正（ブローウェル，アレクサンダー（Alexander））することによって，さらに発展が可能となったのである．ヒルベルトによるユークリッド幾何学の基礎づけに関する完全な取扱いは，その後の活発化した公理的方法の始まりであった．1930年頃までの代数幾何学が，確実な発展をとげていたのは確かであるが，当時は直観によるところが多く，専門家の一部のグループ以外の人たちには内容がよく理解されなかった．しかし，それに続く人々（クルル（Krull），ファン・デル・ヴェルデン，ザリスキー（Zariski），ヴェイユ（Weil），シュヴァレー（Chevalley），セール（Serre），グロッタンデ

ィーク（Grothendieck））の多大な努力の結果，正確なそしてさらに拡張された基礎づけが得られ，それをもとに注目すべき発展が可能となったのである．幾何学者はよく直観（＝アイデア）の重要性を強調する．確かに，これらの幾何学的なアイデアは重要ではあるが，アイデアはそれ自身だけで立ち行くものではなく，それらが正確に理解され使用されるためには，厳密な定式化が必要となるのである．

（f）問題を解くということが多大の効果をもつことがある．数世紀の間，数学者たちは平行線の公理を平面幾何学の他の公理から証明しようとした．それは非ユークリッド幾何学によって否定的に解決されたが，それはこの問題に終止符が打たれただけのことを意味するのではなかった．空間という概念に新しい可能性を開いたのである．同様に，連続体仮説を証明しようという試みからは，集合論における強制法という新しい方法が生まれ，幾何学とも関係していた．それは思いもよらなかったことである．しかし，有名な問題のすべてがこのような多大な影響をもたらしたわけではない．

要約して言えば定理を証明するだけが数学の研究ではないということである．

ところで，研究の方向を決定すること，すなわち専門を選ぶことについてはどうであろうか？　最近，活発に研究している数学者の中には，高度に専門化した数多くの研究分野に興味を認める者が多くなっている．各個人の研究分野の選択の仕方はいろいろ考えられよう．たとえば，

(i) 習慣，才能
(ii) 権威
(iii) 流行
(iv) 偶然
(v) 洞察

習慣に影響されるのは明らかである．最初に学んだ分野で仕事をするのは一番やさしいし，その分野が選んだ人の才能に合っていることが多い．数学者のある者は生まれながらの解析学者（近似計算にたけた人）であり，ある者は代数学に向いた者（式の取扱いのうまい人）であり，ある者は応用面から啓示を受け，ある者は発達した幾何学的直観をもっている．しかし，最近の専門分野はこれら多くの才能の種類よりもさらに細分化されている．

専門分野の中には干上がってしまうものもあるが，数学の本流は流れ続ける．そして，その道の権威はこの"本流"で仕事をすることをすすめる．――本流

590　第 12 章　数学のネットワーク

というのは都合のよい言葉であるが，われわれの主題の本質的な部分を言いつくすには不正確な言葉ではある――．これら本流の源泉のいくつかについては，われわれは本文で記述してきた．たとえば，数論，幾何学，微積分学，代数学，力学，複素解析学（それに論理学）である．本流におけるトピックスを研究するのは適切なことではあるが，同時にそれは難しいことでもある．なぜなら，多くの河床の調査はすべて終わっているからである．可能性のある新しい源泉に目を向けるのも重要だというのも明らかなことである．

　19 世紀には総合的な射影幾何学が流行し，それは少なくとも 1935 年までは続いていた．当時のいくつかの大学院では，総合的射影幾何学と解析的射影幾何学の 2 つの課程をとることが必要だった．今日では，この 2 つの方法の差にはだれも関心をもっていないし，これらの方法で新しい定理を見つけようと試みる者もいない．今日はグラフ理論が流行しているが，それはコンピュータへの利用や社会科学への応用があるためであろう．

　流行の中には，新たな展開の機会をもたらす新概念に基づく，もっと深いものもある．たとえば，コーシーやリーマンの仕事で示されたように，1 変数複素関数は顕著な性質をもっていたので，その研究はかなりの間（1854〜1930）数学の中心的な位置をしめていた．その期間の終りには，ほとんどの可能性が研究され，関数論は権威の中心になっていた．そのころの主な（しかし特殊な）主題はピカールの大定理を，より初等的に証明することで，それをもっと深く理解しようというものであった．いまでは興味の中心が変わって，多変数複素関数により多くの注意が向けられている．

　変分法は解析学におけるもう一つの興味の中心であった．ワイエルシュトラスの正確な方法は，この部門，およびその標準的な問題のさらに一般化されたもの（たとえばボルツァ（Bolza）の問題）を注意深く研究することを可能にしたからである．この変分法に関する興味は 1930 年頃になると忘れられてしまうのであるが，この分野は新しいアイデアによって急速に活気をとり戻した．それはまず，トポロジーの利用（モース理論）であり，つぎは，最適制御への応用であった．

　有限群論は新たな転期が発展をもたらした著しい一つの例である．この分野は，しばらく全く活気を失い代数群のような関連分野に従属してしまったのではないかと思えたが，強力で新しいテクニック（ホール-ヒグマン（Hall-Higman），トンプソン（Thompson），ファイト-トンプソン（Feit-Thompson））

が出現した．これらのテクニックは，すべての有限単純群の決定は可能であろうという期待をにわかにいだかせるものであった．これは 1962〜1982 年の間，群論全体のスペシャルプログラムであった．ほかにも特殊な研究のプログラムの行なわれた例はあるが，必ずしもこれと同じように成功したわけではない．

　これはまた，これこれの新しいアイデアがあれば，しかじかのことが可能になるのではないか，という洞察の例ともいえる．個々の数学者には，このような洞察のもっと小さな，そしてもっと特殊な経験はたくさんあるであろう．しかしまた，大きな例もある．たとえば，リーマンによるリーマン面の導入，ハミルトンによる正準座標の使用，ガロアによる群の使用の重大さの認識，あるいはワイエルシュトラスによる幂級数の重要さの指摘などがそれである．それらはみなアイデアのもつ重要な役割を示しているのである．

　数学はしっかり組み合わさった形式的体系のネットワークの中で，アイデアをもとに発展する．したがって，研究がネットワークのある一つの結節点に制限され，それが専門化するのは避けられないが，またこのような専門化がそれ自身で充塞するものでもない．つまりネットワークの他の関連部分との関係に気づく必要があるわけである．数学の理解は専門化を乗り越えてなされる！

12. 要 約

　さて，序説（pp. 1〜7）で提示した 6 つの問題に戻ることにしよう．

　起 源　数学にはたくさんの起源がある．たとえばその一つに，実用計算という人間の諸活動の中で発展してきたものがある．それは，手段，アイデアといった段階を経て形式的な規則となった．また，新旧の現象に関する科学的研究により生じた問題の中にもその起源は求められる．さらには，アイデアを形成したり，情報を抽出したり，一般化や抽象化を可能にしたりする人間の能力そのものにも，それは求められるのである．

　組織化　数，空間，時間，運動という昔からの関心事に対応して，数論，幾何学，微積分学，力学という数学の各分野が生じた．それらはばらばらに存在しているのではなく，互いに親密な関係にある．たとえば，同じ実数というものが有理数の完備化からも，直線や円周の計測からも生じる．微分幾何学と

592 第12章 数学のネットワーク

いう分野では，幾何学は微積分学と交渉をもつ．微積分学の考えは，ちょうど
力学と，ハミルトンによるその発展において必要とされ，かつそこで準備され
たものでもある．これら4つの分野は互いに補い合っているのである．数，方
程式，ベクトル，および微分作用素のそれぞれにおける演算を考えると，それ
らの手続きのために代数的で形式的なルールが必要となる．そこで，代数学と
いう分野が生まれる．この形式的なものに注意すれば，数学はもはや，数や空
間や時間や運動の科学に止まってはいられないことは明白である．つまり数学
は，数や空間や時間や運動，それ以外にも次のような活動に示唆された形式的
な体系と概念を研究する学問なのである．その活動とは，証明すること，計算
すること，合成すること，分解することといったものである．そうしてみれば，
幾何学では"通常の"空間についての解析がなされるばかりでなく，空間から
抽出された曲面や，適当な幾何学形式によって理解される解析的対象の分析の
ために，空間的直観やアイデアを使用することも重要なこととなるのである．
変化，関数，和といった概念は微積分学に始まるものであるが，それらに対す
る解析は，正則関数ばかりでなく超関数および測度といった，もはや関数では
ないものにまで拡張される．数学とは簡単に言えば本来，形式によって表現さ
れたアイデアについての研究なのである．このことをひとたび認めれば，数学
には非常に多くの分野と各分野のもとの分野があることがはっきりするであろ
う．そのうちのあるものは，提示された対象によって特徴づけられる．異なっ
た分野の中に密接した多くの関係が生まれるのは，同じ一つの形式に多くの実
例が考えられるからである．ここに，群論がおどろくほど多岐にわたって用い
られる理由がある．つまり合成可能な操作が考えられるときには，必ずその合
成によって表現される形式が生まれるということである．

　これらのことが，われわれの研究を（とくに本章第4節の科目，専門分野，
細分化に関して）組織化の簡単な表にして，その支配，制御，相互関係を示す
ことができなかった理由である．数学の分野のうち，あるものは公理によって
（理論）その枠組が与えられ，またあるものは概念によって（正則関数），そし
てまたあるものは応用によって（力学）それが与えられるのである．そしてそ
れらは，共有する形式的関係についての相互理解を必要とする．

　形式化　　数学において，形式はいかにして導かれるのであろうか？　その
うちのあるものは事実によって示唆されるが，それらが形式となるのは，それ

らが事実から抽出され，次にぼんやり認められたアイデアとなり，最後に，厳密な定義や公理によって書きとめられたときに限られる．他の数学的形式は，数学のもっと精密な部分をよりよく理解するために，それらの部分から抽出して得られたのである．数学の発展の流れの中で，群論のような単純な形式の発見が遅れたのはこうした理由によるものと思われる．それには，代数学や幾何学におけるもっと具体的な形式の例が必要であったのである．数学的形式の中には（例の中から）発見されるものも，創造される（思想やアイデアによって発展させられる）ものもある．

数学は形式的であるという性質のために，得られる結果が人によって異なるということはなく，客観的であり，正確なのである．

原動力　　数学において新しい発見はつぎつぎなされるが，これらの発見を生み出している力については何一つ書かれていない．それらは科学的な問についての好奇心，有名な問題，一般化したいとの願いであったりする．そこに共通しているのはおそらく理解したいという願望であろう．科学上のあの問題は実際には何を含んでいるのか？　昔からある一見単純そうな問題がそんなに難しいのはなぜか？　異なる種々の情況において生じる出来事に共通の説明がつくのはなぜか？　こうしたことを理解したいのである．この意味で理解したいという願望こそが数学の進歩にとって最も大きな原動力となっているのである．

基礎づけ　　数学は絶対的な厳密性に到達できる．なぜなら，数学の議論は事実についてなされるのではなく，形式についてなされるものだからである．しかし，数学の基礎づけに，唯一絶対的なものは存在しない．一度どれか一つの基礎づけに固執してしまうと，新たな形式が発見されたとき生じるかもしれない新機軸を取り込みそこなうおそれがあるからである．形式は，それが意味があるとかないとかということにうったえるよりも，むしろ規則によって発展するのである．現代の数理哲学については多くの議論があるがその中から次のような人たちのものを引用しよう．Bernays [1935]，Curry [1951]，Pummett [1977]，Gödel [1947]，Goodman [1979]，Kitcher [1983]，Lehman [1979]，Mac Lane [1981]，Quine [1963]，Resnik [1980]，Robinson [1965]，Steiner [1975]，Weyl [1949]，Wilder [1981] そして Wittgenstein [1964]

しかし，序説でもとりあげたように，通常考えられているこれらの系統的基

594 第12章 数学のネットワーク

礎つまり哲学のたぐいは，どれをとってもわれわれには満足できるものとはなっていない．それらは (簡単すぎるものではあるが) 次のように要約されよう．

論理主義　数学は証明に確固たる規範を与えるために論理を必要とする．しかし，論理はどの証明を標準とすべきであるかということについては，何も言ってくれない．したがって，数学者自身が最も明快と思われるものを捜すことになる．ともあれ“深みのある”証明が最も重要となる．ただし，それは論理学的な意味での深さを指すわけではない．推論に関する論理学上の規則は各証明に誤りのないシンタックスを提供するが，それが重大な手がかり，すなわち証明がうまく機能する理由の本質を示しているわけではない．こういうわけで，数学は単なる論理的演繹ではないのである．そればかりか，数学は論理規則以外にもいくつかの非論理的な公理を必要とするのである．とくに無限公理 (のある形) が必要となる．これが，数学は，たとえばフレーゲ (Frege) やバートランド・ラッセルによって主張されたような論理学の一分野ではない，という (一般に認められている) 技術的な理由なのである．

集合論　これは強力でたいていの数学に基礎づけを提供するが，それはしばしば人工的なものとなり，“座標によらない”基礎づけ，すなわち不変な基礎づけを数学にもたらすことはない．さらに“集合”に対して一意な概念はないのである．

プラトン主義　これは役に立つ神話であり思弁的な存在論である．

形式主義　厳密な意味での形式主義には，特別に重要な形式というものはなく，形式はみな同じ扱いを受ける．また，形式主義はゲーデルの不完全性定理の深い結果を克服するにいたっていない．数学にとって，形式的側面は本質的ではあるが，その形式の選択はアイデアおよび経験によってなされる．

直観主義　数学的直観を自然数に制限しようとすれば，直観主義はドグマとなる．たぶんそれによって，他の多くの数学的なアイデアの源泉が説明されることはないであろうが，その半面，直観主義はトポスの理論を通して，幾何学と層の理論に関する重要な数学的構造につながっている．つまり，直観主義は重要な数学的構造を顕在化せしめているのである．

12. 要 約 **595**

構成主義　これは，存在は構成的でなくてはならないという狭いドグマでもありうるが，もっと自由に，数学のアルゴリズム的側面を強調したものとして解釈することもできよう．

有限主義　これは，数学的議論のもつ有限的性格を認めるものであるが，これによっては無限集合および極限操作を用いた議論におけるおどろくべき成功の理由は説明されない．

経験主義　これによって，個々の数学的形式に対する経験的実例が提示されることはない．何度も見てきたように，同じ数学的形式には異なった多くの例があり，その形式ははじめの事実からかけ離れたものとなっていることが多いからである．数学は，単に事実を起源としているだけでなく，人間の諸活動や科学の難問に端を発しているのである．

経験主義には次のような対極する考え方がある．すなわち，それは数学は一つには厳格な形式美の探究であり，数学の発展は，考えうる実際の用例がなくてもすばらしいものであるというものである．このような考え方は，"エレガント"という形容詞で表現されていることが多い．たとえば，素数は無限に多く存在するというユークリッドの証明や，コーシー–グルサーの定理（第10章第6節）の証明はエレガントであるといわれる．なぜなら，最少限度の複雑さで"深い"結果が得られるからである．エレガントとは，うまく構成された数学的形式の望ましい性質を意味する言葉といえよう．

これらの哲学はどれも数学の重要な一つの側面を照らし出すものではあるが，現実の数学の大きく広がったネットワークの記述や基礎づけとしては，適切というにはほど遠いものである．これに対して，われわれの研究が明らかにしたところは，数学とは人間の諸活動や，科学の問題から抽出されたアイデアを体系化して得られた，形式の配列であるということである．すなわち，数学は形式的な規則，形式的な公理系，注意深く証明された定理，およびこれらの形式の入り組んだ関係からなるネットワークをなしているのである．さらに手短かに言えば，数学はこの形式的なものの宇宙の諸相を理解し，操作し，展開し，応用しようとするものであるといえよう．本書で説明してきたこの考え方は，**形式的機能主義**と言ってよいであろう．

参 考 文 献

日本語訳のあるものについては，原書のあとに訳書を掲載した.

Ahlfors, Lars [1966]. *Complex Analysis: An introduction to the theory of analytic functions of one complex variable*, 2nd ed. 317 pp. New York: McGraw-Hill Book Co.

『複素解析』アールフォルス，L. V. 著/笠原乾吉訳，現代数学社（1982）

Artin, Emil [1959]. *Galois theory*, edited by Arthur N. Milgram. 2nd ed. 82 pp. South Bend, Indiana: University of Notre Dame Press.

『ガロア理論入門』アルティン，E. 著/寺田文行訳，東京図書（1974）

Bachmann, Friedrich [1973]. *Aufbau der Geometrie aus dem Spiegelungsbegriff*. 2nd enl. ed. 374 pp. Heidelberg-New York: Springer-Verlag.

Barwise, Jon [1977]. Handbook of Mathematical Logic. *Studies in Logic and the foundations of Mathematics* **90**, 1165 pp. Edited by Jon Barwise. Amsterdam: North Holland Publishing Co.

Bernays, Paul [1935]. Sur la platonisme dans les mathématiques. *L'enseignement mathématique* **34**, 52–69.

Birkhoff, Garrett [1967]. *Lattice theory*, 3rd ed. 418 pp. The American Mathematical Society Colloquium Publications **25**.

Birkhoff, Garrett and Saunders Mac Lane [1977]. *A survey of modern algebra*, 4th ed. 500 pp. New York: Macmillan.

『現代代数学概論』バーコフ，G., マックレーン，S. 著/奥川光太郎・辻　吉雄訳，白水社

（1953）

Bishop, Errett [1967]. *Foundations of constructive analysis*. 370 pp. New York: McGraw-Hill Book Co.

Bott, Raoul and Tu W. Loring [1982]. *Differential forms in Algebraic Topology*. 331 pp. Heidelberg: Springer-Verlag.

Bourbaki, N. [1946]. *Éléments de Mathématique*. Premier Partie, les structures fondamental de l'analyse. Livre III: Topologie générale, chap. 2: structures uniform. Actualités Sci. et industrielles, ♯838. Paris: Hermann & Cie.

『ブルバキ・数学原論—位相』ブルバキ，N. 著，東京図書

Caratheodory, Constantin [1965]. *Calculus of variations and partial differential equations of the first order*. Part 1 [1965], 171 pp. Part II [1967], pp. 175–398. San Francisco: Holden-Day, Inc.

Curry, Haskell B. [1951]. Outlines of a formalist philosophy of mathematics. *Studies in logic and the foundations of mathematics*. 75 pp. Amsterdam: North Holland Publishing Company.

Davis, Philip J. and Reuben Hersh [1981]. *The mathematical experience*. 440 pp. Boston: Birkhäuser.

『数学的経験』デービス，P. J., ヘルシュ，R. 著/柴垣和三雄・清水邦夫・田中隆一訳，森北

出版（1986）

Dieudonné, Jean [1977]. *Panorama des Mathématiques pures, le choix boubachique.* 302 pp. Paris: Gauthiers-Villars.

———[1978]. The difficult birth of mathematical structure 1840–1940. *Scientific culture in the contemporary world.* pp. 7–23. Milan: Scientia.

Dodson, C. T. J. and Tim Poston [1978]. *Tensor geometry.* The geometric viewpoint and its uses. 598 pp. London and San Francisco: Putnam.

Dummett, Michael [1977]. *Elements of intuitionism.* Written with the assistance of Robert Minio. 467 pp. Oxford, England: Clarendon Press.

Eklof, Paul C. [1976]. Whitehead's problem is undecidable. *Amer. Math. Monthly* **83** 775–788.

Feynman, Richard, Robert Leighton, and Matthew Sands [1964]. *The Feynman lectures on physics.* 3 vols. 513 pp., 569 pp., and 365 pp. Reading, Mass.: Addison Wesley.

『ファインマン物理学』全5巻，ファインマン，R. P.，レイトン，R. ほか著/坪井忠二・富山小太郎・宮島竜興・戸田盛和・砂川重信訳，岩波書店（1986）

Frank, Philip and Richard V. Mises [1930]. *Die Differentialgleichungen und Integralgleichungen der Mechanik und Physik,* 2nd ed. Erster, mathematischer Teil. 916 pp. Braunschweig: F. Vieweg & Sohn.

Gårding, Lars [1977]. *Encounter with mathematics.* 270 pp. New York: Springer-Verlag.

『数学との出会い』ゴールディング，L. 著/竹之内脩訳，岩波書店（1979）

Gleason, Andrew M. [1966]. *Fundamentals of abstract analysis.* 404 pp. Reading, Mass.: Addison-Wesley Pub. Co.

Gödel, Kurt [1940]. The consistency of the continuum hypothesis,. *Annals of Math. Studies* No. 3. 66 pp. Princeton University Press.

———[1947]. What is Cantor's continuum problem. *Amer. Math. Monthly* **54**, 515–525.

Goodman, Nicholas D. [1979]. Mathematics as an objective science. *Am. Math. Monthly* **86**, 540–551.

———[1981]. The experiential foundations of mathematical knowledge. *Hist. Philos. Logic* **2**, 55–65.

Guggenheim, Heinrich W. [1967]. *Plane geometry and its groups.* 288 pp. San Francisco: Holden-Day, Inc.

Hadamard, Jacques [1954]. *An essay on the psychology of invention in the mathematical field.* 145 pp. New York: Dover Publications, Inc.

『発明の心理』アダマール，J. 著/伏見康治・尾崎辰之助訳，みすず書房（1959）

Halmos, Paul R. [1958]. *Finite dimensional vector spaces,* 2nd ed. D. van Nostrand; reprinted 1974. 200 pp. New York: Springer-Verlag. [1st ed., Princeton University Press, 1942].

Hamilton, Alan G. [1978]. *Logic for mathematics.* 224 pp. Cambridge-New York: Cambridge University Press.

Hardy, G. H. and E. M. Wright [1954]. *An introduction to the theory of numbers.* 3rd ed. 419 pp. Oxford, England: Clarendon Press.

Hausdorff, Felix [1914]. *Grundzüge du Mengenlehre.* 476 pp. Leipzig: W. A. Gruyter & Co.; New York: Reprinted Chelsea Pub. Co. 1945.

Hilbert, David [1899; 1971]. *Foundations of Geometry,* 2nd ed. Translated from the tenth German edition by Leo Unger. 226 pp. LaSalle, Illinois: Open Court.

『幾何学基礎論』ヒルベルト，D. 著/中村幸四郎訳，弘文堂書房（1943）

598 参 考 文 献

Hungerford, Thomas W. [1974]. *Algebra*. 502 pp. New York: Holt, Rinehart and Winston.

Hurwitz, A. and R. Courant [1964]. *Funktionentheorie*, 4th ed. 706 pp. Heidelberg: Springer-Verlag.

Johnstone, Peter [1978]. *Topos theory*. 367 pp. New York: Academic Press.

———[1982]. Stone spaces. *Cambridge studies in advanced mathematics*, Vol. 3. 370 pp. Cambridge, England: Cambridge University Press.

Keisler, H. J. [1976]. *Elementary calculus*. An approach using infinitesimals. 880 pp. Boston: Prindle, Weber & Schmidt.

Kleene, S. C. [1952]. *Introduction to metamathematics*. New York: Van Nostrand.

Kitcher, Philip [1983]. *The nature of mathematical knowledge*. 287 pp. New York and Oxford: Oxford University Press.

Klein, Felix and Arnold Sommerfeld [1965]. Über die Theorie des Kreisels. *Bibliotheca Math Taubneriana*, Vol. 1. 966 pp. (Original published in four volumes 1897, 1898, 1903, 1910.) New York: Johnson Repr. Corp.

Kock, Anders [1981]. *Synthetic differential geometry*. London Math. Soc. Lecture Notes Series 51. 311 pp. Cambridge and New York: Cambridge University Press.

Landau, Edmund [1951]. Foundations of analysis. *The arithmetic of whole, rational, irrational, and complex numbers*. Translated by F. Steinhardt. 134 pp. New York: Chelsea Pub. Co.

Lang, Serge [1967]. *Introduction to differentiable manifolds*. 125 pp. New York: Interscience (John Wiley & Sons).

Lehman, Hugh [1979]. *Introduction to the philosophy of mathematics*. 169 pp. Totowa, New Jersey: Rownan and Littlefield.

Lightstone, A. H. and Abraham Robinson [1975]. *Non-archimedean fields and asymptotic expansions*. 204 pp. North Holland Mathematical Library. Vol. 13. Amsterdam-Oxford: North Holland Publishing Company.

Mackey, George W. [1978]. *Unitary group representation in physics, probability and number theory*. 402 pp. Math lecture notes series #55, Reading, Mass.

Mac Lane, Saunders [1963]. Homology. *Die Grundlehren der Math. Wissenschaften*, Vol. 114. 422 pp. Heidelberg: Springer-Verlag.

———[1971]. *Categories for the working mathematician*, Graduate texts in mathematics, Vol. 5. 262 pp. Heidelberg: Springer-Verlag.

———[1981]. Mathematical models: a sketch for the philosophy of mathematics. *Am. Math. Monthly* **88**: 462–472.

Mac Lane, Saunders and Garrett Birkhoff [1979]. *Algebra*, 2nd ed. 586 pp. (1st ed. 1967) New York: Macmillan Publishing Co.

Massey, William S. [1967]. *Algebraic topology: An introduction*. 261 pp. New York: Springer-Verlag.

Monna, A. F. [1975]. *Dirichlet's principle*. A mathematical comedy of errors and its influence on the development of analysis. 138 pp. Utrecht, The Netherlands: Oosthoek Scheltema & Holkema.

Myhill, John [1972]. What is a real number? *Am. Math. Monthly* **79**: 748–754.

Narasimhan, R. [1985]. *Complex analysis in one variable*. 216 pp. Boston: Birkhäuser

O'Neill, Barrett [1966]. *Elementary differential geometry*. 411 pp. New York and London: Academic Press.

Osgood, William Fogg [1937]. *Mechanics*. 495 pp. New York: The Macmillan Co.

参 考 文 献　**599**

Paige, Leigh [1928]. *Introduction to theoretical physics*. 587 pp. New York: D. van Nostrand.

Pars, L. A. [1965]. *A treatise on analytical dynamics*. 641 pp. New York: John Wiley & Sons.

Pontryagin, L. S. [1939]. *Topological groups*. Translated from the Russian by Emma Lehmer. Princeton math series vol. 2. 299 pp. Princeton, New Jersey: Princeton University Press.

『連続群論』上・下，ポントリャーギン，L. S. 著/柴岡泰光・杉浦光夫・宮崎　功訳，岩波書店（1957-58）

Quine, W. V. O. [1963]. From a logical point of view. *Logico-philosophical essays*, 2nd ed., rev. 184 pp. New York: Harper and Row.

Resnik, Michael D. [1980]. *Frege and the philosophy of mathematics*. 243 pp. Ithaca, New York: Cornell University Press.

Robinson, Abraham [1965]. Formalism 64, pp. 228–246. In *Proc. Internat. Congress for Logic, Methodology, and Philosophy*. Jerusalem 1964. Amsterdam: North Holland Pub. Co.

Russell, Bertrand A. W. [1908]. Mathematical logic as based on the theory of types. *Amer. J. Math.* **30**: 222–262.

Shoenfield, J. R. [1975]. Martin's axiom. *Am. Math. Monthly* **82**: 610–619.

Sondheimer, Ernst and Alan Rogerson [1981]. *Numbers and infinity*. A historical account of mathematical concepts. 172 pp. London and New York: Cambridge University Press.

Spivak, Michael [1965]. *Calculus on manifolds*. 144 pp. New York and Amsterdam: W. A. Benjamin Inc.

『多変数解析学——古典理論への現代的アプローチ』スピヴァック，M. 著/斎藤正彦訳，東京図書（1972）

Steiner, Mark [1975]. *Mathematical knowledge*. 164 pp. Ithaca, New York: Cornell University Press.

Titchmarsh, E. C. [1932]. *The theory of functions*. 454 pp. Oxford, England: The Clarendon Press.

Troelstra, A. S. [1972]. *Choice sequences*. A chapter of intuitionist mathematics. Oxford logic guides. 170 pp. Oxford Clarendon Press.

Weyl, Hermann [1949]. *Philosophy of mathematics and natural science*. 311 pp. Rev. English ed. Trans. by O. Helmer. Princeton, New Jersey: Princeton University Press.

『数学と自然科学の哲学』ワイル，H. 著/菅原正夫訳，岩波書店（1980）

＿＿＿＿[1923]. Raum, Zeit, Materie. *Vorlesungen über allgemeine Relativitätstheorie,* 5th ed. 338 pp. Berlin: Springer-Verlag.

『空間・時間・物質』ワイル，H. 著/内山龍雄訳，講談社（1973）；『同』菅原正夫訳・彌永昌吉解説，東海大学出版会（1973）

Whitehead, A. N. and Bertrand Russell [1910]. *Principia mathematica*. Vol. 1. 666 pp. 2nd ed. 1925. 674 pp. Cambridge, England: Cambridge University Press, 1925.

Wilder, Raymond L. [1981]. *Mathematics as a cultural system*. 182 pp. Oxford-New York: Pergamon Press.

Wilson, Edwin B. [1912]. *Advanced calculus*. 566 pp. Boston: Ginn & Co.

600 参 考 文 献

Wittgenstein, Ludwig [1964]. *Remarks on the foundation of mathematics*, 2nd ed. Edited by G. H. von Wright, R. Rhees, and G. E. M. Anscombe. Oxford, England: Basil Blackwell.

『数学の基礎』ヴィトゲンシュタイン，L. 著/中村秀吉・藤田晋吾訳（ヴィトゲンシュタイン全集 第 7 巻）大修館書店（1976）

Zermelo, Ernst. 1908]. Untersuchungen über die Grundlagen der Mengenlehre I. *Mathematische Annalen* **85**: 261–281.

記 号 一 覧

記　号	用　例	説　明
$\forall x$	$\forall P(x)$	すべての x に対して $P(x)$ が成立する
$\exists x$	$\exists P(x)$	$P(x)$ となる x が存在する
δ		デルタ
ε		イプシロン
π		パイ
θ		シータ
ϕ		ファイ
$\to$	$A \to B$	A から B への写像，または射
$\mapsto$	$a \mapsto b$	a を b にうつす
$\Rightarrow$	$P \Rightarrow Q$	P ならば Q
$\Longleftrightarrow$	$P \Longleftrightarrow Q$	P と Q は同値
$\wedge$	$A \wedge B$	A かつ B
$\vee$	$A \wedge B$	A または B
$\daleth$	$\daleth A$	A でない
$<$	$a < b$	a は b より小さい
$\leqq$	$a \leqq b$	a は b 以下
$\subset$	$A \subset B$	A は B に含まれる
$\cap$	$A \cap B$	A と B の共通部分
$\cup$	$A \cup B$	A と B の和集合
$'$	A'	A の補集合
ϕ		空集合
$\{x \mid \cdots\}$	$\{x \mid P(x)\}$	$P(x)$ を満たす x の全体
$\in$	$a \in A$	a は A の要素
C		複素数の全体
N		自然数の全体
Q		有理数の全体
R		実数の全体
Z		整数の全体

訳者あとがき

　本書は Saunders Mac Lane 著 *Mathematics, Form and Function*，1986，Springer-Verlag の全訳である．原著者の序文にも述べられているとおり，そこに論じられているのは「数学の形式とその機能」という数学の哲学を考えるうえの基礎となることがらである．それは抽象的数学論といったものではない．実際，第2章から第11章にかけて現代数学の主要分野をその内容にまで踏みこんで逐一論じ，その検討のうえに立って著者は哲学的結論を導いているのである．これは類書に見られない大きな特色であり，著者の結論を説得力のあるものにしている．そればかりではなく，この第2章から第11章に至る部分は，そこだけ独立に読んでも現代数学を概観するうえではなはだ有益である．これによって本書の価値はいっそう高められている．

　翻訳は，第1章〜第7章および第12章の1〜8節を赤尾が，また第8章〜第11章および第12章の残りを岡本が分担して行なった．訳文は平明を旨とし原文に忠実たらんと努めたが，なお思わぬ誤訳が残っていることを懼れる．原著にわずかに見られる誤植や脱落は気がつく限り，訂正してある．この点について原著者 Mac Lane 教授は，訂正を快く了承されるとともに，詳細な正誤表をお送り下さった．それらはもちろんすべて取り入れてある．人名等については，文献を指示する場合以外は原則として仮名書きとし，初出の際に原著におけるローマ字綴を添えておいた．また読み方はおおむね慣用に従った．なお原著における記号や術語の定義で，若干わが国における慣用と異なるもの（たとえば，次数付き代数の定義など）もあるが，それらは原著に従った．また本書独特の術語や邦訳のない術語等の訳語については，原則として脚注でその旨を断わっておいた．

　本書は，とくに第7章以後では，大学の理工系において学ぶような内容も扱われているが，必要な説明はおおむね本文中に与えられているので，数学に興味をもち，高校卒業ないし大学初年級程度の知識を有しておられる読者であれば，通読に困難を感じられることはないと思われる．

　以下に各章の内容を，訳者の感想も交えながら，簡単にまとめてみよう．

訳者あとがき　***603***

　まず第1章においては，数学の本質をなす形式性という考え方が提示される．数学とは人間の日常活動から得られる事実やアイデアに基礎を置きながらも，それらを直接取り扱うのではなく，そこから形式化された諸構造を扱うものなのだというのが著者の基本的な見方である．数学の理論の正しさは現実の事実によっては反証されるものではないといったことも，ここから帰結される．著者はそれと同時に，この形式化の多様性——すなわち同一の事実やアイデアがさまざまに異なった仕方で数学として形式化できること——をとくに強調し，そうした観点に立ってこの章で数学の基本的諸部門を概観している．

　続いて第2章で自然数・整数・有理数，第3章で古典的なユークリッドおよび非ユークリッド幾何学，第4章では実数が取り上げられる．これらはいずれもなじみ深い対象であるが，ここではそれらの公理的扱いが中心となる．この中で触れられたいくつかの事実，たとえば，ペアノ公準の中の帰納法公理の解釈による通常と異なる自然数のモデルの存在や公理系の無矛盾性の問題などは後の章で詳しく検討される．その他，ユークリッド幾何学の重要な概念はそのほとんどが平面幾何においてすでに登場してくるといった興味深い事実の指摘もある．

　第5章では関数の概念が多面的に取り扱われている．関数の定義をめぐる古くからのさまざまな考え方を紹介したのち，それが集合論を基礎におくことにより，はじめて正確な形で形式化できることが論じられる．これは第11章の内容につながる．他方，関数の合成という考え方から群の概念が導かれる．自由群，ガロア理論から最近の有限単純群の分類に至るまで広い範囲の材料を示したうえで，著者は，代数系の中でも群概念がとくに豊富な内容をもつのはなぜかという問題を考察している．

　微積分学の基礎的理論についての第6章の議論を通して，著者は，それが一方ではコンパクト性，距離空間などトポロジーの諸概念を生み出し，他方では現代解析学へと発展していく過程を明らかにしている．これらは第8，9，10章でいっそう詳しく扱われることになる．

　第7章は線形代数で，数学のいろいろな分野に見られる線形性が，ベクトル空間の理論として形式化される有様が述べられる．そこではまた商空間，テンソルと外積代数，単因子論などについても，本質をついたコンパクトでしかもわかりやすい説明がなされている．

　第8章では，現代幾何学の最も重要な，しかし把握しにくいといわれている

604 訳者あとがき

概念のひとつである多様体，およびそこにおける曲率といったものが，いかに
して定式化されてきたかをまのあたりにすることができる．しかし，それは，
単なる数学史ではない．重要なのは，そこに数学についての著者の深い見識が
示されていることである．たとえば，「幾何学は視覚によって得られたイメー
ジを形式的な道具にかえるひとつの手段である．」といったものである．これに
ついては，これにつづく3つの章で具体的に見ることになる．また11節では層
という概念がとりあげられ，これが多様体のもうひとつの定式化を与えること
を注意している．これは，本書でくり返し述べられている「ひとつのアイデア
を定式化する方法はひとつとはかぎらない」という主張のよい例である．この
層の考えはさらに発展して，数学基礎論（第11章）において思いもよらない応
用をもつことになる．

　多くの同じ概念が，古典力学と微分幾何学の間には現われる．この第9章で
は，ニュートン力学が普遍的形式を備えていく過程を追いながら，上の2つの
異なる分野の間で，同じ概念がいかにして生れてきたかを見ることになる．そ
こでは，前章で述べられたことがらが数多く使われる．多くの力学の教科書で
は $p_i = \dfrac{\partial L}{\partial \dot{q}_i}$ という変数変換が，ニュートン力学の普遍的形式のひとつであるラ
グランジュ形式から，もうひとつの形式であるハミルトン形式に移行する際に
天下り的に用いられる．実は，これは内在的な記述が可能で，具体的には配位
空間の接束から余接束への変換として定式化されるのである．この定式化は著
者自身が与えたものである．

　第10章は標準的な関数論の教科書にある内容ではあるが，非常に豊富な題材
がコンパクトにしかも歯切れよく記されているので，早急に関数論を必要とさ
れる読者にはおすすめしたい章である．しかし，この章は単なる複素解析の解
説ではない．これは著者が数学全体に一貫してもっている思想を示すためのも
のである．したがって，著者の考えを読み取るためには，読者は他の章との関
係にも気を配る必要がある．この本の表題を思い出してほしい．

　第11章は，いわゆる数学基礎論がテーマであり，ある意味で本書の中心をな
すものである．前半はゲーデルの不完全性定理の証明を中心に述べられている．
その記述は非常にわかりやすいので，他の章と同じように読み進むことができ
る．しかし，行間に書かれている著者の哲学を読み取ることを忘れないでほし
い．これは後半についてもいえる．後半は連続体仮説等の独立性の証明に用い

訳者あとがき **605**

られたコーエンの強制法の層の理論による幾何学的定式化である．この定式化には圏論が用いられる．圏論は監修者のことばにもあるように，著者の研究対象のひとつであった．

　以上が第 1 章から第 11 章までの内容であるが，最後の第 12 章については，読者自身がまとめを試みていただきたい．

　訳者らが恩師彌永昌吉先生から本書の翻訳をお薦めいただいたのは 1987 年 6 月のことであったが，訳者らの非才のためもあり完成までに思わぬ日時を要してしまった．この間，彌永先生は翻訳原稿の全部に目を通され，多くの貴重な御助言を与えられ，また原著者 Mac Lane 教授は，翻訳に際しての訳者らの疑問についていちいち懇切に御教示下さった．とくに第 11 章の翻訳に関しては，監修者のことばにも述べられているように，基礎論を専門とされる京都産業大学の八杉満利子先生に原稿を見ていただいた．これら諸先生の御教示に対し厚くお礼を申し上げたい．

　また印刷，校正に御尽力頂いた森北出版の方々，わけても編集の星野定男氏にはひとかたならぬお世話になった．訳業の遅れ勝ちな訳者らを辛抱強く見守って下さった同氏の温い励しがなければ本訳書は到底完成に至らなかったであろう．ここに記して深く感謝したい．

　1992 年早春

赤尾和男・岡本周一

索　引

あ 行

間にある　　86, 129
間にあること　　129
アイデア　　46, 47, 373, 532, 540, 579
アイレンベルク-マクレーン空間　　584
亜群　　420, 502
足場　　324
値の一覧表　　165, 167
集まり　　9, 10, 47
集める　　47
アトラス　　311
穴あき円盤　　440
アフィン幾何学　　142
アフィン変換　　142, 175
アーベル群　　32
アーベル圏　　554
アルキメデスの公理　　89
アルキメデス律　　130, 200
アルゴリズム　　573
アレフ・ゼロ（$\aleph_0$）　　15

位数　　32, 176
位相　　44, 45, 345
位相空間　　44
位相群　　45, 236
位相多様体　　311
位相同形写像　　175
依存性　　165
一意化助変数　　448
一意化定理　　459
1次近似　　213
1次結合　　141, 241
1次独立　　241
1次分数変換　　153, 187, 397

一様空間　　433
一様収束　　429
一要素集合　　469
一様に　　432
一様連続　　211
一様連続性　　212
一価性定理　　458
1周積分　　443
1対1対応　　11
1対1の中への写像　　29
一般化　　566
一般化された　　351
一般線形群　　174, 247
イデアル　　273
イデアル論の基本定理　　546
緯度　　290
意味　　109
入れ子の列　　425
陰関数の定理　　376

ヴェンの図式　　37
浮袋　　315
動く　　47
宇宙　　75
運動　　22, 24
運動エネルギー　　344, 365
運動量　　342
運動量保存の原理　　342

n 階のテンソル　　275
n 次対称群　　29
エネルギー　　365
エネルギー保存の法則　　345
エピック　　522
選び出す　　47

索　引　**607**

選びとる　47
エルミート行列　266
エルランゲン・プログラム　175
円環面　303
遠近法　572
演算は各点ごとに行なう　251
遠心力　348
円盤　402
円分体　546

オイラー角　384
オイラーの ϕ-関数　71
オイラーの方程式　375
大きさ　122, 124
大きな　501
大きな基数　499
横断面　324, 329, 455, 522
応用数学　539, 551, 555, 556
押し出し　514
オッカムの剃刀　576
同じ濃度をもつ　72
同じ芽をもつ　453
重み付き平均　142

か　行

外延　38
外延性　38
外延性の公理　468
外延的　59
開円板　43
開区間　43
下位区分　550
概形写像　294
開集合　43, 44
階数　245, 275, 466
解析学　231
解析幾何学　143, 552
解析接続　449
解析接続の原理　450
外積代数　274, 276
解析的整数論　452

階層　466
外測度　231
階段関数　231
回転　25, 104, 106, 408
回転軸　118
開被覆　309
外微分　230
外部　415
ガウス曲率　293, 297
ガウス-グリーンの補題　564
ガウスの公式　413
ガウスの補題　228
可解群　183
科学　120, 121, 576
可換　30, 62
可換環　128
可換図式　185, 503
核　173, 178, 245, 273
角　87
角運動量　340
角速度　340, 385
拡大　188
拡大平面　153
核対　173
角度　124
確率　16, 556
確率論　556
加群　279, 553
可算　15
重なり写像　311
仮想変位　354
数え上げる　11
可測　231
加速度　40, 205, 206, 337
型　75
形づくる　47
かつ　476
活動　46, 47, 532
カップ積　567
合併　36, 39
加法　60, 127, 128

608 索 引

画法幾何学　553
加法公式　146
加法的　241
ガロア群　180, 181, 182, 274, 570
ガロア理論　180, 184, 274, 570
ガロア理論の基本定理　181
側　86, 90
環　129
含意　476
関係　171
関係の代数　171
関手　500, 503
関手的　271, 278
関手の圏　508
関心の推移　564
関数　159, 167, 536
関数空間　242
関数集合　514
慣性モーメント I　385
完全化　49
完全解　380
完全系　289
完全系列　188, 564
完備　232
完備順序体　134
完備性　21, 89
完備性公理　487

木　466, 523
基　454
機会　47
幾何学　550
基数　11, 15, 72, 172, 474
基数の点で同値　72
軌跡　222
規則　164, 533
帰属性　166
基礎体　180
基礎づけ　461, 529, 593
基礎の公理　472
基底　141, 241

基底の変換　248
基底変換　350
基点　503
軌道　112
帰納　60
帰納定理　60
帰納方程式　60
帰納法の公理　59
基本群　418, 503
基本トポス　（→初等トポス）
既約　179, 243
逆　12
逆関数　171
逆径路　416
逆三角関数　161
逆自乗の法則　338
逆像　41, 444, 522
九去法　13, 70
級数　133
球面座標　291
球面振子　355
鏡映　25, 108
境界　413, 440
境界条件　232
強制法　498, 545
共通部分　36, 39
共通部分をもたない　12
共役　107, 113, 177
行列　162, 163, 174
行列式　249, 277
行列論　553
極　441
極の位数　441
極形式　150
極限　131, 198
極限順序数　466
局所座標　315
局所的　307
局所的性質　307
局所同相　454
曲線　287

索　引　**609**

曲線の長さ　287
極大 (な) アトラス　312, 318, 319
曲率　98, 288
虚数　153
距離　22, 23, 257
距離空間　23, 232, 542
近似　41, 217, 221
近傍　44, 422, 542

空集合　39, 172
空集合の公理　468
偶置換　174
区間　213
鎖　427
区分的に微分可能　410
クラス　502
グラディエント　323
グラフ　41, 164, 168, 560
グラフ理論　590
グラム–シュミット法　258
クラメールの公式　246
グリーンの定理 (ガウスの補題)　229
クロネッカーのデルタ　252
群　31, 175
群の位数　176
群の理論　565

k–ジェット　325
経験主義　5, 595
計算する　47
形式化　592
形式主義　4, 539, 594
形式性　533, 534, 536, 537, 539
形式的　13, 56
形式的機能主義　596
形式的証明　483
形式的冪級数　134
形式的冪級数体　134
形式的命題　58
径数付けられた運動　24
経度　290

径路　222, 286, 310, 321, 409, 416
径路に関して連結　310
ゲージ理論　336, 360
結合公理　85
結合法則　501
結合律　31, 56, 169, 191
結晶群　28
決定性の公理　499
ケプラーの第 1 法則　207
ケプラーの法則　205, 206, 207, 337
ケーリーの定理　32, 51, 176
圏　500, 564
限界コスト　196
研究　586
言語　479
原始関数　423
原始帰納　62
限定作用素　41, 131, 169, 212, 535, 536
原動力　593
厳密さ　429, 488
厳密な含意　478
厳密な証明　429

$\cos z$　399
語　186
交換律　56
後者　10, 47, 58, 59
合成　25, 34, 160, 168, 190, 191
構成可能　498
合成関係　171
合成関数　168, 169, 170
合成径路　416
構成主義　595
構成的階層　498
合成の原理　317
構造　36, 50
構造層　331
構造付き集合　45
構造定理　33
剛体運動　24, 102, 112
交代群　174

610 索 引

剛体的 24
交点数 567
合同 70
恒等関数 171
合同関係 173
合同公理 87
合同式 69
恒等射 500
合同定理 88
恒等変換 29
合同類 71
勾配 22
項別微分可能 433
公理化 52
公理的構造 53
公理的集合論 467
互換 174
個々の場合からの一般化 566
コーシー–グルサーの定理 424
コーシーの条件 135
コーシーの積分公式 436, 437
コーシーの積分定理 490
コーシーの定理 423
コーシー–リーマンの方程式 405
コーシー列 132, 138
弧状連結 310, 457
弧長 288
弧度法 124, 144
固有運動 108, 113
固有運動群 107
固有値 249
固有直交行列 260
固有ベクトル 249
孤立波 572
コルテウェフード・フリース方程式 572
コンパクト 53, 215
コンパクト性 53, 215, 216
コンパクト性定理 485
コンピュータ的複雑性 573

さ 行

$\sin z$ 399
歳差運動 390
最小作用の原理 551
最大値 211
最大値の原理 440
最適制御 590
座標 143, 244
作用 112
三角関数 144, 145, 146
三角公理 23
三角不等式 257
三角法 85, 144, 147
3 項演算 36, 143, 565
3 項関係 86, 143, 480
散在群 190
3 次元ポアンカレ予想 558
三重線形関数 271
3 分律 18

C^k クラス 317
シェルピンスキー空間 309
時間を計る 47
式 163
次元 142, 241
四元数 156
子午儀 535
自己準同形 177
自己随伴 262
仕事 227, 343
自己同形 152, 177
辞書式順序 77
次数 181, 419
次数付き環 275
次数付き代数 275
次数付きベクトル空間 275
自然数 9, 56
自然変換 506, 507
始対象 513
実在主義者 584

索　引　**611**

実質的な含意　476
実対称行列　263, 265
射　176, 500
射の合成　500
射影　185, 324, 510
射影平面　305, 306, 312
射影幾何学　572, 590
尺度　122, 123
写像　30, 162
写像の公理　517
斜体　129
自由群　187, 420
集合　15, 48, 468
集合的な帰納法公理　59
集合の相等　166
集合論　594
集合論的プラトニズム　585
自由次数付き代数　275
修正による一般化　567
自由積　186
収束　131, 132
収束円　435
収束級数　133
収束する　133, 430
収束半径　434
収束列　132, 133
終対象　513
重複度　266, 566, 567
従法ベクトル　290
重力の一般法則　338
主曲率　292
主軸　264
主軸定理　263, 265
種数　314
主組成列　570
述語計算　482, 535
10 進展開　57
10 進法　58
出発点　416
主方向　292

シュレーダー‐ベルンシュタインの定理
　464
シュワルツの不等式　257
巡回加群　282
巡回群　32, 33, 176
巡回置換　16
瞬間的変化率　199
純四元数　157
順序型　20, 77
順序公理　85
順序集合　38
順序数　76, 77, 78, 473
順序体　129
順序対　73, 167
順序同形　20
順序同値　76
順序同形（写像）　76
準線　342
準同形　34, 62, 114, 176
上界　21
商加群　279
商環　273
商空間　272
商群　179, 271
上限　21, 40, 134
乗積表　176
焦点　342
乗法　60, 127, 128
乗法の単位元　128
証明の解析　563
証明論　491
剰余項　218
剰余類　113, 178
初期条件　209
初期速度　338
初期値　209
所属関係　467
除去可能　442
除法の定理（剰余定理）　65
初等トポス　201, 520
ジョルダン曲線定理　415, 560, 564, 567

612 索　引

ジョルダン標準形　282
ジョルダン-ヘルダーの定理　183, 190,
　564, 569
新機軸　572
真実　573
真性特異点　441
拡幅　345
シンプレクティック多様体　392, 571
真理値　477, 525
真理表　477, 535

推移的　112, 473
推移律　18, 20
垂線　22
随伴変換　261
推論規則　535
数学的帰納法の公理　59
数学の基礎付け　3
数理経済学　218
数論　65, 550, 551
スカラー積　343
図形　24
ストークスの定理　229
ストーンの定理　192
ストーンの表現定理　568
スペクトル定理　266
ずらし反転　28
図を用いない証明　84, 535

整域　281
整関数　439, 547
正規解析的　435
正規直交基底　148, 258
正規部分群　178
正弦　144
正弦定理　147
制限された限定作用素　481
制限された内包性公理　481
制限の原理　317
斉次　241
性質　481

性質に対する帰納法公理　59
正四面体　174
整数　67
正則　174, 242, 287, 403
正則行列　174
正則性の公理　471
正である　129
正定値性　148
正二十面体　174
正方行列　245
整列集合　78
積　12, 127, 128, 509, 546
積分定数　250
積分表　202
積分法の基本定理　201, 230
ゼータ関数　400, 451, 558
接空間　222
接触円　288
接する　322
接線　217, 567
接束　324
接続　336
絶体収束　431
絶対値　129, 150
接ベクトル　222, 250, 254, 322
0 項演算　35, 565
ゼロ点の位数　442, 547
ゼロ点の次数　　（→ゼロ点の位数）
全形　177
線形回帰法　556
線形近似　426
線形自己準同形　242
線形写像　279
線形順序　39, 122
線形性　148
線形代数　240, 553
線形微分方程式　242
線形変換　241, 242
線形変換（1次変換）　142
線形変換（1次変換，線形写像）　241
全射　172

索　引　**613**

全順序　39
全順序群　45
全順序集合　19
前順序集合　502
全称作用素　212
線積分　225, 226
前層　328
全体　506
選択公理　132, 472, 522
全単射　12, 172
全微分　221
線分　86

素イデアル　546
素イデアル分解　559
素因数分解の一意性　567
素因数分解の一意性定理　65
層　328, 330, 453
像　172, 178, 245
双曲幾何学　93, 94
双曲面　265
相空間　143, 210, 358
相似　248, 249, 278, 281, 282
双線形　222, 253, 266
双線形形式　258
相対位相　308
相対性理論　297
双対　222
双対基底　252
双対空間　251
双対圏　505
双対積　513
双対的　187
双対ペアリング　253
相平面　346
束　40, 569
測地線　98
測度　231
速度　40, 205, 206
束縛　479
束縛条件　353

測量技師　535
組織化　591
組織する　529
素数　65
素数定理　452
組成因子　183
組成列　183
素朴的内包性の公理　75
存在作用素　212
存在論的プラトニズム　585
存在論的プラトン主義者　584

た　行

体　128
体の変更　270
第 1 基本形式　296
第 1 階述語言語　480
第 1 階の言語　479
対応　11
退化次数　245
対角行列　248
対角線集合　171
対角線論法　464, 496
大局的　307
対合　115
対集合の公理　469
対象　500
対称行列　263
対称群　174
対称性　26, 148
対数　172
代数学　550, 551, 552
代数学の基本定理　151, 439
対数関数　398
代数関数体　547
代数系　36
代数体　545
代数的数　123, 545
代数的整数　546
第 2 階の言話　480
代入　160

楕円幾何学　97
楕円面　265
多価関数　398, 399
多項式　164
多項式環　278
多重回帰法　218
多種普遍代数　36
単位行列　249
単位元　31
単位法ベクトル　292
単位量　100
単因子　283
単形　177
単項イデアル　567
単項イデアル整域　281
単項演算　35, 565
単射　29, 172, 514
単純　415
単純群　189, 190
単純閉曲線　415
単振子　355
単連結　421

値域　167
小さな　502
小さな射の集合　505
近くにある　44, 307
力　206, 337
置換　16
置換群　18, 29
着想（アイデア）　532
チャート　291, 310
中国剰余定理　72, 491
抽出　544, 545
抽象化　51, 545, 566, 568
稠密　21
超越数　123
超過量　297
超関数　572
超準的　60
超準モデル　201, 550

超数学　491
超平面　120
調和　234
調和運動　234, 235, 236
調和解析　236, 463
調和関数　234, 405
調和級数　430
直観主義　5, 595
直和　266, 278, 279, 510, 514
直和(共通部分のない合併，非交和)　72
直交行列　258, 259
直交群　174, 260
直交する　257
直交変換　174, 258
直積　33, 73, 167, 185
直線の側　91

ツェルメロ-フレンケルの公理系　4, 467
ツェルメロ-フレンケルの集合論の公理系
　534
つぎ合せの原理　317
つぎの集合　469

ディオファントスの方程式　66, 549, 558
定義域　167, 311, 500
定義可能　498
定常的　361, 362
定積分　197, 198
テイラー級数　217, 218, 435, 438
テイラーの定理　217
ディリクレの定理　66
ディリクレ問題　234
デカルト座標　143, 552
デカルト積　509
デデキント切断　135, 137, 427
デデキント切断の公理　135
デデキントの公理　89
適切な論理　478
データ型　36
でない　476
デルタ関数　572

索　引　**615**

電磁ポテンシャル　405
点集合論　570
テンソル　565
テンソル積　266
テンソル代数　275
転置行列　246

等角写像　153, 406
同形　34, 62, 177
同形（自然な）　254
等高線　225
統辞規則　165
同相　444
到達点　416
同値　518
同値関係　173
同値な部分対象　519
同値類　173
同伴行列　281
動標構　290
等方部分群（イソトロピー群）　113
等ポテンシャル曲線　406
特異点　440
特異ホモロジー　427
特殊直交群　174, 260
特性関数　519
特性多項式　249
独立　93
独立している　497
時計回り　109
閉じた　418
閉じて　415
凸開集合　428
トートロジー　477, 482, 535
ド・モルガンの法則　478
トラクトリックス　99
トーラス　175
トルク　347

な 行

内角　90

内積　148, 232
内積空間　256
内積空間（無限次元）　232
内部　87, 415
内部自己同形　177
内包性の公理　75, 470
内包的　59
長さをもつ　287
滑らか　221, 223, 316, 540
並べかえる　47

2項演算　35, 565
2項関係　19
2項級数　566
2項係数　566
2項定理　59, 132, 566
2次形式　265
2重積分　227
二重双対　254
二重振子　304
2体問題　338
2面体群　189, 565
ニュートンの運動の第2法則　337
ニュートンの運動法則　206
ニュートンの法則　206
認識論的プラトニズム　585
認識論的プラトン主義者　584

ねじれ係数　283
ネットワーク　532, 543
熱力学　220

ノルム　257

は 行

場　292
配位空間　350
排中律　5
ハイティング代数　526
ハイネ-ボレルの定理　53, 214
ハウスドルフ空間　45, 309

616 索　引

測る　47, 515
発散級数　430
発散定理　228
パッシュの公理　86, 415
波動方程式　233, 379
バナッハ空間　569
ハミルトニアン　365
ハミルトン-ケーリーの定理　250
ハミルトンの原理　362
ハミルトンの方程式　367
ハミルトン-ヤコビの方程式　379
パラメータ　222, 392
パラメータ付けられた曲線　222
パラメータで与えられた曲線　287
はり合せ写像　311
半回転　105, 115
半群　36
番号付け　47
バーンサイドの予想　560
反射律　20
半順序　39
半順序集合　38
反対称律　20
半直積　189
半直線　87
反時計回り　109
反変関手　255, 505

p 進数　549
p 進数体　569
P.D.E.　375
比　240
非圧縮　408
非回転的　408
比較する　47
ピカールの大定理　443, 590
ピカールの定理　209
引き起こされる（誘導される）　178
引き戻し　351, 511, 512
微積分学　40, 194, 336, 550
微積分学の基礎づけ　210

非線形　573
ピタゴラスの定理　82, 118, 257, 295
左側にある　111
左逆関数　172
左随伴関手　517
左正則表現　176
左ベクトル空間　243
1つ次のもの　47
必要十分条件　37
等しい（集合が）　468
否定　476
非標準　486
被覆　214, 215, 216, 309
被覆空間　445
被覆写像　444, 445
被覆変換　453
微分形式　225, 274
微分方程式　208
非ホロノームな　353
非有界　21
非ユークリッド幾何学　94, 96, 97, 553
評価する　47
表現　177
表現される　268
表現定理　568
表現論　554
標構　290
標準形　282
標数　184
病的関数　401
病的な　308
ヒルベルト空間　262, 569, 570
ヒルベルトの第5問題　560
ヒルベルトの第10問題　558

ファイバー積　512
ファイバー微分　373
ファジー・オートマタ　573
ファジー決定理論　573
ファジー集合　573
フェルマの原理　379

索　引　**617**

フェルマの最終定理　3, 559
フェルマの問題　546
フェルマの予想　559
フォン・ノイマンの順序数　473
不還元の場合　154
不完全性定理　490
複素共役　152, 179
複素指数関数　398
複素数　148
複素微分　403
複素変数　396
含まれる　38
不定積分　202
付値　442, 548
部分　47
部分群　32, 176
部分集合　36, 37, 38, 167
部分対象の取出し　520
部分和　133, 430
不変因子　282
不変性　50
不変則　501
普遍代数　36
普遍的　178, 267, 510
不変な形での定式化　564
普遍被覆空間　446
不変量　289
不変量の完全系　282
部門　550
プラトニズム　583
プラトン主義　4, 594
プラトン的な考え　499
プランク定数　393
フーリエ級数　235, 236, 462, 587
フリーズ　27, 28
ブール代数　36, 37, 526, 568, 570
文　490
分解　189
分解体　180
分枝　301, 399
分出公理　470

分数　68
分度器　535
分配則　570
分配律　57, 128
分野　550
分離公理　309
分裂する　449

ペアノ(の)公準　58, 59, 60
ペアノ算術　58
閉開集合　450
平均曲率　293
平均値の定理　212
平行　88
平行移動　25, 103, 106
平行移動群　104
平行線の公理　88, 90
閉集合　422
閉包　422
冪　514, 518
冪級数　218, 433
冪集合　75, 464, 514
冪集合の公理　469
ベクトル　104
ベクトルの加法　104
ベクトルの長さ　257
ベクトル空間　50, 52, 141
ベクトル空間（線形空間）　240
ベクトル空間論　553
ベクトル積　340
ベクトル場　225, 325, 357
ベズーの定理　566
ベッチ数　33, 283
ペル方程式　66
辺　87
偏角　150
変化率　40
変換　28
変換群　28, 173, 175
変形する　307
変数　163, 164

618　索　引

偏導関数　218
偏微分係数　218, 219
偏微分方程式　232, 233, 555
変分学　237
変分法　361, 590

法　70
包含関係　38, 467
方向　114
方向微係数　220
方向微分　250, 321
法ベクトル　289
方法論的プラトン主義者　584
補集合　37
保存的　344
ポテンシャル　233
ポテンシャルエネルギー　344, 365
ほとんどいたるところ　232
ホモローグ　427
ホモロジー群　283, 567
ホモロジー代数　554
ホモロジー代数学　554
ホモトピー　417
ホモトピー群　567
ボレル-ルベーグの定理　214
ホロノームな　353
ポワソン・ブラケット　392
翻訳原理　494
本流　590

ま　行

曲がった空間　297
巻き付け関数　125, 145
マクローリン級数　438
交わり　40
または　476

右逆関数　172
右随伴関手　517
右ベクトル空間　244

向き付け　109, 111, 112
向き付け可能　313
向き付け不可能　312
向き付けられている　313
向きの選択　111
無限遠点　152
無限級数　133, 429
無限公理　470
無限次元　242
無限集合　14, 15
無限小　197, 199, 201
無限大　152
矛盾　490
結び　40
無理数　123
無理数（代数的，超越的）　124
無理量　100

芽　453
命題計算　476
メビウスの帯　304

目的論　551
モジュラー束　569
モジュラー律　569, 570
モースの不等式　237
モース理論　590
持ち上げ　361
モデル　485
モーデル予想　66
モニック　280, 518, 546
モノイド　36
モンスター　190
問題　558

や　行

ヤン-ミルズ方程式　360

有界　211
有限基数　73
有限極限　513

索　引　　***619***

有限主義　595
有限単純群　560
有限の立場　491
融合積　514
誘導位相　308
有理関数　397
有理数　68, 69
有理標準形　282
有理量　100
ユークリッド幾何学　84, 534, 535
ユークリッドの互除法　65
ユニタリー　260
ユニタリー行列　260
ユニタリー空間　260

よく構成された論理式　477
余弦　144
余弦定理　147
余接空間　222
余接束　324
余接的　223
余接ベクトル　250, 254, 321, 323
より小さい　129
4元群　18, 27
4次元ポアンカレ予想　558

ら　行

ラグランジアン　354
ラグランジュの方程式　349
ラッセルの逆理　464
ラッセルのパラドックス　75
ラプラスの作用素　405
ラプラスの方程式　234
ラベルをつける　10

リウヴィーユの定理　439
理解　51, 488
リー環　392
力線　406
リー群　392
離散位相　308

離心率　342
リストをつくる　10
立体射影　152, 407
立方根　151
リプシッツ条件　209, 210
リーマン幾何学　295
リーマン球面　153
リーマン計量　326
リーマン積分　196, 198, 231, 232
リーマン面　301, 447, 571, 591
リーマン予想　558
留数　441
留数定理　443
流体力学　407
流率　205
量　99, 100, 321
量子力学　393
両側逆関数　172

累乗　13, 60
類推　50
類推（アナロジー）　562
類推による抽象化　569
累積的な階層　466
類体論　563
ルジャンドル変換　370
ループ　418
ルベーグ可積分　231
ルベーグ積分　231, 232

例の研究　563
捩率　289
レーヴェンハイム-スコーレの定理　498
連結　310, 450, 457
連結成分　457
連鎖律　219, 200
連続　40, 42
連続関数　40
連続幾何学　570
連続公理　88
連続性　40, 41, 42, 44, 45, 212

620 索 引

連続体仮設　464, 497, 589
連続な変形　417
連立1次方程式　245

ローマン-メンショフの定理　409
ローラン級数　441
ロルの定理　212, 233
論証する　47
論理記号　432
論理結合子　476

論理式　58, 477, 479, 535
論理主義　4, 594
論理積　476
論理和　476

わ 行

和　12, 127, 128
和集合の公理　469
ワイエルシュトラスの条件　135

人 名 索 引

アレクサンダー　588
アルティン　184
ウィグナー　6, 581
ヴィトゲンシュタイン　1, 579
ヴィノグラドフ　66
ヴェイユ　588
ウェアリング　66
エアズ　561
エウドクソス　100
エルデシュ　561
オア　587

ガウス　94, 293
ガロア　35, 49, 115, 183
カントール　138, 464
グッゲンハイム　117
グーデルマン　563
クライゼル　159
クライン　115, 175, 530
クラトフスキ　561
クルル　588
グロッタンディーク　588
クロネッカー　577
クワイン　579
クンマー　462, 546, 559
ゲーデル　4, 586
ケプラー　205

ケーリー　35, 248, 568
コーエン　498
コペルニクス　337
ゴールドバッハ　66, 558

サッケーリ　93
ザリスキー　588
シェラ　499
シェーンフリース　588
シュヴァレー　588
シュペングラー　101
シュワルツ　572
セール　588
ソボレフ　572

タルスキー　497
チェン　66
チホノフ　511
ツェルメロ　472, 578
ディラック　572
デデキント　184, 462
トンプソン　590

ニュートン　205
ネーター　52, 156, 184

ハウスドルフ　45

索　引　***621***

バッハマン　117
バーンサイド　35, 190
ヒグマン　590
ヒルベルト　4, 85, 539
ファルティングス　549
ファン・デル・ヴェルデン　184, 588
フェルマ　49, 66, 559
フォン・ノイマン　570
ブルバキ　7, 216
フレーゲ　594
ブローウェル　5, 588
ペアノ　58, 243, 402
ポパー　121
ボヤイ　94
ホワイトヘッド　4, 484, 489, 499

ポワンカレ　588

モーデル　549

ラグランジュ　49
ラッセル（スコット）　572
ラッセル（バートランド）　4, 74, 484, 489
リー　115
リーマン　452, 588, 590
レスニク　583
ロバチェフスキー　94

ワイエルシュトラス　590, 591
ワイル　243

監 修 者 略 歴

彌永昌吉（いやなが・しょうきち）
- 1906年　東京に生まれる.
- 1929年　東京大学理学部数学科卒業
- 1935年　東京大学助教授
- 1936年　理学博士（東京大学）
- 1942年　東京大学教授
- 1967年　東京大学名誉教授
- 1967年　学習院大学教授
- 1978年　日本学士院会員
- 主要著書　幾何学序説（岩波書店，1968）
- 　　　　　数の体系　（岩波書店，上　1972，下　1978）
- 　　　　　数学者の世界（岩波書店，1982）
- 　　　　　ほか

訳 者 略 歴

赤尾和男（あかお・かずお）
- 1947年　大阪に生まれる.
- 1972年　東京大学大学院理学系研究科数学専攻　修士課程修了
- 1976年　理学博士（東京大学）
- 1977年　学習院大学理学部助教授
- 2006年　学習院大学理学部教授　現在に至る
- 専　　攻　代数幾何学
- 訳　　書　K. Kodaira, *Complex Manifolds and Deformation of Complex Structures*, 1986, Springer Verlag.
- 　　　　　（小平邦彦著『複素多様体論』岩波書店の英訳）

岡本周一（おかもと・しゅういち）
- 1951年　東京に生まれる.
- 1977年　学習院大学大学院自然科学研究科　修士課程（数学専攻）修了
- 現　　在　学習院大学理学部助教

数学-その形式と機能　　　　　　　　　　　　　版権取得　*1987*

1992 年 5 月 2 日　第 1 版第 1 刷発行	【本書の無断転載を禁ず】
2011 年 9 月 26 日　第 1 版第 9 刷発行	

原 著 者　ソーンダース・マックレーン
監 修 者　彌永昌吉
訳　　者　赤尾和男・岡本周一
発 行 者　森北博巳
発 行 所　森北出版株式会社

　　　　　東京都千代田区富士見1-4-11（〒102）
　　　　　電話 03-3265-8341／FAX 03-3264-8709
　　　　　振替 東京1-34757
　　　　　自然科学書協会・工学書協会　会員
　　　　　JCOPY ＜（社）出版者著作権管理機構 委託出版物＞

落丁・乱丁本はお取替え致します　　　　　　　印刷/壮光舎・製本/長山製本

Printed in Japan／ISBN978-4-627-01830-3

数学 - その形式と機能　**POD 版**　　版権取得　*1987*

2019 年 8 月 10 日　発行　　【本書の無断転載を禁ず】

原 著 者　ソーンダース・マックレーン
監 修 者　彌永昌吉
訳　　者　赤尾和男・岡本周一
発 行 者　森北博巳
発 行 所　森北出版株式会社
　　　　　東京都千代田区富士見 1-4-11（〒102-0071）
　　　　　電話 03-3265-8341／FAX 03-3264-8709
　　　　　https://www.morikita.co.jp/

印刷・製本　大日本印刷株式会社

ISBN978-4-627-01839-6／Printed in Japan

JCOPY ＜(一社)出版者著作権管理機構　委託出版物＞